U0397335

“十三五”国家重点出版物出版规划项目

数字景观

逻辑·结构·方法与运用

DIGITAL LANDSCAPE ARCHITECTURE

Logic,Structure,Method and Application

成玉宁 著

南京·东南大学出版社

内容摘要

本书立足数字景观这一风景园林学前沿领域，从逻辑、结构、方法与运用等方面系统地建构了数字景观理论与方法体系；从价值与内涵出发，深度解析了数字景观的原理；从逻辑、架构与平台入手，阐释了数字景观的结构；针对数据采集、数据分析、方案模拟、数字建造、绩效测控等景观规划设计环节，归纳了数字景观的研究与运用方法；从风景园林环境评价、景园规划设计、海绵城市设计、景园色彩设计、景园空间研究、景园行为研究等方面，详细解读了数字景观的实践成果。本书既有理论研究，又详细阐述了数字景观设计的方法与技术，具有针对性与实践指导价值；既能够为风景园林专业人员的理论研究提供指导，也可以作为风景园林及相关专业从业人员的数字景观实践操作指南。

图书在版编目(CIP)数据

数字景观：逻辑·结构·方法与运用/成玉宁著.
—南京：东南大学出版社，2019.10
ISBN 978-7-5641-8676-0

Ⅰ.①数… Ⅱ.①成… Ⅲ.①数字技术—应用—景观设计 Ⅳ.①TU986.2-39

中国版本图书馆CIP数据核字(2019)第278093号

数字景观——逻辑·结构·方法与运用
SHUZI JINGGUAN——LUOJI·JIEGOU·FANGFA YU YUNYONG

著　　者　成玉宁
责任编辑　戴　丽　朱震霞
责任印制　周荣虎
出版发行　东南大学出版社
社　　址　南京市四牌楼2号　邮编：210096
网　　址　http://www.seupress.com
出 版 人　江建中

印　　刷　上海雅昌艺术印刷有限公司
排　　版　南京布克文化发展有限公司
开　　本　889 mm×1194 mm　1/16
印　　张　28.5
字　　数　650千字
版 印 次　2019年10月第1版　2019年10月第1次印刷
书　　号　ISBN 978-7-5641-8676-0
定　　价　290.00元

经　　销　全国各地新华书店
发行热线　025-83790519　83791830

序

风景园林作为与人类文明同生相伴的古老艺术形式，在东西方已有四五千年的历史，它代表着人类对美好生活环境的追求。风景园林不仅仅为满足使用功能和安全需求而构筑，更为认知、表达自然，求得人性的愉悦与自由而营造。时至今日，风景园林依旧是以追求人类环境持续发展为己任，以营造可持续人居环境为手段，从而实现人类对环境的永续利用。

在风景园林演化的数千年过程中，其逐渐具备了科学与艺术复合的双重属性。一方面，风景园林与人的使用诉求、审美趣味紧密相连；另一方面，其也在不断探究遵循自然的科学规律。从科学意义上看，事物都可以通过定量的方式来描述其规律，而艺术则是人类对于外部世界认知与表达的另外一种呈现方式 。风景园林既是科学，也是艺术；既有感性思维的特点，也有逻辑思维的属性。因此，顺应数字时代的发展规律，在彰显风景园林艺术价值的同时，更凸显其科学意义，成为现代风景园林需要遵循的逻辑和寻求的真谛。所以，如何在现代风景园林规划设计中实现生态环境的营造和艺术形态的有机统一，便成了这个时代的命题，更成为 21 世纪风景园林学发展的一个新起点。

数字技术支撑下的风景园林规划设计基于科学的分析评价，可以更加清晰、系统地理解、认知自然规律，也为艺术地表现外部世界、表达人对自然的感知提供了多元化的手段。也正因为此，数字景观的出现是风景园林发展的必然。相信随着数字景观的研究与实践的不断深入，风景园林将开启一个全新的时代。

成玉宁教授深耕数字景观研究与实践近十八年，从早期的运用数字化叠图、运用 GIS 进行土地生态敏感性与适宜性评价，到虚拟现实、参数化设计、海绵城市与景观色彩研究，直至对复杂空间的定量研究与交互式设计、绩效评估等，聚焦风景园林规划设计理论方法研究，对其中可数字化的环节进行了长期而系统的探索，其成果已经实践检验。他集长期的研究成果著写了《数字景观——逻辑 · 结构 · 方法与运用》一书，系统化地建构了数字景观的理论与方法，开启了数字景观研究与应用的新篇章，也必将推动风景园林事业的科学化进程。

谨以此文为序，祝愿数字景观助力风景园林走向辉煌。

中国工程院院士

2019 年 8 月 18 日

目录

引论：数字景观开启风景园林 4.0 时代

1 数字中国与数字时代

（1）数字中国

2017 年年底，中共中央政治局就实施国家大数据战略进行了第二次集体学习。中共中央总书记习近平在主持学习时强调，大数据发展日新月异，我们应该审时度势、精心谋划、超前布局、力争主动，深入了解大数据发展现状和趋势及其对经济社会发展的影响，分析我国大数据发展取得的成绩和存在的问题，推动实施国家大数据战略，加快完善数字基础设施，推进数据资源整合和开放共享，保障数据安全，加快建设数字中国，更好地服务于我国经济社会发展和人民生活改善。习近平强调，要运用大数据提升国家治理现代化水平。要以推行电子政务、建设智慧城市等为抓手，以数据集中和共享为途径，推动技术融合、业务融合、数据融合，打通信息壁垒，形成覆盖全国、统筹利用、统一接入的数据共享大平台，构建全国信息资源共享体系，实现跨层级、跨地域、跨系统、跨部门、跨业务的协同管理和服务。要充分利用大数据平台，综合分析风险因素，提高对风险因素的感知、预测、防范能力。

党中央的这一决策表明数字中国建设已上升到国家建设的战略层面，各学科与行业的数字化建设以及数字化改造势在必行。作为数字中国的重要组成部分，数字景观的研究与实践与国家大数据战略对接，从国土空间规划到建成环境绿地系统规划、风景环境规划设计等,以土地生态敏感性研究为基础，探讨场所的土地利用适宜性，已成为人居环境规划建设的基本途径。《数字景观——逻辑·结构·方法与运用》一书的出版，将推动数字景观方法与技术的普及，有助于我国城乡环境规划设计与管理运维走向科学化发展的新阶段。

（2）数字时代的设计思维

数字时代实际上反映了人类生活与生产精细化程度的提升，人类对外部世界的认知是一个由定性到定量的过程，定量化更加科学地反映了事物发展的内在规律。数字技术加速了人类对外部世界的把握、认知和描述的科学化进程。

数字时代的设计与传统设计思维有很大的不同。后者是基于经验的感知理解和积累，从而在个体的感知与外部世界规律之间建立关联，从而形成对外部世界的认知；数字时代的设计思维则直接指向环境的客观变化规律，它更多地揭示事物的发展趋势。所以，数字时代的设计思维更具系统性、动态性和连续性，从而使得景观规划设计的认知、思维、比选全过程均发生了改变。景观规划设计注重谋求既有场地包括自然环境在内的场所形态与生态的协同与共生，通过开展环境的生态敏感性评价，合理调控土地利用及建设强度，实现对自然环境的可持续利用以及人居环境生态与形态的有机统一。

数字景观规划设计由五大环节构成：数据的采集、数据的分析、方案的模拟、数字化建造和绩效的测控，不同环节分别由多种软硬件平台支撑，各环节处理的问题不尽相同,但“数据流”却是贯穿上述五大环节全过程的“介质”。因此，运用数字景观方法的规划、设计乃至建造和管控过程不仅高效，而且减少了人工误判的概率，下文以前三个环节为例加以说明。

数字时代规划设计的第一、第二环节仍然以调研、分析和评价为开端，与传统方式的不同之处表现在从环境数据的获取、处理到图形的生成，其中“数据流”的无缝衔接改变了传统的认知过程，最大限度减少了感性判断的介入，并获得了基于定量分析更为理性的规划设计场地的生态敏感性和土地适宜性评价结果,为规划设计方案的生成奠定了坚实的基础。

第三环节基于数字平台的支撑，风景园林规划设计过程发生了巨大的变化。由于风景园林规划设计具有多目标属性，又必须同时满足科学性与艺术性双重要求，不仅能和分析系统构成多要素的协同作用，同时也能够通过系统的协同作用，客观地分析不同设计诉求、设计目标之间恰当的配比关联。例如，同时满足空间、生态、形态、文脉等诉求，以及对于建造方案的选择和工程造价的控制，对施工难度的影响，对现状的响应程度等，均可通过系统架构，实时地反馈并参与方案的生成和决策。

数字景观的分析、设计、评价过程，不仅实现了“数据流”的无缝衔接，而且也实现了数据化与可视化的交互与切换，从而可以更加便捷地通过调整数据实现对设计方案的优化与比选，甚至可以通过虚拟场景呈现景观演变的过程，并借助于现代穿戴式设备、裸眼 3D 技术实现三维仿真状态下的交互式设计，极大地提升了风景园林设计的精准性、交互性。比之传统规划设计采用经验与类比的方式，数字时代景观设计思维突破了人类思维的局限性，也突破了对经验的依赖性。

2　科学与艺术融合的现代风景园林学

科学与艺术，通常被认为是人类理解和表达外部世界的两种方式，风景园林学科具有科学与艺术交叉融合的特点与属性。风景园林学科既有科学的一面，又有艺术创造的一面，二者既矛盾，又统一。如何平衡科学与艺术在学科中的关系，是现代风景园林研究与规划设计实践需要解决的基本问题。

（1）场所之于景观的价值[1]

人们追求个性化、特色化场所景观的塑造，但任何设计都应是有条件及有依据的，而非去条件的“同质化”设计。任何景观都受到如气候、降水、地形、植被等自然条件的限制。景观设计的基本意义是场所秩序的重组，包括空间秩序、生态秩序、行为秩序与文化秩序。重组，既包括从原场地中提取的部分，也包括设计者人为植入的部分，即“创造”。而创造的前提是创造性地发现、解读、融合与发展。场所作为设计的依据，其客观属性与设计者对其的主观理解存在差异。走向场所景观，是从生态、形态、功能与文脉的维度去理解环境，使其不仅合乎科学、理性的规律与秩序，更合乎人的审美与使用需求。

（2）生态与形态的耦合

风景园林规划设计需要符合自然秩序与美的秩序，其中符合自然秩序是景观建构的前提。科学与艺术的结合，成就了风景园林原初的“耦合”属性，与建筑中将物质客观属性改变使其成为建造材料的逻辑思维不同，景观保留物质的自然属性，基于耦合的策略，将设计诉求与自然条件中的各类因素相互影响与结合，形成和谐共生的景观环境。耦合的策略可分为不同层级，可整体亦可局部，而如今实现耦合，则需要采用科学的方法，数字景观技术的应用是实现景园环境耦合的基本途径。

（3）科学的艺术是现代风景园林学的认知基础

传统园林设计多依赖于经验，侧重感性认知与对形式美感的追求，而随着时代的发展与学科的进步，风景园林学科中科学理性的一面，即数字景观的定量研究方法，越来越被人重视并研究。科学的方法策略，是理解自然规律与客观基础的途径，也是艺术创造的基础与依据。而感性的艺术创造，也为理性、严谨的科学设计增添了人文情怀。科学为用——维护环境，改善人居环境，实现可持续利用；艺术为体——所有功能实现的同时，营造了诗意的环境。风景园林学对于未来实现人居环境的高级形态具有重要意义。

（4）艺术的科学是现代风景园林学的理想境界

风景园林学旨在实现人居环境的持续发展，同时满足人类对于宜居环境的审美诉求与愿景，故以遵循科学规律为前提，设计人性化的环境，实现人与自然的和谐成为风景园林规划设计的最高境界——艺术的科学。在数学逻辑发展的助力下，人类走上了一条量化、实证的道路，诞生了定量研究的现代科学研究方法，并成为21世纪以来科学研究的主流。现代的风景园林学是兼具艺术与科学的学科，既需要定性的研究方法，也离不开定量研究方法的支撑。

1 成玉宁:《走向场所景观》。

定量的方法帮助风景园林规划设计实现了科学化的发展。

3 数字景观与风景园林 4.0 时代

纵观风景园林的发展历程，大致经历了四大阶段，1.0 时代即 18 世纪前的古典主义时期的传统园林，2.0 时代即工业革命后的人本主义园林，3.0 时代即生态主义园林，4.0 时代即数字时代的智慧园林。

数字时代带来了人们认知与生活方式的改变，本书针对数字景观这一风景园林学前沿领域，从逻辑、结构、方法与运用等方面系统地建构了数字景观理论与方法体系；从价值与内涵出发，深度解析了数字景观的原理；从逻辑、架构与平台入手，阐释了数字景观的结构；针对数据采集、数据分析、方案模拟、数字建造、绩效测控等景观规划设计环节，归纳了数字景观的研究与运用方法；从风景园林环境评价、景园规划设计、海绵城市设计、景园色彩设计、景园空间研究、景园行为研究等领域，详细解读了数字景观的实践成果。该书既有理论研究，又详细阐述了数字景观设计的方法与技术，具有针对性与实践指导价值；既能够为风景园林专业人员的理论研究提供指导，也可以作为风景园林及相关专业从业人员的数字景观实践的操作指南。在习总书记提出的生态文明建设及数字中国指示的引领下，该书基于现代风景园林学兼具“科学与艺术”双重属性，将有力地推动风景园林学科研究与实践、定性与定量相结合的科学发展。本书为当代风景园林学界首部数字景观领域的专业著作，展现了我国数字景观研究的最新成果，具有原创性，数字景观理论与方法也正引领风景园林行业的创新与进步。

4 数字景观的多元价值

本书依托数字技术发展的时代背景，基于业界领先的实验平台，总结了笔者在景观研究领域近 18 年间关于将数字技术运用于风景园林规划设计的研究与实践，从理论与实践两个层面展现了当代风景园林学科研究的最新成果。本书植根于风景园林学科特征，旨在改变国内外风景园林规划设计依赖于感觉与定性的状况，引领风景园林学科走向知觉与定量的发展方向。在进一步建立了数字技术与风景园林规划设计关联的同时，对现代技术背景下的风景园林规划设计思维、过程、手段等进行了系统的探讨，重新建构了科学化的风景园林规划设计理论与方法架构，使得风景园林规划设计过程变得更为精准与可控，从而推动我国风景园林学科的可持续发展。

本书的创新点在于系统地建构起了数字时代的风景园林规划设计逻辑，形成了针对风景园林学科全生命周期的规划设计目标，改变了单纯地依赖灵感、拍脑袋、天才式的设计思维，强调有根据地设计，突出因果关联，规避自圆其说。从理论上讲，本书建立了数字时代的设计思维逻辑，其特征是因果关系的环环相扣，其中具有客观属性的数据流加强了环节间的相互联系。风景园林是科学与艺术的有机结合，风景园林的科学属性使其具有逻辑性特点，而其艺术属性具备发散的思维特征，所以强调数字景观的价值，并不否定风景园林艺术思维的特色，而是将艺术建构在科学的基础之上，实现逻辑思维与发散思维的有机统一。

数字景观方法与技术对于风景园林的价值远不止于虚拟呈现与设计过程的可视化，更在于风景园林实践的过程中，将那些动态的过程变量通过数字的方法加以模拟，从而准确地预见测控环境的变化及其未来的趋势、形态等，具体而言数字景观之于风景园林学具有以下六方面的价值：

重塑生态价值。通过数字技术定量地描述、分析和评价外部世界客观的景观环境，既包括存在的先决条件，也包括建成后环境所产生的生态绩效。生态环境的评价是数字技术运用中最主要的领域，也是最具科学含义和价值的部分。

彰显人性关怀。数字技术的作用表现在大数据时代对人性化特点、社会偏好、社会行为分布规律研究的精准化和预判断，通过多场景、全时效、大概率的跟踪、观察、分析，进一步增强环境行为研判的科学性，解决了传统的问卷法、行为注记法的随意性、随机性问题。

建构有机形态。形态美具有其内在规律性，数字技术非常有效地在二维与三维之间建构起桥梁，在三维的静态与动态之间，建构起逻辑关联，而且在三维状态下对形态的“编辑”更加高效，具有形象、直观、实时呈现的特点。从这个角度来看，无论是最原始的Autodesk、3Dmax软件，还是现在的SketchUp、Rhino3D软件，都提供了极好的数字建模平台，从而极大地改变了设计师对形态的驾驭能力，数字技术使得复杂形态分析与设计变得更为简单、易行。

精准化的建造。风景园林的建造相对特殊，从大地景观的塑造、空间的定位、形态的塑造到竖向的设计，都可以通过数字技术来实现精准的建造。如数字挖机可以将人从挖池堆山的繁重体力劳动中解放出来，这不仅提高了工作的精准性，也极大地提升了劳动的效能。又如，针对风景园林动态变化的特征，通过数字技术的模拟，能够实现对景观动态过程的把握，加强建造对过程的预判。

精细化的管控。互联网和各类传感器的配合使用，使得对风景园林环境的实时监测与管控，较之于历史上的任何方式，都更加便捷、高效、精准。对风景园林的生境、形态、人的活动、安全、工况等常见数据的采集、分析与回馈更为及时而且实现了可视化，从而极大地提高了风景园林环境的调整、管控、维护与管理效能。

推进规律教学。数字技术改变了风景园林学科的教育模式。数字时代不仅仅体现在修改图纸上，还体现在改变了传统的设计教学模式，即通过对环境进行判读、分析，生成对环境和问题的响应，培养学生发现问题、寻求合理解决问题的路径，以形成更为合理的设计方案，这也更符合风景园林设计思维的逻辑。数字技术的合理应用，能够改变经验教学为规律教学，变“关注成果的改图”为“注重过程与方法”的设计教育，将简单的图式设计思维转变为对分析问题、解决问题的逻辑思维能力的培养。

第 1 章　数字景观的意义

数字景观的提出主要根源于风景园林所具有的科学与艺术的双重属性，科学致力于客观地阐释外部世界，具有理性特征，而艺术则反映人对于外部世界的认知，具有感性色彩，这两种貌似截然不同的方式却在风景园林中实现了统一。诚如法国作家福楼拜所言：“科学与艺术在山麓分手，回头却在顶峰相聚。”科学与艺术有诸多的差异，但是它们的本质和使命都是从杂乱的现象中整理出外部世界的秩序和规律。无论是科学的定量与理性，还是艺术的定性与感性，均致力于揭示现象、总结规律。数字时代的到来为科学与艺术插上了翅膀，大数据对应的是海量现象，一方面为总结规律提供了充足的依据，另一方面又为描绘外部世界提供了更多的可能。数字技术的功能为风景园林规划设计提供了极大的帮助，不仅提升了工作效能，而且也改变了传统的认知途径与设计思维。数字景观方法与技术为风景园林调查评价、规划设计、营建管控全过程提供了有力支撑，并参与到数据采集分析、数字模拟与建模、虚拟现实与表达、参数化设计建造以及物联传感与数字测控的全过程。数字景观方法与技术基于对复杂系统问题的分析评价，提出解决问题的系统方案，统筹实现人居环境的多目标优化。

以数字景观为标志的风景园林 4.0 时代体现了风景园林规划设计从基于经验到尊重规律、从定性到定量、从劳动密集到智能制造的转变。数字技术为景观的设计与建造提供了操作平台，实现了从前期的数据分析到人居环境运营管理的全过程数字化，极大地提升了效能与精准性。在大数据的支撑下，现代风景园林规划设计不仅更加科学，而且具有更加丰富的表达方式，同时还能够更好地体现公众意愿和社会价值，满足人们日益增长的物质和文化需求。

1.1　数字景观的背景

1.1.1　数字景观的兴起

数字化是一个极为宽泛的概念，其基本过程可描述为将众多复杂多变的信息转变为可以度量的数字、数据，并通过数字化模型转译为一系列二进制代码，将各种事物还原为一连串的电子信号流，引入计算机内部，然后对其进行二进制化处理，即通过采样、量化及编码等过程，最后达成对事物的描述。整个过程实现了数字化无缝衔接。

在新一轮科技革命风起云涌之际，世界正在经历着继蒸汽机、电力、计算机之后的又一轮大的技术变革。自计算机发明以来，数字和计算能力驱动的革命，已经将人类从农耕时代、工业时代、信息时代推向了全面数字化的时代。1998年美国副总统戈尔提出“数字地球”的构想,随后中国也相应描绘了“数字中国”的建设蓝图。2017年“数字经济”正式被写入十九大报告，2018年和2019年我国连续举办两届数字中国建设峰会，中国的数字化建设步伐正越走越快。数字博物馆、数字媒体、虚拟现实、网购平台等数字产物给人们带来认知与生活方式的变革，深刻地影响了人们的世界观和价值观。各大企业也在进行数字化转型与重塑，数字化管理被运用在各个行业，各领域的研发和生产都依托于先进的数字技术。作为数字化的核心，数字技术涵盖了以计算机软硬件和通信技术为基础的各种衍生技术。

学术界对数字化时代的来临给予了前所未有的热烈响应，多所国内外著名高校相继开展了数字技术在建筑、规划领域进行研究、应用与实践的探讨，并取得了丰硕成果。风景园林领域的数字化运用包括信息获取与管理、景观分析与评价、景园环境的模拟与建模、规划设计的深化、建成后的绩效评估等。在建设数字中国的国家战略背景下，如何实现风景园林设计的数字化值得风景园林人深思。可以预见的是，数字化在风景园林各个领域有着广泛的应用前景，也必将引领风景园林行业的革新与进步。

1.1.2 数字景观——风景园林4.0时代

园林作为人居生活环境的组成部分，早在公元前11世纪我国的殷商时期就已经出现。从风景园林肇始到公元18世纪之前的阶段可归属于古典主义时期的传统园林1.0时代。当时的景园规划设计以追求唯美，达到人和环境的圆融作为基本特征和最高境界。19世纪人本主义开始觉醒，在空想社会主义思想和原初的共产主义思想的推动下，人本意识和人文关怀思想开始觉醒，于是园林更多地成为面向城市人和产业工人的公共场所，由此开始进入工业革命后人本园林的2.0时代。第二次世界大战之后，各国恢复战后生产力的强烈诉求使得全球经济高速发展，以弥补战争带来的创伤。与此同时，全球城市化和工业化进程的加速直接导致了全球生态环境的恶化，由此迎来了人们对生态环境的觉醒，风景园林走向了二战后生态园林3.0时代。随着人们对人居环境要求的进一步提升，精准化、精细化、科学化与定量化已经成为现代风景园林学发展的基本趋势，在这个前提下，数字技术与现代风景园林的研究、规划设计相结合，成为了历史的必然。

与各色炫目的“主义”不同，数字景观不是概念，更不限于技术本身，而是以定量辅助定性、解决复杂系统问题为出发点，以统筹实现人居环境多目标优化为目标，致力于定量揭示、描述作为复杂系统的景园环境，并应用于评价、设计、营造及持续发展规律。数字景观是综合运用各种数字技术，对景观信息进行采集、监测、分析、模拟、建造的过程，其兴起标志着智慧生态园林4.0时代的到来（图1-1）。

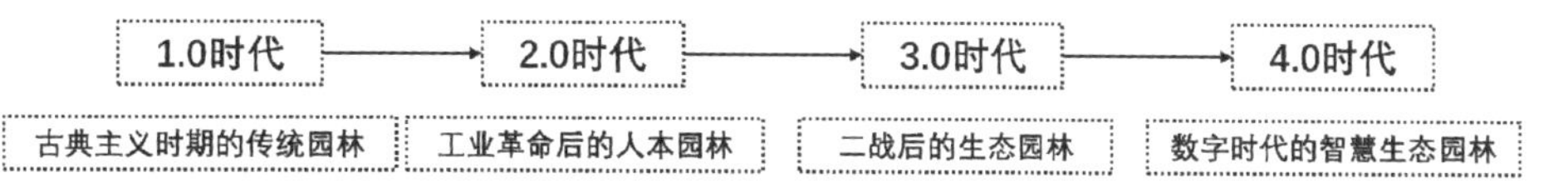

图1-1 风景园林的发展历程

风景园林具有科学属性，存在内在的逻辑性和因果关系，其本身可进行定量分析和逻辑推理。而数字技术的精准性直接对应了风景园林的科学价值和科学意义。风景园林复杂系统的构建得益于数字技术的支撑，也正是依赖于数字技术的分析与模拟，才能够科学、合理地定义设计的理念。同时风景园林又兼具艺术属性，集中体现在其对认知的表达和阐述层面上。由于其本身具有的设计多义性和复杂性，风景园林这一复杂的空间艺术，既有平面的构成逻辑，也有空间的构成逻辑，因此与二维的绘画、三维的建筑有一定的相似性。然而以植物为代表的景观环境的不断变化导致了风景园林环境的复杂多义。借助数字技术有助于准确描述并把握风景园林空间环境的特征及其变化规律，因此它非常适合借助数字技术来描述风景园林的空间变化，并实现设计的多目标。无论是从风景园林科学的本质而言还是从景园空间的建构表现而言，都与数字技术存在着内在的关联。风景园林的科学与艺术的双重属性，决定了数字景观是现代风景园林发展的必然之路。

在新技术层出不穷的时代，定量、精准、高效成为多数学科发展的主流方向。同样，数字景观技术也为风景园林学科带来了全新的发展机遇，给风景园林师也带来了巨大的挑战。一方面，面对复杂的、日新月异的新技术，侧重定量的相关数字技术的应用更为风景园林师所关注，风景园林师应结合风景园林规划设计的特点，灵活地加以运用、融合，以推动风景园林规划设计的科学化进程；另一方面，技术手段必须针对风景园林学科的自律性，风景园林师应深入研究规划设计的科学内涵，尤其是规划设计的逻辑、方法及技术，从而将传统设计主要依赖于主观判断甚至以审美取向为基础，转向基于科学的环境评价与分析、生成设计逻辑、优化设计方案、模拟并评价设计结果，将设计由主要基于“感觉”转向依托“知觉”，将风景园林规划设计推向理想与感性的结合（图 1-2）。值得注意的是，技术本身并不能完全取代设计思维，简单地唯数据或唯技术均不可取。因而风景园林师既要立足专业需求，积极寻求与相关技术领域的专家、学者合作，通过学科交叉产生智慧，同时又要加快探讨新技术应用的理论依据，在数字景观技术的支持下不断提升风景园林规划设计的精准性。

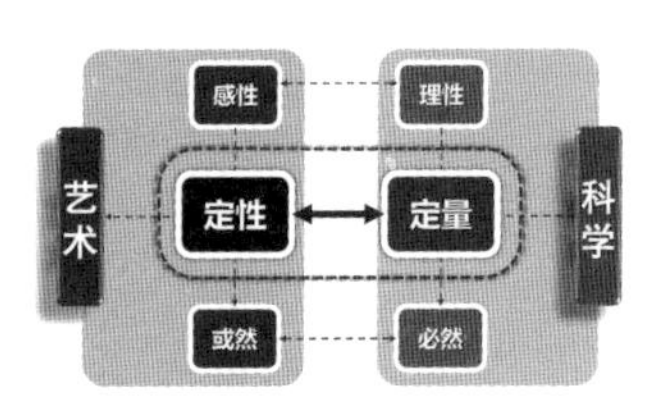

图1-2 风景园林4.0时代特征——设计的“双模思维”

1.2 数字景观技术进程

1.2.1 数字景观技术的发端

当今时代被称为数字时代，数字博物馆、数字媒体、虚拟现实、网购平台等数字产物给人们带来认知与生活方式的变革，对人们的世界观、价值观产生了深远的影响。以 AlphaGo（阿尔法围棋）与人类棋手对战为例，AlphaGo 的工作原理为“深度学习”，即通过自我对弈训练的海量数据不断进化，继在 2016 年 3 月打败韩国棋手李世石后，AlphaGo 在 2017 年 5 月的中国乌镇围棋峰会上，以比分 2∶0 赢下围棋世界冠军柯洁。这也是今天大数据时代给人们的启示。

当下数字化发展已上升至国家战略层面，2017 年 12 月 8 日，习近平总书记在中共中央政治局第二次集体学习时强调，要审时度势、精心谋划、超前布局力争主动，实施国家大数据战略，加快建设数字中国。他指出，大数据是信息化发展的新阶段。随着信息技术和人类生产生活交汇融合，互联网快速普及，全球数据呈现爆发增长、海量集聚的特点，对经济发展、社会治理、国家管理、人民生活都产生了重大影响。世界各国都把推进经济数字化作为实现创新发展的重要动能。在建设数字中国的国家战略背景下，数字化已是大势所趋，如何实现风景园林的数字化更值得风景园林人深思。“数字”在风景园林各个领域都有着广泛的应用前景，也必将引领风景园林行业的革新与进步。

20 世纪 60 年代，伊恩 · 麦克哈格 (Ian McHarg) 提出的“设计结合自然”，作为风景园林学科中最早对生态因子进行科学评价与理性分析的理论探索，对今天的风景园林设计产生了重要的影响。麦克哈格的理论主张通过对场地内各种生态因素之间潜在相互作用的分析来使我们更好地理解动态的生态系统的演变进程。而卡尔 · 斯坦尼兹（Carl Steinitz）则在麦克哈格研究的基础之上开发了一种景观变化模型，该模型可以生成多种设计方案，这些不同的设计方案可以按其对各生态因子的影响进行进一步的比较与评估，从而优选出最佳实施方案。随着数字时代科学技术的飞速发展，叠图等传统的分析方法也正经历着不断的更新和优化。数据的处理速度加快、效能提高。数据的分

图1-3

图1-4

图1-3 图板绘图
（图片来源：https://cn.dreamstime.com）

图1-4 计算机绘图
（图片来源：http://tech.hexun.com/2015-06-30/177166735.html）

析与呈现也从二维平面走向三维空间：高程、坡度、坡向、日照、道路坡度、雨水径流等空间数据分析；城市排水、人口密度、交通情况、城市容积率等数据可通过柱形图、热力图等可视化方式呈现。前期数据采集和数据分析的更新与进步为景园规划设计方案的生成提供了更丰富、更合理的数据支撑，可通过多方案的推敲、比选得出最佳方案。由此，景园方案的规划设计过程更具科学性、合理性，为实现景园艺术的科学化奠定了基础。

自 20 世纪 90 年代起，我国设计领域发生了“绘图工具革命”，电脑的到来替代了设计师手中的图板、丁字尺、针管笔等（图 1-3、图 1-4），虽然实质上只是换了工具，但是却极大地提高了工作效率。如今，数字技术为风景园林的发展给予了更多帮助，一系列的数字化工具被运用于风景园林行业，如运用激光扫描仪、全站仪等数字化工具能够实现表面与空间建模，利用 x、y、z 的坐标信息将空间定量化；在三维模型的基础上，采用 3D 打印技术与数控技术实现复杂形体的建造。从图板绘图到计算机绘图、从经纬仪测量到遥感与三维扫描、从方案草图到编程实现、从手工模型到 3 D 打印，对于设计成果的呈现而言，从手工模型、电脑建模到虚拟现实，直至施工环节以及最终的绩效评估，“数字”技术与方法的运用突破了传统设计中表现手法、建设材料、施工人员与工具等的限制，极大地释放了设计者的创造热情。此外，当下数字技术的发展改变的远不止工具、途径与手段，更重要的是使得设计的逻辑、方法、过程焕然一新。

数字景观技术不仅极大地提升了景园规划设计与研究的精准性和科学性，也提高了（景园）规划设计的绩效。在数字技术发展的助力下，风景园林学走上了一条量化、实证的道路，基于定量的现代景园研究方法也随之诞生，并成为 20 世纪以来风景园林学科规划设计的主流。

随着研究的不断深入，数字景观已不仅仅局限于对风景园林学科自身问题的探讨，它还促进了地理学、生态学、行为学等多学科的交叉，在风景园林与自然环境之间建构起更紧密的联系，以解决综合性景园环境问题。1985年9月，第一次国际地形学会议在英国曼彻斯特大学召开，会议的议题主要关于如何将地形学的知识和技术应用解决环境和资源问题，并成为当时环境问题关注的焦点。场地操作作为风景园林与自然之间建立起内在关联的途径，成为当代设计师和理论家关注的重要议题。地形学从景观与土地之间的关系入手，通过理念和方法的创新，模糊了风景园林学、地理学、社会学、建筑学等领域的界限，并已突破了本身的地质构造和自然进程，成为一种场地操作的对象、方法和策略。宾夕法尼亚大学大卫·莱瑟巴罗（David Leatherbarrow）认为地形（Topography）不只是一个固定的形式状态，它还蕴含着对场地进行操作的动态过程。值得一提的是，当前欧美国家涌现出了一场关于设计科学化的技术革新。他们关注数字构建（Digital Generative）、参数化设计（Parametric Design）、地理设计（Geodesign）、数字景观（Digital Landscape）、非线性思维（Non-linear Thinking）、景观都市主义（Landscape Urbanism）等场地建造的方法、模式与策略，特别是在应对当前一些快速城市化地区所面临的社会、政治、经济、环境、文化等大尺度、复杂性实际问题方面，提出了一套相对科学、理性的解决方案和途径。这与之前完全依赖人类的主观经验判断进行设计具有本质的差异。

近年来，在自然地理学科领域，对以GIS为核心的景观生态系统的稳定性、时空动态模拟、演变机理与评价做了大量的研究。数字技术在宏观尺度的自然环境评价、森林资源调查、生态效益分析方面已经得到广泛的运用与普及。在美国，将地理信息系统运用于区域尺度下的景观系统建设取得了一定的成效，在国家层面的绿色基础设施建设方面，也已进行了一定的尝试，试图以一种与自然环境模式相一致的方式寻求土地持续发展与保护并重的精明增长与精明保护模式。以美国马里兰州城市生态修复为例，马里兰州较为严重的城市化现象带来了土地消耗、景观破碎化等破坏生态环境的现象，政府设立了一系列土地保护计划用于保护自然景观资源，并利用GIS和计算机图形技术进行实时监测。1997年，马里兰州发起了精明增长与城市开放空间保护行动，目的在于通过保护农场、森林和其他公共开发空间恢复城市活力。2001年马里兰州推行了绿图计划（Maryland's Green Print Program），以识别州域尺度的景观环境系统，即通过绿道或连接环节连接形成全州生态网络系统，减少因发展带来的土地破碎化等负面影响，以保护这些网络中心和连接环节，并形成相应的评价体系（图1-5）。自2000年《欧洲景观公约》（European Landscape Convention）签署后，各国的国土计划（或空间计划）开始慢慢趋向整体景观生态结构的系统性整合，以寻求自然系统与人工系统之间的最佳平衡。

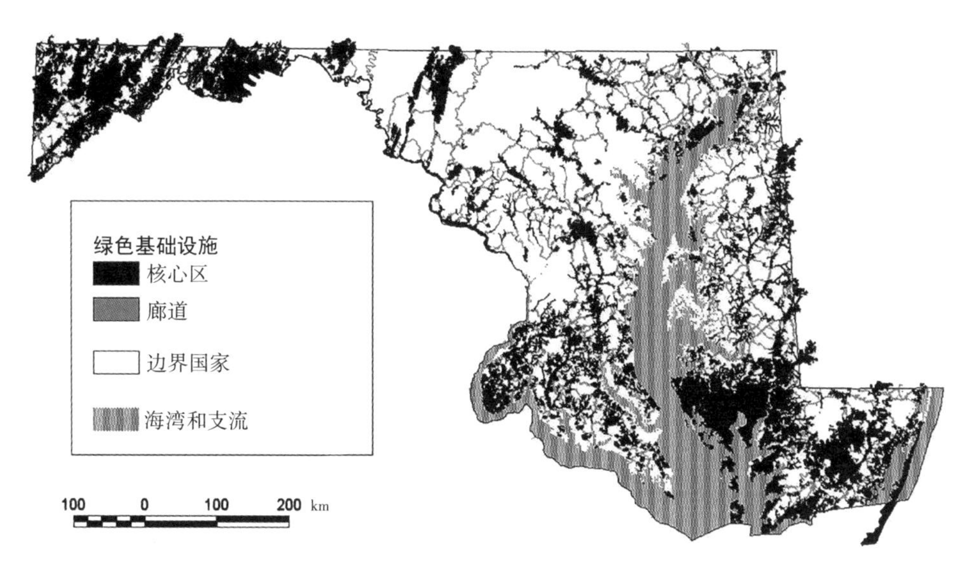

图1-5　马里兰州推行的绿图计划
（图片来源：http://www.landscope.org/maryland/partners/md_greenprint）

美国威斯康星大学的珍妮特·休伯纳哥（Janet Silbernagel）运用GIS方法进行了密西根半岛东端景观变迁分析；费迪南多·维拉（Ferdinando Villa）等人研究了借助GIS决策支持系统进行公园绿地规划的方法；理查德·拉瑟洛普（Richard G. Lathrop）等人应用GIS进行景观敏感度评估；大卫·普拉尔（David V. Pullar）等人借助Arcview GIS和可视化软件创建三维效果协助进行建筑环境评估。然而在风景园林学科领域，通过对场所生态因子进行评价进而指导设计与决策的研究还处在探索阶段。

基于数字技术的风景园林场地设计方法始于早期地理信息系统以及计算机图形技术在风景园林学科中的运用。其研究机构主要包括瑞士联邦理工学院景观与空间规划研究所、美国哈佛大学设计研究院的信息技术研究中心以及澳大利亚墨尔本大学地理测量系等，他们主要探讨三维可视化再现景观的可能性以及设计过程的直观操作性。

瑞士联邦理工学院景观与空间规划研究所（ETHZ）埃卡特·兰格（Eckart Lange）运用数字技术对现状场地进行可视化建模，动态模拟自然的演变过程，为瑞士中部山区一处旅游胜地水库的选址和空间形式处理提供依据，包括动态模拟、展示、评估以及网络技术的运用。如今作为谢菲尔德大学景观系系主任的埃卡特·兰格教授主要针对大尺度景观及其生态因子（图1-6），建立科学的虚拟景观可视化模型，并对其进行理性评价分析，以此探索人类如何影响环境的变化，以及风景园林与环境规划带来的人文景观变迁，包括环境影响评估、城市绿地系统及策略、乡村景观的发展、大尺度景观规划与设计、景观美学以及参与决策的规划设计交流等（图1-7）。谢菲尔德大学的另一位教授凯瑞斯·斯万维克（Carys Swanwick）在乡村景观规划和生态环境评估方面也做了较为深入的研究。他试图根据乡村景观的差异性建立相应的特征数据

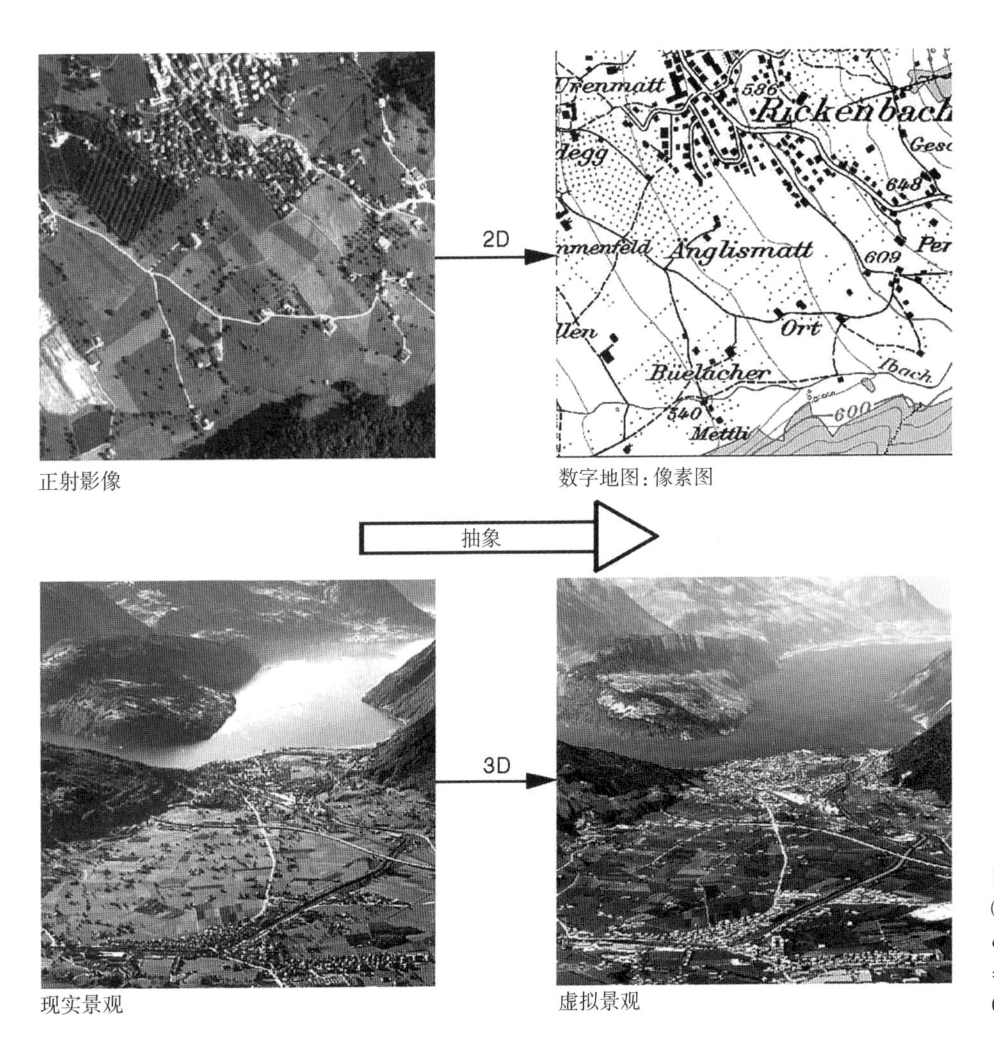

图1-6　大尺度景观模拟分析（图片来源：http://xueshu.baidu.com/usercenter/paper/show?paperid=7f79481cc044320a379ed5cca5830949&site=xueshu_se）

库，为探索设计可持续的景观建立考核指标、评估系统以及实施方法，探讨城市及周边地区景观的演变，包括绿色基础设施、绿色开放空间的价值评估等。

加拿大不列颠哥伦比亚大学森林资源系集合了风景园林学、环境心理学、森林学、规划学以及计算机科学的专业人才，从理论层面、应用方法、技术层面等展开了多角度、全方位的协作，探讨数字技术在风景环境设计领域的技术难点和应用潜力（图 1-8）。

目前来看，国外大多数研究都集中在大尺度景观的数据评价方面，例如乡村景观、绿道、城市尺度的绿地系统等，普遍偏重于自然资源的数据获取、分析，综合多学科合作以及市民参与等，为大尺度景观进行合理的决策提供科学依据。在大尺度的风景园林设计过程中，可以将生态因子的评价与分析带入设计流程，这种即时的实用性分析方法为设计师及相关利益团体提供了一种可视化的设计框架，帮助他们在设计的流程中全面掌握地理信息，使设计能够尽可能地模拟最佳的自然生态系统功能和特征，达到真正实现与自然协调的设计目标。此外，国外数字技术的研究主要集中在建筑、环境科学、计

图1-7　乡村景观建模与环境评估（资料来源：Mark Lindquist，Eckart Lange，Jian Kang.From 3D landscape visualization to environmental simulation: The contribution of sound to the perception of virtual environments[J]. Landscape and Urban Planning, 2016（148）：216-231.）

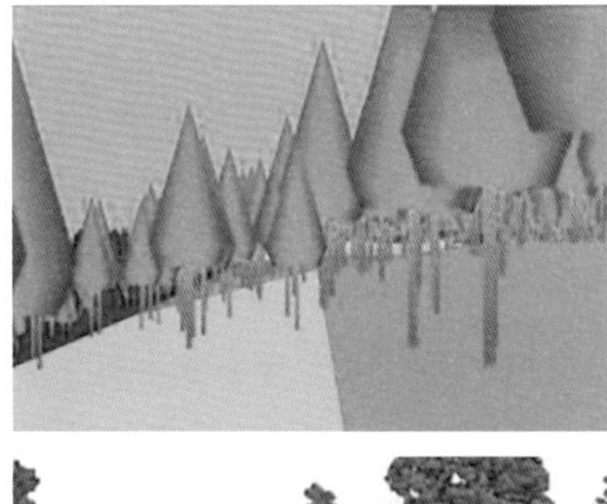

图1-8　森林场景的数字化建模（图片来源：http://www.silviscene.com/product/ShowArticle.asp?ArticleID=56）

算机科学等领域，而针对风景园林设计操作方面的研究目前尚处于起步阶段。

国内的风景园林研究大多强调传统造园经验及其人文因素的表达，对科学性设计方法与实践的探索相对薄弱。在地理学领域，虽有地图学和地理信息系统在场地地形数字化建模方面的应用，但大多仅限于简单的场地测绘与信息获取，而在较深入的定量化分析以及能够直接指导设计的科学操作方法层面还未见实质性的研究成果。环境科学领域中的大尺度自然环境评价、森林资源调查、生态效益分析等研究同样难以在设计层面有所突破，无法满足本课题探索的全程可控、适时动态反馈的数字化场地地形设计方法及其操作模式的要求。

1.2.2 数字景观技术的进展

（1）地理信息系统技术

以地理信息系统为代表的信息技术日新月异，数字技术的整体协同效应使空间信息数字化、可视化、集成化、网络化发展到了几乎已普及应用的程度。原本单一的信息组织方式逐渐整合为系统化的全程可控、交互式反馈的操作模式。这种转变有效地推动了风景园林场地设计研究范式的革新。

基于地理信息系统技术的风景园林设计是一种把设计提案的形成与基于地区和全球尺度上的场地地理生境条件紧密结合在一起的大地规划管理手段和环境设计方法，它强调即时评估反馈的地理信息系统以及数字化操作的协同效应（Synergy），包括设计过程的参数化、可视化、集成化与网络化。2010年1月世界首届地理设计峰会在位于美国南加州红地市（Redlands）的环境系统研究院（ESRI）总部召开，会议由美国环境系统研究院创建人及总裁杰克·丹哲芒（Jack Dangermond）等主持。约300名来自世界各地高校、研究机构的教授、风景园林师、规划师、建筑师以及地理信息系统软件研发人员共同探讨了地理设计的概念、意义、工作流程与应用前景。杰克・丹哲芒在《地理信息系统：设计我们的未来》（*GIS: Designing Our Future*）中系统介绍了“地理设计”（Geodesign）的理念，他认为地理信息系统在描述场地的过去和现在的状况中游刃有余，但我们还需要将其功能扩展，使其能够运用于设计未来，即对风景园林未来的演变进行有效的预测与模拟，把设计因素引入地理设计的系统框架，进而建立起一套可靠的数据分析与评估模型（图1-9）。地理设计作为一个集风景园林、建筑、城市与区域规划、GIS技术于一体的新兴领域，将原本偏重技术的信息采集、分析的GIS平台向设计领域扩展，同时也弥补了设计在科学性方面的不足，为当代设计注入了新的生命力。

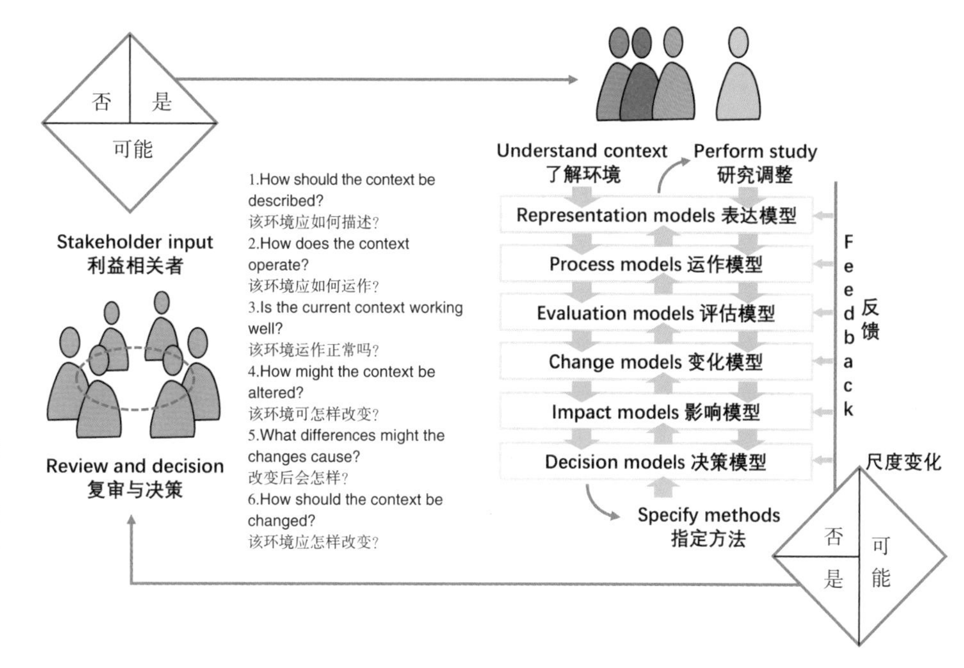

图1-9 "地理设计"系统运行框架
（资料来源：马劲武编译.地理设计简述：概念、框架及实例[J].风景园林,2013(1):26-32.）

（2）建筑信息模型（Building Information Modeling，BIM）技术

BIM，即建筑信息模型，也可衍生为建设项目信息管理，是以建设项目的各项相关信息数据作为基础平台建立模型，并进行从场地分析至后期运营的全过程的数据管理。它包含以下三层含义：①数字模型（Model），BIM 是一个建设项目物理和功能特性的数字表达；②动态模拟（Modeling），BIM 是一个共享的知识资源，为该设施从概念到拆除的全生命周期中的所有决策提供可靠依据的过程；③交互式反馈管理（Management），在工程建设的不同阶段，不同利益相关方通过在 BIM 中插入、提取、更新和修改信息，来支持和反映其各自职责范围的协同作业。BIM 模糊了模型制作及绘图工作的界限，具有可视化、协调性、模拟性、优化性和可出图性五大特征。BIM 技术可将图纸和模型联系起来，三维动态模拟、二维工程图纸、工程量数据统计可同步生成。在这个概念的指导下，可对场地空间的 BIM 附加时间和成本信息，并能够在全生命周期管控工程的进度、造价和资源的分配（图 1-10、图 1-11）。

近年来，信息技术在设计领域中的应用使得越来越多的专业人员开始致力于无纸化的数字设计工作流程（分析评价、设计优化、成果提交与建造管理）的实现，研究主要集中在景观建模、地理设计、环境设计、交互式虚拟现实及景观可视化（Interactive Virtual Reality & Landscape Visualization）、风景园林设计中新媒体技术的运用（New Media Applications in Landscape Design）以及数字景观设计教育等方面（图 1-12）。德国安哈尔特应用技术大学（Anhalt University of Applied Science）每年举办一次关于数字景观（Digital Landscape Architecture）的国际会议，主要探讨信息技术在风景园林场地设计中的应用

图1-10　集场地分析、设计、建造与管理的一体化 BIM
（图片来源：http://m.sohu.com/a/162117668_740314/?pvid=000115_3w_a）

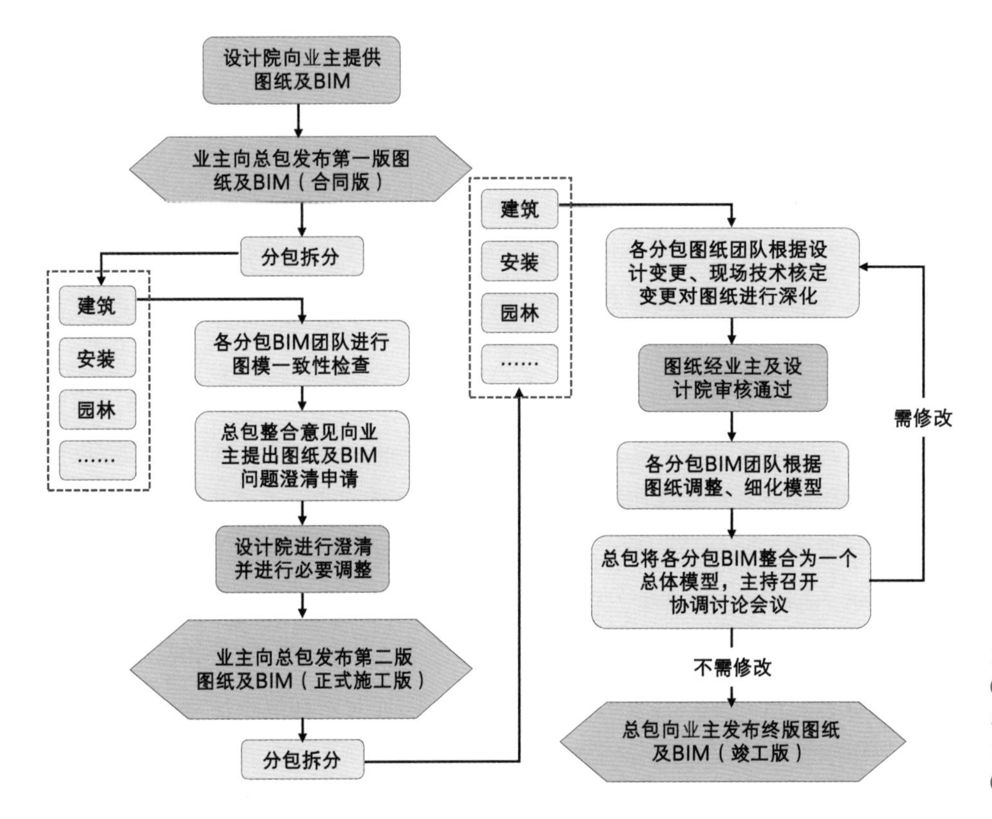

图1-11　BIM 系统建造流程
（资料来源：董则奉.BIM技术在园林工程中的应用：以上海迪士尼1.5期为例[J].中国园林，2019，35（3）：116-119.）

和发展，为相关领域研究人员提供一个国际化交流、研究的平台。

苏黎世联邦理工学院风景园林研究所克里斯托弗 · 基洛特（ChristopHe Girot）教授所持的“Movism”理念和“Video Technique”突破了以往情境化设计的不足。他在意大利撒丁岛的卡利亚里进行的桑塔基洛试验（The Santa Gilla Experiment）展示了数字景观的运用对一个地区未来的发展带来的巨大潜力。通过运用三维可视化、动态模拟与控制技术，研发了一套场地设计方法，他不仅将该方法应用于阿尔卑斯山区景观项目中，同时也在 2010 级风景园林

图1-12 计算机数控切割建模技术
（图片来源：http://digi.163.com/14/0715/05/A160D16G001665EV_mobile.html）

研究生教学计划中将这套设计方法作为教学手段。

瑞士拉帕斯维尔应用科学大学景观系彼得·派切克（Peter Petschek）教授在场地设计与操作方面进行了长期的探索，主要著作有《竖向工程：智慧造景、3D机械控制系统、雨洪管理》（*Grading : Landscape SMART, 3D Machine Control Systems, Stormwater Management*）、《数字地形与景观数据可视化手册》（*Visualization of Digital Terrain and Landscape Data: A Manual*）等，他主要研究地理信息系统辅助精细化施工，特别是在场地设计、三维可视化与施工建造方面具有丰富的工程实践经验。

彼得教授通过采集场地中各自然生态因子的地理信息空间数据，并利用Civil 3D 生成数字地形模型（DTM），结合三维建模和虚拟现实工具，实现风景园林场地地形的精细化操作（图1-13、图1-14）。他将GIS和计算机图形技术应用到场地设计和施工机械的控制中，极大地推进了风景园林设计的科学化。

然而相关领域的数字化探索直接运用于风景园林场地设计中则十分少见，特别是在场地设计过程中还难以形成有效的整体协同操作与管控。基于GIS的参数化设计模型能够完成场地操作过程中的动态模拟、分析、评测等部分环节，其理论思想、策略、技术流程、研究方法为本课题提供了一定的研究基础。尽管人们在上述各个领域都开展了卓有成效的研究工作，但并未涉及本课题预期的以交互式反馈为目标的场地操作方法以及适时同步生成多层面的设计成果方面的研究。而且目前我国风景园林地形设计领域针对参数化设计的研究尚不足，参数化风景园林设计理论研究及其工程实践方面仍十分薄弱。

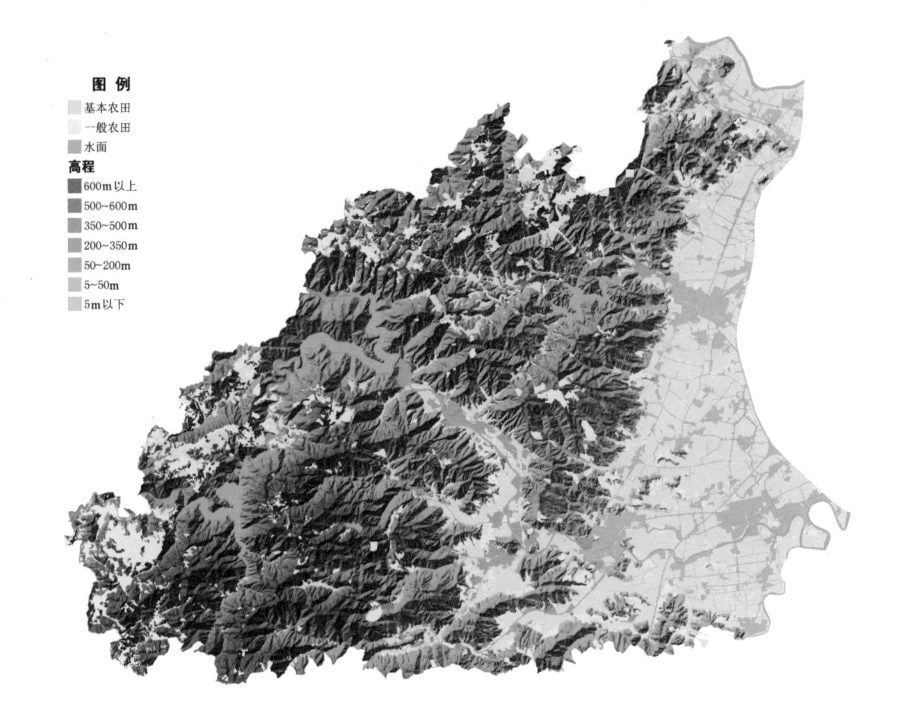

图1-13 基于数字地形分析的高程分级分析
（图片来源：http://www.ems517.com/article/11/8646.html）

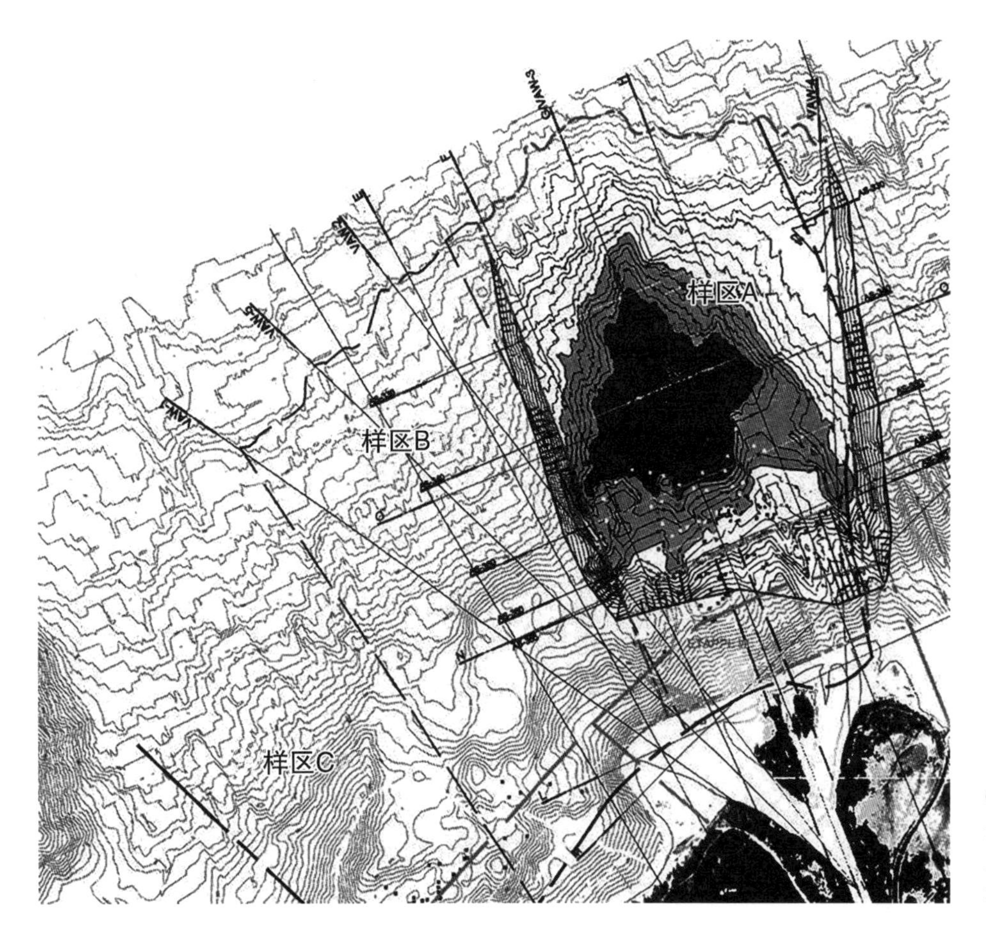

图1-14 基于地理信息系统的数字化地形设计
（图片来源：Peter Petschek. Grading for Landscape Architects and Architects [M]. Birkhäuser Architecture, 2008.）

（3）英国建筑联盟学院景观都市主义策略——“机器景观”

景观都市主义（Landscape Urbanism）是英国建筑联盟学院（AA）为硕士生开设的一门为期十二个月的设计课程，“机器景观”是该课程的核心设计策略。该策略旨在从操作上打破传统规划在技术上的标准性和重复性，尝试在城市中建立基于抽象关系的操作系统，构建跨越不同知识领域和尺度的人工生态（图1-15）。

“机器”是AA景观都市主义策略中一个重要的词汇。AA出版的一本关于景观都市主义的书籍，也将其命名为《景观都市主义：机器景观手册》

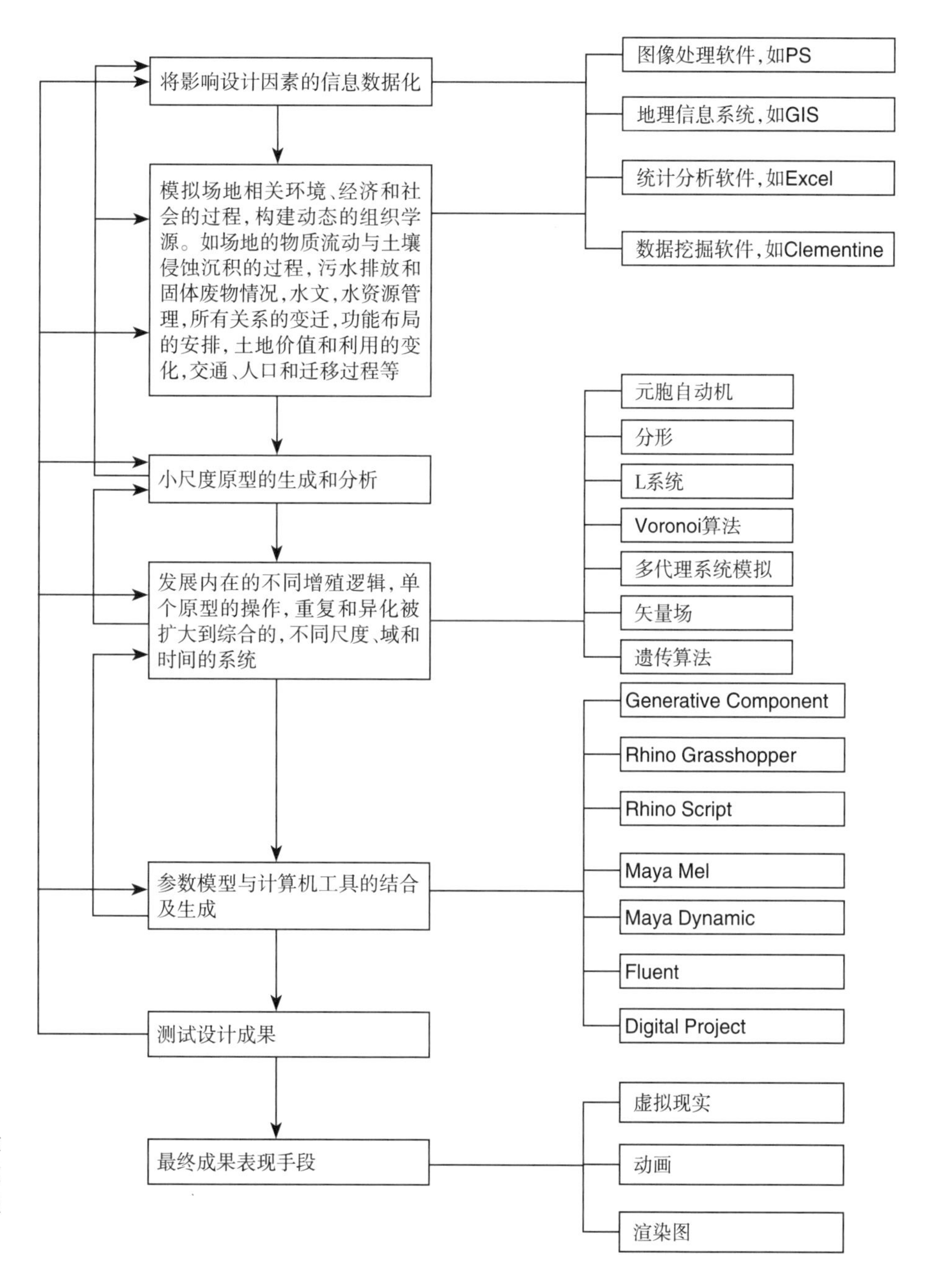

图1-15　AA景观都市主义策略
（资料来源：匡玮.风景园林参数化设计技术框架及生成方法研究［R］.东南大学博士后研究工作报告，2013（成玉宁指导））

（*Landscape Urbanism: A Manual for the Machinic Landscape*）。这里机器被定义为一系列关系的集合，与物质本身无关，伽塔里在他的《关于机器》（*On Machines*）一文中提出将“技术机器”的定义扩展到“机械装配”这一概念中。他写道：“这种‘机器’，向其环境开放，与社会组分和个体主观性保持着各种各样的联系。”这与德勒兹图解概念中“抽象的机器”本质上是一致的，借用利维（Levy）的观点来说，这里的机械系统是一个界面，它将所有元素联系在一起，称之为“超文本”。

AA 景观都市主义的这种模式通过“机器”媒介的创造来运作，这种媒介能够应对景观都市主义项目中信息的多样性，能够跨越尺度和学科组织项目，能够整合场地中暂时的和非物质的力。“机器”被描述为“技术性的控制网”，它不仅能接收和管理信息，还能产生组织和草案，最后走向物质性的表达和最终的细节。这种机制通过计算机程序对数据进行综合，从而产生组织性的图表，继而形成最终形态。

值得强调的是该计划旨在探索新的方法来应对区域网络对地方压力增加的问题。无论在对大尺度城市空间的控制方面，还是在允许自然进程同城市发展整合在一起共同形成可持续的人工生态方面，对景观的理解都将直接影响项目的发展。在这里，景观成为一种整合城市的媒介，已走出了“再现”的局限。

①场地索引（Indexical）

这里使用了“索引”的概念，而不是场地分析。引用克劳斯对索引的诠释：“索引是真实事件的具体标志、痕迹、烙印或线索——像沙滩上的脚印，暗示着以前某物的行为，是行为和行为的痕迹，是对一个过程的记录，索引指向的是‘曾经的真实’。”因此，场地索引是以动态的方式了解场地。通过实地考察，利用计算机将场地的物质流动、水文、功能布局、土地价值及利用、人口迁移过程进行分层模拟，从中探索场地发展的可能性。

②敏感系统：原型的发展（Sensitive Systems: Development of a Prototype）

经过场地调查后，组织模式既需要基于整体的自上而下的规划策略，又需要基于局部条件的自下而上的考虑。在这个过程中，设计者将深入每一个单元（原型）中，讨论单元间的关联及单元的物质性。这个阶段的重点是发展原型，建立一种可塑的模型，能在场地中连续不断地进行转换。原型的发展基于对一个或几个确定的评定标准之间的关系不断进行试验而得以实现。原型不断地进行自我演化和异化，使其能适应各种条件，并且在这个过程中凸显系统的复杂性。

③网络城市：全局行为（Network Urbanism：Global Behaviour）

这个阶段主要集中发展不同单元内在的增殖逻辑，着重于控制自我分化度、特异性及响应性。对单个原型的重复、操作和异化被放大到不同尺度和时间的综合系统中，以适应不同尺度和时间上的区域的变化。

④自我实现：规划调整（Actualisation: Regulatory Plans）

设计者在他们的设计中寻找一种来源于项目与场地相互作用后的反馈机制，这种反馈能对策略部署进行不断的重新评估。在这个阶段，项目的生成逻辑与现存的政策体系相关，因此项目表现出基于时间的规划特征。

⑤“机器景观”的局限

AA的《景观都市主义：机器景观手册》一书中对“机器”的解读存在着矛盾的观点。纳吉（Najle）提出将景观作为机器的构思：“为在控制论宇宙下进行系统混合提供了最后的机会，每种机器都有其自身的法则。机器景观纯粹是一种外在的进化，在自然中吸收了社会元素，在系统中吸收了语言。”然而紫拉·波罗（Zaera Polo）极为反对纳吉以上的说法，他认为“突变、混合以及变形很可能代替机器或科学怪人成为这个世纪‘新景观’的流行语”。

但是以上只是机器这一词语在语言上的分歧，针对机器的深层概念，紫拉·波罗等人希望抛弃这个词语的使用，特别是将其作为对当代景观的理解时。《景观都市主义：机器景观手册》并未阐释清楚机器是从景观中产生，还是将机器系统运用于景观上。

运用机器景观中的技术筛网（即机器），得到的最终结果是绿色基础设施的建构：“除了可持续性之外，景观都市主义在复杂基础设施片段中加入了自然系统，利用了自然系统中的生态性。”这种设计进程和结果被称为组织，然而，静态的结果似乎与景观都市主义提出的“在暂时流动性的世界中处理不确定的场地和条件的复杂性”有着明显的矛盾。

就像罗斯马（Lootsma）认同的那样，结果就是仅仅将场地的生态特性在作品的最终组织中呈现出来。在设计过程中，复杂系统在一系列图表中有机发展，然而转向最后的建成形式的时候，从某种意义上来说，是对这些进程的无理中断，罗布斯马称“最终这种方法仅是一种生活的假想而不是原始‘生态’下的生活（我的意思是这一方法并没有用计算机去生成生态，而是最终走向了让生态去适应计算机）”。AA景观都市主义实验性作品所表现出来的最终的、固定的形态，无法回应生态系统的不稳定性。因此，其产生的结果与景观都市主义提出的从“图像化”和“再现”转向“可操作”相矛盾。

同时AA景观都市主义采用机器对数据进行严格的分析和验证生成设计，存在一定风险。在某种程度上，AA景观都市主义的这种模式是为了创造一个数据网络，但最终它仅是一个自我参考的系统，而并不是对真实世界的反映，利用合适的数据产生了形式，其结果也仅仅只有形式而已。就像罗克斯沃西（Raxworthy）指出的那样，如果用这种方式来考虑组织，那么这种方式离“仅是对形式生成的适当阐释”也不远了。而这种植入的自我参考的数据系统，对机器景观、景观都市主义的解读过于琐碎，是否能引导城市环境向良性方向发展还有待理论及实践的验证。

（4）新西兰国立理工学院研究项目——非线性系统模拟

新西兰理工学院（UniTec）罗德・巴内特（Rod Barnett）教授一直以来致力于非线性系统的研究，他将景观视为流动的、开放的以及不可预测的复杂自适应系统，关注的焦点从“对象”转向景观内在的过程、关系、力、流动以及网络。他认为，当今的景观，正如詹姆斯·科纳（James Corner）所述，是“综合的以及带有策略性的艺术形式”。基于这样的理论背景，罗德・巴内特在新西兰理工学院景观与植物科学系任职期间，从事了对位于太平洋岛的一系列城市的研究，基于生态干扰理论，利用多代理系统（Multi-agent System）模拟复杂系统运动，之后对那些周期性遭受飓风灾害的聚居地进行规划和设计。

非线性系统模拟项目以计算机模拟技术为支撑，一方面可用于模拟真实世界，另一方面也可将一种自然进程转译至另一类景观进程中。例如运用 L- 系统可模拟植物的生长过程，模拟过程中赋予 L- 系统不同的参数，例如叶子的密度、分支长度等，将其对应于另一景观系统中的各个要素，如用其研究某一村落的演化发展，那么就能模拟出类似于树木生长的村落演化发展过程。这是一种将计算机模拟技术介入设计构思的过程。非线性系统模拟应用实例——运用干扰理论激发人类聚居地的自组织性，辅助城市及社区的规划设计。

①灵感来源：太平洋的热带森林飓风干扰后生态自我修复的启发

克来门式（Clements）生态学理论中视干扰为自然发展过程中必不可少的部分。克来门式认为生态系统是封闭的、稳定的、自我控制的系统，从而发展了一种相对持久的生态群落，将其定义为顶级群落（在不受干扰的情况下能生长的所有植物）。当今，生态学家一致认为这种有活力的、稳定的生态系统是开放系统，处于不断流动的状态中，运行于平衡的边缘。这种流动性是由干扰引起的，包括自然的干扰和人类的干扰，并且这两种类型的干扰因素被认为是保持生态系统健康的关键要素。

因此，太平洋生态系统中的飓风干扰可被视为保持生态系统健康的必要条件——生态系统需要干扰来维持它们的生命力和完整性。在太平洋的生态环境中，海洋生态系统和陆地生态系统都能以极快的速度从自然灾害中恢复过来。它们的恢复力即灾后正反馈影响下的重新组织能力远大于负反馈对系统造成的影响。

2004 年 5 月，纽埃岛（Niue）遭受了强大的热带飓风的袭击，生态系统在这种极端破坏情况下展现出了迅速修复的能力。飓风导致阿洛菲（Alofi）南部全部受灾，摧毁了城镇以及与之相关的全部基础设施，当地海平面上升时，又摧毁了岸边所有的植被，大量的岩石和表层土被卷入海洋中。大约飓风后三个月，城镇还处于恐慌中，大量清理的工作还未完成，但是这个时候人们发现，那些植物，哪怕是生长在受到影响最大的区域，也开始恢复了。种子开始发芽，植物不仅从断裂的茎处重新繁殖，还从岩石缝隙中残留的根部开始繁殖，大量沿海植物保留了下来。

这种自然系统的恢复力启发了设计师思考运用干扰理论来对太平洋聚居区进行设计和规划的可能性。他们认为如果生态系统在干扰事件（如飓风）后可以进行自组织，那么同样的模型也可用于人类聚居地的恢复。纽埃岛在重建过程中最大的困难是经济问题，纽埃岛只有 1 500 人，脆弱的经济来源大多依赖于资助。纽埃岛大量基础设施的重建带来了极大的经济负担，并且很难得到资助。从一开始人们就知道，不可能简单地恢复被破坏的一切。阿洛菲人口稀少，飓风沿着 5.5 km 的道路蔓延，没有明显的中心。

②模拟方案制定

这个研究团队假定太平洋岛需要基础设施使城市能在动态的条件下运行。如果构想一种可以发展演化的“社会—空间”模式，而不是一种基于建筑单体的城市模型，那么城市就能从生态中得到自组织的恢复特性。“集群—演替—干扰”这一过程明确回应了城市发展的演化进程。但是典型的城市聚居区无法像自然系统那样，将飓风作为系统必不可少的一部分而吸收进来，城市聚居区是排斥飓风的，因此系统尝试将其排除在外。

为了检测“群集—演替—干扰”这一模型对恢复被飓风侵袭的聚居区是否有利，第一步是要对传统纽埃村落进行建模。其中需要描述房屋类型、活动与空间之间的联系、居民生活的中心点（市场、教堂、诊所等），以及上述这些要素与自然生态之间的关系，从而形成更大尺度上的形态模式以及纽埃的聚居网络。纽埃传统村落的结构模式展现了其社会、经济和文化的流动，同时太平洋边的生活模式被嵌入其中，并且传统的土地占有制是限制村落发展的因素之一。

所有这些信息都有必要考虑到计算机建模中去，研究者发现这些琐碎的信息不仅极难被完全收集，而且其内在复杂性远远超出了他们的建模水平。他们开始从一种更为简化的“村落”模式着手，从中构建更为复杂的系统。他们认为观光胜地非常符合他们的标准。这些观光胜地与村庄一样受到飓风干扰，但以一种相对简单的方式在运行。旅游胜地的组织方式与旅游业的运行机制息息相关，可称之为基于消费的系统。太平洋岛旅游地的运行没有太平洋村落具有的土地所有制、宗教结构等复杂元素。旅游地可被认为是聚居区系统的简化，但依然需要处理包含其中的大量关系。对研究者们来说，更重要的是太平洋岛的旅游地与聚居系统一样，也未将飓风作为系统发展必不可少的元素来对待，而是表现出了对飓风的对抗。

③景观系统建模

景观系统建模的实现首先需要确定一种合适的计算机模型环境。由于大多数建模软件包都是研究机构开发的产品，需要高级的计算机编程技术。因此，研究者选用了一种相对容易学习的软件 NetLogo，这种软件适合景观设计师学习，并且拥有大量的数据库（大多基于生态学），研究者认为这种软件适合于项目。NetLogo 软件是一种多代理的程序语言，通过模拟自然和社会现象对环境进行建模。它也极其适合于随时间变化而发展演化的复杂系统。

设计师利用 NetLogo 软件首先构建一个热带森林模型。这个模型创造了一个简化的热带森林，由适合于树木生长的土壤和两种类型的植物组成，一种植物的种子由风传播，另一种植物的种子则由鸟类传播。然后，设计师为模型建立了三个规则。第一，对植物的生长、分布以及与环境的关系进行控制。当程序开始运行，即能观察到森林随时间变化的演化发展。植物将进行生长、繁殖、与环境发生作用、死亡。NetLogo 软件可使任何一个变量发生变化，比如植物产生的种子的数量、植物的生长速度，等等。第二，为飓风破坏后的影响制定规则，并且将之后的生态恢复引入到模型中。这些规则控制着各种各样的因素，例如飓风的强度、植物被侵袭后遭受破坏的范围、海浪破坏的影响，以及由于盐水泛滥导致的环境改变。第三，引入恢复性的规则。植物的恢复不仅通过常态的种子传播进行繁殖，而且还通过植物的残留段进行繁殖，即被破坏的树木的重新生长。此外，这些变量中的每一个都是可调节的，因此不同飓风强度下的不同修复能力都能被观察到。

尽管模型在许多方面进行了简化，但是模型的确显示出模拟自然系统的可能性，并且展现了系统面对干扰所做出的回应。在对模型的观察过程中重要的是，即使在相同的条件下，结果多少也都会有所不同。模型运行的结果是涌现的模式，而不是可预测的或重现的结果。这与将景观系统作为非线性系统的理解相一致。

在确定了 NetLogo 软件可以用于自然景观动力系统建模后，下一步是将上述模型应用于旅游地规划设计。第一步是在 NetLogo 软件中建立一个旅游场地，输入关于这个场地的 GIS 数据以及调查所得的物质方面的数据（包括水域调查、生态分析、树种调查、水文分析，以及对同一海岸条件下其他旅游地的调查)。一系列规则指导着构筑物如何对应风与海浪的破坏与袭击，这样一个基于现状的建议性策略就出现了(这个过程相当于上述自然景观建模中的第一个规则)，这时开始运行上述飓风破坏模型。之后，上述修复模型(基于热带雨林群聚—演替—干扰规则的模型)被引入旅游地模型中，观察如果旅游地在飓风干扰后被允许按照这些规则重新组织，将会发生些什么。

旅游地模型中最重要的元素是别墅和活动中心(如饭店、酒吧、游泳池、儿童俱乐部等)。规则的制定围绕着离海滩的远近、活动中心的受欢迎度、交通、树木的繁殖(指人工控制的树木繁殖，而不是自然系统的树木繁殖)等要素。此外，在这个热带森林模型中，旅游地模型的结果只是一个通用模式，而不是一个新的旅游地设计。规则控制着模型中的各种关系，为满足一系列目标而制定，这些目标与传统设计方法中的相同，包括别墅与活动中心之间的最小距离、别墅与海滩之间的最大距离等，旅游道路的设定需要照顾别墅(不能太近)与活动中心(容易到达)两方面。模型以系统的方式展示了这些需求可通过不同方式得到满足，当变量发生变化，例如由于飓风干扰环境发生变化，旅游地就涌现出新的设计可能性。当周期性的飓风发生时，模型展示了对变化条件的有趣的回应。模型并不是对被破坏的建筑物进行简单的重建，而是展现了旅游地如何适应变化的环境条件并对其做出相应的回应。这种方法的使用既能表达旅游地的动态的特性如何对飓风干扰做出回应，同时还尝试满足预设的“消费”目标。

④项目结论

把热带雨林和旅游地的研究结果放置在一起，显示了对自然景观系统建模的可能性，并且这些模型能对干扰事件做出回应。同时说明也能用于对人类行为系统的建模，尽管人类行为的不可预测性限制了基于规则的那些关系的复杂度。需要注意的是，那些模型的结果并不是设计本身，而是对设计多种可能性的开放性的新思考。较为有用的是，从反馈机制的复杂关系中涌现出的新的旅游地形式可在 NetLogo 软件中得以操作。多重假设分析可在旅游地设计的最初阶段进行探索，探索的结果不仅有助于形成最终的旅游地设计，同时还能构筑飓风袭击后的重建场景。从更广泛的意义上来说，研究者展现了自然景观系统的模拟在景观规划与设计中的重要作用。这只是将多代理模拟模型纳入景观设计领域的初级探索，然而其已经显示出以数字化建模进行系统模拟的方式处理景观这一复杂系统的巨大潜能。

此案例中采用的“参数化”规划方法可概括为：场地条件影响因素分析—通过复杂系统模拟产生算法—运行算法生成结果，并对其进行分析、评估，从而了解场地如何适应变化的环境条件以及如何对其做出相应的回应。模拟的结果并非规划设计本身，而是为规划设计的多种可能性提供了开放性思考的方向。

1.2.3 数字景观技术的应用

传统风景园林设计往往是基于经验，以感性为基础。因而，建立在设计实践基础上的研究也多采用定性的方法。然而纵观科学的发展史，自 19 世纪末起，在数学逻辑发展的助力下，人类求知的活动逐渐从启蒙运动之后的唯心主义转向了实证主义，走上了一条量化、实证的道路。亚里士多德的形式逻辑概念被以数学为基础的符号逻辑体系所取代，诞生了定量研究的现代科学研究方法，成为 20 世纪以来科学研究的主流方法。

现代的风景园林学是兼具艺术与科学的学科，需要定性的研究方法，也离不开定量方法的支撑。定量的方法帮助风景园林实现了科学化的发展。20 世纪 40 年代末 50 年代初揭幕的第三次科技革命标志着人类社会正式进入了信息时代，即数字时代。数字技术（Digital Technology）与电子计算机的发展相伴相生，对风景园林行业也产生了深远的影响。当代数字技术的发展，不论是软件还是硬件的进步，均辅助风景园林研究从感觉到知觉、从定性到定量的转变。

数字景观技术的应用对于风景园林规划设计过程中的数据收集与测控、数据分析评价、数字生成与建造均有重要价值，涵盖了园林规划、设计、施工直至管理的全过程。

风景园林学致力于人与自然的和谐发展，随着当代适宜科学技术引入、定量与定性研究的结合，作为科学的艺术，风景园林学必然进入新的发展阶段。数字时代背景下的景园规划设计，借助大数据、群体的智慧来实现风景园林学科的永续发展，实现行业的革新与进步。

（1）景园数据采集与测控

传统风景园林设计过程中，数据的采集工作完全依靠人工完成，难以避免主观性、模糊性的弊端，尤其是面对大中尺度的风景环境时，其局限性较为突出。遥感技术、航测技术、三维扫描技术等数据采集技术的发展改变了传统的调研与资料收集方式，极大地提升了调查研究的精准性。新技术的运用不仅提供了更为全面、客观的数据资料，也呈现了传统调研方法难以收集的环境信息，从而为风景园林设计提供了新的视角（图 1-16）。同时，互联网的普及以及相关软硬件设施的提升，使得公众获得数据的来源更广泛，数据类型更多样、样本更丰富，如 OSM 开源地图数据（CAD 矢量地图）、DEM 高程数据（三维地形）、城市 POI 数据（城市空间点定位）等。

（a）无人机倾斜摄影

（b）图像点云数据获取以及三维实景建模

（c）三维激光扫描仪与成果展示

图1-16 景园数据采集与三维成像
（图片来源：https://image.baidu.com/search/index?tn=baiduimage&ipn）

2015年7月4日，国务院发布的《国务院关于积极推进“互联网+”行动的指导意见》中指出，“在全球新一轮科技革命和产业变革中，互联网与各领域的融合发展具有广阔前景和无限潜力，已成为不可阻挡的时代潮流”，并提出将“‘互联网+’绿色生态”作为发展的重点之一，完善污染物监测及信息发布系统，形成覆盖主要生态要素的资源环境承载能力动态监测网络，实现景园生态环境数据的互联互通、动态监测、实时反馈和开放共享。在数字时代背景下，数字化的信息收集与测控技术为风景园林师们评估、检验设计的效能提供了客观、有效的途径，也为后续设计工作的开展积累了基础数据。

（2）景园数据分析评价

基于前期数据采集的数据分析评价工作是整个风景园林设计过程中极其重要的一个环节。科学的研究离不开定性与定量的评价方法，然而无论是量化还是质化的评价方法体系均离不开数据分析的支撑。数据分析技术的优劣与结论的可靠性和有效性紧密关联。GIS具有强大的数据库功能，在可视化表达的同时能够即时生成关联数据，为数据的量化比较与分析提供了便利。此外，ENVI、ERDAS、Depthmap、Fragstats、Fluent、Urbanwind等一系列数字化软件为包括地理分析、空间分析、生境分析等的风景园林设计分析与评价提供了支撑。与此同时，层次分析法、模糊数学法、人工神经网络等各类型的评价方法也得益于计算机技术的发展而不断改进、完善。对于风景环境这一复杂系统，利用数字技术对环境进行精准分析与表达，使得设计的依据更加可靠，主动规避单纯凭经验引发的误判，从而使设计结果更具合理性。

伊恩·麦克哈格
(Ian McHarg)
和叠图法

罗杰·汤姆林森
(Roger Tomlinson)
和GIS分析软件

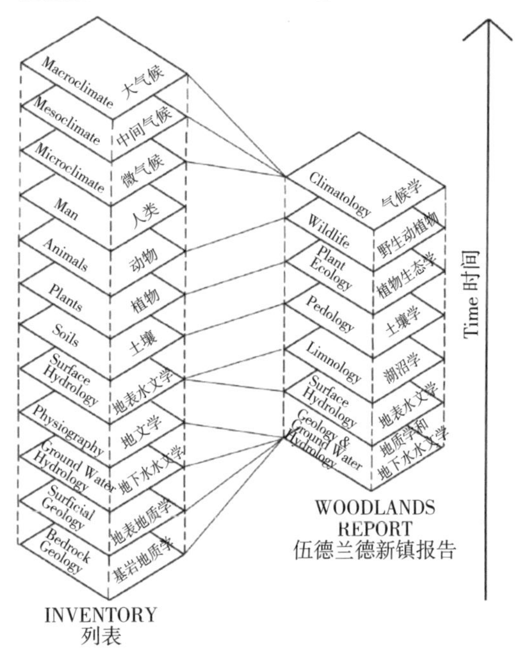

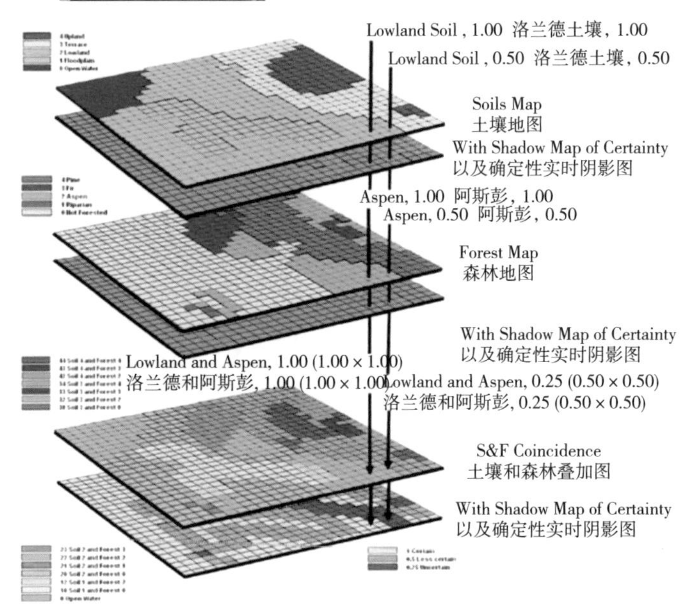

图1-17　从McHarg叠图法到基于GIS的数字化叠图法
（资料来源：www.sohu.com/a/153155162_655781）

数字时代，景园数据分析处理的手段与技术显著提升，从伊恩·麦克哈格的叠图法到 GIS 等绘图分析软件，数据的处理速度加快、效能提高（图 1-17）。数字时代，数据从二维平面走向三维实体空间变得更加可视化：图表类数据的可视化如柱形图、热力图，地形的可视化如高程、坡度、坡向、日照、道路坡度、雨水径流等，空间的可视化如日照、城市排水、人口密度、交通情况、城市容积率等（图 1-18、图 1-19、图 1-20）。

（3）景园方案生成与建造

对风景园林规划设计而言，数字技术不仅对设计的表达方式产生了影响，同时也借助以信息科学为基础的协同工作对整个建造过程进行了重塑，旨在实现设计全生命周期数字化管理的建筑信息模型（BIM）或景观信息模型（LIM），已成为当下研究的热点。利用数字技术辅助设计施工建造，是以数字化生成与建造为核心方法的参数化设计流程中的重要一环，也是当代风景园林设计方法发生的重大变革。随着计算机技术在设计领域里的深入应用，3D 打印技术、轮廓工艺、数控加工等已成为常用的设计建造手段。越来越普及的数字流使得设计与建造、施工等过程的联系更加紧密。在风景园林工程施工环节中，基于三维全球卫星导航系统（3D GNSS）的机械控制技术已较成熟

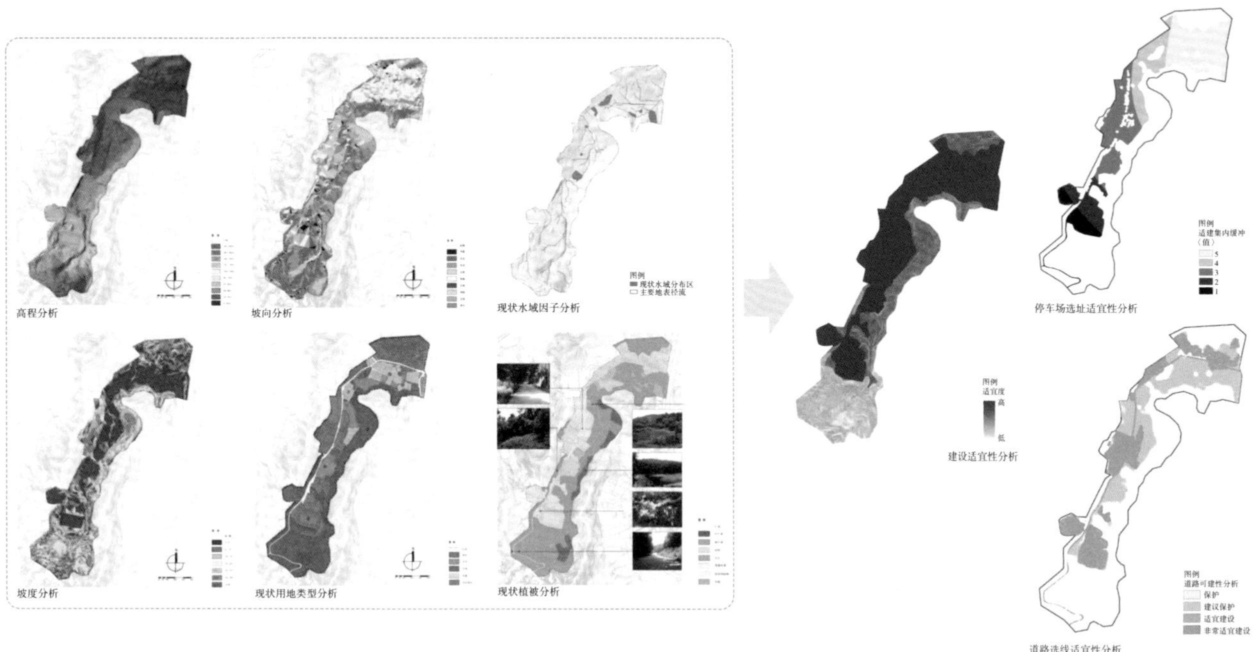

图1-18　基于GIS平台的场地适宜性研究示例

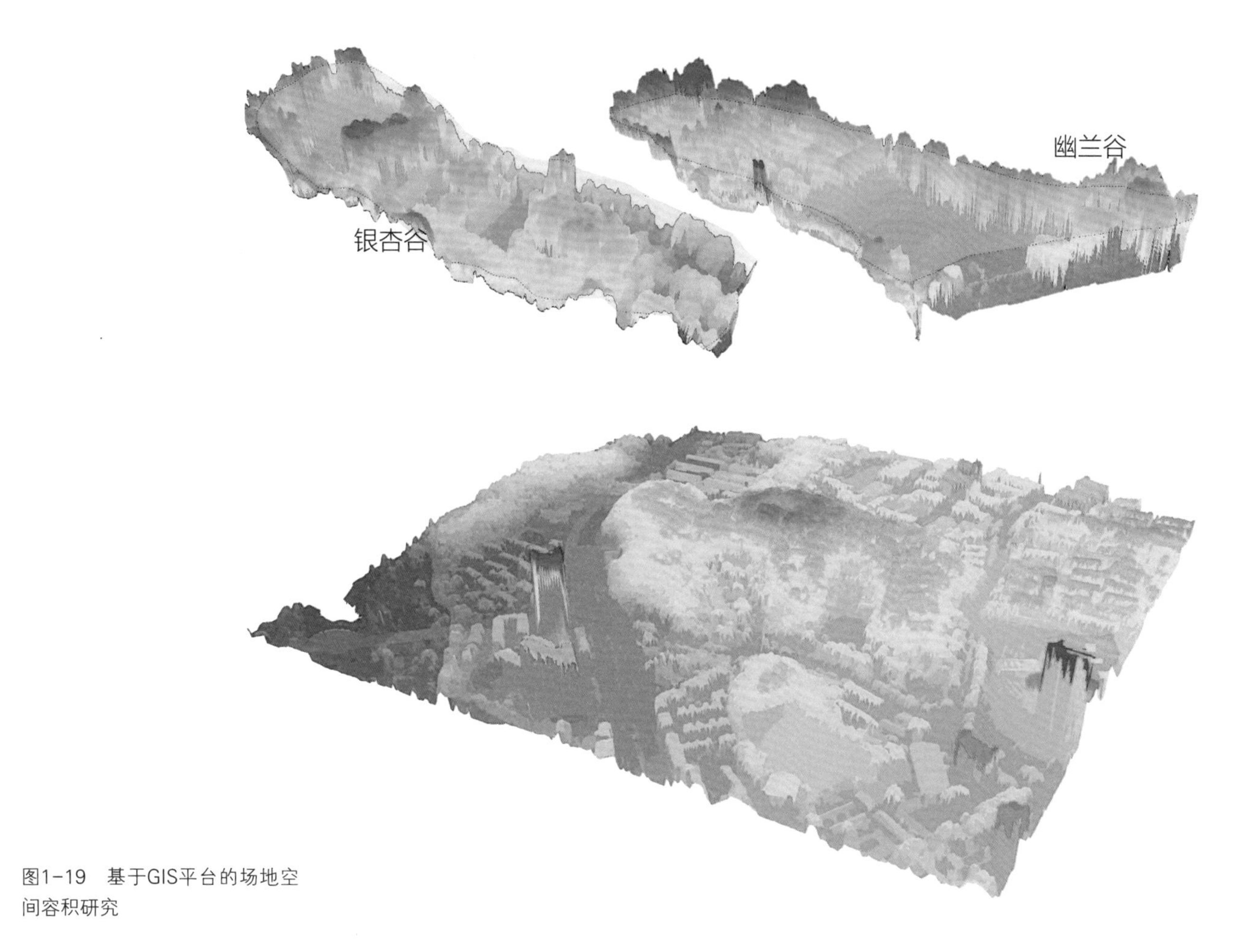

图1-19　基于GIS平台的场地空间容积研究

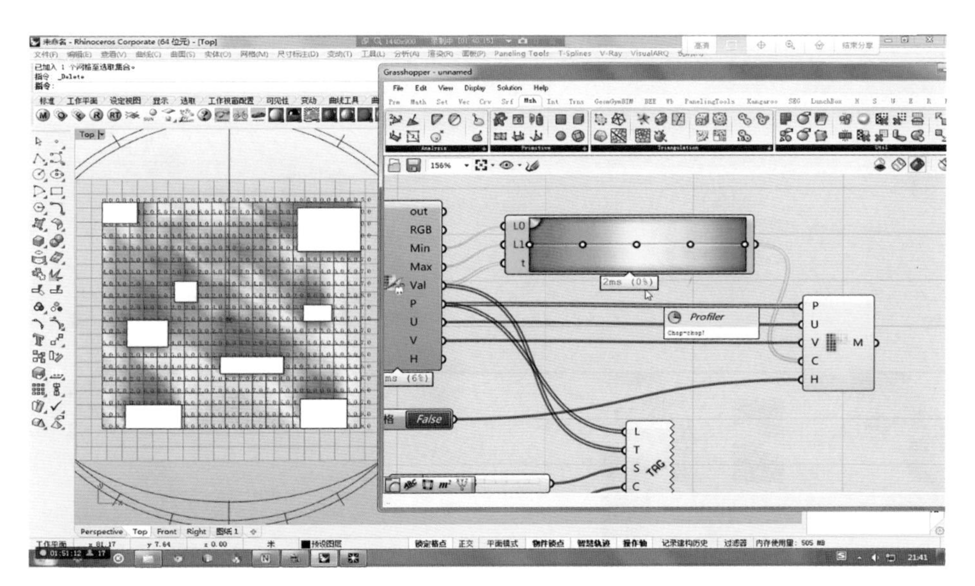

图1-20 Rhino结合GIS平台的场地及建筑日照分析示例
（资料来源：www.iarch.cn/architecture）

地运用于景园的营建。通过将设计完成的三维地形模型输入建造机械终端可以实现地形营造的全自动化，这不仅节省了人力、物力，提高了施工效率，而且十分精准迅速。

从某种程度而言，建造技术的数字化变革从另一个方面促进了风景园林设计方法的发展，并体现在从设计思维到设计表达、输入到输出的设计全过程。数字时代，前期数据采集和数据分析的更新与进步为景园设计方案的生成提供了更多、更合理的数据支撑；方案的生成可通过多方案的模拟比较进行更合理的推敲与比选（图 1-21～1-23）。因此，景园设计方案的生成更具科学性与合理性，为真正实现景园艺术的科学化奠定了基础。

（4）景园数字技术辅助下的设计虚拟呈现

虚拟现实技术（VR）是一种对环境信息模拟的计算机仿真技术，在军事、教育、娱乐、医疗、设计、建造等各行各业均有着广泛的应用。数字化模拟技术是当下国内外数字景观研究的热点领域之一，包括测量及影像处理技术、景观环境的可视化技术、过程模拟技术等。通过图形处理及显示，虚拟现实技术能够将风景园林设计成果以三维立体的方式呈现给受众，并使受众具有强烈的沉浸感（图 1-24），在此基础上实现对设计方案的评价、行为心理的研究、植物生长的模拟等。虚拟现实技术作为交互式呈现系统的一部分，还极大地改变了传统设计方法中单纯对二维图面的依赖，将景园设计研究从二维引向三维。虚拟现实技术通过提供仿真的设计环境使景园设计过程变得更加直观，由于设计过程与结果的实时呈现，风景园林师能够迅速地做出反应，对方案进行调整优化。

综上，数字技术不仅丰富了设计成果的呈现方式，从虚拟呈现过程（即

根据降雨历时1小时重现期为2年、10年、100年一遇暴雨设定，模拟襄王路海绵城市试点项目海绵系统雨水蓄水及地表径流削减绩效，对设计海绵系统进行评估，其结果如图：

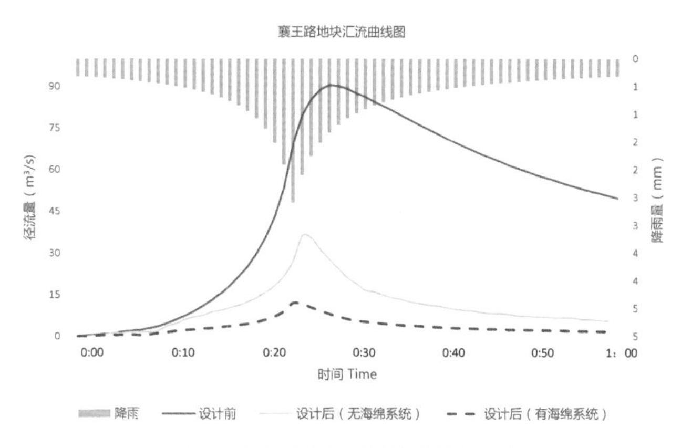

重现期为2年的海绵系统滞蓄绩效（P=2a）

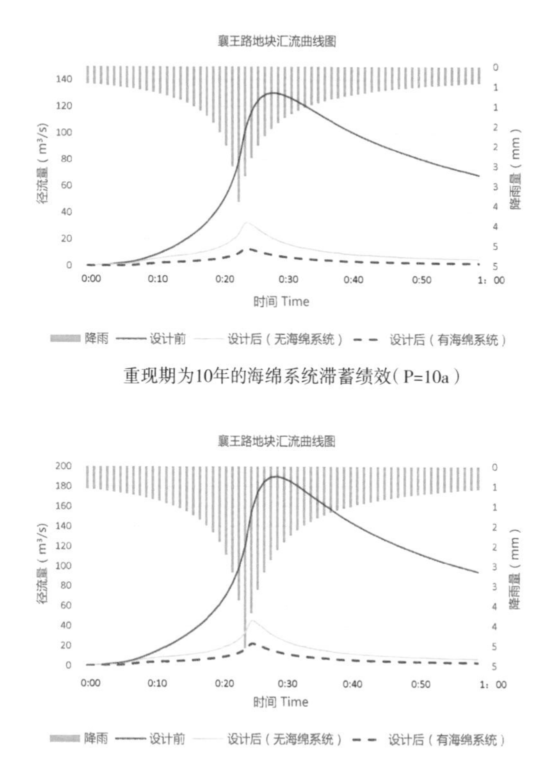

重现期为10年的海绵系统滞蓄绩效（P=10a）

重现期为100年的海绵系统滞蓄绩效（P=100a）

图1-21　绿地海绵绩效数值模拟

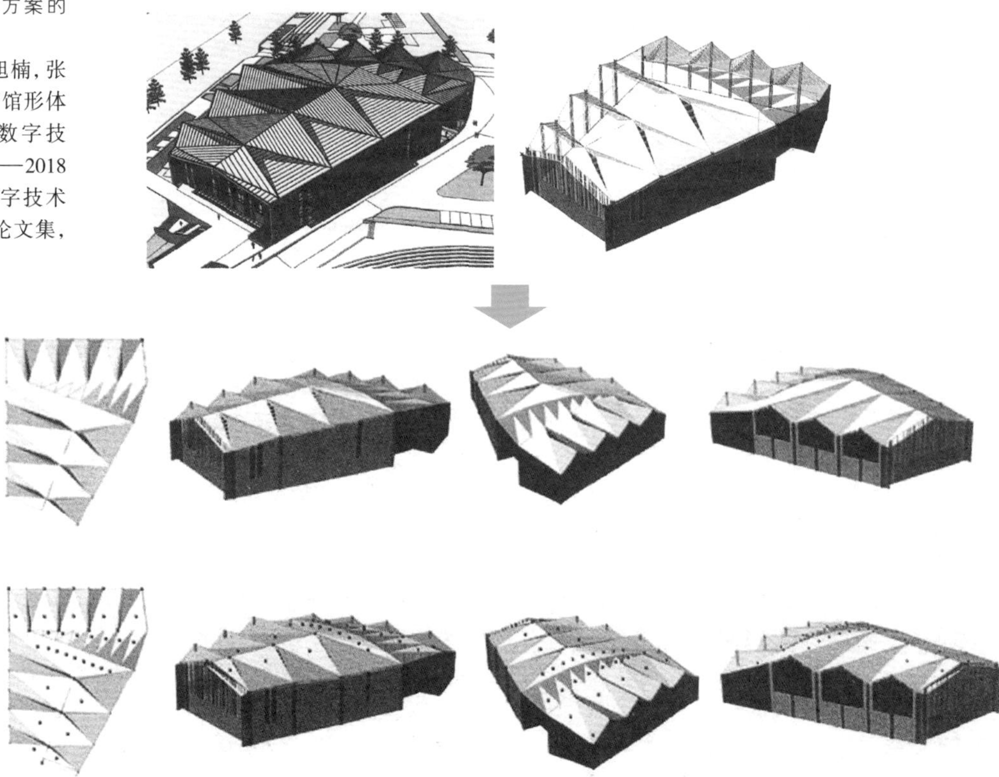

图1-22　软件辅助下的方案的形体推敲

（资料来源：郭欣宇，王旭楠，张龙巍. 基于参数化的体育馆形体集成优化设计研究[C]//数字技术·建筑全生命周期——2018年全国建筑院系建筑数字技术教学与研究学术研讨会论文集，2018.）

（a）3D打印与设计成果展示

（b）参数化建造

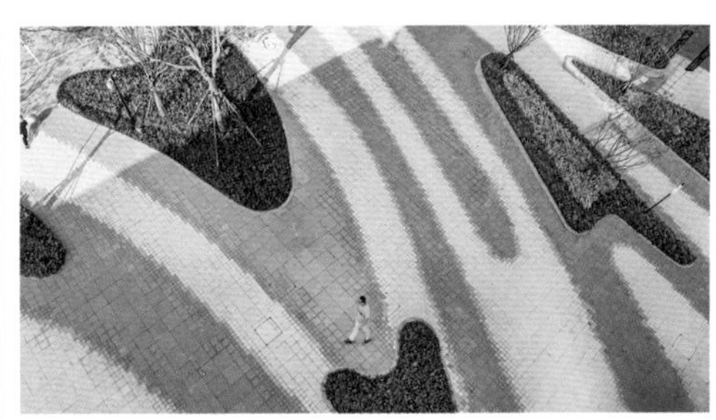

（c）参数化铺装

图1-23　设计效果全真展示与参数化辅助建造

（图片来源：https://image.baidu.com/search/index?tn=baiduimage&ipn）

图1-24　方案效果三维可视化呈现

模型与效果图等）到施工环节以及最终的绩效评估，实现了定量精准、实时可视与全程可控，而且极大地释放了设计者的创造才情，从而极大地推动了风景园林行业的科学化发展。

1.3　数字景观的价值

风景园林本身具有科学与艺术的双重属性：风景园林是艺术的科学，景园环境中超过 80% 的要素从属于自然，需遵循自然的规律，而不以人的意志为转移，因此景园规划设计应当遵从科学、理性、客观的价值判断。风景园林又是科学的艺术，它以科学为起始点，以艺术为最终归宿。但是又因为其具有科学的属性，从而具有可量化性和规律性，与艺术不完全相同。从追求感性到理性、从定性到定量、从或然到必然、从经验到规律，这样的转变正是数字时代给风景园林带来的机遇，也为机遇的实现提供了条件。

风景园林是较为复杂的系统，其中大量有机要素的存在，使得景园规划设计与建筑设计、城市规划相比有着自身的特殊性和差异性。风景园林的设计具有多变量、多目标及动态性特征，数字技术的介入为景园规划设计提供了理性的支撑。其中，参数化的规划设计与景园规划设计的内涵相契合，可以在复杂系统中通过多变量调控实现最优设计。其特点为：一方面通过大数据等技术提供了选择、评价、判断对象的多种辅助手段以及多方案的比较方式，提高了工作效能；另一方面，借助于计算机软硬件技术，通过构建平台，把复杂的巨系统整合于同一平台或在多个互相衔接的平台上加以运算，实现对多要素的统筹与驾驭。有意识地运用电脑可以帮助设计师突破人脑的局限性，将思维从烦琐的过程与分析中解放出来，充分施展才情，并发现问题，寻求突破性、开放性思维以解决问题。

1.3.1 从定性到定量——走向科学的景观规划设计

传统的风景园林设计中感性描述较多，而理性地针对风景园林环境因素的量化研究较少。此外对风景园林设计的评价大都停留在建成后评价的层面，不仅缺少拟建环境中的生态群落、水文特征、基础设施、风景资源等方面基本数据库的建立和信息化处理以及相关前期评价，而且缺乏对量化结果的再评估，进而无法生成有效指导风景园林设计的“阈值和区间”。

1.3.1.1 定性

定性的设计方法主要是针对设计对象的性质关系确定相关的设计方向，比如功能、技术、材料、审美表现等宏观的价值判断因素对整个设计过程的影响，由此根据设计类型进行相关设计流程规划，并对设计风格的选择、设计材料的使用、设计审美的表述、实施技术的运用等进行合理判断。定性的设计方法论一般不针对设计结果进行精确标识。

定性建模是一种对深层知识进行编码的方法，关心的只是变化的趋势，例如增加、减少、不变等；定性推理指对定性模型的操作运行，从而得到预估的系统行为，着重于结构、行为、功能以及它们之间的关系描述。定性建模与推理的方法是利用常识解决问题的有效途径。定性评价法主要是基于同行或专家过去的知识和经验对评价对象做出主观判断，并通过语言文字构建出描述性评价体系。

1.3.1.2 定量

定量是指以描述性评价体系为基础，通过数学加权方式对评价的分数和权重指标系数进行确定。定量评价法是通过把复杂现象简化为指标或相关数据，对若干指标或相关数据进行统计，并用数值比较来进行判断分析的方法。基于定量评价的设计方法是指根据设计的功能，确定材料用量、技术选择、工艺流程等涉及可量化因素的计量，并以某种标准确立指标性数据精确描述设计结果的设计流程。

一般认为，自然科学的大部分领域都已能够运用数据精确量化的方式进行定量的研究。从科学的发展史中我们可以发现，19 世纪末人类求知的活动逐渐从启蒙运动之后的唯心主义转向了实证主义，在数学与逻辑发展的助力下走上了一条量化、实证的道路。定量研究即通过数值与区间的分析与比较而得出结论的研究方法和过程成为现代科学研究的主要方法，决定了20世纪以来科学的发展。定量研究的主要步骤包括数据的采集、分类、整理和分析。

1.3.1.3 从定性到定量

定量与定性是相对的概念，二者同为社会科学领域的一种基本研究范式以及重要步骤和方法之一。一般而言，以定量研究为主的研究方法称为“精密科学”，而以思辨和定性描述为主的科学则被称为“描述科学”。经验性知识的求解，多以知识的启发式方法考虑问题，由于许多知识难以精确描述，不能用精确的数据定量处理，更不能像控制系统那样建立定量的数学模型，因而只能采用定性的方法描述。如果其中包括部分可定量描述的部分，则采用定性与定量相结合的方法对系统进行综合处理是最恰当的。

20世纪90年代，钱学森先生针对开放的复杂系统问题，提出了“从定性到定量的综合集成”方法论，从哲学层面阐释了定性与定量方法的关系。定量研究与科学实验研究密切相关，通过定量的分析有助于实现研究的科学化。与定性的方法相比，定量研究强调事实的客观实在性，而定性研究强调对象的主观意向性；定量研究注重经验证实，而定性研究注重解释建构；定量研究主要运用经验测量、统计分析和建立模型等方法，而定性研究则主要运用逻辑推理、历史比较等方法，同时，定性研究可以把大量零星点滴的分散定性认识汇集为一个整体，以达到定量的认识。定量研究与定性研究相比最大的优势在于能够得出比较客观、理性的结论。由于定量研究需要将对象以数值或区间的形式表达，所以数据的准确性将直接影响最终分析结果与客观事实的吻合度。指标约定了预期达到的指数、规格、标准，利用指标体系进行评价是对事物进行量化的有效方式。由不同的参数组成的指标体系能够形成一套有机的评价系统，可以对事物的数量和性质进行描述。当从不完整的定性认知到比较完整的定量界定，就达到由定性研究向定量研究的飞跃。当对某个定量问题进行研究达到新的定性认识，又促使定性认识向更高层次的定量认识转变，就形成认识上的又一次飞跃。

作为复杂系统的风景园林，其研究必须坚持“定性到定量的综合集成”。当下，随着风景园林学科科学化的推进，各个方向的研究中均引入了定量化的方法，包括空间形态量化评价、景观资源可持续性量化评价、景观结构量化评价、色彩量化分析、声景观量化分析、环境容量的量化评价、适宜技术的量化评价等。风景园林学科中量化方法的运用主要是通过数据的采集或构建评价体系获得可进行比较的数值或区间。量化分析与评价方法的应用将风景园林的研究由定性引向了定量，极大地推动了风景园林规划设计的科学化。

1.3.1.4 定性与定量的融合

传统的风景园林规划设计思路和过程常常依靠设计师的个人经验和对场地的个人体会，具有很大程度的模糊性与主观性。容易存在仅仅按照简单的系统工程的处理方法对景园环境进行规划设计的情况，而忽视了设计场地的生态、社会、经济等方面的耦合属性，简单地将场地视为一个有形的空间构架，一个由点、线、面构成的集合空间体系，仅凭依据的规模指标作为规划设计导向。如此一来，由于缺乏对复杂系统自组织演化不确定性的预测，导致规划设计的可实施性欠佳。从 20 世纪开始，计算机已经得以普遍应用。传统的风景园林规划设计对计算机的应用只是依靠计算机辅助设计建模和出图，并未真正利用数字技术进行科学、系统的分析、模拟、监测等，因此不能解决规划设计所面临的海量数据综合与知识挖掘等问题，难以与数字中国、智慧城市等发展理念有效衔接。

由于传统的景观规划方法不足以解决复杂系统中的诸多问题，因此寻找适合学科发展的方法论显得尤为重要。方法论是指研究事物所遵循的途径和路线，在方法论的指导下，解决问题的方法可以有多种。从近代科学到现代科学的发展过程中，被称为“精密科学”的自然科学完成了从定性到定量的研究方法的转变，这对风景园林专业研究方法的变革具有启示和借鉴作用。风景园林学科是兼具自然科学与人文科学属性的交叉学科，研究中难免存在被称为“描述科学”的情况，但目前蓬勃发展的数字技术的支撑可以使描述性部分逐渐向精密化方向接近。因此，依托于数字技术，从定性到定量的综合集成是风景园林学科研究复杂系统、满足多目标需求的必然方法。

数字景观作为风景园林学科在研究方法上具有革命性的思想和方法导向，采用数字流贯穿景观规划设计各环节的方式，将人机结合的思维、经验、资料和信息集成起来，从多方面的定性认识上升到定量研究，推动了风景园林学的科学化发展。从本质上讲，数字景观全过程的工作是对思维的整合——包括抽象（逻辑）思维、形象（直感）思维、社会（集体）思维以及灵感（顿悟）思维。从形式上讲，数字景观实现了人机结合的工作状态，达到人机思维的互补与融合；从表达方式看，二进制数据流作为贯穿整个规划设计活动的载体，能够有效沟通和协调风景园林规划设计各环节的运作以及实时对设计效果进行可视化呈现；从研究结果看，数字景观完成了定性到定量的转变，将对具体问题通过感性认知得出的定性描述上升到全面、理性的定量研究。因此，数字景观是时代发展对风景园林学提出的必然要求。

1.3.2 走向精细化的风景园林

目前我国大量的风景园林工程实践缺乏一套系统的、可操作的设计方法来支撑，对风景园林设计方法的研究大多停留在理论层面的探讨，以对环境的模糊评价、评估居多，而明确指导设计和工程实践的具体操作方法还不够完善，未形成系统化、科学化的规划设计方法体系。由此，需要引入相关量化技术，形成对环境的客观定量评价，并建立多学科支撑的测评方法与指标体系，以提高设计的科学性、客观性，从而高效整合、利用社会及场所环境资源，最终实现投入与产出的最优化配置。

1.3.2.1 走向精细化的风景园林规划设计

长期以来，风景园林作为传统文化的组成部分，一直深受文学和绘画等相关艺术的影响，且未能够形成自身独立的学科界面。

与之相应地，风景园林规划设计也往往基于感性认知，而缺乏理性的思考过程，凭借经验的积累和个人的感悟，几乎成为风景园林设计的基本途径。

从本科到研究生阶段，绝大多数传统的风景园林学科教育是以课程或课题的训练来逐渐形成对这一门特殊的学问及其专门技艺的掌握。学生更多地通过学习不同类型的设计来达到对整个学科的基本掌握。

这样传统的风景园林设计或教学方式不可避免地与时间、经验的积累成正相关。而事实上实践的主体往往是缺乏经验的年轻人，如何让他们尽快掌握其中的规律，直指风景园林设计的要义，从而取得更加科学的景园设计方法，并通过对规律的认知与掌握，替代以往对经验的依赖，是现今亟待解答的问题。

数字景观的出现便是极大促进了设计者对科学规律的把控和运用，也为经验尚浅的年轻人更加精准地从事相关规划设计工作，减少误读、误判提供了科学的依据。

因此，数字技术的出现促进了风景园林规划设计逐渐由粗犷走向精细。

1.3.2.2 风景园林的精细化施工

为达到良好的园林工程项目建成效果，在施工前必须设计好精细化管理框架。园林工程施工精细化管理由一系列标准化的管理程序组成，最常用的管理模块一般涵盖 15 个指标，分别为进度控制、成本控制、安全控制、质量控制、效果控制、现场管理、人力资源管理、生产要素管理、合同管理、沟通管理、组织建设、制度建设、技术管理、竣工验收和信息管理、风险管理（表 1–1）。

表1-1 基于PMI项目管理的风景园林项目施工15个指标一览表

组别	管理模块	精细化管理内容
第一组	制度建设	建立各项管理制度,建立工作流程
	组织建设	项目管理组织形式的确定,工作部门划分,组织结构的成立,岗位职责的成立,项目责任管理体的建设,工作人员的落实
第二组	成本控制	成本计划,机械设备使用率控制,材料成本控制,施工现场成本控制,费用控制,成本核算,成本分析
	进度控制	设计、采购和施工进度计划,进度控制点的提取,进度的实施,进度调整
	安全控制	机具和设备安全控制,人员作业安全控制,施工作业环境安全控制,安全生产责任的落实
	效果控制	施工效果控制手册、物料封样、技术交底的制定
	质量控制	事前、事中和事后质量控制,质量问题处理,工序质量控制,质量管理体系建设,质量检查验收
第三组	生产要素管理	材料的精细管理,资金的精细管理,机械设备的精细管理
	现场管理	施工用地规划,施工现场布置,施工平面设计,现场材料管理,作业程序,现场用火用电管理
	技术管理	项目设计图纸(文件)会审,招投标文件技术评价,施工方案审查,技术措施、施工预检、施工技术交流
	风险管理	项目风险预测和识别,项目风险管理流程制定,项目风险应对处理,项目风险分析
	合同管理	项目合同实施计划,合同评审,项目合同实施控制、理赔及终止,项目合同执行,项目合同评价和标准化
	竣工验收和信息管理	竣工验收准备,竣工验收计划,竣工结算,现场验收,竣工手续办理,竣工资料移交,项目管理信息化建设,项目文档管理
	沟通管理	项目外部关系组织沟通协调,内部管理组织沟通协调,项目外层关系组织沟通协调,利益相关方管理
	人力资源管理	班组建设,团队建设,人性化管理

实施精细化管理工作,需要建立完善、高效的管理机构,由公司级机构对项目管理进行监督和检查。管理机构是工程项目管理的执行者和管理者,由项目经理、技术负责人、安全负责人等各类管理人员组成。根据项目的实际情况选派有管理能力和责任心的项目经理,由项目经理组织项目管理机构对工程项目制定详细的成本、质量和施工进度计划,对管理人员的职责应分工明确,管理人员之间应该团结协作、互相监督。成立公司级、项目级、班组级的三级管理体系,做到有规划、有落实、有执行、有监督的良性施工管理。园林工程施工管理活动是一个复杂的系统工程,涉及的因素和指标很多,只有综合考虑这些因素和指标对项目的影响,才能对园林工程施工管理的效果做出全面、合理的评价。

1.3.2.3 风景园林的精细化管理

目前我国的园林工程行业总体规模过大,存在过度竞争的现象,而园林工程施工企业的管理水平和产业集中度非常低。企业对于工程项目的管理不具备核心竞争力,且缺乏合理的组织架构,项目利润逐渐趋于微利化,因此实行工程项目的精细化管理成为必然趋势。

精细化管理理念最早出现在工业制造业中，如家用电器、汽车等行业，企业通过精细化管理对管理流程和生产流程进行优化。“零库存”“零缺陷”“准时化生产”成为精细化管理的代名词。

精细化管理作为一种思想，源于社会分工和服务质量的精细化，是在常规管理的基础上更深层次的一种管理理念和管理模式。在现代管理学理论中，科学化管理包括精细化管理、个性化管理和规范化管理三个方面。精细化管理是科学化管理的前提。精细化管理要求从责任到分工将管理进行细化，简单地说就是将管理落实到每一个点，对每一项工作的完成情况与细节都要进行检查与监督，将出现的问题及时地进行处理与总结，吸取经验，并应用到管理工作当中，确保管理体系高效率地运转。园林工程精细化管理是根据系统论的思想，对与园林工程项目相关的各个因素进行严格的、全程的、精细化的管理，从而形成环环相扣的管理链，并且严格按照技术规范进行操作，优化施工工艺，避免质量缺陷情况的发生，通过对项目的全方位管理，实现精细化、流程化、规范化，从而提高项目管理水平和工程质量。

1.3.3 走向系统化的景观规划设计

风景园林学具有科学与艺术双重属性，在传承发展景园文化的同时，应当重视科学技术的发展对于风景园林学的推动作用。在科学与艺术双模驱动下，风景园林学的内涵与外延得到不断的丰富，更新知识体系、变革教育模式也势在必行。以系统论、生态学为代表的风景园林规划设计理论深刻影响着当代风景园林的价值观和发展理念；而可持续技术、数字技术则在一定程度上推动了景园规划设计、建造方法技术的进步。立足当代科学技术背景，应倡导以“科学为理念、技术为支撑、文化为灵魂”景园观，重新审视风景园林学的发展方向，对于实现我国由风景园林实践大国向强国的转化有重大意义。

回顾风景园林学发展的百余年历程，在科学技术、人文艺术的交互作用下，风景园林学思潮经历了一系列的变化发展。较之昙花一现的后现代主义、结构主义、解构主义等人文思想，基于科学技术的规划理念对风景园林的影响更为持久，生态主义成为当代风景园林领域最具影响力和生命力的思想。伴随着设计理念的进步，现代风景园林实践的内容早已超越了传统的“园林”范畴，突破了传统的学科界面，设计实践的范畴大大拓宽，自然环境、区域景观、乡村、高速公路、城市街道、停车场、建筑屋顶，乃至河流、雨水系统都是现代风景园林学关注的对象，其研究尺度也不断拓展，从微观的花园、城市公园，到中观的公园体系，再到宏观的城市风景环境的规划均有涉猎。当代风景园林师不再囿于尺度局限，仅从小尺度的视角去探讨“点”的问题，也不局限于研究对象的空间局限，仅思考单一“面”的问题，而是在大范围、多层次的视角下，思考人居环境系统与结构性问题。数字技术的发展，使场所信息采集、环境评价与分析、复杂系统模拟、交互式实时呈现系统等先进技术手段在风景园林学的研究中得以运用，逐步将景园设计研究引向科学化、系统化。其中代表性的理论和技术成果有系统论、景观生态学、可持续技术、数字技术等，它们与当代科学技术和风景园林学关系最为密切。

目前对于区域尺度下的景观资源保护与利用策略，以地理学和生态学为主要视角开展的相关性研究较多，研究集中在风景园林环境特征评价、风景园林空间格局分析以及风景园林资源评估等几个方面。而对于小尺度风景园林设计层面的量化研究则处于刚刚起步的阶段，并且大部分的研究偏重于纯技术层面，对工程设计的全过程，包括前期的评价与决策、场地适宜性的评估、最终设计成果对原初方案的反馈以及最终方案对场所的响应，则尚未形成系统化、一体化的评估与量化体系。基于此，我们必须重新梳理、审视现代风景园林学的内涵及架构体系。

1.3.3.1 从要素到系统

系统的整体观念是系统论的核心思想，任何系统都是一个有机的整体，而不是各个部分的机械组合或简单相加，系统中各要素不是孤立地存在着，而是处于系统中一定的位置上起着特定的作用。要素之间相互关联，构成一个不可分割的整体，系统的整体功能是各要素在孤立状态下所没有的属性，即“整体大于部分之和”。系统论强调将研究的对象作为一个整体，通过构成整体的各个部分之间协同作用，将各个部分的协同效能最大化，从而实现整体效益最优。

风景园林作为一个复杂的系统，一方面保留了自然环境的原初属性，遵循自然演替的规律；另一方面园林空间又是依据人的诉求所营造的空间环境，具有功能与人文等多重属性，因此风景园林规划设计具有多目标的特点。在风景园林环境中协调不同的目标，使系统整体最优化已成为现代风景园林规划设计的基本要求。

风景园林规划设计既要服从于自然规律，也要满足人的诉求，更需丰富其形而上的精神内涵，使风景园林符合“真、善、美”三大基本价值取向。当代风景园林学需要基于学科的自律性，变离散的群知识点为系统体系，依据认知规律协调各部分之间的关系，协调多重目标，以实现系统的整体最优。作为系统的风景园林，需通过诸要素的集成，对风景园林的自然和人工要素加入适当的人为干预从而生成“新的系统”。与之相应，现代风景园林教育也需要将不同的科目、课程、知识点系统、有机地整合，形成系统化的学科知识体系。

1.3.3.2 系统化的景园观

风景园林学本身具有多目标的属性，风景园林设计方法研究是基于多个学科交叉并协同作用的应用基础性研究，主要涉及的科学领域有风景园林学、城乡规划学、建筑学、地理学、环境心理学、生态学以及环境科学等相关学科。其中，在地理学、生态学、环境科学等学科中的研究主要与自然生态等相关的多目标系统研究有关；在建筑学、城乡规划学、环境心理学等领域中的探讨则主要集中在人文、行为与工程技术层面。目前，风景园林学科无论是在自然科学、社会科学,还是工程技术领域均尚未形成系统的多目标风景园林设计体系。

基于系统化、集约化的规划设计理念可以在一定程度上同时满足多种诉求。与单纯强调“节约”不同，“集约”化的规划设计观念追求系统生命周期内投入、产出综合效益的最大化。集约型风景园林旨在风景园林寿命周期（规划、设计、施工、运行、再利用）内，通过合理降低资源和能源的消耗，有效减少废弃物的产生，最大程度上改善景园生态环境，进而提高土地等资源的利用效能，改善生态环境质量，实现人与自然和谐共生。

1.3.3.3 耦合的方法论

物理学中耦合是一个基本概念，指的是两个或两个以上的系统或运动方式之间通过各种相互作用而彼此影响以至联合起来的现象，是在各子系统间的良性互动下，相互依赖、相互协调、相互促进的动态关联。因而耦合的概念包含了系统、关系和动态三个方面。现代风景园林设计早已不是“修建性”的规划与美化，而是基于学科的本体特征，走向了系统化规划设计之路，需要综合、统筹、科学地组织环境中的各种要素，具有动态、多样及复合的效应。现代风景园林设计涵盖了生态、空间、文化、功能四个基本面，这四个基本面彼此游离又高度聚合，彼此独立又互相依存，体现了一种共生的相互关系。设计的多目标特征，使其必须统筹四个基本面。此外，风景园林规划设计不单是以上四个基本面的简单叠加，而是综合作用而形成的统一复合整体。将耦合的基本理念引申到风景园林设计中来，就是强调对场所的尊重及对自然力的运用，使多设计目标与场所固有的秩序和要素之间相关联，而这样的一种关联其目的就在于利用环境资源的同时提升环境整体的品质。耦合作为一个最基本的策略，也是设计策略中最具有共性特征的方法，其基本原理就是将原有场所组成元素进行重组和二次加工以形成满足多设计目标的、新的场所秩序。耦合不是对场所属性的改变，而是最大限度地弥合“异源性”的元素与“本源性”的场所，是一个生成和谐整体的过程，这也是耦合法的核心所在。

耦合的设计方法强调从场所出发，与场所相对应，不同环境、不同层面、不同尺度下实现耦合的手段和所采取的相应的适宜技术是不同的，它体现的是一种全尺度的设计方法。在大中尺度环境下，耦合法作为一种方法论与地域主义相比更具有可操作性和系统性。小尺度下耦合法的运用提倡的仍然是与环境的对话，这与有机建筑有类似之处，有机建筑意在寻求建筑自身诸要素之间以及建筑与环境之间的整体和谐。但有机建筑更多关注的是建筑自身的问题，具有单方向性，而耦合法体现了动态的互适性，除此之外还强调生态、空间、功能、文化，甚至于工程技术、设备等方方面面形成和谐的系统。景观环境的优美只是一种外化的表现，内在的和谐才是其本质追求，耦合关注的不仅限于形式上的和谐，而是新植入的元素真正与环境的"无缝衔接"。

耦合是一个动态的过程，在此过程中设计目标与场所互相影响，最终达到和谐共生的设计目的，因而设计目标与场所之间达成互适性是耦合的原则。尽管风景园林设计项目之间存在性质、尺度、内容繁简的差异，但是它们的基本理论与原则是相同的，即本着互适性的原则，互适性原则也贯穿于现代风景园林设计过程的始终。耦合是一个根本法则，追求互适是具体的操作手段和过程。互适从其字面意思便可以理解，即互相适宜、适应。这里的适宜性是双向的，一方面包括了设计目标积极主动地与场所的适应，即根据环境选择适当的设计项目、适当的设计手法等。另一个方面则是对环境进行适度改造，如同对待建筑遗产的态度，不是一味地保护，而应当实施在充分评估基础上的保护与利用相结合。耦合作为一个双向的过程，它讲求的是在充分利用场所资源和自然力的基础上，恰如其分地进行人为干预。

耦合法作为适用于全尺度的规划设计方法，覆盖了从本体到形式、功能到技术、设计到建造，直至后期管养的全过程，其作用机制涵盖了景观、规划、建筑在内的人居环境学科，不仅具有理论上的指导意义，而且有着方便易用的可操作性。基于互适性的核心价值，耦合的设计方法强调在对场所的最小干预以及对景观资源的最大化利用前提下实现最优化的景观效果，同时也是实现风景园林设计减量化的有效途径。

1.3.3.4 适度的设计

风景园林学科是艺术与科学的交织，因此具有感性与理性交织的双重属性。因地制宜是中外风景园林设计遵循的基本原则，其中包含了两个基本面：一方面指的是场所利用的最大化，即尽可能利用场所中的既有资源，发挥场所的最大效益；另一方面指的是对场所扰动的最小化，即在景观营造过程中完成设计目标的同时最低限度地对场所进行干预，反对庸余的设计建造。因此，因地制宜的设计可以实现对场所的集约化利用，它体现了节约型、可持续的风景园林设计理念。

耦合法是实现因地制宜减量设计的有效途径。传统设计大多强调在认知场所的基础上发挥人的主观能动性，较多地偏重于依赖设计师的感觉，因而设计的结果往往具有或然性。当代的风景园林设计在肯定艺术性的同时，更富有理性的精神，作为客观存在的场所特征并不因设计者的认知差异而转移，因此基于客观的场所评价结果具有趋向单一的特征，而不同的设计师依据自身的判断及设计趋向，可以选择场所的不同特征加以强化，因此产生了多样化的结果。与此同时，基于统一的评价基础之上依旧会生成不同的设计方案，由于具有相对统一的评价基础，不仅增强了设计的科学性，也强化了不同方案间的可比性。风景园林设计目标与场所各要素之间的积极互适可以实现对环境的最小干预和对资源的最少改变，这正是提倡耦合法的意义所在。

耦合法设计的意义主要包括三个方面：一是最大限度地体现了场所的固有特征，场所自身的要素在项目中得以彰显；二是传承耦合可以实现设计的减量，通过最小化的干预来实现场所要素的重组，避免庸余的设计营造；三是使得科学技术手段辅助下的场所认知更为客观、准确，有助于将设计由感觉引向知觉。因此耦合法对于当代风景园林设计具有重要的现实意义，不仅可以实现减量设计，而且贯穿于设计思维、方法与建造全过程。通过对各个环节的有效调控可达到减量化的设计目的，达到所谓“四两拨千斤”的效果，实现真正因地制宜的风景园林设计目标。

第 2 章　数字景观的逻辑

数字景观的逻辑是指将复杂的风景园林规划设计问题，通过二进制的表达方式以及演算和推导的逻辑方式，建构起各部分之间的关联性，即把发现问题、分析问题、解决问题的事物认知逻辑，通过算法的形式建构起来，把原本凭借经验的判断转译为一种对规律的科学寻求和理性依赖，通过数字技术来加以完整地表达和呈现。当前所有计算机编程分析、解决问题的逻辑都是如此。

数字景观的逻辑旨在通过数字化过程实现景园规划设计不同环节之间的无缝衔接，统筹实现用地评价、方案生成、建造管控等环节的科学化决策。因此，整个数字流运算的过程实现了对传统规划设计全流程的系统性覆盖，最大限度地减少了人为主观误判，充分体现了规划设计工作的科学性与严谨性，通过全过程的数字流的运算，实现风景园林规划设计的基本目标。

2.1　数字景观的系统性

在当下快速城市化的时代背景下，人口、资源、资金、信息、物质、能量等在社会空间中不断交流互动，社会系统元素的多样、空间结构的耦合及行为特征的自组织，都反应出城市环境开放复杂的基本属性。与此相对应，景观系统也具有多层次、高维性、多尺度、非线性等复杂的属性特征，景园设计需要同时满足四个基本面——生态、空间、功能、文化的多目标需求。由此，依托于先进数字技术手段的数字景观方法应运而生。数字景观将复杂多元的景观信息通过二进制的数字流方式无缝衔接到设计过程的各个层面，将传统的有赖于经验的设计模式转变为人机交互、定量辅助定性的综合集成规划设计方法，数字景观是数字化时代发展的必然产物。

2.1.1　多目标需求

2000 年《欧洲景观公约》对景观的定义进行了明确阐述："景观是一片被人们所感知的区域，其特征是人与自然的活动或互动的结果"，并指出公约将应用于所有的景观类型——陆地、水域、海滩、海洋、自然、乡村、城市和城市边缘区。景观超越了传统的城市与乡村的二元概念，并覆盖了全部领土。

景观拥有本质的综合性与整体性，并存在于各个尺度，尽管过于抽象，但景观通过它的物理组成和对人心理维度的影响，在满足了人们重要的社会和文化需求的同时,还有着重要的生态和经济职能。绝大部分景观均有社会、经济、文化和生态价值，这种综合性特征反映了景观的多功能性，即多功能景观。

在多功能视角下,景观被视为一个以自然生态系统为本底,同时涉及社会,经济，人类的心理、精神，美学等多目标需求的有形综合体。因此需要关注景观多目标需求在美学、生态、社会经济和土地利用方面的共同点和冲突，探索基于数字技术的融入进行相关问题的处理，以期更好地满足景观设计的多目标需求。

在社会—自然耦合系统视角下，景观的多目标需求要综合考虑景观中的自然生态过程与社会经济过程及其相互作用的空间关联，从而在兼顾美学、文化功能的同时保持生态维度的健康发展、满足社会生产力需求等多种发展目标。特定区域景观目标功能之间的相互作用的类型是不同的，相应的景观目标功能对于区域发展可能起到迥异的促进或抑制作用。近年来，有关景观多目标功能的研究取得了一定进展，但对其的整合统筹仍然欠缺有效性，关键在于缺乏景观规划的多目标功能性的整合途径。因此，基于景观多目标功能定量表征的多功能景观规划与管理的基本空间途径仍有待进一步明晰，景观功能的多目标诉求需要从定性走向定量的转变。

实践证明仅仅满足单一目标的土地利用规划是行不通的，土地的任何区域均应传递多样的功能和效益。景观以一种积极的、有计划的方式提供了空间整合与功能交互的框架，如食物、燃料、气候调节、洪水管理以及审美价值、地域性、娱乐、生物多样性等。在思考未来时，根本目的应该是使各项功能与景观特征和景观品质目标相适应。

空间、生态、功能、文化是现代风景园林规划设计的四大基本组成部分，四要素之间的关系犹如三棱锥体的四个节点（图 2-1），不同的风景园林环境中四个节点的权重与相互关联度不尽相同，所以不同的风景园林环境特征表现出明显的差异性，从而呈现出丰富多变的景观。风景园林规划设计过程就是在研究场所条件的基础上，寻求多目标共同达成的途径。风景园林规划设计不是四个基本面的简单叠加，而需根据环境与诉求的不同，权衡与调节四个基本构成要素，使之在同一环境中和谐共生。同时，风景园林环境的服务对象是人，亦需满足人的诉求。

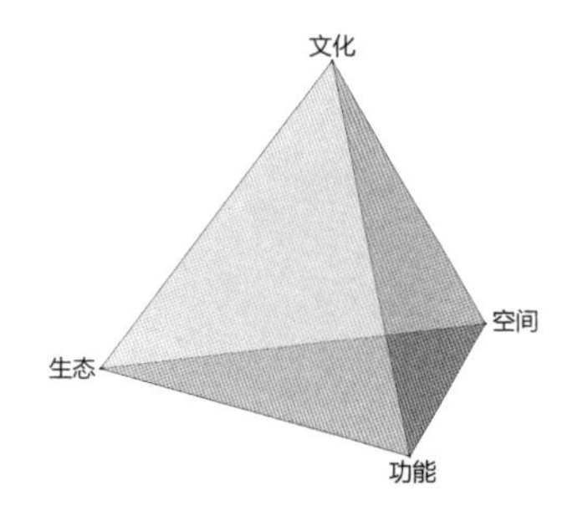

图2-1 现代风景园林规划设计的四个目标（参见《现代景观设计理论与方法》,成玉宁.）

当代风景园林规划设计是在满足自然系统存在及其发展规律的基础上将人的需求嫁接、植入其中,实现设计的人工系统与场所的原生系统之间的融合。对于风景园林环境而言，容易改变的形态并非系统的本质特征，场所中的自然系统与规律不以人的意志为转移。因此，设计不应只关注形态，更应聚焦生态问题，在研究风景园林系统及其变化系统与规律的基础上开展设计工作，动态地调节四个基本构成要素，使风景园林环境能够自我持续发展。兼顾形态与生态的设计成为风景园林规划设计的基本诉求，是参数化风景园林规划设计方法的核心所在。

2.1.2 复杂系统性

1979 年钱学森指出，在现代社会复杂的系统几乎是无所不在的。复杂性科学有三个特点：一是研究对象是复杂系统；二是研究方法需要多元思辨；三是研究范围涵盖从成因到历程再到预测的深度探究。针对这一复杂系统的研究，中国学派形成 OCGS（开放的复杂巨系统）理论及其相应的研究方法。OCGS 理论的特征可以概括为以下七个方面：①开放性，②复杂性，③层次性，④巨量性，⑤进化性，⑥涌现性，⑦人机共存性。其构成原则包含了整体性原则、相互关系原则、有序性原则以及动态性原则四个方面。

人居环境科学就是在复杂系统性的背景下发展起来的。1985 年之前，中国学术界开始产生包括居住思想、空间环境思想、多学科综合发展思想等人居环境思想；1993 年吴良镛先生与其合作者周干峙、林志群共同提出建立“人居环境科学”的设想;2001 年吴良镛写成并出版了《人居环境科学导论》一书，使城市和城市化研究进入了根本性的转折点。人居环境科学的研究方法是以问题为导向，在探索需要解决的问题过程中，抓住有限的关键问题进行融贯地综合研究，运用相关学科对相关问题提出的解决办法进行综合集成，以求问题得以全面地解决。人居环境科学是一个开放的学科群，其中风景园林学具有重要地位，是与建筑和城市规划相并列的三大主导学科之一，需要不断运用先进的科学技术手段对其进行学科建设，协调好人与自然的关系，起到引领新时代人居环境建设的作用。

根据系统论的观点，复杂系统中不同因素相互作用产生的影响绝不是简单相加，而是整体大于部分之和。随着研究的深入，复杂性的内涵不断丰富，它不仅指代复杂、混乱，还意味着嵌套、自相似和突现，更意味着整体、秩序和渐次增加的层次性、组织性及进化。丰富性与复杂性从语义表述上看似乎具有一定相似性，但系统的丰富性包含了复杂性：风景园林环境蕴含了大量的信息，复杂性呈现了这一系统内部信息间的相互关系，场所记录了历史的时间轨迹，留存了人与自然的发展痕迹，积淀了丰富的信息。从信息的构成上看，风景园林的场所信息类型十分丰富，并且外化表现方式不一。风景园林环境由两大子系统构成，其一是遵循客观规律的自然或拟自然的生态系统，其二是人为的设计目标及功能诉求。系统的复杂性分别应对不同的"秩序"。亚历山大（Christopher Alexander）于1964年在《形式综合论》（*Notes On The Synthesis of Form*）的导言中指出："如今越来越多的设计问题已达到难以解决的复杂程度……与问题的复杂性增强相对应，信息量和专业经验的复杂性也在增长。这些信息广泛、分散、无序、难以把握……信息量已超出单一设计师个人所能把握的范围。"随着社会的发展，人们对风景园林环境的认识逐渐加深，设计过程中思考的内容较以往更为广泛和丰富，需要处理的信息也呈几何倍数增长，仅凭借经验难以处理如此复杂、多元的信息，更难以驾驭庞大的信息群。在数字景观背景下，将风景园林整个设计流程建立在数字化软硬件平台上，依据客观条件结合风景园林设计的多目标诉求，理性地构建逻辑模型，选择适宜的算法，并模拟复杂系统，依靠计算机的运算能力和图形处理能力，科学分析和评价风景园林环境，辅助生成设计结果。参数化的设计方法利用要素之间的关联，将复杂的风景园林环境信息整合于系统之中，通过要素调控实现风景园林环境的系统优化。

2.1.3 设计要素的动态性

风景园林设计需要处理的信息不仅数量庞大、复杂程度高，而且处于不断地变化之中，因为风景园林环境的信息在系统内处于动态变化之中。草长莺飞、飞流直下、花开花落、春华秋实等是风景园林环境动态景象的基本特征，也是风景园林规划设计与建筑及城市规划设计对象的显著区别。其根本原因从古典主义与现代景观设计的区别比较中不难看出，古典主义造园的特征在于依据人的意志将景物保持在最佳状态，而现代景观设计则强调将人的诉求融入自然的进程。不同于人工建成环境，风景环境中的自然进程发挥着决定性作用，人们无法对风景园林场所形成绝对的控制。设计师必须审慎研究并巧妙运用自然力，在时间与自然力的共同作用下，场所呈现出的动态特征应纳入设计师的思考范畴。据此，应当建立"过程"的意识和理念，建构一个动态的设计过程，使之与环境的动态性积极响应。参数化的设计模型体现了各设计要素之间的关联，呈现为一个开放、动态的系统，即单一要素的改变会引起设计结果的变化。由此，参数化的设计方法能够与风景园林设计要素的动态特征相契合，体现自然的演进与变化过程。

2.2 数字景观的逻辑

2.2.1 数字流与设计过程逻辑

2.2.1.1 设计过程数字流

风景园林作为复杂的系统，它既包含了自然系统，也融合了人文环境，同时还囊括了形而上学与形而下学的内容。因此，在风景园林规划设计中不能仅仅依赖单一个体的经验与判断。由于计算机等科学技术的介入，景园设计有了理性的支撑。理性的支撑加上设计师的才情彰显着风景园林行业感性与理性的交融。所以数字景观时代的到来极大地提升了风景园林设计工作的效率，同时也使得风景园林设计趋于科学化和精细化。

数字技术借助于计算机软硬件，通过构建一个平台，把复杂的巨系统整合在一个平台上加以运算，或在多个平台之间互补、切换，实现对多要素的统筹与驾控（即有意识地用电脑来突破人脑的局限性）。把设计师的思维从烦琐的过程与分析中解放出来，使其充分施展才情，去发现问题、寻求突破的思路并解决问题。通过大数据等技术提供了选择、评价、判断对象的多种辅助手段以及多方案比较的方式，提高了工作效能（图 2-2）。

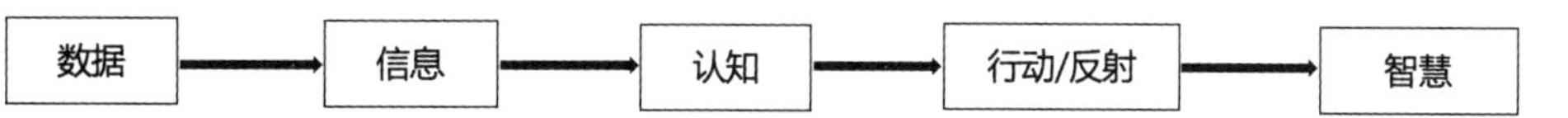

图2-2 数据、信息和知识的关系图

数字流是有序的，是有起点和终点的字节数据序列，可分为输入流和输出流两部分。数据的性质、格式不同，对流的处理方法也不同，因此，在 Java 的输入 / 输出类库中，有不同的流类来对应不同性质的输入 / 输出流。在 java.io 包中，基本输入 / 输出流类可按其读写数据的类型差异分为两种，即字节流和字符流。两类数字流中，输入流只能读不能写，而输出流只能写不能读。通常程序中使用输入流读出数据，输出流写入数据，就好像数据流入到程序并从程序中流出。采用数据流使程序的输入、输出操作独立于相关设备。输入流可从键盘或文件中获得数据，输出流可向显示器、打印机或文件中传输数据（图 2-3）。

2.2.1.2 设计的逻辑思维

（1）数字景观的逻辑思维

传统的风景园林设计思维本质上是定性的过程，缺少定量研究的支撑，简单地通过定性对事物做出判断后，便对复杂系统做出响应，往往存在着或然性，不足以体现风景园林所具备的科学与艺术双重属性的学科特征。因此，通过定量的过程，在先定量再定性的基础上进行风景园林参数化研究，极大

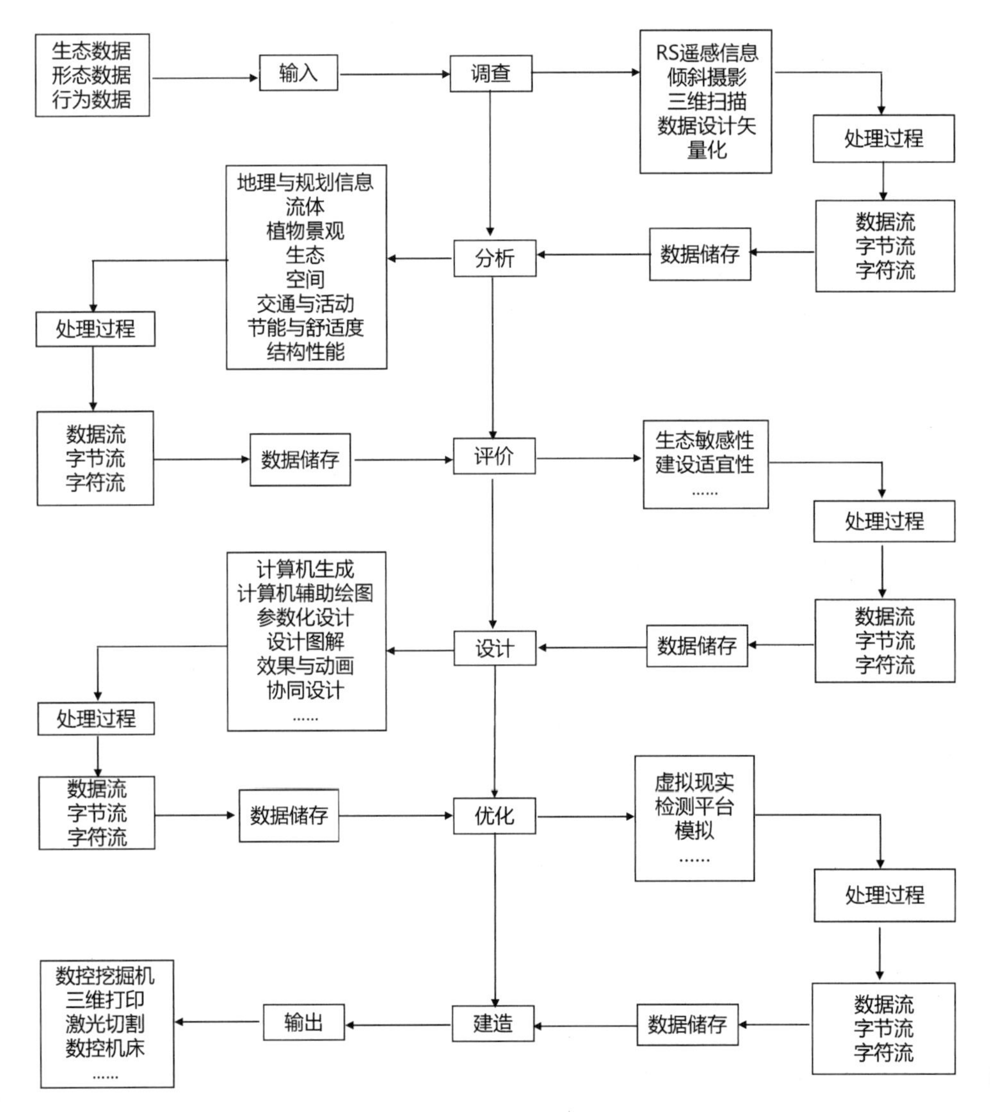

图2-3　参数化风景园林设计流程

地改变了传统思维过程，也提升了设计思维逻辑，实现了设计逻辑的科学化。

《逻辑学讲义》开篇“逻辑的概念”中写道：“自然——无论非生物界还是生物界中的一切，都是依照规律发生的，虽说这些规律我们并非总能认识到。水位依照重力法则下降，动物依照规律行走。鱼在水中游，鸟在空中飞，都是依照规律进行的。一般来说，整个自然界无非是现象依据规律的联系，什么地方也没有杂乱无章的东西。”康德认为思维的依据是规律，而逻辑则是关于“一切一般思维的科学”。由此，逻辑可认为是思维的规律，设计逻辑就是设计思维的规律。设计思维既有理性的分析，也有感性的发散，包含了逻辑性与非逻辑性。逻辑思维是人运用概念、判断和推理等类型的思维反映事物本质与规律的认识过程，从而指向结论的确定性；非逻辑思维包括直觉、灵感、想象等，指向结论的多样性。科学思维以逻辑思维为主，艺术思维以非逻辑思维为主。风景园林兼具科学与艺术的特征，与之相应地，风景园林规划设计思维包含了逻辑思维与非逻辑思维两个部分，是一种综合性的思维。逻辑思维与非逻辑思维在风景园林规划设计中不可分割，两者共同组成了设计的思维系统。参数化的设计强调逻辑思维，即具有明确的指向性，能够将设计问题清晰地转化为一系列的计算机指令，与计算机的运算逻辑相吻合。在风景园林规划设计中，设计逻辑来源于实际的设计诉求，它的构建从研究自然规律入手，在符合事物客观逻辑规律的同时加入设计的要求。在此基础上，可采用一系列算法对设计逻辑进行描述，进而利用计算机的运算寻求对设计问题的解答。从设计问题到设计逻辑再到算法，设计问题被转换为计算机语言，在实现参数化的过程中，设计逻辑扮演了关键的角色，成为将抽象设计问题转化为指向性明确的计算规则的关键。

（2）数字景观思维的系统性

现代风景园林设计思维具有系统性的特征，而设计具有多目标的特点，生态、空间、功能、文化是风景园林设计必须统筹的四个基本面，四要素彼此游离又高度聚合。生态、空间、功能、文化在各自的维度中展开，风景园林设计不是四要素简单的叠加，而是四者的复合，需要权衡、调节四个基本面，使之在同一的景观环境中共生。生态与形态是风景园林规划设计的基本问题，风景园林环境在追求形态美的同时，也必须有生态的和谐。对应于数字景观而言，依托于二进制的计算规则必须有可转化为二进制信息的数据，而风景园林环境涉及众多的要素，存在着大量难以量化的部分。因此，定量化问题是数字景观研究的重要内容，等级评分法、区间评分法、模糊评价法等是常用的量化方法，在实际运用中要根据不同的对象选择适宜的方法，需要注意的是生态、空间、功能、文化四个基本面的范围，其中，文化类的要素不便于直接量化。譬如“与谁同坐，明月清风我”表达了一种意境，而意境是难以简单地进行数字化的。所以，切不可为了“数字”而“数字”。定性的方法能够对定量方法形成补充，两者相结合的研究方法符合风景园林学科的特点（图 2-4）。

2.2.2 逻辑模型—数学模型—编程模型

模型是对现实世界中的实体或现象的抽象或简化，通过主观意识借助实体或虚拟手法来表现客观对象或概念，是对实体或现象中最重要的构成及其相互关系的表述，目的在于描述、解释、预测以及设计该实体或现象。模型的分类有多种，例如，根据模拟对象的不同，可分为用来描述物体的表征模型和用来描述过程的过程模型；按表现方式的不同，可分为实体模型与虚拟模型。科学研究中，常见的模型依据形式可分为三类：比例模型、概念模型以及数学模型。比例模型是现实世界自然物质特征的表示法，如数字地形模型（DTM）；概念模型用自然语言或流程图来表述系统要素间的关联，将现实世界中的客

图2-4　景观设计系统模式图

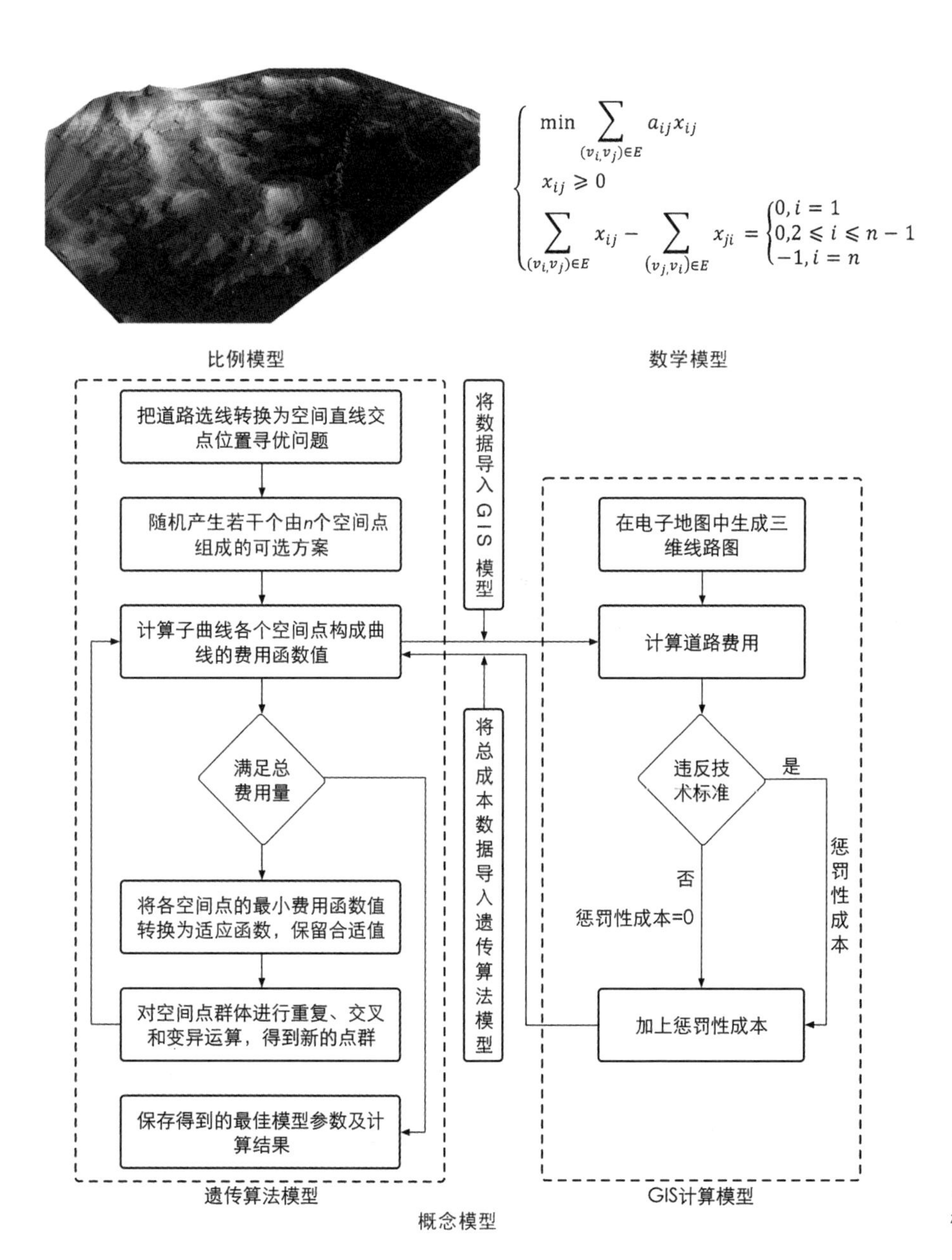

图2-5　比例模型、数学模型与概念模型示例

观对象抽象为某一种信息结构，按照一定的逻辑构建，是基于经验与知识的抽象模型，亦是一种虚拟模型；数学模型是为了解决某个实际问题，通过对实际问题的抽象、简化，确定变量和参数，并应用某些规律建立起变量、参数间的关联，利用数学结构表达式描述客观事物的特征及其内在联系，也是一种抽象的模型（图 2-5）。

在《形式综合论》题为“理性的必要性”的引言中，亚历山大提出了当代设计所面对的问题：“设计中的问题的数量、复杂性和难度都增加了，而社会形态和文化本身的变化也比过去任何时候都要更快。”他还指出在这样的情况下，由于人的认知和创造能力有限，要解决设计中越发复杂多变的问题，仅凭直觉难以把握。亚历山大在《形式综合论》中努力地将设计问题建立在逻辑和科学的基础上，以克服经验的主观性和直觉的不确定性。亚历山大这种将设计构建于理性之上的思想在当下仍然闪耀着光芒。尼格尔·克洛斯（Nigle Cross）指出，在研究对象上，科学针对自然世界，人文针对人类经验，而设计针对人工世界。在方法体系上，科学应用受控的实验进行分类、分析；人文应采用类比、比喻和评价的方法；设计则应采用建模、图示（模式）和综合的方法。

2.2.2.1 数字景观的逻辑模型

对于参数化风景园林规划设计而言，模型重在对关联与过程的描述，表达了一种逻辑概念，在参数化的设计过程中包含了比例模型、数学模型的综合应用。设计的逻辑可通过逻辑模型来表达，算法是模型基础上的实现工具，是数学模型构成的运算逻辑，需要以软件和计算机平台为支撑，通过运算生成结果。以依托于 Grasshopper 软件的拟自然水景参数化设计为例，设计的目标是在有限干预下，利用人工营造具有自然形态的水景观。首先，需要将该设计问题转化为设计逻辑的构建：描述水体形态、水量与工程量三者之间的动态关联。其次，基于设计逻辑搭建参数化设计模型（图 2-6），模型由地形处理模块、坝数据处理模块、形态评价模块、土方数据计算模块、水体生成及水量计算模块构成。最后，选择适宜的算法，输入参数进行分析计算（图 2-7）。通过设计结果的评价与反馈，对参数进行调控，可得到最优设计结果。参数化模型的构建与运用优化了传统的设计过程，呈现了系统化设计思维与动态的特点。基于设计逻辑，依托于参数化模型，设计师通过调节要素，运用计算机平台，引导设计结果的生成。这种设计方式是自下而上的，以逻辑思维为基础，因而更为理性，这与传统的设计思维有显著的区别。

数字景观的逻辑就是要把对环境的必要分析、评价、方案发展、比选、施工图深化、后期建设以及建成后的绩效评估等全过程构建在基于数字的定量分析之上。传统的统计学是基于数字的统计并结合了经验的判断，我们不可否认这是一个有定性、有定量以及定性与定量交织的交互复杂的过程，但究其根本是不够科学的。例如大家熟悉的 AHP 层次分析法，就是基于概率的统计，在一定时期内有它的先进性——突破了如何定量的问题；同时也存在局限和不足——定量与定性掺杂其间，反而降低了准确性。

数字景观的逻辑算法是将数据采集、分析、模拟、打印、建成等环节进行参数化融合的全过程，最后仍然表现为一种传统的呈现，仍然是传统的调查研究的过程，但是依据的方法与路径是数字景观的逻辑，并基于此实现风景园林规划设计全过程的数字化。

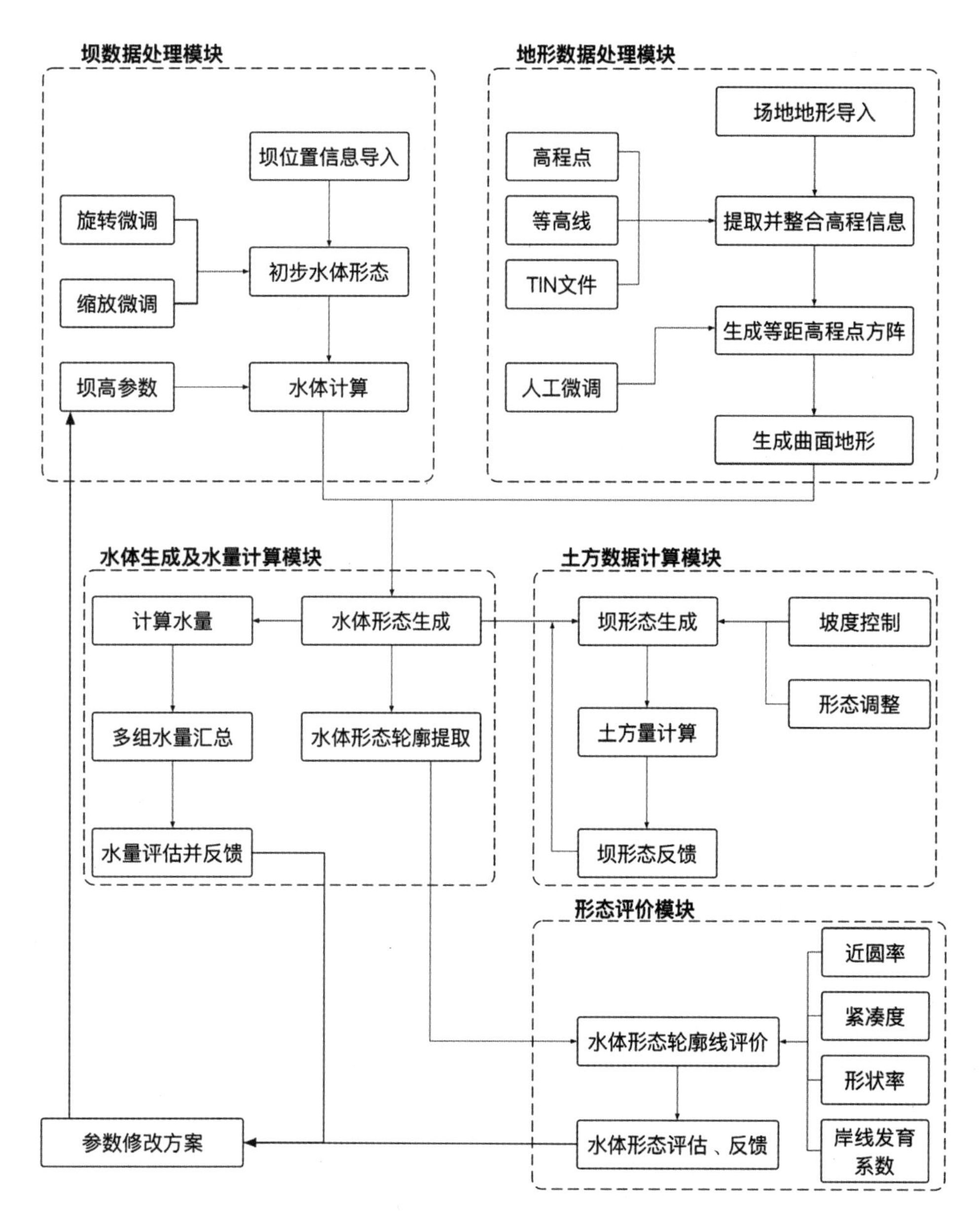

图2-6 拟自然水景参数化设计逻辑模型

参数化风景园林规划设计过程的第一步需要选择参数和变量，影响设计的要素为变量，根据设计目的选取相关设计要素为参数；第二步，寻求某种或者几种适宜算法作为计算规则；第三步，通过算法间的组合构筑参数关系对设计系统进行描述，生成参数模型；第四步，在计算机语言环境下输入参变量信息，以算法模型为计算规则，得出最终的结果，即设计目的对应的设计方案雏形。参数化模型的构建使得设计更具灵活性，能够满足风景园林规划设计中多要素及系统复杂性的需求。

参数化风景园林规划设计过程中，基于算法模型，通过参数及变量的变化，利用计算机强大的运算能力，能快速得到不同的方案演算结果，便于设计的控制与比较。同时，对算法模型的修正与调整，可以实现对设计过程的优化，

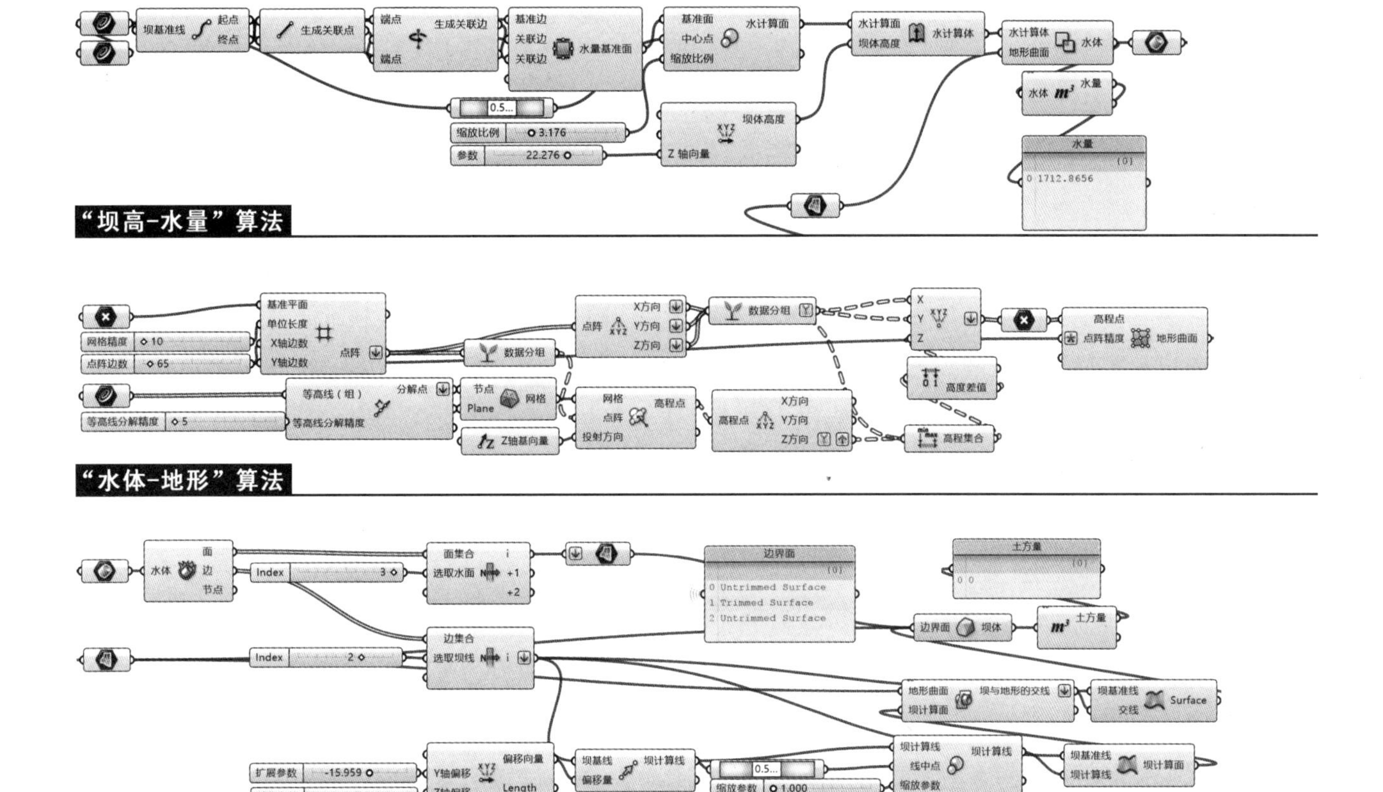

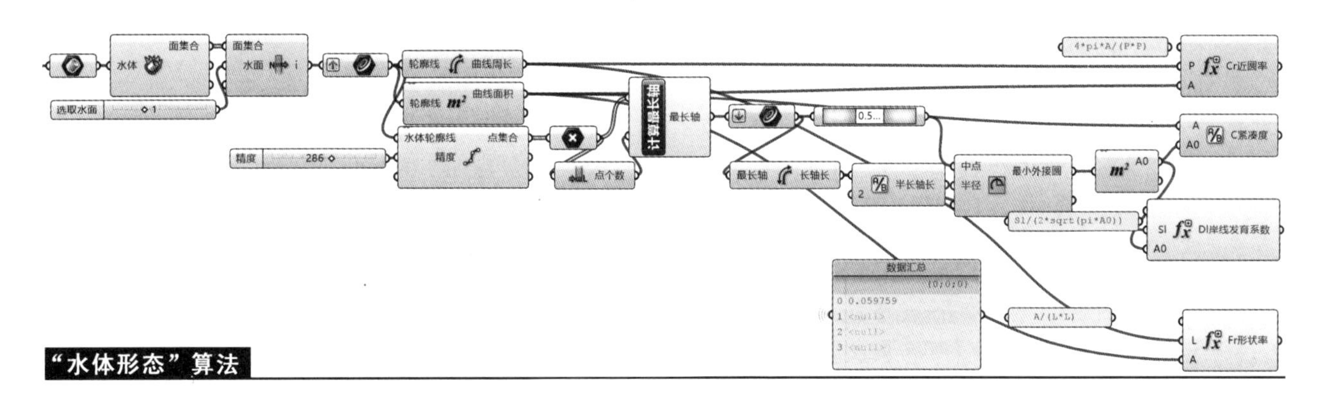

图2-7　基于Grasshopper软件平台的拟自然水景参数化设计算法模型

（图片来源：袁旸洋,陈宇龙,成玉宁.基于逻辑构建与算法实现的拟自然水景参数化设计[J].风景园林,2018,25(06):101-106.）

使之生成更高程度上满足设计要求的设计结果。参数化的算法模型为风景园林规划设计提供了一个抽象的、逻辑的过程模型，这种模型能够快速地进行反馈，这是传统规划设计方法难以实现的（图 2-8）。

目前，参数化研究在建筑学领域内聚焦于形态的生成，或者说形式逻辑的研究，主要是利用算法表达参数间的逻辑关系，目的在于通过人工智能模拟并描述建筑和包括村落、城市在内的人工建成环境的生成过程。此类参数化的研究重在对形体和空间形态的模拟与描述，通过对参数的修改与调整来模拟限制条件下的建筑或聚落生成过程，可以称之为“参数化生成”。形体、空

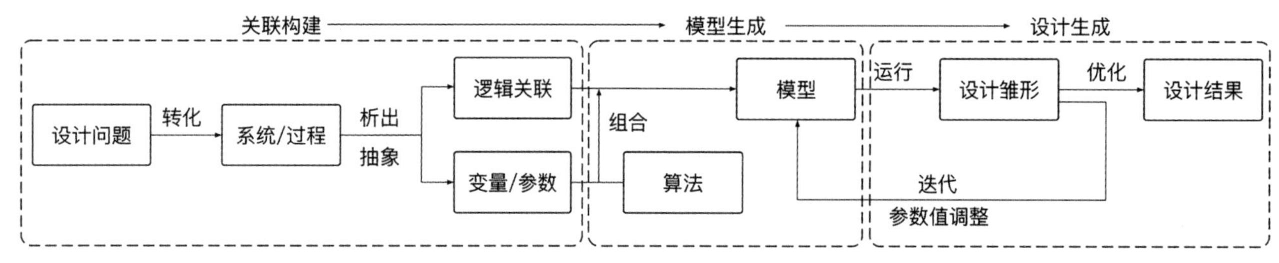

图2-8　参数化风景园林设计过程

间作为设计最直接的载体与外化的表达，是设计研究中不可回避的部分。但形体与空间绝不是设计的全部，尤其是对于风景园林规划设计而言。景园参数化规划设计聚焦于系统架构下的调控与优化，不囿于参数化的形体与空间的生成，而是透过对参数化设计机制本身的解读，通过多层面、多目标的复合，从而实现对风景园林规划设计从形式、过程到生成规律的复合，实现人为干预下的景园系统的整体优化。

风景园林的规划与设计两者尽管拥有相似的要素，但由于解决问题及尺度的差异，在具体的环节与方法上也具有一定差异，两者的参数化设计过程也不尽相同。前者更侧重于在分析与评价的基础上对设计过程的参数化表述，通过合理保护与调控环境资源以求得景园系统的最优化；后者则要解决景园系统的建构问题，在这一层面参数化的设计更侧重于形体与空间的生成。故而参数化在风景园林中的运用因研究目标、尺度、对象差异而各不相同。

2.2.2.2　数字景观的数学模型

数学模型是运用数理逻辑方法和数学语言建构的科学或工程模型，是针对参照某种事物系统的特征或数量依存关系，采用数学语言，概括或近似地表述出的一种数学结构，这种数学结构是借助于数学符号刻画出来的某种系统的纯关系结构。从广义上理解，数学模型包括数学中的各种概念、各种公式和各种理论。因为数学模型都是由现实世界的原型抽象出来的，从这层意义上讲，整个数学也可以说是一门关于数学模型的科学。从狭义上理解，数学模型只指那些反映特定问题或特定的具体事物系统的数学结构关系，这个意义上的数学模型也可理解为是联系一个系统中各变量间关系的数学表达。

数学模型所表达的内容可以是定量的，也可以是定性的，但必须以定量的方式体现出来。因此，数学模型法的操作方式偏向于定量形式。

在人类的发展史上，人由自然人逐步转化成社会人，经历了用实物、动作、图画、语言、文字、数学符号表述相应数量、数量关系及空间形式的过程。在这一过程中，模型一直起着中介的作用，具体从以下几方面分析。

（1）用实物表示数学模型

从最简单的数谈起，如 1，2，3，4，5，6 等自然数，在大自然中人们首先要找到物体所具有的数的特征，除去其他非数的特征，如物体的大小、颜色、气味、生或死、动或静，直击其数的本质。先可以找到中介，如用一根木棒表示，于是人们就建立了一个关于“1”的数的模型，像这样具有这种数特性的都用一根木棒表示，然后人们将关于“1”的模型进行推广，在一定范围内让“1”的模型得以应用。于是人们可以用一根木棒表示一个猎物、一个果实……在一定程度上，这个模型起到了促进沟通、交流、记录的作用。

（2）用图画表示数学模型

如果说用木棒或动作只能有效地表示数，那么当人类发展到一定的阶段，就会出现表达的障碍，用木棒或动作已不能有效地表示数量关系，如加、减、乘、除的关系，这时人们就尝试用图画表示数量关系。如把两个物体或数要加在一起时，就把它们圈在一起，表示要把它们合起来。如减法要表示减去一个物体或数量，就把它们朝向一边或画去。由于图画的生动性、形象性，用图画表示模型更接近实际情境，更易为人们接受，在很长一段时间内人们都用图画记录生产生活。所以借助图画表示如加、减、乘、除等数量关系具有直观性、可视性和简洁性的特点。

（3）用数学符号表示数学模型

人类能用文字记录数量关系之后，当需记录一些较复杂的数量关系时，便产生了简化的需求，于是产生了用数学符号表示的数学模型。如合起来用加（＋）来表示，去掉用减（—）来表示，求几个相同加数和的简便运算，人们就创造了乘法这一模型，用乘（×）来表示这一运算过程。化繁为简，真正体现了数学的抽象美、简洁美。

2.2.2.3 数字景观的编程模型

第三次科技革命是人类文明史上继蒸汽技术革命和电力技术革命之后科技领域里的又一次重大飞跃。第三次科技革命是以原子能、电子计算机、空间技术和生物工程的发明和应用为主要标志，涉及信息技术、新能源技术、新材料技术、生物技术、空间技术和海洋技术等诸多领域的一场信息控制技术革命。其中，20世纪中期，计算机的发明与应用被称作第三次科技革命的重要标志之一，计算机的工作原理便是基于二进制的计算 / 运算。

二进制是计算技术中广泛采用的一种数制。二进制数据是用0和1两个数码来表示的数。它的基数为2，进位规则是“逢二进一”，借位规则是“借一当二”，由18世纪德国数理哲学大师莱布尼兹发现。19世纪爱尔兰逻辑学家乔治布尔将对逻辑命题的思考过程转化为对符号“0”“1”的某种代数演算，二进制是逢2进位的进位制。0，1是基本算符，因为它只使用0，1两个数字符号，非常简单方便，易于通过电子方式实现。当前的计算机系统使用的基本上是二进制数制，数据在计算机中主要是以补码的形式存储。

在现实生活和记数逻辑中，如果表示数的器件只有两种状态，如电灯的“亮”与“灭”，开关的“开”与“关”，那么对于计算机而言，二进制则是用1来表示“开”，用0来表示“关”。一种状态表示数码0，另一种状态表示数码1，1加1应该等于2，因为没有数码2，只能向上一个数位进1，就是采用“满二进一”的原则，这和十进制是采用“满十进一”原则完全相同（表2-1）。

表2-1　二进制位制计算示意

1+1=10	10=2
10+1=11	11=3
11+1=100	100=4
100+1=101	101=5
101+1=110，110+1=111，111+1=1000…	110=6，111=7，1000=8…

二进制同样是位值制。同一个数码1，在不同数位上表示的数值是不同的。如11111，从右往左数，第一位的1就是一，第二位的1表示二，第三位的1表示四，第四位的1表示八，第五位的1表示十六。所以，根据二进制进位规则，最终10表示二，100表示四，1000表示八，10000表示十六……由此可见，计算机对外部世界的判断，不是通过顺位计数的1，2，3，4，5，6，而是通过0，1，0，1的编码规律，即可描述大千世界的现象与规律。

因此，二进制十分适合于逻辑运算，其简单的规则大大提高了运算的速度。无论是作为当代计算机运行的基础数制，还是追溯到古代利用烽火台传递信息，二进制早已在人类的生产生活中被广泛运用。二进制编码数制运算规律的优势在于：①技术实现简单；②运算规则简单，有利于简化计算机内部结构，提高运算速度；③适合逻辑运算，二进制只有两个数码，与逻辑代数中的“真”与“假”相吻合；④易于与十进制进行转换；⑤二进制数据具有抗干扰力强、可靠性高等优点。

为什么数字景观也适合用二进制来表达？因为基于数字的风景园林设计过程——数据的采集、分析、模拟、打印乃至建造的全过程，实际上都是通过计算机在硬件和软件的共同配合下实现全过程的数字化。这里的全过程数字化并不仅是软件操作的无缝衔接，更是整个数字化逻辑背后的无缝衔接，并且也正是通过二进制的计算和演算，结果才得以表述。这里所有的过程都可以转译成二进制，包括数据的采集、分析、打印等，整个运作都得益于计算机的逻辑、计算机的语言以及计算机的软硬件技术。

数字化把各种事物还原为一连串的电子信号流，并对其进行二进制化处理，即通过采样、量化及编码等过程，最后达成对事物的描述。数字景观依托于计算机技术，二进制也成为其内在的表达逻辑。在二进制对事物的表达中，

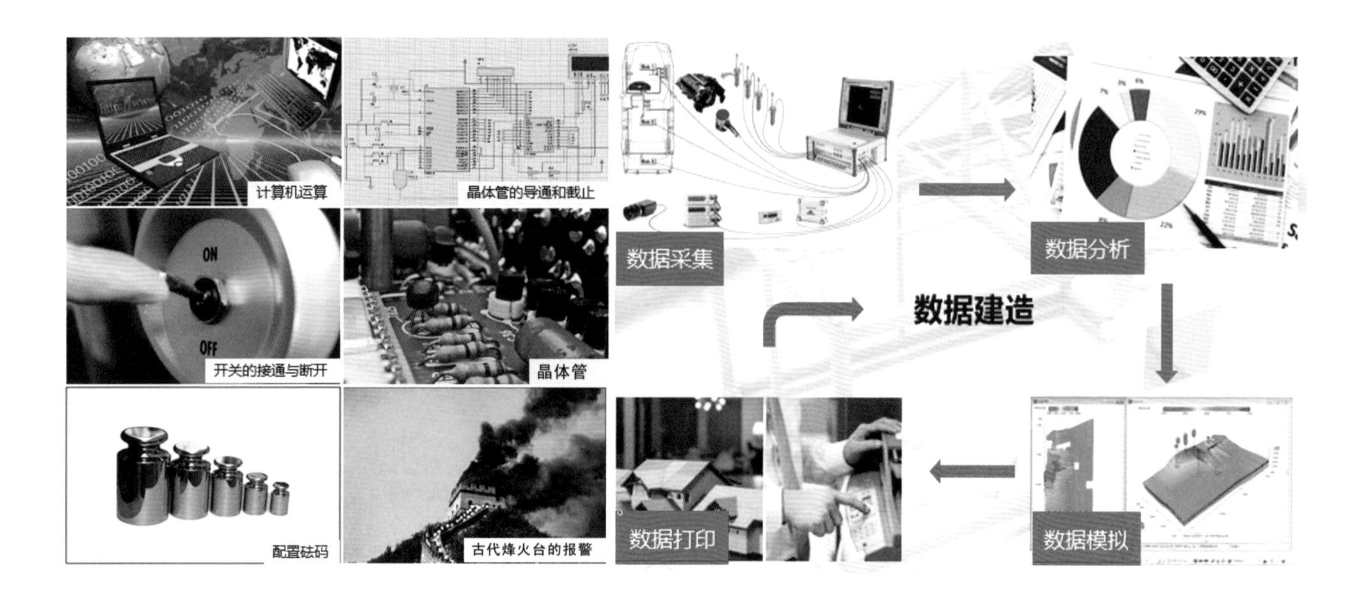

图2-9 人类对二进制的理解和应用

没有人为主观评估的介入，因此利用二进制描述事物具有客观、精准的特点。基于计算机技术对风景园林场所的建模、评价、分析能够最大化呈现其真实、客观的状态（图 2-9）。

2.3 数字景观的过程

数字景观的逻辑架构包括景园数据的采集、景园数据的分析、景园方案的模拟、景园数字化建造、景园绩效的测控五个主要组成部分（图 2-10），这五个部分环环相扣，与“调研—分析—设计—建造—评价”的风景园林规划设计全过程相对应。传统的调研方法依靠的是人力，不仅费时、费力，而且获得的资料十分有限。遥感技术、航测技术、三维扫描技术等数据采集新技术的

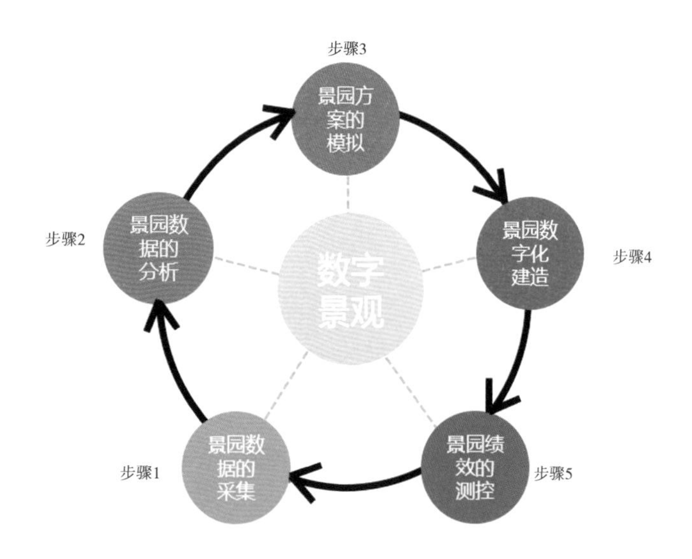

图2-10 数字景观的架构

发展不仅为设计师提供了更为全面、客观、精确的数据资料，也呈现了传统调研方法难以收集的环境信息，从而为风景园林规划设计提供了新的视角。采集获得的景园数据是基础数据，需要利用数字化分析进一步寻求其中的关联，转化为可供设计使用的信息。以 GIS 软件为例,将基础地理信息输入软件之后，通过软件的运算能够对数据进行分析并将其可视化呈现，强大的数据库功能方便设计师根据需求调用数据进行编辑。此外，ENVI、ERDAS、Depthmap、Fragstats、Fluent、Urbanwind 等一系列数字化软件为包括地理分析、空间分析、生境分析等风景园林设计分析与评价提供了支撑。当下，设计师已经能够熟练运用 SketchUp、Rhino、3DMark 等软件进行建模，推敲设计方案。数字时代的景园方案模拟则更进一步地将方案的呈现与算法、数据库紧密关联。参数化景园规划设计利用计算机强大的运算能力，根据设计逻辑搭建参数化模型，通过算法编写与参数值控制实现系统化调控与方案优选。对于风景园林规划设计而言，数字技术借助于以信息科学为基础的参数化协同工作对整个景园建造过程加以重塑。

数字流使得设计与建造、施工等过程的联系更加紧密。比如，将三维地形模型输入数控挖掘机可以实现地形营造的全自动化,不仅节省了人力、物力，提高了施工效率，而且十分精准、迅速；借助于 3D 打印设备、数控机床，数字化的设计可以实现“非标准化”的构建生产，极大地丰富了景观建筑、小品设施等景园要素的“形态”表达。在风景园林行业中引入数字技术实现了对景园绩效的测控，这是在非数字技术时代难以实现的。景园绩效的测控涵盖了地表径流控制绩效、雨水收集及资源化利用绩效、系统生境优化绩效、系统经济绩效等方面，为景园规划设计优劣的评判提供了依据，为实现景园全生命周期的测控与可持续发展提供了保障。

2.3.1 数据的采集与分析

景园数据的采集包括形态数据的采集、生态数据的采集、行为数据的采集。就形态数据而言，从业人员能够较为便捷地获得遥感数据、航测数据等数字化的地理空间信息，同时除大尺度的地理信息之外，利用倾斜摄影技术、三维扫描技术等还能够实现对街区、建筑庭院等小尺度空间三维信息的获取。倾斜摄影技术通过在同一飞行平台上搭载多台传感器，同时从五个不同的视角同步采集影像，从而获取较高精度的表面信息。然后运用 Smart3DCapture、Pix4D、Altizure 等软件通过连续影像生成高密度的点云数据，并自动生成基于真实影像纹理的高分辨率三维实景模型。色彩数据也属于形态数据的组成部分。采集色彩数据使用的软硬件设备包括便携分光测色仪、便携分光色差仪和校色系统以及进行后期处理的 Photoshop 等软件，也可对景园环境的色彩进行量化，量化内容涵盖色相、明度和彩度等。据此可以使如植物配置等有关景园色彩构成的内容变得更加精细化。

生态数据采集的对象主要是风景园林场所中影响生态环境的因子，主要由气候类、土壤类和生物类三类因子构成，包含土壤、水分、温度、光照、大气和生物因子等。用于测量生态环境因子数据的仪器有多种，如生物传感器、水体富营养化检测器等。通过相关仪器设备记录、分析生态环境，可实现对生态环境数据的采集和分析，对风景园林规划设计具有重要的反馈意义。例如，为了研究环境对红树林生长的影响，在海岸带生态系统感知平台的建设中，利用具备 TCP 连接功能的水质监测传感器，采集包含时间、pH（酸碱度）、DO（溶氧）、COND（电导率）、TEMP（温度）、盐度等信息内容的综合数据。

关于景园行为的调研，以往多使用问卷法、抽样调查法，具有过程模糊、数据欠精确的特点，还存在数据可靠性与主观性的争议。大数据时代的行为数据采集更加便捷，拓宽了数据的类型与数量，不仅可以利用监控摄像头进行游人数量及性别的统计，也可从相关机构获取空间位置数据、社交网络数据等大众行为信息。除大众行为数据之外，眼动仪、脑电仪、皮电仪等生理数据采集仪器能够获得个体的生理数据。例如利用眼动追踪系统记录被试者在景观环境中的视线轨迹、关注热点、时长与频率等参数，进而分析其视觉偏好度，配合使用皮电仪可进一步研究人在环境中的感受，对景观环境生成评价反馈。

数据分析技术的优劣与结论的可靠性和有效性程度紧密关联。GIS 具有强大的数据库功能，在可视化表达的同时能够即时生成关联数据，为量化比较与分析提供了便利。此外，ENVI、ERDAS、Depthmap、Fragstats、Fluent、Urbanwind 等一系列数字化软件为包括地理分析、空间分析、生境分析在内的风景园林设计分析与评价提供了支撑。数据分析在数据采集的基础上开展，对应于设计师解读场所、评价设计的过程，也是整个风景园林设计过程中极其重要的一个环节。科学的研究离不开定性与定量的分析评价方法。风景园林作为一个复杂系统，数字技术为设计师对风景园林进行设计与研究提供了便捷、高效的平台和途径，成为难以或缺的工具。对环境的精准分析与表达，使得设计的依据更加可靠，主动规避单纯凭经验引发误判的可能，从而使设计结果更具合理性。

将采集的空间数据输入 ArcGIS 软件，利用集成工具能够方便、快捷地对场地的坡度、坡向、高程等进行分析并可视化呈现，也可以基于 DEM 模型进一步对视线、地表径流、汇水区等加以分析。随着数字技术的发展，传统的叠图方法在计算机的辅助下更为科学，操作也更加方便。自 20 世纪 30 年代起，随着生态规划的发展和科学技术的进步，以叠图法为基础的生态敏感性分析、建设适宜性分析等科学化分析方法能有效地帮助人们解读、认知和设计景园环境。生态敏感性评价通过对场地各个生态因子的权重叠加，以此划分不同等级的保护区域，并确立不同的保护策略与措施。在生态敏感性评价基础上再进行建设适宜性评价，将场地划分为核心保护区域、保护区域、适度恢复区域以及可以建设区域四大类，在此基础上开展风景园林规划设计工作，同时坚持生态优先原则，有助于将生态保护与建设活动控制在适度的范围内。在数字化高度发达的今天，无论是空间类数据、生态类数据，还是文化类及行为类数据，均有各种软件平台提供分析支持，辅助景园设计师更加全面地认知场地，以便更加科学、高效地开展风景园林规划设计工作。

从风景环境的基础资料搜集、处理到规划成果的全过程来看，将 GIS 技术运用于风景名胜区规划能够有效分析景区特点，从而针对性地弥补传统规划手段存在的不足。首先，GIS 提供了强大的空间数据库，能够大量存储和有效处理多种类型的基础资料数据，将纷繁复杂的数据整理成条理清晰、可以直接使用的 GIS 基础数据；其次，GIS 自带的综合叠加分析方法，可以将多个影响具体目标的因素进行加权叠加分析，这一分析过程更加严谨和科学；最后，GIS 能够根据对数据的整合及综合分析，给出明确的分析结果和规划意向，为风景园林规划设计提供定向的数据支撑。

案例分析：风景环境中基础数据的获取与应用——以贵州省息烽西望山游览区为例。

息烽地处黔中腹地，为黔中山区，位于贵阳、遵义两市之间，南距贵阳 66 km，北离遵义 90 km，其地理坐标为东经 106°27′29″～106°53′43″，北纬 26°57′42″～27°18′45″（图 2-11）。其处在乌江南岸，东邻开阳县，西南面与修文县接壤，北面和西北面隔乌江与遵义、金沙两县相望，东西长约 43 km，

图2-11　息烽县区位图

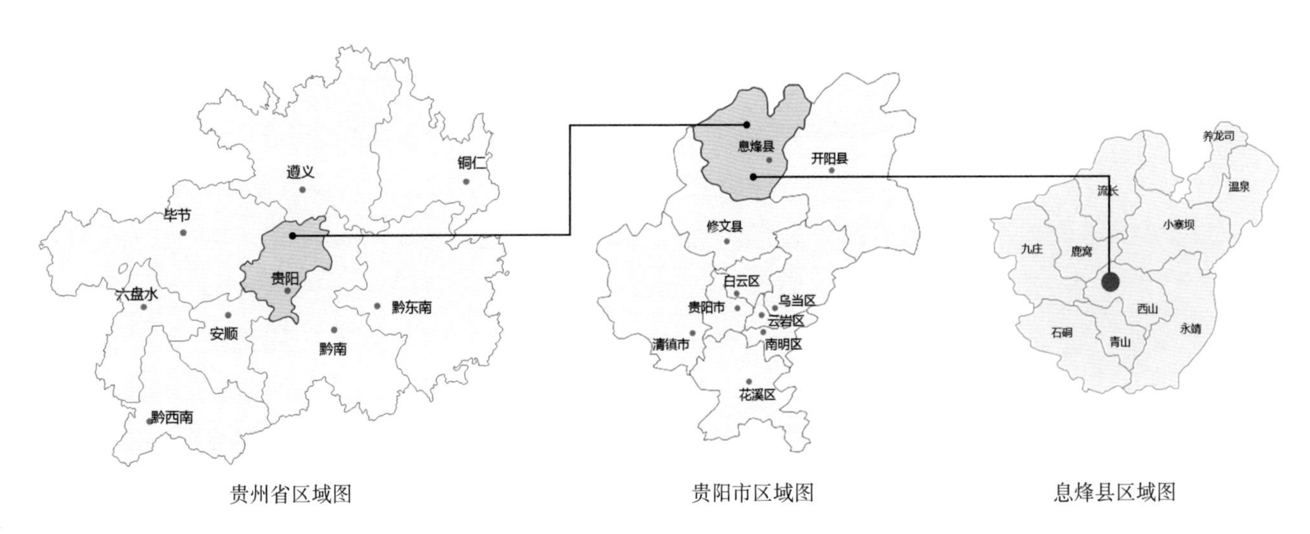

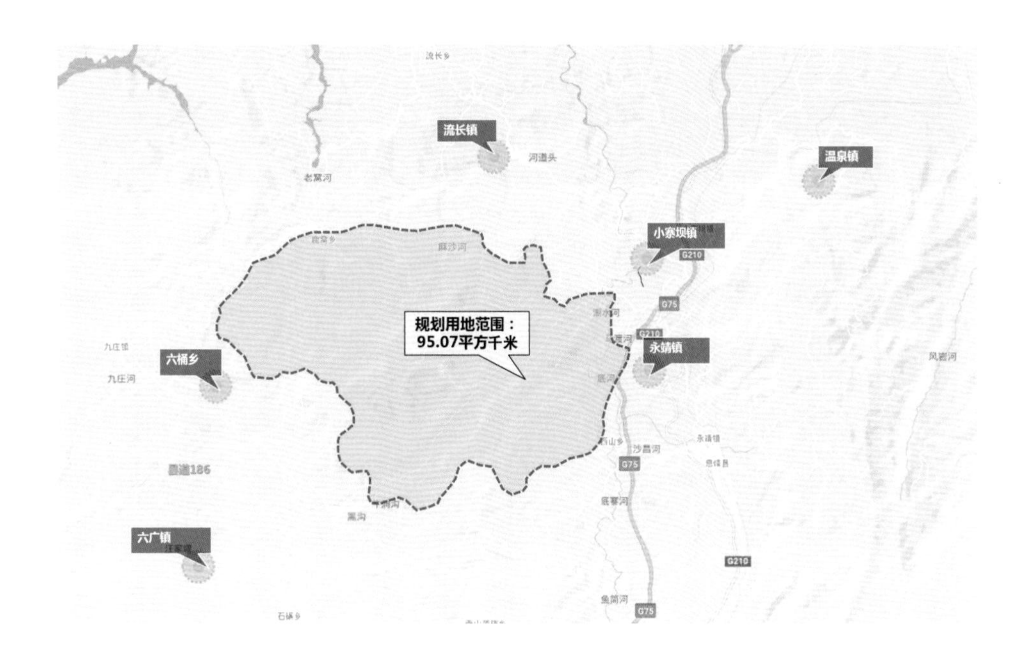

图2-12 研究区范围图

南北宽约 40 km，全县总面积为 1036.5 km^2。川黔铁路、210 国道和贵遵高等级公路从南至北穿过县境，是黔北交通要道。

贵州省息烽县地处云贵高原中部，乌江南岸。境内东、南、西三面环山，山峦起伏，沟谷纵横，岩溶地貌，地势高低悬殊。东部有南山，南部有偏山，西南有马鞍山，中部有西山。整个地形自南向北呈三级阶梯，逐渐下降。全县大部分地区海拔 800～1200 m，相对高差 200～400 m。由于地壳经过剧烈运动和长期风化剥蚀、侵蚀、溶蚀以及受到地质构造和地形的影响，形成了以低中山丘陵为主的丘陵地貌，其类型复杂多样，山、丘、盆地均有。可见研究区内地貌复杂，对地形信息、水文信息的提取以及遥感解译有一定的影响。

西望山又名西山，位于贵州省息烽县县城西部，距县城 12 km，总面积 94 km^2，最高峰团山岩海拔 1616.2 m，为县境第二高峰。西望山峻峭挺拔，异峰突起，高耸入云。山间幽壑深谷，树木蓊郁，怪石奇谲。历代高僧大儒、军政名流游咏其间，留下无数摩崖石刻。内有著名的八大景，二十四小景，更有富含神秘色彩的宗教及历史遗迹，引人入胜。本次息烽西望山游览区总体规划的范围西靠六桶乡，东接永靖镇，北邻流长镇，总面积约为 95.07 km^2。图 2-12 为所研究的息烽县西望山游览区范围图。

本节以贵州省息烽西望山游览区为例，在完成基础数据收集后，首先进行数据整理。以地理信息系统的基本理论和空间分析技术为基础，利用 DEM 提取各种因子或叠加研究，并分析其分布的规律。然后结合研究区地形图以及各种相关资料，探讨在基础资料较为匮乏的条件下，如何获取风景环境中有用的基础数据，并将其科学、有效地运用到规划设计中。其技术路线如

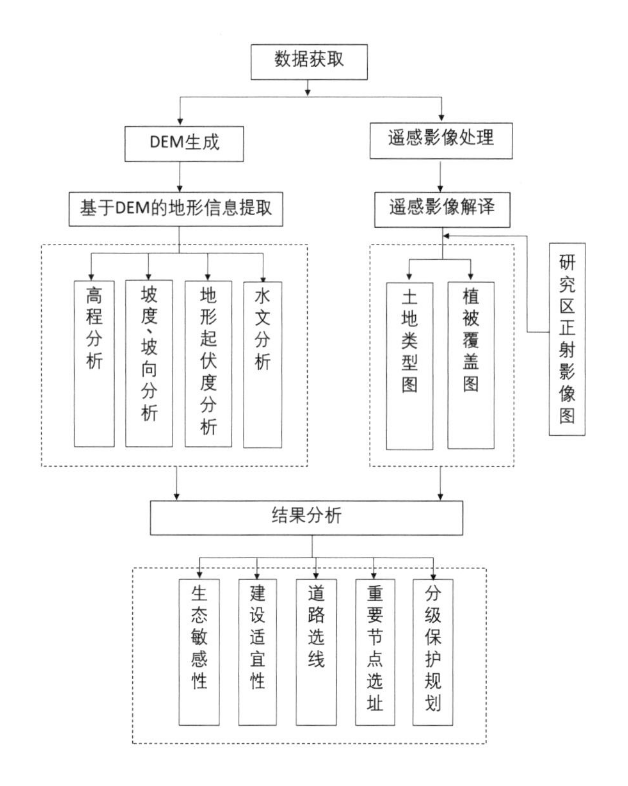

图2-13　技术路线

图 2-13 所示。

（1）地形数据的获取与处理

地形分析是景园环境认知的重要内容，从基于纸质地图的地形分析到基于数字地图的地形分析，大量的人工计算与绘制被计算机所替代，地形分析的方法与内容都发生了一次飞跃。目前，随着计算机技术的快速发展，地理信息系统（Geographic Information System，简称 GIS）技术日趋成熟，应用范围逐步扩大，在城市规划、土地管理、景观设计等各专业领域都发挥着重要作用。尤其是在风景园林规划设计中，GIS 担当了十分重要的角色，它能够对规划设计现状环境进行系统、量化、准确、快速的数据信息化表达，并做出定量化、系统化的分析评价。

息烽西望山游览区研究范围内地形复杂，目前已有的 CAD 资料为贵州省测绘局提供的 1992 年 9 月航摄、1995 年 5 月调绘、1980 西安坐标系、1985 国家高程基准、等高距为 10 m 的测绘图。该地形图虽然精度较高，但是由于红线范围内覆盖不全且测绘时间较为久远，已经不具备现时性，无法提供准确的设计依据，为本次设计带来一定的困难与挑战（图 2-14）。

因此，如何获取红线范围内适用的 DEM 数据，同时利用 GIS 技术，在前期分析中从高差、坡度、坡向、视线等方面对地块的地形进行评估，并且在生态方面，对地块的地表水体、径流、汇水等多方面进行评估，从而获得场地的地貌特色和景观特征，为场地设计提供数据依据和提高可行性显得至关重要。

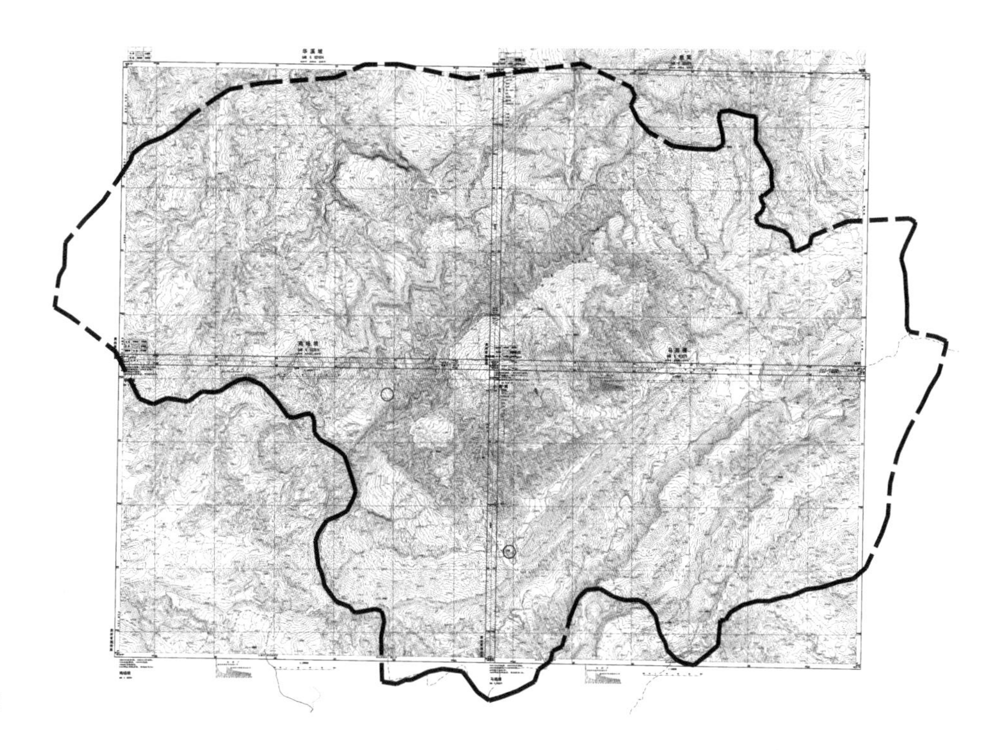

图2-14　1992年9月航摄地形图

在设计过程中，可以运用GIS的叠加分析功能评估景观用地的生态敏感性、建设适宜性，并分析、解决景观水体水量需求、道路选线和节点选址等具体问题。

考虑到研究区域尺度较大的特点和资料的可获得性，本研究所用DEM数据来源于中国科学院计算机网络科学信息中心网站——地理空间数据云网站（http://www.gscloud.cn/）下载的GDEMV2 30M分辨率数字高程数据。该数据是由日本METI和美国NASA联合研制并免费向公众分发。ASTER GDEM数据产品基于先进星载热发射和反辐射仪（ASTER）数据计算生成，是目前唯一覆盖全球陆地表面的高分辨率高程影像数据。

首先，从LocaSpace Viewer三维数字地球中选择包含研究区域的较大矩形范围，下载包含投影信息（WGS84坐标系（经纬度坐标））的谷歌影像，以确定研究区域地理坐标位于北纬27°04′8.07″～27°10′17.70″，东经106°32′43.48″～106°42′16.96″。图2-15即为所研究的贵阳市息烽县西望山范围图。

其次，从地理空间数据云网站下载覆盖贵阳市息烽县西望山的30 m分辨率的DEM高程数据包，并在Global Mapper中对数据进行处理，得到一张软件拟合成的带阴影的三维效果图（图2-16）。再根据从LocaSpace Viewer下载的谷歌影像的地理坐标，在Global Mapper中用Analysis菜单中的Generate Contours命令定位到本次研究范围，生成研究区域内等高距为10 m、分辨率为30 m的等高线。

最后，将等高线输出为矢量格式文件后得到地形数据（图2-17），为后

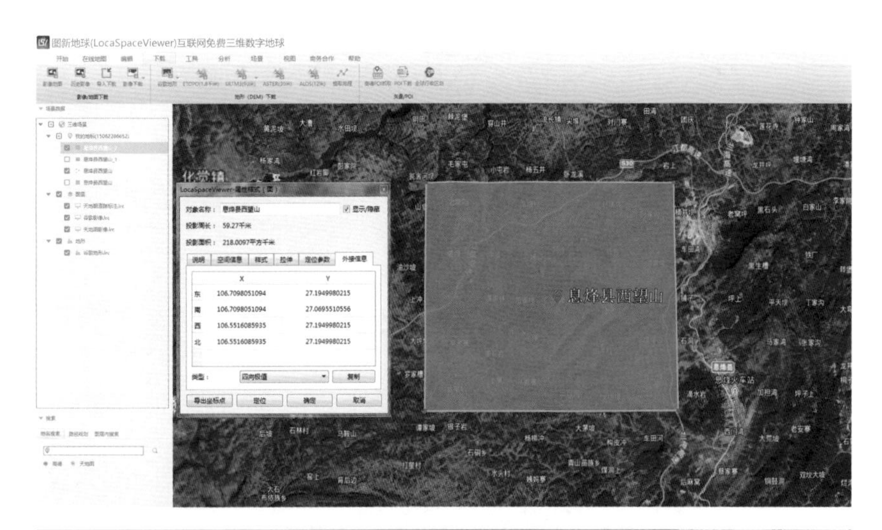

图2-15 贵阳市息烽县西望山范围图

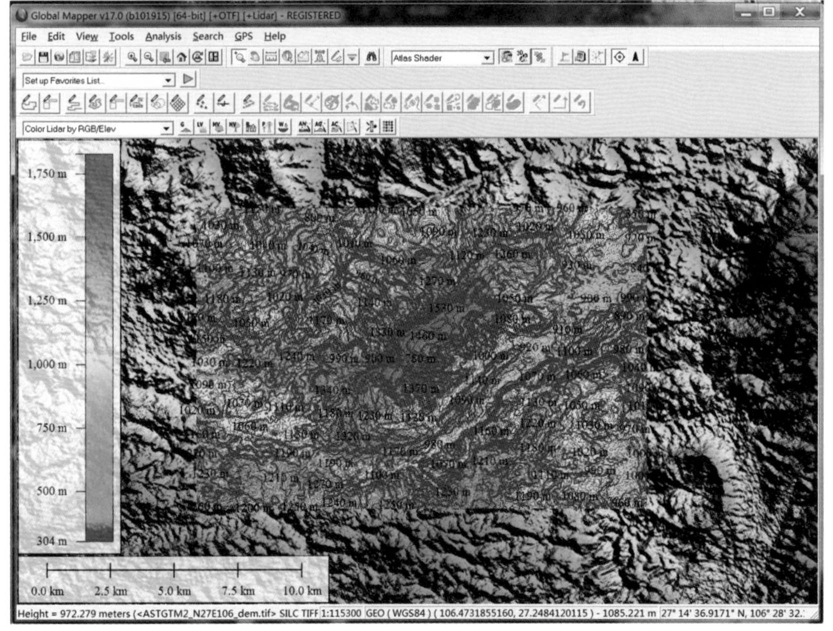

图2-16 Global Mapper中生成研究范围内等高距为10 m的等高线

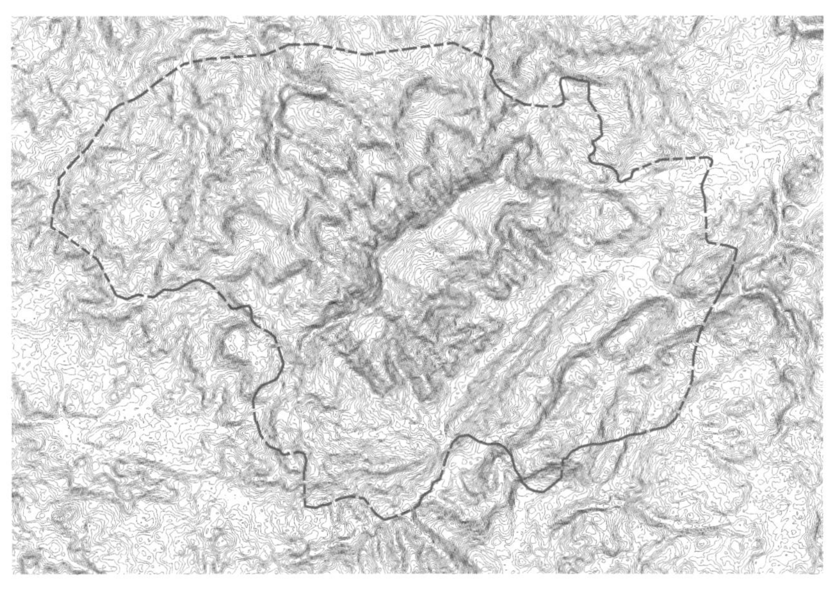

图2-17 最终获取的贵州省息烽县西望山游览区等高线

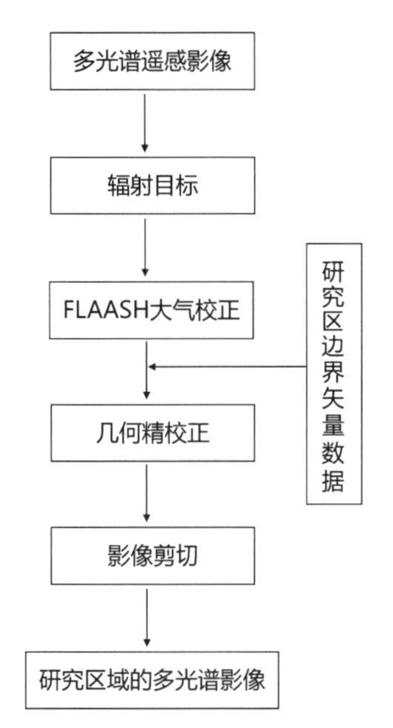

图2-18　多光谱遥感影像预处理流程

面利用 GIS 进行一系列定量的科学研究及综合评估提供基础资料。

（2）遥感卫星影像数据的获取与处理

遥感技术具有快速、准确和实时获取资源环境数据等优势，运用遥感图像的时间特性、光谱特性和空间特征，可以实时提取研究区的影像信息，并完成各种专题图的制作。通过遥感解译，可以获取研究区土地利用 / 覆盖数据、植被覆盖度等信息。

在进行遥感解译工作时，首先根据解译精度要求，选择合适的遥感数据源，获取覆盖研究区的遥感影像，对遥感影像进行辐射校正、几何校正和多波段彩色合成等处理工作；然后通过研究区的矢量图对遥感影像进行裁剪；最后结合研究区各地类的形状、纹理和位置等特征，选取合适的分类方法对遥感影像进行解译，获取研究区相关数据（图 2-18）。

Landsat 系列卫星数据具有获取途径简单、获取免费以及获取的时间跨度长等优点，因此在中等尺度的地表覆被研究中得到较多的应用。Landsat 8 卫星包含两个传感器，分别为 OLI 和 TIRS。OLI 成像仪做了较大改进，增加了波段数量，并调整了波段范围，在地物提取上更加精确。

本案例从地理空间数据云网站下载了覆盖贵州西望山景区范围的 2018 年 3 月 Landsat 8 OLI 30 m 精度遥感影像（图 2-19），并通过 ENVI 软件对遥感影像进行相关校正和彩色合成等预处理工作。

首先，为了利用遥感影像的光谱值，需要将 OLI 传感器所记录的量化数值转换为绝对辐射亮度，即对该影像进行辐射定标。然后，使用遥感处理软件 ENVI5.3 中的 Radiometric Calibration 工具对遥感影像进行编辑。

地球的大气层会对光产生散射、吸收等作用，这就使得遥感卫星传感器接收到的信号发生偏移。而且大气的衰减对不同波段的影响并不均等，同时

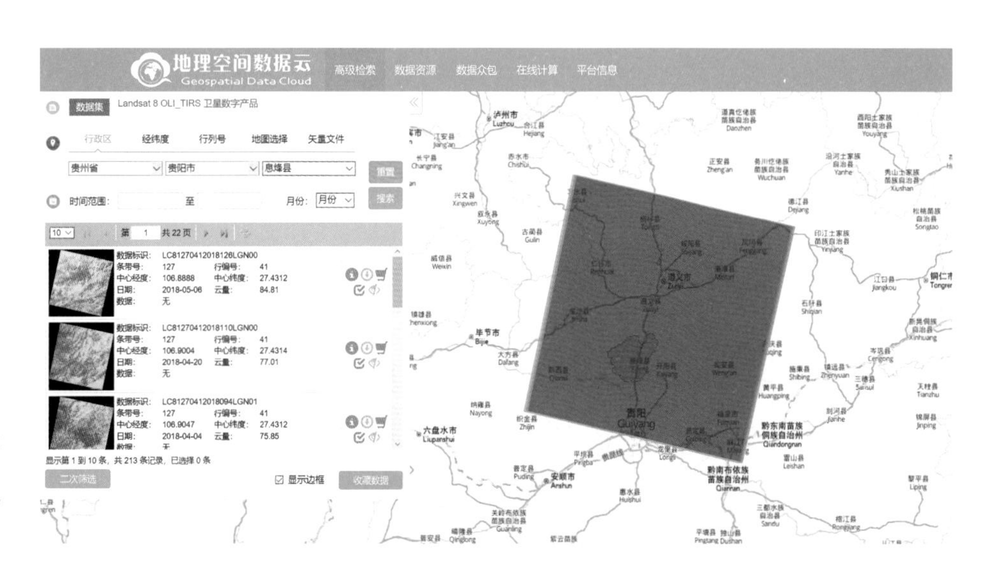

图2-19　2018年3月Landsat 8 OLI 30 m精度遥感影像
（图片来源：http://www.gscloud.cn/sources）

太阳—目标—遥感器之间的几何关系的变化，会使得由于光通过大气的厚度不同，导致遥感影像的光谱值与实际情况发生偏差。因此我们在利用遥感影像的光谱数据之前，必须剔除大气的影响因素，即进行大气校正。本研究采用 ENVI5.3 中的 FLAASH AtmospHeric Correction 工具进行处理，以 Landsat 8 2018 年 12132OLI 影像为例。其参数设置见表 2-2，执行后得到经过大气校正的影像更接近实际情况。

表2-2 大气校正参数设置

中心点经纬度	传感器类型	平均地面高程	影像成像时间	大气模型参数选择	气溶胶模型	气溶胶反演方式
lat27.4277N lon106.9159E	OLI	1.1060 km	2018/3/3	Mid-Latitude Summer	Rural	2-band(K-T)

（3）土地利用类型数据解译

在选取波段进行彩色合成时，由可见光波段、中红外波段和近红外波段组合而成的彩色合成图像所含的地物信息较为丰富，考虑到贵州西望山景区的实际情况，在保持研究一致性的基础上，本案例选取 2018 年 3 月 OLI 遥感影像的 5，6，4 波段进行 RGB 假彩色合成。接下来依据贵州西望山景区范围的矢量图对遥感图像进行裁剪，并根据研究区影像特征和地理特征，采用非监督分类法进行遥感解译。

非监督分类主要有 k-means 值和 ISODATA 两种，本案例采用 ISODATA 算法。ISODATA 算法也被称为迭代自组织分析，首先通过遥感影像的光谱信息计算出类均值，这些类均值分布在影像之中；其次利用最小距离法将其他像元进行迭代聚合，当聚类中心距离小于阈值时归为一类，否则进行分裂或合并；最后多次迭代重新计算均值，且根据所得的新均值，对像元进行再分类，综合多次迭代的成果输出最终结果。本研究通过 ENVI5.3 首先设置类别数量范围为 6～20（为保证精确度，最大值为分类数量的 2～3 倍），最大迭代次数为 10，变换阈值为 5，最小像元数为 1，最大分类标准差为 1，类别均值最小距离为 5，合并列别最大值为 2 等参数。然后生成若干中心，通过最小距离模型生成聚类，对比各聚类中心距离均值，满足变换阈值的即产生一个分类，当小于阈值一半时进行分裂运算，大于阈值的一倍时则进行合并运算。通过多次迭代运算直至分类结果收敛，输出结果。

考虑到贵州西望山景区的实际情况，并根据国家土地利用现状分类的标准和贵州省土地利用现状，本案例采用基于遥感监测的土地利用 / 覆盖分类系统，将贵州西望山景区遥感图像解译为农用地、林地、水域、建设用地和交通用地 5 种土地利用 / 覆盖类型（图 2-20）。在运用非监督分类的 ISODATA

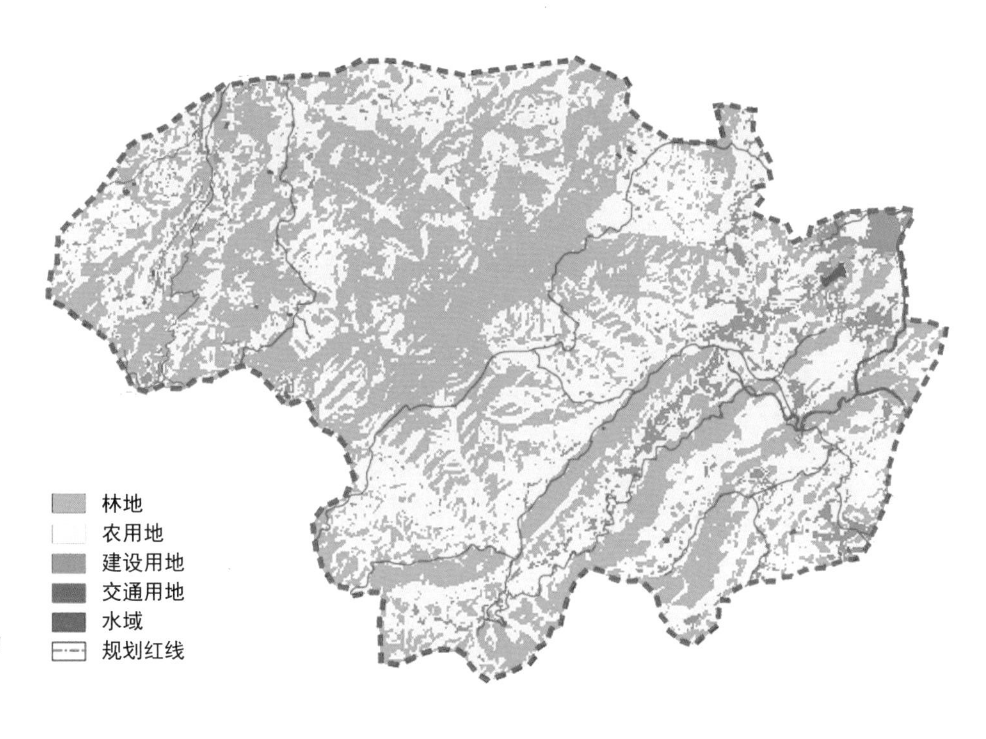

图2-20 贵州省息烽县西望山景区土地利用/覆盖类型图

图2-21 NDVI计算公式
（图片来源：王瀚征. 基于非监督分类与决策树相结合的30 m分辨率土地利用遥感反演研究[D]. 石家庄：河北师范大学，2016.）

遥感数据	可见光红波段（RED）	近红外波段（NIR）	NDVI 计算公式
Landsat 8 OLI	波段 4（0.64～0.69 μm）	波段 5（0.85～0.88 μm）	$(OLI_5 - OLI_4)/(OLI_5 + OLI_4)$

算法对遥感图像进行初始分类后，通过目视解译对遥感图像进行分类后处理，对不合理分类处进行纠正，再经过 Kappa 精度检验，确保达到分类精度的要求。

（4）植被覆盖度转译

归一化植被指数（NDVI）是植被指数中用于监测植被覆盖度、反映植被覆盖状况和植被冠层背景影响的最常见指标。在遥感影像中，利用近红外波段与红光波段的反射值之差，除以两者之和即可得。

在本案例中，通过应用 NDVI 这一植被指数来监测研究区域植被覆盖度，计算公式如图 2-21。在 ENVI 软件中对贵州西望山景区遥感影像数据进行预处理后，通过 NDVI 计算功能得出初步结果。依照安裕伦等人对贵州喀斯特地貌地区研究所得的地物类型 NDVI 值（图 2-22），将高清正射影像图与 NDVI 的初步结果进行对照，目视解译再进行分类，分为水体、建设用地、草地及耕地、稀疏林地、茂密林地 5 个类别，最终得出研究区的植被覆盖图（图 2-23）。其中：①水体的 NDVI 值为负数，其他对象 NDVI 值均为正数；②建设用地 NDVI 值小于所有植被类型，为 0～0.2；③在植被类型中，草地及耕地 NDVI 值介于 0. 2 到 0. 3 之间，且最大 NDVI 值低于其他植被对象；④林地类型以 NDVI 值 0.4 为界，分为稀疏和茂密两类。

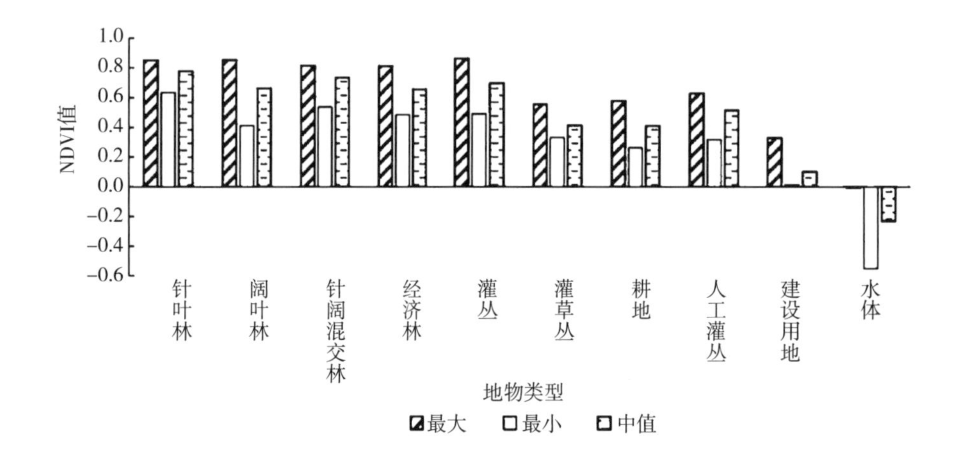

图2-22 研究区地物样本NDVI值（图片来源：夏林，安裕伦，赵海兵，伍显，郝新朝.一种提高喀斯特地区植被分类精度的方法——以贵州省关岭县为例[J]. 贵州师范大学学报(自然科学版)，2018，36(03): 8-13，51.）

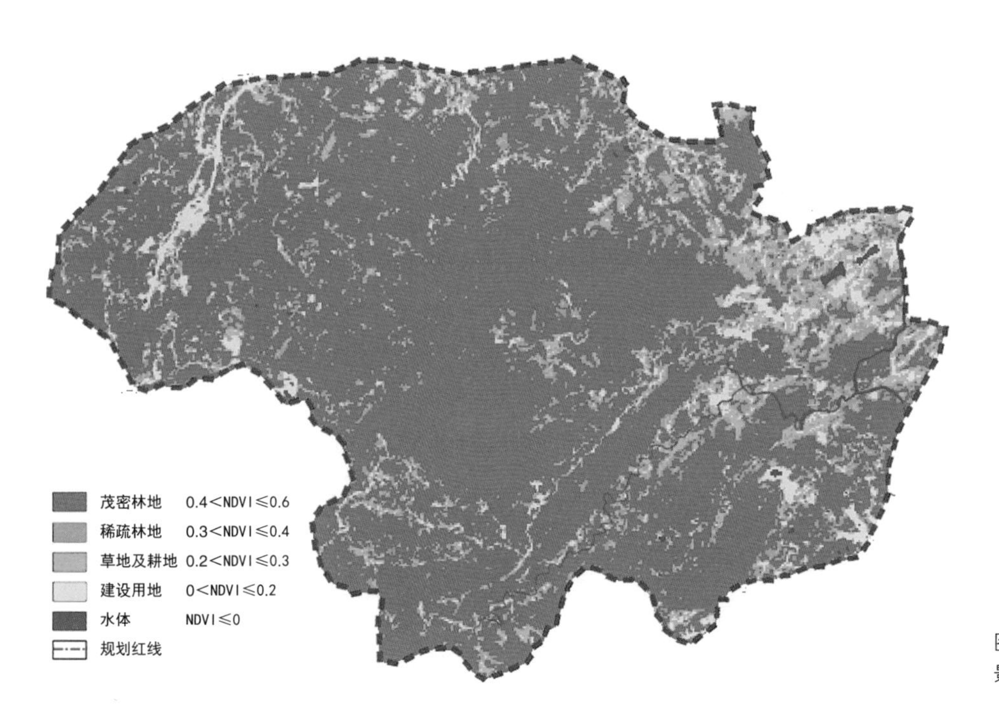

图2-23 贵州省息烽县西望山景区植被覆盖图

2.3.2 方案的设计与模拟

2.3.2.1 协同设计与数字模拟

（1）平台协同

协同设计（Collaborate Design）是指设计群体合作进行同一项目设计的工作方式。协同设计平台（Collaborate Design Platform，CDP）既可以是支持多用户操作的分布式网络平台，也可以是应用计算机技术搭建的多人实时协商的现实操作平台。例如，条码房屋参与系统（Barcode Housing System）能够支持开发商、建筑师、业主、施工队以及厂商等进行协同合作，吸收并集成各方面信息，并实现对条码住宅平面的个性化自动生成（图 2-24、2-25）。

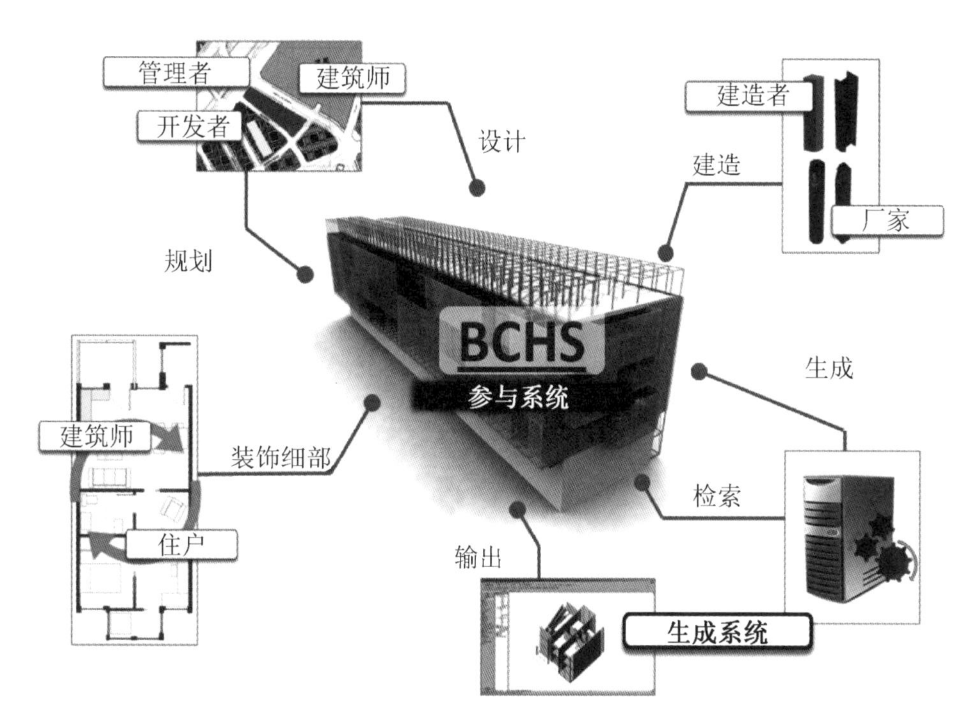

图2-24　基于协同设计平台的参与系统
（图片来源：林德罗·马德拉索（Leandro Madrazo），2014）

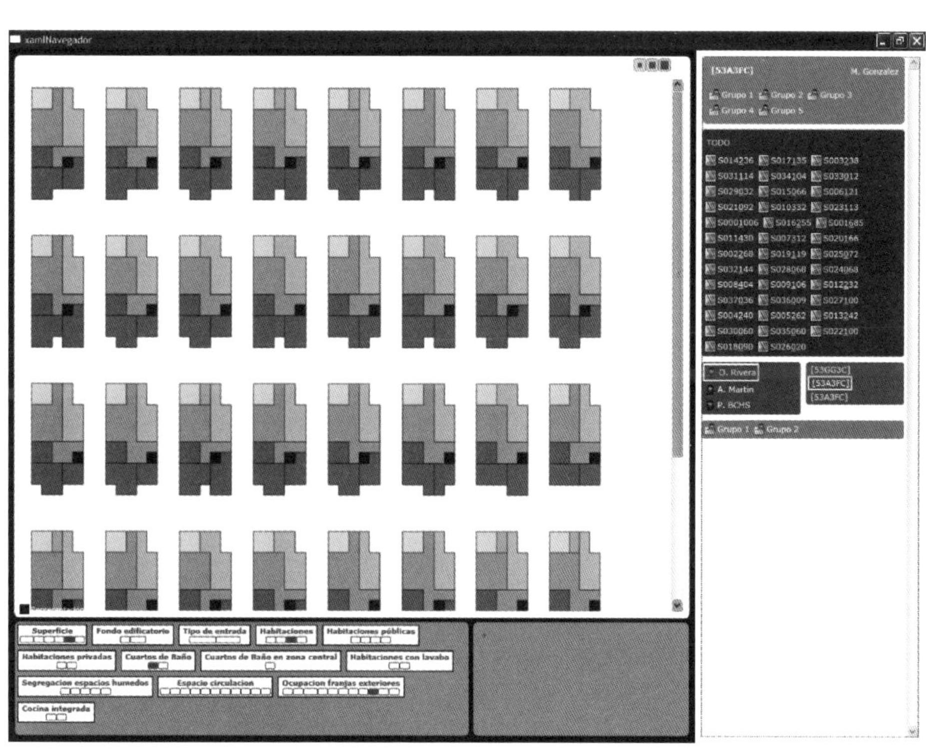

图2-25　设计方案的自动生成
（图片来源：林德罗·马德拉索（Leandro Madrazo），2014）

在对影响风景园林设计的参数因子进行分析、评价的基础上，构建参数化风景园林协同设计平台。将参数建立在对景观要素进行分析与评价的基础上，通过改变相关环境因子参数（包括坡度、坡向、高程、空间、汇水等）生成多方案，在多方案中选取最优设计成果，同时实时生成三维可视化模型、二维工程图纸以及工程量、造价等数据表述。三维可视化模型通过携带参数信息

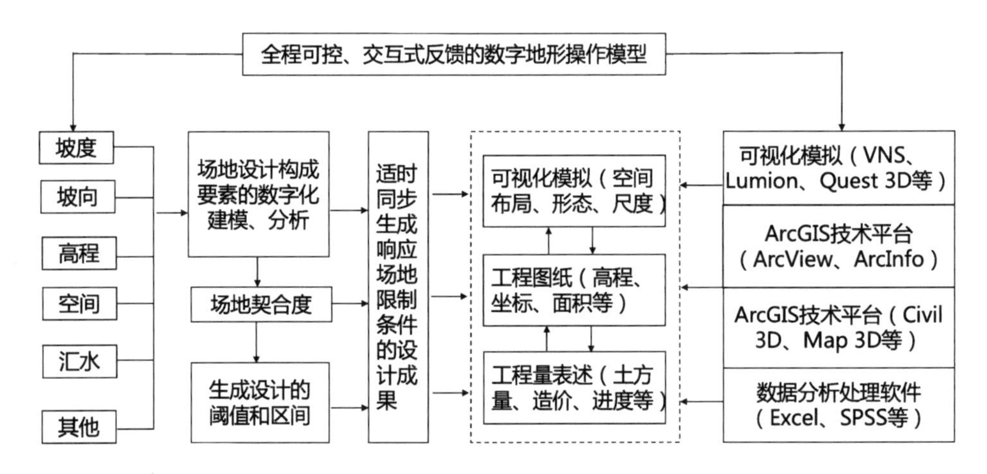

图2-26　参数化风景园林地形设计协同

的虚拟现实系统展现，同时可以对其进行空间围合度等内容的量化描述；通过基于 Autodesk 和 ArcGIS 技术平台的工程图纸，表达高程和坐标等信息；同时利用 SPSS 和 Excel 软件对工程量（包括填挖方量、荷载等）和工程造价进行数字化表述（图 2-26）。

利用 GIS、CAD 等技术平台，发挥各软件平台间的协同效应，创造多种比选方案，调整、优化设计，使其生成符合 / 满足场地限制条件的设计成果。首先，依据 GIS 软件提供的场地数据，分层导入 CAD 软件，生成设计形体，形成可视化模型初步效果。然后采用 CAD 平台下“Civil 3D”或二次开发平台软件例如天正规划与景观设计软件，赋予模型关于竖向方面的高程、坡度、坡向等属性数据，使之成为带有数据信息的虚拟现实模型。此外，也可以基于 CAD 平台，通过 LISP 编程，在生成设计的同时形成实时计算工程量，结合设计构思，调整土方平衡及模型数据，优化设计效果。

利用 GIS、数字化叠图、Fragstats 等量化技术手段，对场所进行数据分析，并建立相关数据模型。通过对场地中与景观环境相关联的生态群落、水文特征、基础设施、风景资源等可量化因素进行数字化评价，实现风景园林设计过程中场所环境影响因素之间的耦合，同时形成建立在多目标基础上的风景园林设计方案的类比与优化方法。

以数字信息模型作为设计方案研究基础，精选优秀案例，从对生态群落、水文特征、基础设施、风景资源四个方面的量化和分析入手，建立可供类比研究和耦合研究的数据模型。同时构建风景园林设计评价体系，实现风景园林设计由定性描述走向科学的定量研究，将场所评价数据化，提高设计的精准性。改变传统单因子叠加的设计思维模式，建立基于多目标的风景园林设计方法，在系统观念与集约化理论的基础上，通过更为科学、高效的技术措施同步实现多设计目标，从而进一步增强风景园林设计的系统性。

参数化风景园林地形设计模型是一个集成的设计平台，它支持在实际建造前以数字化方式表述场地中的关键场地特征信息和三维几何信息，为场地的分析、设计提供数字化模型基础。该模型一处变更，全程自动更新，并能够创建协调一致、包含丰富数据的设计和评价模型，辅助设计者在设计阶段更为准确地进行研判，实现设计方案外观、性能和成本的可视化及仿真效果，并且能更精确地制作设计文档和数据统计工作。通过相关参数化软件平台生成的独立模型包含丰富的智能、动态数据，便于在项目的任何阶段快速进行设计变更，同时根据分析和性能结果做出更为合理的决策，从而选择最佳设计方案。利用参数化软件平台可以快速、高效地创建模型与变更模型，同时能够保持同步的可视化效果。此外，项目中的任何设计修改都能自动更新到所有相关的图纸和数据库中。

（2）数据协同

选取风景园林设计中多个要素作为研究对象，通过解析景观构成要素，依托参数化、交互式等技术，使用有效、准确的适时量化评测与调控措施，借助风景园林设计参数的设定与变更，统筹分析景观空间形态、工程技术及工程造价等设计环节，即时优化设计过程与方案成果，同步生成可交互反馈的三维模型、工程图纸、经济技术指标及工程量等设计成果。在实现风景园林设计全程可控的同时，极大地提升了风景园林设计效率。参数化设计能够在设计过程中发挥数据整体协同效应，有助于缩短设计、分析和进行变更的时间，快速评估多个环境影响因子，优化设计成果。

① 数据获取

参数化设计全面集成了勘测功能，将原始勘测数据导入、编辑，自动生成三维勘测图形和地形曲面，同时添加进场地特征数据，即可建立协调一致的数字地面模型，在同一软件环境中就能完成几乎全部的场地勘测、分析和设计工作（图 2-27）。

② 数字建模

设计者可以通过 AutoCAD Civil 3D 把来自 LIDAR 的数据生成点云数据，将导入的点云信息进行可视化模拟，然后根据 LAS 分类、RGB、高程和密度确定点云样式（图 2-28）。使用点云数据可使场地勘测数据直接创建出三维曲面。

参数化设计支持基于数字化协同设计的工作流程，包括地理空间分析和地图绘制功能，通过叠加两个或更多拓扑信息可分析对象之间的空间关系。使用公开的地理空间信息可以更好地进行场地信息梳理，在项目筹备阶段了解各种设计约束条件，并生成可靠的地图集。

③ 计算与分析

在进行方案调整的同时，土方的填方和挖方平衡难以估算。传统算法往

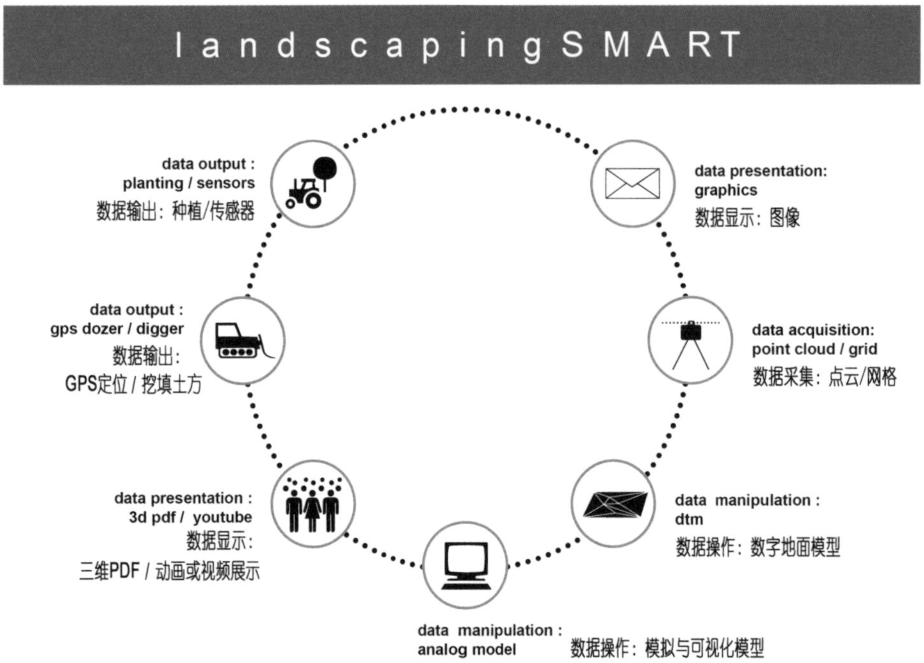

landscapingSMART

data output : planting / sensors
数据输出：种植/传感器

data presentation: graphics
数据显示：图像

data output : gps dozer / digger
数据输出：GPS定位 / 挖填土方

data acquisition: point cloud / grid
数据采集：点云/网格

data presentation : 3d pdf / youtube
数据显示：三维PDF / 动画或视频展示

data manipulation : dtm
数据操作：数字地面模型

data manipulation : analog model
数据操作：模拟与可视化模型

图2-27　风景园林的智能化设计（图片来源：彼得·派切克.通往风景园林行业的BIM之路：数字化竖向设计教育[J].风景园林,2019,26(05):8-12.）

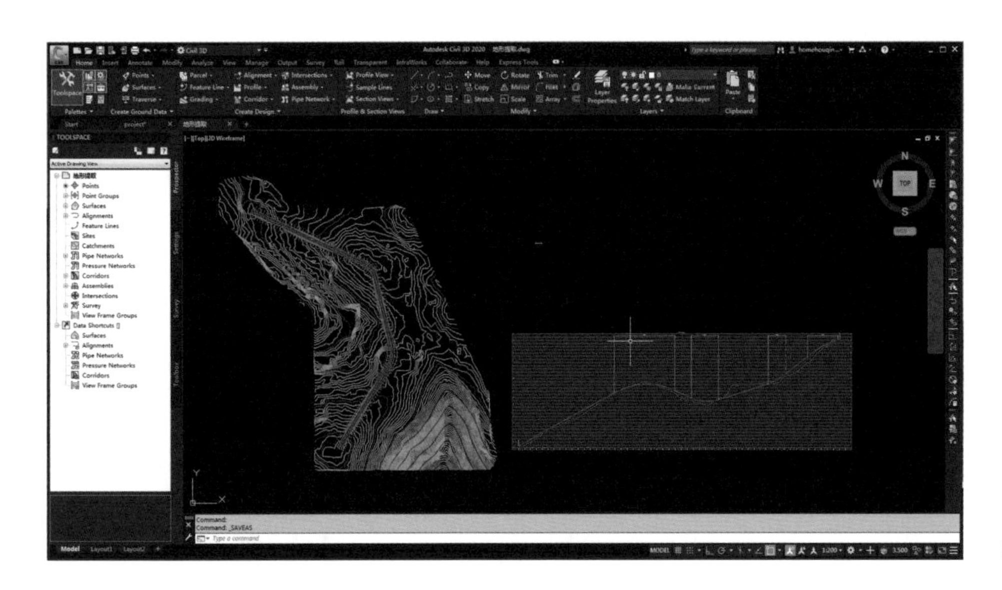

图2-28　场地地形数据的获取

往要耗费大量的时间，并且误差较大。依据参数化技术平台，在数字模型的基础上利用复合体积算法或剖断面算法，可以快速准确地计算现有曲面和设计曲面之间的填方和挖方工程量。此外，数据协同工具自动生成的土方调配图表，可用以分析并形成最优土方调配方案，例如土方填挖距离，移动的土方量，确定取土地点、区域以及外运土方的堆放地等，从而降低土方运输距离与风景园林建设的工程量（图 2-29）。

从设计模型中提取工程材料数据，包括数量和材料类型，结合材料的造价以及相关付款项目列表生成投标造价预算报告，其精确的数据提取与运算功能在设计流程早期就已对项目的投资成本进行了合理的预估，为项目建设

图2-29　场地填挖规则的制定

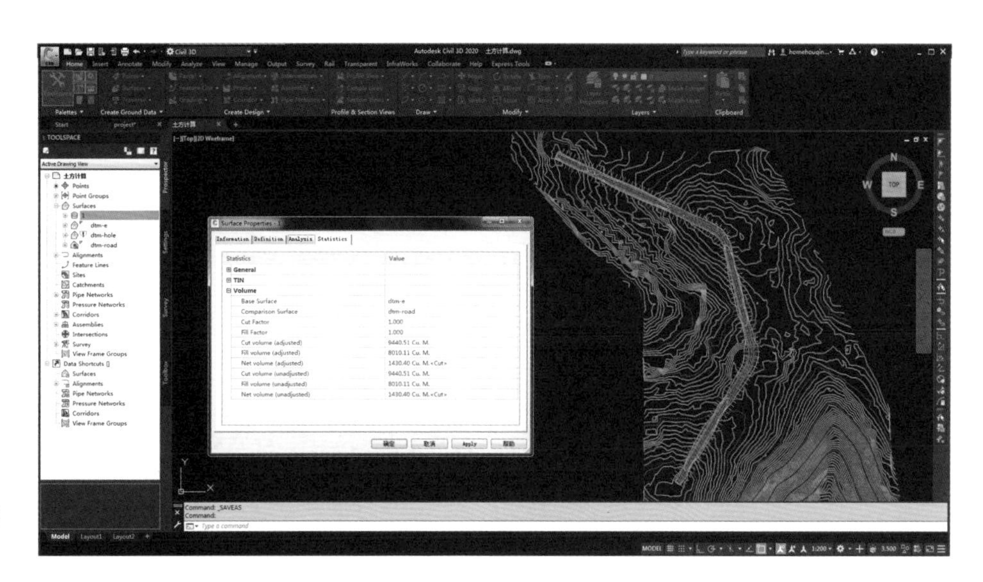

图2-30　根据设计目标和基本填挖规则自动生成的土方计算图表

的可行性提供了合理的决策依据。借助外部数据参照，设计者可以共享三维可视化模型数据，并在各设计阶段中使用统一的图例和标注，以确保图纸的一致性（图 2-30）。

（3）设计协同

风景园林设计过程中，不同的环境要素（包括生态群落、水文特征、基础设施、风景资源等）相互之间的联系及权重不尽相同，在不同场所中设计的关联参数也不尽相同。依照不同设计场地建立风景园林与生态群落、水文特征、基础设施、风景资源四个基本要素之间的参数联系，并区分权重，从而实现针对性设计。通过加入设计要素的权重系数，突出风景园林环境特征，使其表现出明显的倾向性和差异性，从而使风景园林环境呈现出丰富多变的姿态。例如，纪念性景观环境中人文纪念性设施因素权重较大，自然环境中自然资源与生态特征是风景园林设计要重点处理的方面，健身活动场所着重满足人的行为活动需求，由此不同的风景园林环境表现出不同的性格特征。通过参数关联评估拟建成后的使用状况是否达到预期建设目标、设计与场地各景观环境要素之间的耦合度如何，通过多方案耦合度的比选、验证与优化，选取最优解决方案。此外，创建景观变化所带来的景观效益评估数据库，如树木的生长量、带动周边社区的发展、提升区域经济活力等，对影响设计的相关要素做出更为全面的设计评估。

通过数字模型、施工图纸和文档之间的智能关联，参数化风景园林设计在提高工作效率的同时改善了设计过程的整体协同效应，使得参数的设计变更与操作模型保持同步，保证了设计成果的一致性。此外，直接从模型创建可视化效果，通过多方案的优化比选，评估设计对于场地及其周边环境的影响；利用 Autodesk Navisworks 三维可视化工具展示最终设计成果，可以让项目相关人员更全面地了解项目在竣工后的效果和使用情况。

将场地调研航拍测量的大型数据信息、数字地形模型，经过人工修正后创建三维地形曲面，创建曲面的方法主要有等高线法和三角形法。通过有效的高程和坡面分析，创建与源数据保持动态关联的智能化操作模型，Autodesk 强大的边坡和坡面投影组件工具可将任意地形生成曲面模型，为设计全过程带来了极大的便利（图 2-31、2-32）。

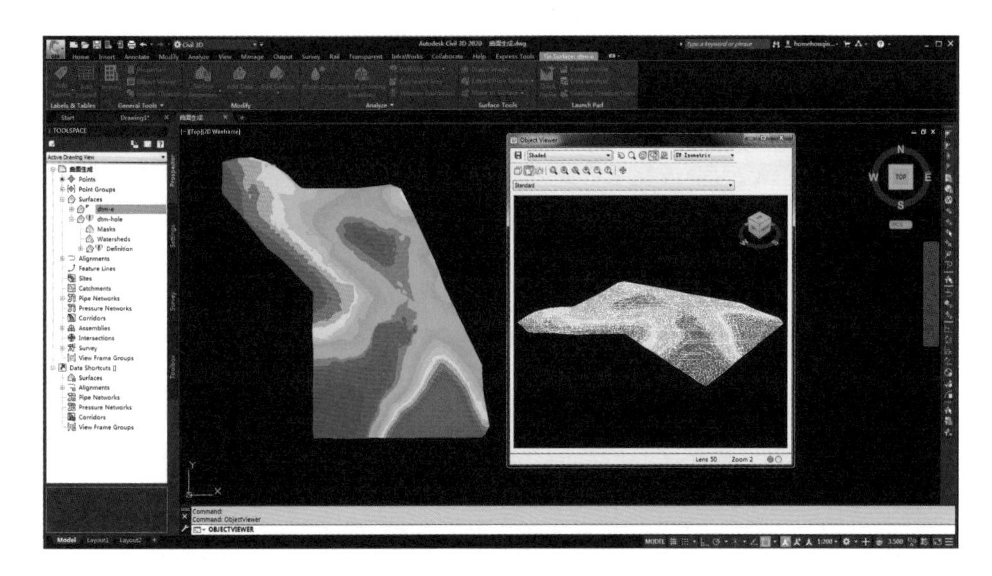

图2-31　三维地形高程分析

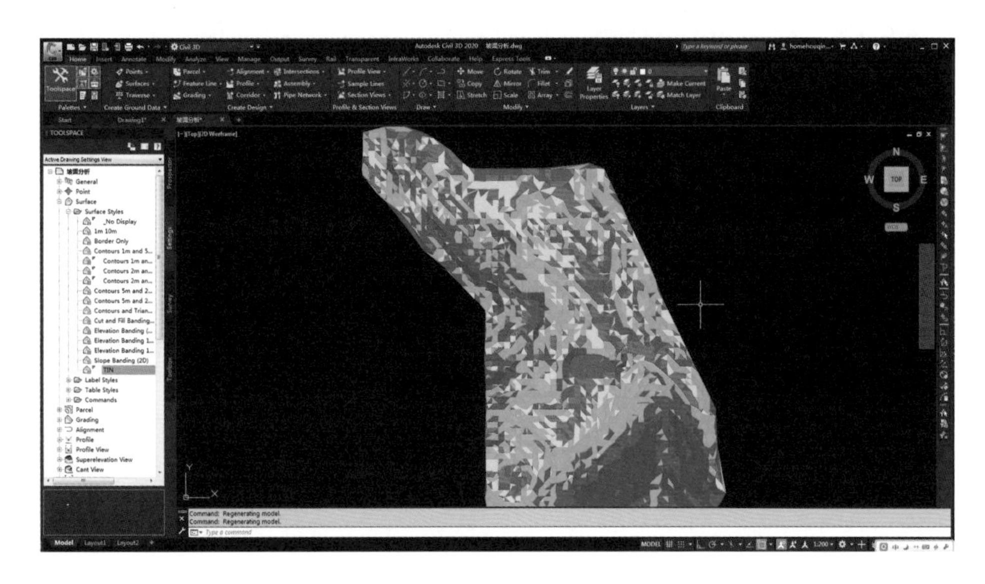

图2-32　创建数字曲面，并进行坡面分析

参数化设计依托现有 Autodesk 平台，使用灵活的布局工具生成地块，如果场地的某一局部地形发生改变，其临近的地块会随之发生相应变更，以适应其变化，并构建场地布局参数选项，通过参数的调整，评估设计所带来的整体变化。软件能够自动生成施工图纸，包括平面图、带有详细标注的横断面图和纵断面图、局部节点详图以及填挖方施工图等。平面图分幅向导（Plans Production）中全面集成的图纸管理器能自动完成图纸和图幅布局，同时对整个项目的图纸进行安排，生成针对整个图纸集的目录和图例。使用外部参照，可以在修改总图设计的同时，利用与模型中相同的图例生成施工图纸，其所有标注和标签能自动调整图纸比例和视图方向，以适应总图的比例更改以及在不同视口内旋转图纸时的更新。

（4）管理协同

风景园林设计是一个满足多方不同目标需求的复杂工作流程。设计评审通常涉及非专业人员，将数字化成果进行交流，可形成项目所有相关人员共同参与的设计评审方式。工程师可以根据准确的场地现状模型和设计约束来评估设计方案，通过解决场地分析与研究、雨水管理策略等地形设计相关问题，实现风景园林地形设计的科学化与精细化。

基于参数化设计模型中的数据，可实时生成灵活且可扩展的设计与评估报告。丰富多样的绘图样式和设计标准可以改变图纸的颜色、等高距、线性和标签等设置，以适应不同项目的需求。土木工程师可以将 Autodesk Revit Architecture 中的建筑外壳导入 AutoCAD Civil 3D，以便直接利用建筑师提供的公用基础设施接点、入口对接等设计信息。同样，道路工程师可以将纵断面、路线和曲面等信息直接传送给结构工程师，以便在 Autodesk Revit Structure 中设计桥梁、排水设施、涵洞和其他交通结构物等。

2.3.2.2 全过程设计与参数化模拟

（1）“场地—设计—场地”的设计方法

风景园林环境具有多义性、复合性的特征，整合了生态群落、水文特征、基础设施与风景资源四个方面对地形的影响。通过构建兼顾地形设计与生态群落、水文特征、基础设施、风景资源的风景园林设计模型，辅助风景园林设计方案的生成与比选，形成以系统论为指导、统筹兼顾、科学组织环境要素的多目标风景园林设计方法。运用网络和数字化技术，建立基于多学科交叉的“评估—设计—再评估”评价指标和体系。

构建基于系统观念下的多目标场地地形设计方法，将风景园林环境视为完整的系统构架，在两个或两个以上方案间建立比较平台，实现多方案的比选和优化。通过对与场地地形相关的生态群落、水文特征、基础设施和风景资源四个方面的解读，以一体化整合设计为目标，改变设计要素、内容与方法彼此游离或简单叠加的设计模式。首先针对当代自然生态环境的现状以及当前风景园林设计所面临的矛盾与问题，整合相关学科领域的研究现状和科学研究体系，提出了一系列的研究目标与方法，包括风景园林学科观念的革新、数字化设计方法的实现、研究技术手段的创新等。充分利用数字化技术处理数据的优势，探索风景园林地形的整合过程与优化机制，为风景园林设计过程中的各阶段提出优化的解决方案和策略（图2-33、2-34）。

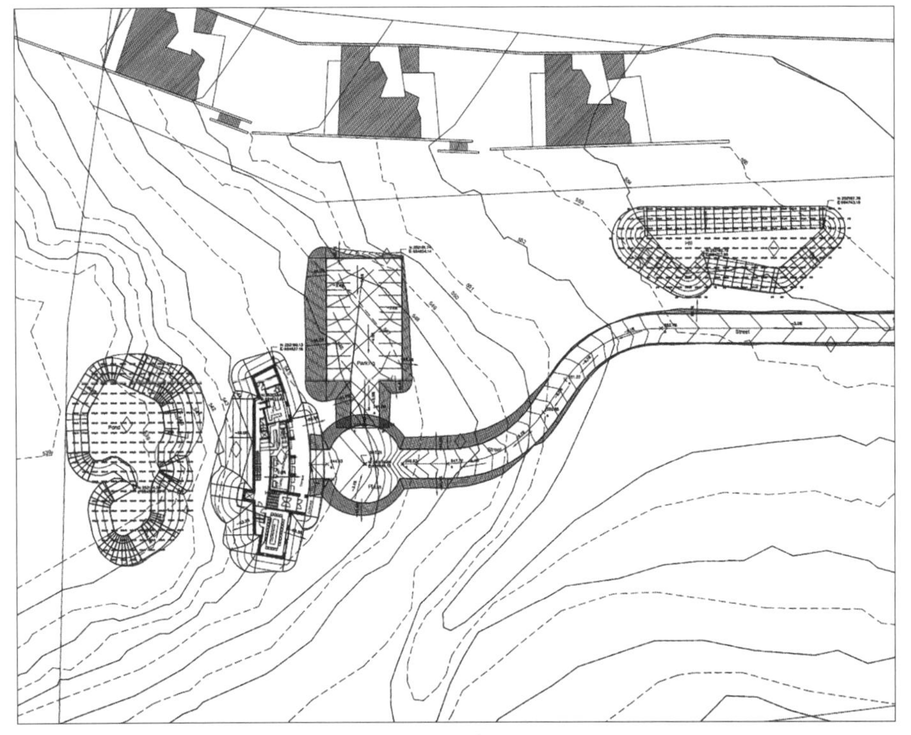

图2-33　全程可控的参数化设计协同（填挖方计算、道路断面、排水等）
（图片来源：Peter Petschek. Grading for Landscape Architects and Architects [M]. Berlin, Boston: De GRUYTER, 2008.）

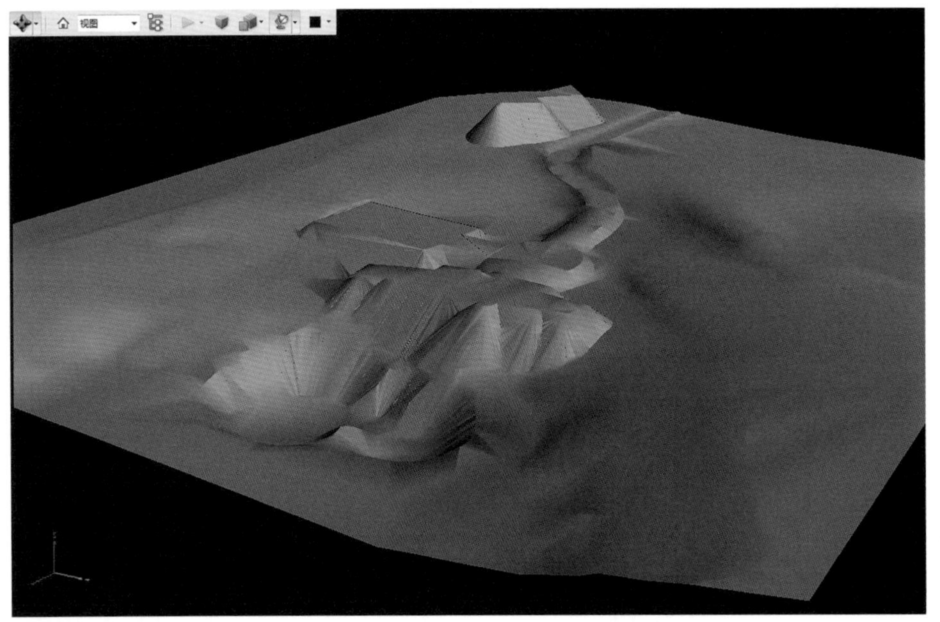

图2-34　实时查看设计成果，并能够可视化修改或优化设计
（图片来源：Peter Petschek. Grading for Landscape Architects and Architects [M]. Berlin, Boston: De GRUYTER, 2008.）

其次，通过现场调查以及其他信息来源的获取，结合相关的对气候、土壤、水文、植被、动物栖息、建筑等信息的综合分析，构建景观特征体系的数字模型。根据不同的尺度要求获取场地信息数据，包括场地小气候、水文、地质以及自然人文特征等。建立场地地形及其相关因子自我演变的评价模型，以 GIS 与 AutoCAD 技术集成为支撑，采用主导因子和综合因子相结合的研究思路，利用数字量化和多元统计分析，对场地未来可能发生的变化或演化特征做出定量分析、判断和评价。引导景观改变的驱动机制，将所收集的水文、植被、土壤和人文环境等场地信息进行数据定量化分析（地形处理、土方计算、植被和动物栖息地设计），并筛选出适合场地改造的具体规划设计内容，进而为风景园林建设提出科学、合理的设计策略。

最后，实现风景园林数字化设计的虚拟实现与可视化，建立动态反馈的风景园林设计机制。依托实际的工程设计项目，将场地信息转化为直观的图像或数字模型，对风景园林中各种生态因子（降雨量、土壤特性、植被生长、地表水、地下水、地形、建筑、动物栖息等）进行模拟、再现与评估，在数字技术平台上建立起景观环境的联动数据模型，对场地的景观演化趋势进行分析、模拟以及绩效评估，实现风景园林规划设计的方案优化比选，完善数字平台技术在风景园林设计中的应用模式。

（2）“评价—设计—评价”的评价体系

风景园林设计方案的优劣以保护生态、协调空间、满足功能、丰富文化等为衡量标准。将上述多项指标从定性引向定量，包括引入变量、目标函数、约束条件、权重系数等，构建相应的场所量化评价体系及其数学模型，并通过对若干优秀建成项目的分类研究，建立风景园林设计参考数据库。在对场所进行评价的基础上，以设计方案与场所条件的耦合度作为多方案比选、设计优化的依据，对不同风景园林设计方案从生态群落、水文特征、基础设施和风景资源等方面进行量化比较（图 2-35）。

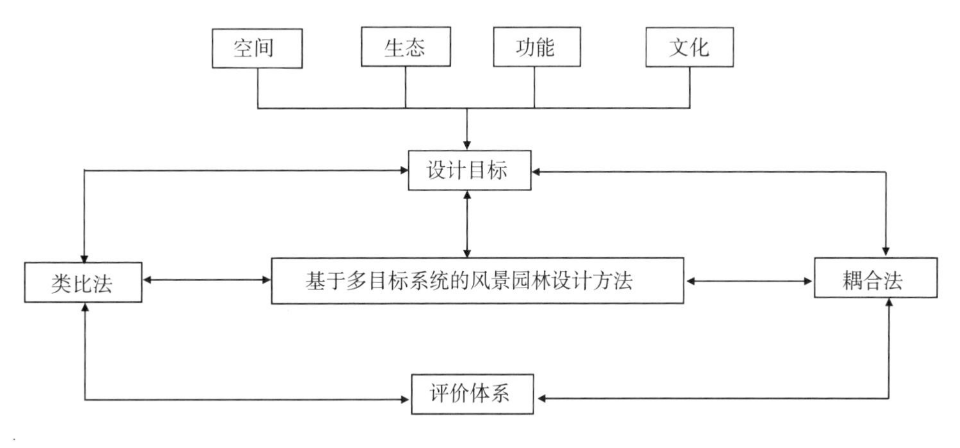

图2-35　基于多目标系统的风景园林设计方法

场所评价：传统调查与评价方式仍然停留在定性阶段，将景观环境评价以科学的方式从定性引向定量，以提高设计依据的客观性以及设计方法的可表达性。通过理性的方法，将场所中各要素特征转换为可评价的“数据与范围”。场所评价不仅是对环境中生态条件、空间特征以及历史人文背景加以分析、评估，评价结果并非类似环境评价报告的数据分析，同时也是寻求其与场所使用功能之间的对应性。设计目标是进行景观环境调研与分析的出发点，适宜性评价在于寻求对空间、生态以及文化等合理利用与优化的可能性，通过分析实现对环境客观、理性的认知，对场所适宜性做出评价，在系统化的基础上制定具有一定针对性的设计策略。

要素整合：以风景园林的整体性、系统性为特征，以肯定各设计要素间不可分割性为前提，通过景观系统内部的重组调节优化、实现设计目标。风景园林系统整体性的权重系数可以表示为1，其中的四个组成部分生态（$X1$）、空间（$X2$）、功能（$X3$）、文化（$X4$）可以表示为$X/1$，$1 = X1/1+X2/1+X3/1+X4/1$，其中$X1$～$X4$由于不同环境间的差异而有所区别，但最终需服从于风景园林系统的整体性。将三维地形模型输入建造机械终端可以实现地形营造的全自动化，这不仅节省了人力、物力，提高了施工效率，而且十分精准、迅速。

2.3.2.3　方案生成与场景模拟

景园方案的模拟包括两个方面：场景模拟与过程模拟。场景模拟指的是对景园场景进行可视化的表达。在景园方案设计过程中，设计师借助Sketch Up、3DMax、Rhino等建模软件进行方案的推敲，可以使用V-ray、Lumion、Maya等软件进行模型渲染及效果表达。以上这些软件均可对方案进行实时的三维呈现与展示，辅助设计工作的开展。虚拟现实技术的发展使景园场景的呈现效果更佳：与传统的可视化方式比较，虚拟现实更具沉浸感与交互性。由此，场景的模拟除辅助设计师开展工作之外，还能够运用于公众的参与，及时生成对设计方案的评价与反馈，从而实现设计的优化。

过程模拟是基于事物规律，借助数学模型与计算机平台对景园发展、演变过程进行模拟，从而分析、预测发展的趋势，辅助设计师判断与决策。如利用Ecotect、Vasari等软件对光、热、风等景园微气候进行模拟，借助Fluent、Phoenics软件模拟水、风等流体，采用SWMM软件对雨洪进行动态模拟，使用元胞自动机、马尔科夫模型、神经网络模型等数学模型模拟游客行为等。

风景园林设计是对原有场地要素进行结构与艺术的梳理和重塑的过程，它不仅可以彰显风景园林的空间形式与特征，提升场地现有的自然地理环境，对场地生态植物群落、景观水文系统、动物栖息地以及较大尺度层面的风景资源保护等也有着极为重要的作用（图 2-36）。因此，在风景园林设计的过程中需要对场地中各设计因素进行全面评估，以形成与场地环境相适宜的风景园林设计方法。

在风景园林设计之前，需要对地形的三维可视化模型按照全尺寸的比例在真实的地形表面或填挖后的场地上进行定位，并根据所设计的构筑物结构以及场地地形、地质的技术要求，生成虚拟现实展示模型，为风景园林设计方案与场地契合度的分析与计算提供依据。参数化设计平台可以精确地计算土石方填挖工程量，在设计方案图纸和数据库的支持下，可以直接生成用于施工工程开挖的工程量，并以报表的形式呈现（图 2-37）。同时对场地所形成

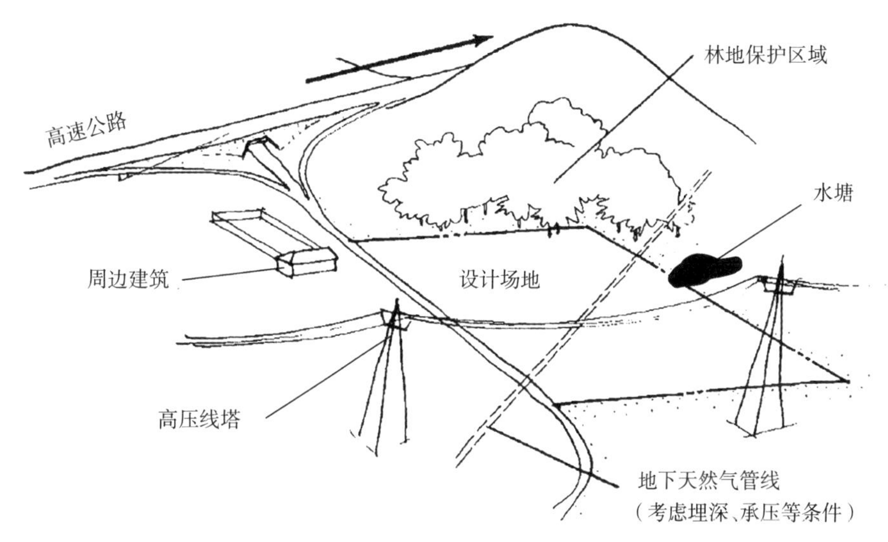

图2-36　场地初步布局及其契合目标的制定
（图片来源：[美]马克·A. 贝内迪克特，爱德华·T. 麦克马洪. 绿色基础设施：链接景观与社区[M]. 黄丽珍，等译. 北京：中国建筑工业出版社，2009.）

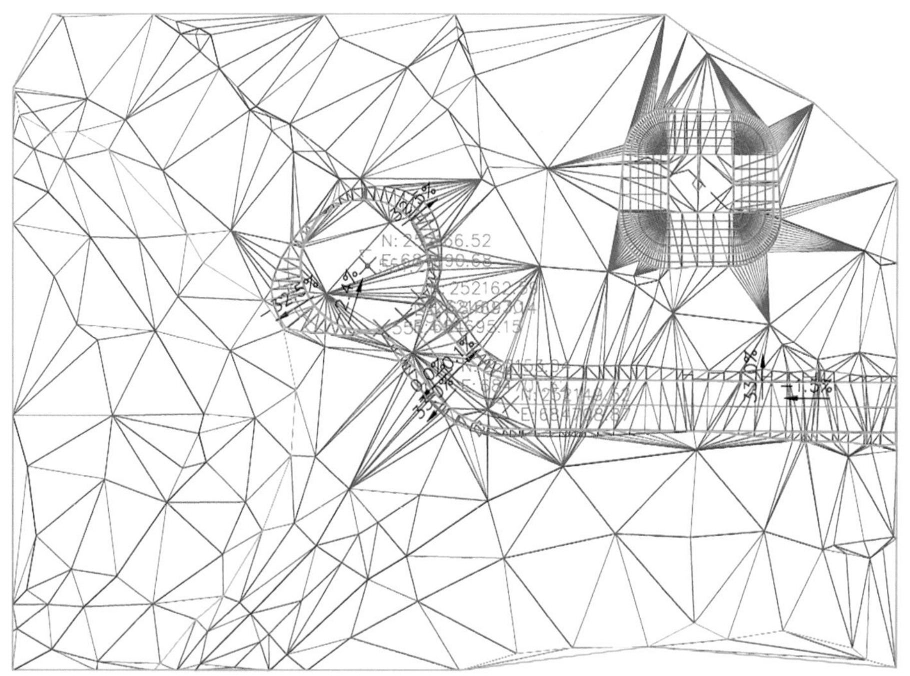

图2-37　基于数字地形模型的设计生成
（图片来源：Peter Petschek. Grading for Landscape Architects and Architects [M]. Berlin, Boston: De GRUYTER, 2008.）

的空间划分和围合度进行参数化分析研究，从多个层面探讨场地与设计之间的契合度，契合度越高，说明对环境的利用率越高。

场地各要素数据的采集、输入以及数字地形模型（DTM）的生成与处理是参数化风景园林设计的基础。原始地形数据主要来源于数字化经纬仪等的实地勘测以及航空采集的方式，还可以采用扫描仪输入，生成光栅图像文件，再结合相关的矢量化软件工具生成三维空间的地形等高线模型。DTM 则根据实测地形数据，用非均匀地面空间的 $X/Y/Z$ 坐标生成不规则三角形或四边形网状平面来描述复杂的三维地形曲面。通过这一算法生成的描述地形三维曲面的数学几何模型，每一个小三角形代表局部地面，并用三个顶点的向量界定其空间位置，存入专用图形数据库。DTM 真实地展现了场地地形，为后续设计、分析、评价工作提供了精确的空间地形数据。场地地形及其相关环境要素经过细微修改可以解决多重设计难题或降低建设成本，参数化风景园林设计方案的修改与优化极大程度地把设计人员从烦琐的分析计算中解放出来，使他们将更多的精力集中在设计方案的比选与优化上（图 2-38）。

设计者针对研究区域建立起一套与场地特征相契合的草图评估数据模型，通过参数化场地地形契合度分析，绘制特征草图，生成附带有默认的地理定位及其场地语义特征的风景园林设计方案（图 2-39）。通过参数化设计的全面介入，在设计循环中运行事先选好的草图评估模型，设计师可以根据草图评估模型在不中断作图的情况下给出反馈信息，修正并优化设计成果。

风景园林形态的合理性与生态科学性在一定程度上决定了风景资源保护与发展的方向。可以说，场地环境规划设计在风景资源的利用中构成了一个极为重要的维度，包括土地利用模式、生态价值、历史价值、教育价值、娱乐游憩价值等内容。

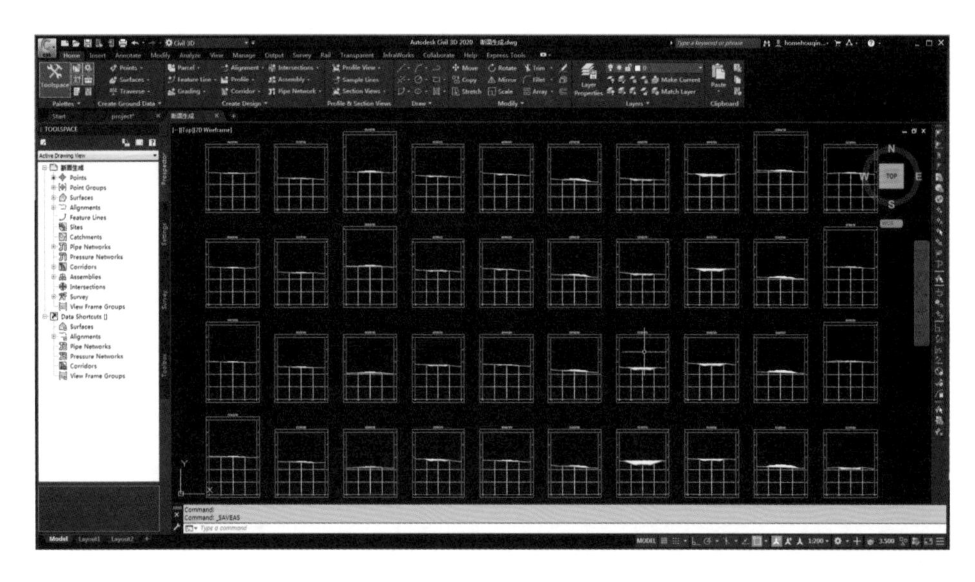

图2-38　设计调整过程中场地断面及其相关数据的自动生成

图2-39 数字模型的场地契合度评价
（图片来源：[美]马克·A. 贝内迪克特，爱德华·T. 麦克马洪. 绿色基础设施：链接景观与社区[M]. 黄丽珍，等译. 北京：中国建筑工业出版社，2009.）

风景园林设计是以生态适宜性为前提的，必须控制环境改造对场地及周边风景资源的破坏。风景资源大多以自然因素为主，辅以人文景观特色，强调景观的可变性。设计时把握人对自然干预的动态关系，在满足地形要求的情况下，更多地为自然环境发展、演替留出空间。对不同的风景资源进行评价分级，确定不同景观用地的空间范围，根据风景资源现状依次划分为风景资源核心区、缓冲区、协调区、改善区，对核心区着重保护，控制开发强度，尽量避免人工构筑物；在缓冲区、协调区中增加廊道，从而提高斑块间的连通性；在改善区内进行开发建设的同时，结合地形建立缓冲带，保护核心区免受干扰。风景园林设计应在适宜性分析的基础上对场地风景资源的利用与保护进行协调，优化其风景结构的同时，使风景园林设计更趋合理（图 2-40～图 2-42）。

采用 Civil 3D 所创建的数字模型具有智能化的动态数据特性，在项目设计的任何阶段都能够迅速地进行设计变更，调整设计方案，并能高效地与设

图2-40 Netstal 采石场的三维可视化
（图片来源：[英]汤姆·特纳. 景观规划与环境影响设计[M]. 王钰，译. 北京：中国建筑工业出版社，2006.）

图2-41 基于数字模型分析后建议的景观改造方案（深轮廓线）
（图片来源：[英]汤姆·特纳. 景观规划与环境影响设计[M]. 王钰，译. 北京：中国建筑工业出版社，2006.）

图2-40

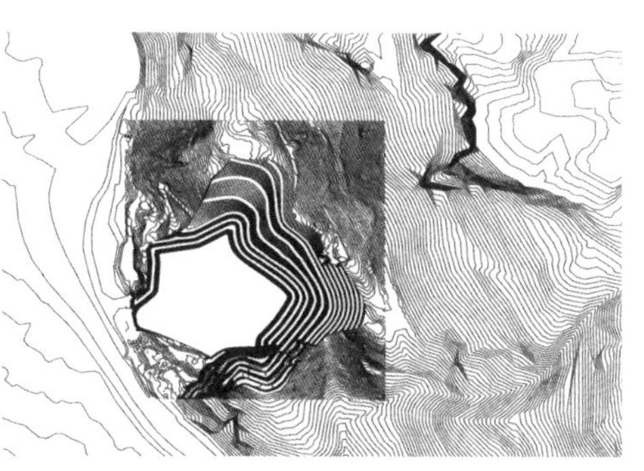

图2-41

图2-42 基于数字模型的设计成果
（图片来源：[英]汤姆·特纳. 景观规划与环境影响设计.［M］王钰，译. 北京：中国建筑工业出版社，2006.）

计参数变更保持同步的可视化效果。通过实时调整设计参数，评估项目的优劣，可以缩短设计、分析和变更的时间，实现风景园林设计流程的无纸化操作。这一特性也使 Civil 3D 具备设计优化和方案对比的功能，根据由参数变更而产生的直观结果进行分析判断，从而实现方案优选的目的。

2.3.3 数字化建造与测控

对于风景园林规划设计而言，数字技术不仅对设计的表达方式产生了影响，也重塑了风景园林的建造过程，数字技术借助以信息科学为基础的数字化协同工作对整个景园建造过程加以重塑。数字流使得设计与建造、施工等过程的联系更加紧密。3D 打印、数控加工等建造手段因能帮助设计师解决景园构筑物、设施等复杂形体建造的难题，得到越来越广泛的运用。此外，景园竖向工程也在数字技术的影响下得到了快速的发展。基于三维全球卫星导航系统（3D GNSS）的机械控制技术已较成熟地运用于景园的营建。通过将设计完成的三维地形模型输入建造机械终端可以实现地形营造的全自动化，节省了人力、物力的同时还提高了施工效率，而且十分精准、迅速。数字流使得设计、施工、管理等过程之间的联系更加紧密，景园信息模型（LIM）也成为研究的热点。依托于 Civil 3D、Revit、Vectorworks 等软件进行多工种协同设计，可实现从设计、分析、可视化、图纸制作到施工的全过程集成化。

现代科学尤其是现代技术的发展，涵盖了规划、设计乃至施工的诸多环节，参数化设计有助于打通未来施工精准化的接口，在施工到建造的过程中，仅需将数字化的施工模型导入机器便可以精准地开展建造工作，这也是参数化对于风景园林规划设计的另一个重要意义。当今西方国家如瑞士等已普遍借助三维全球卫星导航系统（3D GNSS）机械控制技术进行场地的施工。通过参考站（基站）及组装在铲斗上的移动接收器（漫游器）进行定位，并与内置于机械中的电子控制装置相配合，已能够实现自然式场地地形的厘米级误差建造（图 2-43、2-44）。同时，制作作为基础数据的数字化地形模型（DTM）较之传统的打桩放线工作更为迅速。基于参数化设计的未来风景园林施工可以依赖于机器的自动化而完成，不仅大大提高了效率，而且可以提升精准性，同时还节省了人力。在德国埃尔廷根 - 宾茨旺根（Ertingen-Binzwangen）段多瑙河河流修复工程中，基于遥感和 GIS 系统生成的数字水文地形模型（hydraulic DTM）成为对水工水力学和生态水力学的各种参数进行编辑与分析的基础，不仅实现了对河道建成后的流域地表形态、水文要素和水系动态的仿真模拟，同时还实现了水系景观从设计到施工阶段的紧密衔接。通过在挖掘机上安装三维机械控制系统，并利用数字地形模型可实现精确建造。在整个施工过程中，除去安装板桩支架的工作外，一名挖掘机操作员和一个工作人员便可以

图2-43　数字地形模型加载到三维机械控制系统中
（图片来源：李雱,彼得·派切克.基于数字水文地形模型的景观水系优化设计：德国埃尔廷根-宾茨旺根段多瑙河河流修复[J].中国园林,2013,29(08):30-34.）
图2-44　数字水文地形模型以及安装了三维机械控制系统的挖掘机现场工作
（图片来源：李雱,彼得·派切克.基于数字水文地形模型的景观水系优化设计：德国埃尔廷根-宾茨旺根段多瑙河河流修复[J].中国园林,2013,29(08):30-34.）

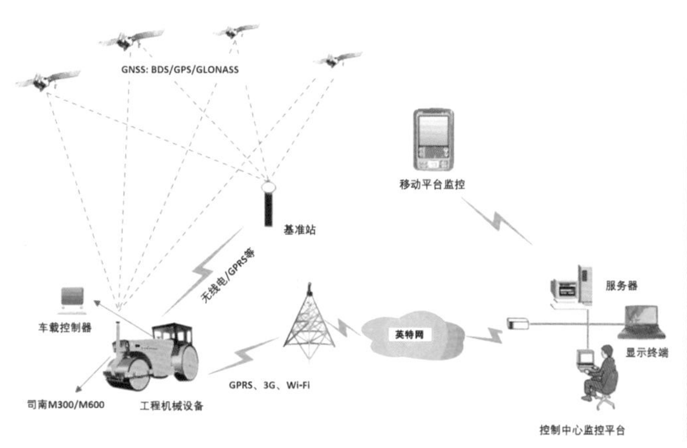

图2-43

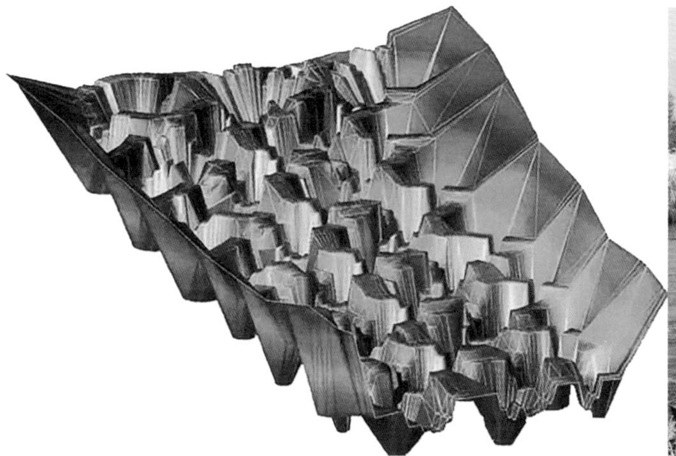

图2-44

驾驭现场工作,大大节省了人力。1963年美国麻省理工学院(MIT)的伊凡·苏泽兰(Ivan Sutherland)发表了名为《画板:人机图形交互系统》(*Sketchpad: A Man Machine GrapHical Communication System*)的博士论文,该论文中的研究成为交互式电脑绘图的开端,计算机辅助设计的发展历程自此开始。早期,计算机仅作为一种辅助工具参与设计,使设计工作变得更加便捷与高效。随着计算机运算能力的提升和人工智能技术的发展,参数化设计出现,并将数字分析与建造无缝衔接。逻辑模型的构建及算法的加入,使以参数进行动态控制能够快速生成多变的设计结果。参数化设计体现了一种系统化的设计过程,参数化辅助设计较之于传统风景园林设计而言,其优点在于将严密的逻辑贯彻至设计全过程。

参数化设计基于数据库结构(Schema)的支撑,使得设计评估模型更为可靠,评估模型就像是一个实时反馈信息的仪表盘,它可以显示随地形情况变化而变化的工程量数据,并对建设成本进行评估。此外,通过服务器以及网络传输,现场施工过程中所遇到的问题可以传回到当前的设计编辑环境中,实时进行设计变更、调整和方案优化。施工过程中的每一次现场数据采集均带有时间和变更记录,这对维护多设计循环以及不同场景和评估之间的关联性极为重要。然而对于许多较为复杂的模型来说,实时分析还难以立即得出结果,特别是一些动态的模拟,例如一个小场地的水流分析可能需要15秒的时间,这已经慢到需要一个不同的架构模型来处理才能达到顺利作图的程度。一些最新的设计评估手段可以在计算的过程中逐渐显示评估结果,并允许数据进行交互式生成。基于互联网协议,用一个眼前的"设计机器"和多个附加的"评估机器"在一个完全不同的服务器上运行(表2-3)。虽然网络和具有评估能力的服务器日益普遍,但参数化设计评估系统的局限性远不只是技术层面的,还包括社会和经费等方面的问题,因此,需要项目利益各方共同协作才行。

表2-3 分布式设计评估概念示意

过程	位置1	位置2	位置3
设计	运行设计界面	评估过程1	评估过程2
显示影响	显示	计算显示1	计算显示2
重设计	运行设计界面	重设计评估过程1	重设计评估过程2

参数化场地地形设计以对场地环境的理性分析为基础,建立场地地形设计评价体系、设计方案类比评价体系,并通过对场地本体的认知,建立设计方案类比评价体系及场地耦合度评价体系,实现多方案的比选与优化。依据设计方案对场地的响应程度,分析环境与设计方案之间的耦合度,耦合度越高,则设计方案越科学、合理(图2-45)。

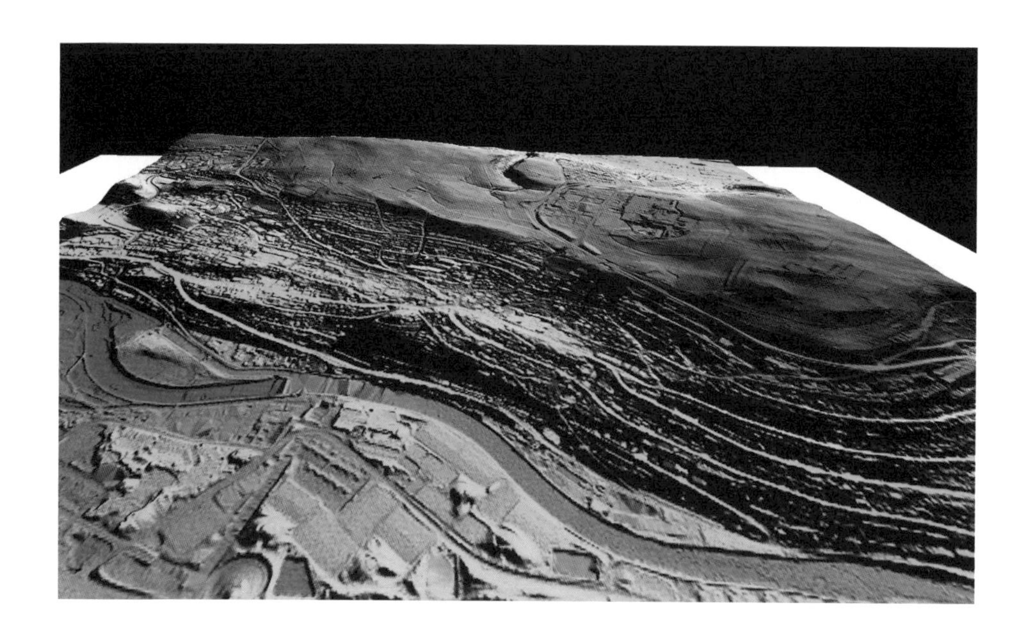

图2-45 虚拟现实展示模型

基于参数化平台的一体化工作流程具有同草图评估模型类似的技术结构，可对工程项目进行工程施工管控，参数化模型以网络地理处理服务等后台任务的方式运行，模型的结果随着计算的运行逐步返回到设计客户端，生成能够识别设计环节的工程建设管理评估模型，并根据环境以及工程施工进度的不同进行实时调控。参数化设计平台可以动态地反映施工现场的状态，并对接下来的工作进行预测评估，为施工现场的总体布置和调度管理提供可靠的依据。此外，土石方填挖量的参数化模拟可以对项目施工造价进行估算（图 2-46），同时制订详细的施工进度计划，对建设施工中的工程进度、质量、造价、资金投入实施调度、优化、决策，并进行实时跟进，提升施工进度管理的科学性，给风景园林工程建设带来了巨大的效益。

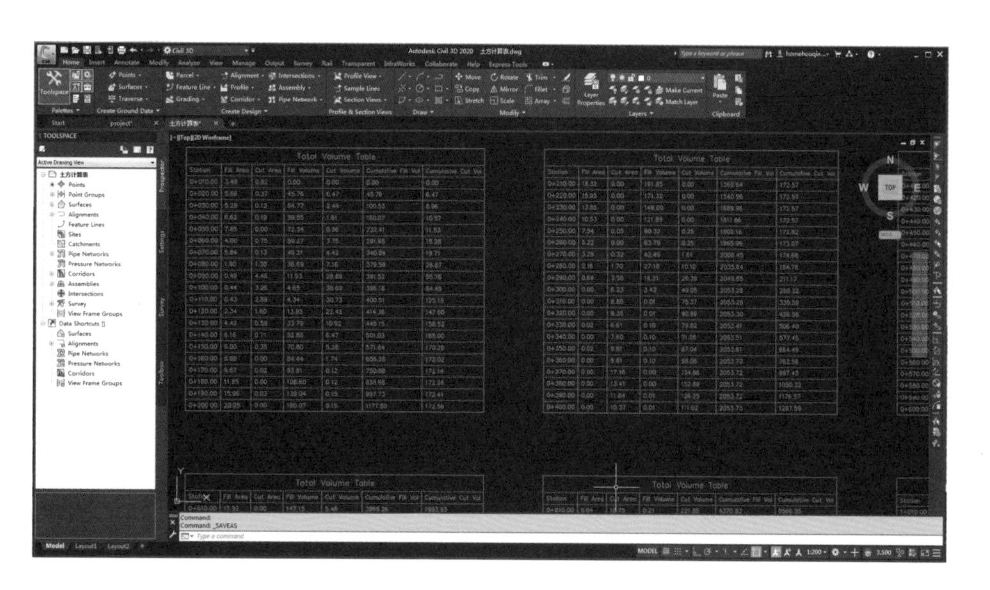

图2-46 实时生成数据表格

传感技术、物联网技术、云计算技术、移动互联网技术……这些数字时代的新名词、新技术层出不穷,深刻影响了社会各个行业。自20世纪40年代以来,绩效评价就被运用于诸多领域。由于景园环境系统具有开放性、复杂性和动态性特征,并与时间紧密关联,因此景园绩效的度量一直是个难题。人们尝试了多种方法对景园的环境、社会与经济效益进行评价。数字技术的引入为景园绩效的评价提供了更为海量的数据来源和更高效的分析工具,不仅更为精准,而且能够实现实时同步。基于传感技术、物联网技术,由数据采集存储、数据远程传输及绩效监测平台终端共同组成的海绵绩效监测系统,使得设计及管理人员通过手机APP客户端及Web在线客户端即可实时掌握区域降雨量、雨水收集量、土壤含水量等雨水管理绩效数据,并且可以进行实时评价、分析及可视化展示。基于位置大数据开发的地图类产品能够精确地反映实时交通状况并预测出行用时、线路选择等,为城市公园绿地的空间分布及服务绩效研究提供了有效途径。此外,基于网络大数据,运用词频分析技术能够获得对景园环境的使用评价,为城市公园、社区绿地的规划设计与优化提供决策依据。

第3章　数字景观的结构

3.1　数字景观的架构

3.1.1　数字景观系统架构

3.1.1.1　数字景观系统论

20世纪60年代，理论生物学家L.V.贝塔朗菲（L. Von. Bertalanffy）出版专著《一般系统理论：基础、发展和应用》，系统论的出现对人类的思维方式产生了深远的影响。依据一般系统论的思想，强调景观环境要素的关联性、整体性、等级结构性、动态平衡性、时序性等，既可代表概念、观点、模型，又可表示为数学方法。多目标系统的风景园林设计以风景园林环境本体特征、基本设计原理及设计流程作为数字景观的基本框架，对风景园林设计的多目标子系统原型进行数据库建设与模型构建。

从大的范围来看，风景园林是一个有机整体，它是由各种相互联系、相互制约的因素构成的巨系统，这个系统包含有若干个子系统，子系统之间同样又具有各自的整体性和关联性。整体—关联思想强调功能、结构、时间、空间与地域因素的结合。为了应对大量的可变因素，通过多目标系统下的风景园林设计方法体系构建，形成一种具有远见的整体设计思维，以“整体优先”原则将风景园林的生态、空间、功能与文化等各设计层面整合到一起，以期得到一个与场所契合、与目标对应的优化设计方案。

从系统层级来看，系统是由若干具有特定属性的要素经特定关系而形成的具有特定功能的整体。层级是自然界中物质联系的重要方式，系统中的要素通常是一个个子系统，这些子系统与环境之间又形成更大的系统，从而形成若干系统之间的逐级构成的结构关系。系统描述的是自然界物质间的横向联系，层级则反映的是自然界物质间的纵向联系。

数字景观是基于多目标系统的定量的风景园林设计方法，旨在寻求并确定适用于一切系统的原理、原则和数学模型，从而调整景观系统结构，协调景观各要素之间的关系，使景观系统整体得到优化。数字景观架构的建立与生态环境、空间形态、环境行为三个方面的场所信息量化平台密不可分，通过搭建易操作的数字技术平台来分解可量化的技术指标，经过科学分析、模拟、评估，最终形成能达成多目标的风景园林设计方法的系统化解决途径。以风景园林设计全过程中的各类相关信息数据作为模型基础建立的交互式风景园林设计模型是一系列的应用过程（Process）和优化的工作流程（Workflow），具有可视化、协同性、模拟性、优化性和可出图性等特点。参数化设计模型作为整个工程建设的枢纽，有效管理着工程项目实施的整个生命周期。

3.1.1.2 数字景观概念谱系

传统的风景园林设计方法建立在经验的基础之上，更多地依靠设计师的感觉、悟性与积累，缺乏科学性与可传授性。风景园林环境中的自然因素及人文因素是相互联系、不可分割的，因此风景园林的营建是一项系统工程。现代风景园林设计已不仅仅是修建性的美化，而是建立在系统化思想基础上的全面重组与再造。因此，探索系统化的现代风景园林设计方法势在必行，应通过综合统筹、科学组织环境中的各种要素，实现具有整体、多样及动态效应的多目标设计。科学化设计方法的构建旨在建立从场所特征和人的需求出发的，兼顾生态、形态和行为三个方面的风景园林设计方法，为风景园林设计方案评价、比选与优化提供科学、客观的依据，具有可操作性和实践意义。

风景园林设计作为一个将科学技术和艺术特色融合重构的过程，需要对场地地理、生态、气候、地形、水文、植物、交通、视线、构筑物等要素进行综合解析、重构与表达。根据风景园林设计的特征以及当前数字技术的发展情况，可将风景园林的数字化设计分为计算机辅助设计谱系（Computer Aided Design）、数字设计媒介与信息化管理谱系、风景园林数字信息模型等，包括：计算机辅助分析与评价（Computer Aided Analysis and Evaluation），如地理信息分析、流体分析、植物景观分析、生态分析、空间分析、交通与活动分析、节能与舒适度分析、结构性能分析等；计算机生成设计（Generative Design），如计算几何（Computational Geometry）、群体智能（Swarm Intelligence）、算法生成（Algorithmic Design）；参数化设计（Parametric Design），如作为技术的参数化设计和作为方法的参数设计，以及设计图解（Diagrams）、协同设计（Collaborate Design）、信息输入与输出等。以计算机图形学为基础的软件，因其快捷、高效、实时修改、易存储等特性迅速替代了传统的图版、纸张、尺规和绘图笔，成为设计绘图与表达的基本工具。近年来，计算机运算能力与互联网的发展使得场地地理数据的自动采集、参数化建模、复杂环境中的数据处理、海量数据运算、算法生成设计、BIM 等都成为设计行业各领域探索的前沿内容。参数化风景园林地形设计就是在这样一个背景下产生的新思想，它将原本局限于计算机辅助设计的概念内涵不断丰富、扩大并延伸，试图探索一种更为精确和科学的认知分析过程，建立客观设计逻辑以及数字化的设计评价机制，跨越学科边界，结合网络技术和移动办公系统，输出多种交互式沉浸体验成果，以优选设计方案，并控制风景园林设计过程的整个生命周期，实现设计全过程的智能化管控。

3.1.1.3　数字景观系统构成

数字景观系统包含从风景园林相关数据的获取、工程建设的可行性分析、风景园林规划、方案模拟、施工到运营管理与评估整个工程的全过程，使得整个风景园林建设在设计、施工和使用等各个阶段都能够科学有效地优化设计并控制项目建设成本。因此，数字景观系统构成可以分为景园数据采集层、数据分析层、方案设计层、方案模拟层四部分，它们构成了数字景观平台的基本层级。同时，根据风景园林学科的特点，可以组合为景园环境生态监测、分析与模拟平台，景园环境空间形态采集、分析与模拟平台，景园环境行为心理采集、分析与模拟平台（图 3-1）。利用以上三大技术平台，可以对场地中的生态因子（如水文、地质、气候、地表径流、地形、植被等）、空间形态因子（如空间结构、三维形态、色彩等）、行为心理因子（如行为分布、视觉偏好、心理变化等）等进行全程跟踪，并获取相关的数据化动态信息，为风景园林的设计、施工、管理、运营等全方位的决策提供系统化的科学依据。

数字景观平台建设大致分为以下三个阶段（图 3-2）：①数字化风景园林

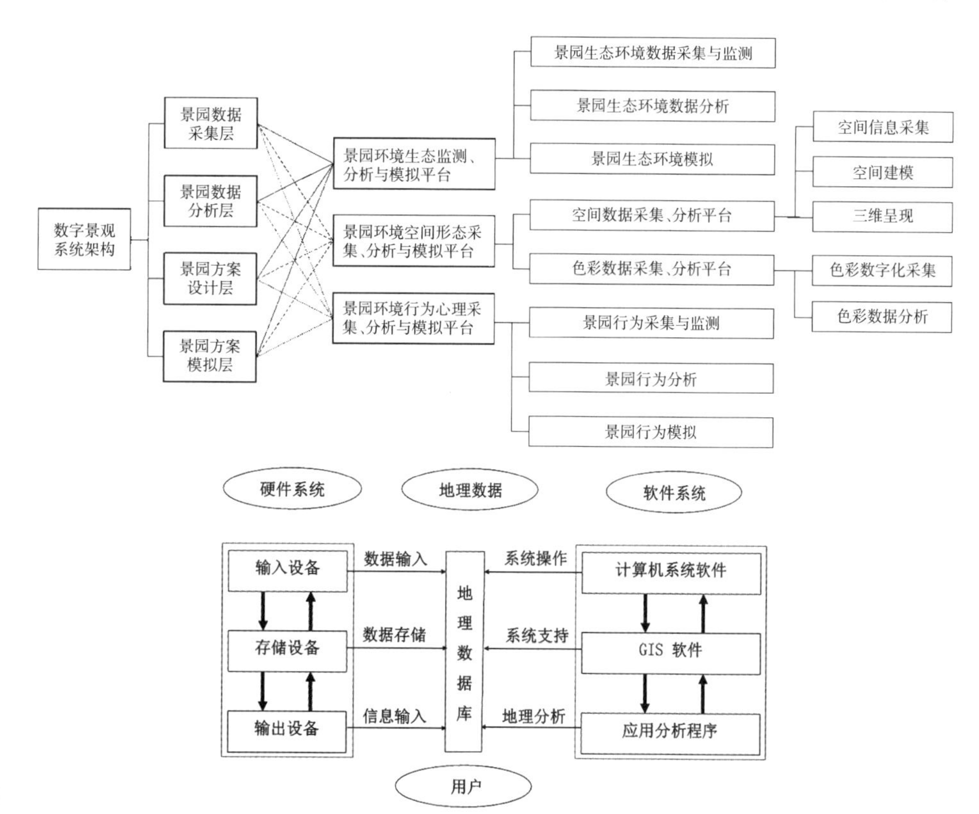

图3-1　数字景观系统架构

图3-2　参数化设计平台基本框架

设计硬件平台的搭建，建设以图形工作站为核心，辅以必备的数据采集、输入与分析设备；②进行设备扩充，建设以数据分析、软件处理及其图形输出端设备为主；③数字景观设计平台的软件、硬件系统的完善，能够实现从风景园林设计优化、对比分析、动态模拟、文档制作到施工出图与管理的集成化工作流程。

（1）景园数据采集层

景园数据采集层是构成数字景观数据库的基础，具有可计量的特点，为后期的数据分析、规划设计、方案模拟提供数据支持和参数支撑，可以为设计工作者带来便捷的工作方式，减轻劳动强度，提高分析与设计精度和效率。景园数据采集层根据数据类型可以分为生态数据采集、形态数据采集和行为数据采集三大类。早期数据的采集多由人工实地测量获取相关数据或实地采样获取样本，需耗费大量的人力和时间成本，且调查结果较为模糊，数据可靠性与主观性存在争议。随着科学技术的发展，如互联网、物联网、计算机软硬件技术等的发展，很大程度上提高了数据采集、监测的效率和精度，提高了数据监测、环境评估等方面的发展进程。与此同时，相关技术的应用实现了数据的实时分析和可视化呈现，对风景园林规划设计反馈具有重要的意义。

（2）景园数据分析层

景园数据分析层是对现状生态因子、空间形态因子、环境行为因子的定性与定量结合的基础分析和描述，包括对区位、环境要素、竖向、植被、水文、视线、空间结构、生态敏感性、建设适宜性、交通动线、活动行为等的分析。竖向分析确定了景观的骨架，是风景园林设计最核心的内容之一；水文数据分析主要是运用数学模型或相关软件对水文的基本要素进行提取、计算和分析，如降水径流的计算、集水区的提取和水体范围的分析等；园林植被的分析首先需要对植物本身的生理属性进行测定，同时对其构成的外部景观进行分析与评价，达到由内到外的综合认知；行为数据的分析包括在景园规划设计阶段，对场地环境需要满足的行为需求类型的研究和分析，与景园功能空间的定位联系紧密。

（3）景园方案设计层

景园方案设计层包括数字技术支持下的设计数据管理、方案设计、施工设计、设计决策全过程，是依托景园数字信息资源平台对景观信息的集成管理，是应用数字技术，依据景园环境分析结果进行综合设计与建造的过程，包括前期分析、方案设计、方案模拟、后期建造和管理等。依托数字技术，能够改善整个工程建设进程，显著提高工作效率，大大减少投资风险。同时，依据地理信息采集并分析后的数据，对场地中的植物、土壤、地形、水系、基础设施和建筑提供科学布局，为风景园林建设中的设计干预提供科学的依据。

数字技术支持下的景园规划设计层包括整个生命周期的集成管理，其项目基础数据可以在各设计阶段以及各相关利益团体和部门之间进行同步和共享，并在项目的不同阶段，在不同利益相关团体之间建立交流互动与反馈的可视化虚拟现实系统，以数字分析和数字信息模型为风景园林设计的基础，整合设计的所有阶段以及协同各部门之间的工作，为风景园林从分析、设计、施工到管理的全生命周期中的所有决策提供科学依据。工程量信息可以根据时空维度、场地特征进行对比分析、优化调整，保证设计的全程可控，及时准确地反应项目建设的进度、工程量、造价预算等情况，为风景园林施工建设提供全面而科学的依据。此外，强大的数据库功能为建立一种多学科协作的模式提供了可能，为风景园林师、工程师、生态学家、建筑师、艺术家以及环保局等政府部门与各方利益团体共同的设计决策搭建了操作系统和可视化平台。

（4）景园方案模拟层

景园方案模拟层根据模拟对象可分为生态效益模拟、空间形态模拟及环境行为模拟，是对风景园林信息的动态模拟和全程管控。景园方案模拟提供了一个可视化互动交流和方案评估的平台，将还未建成的设计方案中的生态效应、空间形态及环境行为效应，通过模拟以虚拟现实的方式展示在每一位公众面前。通过地理信息系统对场地生态、空间、行为的发展与演变过程进行模拟和预测（图 3-3），实现了人机交互的反馈模式，提高了风景园林地形设计的互动性和真实性，为项目设计、建造、运营管理过程中的沟通、交流、决策提供了一种全新的可视化体验，极大地提高了设计过程的可预见性。

图3-3 景园分析设计与模拟过程

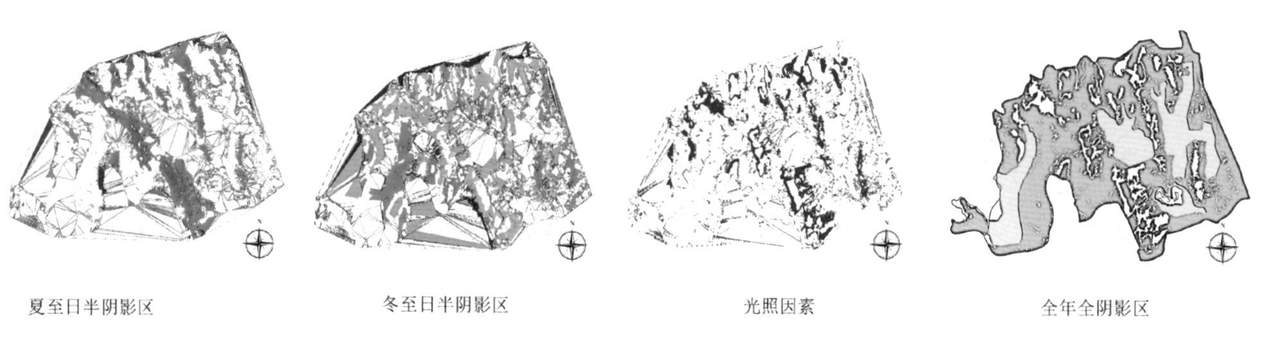

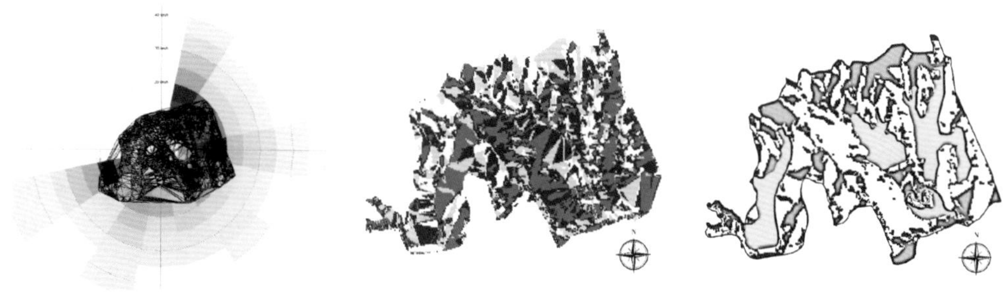

3.1.2 数字景观软件架构

3.1.2.1 数字景观软件平台

数字景观软件平台搭建的目的在于进一步厘清、解读、研究要素与系统之间、多目标之间、景园艺术与科学之间的相互关联，旨在通过变量的调控实现系统的优化与统筹，同时加强对景园全生命周期的关注。该平台具有联动、动态、可操作的特点，通过参数来控制风景园林规划设计的过程，利用参数间的调适取得优化的成果，以量化的技术来比较设计成果，从而实现参数化风景园林规划设计的全过程。

随着快速发展的计算机及信息技术，新的软件平台层出不穷，风景园林数字化设计使用的软件平台也不胜枚举。蔡凌豪、包瑞清、池志炜等研究者的撰文分别从数字化规划设计、计算机辅助设计、参数化设计的角度对软件平台在风景园林领域的运用提出了构想，并进行了初步的归纳。由于数字化、参数化对于风景园林而言属于新兴的领域，因此不断有新的内涵及概念注入，本书就当下软件平台与数字化风景园林的发展现状，针对风景园林设计过程，对风景园林数字化设计软件平台进行归纳和总结。

由表 3-1 可看出，Vectorworks、Revit、ArcGIS、Civil 3D、Rhino 等软件平台均可形成对设计过程的控制，此类软件平台的共性特点有：

①具有较强的数据分析及处理能力，能够进行综合分析；

②在数据处理的基础上能够以图形化的方式快速呈现，可以满足设计的需求；

③兼容性良好，能够与其他软件较好地衔接；

④拥有开放的接口，提供了使用编程解决特定问题的可能。

以上列举的各个软件平台不仅综合性能强大，而且各有所侧重，对各类数据格式有着较好的兼容性，有助于多软件的衔接与配合，并存在成为参数化基础平台的潜质与可能，能够为参数化景园设计过程的实现提供优良的辅助与支持。

（1）数据分析软件

对采集得到的信息数据进行分析是方案设计的前提条件和准备工作。根据数据类型的不同可分为地理分析、空间分析、生境分析和行为心理分析。地理分析常用的软件包括 ENVI、ERADS、ArcGIS 等。ENVI 和 ERADS 都是完整的遥感图像处理平台，可以与 GIS 衔接。GIS 技术平台能够将不同来源的信息以不同的形式整合在一起进行分析、展现、矢量化和属性化，并且可以进行数据采集和空间分析等工作，特别是在场地建造、施工机械控制（结合 GPS 定位）

表3-1　数字景观软件平台

设计过程	作用	软件名称	功能	备注
信息收集与分析	地理分析	ENVI	遥感图像处理平台，处理图像及空间数据	可与GIS衔接
		ERDAS	遥感图像处理系统，处理图像及空间数据	可与GIS衔接
		ArcGIS	地理信息系统平台产品，处理地理及空间信息	
		Autodesk123D	利用数码照片进行3D建模	
	空间分析	Depthmap	可进行空间结构、视域等空间分析	
		ArcGIS	拥有强大的空间数据管理、空间分析、空间信息整合等功能	
	生境分析	ArcGIS	利用相关模块可对植被、水体等进行分析	
		Amap	对植物进行模拟	
		Netlogo	可模拟随时间发展的复杂系统	
		Phoenics	进行流体模拟	可与CAD衔接
		Flow-3D	可模拟液体流动	
		Vasari	可模拟太阳辐射、日照轨迹、进行能耗分析	与Revit衔接
		Urbanwind	风环境模拟	
		Xflow	流体动力学（CFD）模拟	
		Fluent	适用于复杂、流动的模拟	
		Ecotect	包括日照、阴影在内的可持续性分析	
		PKPM	可进行风环境计算模拟、环境噪声计算分析、三维日照分析等	可以CAD衔接
		Fragstats	景观格局分析	
	行为心理	Tobii Studio	眼动数据分析	
		BBS	生理数据分析	
方案设计	过程控制	Vectorworks	可进行二维及三维建模、场地分析、搭建景观信息模型	可与GIS衔接
		Revit	构建信息模型	
		ArcGIS	空间信息建模及分析、构建规划信息模型	
		Civil 3D	面向工程的信息模型构建	可与CAD衔接
	形体生成	SketchUp	3D设计及建模	
		3DS Max	可进行三维建模	
		Maya	可进行三维建模	
		Rhino	可进行三维建模，NURBS建模功能尤为强大	
	算法编程	Grasshopper	Rhino环境下运行的采用程序算法生成模型的插件	
		Rhinoscript	Rhino自带的参数化编辑脚本程序	
		Dynamo	基于Revit的可视参数化插件	
		Processing	图形设计语言	
		Matlab	具有数值分析、矩阵计算、科学数据可视化以及非线性动态系统的建模和仿真功能	
		ArcPy	进行空间数据的批处理，开发插件，建立地理处理应用模型	
	结构分析	PKPM	可进行景观构筑物的结构分析	可与CAD衔接
		ANSYS	可对荷载等进行计算，辅助工程设计	可与CAD衔接
成果表达	设计图解	Photoshop	图像处理与表达	
		Illustrator	图像处理与表达	
		InDesign	图像处理与表达	
		PowerPoint	图像处理与表达	
	渲染与动画	Vary	图片和动画渲染	
		Vue	3D自然环境的动画制作和渲染	
		SketchUp	动画制作	
		3DS Max	动画制作	
		Lumion	3D动画制作	
	虚拟现实	CityEngine	三维城市建模	
		VNS	三维可视化	
		DVS3D	可交互虚拟现实软件平台	兼容多种格式模
		Quest 3D	实时3D可视化	
		Lumion	3D可视化	
		Twinmotion	4D可视化	

等过程中，能够精确引导风景园林地形设计的数字化建造。

GIS也可以应用在空间三维分析中，对高程、坡度、坡向等进行分析。Depthmap基于空间句法理论可以对空间结构、视域等进行分析，与GIS结合使用可以更为全面地对三维空间进行分析与认知。

生境分析包括对周围光环境、风环境、水环境、土壤环境、植被生长状况等进行分析、测定和模拟。ArcGIS可分析山体汇水区、汇水面积等水文特征，结合Fragstats软件可对景观格局进行分析。对于光环境、水环境、风热环境、土壤环境和植被地模拟和预测，常用的软件有Ecotect、Fluent、Phoenics、Vasari、Citygreen等。对于行为的分析有Tobii Studio眼动数据分析和BSS生理数据分析软件，对行为的预测主要使用Anylogic、Legion、Myriad、Netlogo等软件进行模拟。

（2）方案设计软件

方案设计的过程主要包括四个层面，即过程控制、形体生成、算法编程和结构分析。过程控制层面主要运用Vetworks平台贯穿风景园林各设计阶段制定一体化解决方案，利用Revit与ArcGIS构建信息模型与规划模型，并利用Civil 3D软件构建面向工程信息的模型。形体生成层面是指运用各种建模软件如SketchUp、Rhinoceros、3DS Max等实现三维模型的呈现。参数化模型生成需要运用算法编程软件，如Grasshopper可以作为插件在Rhino中运行程序算法，又如Dynamo可以作为插件在Revit中进行可视参数化设计等。在结构分析层面，AKPM和ANSYS软件的使用可以帮助计算景观构筑物的结构与荷载，以辅助工程设计。

（3）成果表达软件

不同的设计阶段需要不同的表达方式。设计分析阶段要求以设计图解的方式表达，通常使用Photoshop、Illustrator、InDesign等软件进行操作。设计成果的呈现需要较为直观的渲染图和动画的表达方式，通常采用Vray、Lumion、3D Max等软件进行图面渲染和动画制作。虚拟现实技术的发展对设计成果的展示提出了更高的要求，VNS、DVS3D、CityEngine等均可以实现完整的三维场景呈现。

3.1.2.2 软件平台的搭建与整合

参数化风景园林地形设计是一个全面、综合的设计与表现，包括场地数据的采集与数字化获取、绿色生态景观环境模拟分析、设计图形与参数因子处理以及虚拟现实展示技术的系统性工作流程。当前强大的数字信息技术在风景园林决策、设计、施工、管理的各个环节中的应用能够大大提高场地现状数据的采集、分析与处理能力，在减少工程决策失误和降低项目投资风险方面起到重要作用。此外，当前一些常用的设计辅助软件也有逐渐融合的趋势，彼

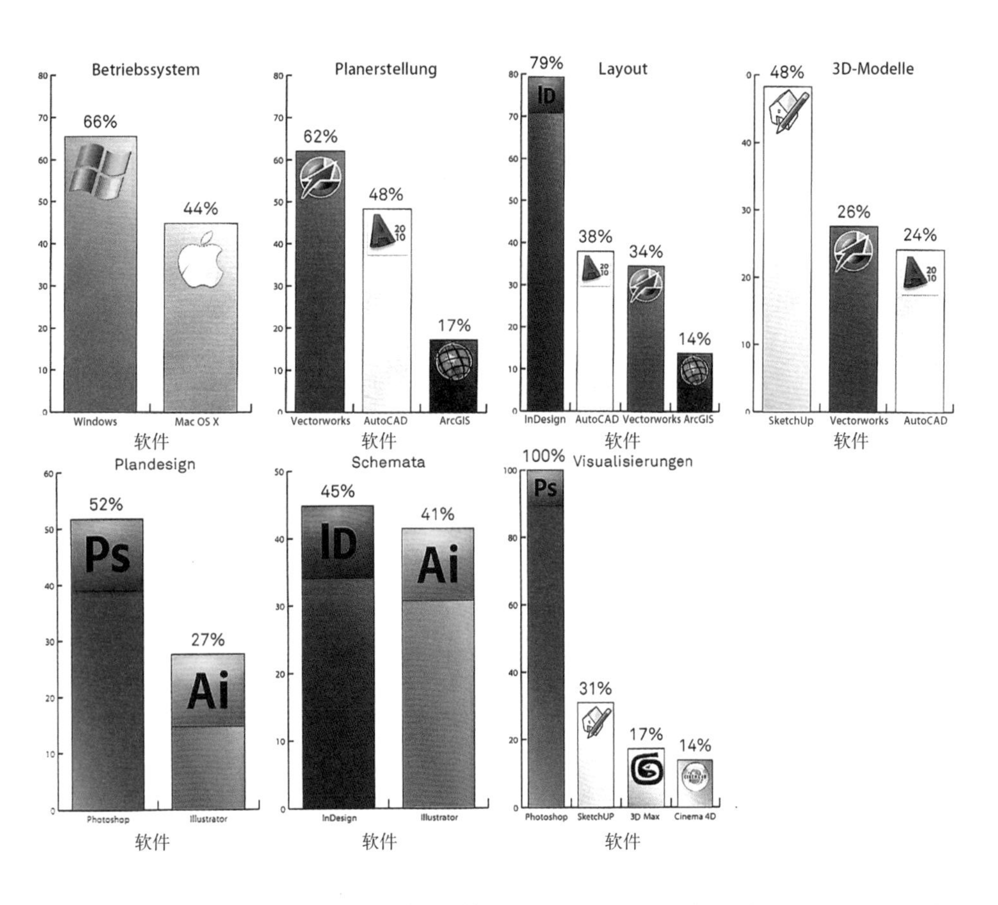

图3-4 常用软件使用状况

此间的数据对接变得越来越方便和精准。图 3-4 是设计师普遍采用的软件使用状况调查。

运用 ArcGIS 和 Autodesk 两大基本软件平台搭建参数化风景园林设计工作流程，其强大的数据采集、分析与模拟能力，能够解决参数化风景园林设计过程中的主要问题，而对于部分相对特殊的应用需求则结合一些其他相关软件进行协作，打通它们之间的数据壁垒，实现参数化设计的全程管控和一体化工作流程。例如 Vectworks Landmark 是一个集多个子系统于一体的功能相对全面的软件，能够贯穿风景园林设计的整个生命周期，并与相关软件有着极好的兼容性。在技术评估方面，有 Ecotect Analysis（生态研究）、Fragstats（景观生态分析、景观格局分析、参数设定、运算）、Fluence（风、小气候等流体因子的模拟分析）等软件；可视化与虚拟现实展示方面，有 VNS（参数演示）、Lumion、Quest 3D 以及 CityEngine 等软件；数据统计分析方面有 SPSS 等软件。通过打通与整合各相关软件，使其发挥各自的特点与优势，并依托数字技术平台，可实现交互式反馈的风景园林设计过程，并实时同步生成多个层面的设计成果，从而构建科学、易操作的参数化风景园林设计理论与方法。

3.2 数字景观平台

数字景观技术不仅仅是一个概念，更是能够切实服务于风景园林行业的研究与实践的技术集成，因此，数字景观平台的构建与数字技术的服务领域紧密相关。数字景观平台主要从生态、形态和行为三个方面分为三大平台：景园环境生态采集、分析与模拟平台，景园环境空间形态采集、分析与模拟平台，景园环境行为心理采集、分析与模拟平台。三大数字景观平台均包括软件与硬件设备，涵盖了数据的采集、分析与模拟、呈现等环节，各环节根据需求进行系统的搭建。以景园环境行为心理采集、分析与模拟平台为例，包括了眼动追踪系统、交互行为观察系统、无线生理数据采集系统、INRS 行为分析系统、遥感监测系统、航空摄影控制系统。其中，眼动追踪系统有眼动仪、皮电仪、摄像机等硬件设备，还有与硬件设备配套的分析软件等。而景园环境生态采集、分析与模拟平台则较为复杂，该平台聚焦于景园生态效应的分析和模拟，通过对以生态效能为本体，以传感器、采集系统、监测系统、传输系统及能源供给系统为构成，旨在实现数据全过程采集自动化。该平台通过布设植物生理生态监测系统、树根雷达测绘系统、便携式地物波谱仪、专用数据采集传输仪、自记录土壤入渗仪、多参数气象－环境监测站、湿地环境监测系统、景园生态环境可视化监测系统等无线监测基站及车载、手持等设备，对景园环境微气候、土壤环境、水环境、植被、绿地滞尘降噪、空气质量等实施监测，为景园规划设计提供科学依据。

3.2.1 景园环境生态采集、分析与模拟平台

景园环境生态采集、分析与模拟平台以土壤、植被、水文、微气候为主要对象，聚焦于景园环境生态数据的采集与绩效监测、生态环境分析、生态效应模拟。平台由数据采集系统、生态监测系统、数据分析系统及生态模拟系统构成，旨在实现对景园生态效应全过程的数据采集、分析和模拟，为景园规划设计实践提供数据支持和科学依据。

3.2.1.1 景园生态环境数据采集与监测系统

早期生态数据的采集和监测，多由人工实地测量获取相关数据或实地采样获取样本，需耗费大量的人力和时间。随着科学技术的发展，计算机辅助功能如自动监测系统、遥感监测系统等技术很大程度上促进了生态环境监测的发展进程，提高了数据获取的精度和效率。数据采集与监测系统主要包括自动监测系统与遥感监测系统两大技术，利用遥感卫星、航天器、无人机、无线自动监测基站、车载或手持监测设备等监测景观环境中包含的水环境、土壤环

境、微气候、植被、空气质量等。其原理是利用设备所搭载的温度湿度传感器、水质传感器、生物传感器、红外传感器、多光谱传感器等传感器，结合互联网、物联网，实时记录生态环境数据，从而实现了生态环境数据的高效采集和实时监测，对风景园林规划设计反馈具有重要的意义（图 3-5、3-6）。

以南京河西生态路实践及智能监测系统为例，其构建的海绵城市绩效监测平台是由东南大学数字景观实验室（江苏省城乡与景观数字技术工程中心）开发，该平台可用于海绵城市系统的绩效评价及展示。监测系统由数据采集存储、数据远程传输及绩效监测平台终端三部分组成。基于物联网及传感器技术，绩效监测系统可实现对生态路海绵绩效 24 小时实时监测，设计及管理人员可通过电脑、手机 APP 客户端实时掌握区域降雨量、雨水收集量、中侧分带土壤含水量等雨水管理绩效数据（图 3-7、3-8）。

图 3-5　生态环境监测系统

图3-6　传感器类型

图3-7　监测系统运作原理

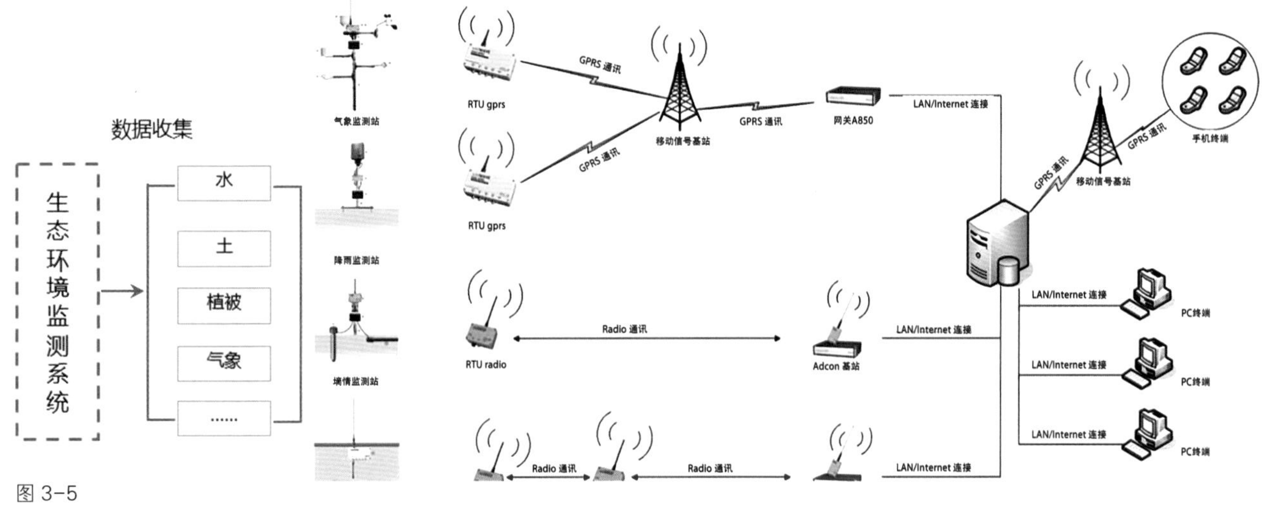

图 3-5

设备名称	型号
植物生理生态监测系统	以色列PTM-48A
GSSI树根雷达测绘系统	GSSI
便携式地物波谱仪	SR-6500
土壤水势传感器	SMS-TSSW02
土壤水分传感器	SMS-TS001
土壤pH传感器	SMS-TSPH01
负离子检测仪	日本COM
专用数据采集传输仪	SMS-SCY02
自记录土壤入渗仪	UGT-Hood RL-2700
底层土孔隙水传导率传感器	19.33 W.E.T.
野外土壤紧实度计	SC-900
多参数气象-环境监测站	SMS-QXZ / DK18
湿地环境监测系统	Wetland-Watch
景园生态环境可视化监测系统	Eco-Watch
Li-3000C便携式叶面积仪	Li-3000C
便携式颗粒检测仪PC3016(美国)	PC3016
日本加野4430积分式噪音计、声级计、分贝仪、噪音剂量计	日本加野4430
Fluke 923高精度便携式热线风速测试仪(国产)	Fluke 923
SC-1稳态气孔计	SC-1
QT-IN8双环入渗仪	QT-IN8
SevenGo Pro溶氧仪	SevenGo Pro

图 3-6

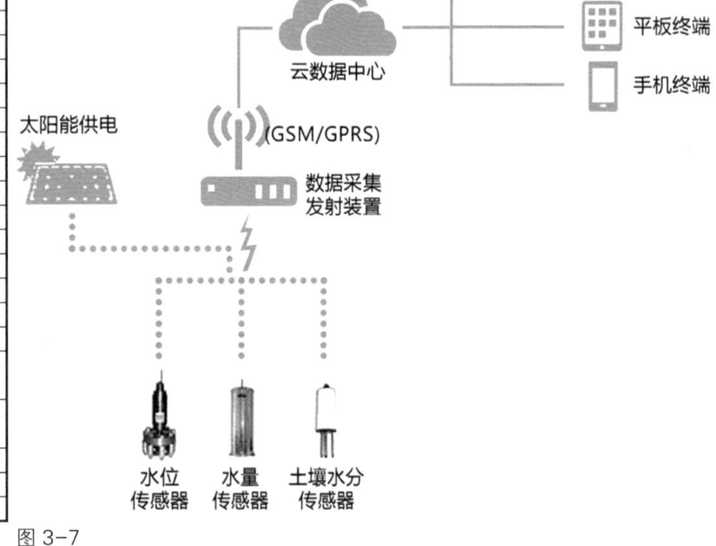

图 3-7

图3-8　传感器图示

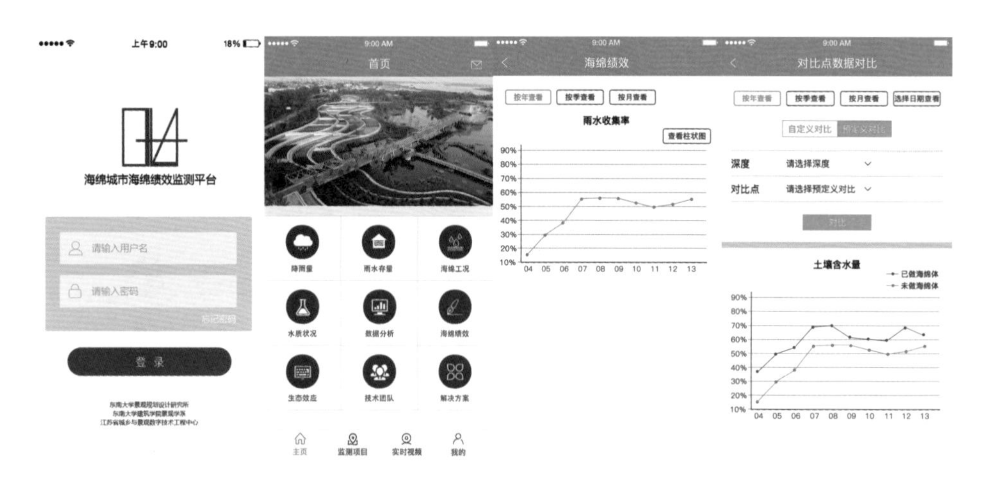

图3-9　海绵城市绩效监测平台客户端模块功能示意

生态路海绵绩效监测系统构成如图 3-9 所示，监测平台基于海绵城市系统绩效数据集及 B / S 架构（Browser / Server，浏览器 / 服务器模式）构建，可对海绵项目绩效进行实时监测、评价分析及可视化展示，由移动 APP 和电脑 Web 在线客户端构成。移动 APP 客户端包括地图监测、实时一览、趋势曲线、数据查询、数据比对、报警管理、视频监控、信息展示、评价分析 9 个工具模块，Web 在线客户端则具有更强大的数据管理、分析及智能控制功能（表 3-2）。

利用数字技术，通过定量研究，科学设计路面、雨水传输与存储系统；结合传感器、物联网、雨量计等自动化监测装置实时传输系统工况；编写专用计算机程序以及移动 APP 程序，通过智能终端设备实时监测系统运行。以定量研究成果支持城市道路水环境分析评价、海绵系统规模与设计、海绵设施确定及绩效评估等，提高了海绵城市建设的客观性、科学性和精准性。因此，数字技术的应用对于海绵城市建设具有重要意义。

表3-2 海绵城市绩效监测平台客户端模块功能描述

序号	功能模块	功能描述	Web端	移动APP
1	地图监测	持开源百度地图，对区域内各个监测点进行定位显示。以不同颜色图标标识当前监测点的状态，如在线、离线、数据异常等，并统计各类状态的监测点数量。点击图标，弹出框中显示当前监测点的基本信息、实时监测数据等	支持	支持
2	实时一览	以数据列表形式显示所有区域、监测站点的实时数据。监测数据又分为三类：一是降雨量；二是液位、水质（COD、氨氮、总磷、浊度、pH）、排水量；三是土壤墒情。具有设备在线、离线、联网率等统计，对于超标数据、暴雨级别以特殊颜色突出显示，以示提醒	支持	支持
3	趋势曲线	默认展示监测点三类监测数据指标[一是降雨量；二是液位、水质（COD、氨氮、总磷、浊度、pH）、排水量；三是土壤墒情]的最近 24 小时趋势曲线，也支持选择展示历史某个时间段内的趋势曲线，支持多监测指标因子同时显示趋势曲线，鼠标浮于曲线上可显示当前位置的监测时间和监测数据	支持	支持
4	数据查询	按照时间段查询各监测点的三类监测数据指标[一是降雨量；二是液位、水质（COD、氨氮、总磷、浊度、pH）、排水量；三是土壤墒情]的历史实时数据 / 分钟数据 / 小时数据 / 日数据，并可以Excel 表格形式将查询数据导出到本地。列表中对于超标数据以特殊颜色突出显示，以示提醒	支持	支持
5	数据比对	针对同一个监测站点的、同类监测指标的（例如降雨量）、两个不同时间段的数据以曲线的方式进行比对，并支持比对曲线图形的导出	支持	不支持
6	报警管理	报警类型支持包括联网报警、数据超标报警、暴雨高级别报警等。报警通知方式支持：可支持以短信、界面提示框等方式进行报警通知。历史报警查询：按照时间段、区域 / 监测点、报警类型等条件筛选，查询已解除、已处理过的报警事件信息，如报警开始时间、报警结束时间、持续时长、处理人及处理结果等。查询出的报警信息可以 Excel 表格形式导出到本地。报警限制配置：管理员在后台管理系统填写超标限值、通知人、通知时间等信息，平台程序通过限制条件自动产生报警信息	支持	支持
7	视频监控	集成视频服务器厂商的视频控件，接收现场端各个监测站点的视频图像，进行实时视频监控。支持通过平台对现场端的视频设备进行远程控制，如云台控制、调节焦距、视频抓拍等。按照时间段查询每个监测站点的历史视频图像	支持	不支持
8	信息展示	展示现场设备等基本相关公示信息，可以用文档、图片等形式展示。其中公示的信息是管理员通过后台系统手动添加的	支持	支持
9	评价分析	评价分析主要是管理员通过后台系统编辑的各个监测站点的信息评价，在前台进行展示	支持	支持

3.2.1.2 景园生态环境分析系统

景园生态环境分析平台主要是借助相关分析软件，对获取的相关数据进行综合的分析和可视化表达，包括空间分布分析、时间序列变化分析、数据分析等。常用的地理信息空间数据分析软件有 ArcGIS、ENVI、MAPGIS 等，常用的数据分析软件有 Excel、SPSS、MATLAB 等。景园生态数据分析主要聚焦于景园环境中关注度较高的要素，如水文、土壤、植被、微气候等。

水文分析常用的软件可根据尺度大小划分，大中尺度景观环境可应用 ArcGIS 水文分析工具，小尺度景园场地可应用 Civil 3D 软件。对于土壤、植被、气候，主要是分析其空间分布特征，可以借助 ArcGIS 或 ENVI 数据分析平台进行分析。

ArcGIS 是最常用的地理空间分析平台，具有地理空间信息属性，是用于输入、存储、查询、分析和显示地理数据的计算机系统。根据数据的地理信息，结合地理学与地图学以及遥感和计算机科学，利用 ArcGIS 空间分析工具包，对所获取的景园生态进行空间划分和分级，如产流分布分析、土壤空间分布分析、植被空间分布分析、微气候空间分布分析等。ENVI 是一个完整的遥感图像处理平台，软件处理技术包括图像数据的输入／输出、图像增强、纠正、正射校正、镶嵌、数据融合以及各种变换、信息提取、图像分类、与 GIS 的整合、雷达数据处理等。同时，还可利用 ENVI 工具包分析土壤特征、植被特征、气候水文特征等生态要素特征属性。

相关数据分析软件如 Excel、SPSS、MATLAB 等，其基本功能包括数据录入、整理、统计分析、图表分析、输出功能等，可以分析各要素及各要素数据之间的描述性统计、均值比较、一般线性模型、相关分析、回归分析、对数线性模型、聚类分析、数据简化、生存分析、时间序列分析、多重响应等几大数学关系，分析结果清晰、直观，已广泛应用于经济学、统计学、生物学、地理学、农业、林业、商业等各个领域。

3.2.1.3 景园生态环境模拟系统

景园生态环境模拟平台主要是根据数学模型的逻辑关系，建立概念化的或理想的生态环境模拟过程，通过设置相关参数，模拟设计前和设计方案的生态环境状况，对比和分析设计方案的生态效应，以利于促进方案的生成与优化。景园生态环境模拟平台与分析平台相近，但前者更多的是聚焦于景园环境中关注度较高的环境要素，如水文模拟、微气候模拟（包括植被、土壤等因素对水文、微气候的影响模拟过程）等。

水文模拟根据研究对象的不同可分为水文模拟和水力模拟两大类型，模拟水文循环的时空分布特征的称为水文模拟，模拟水体自身运动规律的称为水力模拟。水文模型是通过系统分析的途径，将复杂的水的时空分布现象和过程概化为近似的科学模型，包括集总式水文模型和分布式水文模型以及介于两者之间的半分布式水文模型。集总式水文模型，如 SCS 模型，不考虑水文现象或要素空间分布，将整个流域简化为一个整体进行模拟，取参数和变量的平均值，从机理上不具备模拟降雨和下垫面条件空间分布不均对径流形成的影响的功能，只能模拟水文现象的宏观表现，不能涉及其本质或物理机制。分布式水文模型，目前较为常见的有英国的 TOPMODEL 模型，欧洲的 SHE 模型，美国的 SWAT 模型、SWMM 模型等，该类型已逐步成为水文模型的主流。分布式水文模型所揭示的水文物理过程更接近客观世界，它用严格的数学物理方程表述水循环的各种子过程，参数和变量中充分考虑了空间的变异性，根据水流动的偏微分方程、边界条件及初始条件应用数值分析来建立相邻网格单元之间的时空关系，并着重考虑了不同单元间的水力联系，其物理参数一般不需要通过实测水文资料率定，解决了参数间的不独立性和不确定性问题。

水动力模拟基于流体力学（CFD）的方法，可分为有网格法和无网格法。网格划分利用有限体积法、有限差分法、有限元法进行计算，常用软件有

Fluent、Flow3D 等。无网格法一般利用拉格朗日粒子法进行计算，虽然无网格法具有许多优点，但其计算效率比传统方法要低，因此目前应用的水动力学模型中还是以网格模型为主。按照模拟的维度，水动力学模型可以分为一维水动力学模型、二维水动力学模型以及三维水动力学模型。一维水动力学模型具有计算效率高、所需基础数据少等优点，但应用范围较为局限。二维水动力学模型则主要用来模拟街道交汇处、广场、湖泊、河流、流域地表等具有明显二维流动特性的区域。三维水动力学模型由于在算法实现上的难度以及模拟计算时的工作量等原因，在城市雨洪模拟中的使用较少，但是未来的发展趋势十分可观（图 3-10）。

微气候模拟研究内容涵盖了城市微气候中的风环境模拟、热环境模拟，主要采用的模型包括基于非计算流体力学（集总参数法，如 CTTC 模型）和基于计算流体力学（分布参数法，如 CFD 模型）模型两类。CTTC 模型使用建筑群热时间常数（反应结构蓄热能力和透热能力的参数）计算局部空间环境的空气温度随外界热量扰动变化的情况，建筑群室外热环境分析软件 DUTE 就是基于该模型进行模拟计算的。CFD 模型是通过对室外环境的热传递与空气流动的耦合计算来评价空间的微气候环境，采用该模型模拟的常用软件有 ENVI-met、Phoenics、Fluent 等。目前的研究中涉及最多的是 ENVI-met 软件，该软件可以做出包括土壤环境、风环境等一系列环境要素的模拟。城市微气候模拟软件 ENVI-met 由 Bruse 教授及其团队于 1998 年开发，目前使用版本是 V 4.0 版。

图3-10　水文、水力模拟模型
（图片来源：蔡林豪.适用于“海绵城市”的水文水力模型概述[J].风景园林，2016(2)：33-43.）

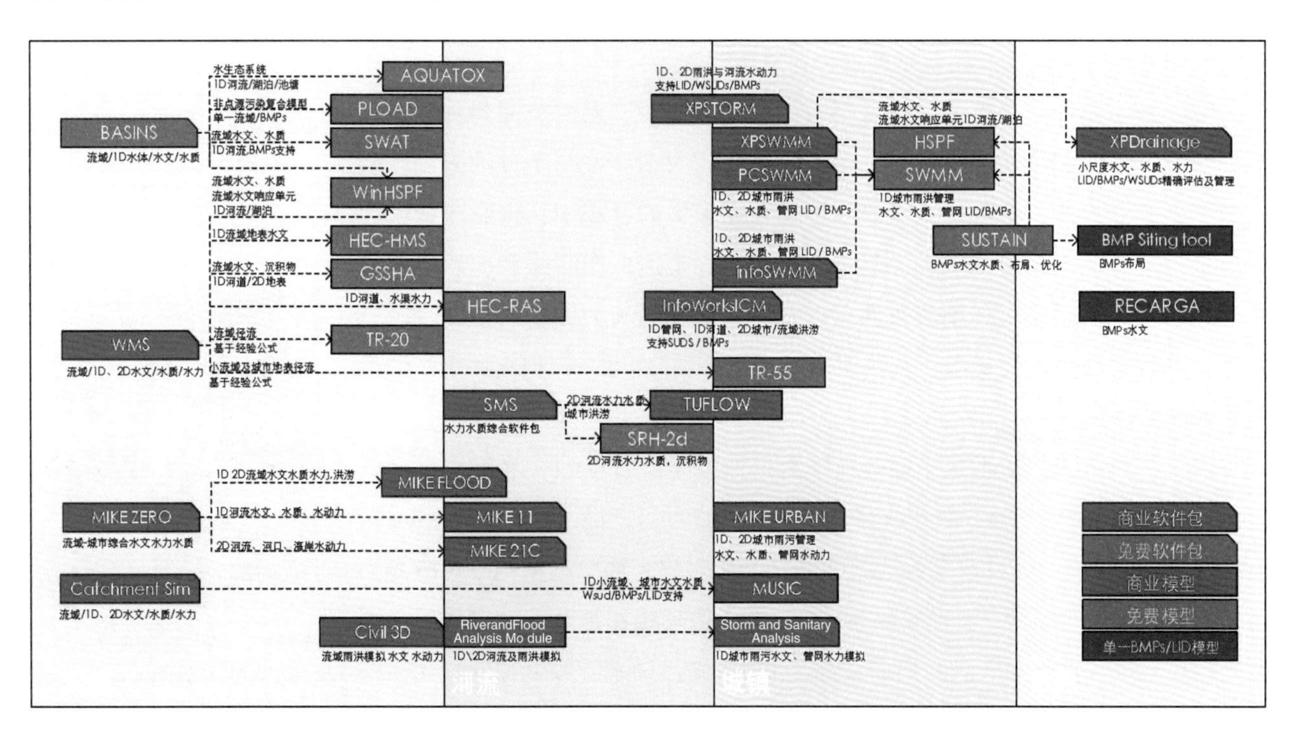

3.2.2 景园环境空间形态采集、分析与模拟平台

景园环境空间形态采集、分析与模拟平台以空间形态数字化解析、空间色彩量化评价为主要特征，围绕景园空间的建构逻辑与规律进行数字化模拟与分析，形成一套完整的景园环境空间形态量化分析平台，服务全尺度景园环境的数据采集、分析及辅助设计，具有鲜明的科学特征，预期成果具有前沿的理论与实践意义。

3.2.2.1 空间数据采集分析平台

1）空间信息采集

空间数据是指与所研究对象的空间特征和分布有关的时间与空间信息，它表示地表物体及其环境固有的地理位置、形体特征、相互关系等。空间数据主要包括地形数据、地物数据（包括平面位置、高程和高度数据）以及地表和地物的纹理图像数据。目前获取空间数据的技术主要包括遥感技术、数字摄影测量、三维激光扫描技术、GPS 测量、全站仪测量以及数字地图等。

（1）遥感是指在不直接接触的情况下，对目标或自然现象进行远距离探测和感知的一种技术。遥感的主要信息载体就是影像，遥感影像是距离地表几千米到几百千米处获得的地球的相片，这种相片包含了很多信息，使得遥感影像成为基础地理信息数据采集和更新的重要数据源。随着遥感影像应用的范围越来越广，精度越来越高，并有着采集范围广、获取速度快、周期短、受条件限制少、信息量大等特点，遥感影像已经成为地理信息系统中不可或缺的一部分，遥感技术也已成为一种获取和更新空间数据的强有力手段，遥感和 GIS 的一体化集成逐渐成为一种趋势和发展潮流。

（2）数字摄影测量是通过测量摄影所获得的影像，获取空间物体的几何信息，该过程无须接触物体本身，因而较少受到周围环境与条件的限制。随着数字摄影测量技术的推广，在 GIS 空间数据采集的过程中，摄影测量也起着越来越重要的作用。航空影像的更新速度快，是地形图测绘和更新的最有效也是最主要的手段。利用该数据可以快速获取或更新大面积的 DEM 数据，从而满足数据现势性的要求。其获取的影像是高精度、大范围 DEM 生产的最有价值的数据源。

（3）三维激光扫描系统主要由三维激光扫描仪（图 3-11）和数据处理软件组成，该系统能够快速、准确地获取物体表面的空间三维坐标，扫描速度快、精度高、实时性强，通过数据处理软件可以迅速完成三维模型重构。将激光扫描技术与全球定位系统、惯性导航系统、数码成像系统相结合，就出现了移动激光扫描系统，例如车载激光扫描系统、机载激光扫描系统等。移动激光扫描

图3-11 FARO三维激光扫描仪
（图片来源：https://www.faro.com/）

系统可以在载体的运动过程中实时获取定位数据、激光扫描数据以及影像数据，使得大范围空间三维数据的采集和更新变得更加快速和灵活。它采样密度大、连续性好、数据精度高、穿透力强，因此，在数字高程模型生成、城市三维模型重建、特殊地形测量以及林业管理等应用方面具有较大的优势。

（4）全球定位系统（Global Positioning System，简称 GPS）是随着现代科学技术的迅速发展建立起来的新一代全方位、实时和三维（精度、维度、高程）的卫星导航与定位系统。利用 GPS 进行的测量，是以 GPS 卫星和用户接收机天线之间距离的观测量为基础，并根据已知的卫星瞬间坐标来确定用户接收机所对应的点位，即待观测点的三维坐标。GPS 自建立以来，因其方便、快捷和较高的精度，迅速在各个行业和部门得到广泛的应用。它在一定程度上改变了传统野外测绘的实施方式，并成为 GIS 数据采集的重要手段。

（5）全站仪测量是利用全站仪和电子手簿进行数据采集的方法。数据采集是指在野外利用全站仪测量特征点，并计算其坐标，赋予代码，明确点的连接关系和符号化信息，再经编辑、符号化、整饰等成图，通过绘图仪输出或直接存储成电子数据。其工作步骤为：先布设控制导线网，然后进行平差处理得出导线坐标，再采用极坐标法、支距法或后方交会法等，获得碎部点的三维坐标。

（6）地图数字化是指从原有的地形图上获取三维地形数据，地形图上反映地形的要素包括等高线、注记、地性线等。对地形特征点进行数字化采集，包括采集特征点的点位坐标和高程。此方法是目前获取三维地形数据使用最广泛的一种方法，但是在三维地物数据获取中是无法使用的。该方法所需的原始数据源容易获取，对采集作业所需的仪器设备和作业人员的要求不高，采集速度也比较快，易于进行大批量作业。其优点是：可使数据采集完全不受地理条件的限制，采集一次性完成；使采集每个点所输入的信息量大大减少；能有效地防止漏采和重复采集。但是地图数字化采集精度低，工作流程比较多，尤其是在建筑物密集区的三维空间数据采集中存在很大的弊端。

现代空间数据获取呈现出了实时化、动态化、数字化、自动化、全面化和广域化的特征，但受技术水平的限制，目前的数据采集方法还都存在着一定的局限性和不足（表 3-3）。因此，多种采集方法的互补、多源数据的融合、多传感器的集成将是未来空间信息获取技术的发展方向。

2）空间建模

城市三维景观建立过程中的核心内容就是景观空间模型的建立。根据城市空间环境的复杂性，可以将景观空间模型分为三类：地貌模型、地表建筑物模型和地表附属物模型。与二维传统地形图相比，三维空间模型的建立摆脱

表3-3 空间数据采集方式比较

采集方法	工作原理	采集数据	速度	成本	难易程度	应用范围
全站仪测量	利用全站仪测量特征点后测算三维坐标，然后经过绘图仪输出或直接存储为电子数据	平面坐标、高程	较慢	很高	很困难	适合大比例尺、高精度的三维空间数据或局部工程项目
数字摄影测量	通过量测摄影所获得的影像，获取空间物体的几何信息	原始影像数据、数字表面模型、数字高程模型、数字线划图等	较快	比较高	容易	适用于快速获取或更新大面积的DEM数据，其相对精度和绝对精度都比较低，较适合于小比例尺的DEM
GPS测量	以GPS卫星和用户接收机天线之间距离的观测量为基础，并根据已知的卫星瞬间坐标来确定用户接收机所对应的点位，即待观测点的三维坐标	待观测点的三维坐标	较快	比较低	容易	适用于较高精度小比例尺的项目范围
遥感技术	通过传感器获取对应电磁波段的地物反射信号，根据不同地物对不同波段反射能力的不同而识别地物	地物影像、三维坐标	很快	比较高	容易	适用于精度高的各种尺度范围
三维激光扫描	通过激光扫描和点云数据处理，迅速完成三维模型重构	三维点云数据、色彩RGB数据、物体反射率信息	很快	比较高	容易	分辨率高，可适用各种范围
地图数字化	利用矢量扫描仪从原有的地图上获取三维地形数据	特征点的点位坐标和高程	较快	低	困难	适用于低精度中小比例尺地形图的数据获取

了二维地图的维度限制，可以实现全景仿真、模拟地形地貌及周边环境。空间模型和三维场景技术已经成为全新的空间管理和分析的手段。目前，三维场景的建模方式主要有三种：

（1）三维建模软件建模

三维软件建模就是利用如 3DS MAX、AutoCAD、SketchUp、Rhinoceros 等软件进行建模，这种方式能很好地控制模型精细度，模型精细美观。但是在建模时，模型尺寸等参数的获取需要借助其他手段，而且工艺烦琐、工作量大，不能满足较大范围内的三维场景快速精细化建模的需要。

（2）航空影像建模

航空影像建模是成本最低的一种方式，具有覆盖度高、自动化程度高的优势，所以目前大部分的数字城市建设都采用航空立体像对的方法。倾斜摄影测量技术的发展改善了正射影像局限于从垂直角度拍摄的不足，利用倾斜影像进行三维建模的技术方法也日趋完善。目前常用的建模软件有法国 Bently 公司开发的 ContextCapture（Smart3D）、美国 NewTek 公司开发的 LightWave 3D 和 Autodesk 公司开发的 Autodesk Maya 等。

（3）三维激光扫描建模

三维激光扫描是一种新出现的数据获取技术，其有着速度快、精度高等诸多优点，尤其适合应用在古建筑重建、虚拟现实等领域。目前常采用的三维激光扫描仪有瑞士 Leica 公司的 ScanStation 系列产品，美国 Trimble 公司 G 系列三维扫描仪、Faro公司的FARA Scene系列产品等。这些软件可通过简单连续的影像生成超高密度的点云，并自动生成基于真实影像纹理的高分辨率三维实景模型。基于三维激光扫描技术获取的点云数据，采用构建不规则三角网（TIN）模型，虽然建模自动化程度高，但当点云数据太大、太复杂时，想要构建精细的三维TIN模型是不容易实现的，而且会遇到影像缺失、孔洞、构网混乱等问题。Smart3DCapture软件的三维重建过程首先是将采集到的图像通过多视影像密集匹配技术生成超高密度三维点云，然后根据三维点云构建不同层次细节度的TIN模型，继而自动提取位置对应的纹理信息实现纹理贴附，最终生成纹理清晰、逼真的城市三维模型成果。Smart3DCapture生成的三维模型文件可以兼容obj、osg（osgb）、dae、xml等通用格式，且能导入各种主流GIS平台及三维编辑软件。

3）三维呈现

景园规划关注环境变化以及环境与人的行为的关联性，通常的表现手法为沙盘、三维效果图、动画展示等方式。然而传统的表现手法并不完善，其所展示的三维效果多是静态的；即便是动画展示，也只是观者随着已经设定好的行走路线进行观看，是一种被动的呈现形式，不能使观者以第一人称的视角深入其中获得全方位的观察和对景观环境的自主游览。随着虚拟现实、增强现实技术以及数字建造技术的发展，景观三维呈现的方式也有了新的形式，为观者带来更加立体化、全方位的三维感受。

（1）虚拟和增强现实呈现

虚拟现实（Virtual Reality）技术和增强现实（Augment Reality）技术的使用，提供了多角度、多模式模拟，使用户有更切身、真实的体会。同时，实时渲染可使用户实时感受场景变化，对场景进行修改，更具参与感和体验感。如地产漫游就是以虚拟现实技术为基础，集影视广告、动画、多媒体、网络科技于一身，发展至今已经成为最新型的房地产销售方式。购房者通过VR技术可以直接看到样板房的形象，并通过漫游观赏到优美的小区环境。

（2）交互式呈现

随着数字技术的发展，基于计算机辅助建造（CAM）技术和增强现实（AR）技术的可操作性三维呈现平台逐渐产生。如“沙盒”就是一种能够精确还原现场、直观承载手工设计操作，并进行实时人机互动的四维操作平台。又如沉浸式虚拟现实技术利用LeapMotion作为感知设备进行手势识别，提供手部跟踪，并获取手部的各种参数和数据，将不同手势数据段进行分类。通过预制和设计人机交互操作指令，判断不同数据分类的手势，并控制虚拟场景和设备做出相应的动画，达到通过预制手势指令实现人机交互操作的目的。

3.2.2.2 色彩数据采集分析平台

色度学研究证明，人类视觉对色彩的感知是三条光谱曲线叠加的结果。在环境光的光谱曲线、物质自身色光谱曲线和视觉感光曲线都处于变化的情况下，量化动态更新的真实色彩现象需要找到合理的切入点。对于景园色彩构成而言，环境色彩构成既不能脱离环境色彩要素，也不能忽略色彩的空间视觉感受。从造园的人文美学和艺术设计的角度来看，景园环境的色彩构成必须被人类视觉感知以后，才能进行“形而上”的再创造，因此，在变化的景园色彩环境中，建立视觉色彩量化的标准，同时提取视觉色彩量化的数据是一种可行的色彩量化研究思路。

景园环境中的色彩定量研究，需要通过造景要素的色彩物理属性的绝对计量数据进行表达。通过分光测色计、色彩亮度计可以精确标定造景要素的色彩，而在设计与评价阶段，需要通过反映色彩构成视觉效果的数字图像进行定量分析，比对色彩效果和色彩要素，并依据量化分析得出的结论提出设计方案,最终以色彩物理属性作为标准来指导施工建造。这一色彩规划设计流程，离不开色彩绝对计量数据与相对计量数据的数字转化。正是有了色彩量化数据作为桥梁，景园色彩规划设计才能实现文化和情感的精准表达，最终实现色彩环境建构。

（1）色彩的数字化采集

在对景园环境色彩调研的过程中，需要采用分光测色仪对景园环境中的要素色彩进行计量，通过分光测色仪能够实现对植物、建筑物、构筑物以及石材、水泥、玻璃等不同材料的造景要素色彩信息的精确采集，有利于色彩的计量、管理、控制及研发，方便色彩的精确交流与沟通。分光测色仪根据分光型原理设计，分色、测色具有高精度性和不断增强的多功能性。由于它可以测得每一波长下的反射率曲线，因此适用于复杂的色彩分析。分光测色仪又分为“0/45 度”和“d/8 度积分球”两种测量 - 观察方式：“0/45 度”只能用来测平滑的表面，不能用于电脑配色；“d/8 度积分球”可以用来测量各种表面，可用于电脑配色。

目前对于景园环境而言，普遍采用柯尼卡美能达分光测色仪（图 3-12），该仪器体量较小，携带方便，采用接触式的测量方式，通过光谱测试，结果较为准确。该测量仪可设定被测物体表面包含 / 不包含光泽度反光因素的 SCI / SCE 模式，可测量反射系数较大的物质材料，还可以直接设定 CIEXYZ 基色系统规定的不同类型的典型光源，例如 D65 标准光源（色温：6504K）、C 光源（不含紫外线波长区，色温：6774K）、A 光源（白炽灯，色温：2856K）。

在工业生产领域，分光测色仪通常被用于实验室产品开发研究中的高精

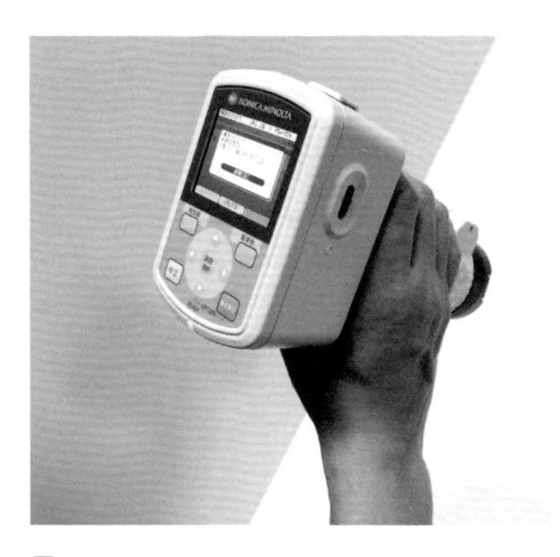

图3-12

图3-13

图3-12 柯尼卡美能达分光测色仪
图3-13 柯尼卡美能达CS-200色彩亮度计
（图片来源：http://www.konicaminolta.com.cn）

度色彩分析。需要指出的是，景园环境中很多造景要素是人不可以接触测量的，面对天空、水面、玻璃、金属等依靠光反射而呈现色彩的造景要素，以及景观建筑、远景山体等尺度较大、不可触及的造景要素，应使用色彩亮度计进行数据提取。由于受到光照的影响，色彩亮度计的数据读取不可能达到分光测色仪实验室级别的精度控制，有时候还需要借助色卡的使用视觉分析。柯尼卡美能达 CS-200 色彩亮度计（图 3-13）是色彩数值测试工作中最为常用的仪器型号，可以用来测量不可接触物体表面的色彩。它既可以满足实验室的使用需求，也可用于户外现场的观测。它对被测物体进行非接触式测量，能够使得测量从几米至上百米的范围内都能正常进行。此外，该仪器在测量后会显示出被测样品的 CIE1931 的色度坐标值，与柯尼卡美能达分光测色仪（CM-700d）具有相同的颜色空间，属于绝对计量的色彩数据。

除了应用现有的色彩采集设备，还可以通过提取色彩还原度较高的图片的色彩进行景园色彩的数字化采集。选用色彩还原度较高的单反相机进行景园环境单一界面和连续界面色彩图像的拍摄记录，同时使用爱色丽色卡护照（Color Checker Passport）进行色卡样张的拍摄，并在实验室中使用爱色丽品牌的 i1PRO 校色设备（图 3-14）进行全程色彩管理，保证色彩拍摄数据在色彩分析、提取、设计、输出过程中色彩显示设备的色彩数据精准。

（2）色彩数据分析

景园环境色彩构成效果丰富，视觉可以感知的色彩种类比使用测色仪器测量的色彩种类多得多。这是由于造景要素的物理色彩受到光照、季相等变量因素影响而产生的色彩感觉变化，实际上色彩的物理属性并没有发生改变，视觉感受的景园色彩效果是动态变化的色彩集合，但是对于人的观赏而言，色彩在特定场地和时间段是具有相对稳定性的，因此，对于景园色彩和色彩构成的量化研究的切入点，就是建立统一的研究标准，捕捉标准的色彩

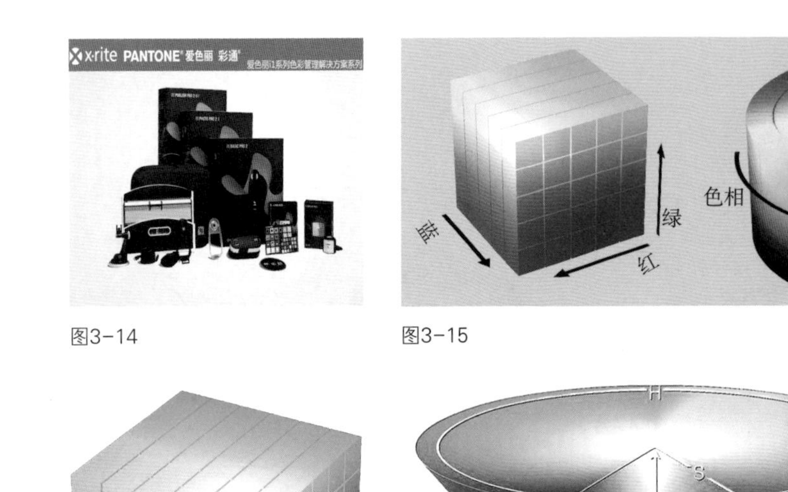

图3-14 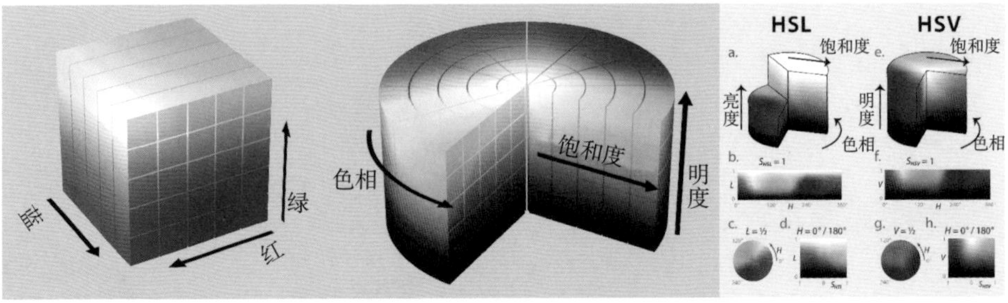　　图3-15

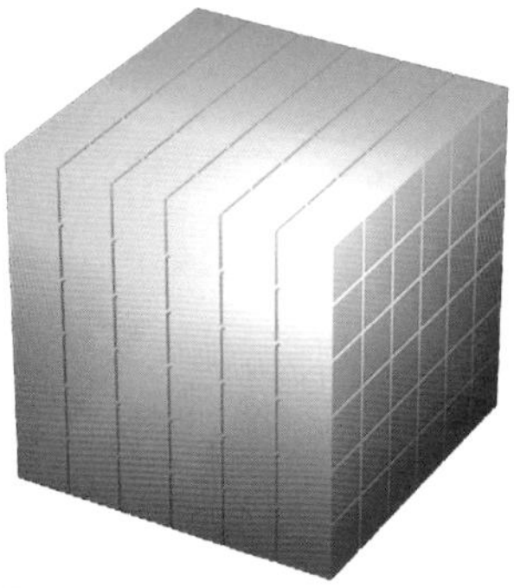

图3-16 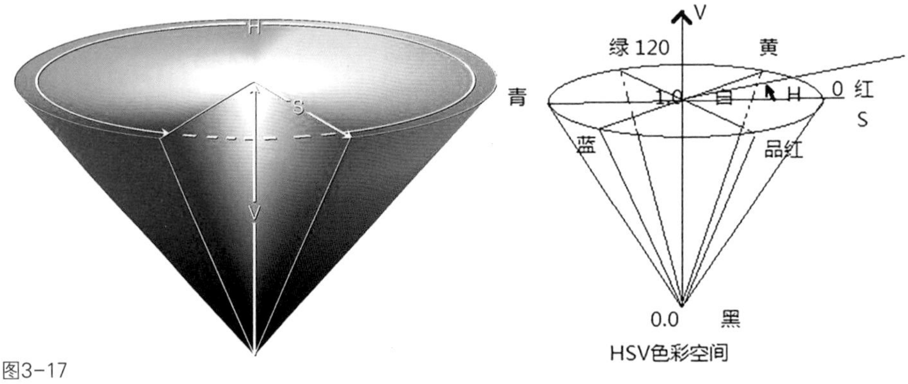　　图3-17

感受和色彩效果。基于色彩科学研究的成果，目前最有效的手段就是使用感光拍摄设备，记录真实环境的色彩画面，进行色彩定性与定量的评价与分析。鉴于此，数字化的色彩拍摄和图像显示设备在景园色彩研究领域的优势被发挥出来，色彩工程师在蒙塞尔颜色空间的基础上，拓展了基于人类视觉感受描述的色彩三属性（HVC）计量模型与红、绿、蓝三色光（RGB）计量模型之间的数据可以互相转换的颜色空间，表达为 HSB 模型或 HSL 模型、HSV 模型（图 3-15）。其次，这一色彩计量模型在 Photoshop 等软件上，实现了色彩效果量化表达的数据互通性，可以与绝对计量模型 CIELAB 颜色空间的计量数据互转，也可以通过计算机软件和设备进行色彩数据的分析和比较（图 3-16、3-17）。

图3-14　爱色丽i1PRO系列校色设备
（图片来源：http://www.xrite.com.cn）

图3-15　HSB色彩表达模型
（图片来源：Wikipedia，the free encyclopedia）

图3-16　RGB色彩立方体模型
（图片来源：http://www.konicaminolta.com.cn）

图3-17　HSV色彩倒锥形模型
（图片来源：http://www.th7.cn）

3.2.3　景园环境行为心理采集、分析与模拟平台

3.2.3.1　景园行为采集与监测

（1）无人机定点航拍（图 3-18）。在景园环境行为心理采集、分析平台中，对人的行为采集的方式包括摄影技术，定点、定时的摄影技术可以捕捉人们对外部空间的使用频率。使用无人机定点航拍的方式，可以选择具有普遍性和代表性的时间段进行样本行为数据的采集，利用 ArcGIS 平台，将观察收集到的数据和位置信息建立空间数据库，同时以 LBS 公众数据作为调研辅助样本，对场地中的使用者在不同时段的活动热点做分类统计，最后可生成行为地图。

（2）便携式眼动仪（Tobii Glasses）。Tobii Glasses 便携式眼动仪是能够在现实场景中高效采集眼动数据的数字化工具。它在体验者处于完全自然行为状态的前提下，确保了眼动数据的精确性与结果的有效性，可应用于基于现实场景或实物的定性及定量的眼动研究（图 3-19～图 3-21）。

Tobii Glasses 2.0 眼镜（镜头和传感器）：头戴模块可捕捉受访者看到的场景和眼动追踪数据。头戴模块仅重 45 克，设计严谨，可为受访者提供最大程度的自由度，并获得最真实的人类行为。与之配套的录制控制软件 Tobii Pro Glasses Controller 具有受访者信息管理、记录管理、事实观察、眼动视频回放以及眼动视频导出等功能。此外，数据分析软件 Tobii Pro Lab 可对原始数据进行分析，也可进行兴趣区统计，同时还可以根据用户的需要进行定制的数据分析。

Tobii Glasses 由于其具备可靠的眼动追踪功能，可适用于风景园林现实场景的户外实验环境以及各种偶然、突发事件或不确定场景。与此同时，其全自动数据叠加与系统化导向的程序极大提升了实验效率。该眼动仪具有 3 个基本特征：①基于屏幕刺激。眼动追踪技术能够辅助设计者了解人们对场景的认知、感受和社交行为，其较大的头部活动耐受性，使得 Tobii 眼动追踪系统

图3-18　大疆精灵无人机

图3-19　Tobii Glasses便携式眼动仪
（图片来源：https://www.tobiipro.com）

图3-20　Tobii Glasses眼动仪辅助记录器

图3-21　Tobii Pro Glasses Controller录制控制软件

图3-18

图3-19

图3-20

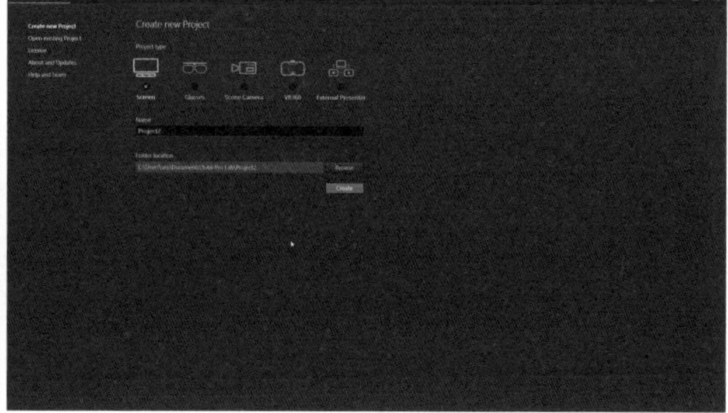

图3-21

能够适用于更广泛的人群（包括儿童和婴儿）测试研究，并能提供详细的信息，如他们是如何了解场地、找出场所中的兴趣区域的。②基于真实场景刺激。眼动追踪技术可用于分析人机交互的用户行为和用户界面的可用性。该方法能够用于在自然行为状态下的移动设备测试。③真实环境场景研究。该方法能够完全置身于真实环境场景中进行非介入式测试研究。通过眼动追踪和不同的点击度量标准以及注视轨迹、热点图和轨迹回放等可视化数据分析工具，使其结果可非常方便地进行解析并得出分析报告。有趣直观的眼动追踪结论展示方式和实时监测数据大大增加了普通民众对景观感知的参与性和可操作性。

眼动追踪技术提供了一种科学的评估方法，有助于优化设计，提升场景的吸引力。在项目建设之前，可通过人机交互的景观三维模拟与展示系统来评估不同设计方案的优劣，测试景观建成后的效果和满意度。在风景园林设计构思、设计策略的生成到虚拟现实的动态模拟及其展示等设计阶段，该方法都能够提供有价值的数据信息。

便携式眼动仪能够为风景园林设计提供可靠的参数化数据，在原有感性的美学评判的基础上，增加了更多理性的、科学的分析依据。眼动跟踪技术提供了独一无二的方式来评估风景园林设计场景中人们的经验行为和对自然文化环境信息的接受与反馈过程。Tobii 眼动仪能测量两只眼睛的注视点方向和眼睛的空间位置，精确度极高，研究人员可以计算出头部移动时人眼运动的真实轨迹。风景园林设计师可以利用眼动追踪技术来分析环境场景的变化带来的眼球运动行为，让研究人员可以量化动态的眼部运动数据。客观的量化数据能力意味着它所获得的数据可以作为对某一特定场景信息进行评判、对比研究的公开的依据，它在景观行为心理分析中进行的客观环境认知、社会心理分析等方面也具有广泛的应用前景。

（3）数据手套（Cyber Glove）。数据手套是基于多种模式下的虚拟现实硬件，为虚拟现实系统提供了一种全新的交互式模拟手段。它通过软件编程，能够实现虚拟场景中物体的抓取、移动、转换等操作，也被称为一种控制场景漫游的数字化 VR 工具（图 3-22）。目前该产品可测量的关节角度多达 22 个，且具有非常良好的精确度。最新一代产品采用了抗弯曲感应技术，可将手和手指的动作准确地转变为数字化的实时联合角度数据，除了能够检测到手指的弯曲度，还可以利用磁定位传感器精确地定位出手在三维空间中的坐标位置，为用户提供了一种极为真实、自然的三维交互式体验手段。

数据手套一般与三维空间跟踪定位器结合使用，操作者在空间上能够自由移动、旋转，不局限于固定的空间位置，操作灵便，数据准确。此外，数据手套及其 VR 设备系统可用于数据可视化领域，能够探测出与地面密度、水含

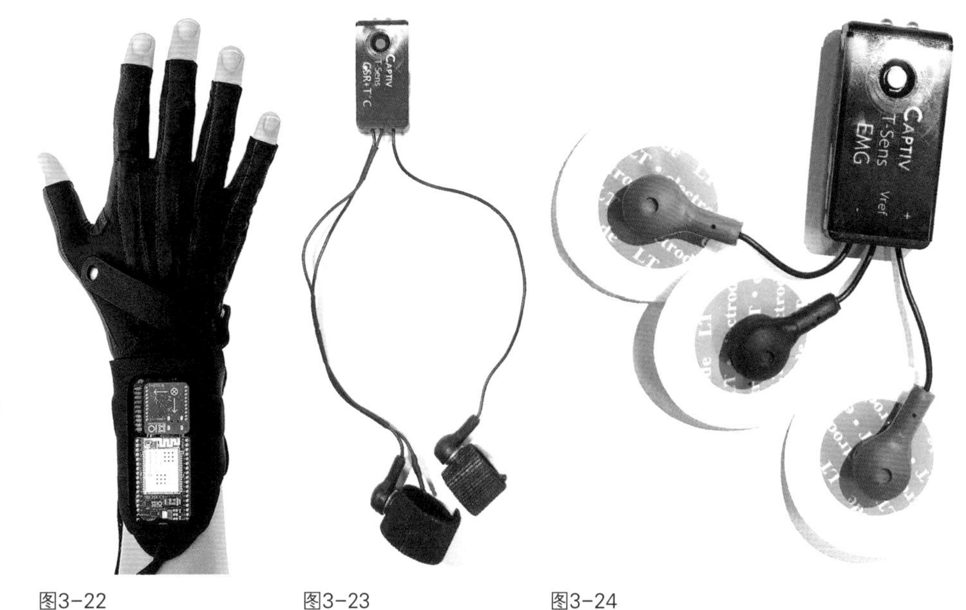

图3-22　数据手套与三维空间跟踪定位器（图片来源：Google图片）

图3-23　皮肤电传感器

图3-24　肌电传感器

图3-22　图3-23　图3-24

量、磁场强度、光照强度相对应的振动强度等数据，并将人的手部动作准确、实时地传递给虚拟环境，把虚拟物体的接触信息反馈给操作者，适用于需要多自由度手模型对虚拟物体进行复杂操作的虚拟现实系统。数据手套使设计者以更加直接、自然、有效的方式与虚拟现实模型进行交互，极大地提高了设计过程的互动性和沉浸感，为设计者提供了一种通用、直接的人机交互体验方式。

（4）皮肤电活动（EDA）。皮肤电简称为皮电，人体的皮肤电阻、电导随皮肤汗腺机能变化而改变，这些可测量的皮肤电改变称为皮电活动。心理生理学家通过对由心理上引起的汗腺活动进行测量，来研究与之相关的心理活动。如情绪紧张、恐惧或者焦虑情况下汗腺分泌增加，皮肤表面汗液增多，会引起导电性增加而致皮电升高。

皮肤电传感器TEA CAPTIVE T-Sens GSR+T（图3-23），重量为20克，每次满电可以使用4小时，其传感器无线通信频率为2.4GHz，采样率为32Hz，其皮电分辨率为16比特位，温度分辨率在0.05℃。皮电的信号是将一对电极放置在皮肤表面，通过测量经过该表面的微小电流而获得的。手掌和足底表面的小汗腺被认为更多的是与控制行为相关，小汗腺对于心理刺激比热刺激的反应更加明显。实验时分别将传感器的两个电极连接到测试者的食指与中指。

（5）肌电信号（EMG）。肌电信号（EMG）是众多肌纤维中运动单元动作电位（MUAP）在时间和空间上的叠加。表面肌电信号（SEMG）是浅层肌肉EMG和神经干上电活动在皮肤表面的综合效应，能在一定程度上反映神经肌肉的活动。相对于针电极EMG，SEMG在测量上具有非侵入性、无创伤、操作简单等优点。因而，SEMG 在临床医学、人机功效学、康复医学以及体育科学等方面均有重要的实用价值。TEA CAPTIVE T-Sens EMG 无线肌电传感器（图 3-24）的。无线通信频率为 2.4GHz，采样率为 256~4096Hz，分辨率为 16μV（RMS）。在实验时，EMG 电极一般放置在肌腹中间，不要靠近肌腱，不要放置在肌肉边缘，要与肌肉平行。

（6）皮肤温度。皮肤温度又称体表温度，是指皮肤最外面的一层表皮的温度，它直接影响人体向环境的显热、散热量，对于人体与环境之间的热交换研究具有重要的意义。皮肤分布在身体的外表面，易受到外界影响。人体的部位不同，其对应的皮肤温度也会有较大的差异，皮肤温度一般在 20～40℃之间浮动。TEA CAPTIOVE T-Sens 无线皮肤温度传感器（图 3-25）的无线通信频率为 2.4 GHz，单位为℃，采样率为 32 Hz，分辨率为 0.05℃，工作温度为 -20～40℃。在实验室使用时，一般根据使用需求来确定传感器测试位置。

（7）心电图（ECG）。心脏在每个心动周期中，起搏点、心房、心室相继兴奋，并伴随着生物电的变化，这些生物电的变化称为心电。心脏周围的组织和体液都能导电，因此可将人体看成一个具有长、宽、厚三度空间的容积导体。心脏好比电源，无数心肌细胞动作电位变化的总和可以传导并反映到体表。在体表很多点之间存在着电位差，也有很多点彼此之间无电位差，是等电的。"心电"处理用于检测心电波线的R-R间隔，然后计算出瞬时心率。TEA CAPTIOVE T-Sens 无线心电传感器采样频率为 2 562 048 Hz，分辨率为 0.1°（图 3-26）。

（8）TEA CAPTIV T-LOG 采集无线控制器（图 3-27）可通过无线连接各种传感器温度、皮电、肌电、呼吸、心率、运动等传感器，并且进行数据的采集、录制。

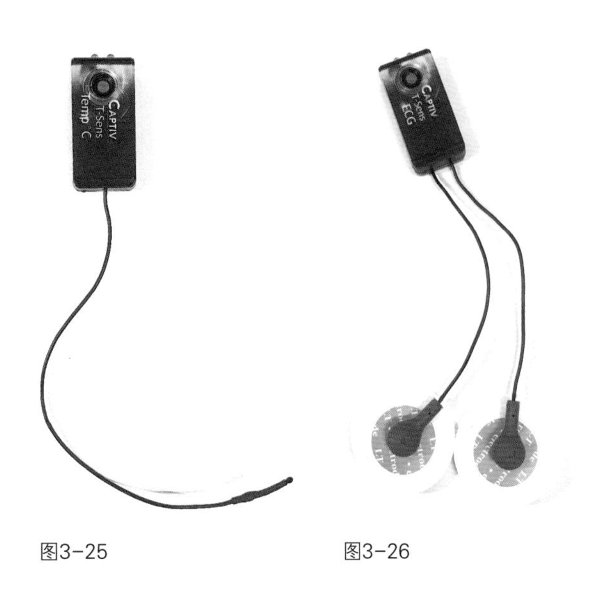

图3-25　　图3-26

图3-25　皮肤温度传感器
图3-26　心电传感器

TEA CAPTIV T-LOG 2

可穿戴记录器与 T-Sens 传感器的无线通信

规范

外形尺寸：17 mm × 73 mm × 23 mm
重量：170 g
内存：16 G
T-Sens 传感器：1 – 32
电池记录时间：12 h
充电时间：4 h
带宽：11,520 sps
说明书：C2000

兼容性

CAPTIV
T-Sens 运动
T-Sens 传感器

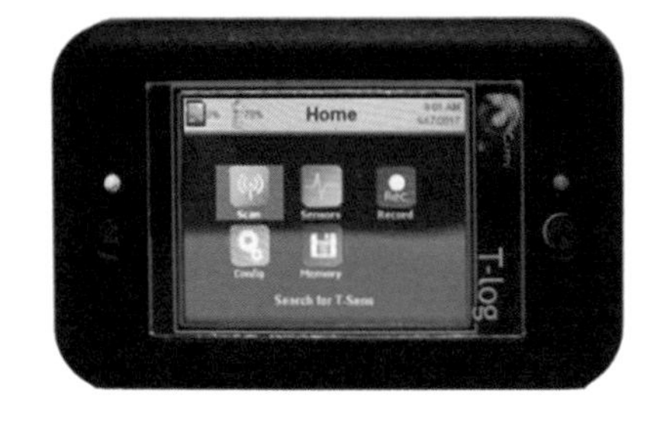

T-LOG

teaergo.com
#TEA #CAPTIV

TEA

图3-27　采集无线控制器

3.2.3.2　景园行为分析

（1）ArcGIS 软件包。近年来，移动通信技术、GIS 和无线定位技术的发展，为个体行为研究获取更高精度和更大尺度的时空数据提供了可能。同时，在城市地理的应用中，个体时空行为分析已在生活行为、日常活动空间、交通规划及社区规划等研究中显示出独特的价值。通过建立 GIS 时空行为数据模型，并结合 GIS 三维可视化技术实现对个体时空行为的可视化，使得 GIS 成为越发完善的行为软件分析平台。

（2）空间句法（Depthmap，图 3-28）。空间句法理论作为一种新的描述建筑与城市空间模式的语言，其基本思想包括三点，一是空间本身受制于几何法则，因而有其自身的几何规律；二是人们知道如何运用空间规律去开展日常生活活动，包括社会经济活动，如左右上下等基本的空间联系，并会创造性地运用空间关系，达到社会经济目的；三是空间本身的几何法则会限制人们运用空间规律的方式，空间的组合方式不是无穷的，而是有限的。其理论基础包括：①空间的自然法则，包括空间的分割、再现、连接等基本的几何关系（包括拓扑几何等）；②个人的空间认知与社会对空间的影响；③空间对个人与社会的影响。空间句法将空间之间的相互联系抽象为连接图，再按图论的基本原理，对轴线或特征各自的空间可达性进行拓扑分析，最终导出一系列的形态分析变量——连接值（Connectivity），表示系统中某个空间相交的空间数；控制值（Control），表示某一空间与之相交的空间的控制程度，数值上等于与之相邻的空间的连接值的倒数之和；深度值（Depth），表示某一空间到达其他空间所需经过的最小连接数；集成度（Integration），表示系统

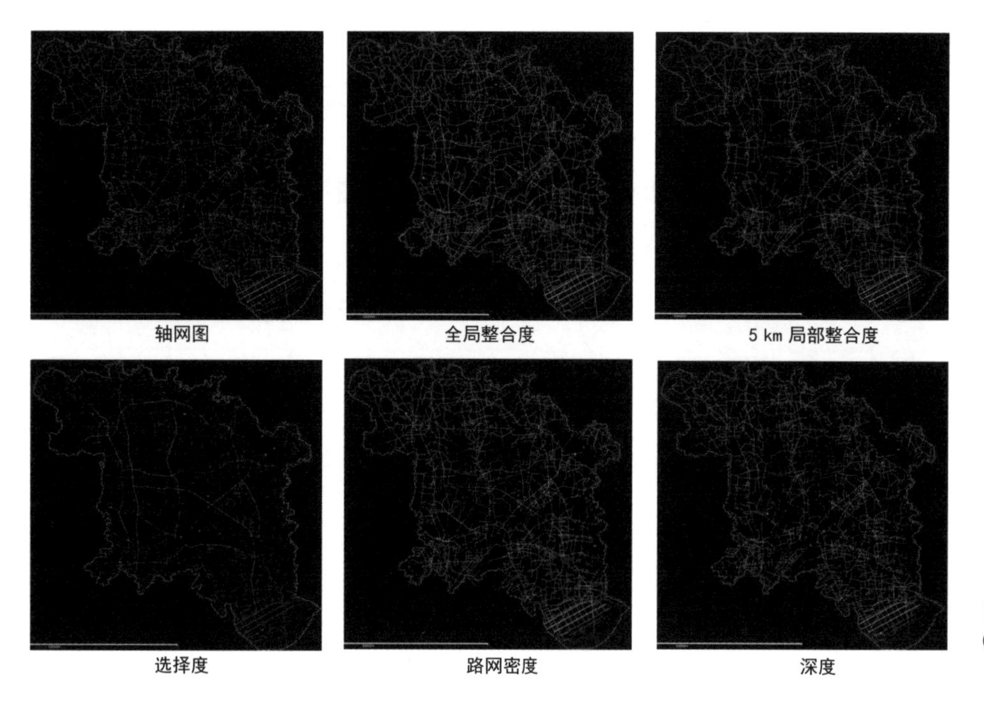

图3-28 DEPTHMAP模拟
（图片来源：http://teaergo.com/wp/）

中某一空间与其他空间集聚或离散的程度；穿行度（Choice），表示系统中某一空间被其他最短路径穿行的可能性。

（3）SPSS（Statistical Product and Service Solutions），即统计产品与服务解决方案软件。最初该软件全称为社会科学统计软件包（Solutions Statistical Package for the Social Sciences），但是随着SPSS产品服务领域的扩大和服务深度的增加，SPSS公司已于2000年正式将全称更改为“统计产品与服务解决方案”，这标志着SPSS的战略方向已做出重大调整。SPSS为IBM公司推出的一系列用于统计学分析运算、数据挖掘、预测分析和决策支持任务的软件产品及相关服务的总称，有Windows和Mac OS X等版本。SPSS是一个组合式软件包，它集数据录入、整理、分析功能于一身。用户可以根据实际需要和计算机的功能选择模块，以降低对系统硬盘容量的要求，有利于该软件的推广应用。SPSS的基本功能包括数据管理、统计分析、图表分析、输出管理等。SPSS统计分析过程包括描述性统计、均值比较、一般线性模型、相关分析、回归分析、对数线性模型、聚类分析、数据简化、生存分析、时间序列分析、多重响应等几大类，每类中又分为好几个统计过程，比如回归分析中又分线性回归分析、曲线估计、Logistic回归、Probit回归、加权估计、两阶段最小二乘法、非线性回归等多个统计过程，而且每个过程中又允许用户选择不同的方法及参数。SPSS也有专门的绘图系统，可以根据数据绘制各种图形。

（4）计算工具MATLAB是Matrix Laboratory的缩写，自1984年由美国MathWorks公司推向市场以来，已成为国际公认的最优秀的科技应用软件。

MATLAB 既是一种直观高效的计算机语言，同时又是一个科学计算平台。它为数据分析和数据可视化、算法和应用程序开发提供了最核心的数学和高级图形工具，具有运算效率高、界面好、较为通用等显著优点。MATLAB 针对图像处理推出了专用的工具箱，是由一系列支持图像处理操作的函数组成的，所支持的图像处理操作有几何操作、区域操作和块操作、线性滤波和滤波器设计、图像分析和增强等。同时因 MATLAB 是一种基于向量（数组）而不是标量的高级程序语言，从本质上对数字图像处理提供了更良好的支持。

3.2.3.3 **景园行为模拟**

（1）AnyLogic 软件（图 3-29）。AnyLogic 软件由 XJ Technologies 公司开发，专门用于人群行为的建模和模拟。它将每个主体作为虚拟人来对待，虚拟人根据环境条件和约束做出运动决定和选择，能够较真实地反映影响行人步行行为的各种因素以及行人之间的相互影响，是极少数能够支持系统地描述连续和离散行为混合状态的商业仿真软件之一。该软件能较为全面地模拟影响区域内行人行为的多样性与复杂性，可以根据行人活动链的形成方式再次组织模块，快速地在这一复杂区域构建交互式的动态仿真模型。

（2）Legion 软件。ABM（Agent-Based Modeling，简称 ABM）是一种相对较新的计算建模方式，其特色与优势是行人建模。传统的交通建模工具难以对行人行为进行建模，与车辆相比，行人活动范围要小得多，而且受到的约束也少一些。行人（步行）行为比其他交通方式更加难以预测，主要是因为包含着太多极为复杂的、有意识或无意识的活动。相反，ABM 被认为非常适合行人建模，因为它能够提供基于个体而非群体的方法，模型中的每个主体

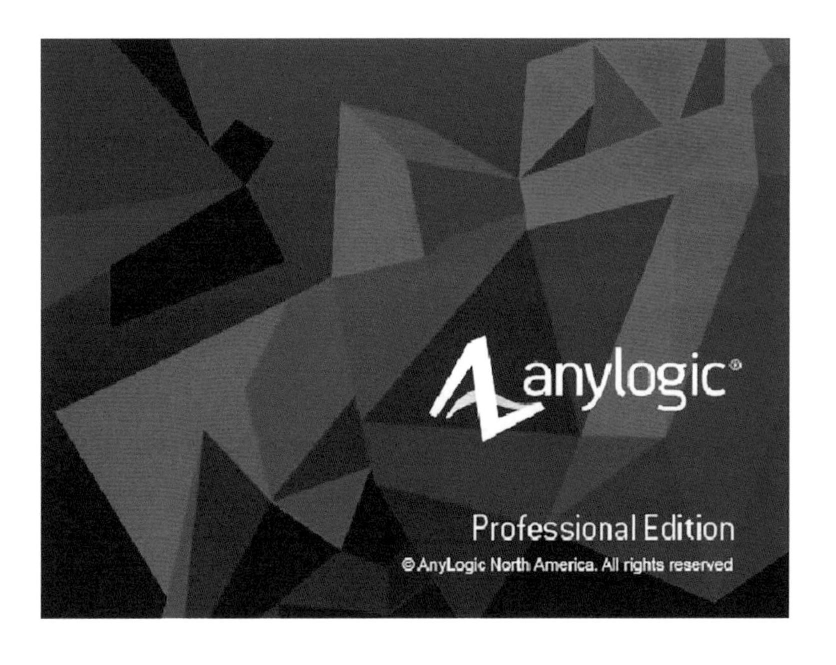

图3-29 AnyLogic软件

都会被赋予区别于群体中其他个体的特质。该软件已应用于多种类型的项目，包括机场、火车站、体育场和许多运动事件的建模。Legion 对于设计的要求是，须在以下三种疏散情况下才能满足疏散要求，即随机选择任何一个出口、选择最近的出口、所有行人选择同一出口（Still，2000）。如果其任何一种疏散情况不合格，则要重新进行设计，这为出入口设计制定了较高的验收合格标准。

（3）MyriadII 软件。基于 ABM 的另一个软件 MyriadII，也是由斯蒂尔（Still）博士及其在 Crowd Dynamics 公司的同事共同开发的 ABM 专用软件，该软件将网络分析、空间分析和基于主体的分析这三种不同的技术集成在一起，因此具有一定的创新性。集成之后，该软件可用于多种目的和规模的事件模拟，如为大型交通网络建模；模拟某个环境（例如购物中心）中某个空间里的行人运动规律和行为方式；根据给定的变量和条件，预测可能发生的事件。

3.3　景观信息系统（LIM）与规划设计

3.3.1　LIM 的概述

与 BIM 相对应，数字时代的风景园林规划设计有其独特的信息系统，我们将其简称为景观信息系统（Landscape Information Modeling, LIM）。LIM 与 BIM 有相似之处，但也有更多的特征和差异。BIM 更多的是基于建筑系统的构成，是不同专业、不同工种在同一种建筑体系内的架构和信息系统的集成，而 LIM 所涉及的内容，除了 BIM 中一般表现为单体建筑的细节之外，还更多地涉及景园环境所在的自然环境，以及由自然要素所构成的信息系统，所以 LIM 系统的构成比 BIM 更加复杂。在 LIM 系统构成中，有许多变量是从属于客观的自然规律，也有与 BIM 相似的可以人工干预和操作的部分，因此对于 LIM 系统的构建还有待时日。但随着数字景观研究的不断深入，构建 LIM 系统势在必行。

3.3.1.1　LIM 研究的价值

大卫·派（David Pye）在《设计的内涵》（*The Nature of Design*）一书中称："设计必须既是艺术又是解决问题的一种活动。"风景园林设计需在对地理、生态、气候、地形、水文、植物、场地、视景、交通、构筑物和居所等客观要素进行综合解析及解决问题的基础上，采用艺术形式，加入文化等人文价值，对其进行重构与表达。而传统的景观设计更多地关注构思、文化视角，而较少关注可量化的对象，从而难以形成具有说服力的整体。当前，风景园林设计过程中存在的问题具体如下：

（1）缺乏量化分析与评价体系。风景园林设计要走向科学化，分析与评价是必不可少的环节。然而，传统分析与评价方法多停留在定性阶段，以个人经验为主，人工解读分析成果，同时对于植物、水系、景观效果、舒适度等景观要素的影响也缺少综合评价体系。

（2）信息传递缺乏精准度。传统的设计过程即将三维场地转化为二维图纸，再将二维图纸语汇传递到三维建设，二维图纸与三维空间的差别，致使设计过程脱离场地，信息传递过程中的错误也无法避免。

（3）协同作业难度大。风景园林设计包含方案设计、初步设计、施工图设计等阶段，涉及建筑、风景园林、结构、水、电气、植被等多工种间的配合与协作。传统风景园林设计过程缺乏协作、共享平台，各专业分别输入各自的信息，由于信息多数呈现非结构化、自解释性，导致同一数据多次录入、重复工作等，协同效率低下，同时易造成错误和误差。

（4）成本核算费时且误差较大。现有工作方式对于造价的估算多建立在CAD统计面积和Excel计算的基础上，费时费工且存在较大的计算误差，最终导致计算成本与实际成本偏差较大，为投资方带来不便，并且材料等统计上的偏差也会为施工方后期的施工带来诸多不便。

（5）信息交流困难。对于设计师与业主等非专业人士沟通层面而言，目前三维可视多以表现构思与效果为主，而少有与成本、收益、场地环境变化模拟等联系起来，常造成业主对建成成果的预判不足。

（6）图纸修改困扰。图纸修改是设计过程中不可避免的环节，单因素的更改往往会造成多因素的变化，传统设计方法多采用不带数据库的绘图工具，更改过程琐碎、繁杂、耗时且易出错。

景观信息模型构建将在充分解析场地要素的基础上，基于系统论，使用相关参数化软件，在各设计阶段与成果之间建立参数关联，从而实现设计的全程可控与成果的同步输出。

景观信息模型构建围绕对景观环境系统的动态响应和量化反馈展开，对于提高风景园林设计的科学性与合理性具有重要的科学意义。景观是一个复杂系统，具有深层次的逻辑结构和空间秩序。发现、理解并利用这种动态的逻辑关系是科学设计的前提。比较而言，传统风景园林设计缺少对客观条件的控制，无法及时、有效地对环境动态系统做出反馈和应对，故而探讨全程可控的参数化风景园林设计方法势在必行。

依托参数化软件平台开发的交互式参数化设计方法促进了风景园林设计数字化的推广与数字化水平的提升。当前风景园林设计中数字化水平主要体现为可使设计行为更加便捷、高效，但难以有效、完整地表述日益复杂的三维空间，更无法整合设计全过程并动态地加以调控。基于现有计算机运算能力，依托参数化软件平台开发的交互式参数化设计方法，有助于数字分析和数字建构技术得以平滑衔接，极大程度上拓展了风景园林设计思维的广度，促进了风景园林设计数字化的推广与数字化水平的提升。

景观信息模型能有效提高风景园林设计的精准性及工作效率。作为技术的参数化设计，利用空间信息数量化、可视化、集成化、网络化的发展，通过软件平台建立参数关系，在方案、三维、工程图纸、工程量之间建立全程可控的数字模型。综合调控场地因子，在各设计环节间建立动态关联。参数化设计过程更直观，平面及三维等设计成果更丰富、精确，从而能有效提高风景园林设计的精准性及效率。

3.3.1.2 研究基础

（1）风景园林设计媒介的发展

如今，信息技术已成为新时代的生产工具，计算机技术的应用得到了普及，一定程度上改变了传统设计、生产、经营等的模式，尤其在制造行业中发展得较为成熟。20 世纪 90 年代以来，计算机开始进入风景园林设计领域，其作为一种工具、观念与媒介融入风景园林设计理论和实践中。在计算机辅助设计层面，现已开发了较多适用于风景园林设计的软件，包括图形化软件、图形编辑软件、三维建模软件以及动画模拟软件等。计算机技术对风景园林设计实践的革新主要包括以下几个方面：①发展了用三维建模代替二维图纸的设计方法；②通过对随时间变化的景观系统进行模拟，使第四个维度上的设计成为可能；③可为设计师提供更多丰富且真实、精确的信息；④能将多种价值融入设计过程中去；⑤将后现代的结构纳入设计进程中，从自然科学、社会科学、艺术和人文科学中汲取智能化的结构；⑥用多种视角对项目进行评估。风景园林设计媒介的发展为景观信息模型的构建奠定了技术基础。

（2）风景园林设计思想的发展

地理设计（Geodesign）是在环境问题日益紧迫的今天，国际上提出的一套有效的大地系统管理手段，它是一种将设计提案的形成和地理环境影响因素模拟紧密结合的设计和规划方法。Geodesign 理念由美国环境系统研究院（ESRI）创始人杰克·丹哲芒（Jack Dangermond）于 2009 年提出。其借鉴风景园林、环境科学、地理学、规划学、再生研究及综合研究等诸多领域的研究成果，用于在地区和全球尺度上通过地理位置和取向的优化来解决突出的环境问题。

在理想状况下，在设计的每一个阶段，从早期的实地考察或概念草图直到最后的细节设计，规划者或设计者都会得到有关设计效益的实时导引。地理环境信息的使用意味着设计可以根据本场地的具体情况进行评估，而且这种评估应该考虑到其他地区的影响。其重点在于支持“人为参与”的设计理念，对设计的多个层面不断提供反馈，在设计的过程中改善设计而不是对设计做事后评估。对设计场地的充分考虑是新兴的地理设计研究和发展的基础。地理设计期望实现的目标为：地理信息系统（GIS）在游刃有余地描述过去和现在状况的同时，扩展其功能，使其能够用于设计未来，即把设计因素引入地理信息系统框架，使其成为囊括一切的规划设计工具，让规划师、设计师用起来更加得心应手。已付诸实施的地理设计软件为ArcSketch。Geodesign的实现本质上依赖于信息的传导，以提高科学性及效率为目的，研究重点倾向于大尺度的规划与决策。一方面，Geodesign构架能为景观信息模型的构建提供指导；另一方面，将景观信息模型纳入Geodesign框架中，能弥补Geodesign小尺度设计建造方面的不足。

（3）BIM应用的认同

BIM，即建筑信息模型（Building Information Model）的简称，最早由美国佐治亚技术学院（Georgia Tech College）建筑与计算机专业查克·伊斯曼（Chuck Eastman）提出。根据美国国家标准技术研究院所做的定义，即以三维数字技术为基础，集成了建筑工程项目各种相关信息的工程数据模型，BIM是对工程项目设施实体与功能特性的数字化表达。一个完善的信息模型，能够连接建筑项目生命周期中不同阶段的数据、过程和资源，是对工程对象的完整描述，可被建设项目各参与方普遍使用。BIM具有单一工程数据源，可解决分布式、异构工程数据之间的一致性和全局共享问题，支持建设项目全生命周期中动态的工程信息创建、管理和共享。

从20世纪70年代BIM理念提出至今40多年间，建筑学、城市规划、计算机、工程管理等多个领域分别从其本学科角度研究互通平台的搭建，BIM从技术到管理都得到了一定程度的发展。风景园林作为建成环境的重要方面，与建筑、城市有着不可分割的联系，理应成为信息链中不可或缺的组成部分。2007年旧金山举行的美国景观设计师协会（ASLA）会议中，AECOM项目经理詹姆斯·赛普斯（James L. Sipes）提出“将BIM技术整合入风景园林”。将BIM的应用领域扩展到风景园林是一种发展途径，而当前BIM主要面向AEC（建筑、工程和施工行业）工业领域，缺乏场地设计环节内容，对于风景园林的适应性较差。景观信息模型的构建将以风景园林自身特征为基础，未来作为BIM的核心部分，纳入整个BIM流程中，可弥补BIM自身的不足，同时也为解决风景园林领域全生命周期管理问题提供契机与可能。

3.3.2 LIM 的特点

3.3.2.1 复杂巨系统

景观信息模型（Landscape Information Modeling，LIM）这一概念于 2009 年的国际数字景观大会（Digital Landscape Architecture Conference）中由哈佛大学埃尔文（Ervin）教授首次提出，此概念的提出也标志着数字景观技术综合应用研究开始走向数字景观的主流趋势，数字景观技术应用趋于综合，由最初的 GIS、建模等单纯的数字信息模型技术逐步转向明显带有“参与性”“基于知识架构的景观设计”“协作”“协调”特征的景观数字技术新方向。

景观信息系统是把多变量、多要素集成在景观信息平台上，以实现多要素、分层级的同步集成，因此 LIM 必须能够整合原始数据、分析过程、设计过程及设计成果的输出，这是建立 LIM 的基本诉求。景观信息系统是符合自然过程的生态要求、空间形态、美学要求、人的行为需求、工程等若干系统的多要素的交互、组合、耦合的复杂巨系统，景观的各系统和要素是彼此平行和叠加的交互式耦合关系，是多系统的交互、融合并形成新的“类有机体”的过程。LIM 要解决的是功能演化过程中的功能问题、自然规律问题和空间形态问题，因此 LIM 不是要简单地嫁接在工程平台或可视化平台上，而是包含了数据的采集、分析、研究、设计、呈现直至建造全过程的数字流过程。

3.3.2.2 景观信息模型与 BIM

BIM 从 20 世纪 90 年代开始真正运用于建筑、AEC 行业。BIM 是一个方便业主、设计师、工程师和承包商共同参与的更快捷、更高效地交付工程项目的平台，它是以工程建造项目的各项相关信息数据作为模型的基础，集成工程项目各种相关信息的工程数据建造模型，该模型容纳了建筑从设计到建造全生命周期的数据信息，是一套应用于设计、建造、管理的数字化方法，能够极大地优化设计、提高建造效率、降低投资风险和成本。至今，BIM 在效率的提高、协同性的增加、设计与施工精准度的提升、成本的控制以及生产力的加强等方面的优势已经凸显。近年来 BIM 的应用已发展到第七个维度，其中六维 BIM 即在三维建筑模型的基础上，加入三维的场地因子，可见对与建筑单体密切相关的场地已开始有所关注。但是由于技术、应用需求等限制，建筑领域在此方面的讨论仍较为贫乏。

BIM 作为一个系统的工程解决方案，包含了参数化思想、方法、操作和技术等所有环节，对其的界定极为广泛。有人认为参数化风景园林设计也要建立相应的风景园林数字信息模型。然而“Building”本身就不仅仅局限于“建筑”一词，而是指广泛的“建造物”，显然风景园林建造同样属于这一范畴，所以BIM和LIM本身的思想观念和操作内涵基本一致，只是因工程项目的尺度、场地环境、设计目标的不同，其工作流程有些许差异，但本质是一样的。因此，随着BIM技术的日益发展和完善，风景园林数字信息模型也同样是未来发展的一个重要方向，无论是成为BIM的一个方面还是另起新名叫LIM，其应用的广泛性和发展的前景不言而喻。

LIM和BIM在概念和内涵上具有相似性，但LIM关注的角度是风景园林学科面向多尺度适应性的景观，在设计建造管理过程中相关利益方（设计方、建造方、管理方、私权方、公权方等），以及面向全生命周期的信息输入、更新、提取与校核管理统筹于一个平台，其本质是基于BIM技术的景观数字技术的拓展，是一种实践技术与工具，是一个具有“可视化”“协调性”“模拟性”“动态记录”“优化性”“多角度参与性”等特征的景观设计建造管理信息平台。

1）BIM应用于风景园林

2007年旧金山举行的ASLA会议中，AECOM项目经理詹姆斯·赛普斯提出“将BIM技术整合入风景园林”，对BIM工具、标准等方面做了概述，分析了BIM运用于风景园林的可行性。之后，少数设计公司开始进行尝试，如OLIN公司从2011年探索BIM的使用途径，将其用于与其他学科的合作，运用BIM的可视性确保团队成员理解设计的复杂性，检查设计冲突等。2011年，英国内阁府颁发的《政府建设策略》（*Government Construction Strategy*）中称要在2016年前实现所有政府建设项目的三维BIM合作，其中包含风景园林建设项目。英国BIM产品研发公司NBS对其客户群的调查中，91%认为面向风景园林的BIM产品具有商业价值且必不可少。2013年4月，英国东北区BIM中心发起了“拜克社区中心（Byker Community Hub）BIM设计竞赛”，NBS作为参与者将风景园林师纳入团队，尝试了学科间的协作。

从上述现状可知，有必要将BIM运用于风景园林已经成为共识，风景园林作为建成环境的重要方面，是建筑、城市信息链中不可或缺的组成；就风景园林自身而言，与建筑类似，涉及规划、设计、施工和运营维护的全过程，即具备项目的全生命周期，在其生命周期内，包含信息的生产、处理、传递和应用，风景园林本身具有提升信息传递的有效性、高效性和准确性，加强信息之间的交互性、共享性和协作性等要求。将BIM的应用领域扩展到风景园林是一种发展趋势。然而，当前BIM独立运用于风景园林的商业获利远少于大型建筑，软件开发业对该领域重视程度较低，加之风景园林本专业对于BIM技术的需求仍较模糊，针对风景园林的BIM平台还未建立。因此，总体而言，风景园林BIM的使用在理论与技术层面均缺乏系统、深入的研究。当前风景园林领域应用BIM面临以下困境：

（1）缺乏针对风景园林专业的软件

BIM 软件还不成熟或者简单来说还未有适合于风景园林领域的针对性软件，这是风景园林采用 BIM 面临的首要障碍。目前，研发 BIM 的软件公司主要有 Autodesk、Bentley 以及 Graphisoft。这些公司开发的软件重点面向建筑及其建造，与风景园林的联系薄弱。近年来，Autodesk 和 Bentley 公司正试图将他们的产品扩展到大尺度的设计领域，包括城市设计、道路规划、铁路规划等，如 Bentley 公司的 GEOPAK 和 InRoads 软件。但是，至今仍然缺乏专门为风景园林规划设计定制的软件，现有针对风景园林的组件库偏少，因此还无法满足景观设计的需求。

（2）缺少针对风景园林的 BIM 技术操作流程

BIM 技术涉及三维信息模型的建立、数据输入、查询、传输、读取、保存、提取、集成、验证、共享和三维显示等核心内容，相关技术庞杂，只有通过合理的操作流程的制定，才能提升信息的组织效率和利用效率。当前，风景园林设计过程中各阶段及各工种运作相对独立。三维模型以可视化和展示为主，不包含整个项目生命周期的数据资料及工程对象的工程信息描述，模型中的对象未产生关联性连接；数据集成平台和工程数据库建立环节缺失等均不符合 BIM 的运行流程，从而阻碍了 BIM 在风景园林中的应用。

（3）缺乏行业标准和法规保障

BIM 的本质在于数据信息的传递与交换。一方面，风景园林工程参与方较多，涉及业主、设计方、承建方、建设单位、养护管理单位等，缺乏通用的、共识的标准，难以实现相互间的信息共享与协同，无法保障各方自身利益；另一方面，风景园林相关软件众多，但每个软件均只能涉及生命周期中某个阶段或某个领域的应用，因此各软件系统间需要建立信息共享和数据交换的标准，目前建设工程领域普遍接受和应用的 BIM 数据标准是由国际协同工作联盟制定的 IFC 标准，其运用的有效性以及是否存在更适合于风景园林的数据标准还有待探索。

景观信息模型可与建筑信息模型对应，是针对风景园林的信息模型，具有风景园林的特征与性质，因而可将景观信息模型纳入整个 BIM 系统中，这样一方面可弥补 BIM 在风景园林领域针对性不足的缺陷，另一方面可使景观信息模型有效地利用 BIM 系统的成熟技术，以高效的、互用的方式尽快推进风景园林领域的信息化进程。从远期预景来看，将 BIM 与 Geodesign 结合是发展趋势，BIM 利用 GIS 平台，不仅能实现从设计到建造的全生命周期的应用，还能实现区域性的规划，而对于 Geodesign 而言，也可利用 BIM 系统弥补其小尺度设计、建造的不足，因而最终景观信息模型将纳入 Geodesign 的大系统中发挥其效能。

2） 景观信息模型 LIM

以景观信息模型为基础的工作流程与二维的协同模式具有差异。景观信息模型以三维模型为设计起点，且以合作与协同为基础，以提高整体工作效率为目标，在管理层面应与传统流程有所差别。

（1）设计公司景观信息模型应用管理提升

景观信息模型与建筑信息模型具有相似性，其管理方式可借鉴 BIM。设计公司或国内的设计院若运用景观信息模型来实现高效性，在管理方式上应相对有所提升，具体如下：

①二维协同转向三维协同。景观信息模型以三维模型、计算机协同为基础，因此在管理上要发展数字信息管理，应从具体的技术应用转向流程再造，实现在景观信息模型这个同一平台上，让设计的相关方同时在一个系统构架上进行深化，交换信息与数据。其中使用整合的数据库替代绘图是景观信息模型应用的重要特征。在这种新的设计模式中，将设计最终归总为数字化数据库而不是单独的文件，文件按需要从数据库中产生，反映最实时的、对项目共享的理解。因此，数据库变成了体现设计内容的可靠的、周全的决策基础。

②建立族库。建立族库对景观信息模型管理而言具有重要作用。族即设计公司的核心资料，其中包含风景园林专业需要的族及一些公司的内部标准，如标准样式、表格样式等系统图，设计公司的数据规范、规范标准，公司的设计依据、设计标准等资料。所有的资料都是设计公司的核心知识产权，需要族库管理对资料进行管控。族库可置于服务器中，由“族库管理员”来管理。管理员按照本公司的标准修订族并录入至核心族库中，同时承担核心族库版本的更新和维护工作，保证从各个渠道得到的族，以符合公司需要的形式纳入公司的核心族库中。当前，很多软件厂商均在研发安全的族库管理软件，以保护族库内容的安全。

③协同信息的高效利用。信息化目标即一次输入、多次利用，利用次数越多，信息利用越高效，整体收益越大。如，风景名胜区需有符合其自身规划设计要求的规范，同时对应于水文、建筑，对于风景名胜区也有一整套数据，通过输入“风景名胜区”即能自动查找各专业对应的规范；模型中选中一片景墙，即能自动查找出此墙的相关信息，随后这片景墙的相关信息即可积累成庞大的知识库，包括设计公司的常用做法、标准，规范要求等；当选中任意一个构件时，都会弹出相应的知识库，供设计师查询做法。知识库积累后，能便于自动校审、即时变更、提高效率，从而提高整体质量。

④调整人员配置。景观信息模型的实现，是组织严密的团队协同的结果，

因此，在人员配置上需在原公司人员架构的基础上有所调整。景观信息模型建设所需人员包括：①项目经理，负责项目中景观信息模型的资源分配和权限分配；②景观信息模型管理员，负责对日常系统的维护与管理；③族库管理员，负责标准信息规则的制定与调试；④景观信息模型建构工程师，负责基础模型的搭建与设计；⑤景观信息模型分析师，负责相关专业的数据分析与设计；⑥绘图师，负责将景观信息模型的成果输出并修饰美化；⑦工程秘书，负责对景观信息模型日常操作、表单以及法律文件进行整理与监督；⑧传统设计师，负责把控工程的整体质量、基础设计创意；⑨其他辅助人员，以上未涉及的岗位，负责协助整个系统的有效运行。

（2）设计公司景观信息模型应用效率评定

景观信息模型的应用以提高效率及协同性为目标，应制定相应的标准用于公司自身的评定及公司间的比较，对于信息模型应用的调整与发展具有重要作用。本研究借鉴美国国家 BIM 标准提供的 BIM 能力成熟度模型，经调整形成景观信息模型评价机制。如表 3-4 所示，第一行是对景观信息模型方法和过程进行量化评价的 10 个要素，第一列把每个要素划分成 10 级不同的成熟度，其中 1 级表示最不成熟，10 级表示最成熟。最后采用百分制计分，确定 10 个要素的权重系数，计算最终得分。

本研究给出的仅为粗略的评价模型，对于要素种类、权重和数量的确定，成熟度各个级别的定义和总级别数量的确定等仍处于概念层面，还应根据景观信息模型的应用与发展不断地更新。

3.3.3 LIM 的系统架构

3.3.3.1 分析阶段景观信息模型建构框架

1）信息数据输入

场地信息一部分数据来源于地质调查机构提供的测绘图，另一部分更详细的数据来源于航拍或场地调查等其他方法。以下列举了一些场地调查与数据收集工具和技术：景观环境数据采集技术包括大型航模飞机、测高罗盘仪、海拔表、水利系统的水位尺、测深仪等；GIS 技术，用于处理大尺度空间数据集，着重于现状数据的管理，也可利用手持 GIS 设备辅助现场踏勘，采用 GIS 手持设备（如 GPS 手机、PDA）融合 GPS、RS 确定测绘位置、周边地理环境及地理数据；遥感数据收集工具激光扫描仪，用于场地模型的捕获及外部点云的创建；场地特征记录工具，如声音记录软件 SoundCloud、颜色判定工具 Color Set 等。

表3-4 景观信息模型运行评价机制

要素成熟度描述	数据丰富	变更管理	角色专业	业务流程	即时响应	提交方法	图形信息	空间能力	信息准确	交互性/IFC等
1	基本核心数据	没有变更管理能力	单一角色没有完全支持	和业务流程无关	大部分响应信息需要手工重新收集	只能单机访问景观信息模型	纯粹文字	无空间定位	没有准确度	没有互用
2	扩展数据集合	知道变更管理	只支持单一角色	极少流程收集信息	大部分响应信息需要手工重新收集,但知道位置	单机控制访问	二维图形,非智能	基本空间定位	初步的准确度	勉强互用
3	增强数据集合	知道变更管理和根本原因	部分支持两个角色	部分流程收集信息	数据请求不在景观信息模型中	网络口令控制	二维图形,三维,非智能	空间位置确定	有限准确度1级	有限互用
4	数据＋若干信息	知道变更管理和反馈机制	完全支持两个角色	大多数流程收集信息	有限的响应信息在景观信息模型中	网络数据存取控制	二维智能,设计图	空间位置确定,GIS与信息模型有部分信息交流	有限准确度2级	有限信息通过产品之间进行转换
5	数据＋扩展信息	实施变更管理	部分支持三个角色	极少流程收集和维护信息	大多数响应信息在景观信息模型中	有限的Web服务	二维智能,竣工图	GIS与信息模型信息分享,但没有集成和互用	有限准确度3级	大部分信息通过产品间转换
6	数据＋有限权威信息	初期变更管理过程实施	完全支持三个角色	极少流程收集和维护信息	所有响应信息在景观信息模型中	完全Web服务,部分信息安全保障	二维智能,实时	空间位置确定,GIS与信息模型完全信息分享	完全准确度	所有信息通过产品间转换
7	数据＋相当权威信息	变更管理过程到位	部分支持四个角色	部分流程收集和维护信息	所有响应信息可以及时从景观信息模型中获取	Web环境,人工信息安全保障	三维智能图	信息模型部分集成进GIS环境	有限的自动计算	有限信息使用IFC进行互用
8	完全权威信息	良好的变更管理得到实施	完全支持四个角色	所有流程收集和维护信息	有限的实时访问景观信息模型	Web环境,良好的信息安全保障	三维智能,实时	信息模型大部分集成进GIS环境	完全自动计算	更多信息使用IFC进行转换
9	有限知识管理	变更管理具有初期反馈循环支持	部分支持所有角色	部分流程实时收集和维护信息	完全实时访问景观信息模型	网络中心技术,人工管理	四维,加入时间	信息模型完全集成进GIS环境	自动计算,有限度量准则	大部分信息使用IFC进行转换
10	完全数据管理	完全的变更管理能力及反馈循环机制	完全支持所有角色	所有流程实时收集和维护信息	实时访问＋动态供应	网络中心技术,自动管理	N维,加入时间、成本等	和信息流一起完全集成进GIS环境	自动计算,完全度量准则	全部信息使用IFC进行转换

2）信息处理流程

景观信息模型的建构过程由设计流程决定。传统设计过程通常呈线性，即从场地信息判读（通常基于经验）开始，根据场地信息形成构思，建立模型，以二维图纸形式输出，然后进入施工阶段。在此过程中，对于设计质量的控制力较为薄弱，与设计质量密切相关的评价环节通常发生于设计前与设计后甚至是建成后，因此产生了以下弊端：

模拟与分析基础上的设计前评价，评价结果通常经人工识别，并以此为基础发展构思。由于缺乏相对准确的、可视的信息传递过程，设计前评价与设计成果间的承接关系潜在的蕴含于设计师思维的“黑箱”中，具有模糊性，缺乏科学与理性依据，从而降低了前期评价的效能。

传统设计过程中设计方法以自上而下为主，设计成果具有预设性及确定性。设计后评价时方案多已完成，由于缺少循环反馈机制，设计后评价仅能辅助设计成果的修补性完善，而无法决定设计成果的走向，降低了评价本身的价值。

由此可见，将设计师脑中的“黑箱”清晰可视化，将评价加入设计过程中，采用交互反馈的运行机制，实时监控设计人工环境对周边环境的影响，对于提升风景园林设计的场地适宜性，具有一定的价值。

景观信息模型构建将以三维模型为基础，利用本身具有的信息传导相对准确与可视的优势，充分发挥评价在设计中的效能，并运用计算机迭代运算的能力，发展迭代式优化设计方法，实现设计的科学性及高效性，具体如下。

根据设计不同阶段，信息可分为三种类型，即描述性（Description）信息、预测性（Prediction）信息以及指令性（Prescription）信息。描述性信息包括场地现状条件（如地形、坡度、土壤、植被、水文、景点、已有基础设施等）、设计师与大众对设计场地的主观印象、场地的限制条件、场地中现有要素间的关系等；预测性信息主要描述对场地未来发展的预期，包括目标、意图与评价结果，表述所期望的决策结果并且预估将会带来的正、负面的影响；指令性信息主要描述问题解决方法、场地处理方式和未来发展建议等。

根据传统设计流程，对上述单个信息的处理方式有两种：提出方案建议及评价。借鉴数学中的优化设计方法，设计流程可描述为（图 3-30）：根据对场地信息的描述、评价及设计目标的制定，提出方案构想，形成指令性信息（阶段性设计方案），通过对指令性信息进行评价得到评价结果，并制定设计优化目标，提出优化方案构想，再次形成指令性信息，如此循环往复，每一次迭代的输出结果将被视为下一次迭代的输入条件，最终找到具有最佳场地适宜性的、最接近设计目标与意图的设计方案。

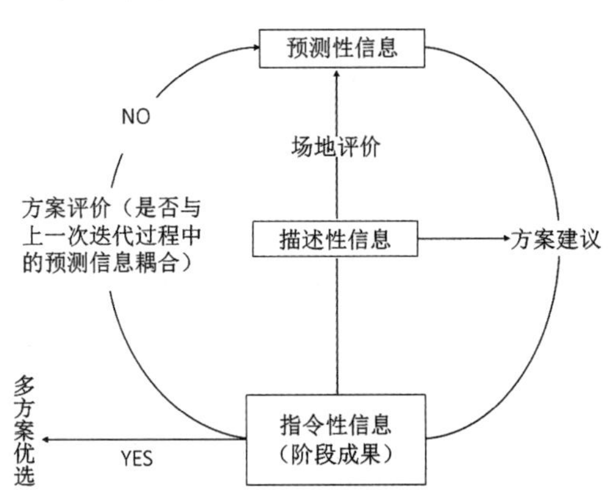

图3-30　迭代式优化设计方法

（1）描述性信息来源。场地信息一方面来源于国家地质勘查部门提供的地形图及相应资料，另一方面一些细节性的信息则依赖于细致的场地调查，并作为对现有地形资料的补充（表 3-5）。

表3-5　场地调查内容及方法

<table>
<tr><th>分类</th><th>因素</th><th>调查内容</th><th>调查方法</th></tr>
<tr><td rowspan="6">自然因素</td><td>水文</td><td>水深、水质、水底基质……</td><td rowspan="11">抽样调查法、问卷调查法、行动观察法等。如水文、土壤以及植被这类因素通常会采用抽样控制法，即将场地环境分为不同的样区，分别抽取其中各要素作为样本，并将其作为该样区的调查结果在地形图中加以反映；对于周边道路交通以及流线等因素可采取行动观察法，即在场地内和周边选择观察点，采取目测、摄影以及测量等方式进行记录，将周边人流和车流方向、场地现状使用情况在图面中进行绘制；而对于如人工构筑物、历史遗存等人工因素可采用问卷调查法，来确定人们对场地现有文脉的认同感与选择性，即对于坡度、坡向这类尺度较大的地貌因素可采用GPS加以辅助，以实现数据的精确性与全面性</td></tr>
<tr><td>土壤</td><td>土质、土壤类型……</td></tr>
<tr><td>植被</td><td>乔木、灌木、地被、水生植物……</td></tr>
<tr><td>动物</td><td>种类、数量、栖息地……</td></tr>
<tr><td>地貌</td><td>海拔、坡度、坡向……</td></tr>
<tr><td>气候</td><td>区域气候、场地小气候……</td></tr>
<tr><td rowspan="2">人工因素</td><td>人工构筑物</td><td>质量、高度、类型、分布情况……</td></tr>
<tr><td>历史遗存</td><td>文物保护等级、保存情况、分布……</td></tr>
<tr><td rowspan="2">周边环境</td><td>道路交通</td><td>车流方向、人流方向、车流量、道路宽度……</td></tr>
<tr><td>社会条件</td><td>用地类型、设施分布……</td></tr>
</table>

（2）场地评价。场地评价是为了科学地认知场地，从而在最大限度利用自然的基础上，因势利导，对生态环境、空间格局以及人文背景进行合理的重组与利用。场地评价包括生态环境评价、空间特征评价、人文景观评价及环境容量评价。

①生态环境评价：在对景观自然生态因子进行调查、记录的基础上，对各种资料、数据进行分析研究，或通过计算等方法，描述各种生态因子对景区生态环境发展的价值状况。通过对各种生态因子综合叠加分析，确定景观场地中的各种价值区域，为景观场地环境的维护管理、开发决策的制定和环境中被破坏生态区域的恢复提供依据。生态环境评价内容包括生态承载力分析、生态适宜性评价及生态敏感性评价。

②空间特征评价：在对场地中自然因素空间属性认知的基础上，综合考虑空间界面构成，并对大区域地形地貌进行研究，从而实现对场地整体的综合认知，全方位地评价场地空间的复杂性。空间特征评价内容包括景观空间特异性、景观空间界面的连续性及景观格局。

③人文景观评价：对景观环境的人文评价，即从可利用的角度出发，希望通过评价，把场所中环境积淀的人文因子加以解析，选择那些具有延续价值和具有地域性特征的场所精神加以传承、保留或重组到新的景观环境秩序中来，从而实现空间组合与历史印迹的有机延续。人文景观评价内容包括人文

景观的历史价值、人文景观的艺术价值、人文景观的地域性特征及人文景观再利用的可能性。

④环境容量评价：环境容量综合了生态、空间以及人为干扰等多方面的内容。任何人工设施的建设与开发都会对景观环境造成一定的影响，因此对空间的利用与优化都应控制在生态环境可承受范围之内。环境容量评价内容包括生态容量、空间容量及容人量等。

场地评价的核心，一方面，评判环境中那些具有典型性的部分，以及敏感不能扰动的区域，对其进行保护；另一方面，明确场地中适宜建设的部分，对环境进行修复、重组以及再利用，从而实现其在新的景观环境中的再生。通过场地评价，确定场地的不可变因子（常量）及可变因子（变量）。

（3）预测性信息的确定，即确定场地设计目标。风景园林设计要满足生态、功能、空间和文化的多重目标。在场地调查及评价的基础上，确定四大目标权重，将可变因子与不变因子以目标层为依据进行分类，最终实现在侧重满足某一设计目标的条件下，兼顾其他目标，甚至优化其他因素，使各设计要求之间形成动平衡状态，从而形成整合多目标的风景园林设计成果（图 3-31）。

（4）阶段性设计成果评价，即分析阶段性设计成果与预测信息的耦合度。可通过评价方案影响范围与强度和场地现状评价叠加等方法，确定设计成果的修改方向，或直接生成成果（图 3-32）。

3.3.3.2 设计阶段景观信息模型建构框架

设计阶段景观信息模型建构是整个信息模型的核心内容，较之于业主方、承建方和施工方而言，设计方将是未来景观信息模型应用的切入点与推动力。风景园林设计对象具有有机性、开放性、流动性及过程性特征。在进行风景园林设计时采用有生命的物质材料（植物），并借助场地自然元素（风、阳光等），因而带有生长及时间属性。风景园林设计过程除需处理空间、形态问题之外，还需充分考虑场地的生态环境，因而，在设计、技术方法层面均与其他学科存在差异，从而景观信息模型的建构过程也应有别于其他学科。

1）建构技术组成

理想的景观信息模型建构不可能由一个独立的软件来完成，而是要通过工具的交互性以及增加必要的模块和灵活性来实现。景观信息模型内部相互关联的技术组成大致需要以下几个部分：

（1）场地信息调查、数据收集及录入端。场地信息的一部分数据来源于地质调查机构提供的测绘图，另一部分更详细的数据来源于航拍或场地调查等其他方法，因此需要场地调查与数据收集工具和技术。另外，还应具备录入设计场地环境信息的技术和工具，如以“层”或数据库的形式录入场地相关

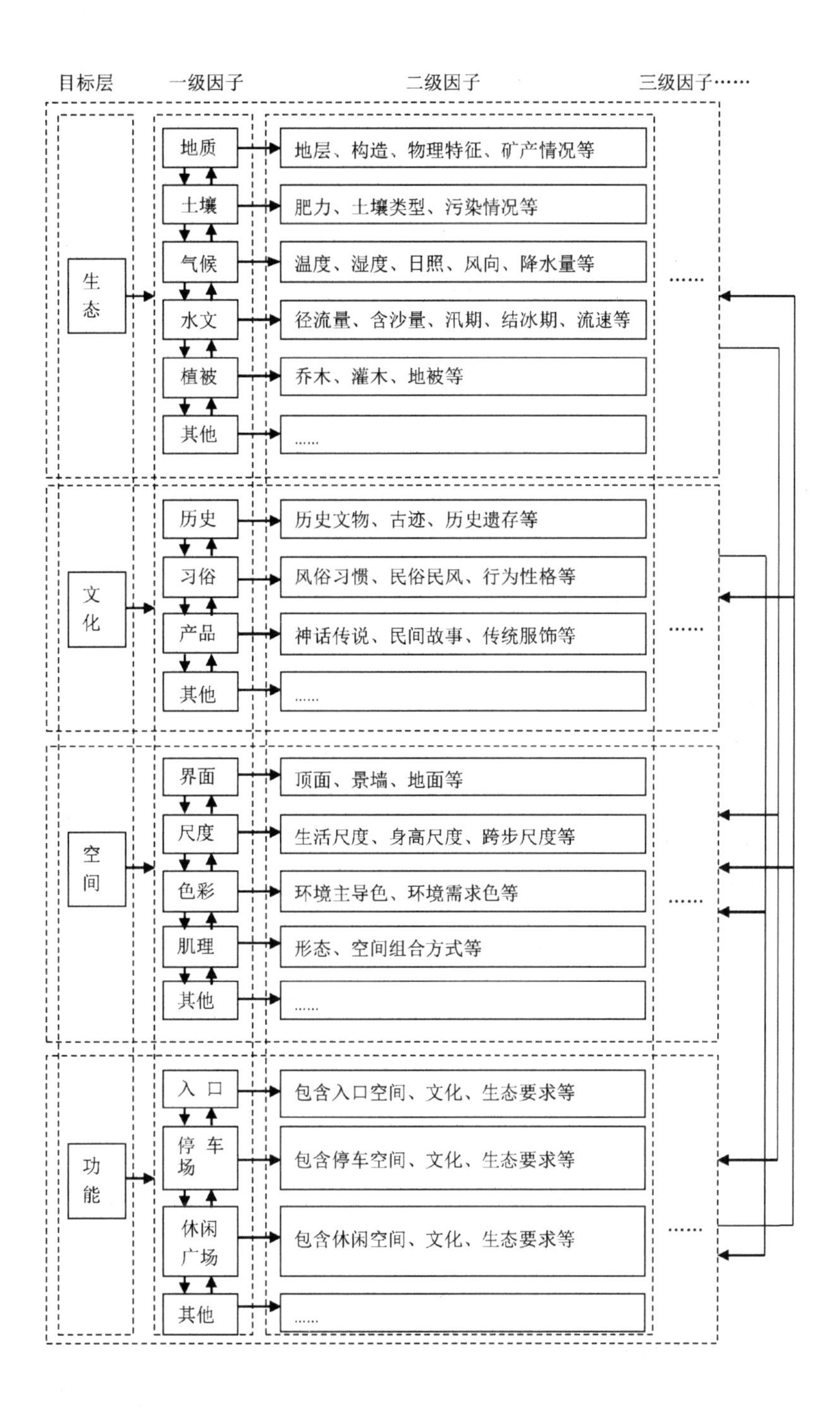

图3-31 预测性信息确定

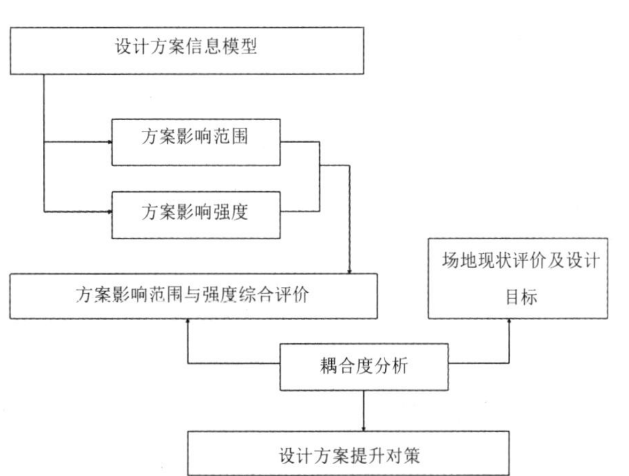

图3-32 阶段性成果评价

的基本信息等，录入端应是多媒体的、超链接的、多层次的、具有储存性能的。

（2）设计元素的组织记录。设计即对所有设计要素的组织，因此，景观信息模型应包含记录设计元素的属性、空间布局，以及元素间相互逻辑关系的工具和技术。记录方式如三维的能体现细部和尺度的施工文件、二维概念图解、动画（以动态的方式追踪设计的发展状态）等。

（3）以对象为导向的计算机程序范式。面向对象的程序或面向对象的数据库等，在实现高效性、易修改性等方面具有优势，要将景观元素处理为智能化对象，应具备两个方面的技术：

①对象是属性集，包含对象的高度、颜色、成本等性质描述和行为描述，还被嵌入方法，如计算成本或计算新的水面标高等，这使得对象能代表现实世界的物体，并在行为上与之类似。

②对象属性的描述以分类和层级方式组织，如第一层级是类别（比如树），第二层级为类别的具体实体，比如场地上设计的枫树，它既继承了第一层级类别中的所有属性（包括方法），同时包含除通用属性之外的细节（如枫树的年龄、位置、高度、养护记录等）。此外，层级中还应包含设计元素间的参数关系，以产生联动机制，参数关系包括要素间的位置、邻接物等线性关系以及其他复杂的动态关系（如以社区儿童的行为确定社区公园的尺度、水体的位置、植被的种植等）。

这种“对象”的组织方式使共享的属性和方法能在分类层面得到定义，“类别库”成为“共享数据库”，可不断重复使用，并可以此为基础，根据不同的需求进行下一层级的个体化的定制修改。风景园林师通过面向对象的元素库的操作而获得高效性。

（4）分析与模拟模块。风景园林评价以分析、模拟为基础，景观信息模型中的分析、模拟功能的实现方式大致分两种：

①在对象属性组织中加入专门的分析库。在上述对象属性组织中加入分析层级，使不同类别属性之间通过叠加等方法进行运算和统计（例如通过参数设置，将“合适的坡度”“坡向”和“无林地”三种属性叠加，分析适宜的建设用地），计算后产生的分析结果储存于分析库中，当前 GIS 即以这种模式实现评价。

②从景观信息模型外部完成。运用模型外部的分析、模拟工具，通过数据交换将从设计组织中提取的参数，运行于复杂模型，分析结果再输入到设计中，或显示在某个控制面板上。风景园林设计的模拟，目标是了解随时间或条件变化情况下设计的属性及行为，因此动态呈现、量化输出的方式较为有效。当前可行的方式是多代理技术，它能模拟某种行为（如人群流动、植被生长、水体流动等），在虚拟环境中表现出来，在此基础上记录和分析影响因素

间的交互关系。

（5）仪表板（Dashboards）。仪表板是现代信息系统中较为常用的工具，其可实现关键绩效指标的直观显示，它具有展示简明、运用便捷等特征，对人机交互的实现起到了一定作用。景观信息模型利用仪表板，可在模拟和分析模块的运行基础上，对设计进行监控，如警示土方未平衡、下游湖体富营养化严重等，数据实时处理，结果即时反馈，从而辅助设计决策的发展。因此，仪表板是景观信息模型的必要工具，可基于经验或公认的属性设置通用的质量指标，也可基于项目个体设置专门化的指标值。

（6）阶段性成果管理工具。设计发展过程中，将产生诸多变体及过程状态。景观信息模型需要对这些阶段性成果进行储存和管理，如通过输入命名等方式检索不同的阶段成果；将阶段性成果中的个体元素和布局通过模块的方式保存，以便能进行复制及重组；通过储存描述条件、目标及特殊要求等的元数据来存储阶段性数据，以便未来能被恢复或者了解当时的设计意图。

（7）时间管理工具。模拟、分析以及阶段性成果，所有信息都与时间相关，如即时识别某个时间点的特性（建造日程、未来发展等），了解环境中的动态过程（洪水涨退、植物生长等）。景观信息模型需要时间管理工具将时间截面上的特性与不同的元素、布局结合起来，以提供基于时间的分析、模拟及推测。

（8）算法界面。风景园林设计中路径的自动生成、某个设计过程的重复、最优化选择或是基于规则的配置、基于代理的建模等都需要依靠算法来实现，因而，程序语言是必要的工具和技术。其中至少需要三种程序编制能力：指定变量和程序、重复（Repetition）及条件分支语句。算法界面可以通过程序设计环境如 Java，.NET 等来实现，也可以通过定制的脚本工具来完成。

（9）合作工具（图 3-33）。景观信息模型的构建离不开多学科的合作，为了满足合作的需求，景观信息模型需要便于合作的工具和技术，如产生自动更新的共享文件、提供共享的决策技术（德尔菲法、问卷调查）等。在对任

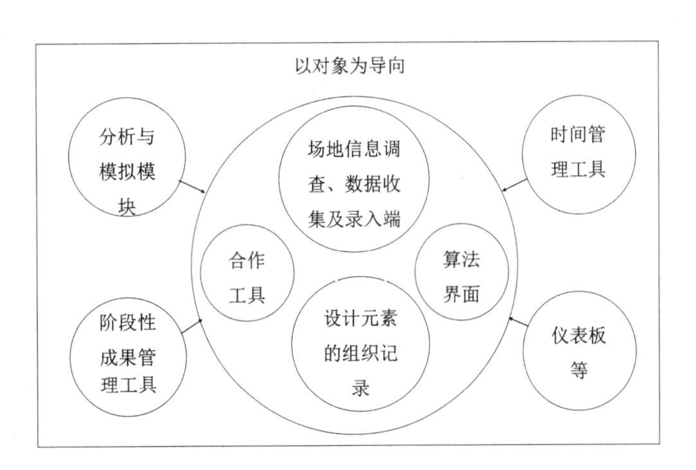

图3-33　合作工具

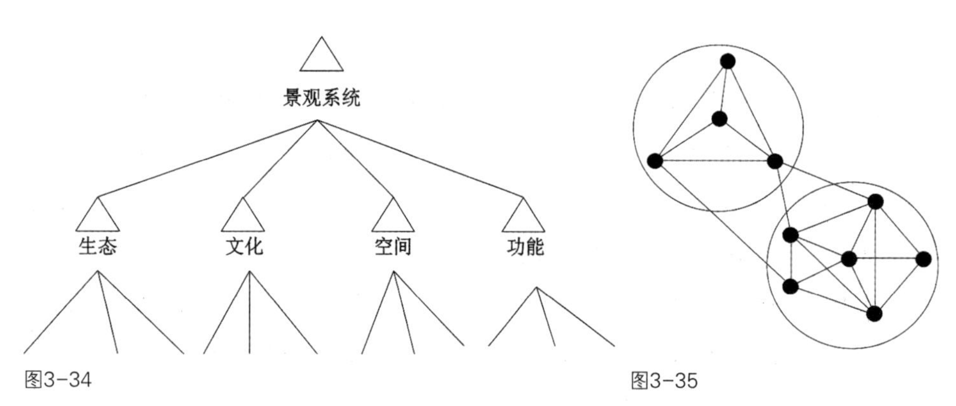

图3-34

图3-35

图3-34　因子层级关系

图3-35　子系统的独立性及相互关系

何项目的管理过程中，共享文件都应当是超链接的，并且存储于“库”中，以用于未来项目的参考。

2）信息传递方法

（1）设计因子间的约束关系

景观环境中各要素稳定的网络式联系，保证了系统的整体性，其属性是景观组成要素相互作用、相互影响而共同形成的。要素之间的联动作用具有层级性，层级关系可表达为图 3-34。景观系统可分为生态、文化、空间、功能四大子系统，每个子系统中又包含各层级因子。对于每个子系统而言，因子间会产生互动影响关系。如改变土壤类型，将影响其上种植的植被类型；地形坡度、坡向改变，集水区、汇水线等水文特征均会随之变化。子系统与子系统间也会产生紧密的联系，如场地生态特性及文化特性决定场地的空间及功能布局，场地的功能分配也将影响场地的生态环境、文化特征及空间属性。子系统间虽相互联系，但仍有足够的独立性（图 3-35）。可通过计算机在系统间建立联系，以实现对系统建构的控制。

（2）方案过程模型与评价模型间的联动机制

一方面，景观信息模型通过加入评价、分析与模拟模块，实现方案过程模型与评价的实时交互反馈；另一方面，采用 3D 打印等技术和物理模型进行模拟与实验，与传统设计方法结合，以弥补数字技术的不足。以苏黎世联邦工业大学（ETH）的实践为例，将参数化建造整合到设计过程中，利用计算机数控（CNC）技术（图 3-36），在设计过程中的各个关键节点制作模型。为弥补传统数控机床（CNC Milling Machines）操作需要大量经验与时间的局限，ETH 采用了一种可移动的微型切割机（Mini Mill），它既方便携带，又不需要太多的操作经验，因而能便捷地介入到设计中。

介入的三个阶段为：

①初始场地分析及初步设计形成阶段。利用激光扫描仪（Terrestrial Laser Scanner）获取场地现状数据，建立数字化模型，同时从 Google-Earth 中获取

图3-36

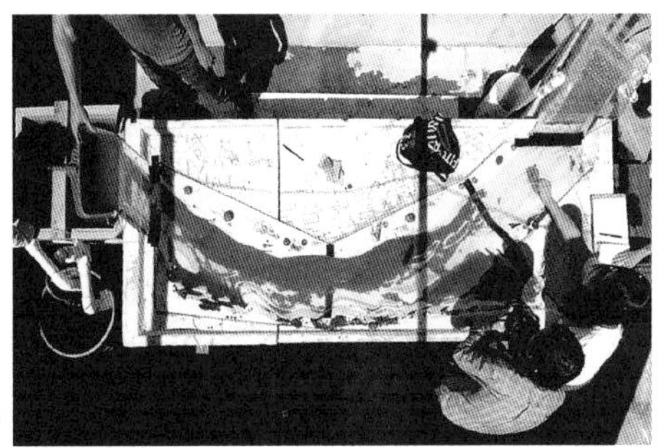
图3-37

图3-38

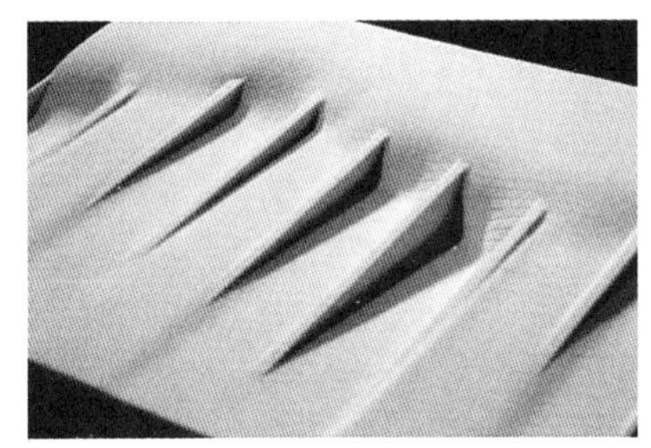

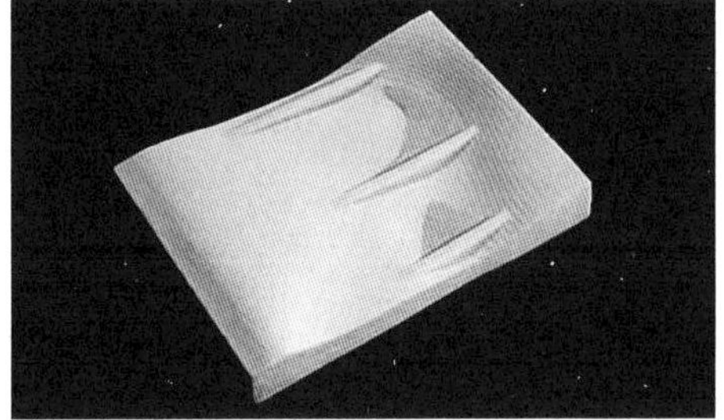

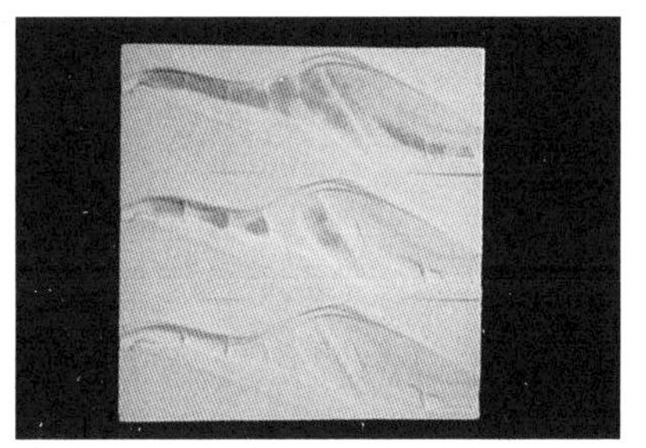
图3-39

图3-36 计算机数控切割

图3-37 场地水流与沉积实验（图片来源：蔡凌豪.基于增强实境的地形设计沙盘系统研究[J].西部人居环境学刊，2016（4）：26-33.）

图3-38 最初地形概念模型（图片来源：https://girot.arch.ethz.ch）

图3-39 数控切割模型表现设计的各个阶段及对各阶段成果的评估、控制

地形信息，转译为NC代码，建造实体模型。利用模型对场地条件如水体流动、泥沙沉积等进行模拟与分析（图3-37），生成等高线和多个场地现状剖面。在对现状分析的基础上，用沙制作初步设计模型，使用激光扫描仪扫描后，获得数字模型，并制作数控切割的实体模型。在这个阶段，数控模型起到了直观了解场地相对尺度、地形、空间状况的作用，成为设计的依据和起点。

②设计过程的控制阶段。在该阶段建立一系列试验性的数字模型，结合分析性的图表、平面、剖面等对设计进行推敲，在关键点利用数控加工模型对环境进行模拟实验（图3-38）。此阶段，数字模型与手绘图的灵活性有利于对概念的思考与深入研究；数控模型则通过准确的数据传递，相对精准地表达场地现状及概念的拓扑关系。两者交互使用，使设计迭代发展，这种工作模式既满足了设计所需的科学性，同时也保留了形式生成的自由度。

③最终成果阶段。利用数字模型和数控模型对设计进行精确的、诗性的表达，通过材料、颜色等，表现空间关系、边界条件、道路系统等（图3-39）。

3）信息决策过程

风景园林设计应同时满足功能、空间、生态、文化的多目标需求，备选方案的决策问题可借鉴数学中的优选法实现。数学中的优选法是研究如何利用较少的试验次数，以较少时间寻找到最优方案的科学方法。多目标最优化问题，即在给定条件下要求尽可能实现多个目标。目前，数学领域对多目标优化问题的解决途径有评价函数法、交互规划法及混合优选法等。以多目标混合最优化模型（VHP）的选择法为例，它将有限个方案进行比较，淘汰不满意的方案，

选择满意方案。

$$V-\begin{cases}\min f'(x) \\ \max\limits_{x\in X} f''(x)\end{cases}$$

式中：$X\subseteq \mathrm{R}^n$，$f'(x)=(f_1(x),\cdots,f_r(x))^{\mathrm{T}}$，$f''(x)=(f_{r+1}(x),\cdots,f_m(x))^{\mathrm{T}}$

这种方法需先构造各目标的评价标准。如假设设定某个风景园林项目需要满足生态效能最大化、较好的空间使用、最大化满足老人需求、最小化成本等 m 个目标（追求极大值目标的，为目标 $1\sim r$，追求极小值目标的，为 $r+1\sim m$），假设有 s 个供选方案：

$$方案1—x^1，\cdots，方案s—x^s$$

首先将 s 个方案针对每个目标计算其目标值，如方案 1，生态效能值为 8，空间使用为 3，满足老人需求为 6，成本花费为 1 000 万元；方案 2，生态效能值为 6，空间使用为 5，成本花费为 800 万元；……方案 s……从评分中找出各个目标的最小值和最大值。

$$\begin{cases}f_i^*=\min\limits_{1\leqslant j\leqslant s} f_i(x^j), \\ \qquad\qquad\qquad\qquad i=1,2,\cdots,m \\ f_i^k=\max\limits_{1\leqslant j\leqslant s} f_i(x^j),\end{cases}$$

利用这些最大值和最小值信息，将最大值对应于 100（分），最小值对应于 1（分），做如下的线性插值评分函数，确定中间数值评分，目标追求极大值的，运用 $i=1,2,\cdots,r$ 公式计算，目标追求极小值的，运用 $i=r+1,r+2,\cdots,m$ 公式计算：

$$E_i(f_i)=\begin{cases}100-99[f_i-f_i^*]\ /\ f_i^k-f_i^*,\ i=1,2,\cdots,r \\ 1+99[f_i-f_i^*]\ /\ f_i^k-f_i^*,\ i=r+1,r+2,\cdots,m\end{cases}$$

赋予各目标以权重 $w_1,\cdots,w_m$，则得到每个方案对 m 个目标的总的评分函数或选择函数：

$$E(f)=\sum_{i=1}^{m} w_i E_i[f_i]$$

通过选择函数，最优选择问题即求解问题：

$$\max E[f(x_j)]=\sum_{i=1}^{m}\max w_i E_i[f_i(x^j)]$$

多目标优选法可利用计算机编程得以实现，将相应算法置入信息模型系统中，则能高效地实现多方案的优选。

3.3.3.3 建造阶段景观信息模型建构框架——信息数据输出

信息数据输出包括图纸输出，如平面图、立面图、剖面图、效果图等，可借助于上述核心建模软件予以实现；模型输出，如CNC加工（将场地数据转译为NC代码，利用计算机数控（CNC）技术建造实体模型，利用模型对场地条件如水体流动、泥沙沉积等进行模拟与分析）、雕刻机制作及三维打印等；场地输出，即将数据模型转化为场地施工的过程，如将数据输入至三维全球卫星导航系统，挖掘机和推土机等装备的运行均基于全球卫星导航系统（GNSS）的三维机械控制，从而实现从设计到施工的无缝衔接。

3.3.4 LIM的实现平台

当下LIM包括了基于不同平台的多种方案，如Autodesk公司的Revit，Vectorworks公司的Landmark，以及ESRI公司的ArcGIS、CityEngine。利用数字化设备，以相关软件（如GIS、RS、Civil 3D、遥测、网络、多媒体和虚拟仿真等高技术手段）为基础，在风景园林设计的事前、事中以及事后，建立全程可控、交互反馈的设计过程，使目前基本凭感觉的景观设计回归理性。开拓景观技术和方法论层面的探索，以解决景观大多停留在文化和艺术层面的局限性。

本书探索参数化风景园林设计方法体系，为风景园林设计在生态、空间、文化和功能等方面的多目标满足提供科学化的依据。参数化风景园林设计通用平台的建立对场地环境因素进行动态模拟与三维可视化，探索计算机图形技术再现景观的可能性与可操作性。风景园林涵盖的因素非常广泛，除了地形之外，还包括场地的选址、布局，项目的可行性研究，生态群落（植被、动物栖息地）、景观水文系统、风景道路、建筑等景观设施的体量研究，土地利用模式，风景价值研究等。例如建立数字地形模型，依托ArcGIS、Civil 3D等相关技术对场地演变状态进行动态模拟，形成直观的三维模型，分析场地形态的稳定性及雨水冲刷、水土流失、山体滑坡等因素带来的场地的改变，实现对自然过程的三维直观模拟。

未来，在风景园林植物层面，借助参数化设计平台，动态模拟植物生长多年后的生长状况，研究其自然进程的演替规律；在景观水文层面，对场地降雨量、地表径流以及排水设施进行模拟，变更相关参数，研究场地水文系统的实时变化历程，探索其场地各生态要素的演变规律；在土壤因素层面，研究土壤侵蚀与沉积效应等。参数化风景园林设计通用平台就是要将景观的改变对未来的影响计算出来，结合人们对生态、艺术、功能等多层面、多目标的综合需求，探索人们介入风景园林的最佳途径。

景观信息模型建模核心软件应具备以下特征：①具备数据集成和参数化特征；②具备多数据格式信息无损失或低损失交换能力；③具备能够进行多种类运算的数据库；④具备模型图元（信息模型）、视图图元（输出端，如平面、立面等）、注释图元（尺寸标注、属性表格等）的关联变更能力。目前已具备的数据建模软件平台主要包括以下几种。

3.3.4.1　GIS 平台和 CAD 平台

基于 CAD 平台，Auto CAD Civil 3D 具有三维数字地形建模功能，主要解决风景园林设计中的地形问题。具体功能如下：可直接输入原始测量数据、计算最小二乘法平差，依据点与特征线等测量资料自动建立地形，并能以互动的方式建立与编辑测量地形的高程点，其包含多种地理空间分析和地图制作功能，并能够分析要素间的空间关系；依据输入的地形分析坡度、坡向、地表径流及流域等，提供相应的报告，辅助方案的优选；运用地形复合体积法或平均面积法，计算现状场地与规划场地间的土方差值，产生土方调配图，分析挖填方是否平衡，需移动的材料量、移动的方向，并且识别借土区及弃土区等；以智能方式连接设计与图纸，生成施工图，在变更模型时能保持图纸的同步修改；制作相应的统计报告，并可随时更新；利用 Autodesk Vault 技术进行设计阶段性变更管理，进行版本控制，对使用者权限进行控制；与其他软件如 Autodesk Revit Architecture 等结合，可使用建筑师等他学科人员提供的资料，实现团队合作。

景观信息模型构建应以现有的 GIS、CAD 两大平台为基础。GIS 主要用于支持空间数据的采集、管理、处理、分析、建模和显示，以解决复杂的规划和管理问题。CAD 则是利用计算机及其图形设备辅助设计工作的完成。CAD 及 GIS 两者具有相似之处，如均有坐标体系，均能描述和处理图形数据及其空间关系等，但又存在区别，具体如下：

（1）CAD 的制图功能强于 GIS。CAD 的图形编辑功能更强，且较为灵活，可较好地响应设计师的设计灵感。GIS 的制图功能偏弱，提供的制图工具比 CAD 少，灵活性较差，但目前已有较大提高，如 ArcGIS10.0 的制图功能已接近 AutoCAD。

（2）GIS 制图的规范性更强。GIS 的数据管理十分严格，制图时必须遵守事先建构好的数据模型，因而数据的冗余小、数据质量高。而 CAD 对数据质量未有过多限制，其关注的不完全是数据。

（3）GIS 具有较强的空间分析功能，而 CAD 基本没有此功能。

（4）GIS 可良好地管理非空间数据，而 CAD 在此方面的功能较弱。

（5）GIS 可制作丰富的专题图纸。GIS 的数据内容和数据表达方式是分离的，对于同一份数据可针对不同的目的制作不同的专题图纸（如道路网现状图、道路等级图、交通流量图等）。而CAD的数据内容与表达方式绑定，一份数据对应一份图纸。

结合CAD的编辑及制图能力以及GIS的分析、数据收集和管理优势，可实现景观信息模型的建构。现有的CAD及GIS软件主要功能如图3-40、图3-41所示。

3.3.4.2 Vectorworks平台

Nemetschek Vectorworks公司开发的Vectorworks产品系列中的LANDMARK风景园林模块，能基本实现从场地条件输入到规划设计再到产生施工图纸，包括生成工程量报告、工程进度表等全过程。具有以下功能：利用调查数据或三维等高线产生三维地形，可将设计的二维及三维对象置于其上，也可利用三维地形模型进行挖填方计算等。可用于创建景观元素，如道路、墙体、台阶、道路、停车区域等。具有辅助种植设计的工具，其中包括Landmark植物数据库，还可利用FileMaker应用程序自定义满足设计师需要的植物数据、图像以及模型。植物可以通过输入参数或从植物数据库中加载及编辑植物数据来定义。植物数据库中包括植物名称、植物学上的信息、照片、平面、高度以及三维模型，用户还可在此基础上加入自定义信息，如成本等。可自动创建现有的树种表、灌溉计划，计算项目成本及材料需求等。可管理基本的地理信息数据，包含简单的GIS分析工具，如坡度、坡向、可见区域分析等。具有较为广泛的输入输出格式，如IFC、DWG、kml、Shapefile等格式，易于与他学科合作。实现二维与三维的实时切换，具有三维的可视及渲染能力。

3.3.4.3 LandCAAD平台

LandCAAD平台是美国Eagle Point软件公司开发的计算机辅助风景园林设计软件包。该软件包由数据采集、数据传送、结点定位、测量修正、表面建模、场地规划、场地设计、基础平面、景观设计、喷灌设计、详图绘制、数量提取、植物数据库、视觉模拟等模块组成，各模块相对独立又相辅相成，为不同需求的设计人员提供完整的解决方案。基础平面：包括定位放线、基础标注、对象标注、文字注释、图形编辑、图层管理、图块替换及视图建立等；场地布置：包含场地规划模块（Site Planning）和景观设计模块（Landscape Design）两个模块，前者主要用于设计建筑、道路、停车场、坡度、台阶等，利用LandCAAD自带的符号库在设计图中插入各种娱乐设施、交通设施、运动设施及环境小品等，后者则用于在规划地形上进行植物景观设计；表面建模模块（Surface Modeling）：利用测绘数据生成地面模型；场地设计分析：包括场地分析模块（Site Analysis）和场地设计模块（Site Design），对现状三维地

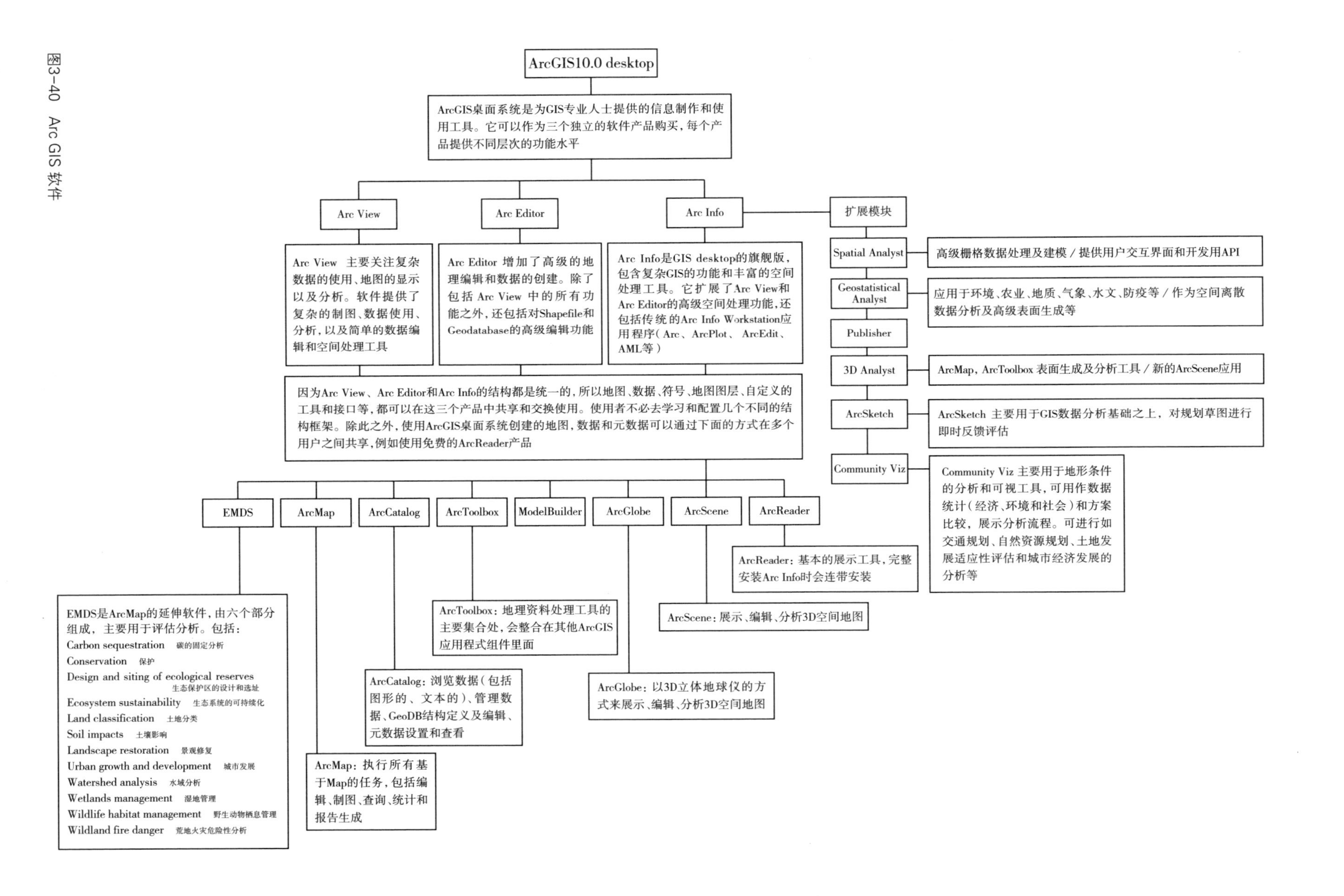

图3-40 Arc GIS 软件

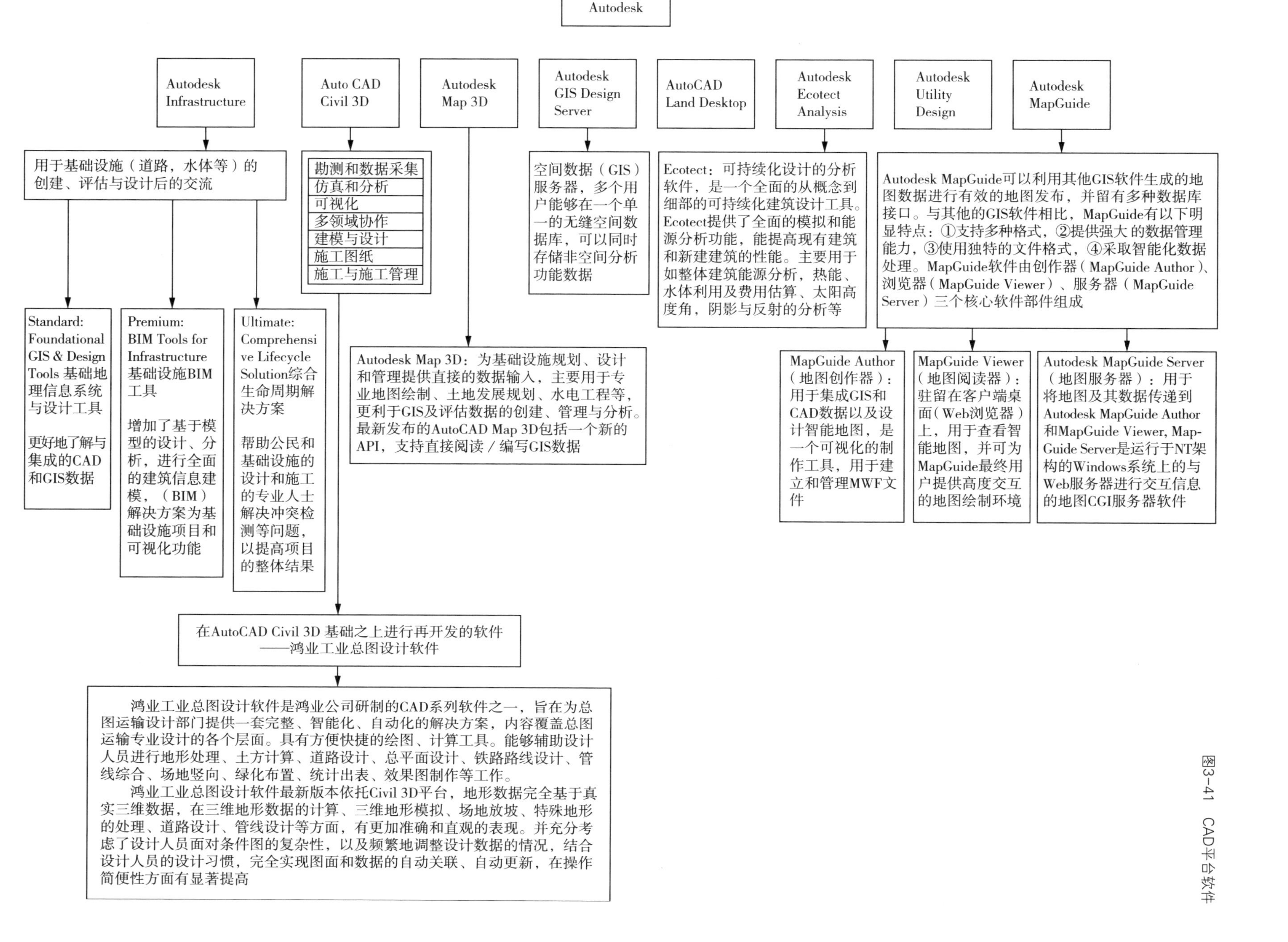

图3-41　CAD平台软件

形进行设计，并对其中的土方量、土方平衡、坡度等各种参数进行分析；数据库管理：包括符号库、设备数据库、植物数据库等，数据库具有开放特性，可通过添加、删除或修改等方式进行维护。

3.3.5 LIM 的提升

现有工具与景观信息模型技术需求相比较，还具有一定的差距，因而，要实现景观信息模型的建构，对工具具有以下的提升需求。

3.3.5.1 基于对象数据库的增强

当前为风景园林领域定制的数据内容仍显不足，如植物数据库，目前收录的多为北美地区的植物种类，因此无法满足其他地区的需求。用户或软件供应商可通过多种途径充实数据库内容，如基于 CAD、GIS 平台的软件大多包含定制与创建新内容的功能，设计师可自行创建所需内容，之后再上传及共享，为所有用户所使用；数据库内容还可来源于第三方内容供应商以及一些信息聚合模块，如 Turbo-squid、CAD Details、Revit City、Objects Online 等，这些公司通过与风景园林行业协会以及产品制造商共同工作，或直接与设计师交流，来创建符合行业需求的数据库内容，并提高内容的使用效能。从供应商的网站上，风景园林师可购买或免费下载如种植槽、护柱、栏杆、围栏、灯具、室外家具、自行车架等内容。另外，数据库内容也可由国家或者地方协会开发，服务于该国家或地区的设计师。

3.3.5.2 标准化问题

标准化是一项技术在行业中得到广泛应用，并推动行业发展的基本前提。一方面是模型的标准化，涉及风景园林建构筑物中构件的标准化、材料的标准化以及设计标准等问题；另一方面是信息模型数据的标准化，涉及数据结构和数据的管理、输入、输出等技术问题。目前风景园林软件只能解决一个阶段或某个专业领域的应用问题，因此，涉及信息的交换与共享时，不同系统间需要联系的接口，因而，只有制定相应的标准，探寻相互认可的中间转换格式，数据才能在不同系统间流转起来，才能使景观信息模型成为通用的、广泛的技术。

3.3.5.3 模拟、分析工具的加强

目前，风景园林模拟、分析工具多为软件的自带功能之一，但难以满足项目整体的模拟需求，如 GIS 具有强大的空间数据分析能力，但三维动态模拟能力薄弱，CAD Civil 3D 仅限于地形、水文方面的分析、模拟等。因此，还需在信息模型之外加入外置的模拟模块或模拟软件，将数据反馈至模型中，实现交互性。当前独立的模拟软件 Ecotect、Fluent 等多偏重于建筑空间的模拟，

应加强在风景园林中使用方面的研究。同时,面对景观系统的开放性及流动性,采用基于多代理的动态模拟模块较为有效。可使用 Netlogo 作为建模和仿真平台,它的优势在于:对于风景园林师这样的大多无编程基础的人员而言,提供的开发语言与其他开发工具相比,较易于掌握;它是一个开放、共享、容易学习与操作的系统;目前软件内已有具有相当规模且比较成熟的模型库,其中可以使用的实例涉及艺术、生物学、物理学、计算机科学、地质科学、社会科学等,设计师可便捷地调用这些模型,可进行相应的参数设置和模拟。还可借助其他领域的分析软件,如行为心理数据采集工具,眼动仪、INRS 行为分析系统等,实现景观环境的评价。

第4章　数字景观的方法

当下数字技术在风景园林行业中已经有了广泛运用，相关方法也在不断地被探索与研究。数字技术和方法与风景园林规划设计过程相契合，涵盖了景园环境数据的采集、景园环境数据的分析、景园设计方案的模拟、景园数字化建造及景观绩效评价五个方面。景园环境数据的采集包括生态数据的采集、形态数据的采集、行为数据的采集等；景观环境数据的分析涉及竖向、水文、植被、微气候以及行为方面的数据分析；景观设计方案的模拟主要是方案过程推敲、景观环境行为以及景观场景等模拟方面；景园数字化建造在3D打印、数控加工和数控建造方面已经有了一定的实践应用；景观绩效评价涉及生态环境效益、社会效益和经济效益等方面。

4.1　景观环境数据的采集

4.1.1　景园生态数据的采集

生态数据的采集内容主要包括场所环境中影响生态环境的生态因子数据，由气候类、水文类、土壤类和生物类四类因子构成，包含空气质量、水质、土壤含水量、湿度、温度、光照和生物因子等。早期生态数据的采集多采用田野调查法，由人工实地测量或实地采样获取相关数据，需耗费大量的人力和时间。随着科学技术的发展，计算机辅助的自动监测、遥感监测等技术方法很大程度上促进了生态环境监测发展的进程，提高了数据获取的精度和效率，常用的设备包括温度湿度传感器、水质传感器、生物传感器、红外传感器、多光谱传感器等。自动监测等新技术、新方法的应用，实现了生态环境数据的高效采集和实时分析，对风景园林规划设计的前期分析与后期反馈具有重要意义。

4.1.1.1　基于自动监测系统的生态数据采集

自动监测系统指利用各种检测仪表、传感器等可接触式的自动监测设备对生态环境要素进行实时测量、记录的复合系统，代替了以往人工检测和样方调查方法，已逐步成为环境监测、灾害预警、绩效评价等领域重要的监测方法。自动监测系统的优势在于可实时测量、记录并反馈给工作人员用以观测和分析环境要素的变化情况，同时系统可根据参数的变化情况做出相应的控制决策，

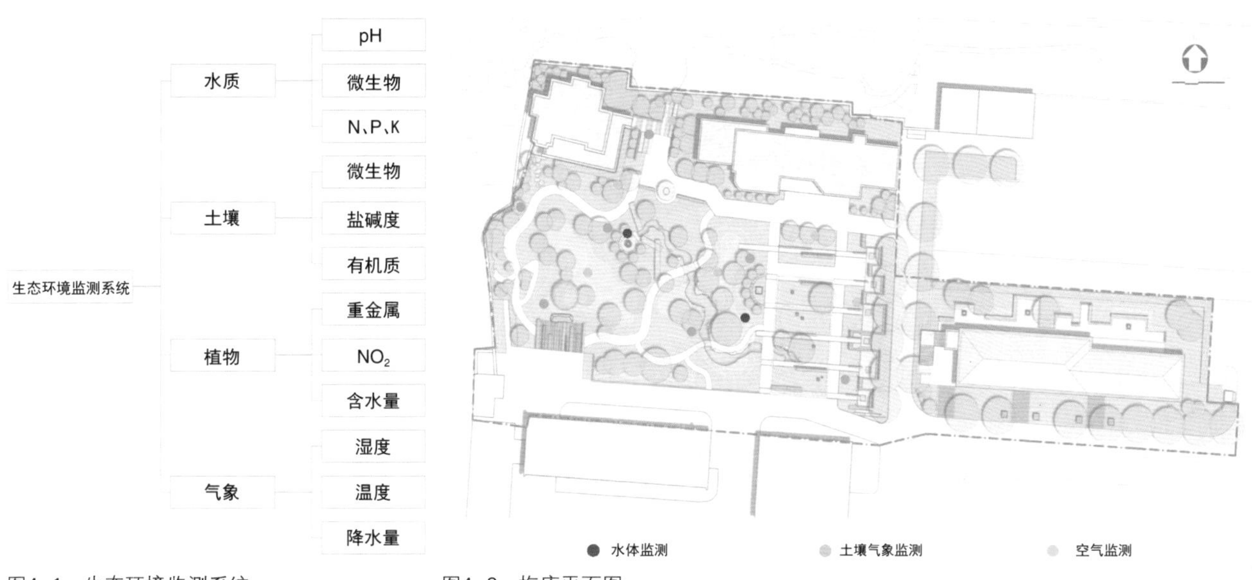

图4-1　生态环境监测系统

图4-2　梅庵平面图

实现自动控制。景观环境中各种影响生态环境的因子如降水、土壤条件、植被生长状况、人的活动、噪声等，通过自动监测获取各环境因子的实时数据，观测并分析各环境因子的变化情况和关系，从而判读景观环境的生态质量和变化，对景观规划与设计反馈有着重要的意义。

景园环境常关注的生态因子主要包括空气质量、水量和水质、土壤含水量、风向和风速、湿度等。常用的环境监测设备涵盖对气象、水质、土壤、植物等各方面生态效能的监测（图 4-1）。例如，PM2.5 传感器，其原理是微粒和分子在光的照射下会产生散射现象，通过测得电信号就可以求得相对衰减率，进而就可以测定待测场里灰尘的浓度；水环境质量监测系统，由多个参数集成，可同时监测温度、电导率、TDS（溶解性总固体）、盐度、溶解氧、浊度、pH、水深等，还可以增加如叶绿素 a、水中油、荧光增白剂等参数；空气温湿度传感器与风环境传感器相结合，监测空气温度、湿度和风向、风速，可以指导景园环境的设计，营造舒适的人居微气候。监测设备及平台的发展和普及有助于实时记录和分析环境监测数据，对景园环境的设计和反馈有着重要的实际意义。

东南大学校园内的梅庵地块，是东南大学正在建设的数字花园，梅庵花园不仅是东南大学百年老校的文化窗口，亦是数字技术展示的重要窗口和景观数字实验室的室外区域。如图 4-2 所示，花园内设置了多种环境质量监测设备，包括 PM2.5 传感器、光辐射仪、空气湿度测量仪和地表水监测仪等，可对该花园的水体、土壤和空气质量进行实时定量监测。

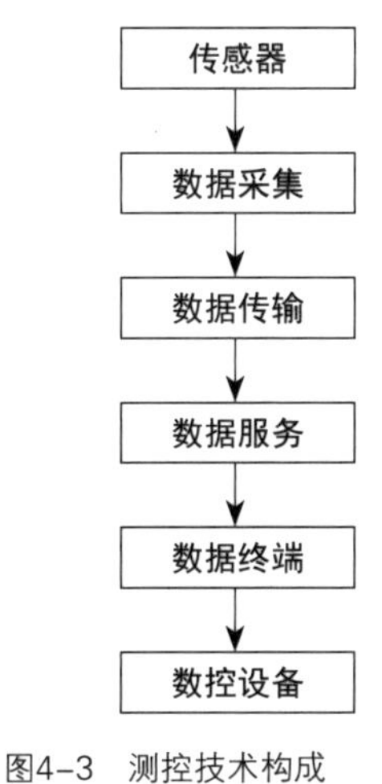

图4-3　测控技术构成

对生态绩效的监测数据采集由数据采集存储、数据远程传输及绩效监测平台终端三部分组成（图 4-3）。基于物联网及传感器技术，绩效监测系统可

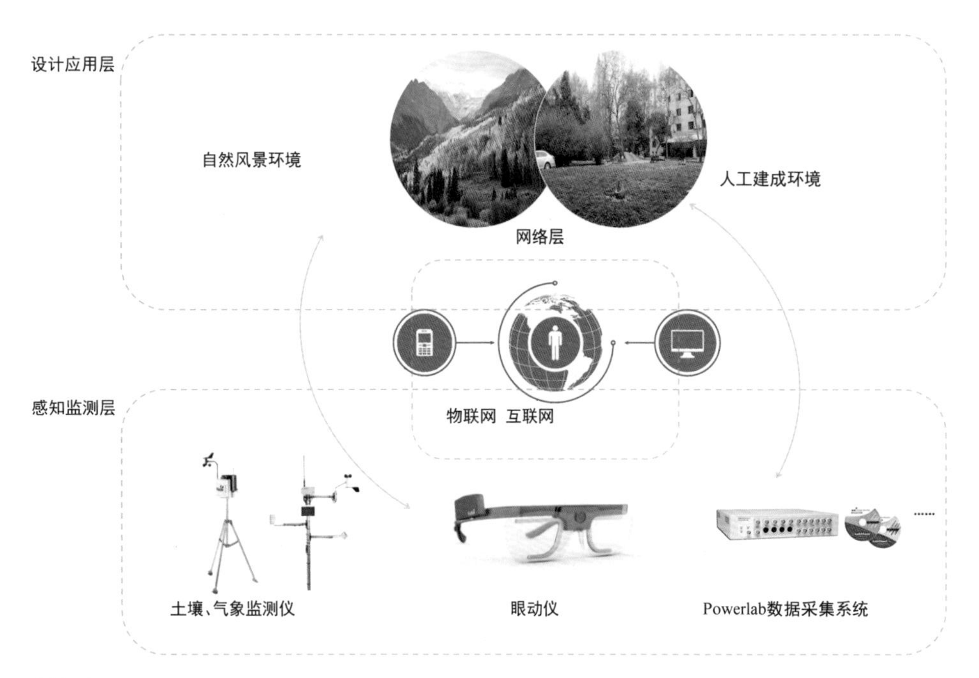

图4-4 监测系统结构图

图4-5 土壤及水文监测数据

图4-4

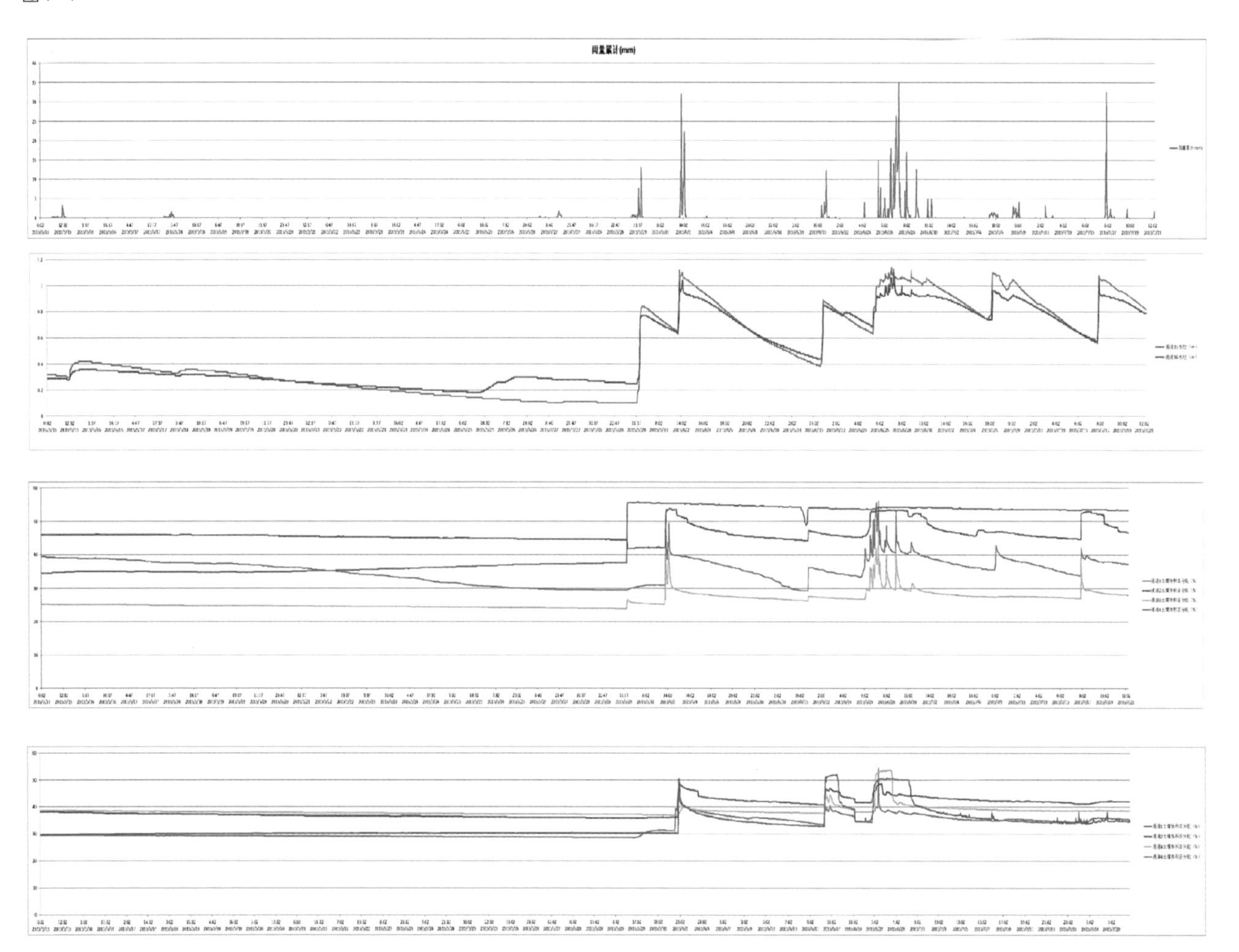

图4-5

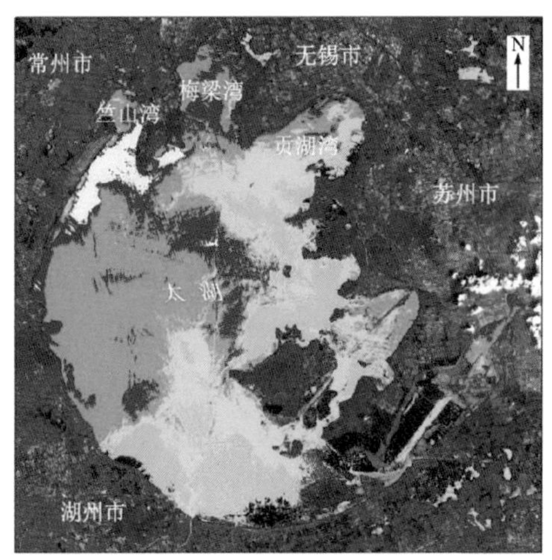

(a) GF－1 WFV2

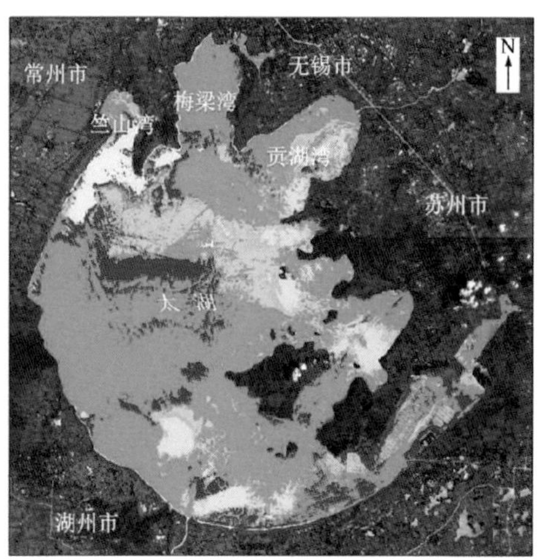

(b) HJ－1A CCD1

图4-6 利用遥感技术检测太湖水体富营养化
(图片来源：朱利，李云梅，赵少华，郭宇龙.基于GF-1号卫星WFV数据的太湖水质遥感监测[J].国土资源遥感，2015，27(1)：113-120.)

实现对生态路海绵绩效24小时实时监测，设计及管理人员可通过电脑、手机APP客户端实时掌握区域降雨量、雨水收集量、中侧分带土壤含水量等雨水管理绩效数据（图4-4、4-5）。

4.1.1.2 基于遥感监测系统的生态数据采集

遥感监测是利用遥感技术进行生态环境监测的技术方法，通过卫星、航空器或无人机收集大气、地表环境的电磁波、光谱、热感等信息，达到对环境目标监测、识别环境质量状况的目的。遥感监测在获取大面积的同步和动态的环境信息方面具有先天优势，随着无人机技术的快速发展，遥感监测技术在越来越多的研究领域得到广泛的应用，如大气环境、水质、土壤污染监测、海洋油污染事故调查、城市热环境及水域热污染调查、城市绿地绩效评价、生态环境调查监测等（图4-6）。例如地表水水质遥感监测过程中利用水中存在的污染物会影响和改变水面的反向散射特性，通过高空遥感手段探测水中光和水面反射光，以获得水色、水流、水面形态等信息，并由此推测有关浮游生物、浑浊水、油污、污水等的质量和数量等信息。经水面反射到卫星或无人机传感器中的能量光谱信号以特定波长的能量表示水中污染物的存在和浓度，从而测量得到水质参数，达到水质监测的目的。

地表温度是反映土壤—植被—大气系统能量流动和物质交换的重要参数，也是反映地区地表能量平衡和温室效应的重要指标。随着热红外遥感的深入研究，国内外学者根据不同遥感影像数据提出了多种地表温度反演算模型算法计算地表真实温度，以研究城市热环境的变化（图4-7）。

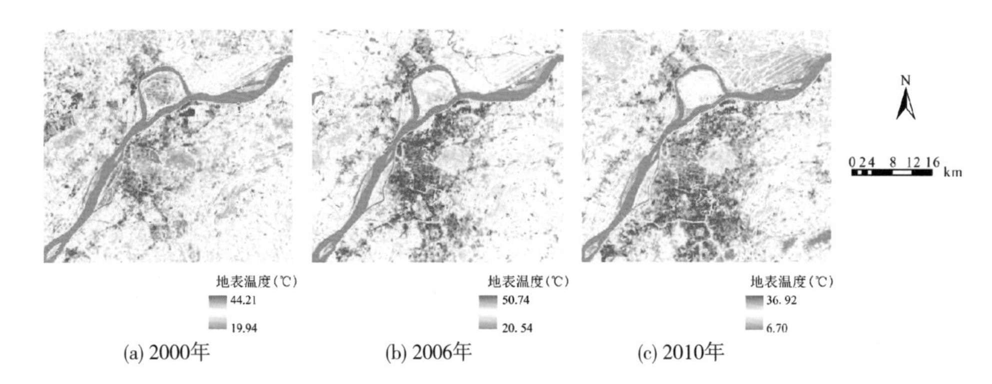

图4-7 应用遥感技术的南京市地表温度反演算

（图片来源：丁海勇，李往华.基于TVX方法的南京市城区时空格局与地表温度的研究[J].长江流域资源与环境，2018，27（4）：735-744.）

4.1.2 景园形态数据的采集

景园形态是指实体环境以及各类活动的空间结构和形成，广义形态可分为有形形态和无形形态。有形形态包括景园环境的平面分布、空间组织、空间面貌，无形形态包括社会、文化等无形要素的空间分布形式。形态数据的采集主要是对有形形态数据的采集，按形态类型可分为二维平面形态、三维空间形态以及景园色彩。就景园平面和空间形态数据而言，除了人工测量、地图数字化、车载街景采集等常用的方式，研究人员还可以通过遥感技术、航空测量、无人机机载激光扫描或雷达扫描等手段较为便捷地获取区域或更大尺度的高程信息、地物信息、地表形态等地理空间数据，也可以利用倾斜摄影技术、三维扫描技术等获取如街区、建筑庭院等中小尺度的建筑空间分布、三维模型、高程等较高精度的地表信息，并利用Smart3DCapture、Pix4D、Altizure等软件生成高密度的点云，自动生成基于真实影像纹理的高分辨率三维实景模型。除了地理空间数据以外，色彩数据也属于形态数据的组成部分。色彩数据采集使用的软硬件设备包括便携分光测色仪、便携分光色差仪和校色系统以及进行后期处理的Photoshop等软件，可对景园环境色彩的色相、明度和彩度等进行量化。

4.1.2.1 地理空间信息数据的采集

地理信息属于空间信息，是与地理环境要素有关的物质的数量、质量、性质、分布特征、联系和规律的数字、文字、图像和图形等的总称，具有空间性、多维性和时序性等特征。现行的地理信息的获取方法包括人工测量、航空航天测绘、无人机测绘、三维激光扫描、机载雷达扫描等。根据不同方法的技术特点，可分为以下三类：①基于3S技术的地理信息数据采集，可获取较大尺度的卫星影像土地利用数据、数字高程数据（DEM）；②基于航空或无人机倾斜摄影技术的地理信息数据采集，可获取中小尺度的三维影像数据、数字表面模型（DSM）等；③基于三维激光扫描技术和机载激光扫描技术的地理信息数

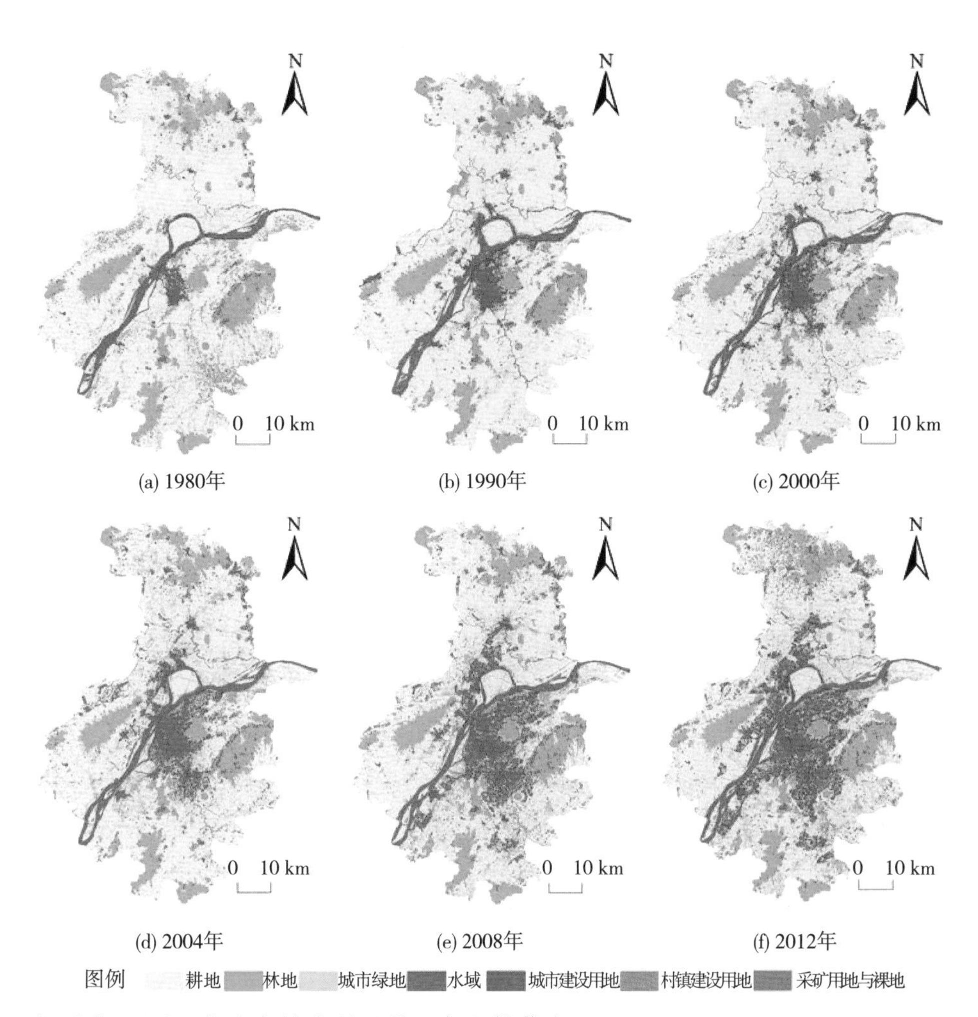

图4-8　南京市土地利用变化（图片来源：乔伟峰，毛广雄，王亚华，陈月娇. 近32年来南京市城市扩展与土地利用演变研究.[J].地球信息科学学报，2016，18（2）:200-209.）

据采集，用以获取高精度的地物、高程等信息。

（1）基于3S技术的地理信息数据采集

3S技术是将地理信息系统（GIS）、遥感技术（RS）和全球定位系统（GPS）三种独立技术中的有关部分有机集成起来，构成一个强大的技术体系，可实现对各种空间信息和环境信息的快速、机动、准确、可靠的采集、处理、管理、分析、表达、传播和应用。RS是根据电磁波理论，对远距离目标所辐射和反射的电磁波信息进行收集、处理，并最后成像，从而对地面各种景物进行探测和识别的一种探测技术。GIS是在计算机软硬件系统支持下，对整个或部分地球表层（包括大气层）空间中的有关地理分布数据进行采集、储存、管理、运算、分析、显示和描述的技术系统。GPS又称全球卫星定位系统，是由美国国防部研制建立的一种具有全方位、全天候、全时段、高精度的卫星导航系统，能为全球用户提供低成本、高精度的三维位置、速度和精确定时等导航信息。

在3S技术的支持下，卫星遥感、航空测量得到长足的发展，研究人员可通过不同的卫星数据源获取不同时期的卫星影像（图4-8）、数字高程地图（图4-9）等，还可以通过地图爬取工具获取矢量地图数据。其中卫星影像数据可广泛应用于土地覆盖的范围和种类的变化监测，其原理是通过识别遥感影像不同地物的波段信息，提取城市土地利用类型，包括耕地、林地、水面、城市建设用地、城市绿地、村镇建设用地、裸地等，对于分析土地利用结构的变化、城市扩张强度和特征、控制城市边界扩张等具有重要的意义。

中国北斗卫星导航系统（BDS）是中国自行研制的全球卫星导航系统，相关产品已广泛应用于交通运输、海洋渔业、水文监测、气象预报、测绘地理信息、森林防火、通信系统、电力调度、救灾减灾、应急搜救等领域，主要由空间段、地面段和用户段三部分组成，可实时获取高精度的坐标信息和高程信息，可在全球范围内全天候、全天时为各类用户提供高精度、高可靠定位、导航、授时服务，定位精度 10 m，测速精度 0.2 m/s，授时精度 10 ns（图 4-10）。

（2）基于无人机倾斜摄影技术的地理空间数据采集

倾斜摄影（Oblique Photography）是指由一定倾斜角的航摄像机所获取的影像。倾斜摄影技术是国际测绘遥感领域近年发展起来的一项高新技术，通过在同一飞行平台上搭载多台传感器，同时从垂直、四个倾斜这五个不同的视角同步采集影像，获取地面物体顶面和侧面更为完整、准确的高分辨率高程、地物纹理信息，不仅能够真实地反映地物情况，高精度地获取物方纹理信息，还可通过先进的定位、融合、建模等技术，生成真实的三维实景模型（图 4-11）。

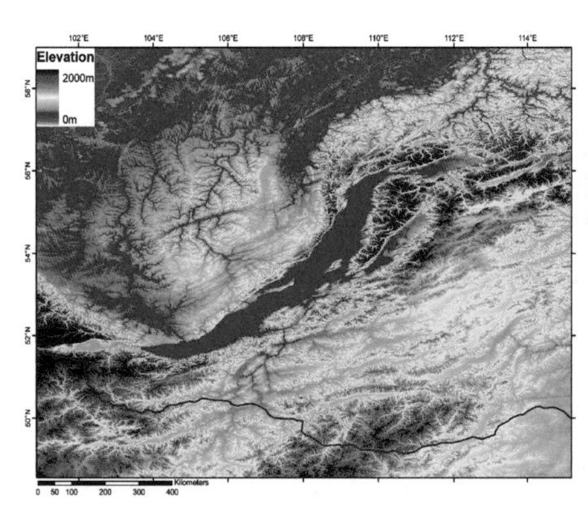

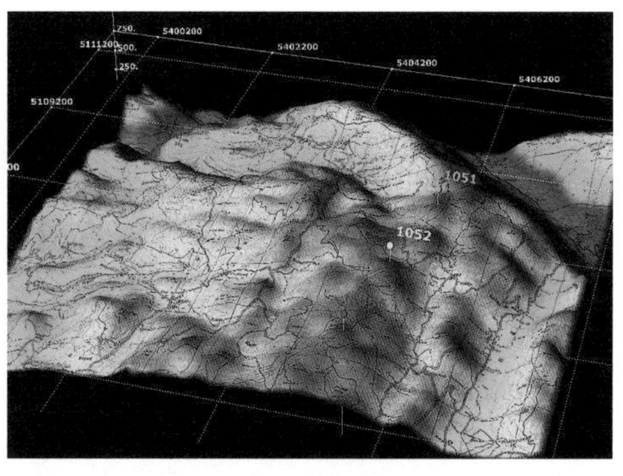

图4-9　数字高程地图及三维地形图

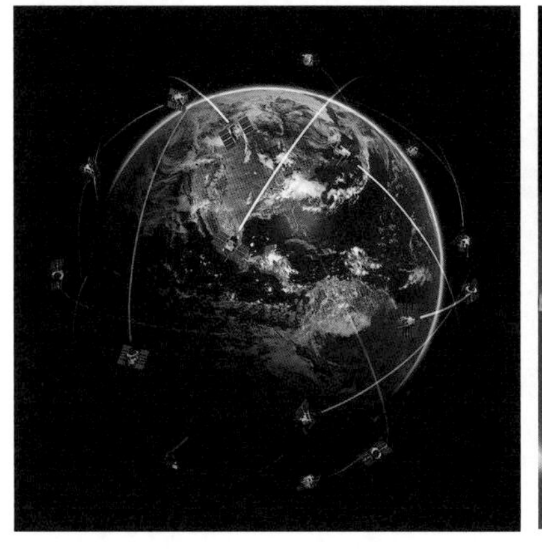

图4-10　中国北斗卫星导航系统示意图
（左图图片来源：https://cosmosmagazine.com/technology/how-does-gps-work
右图图片来源：https://m.pchome.net/article/1796619.html）

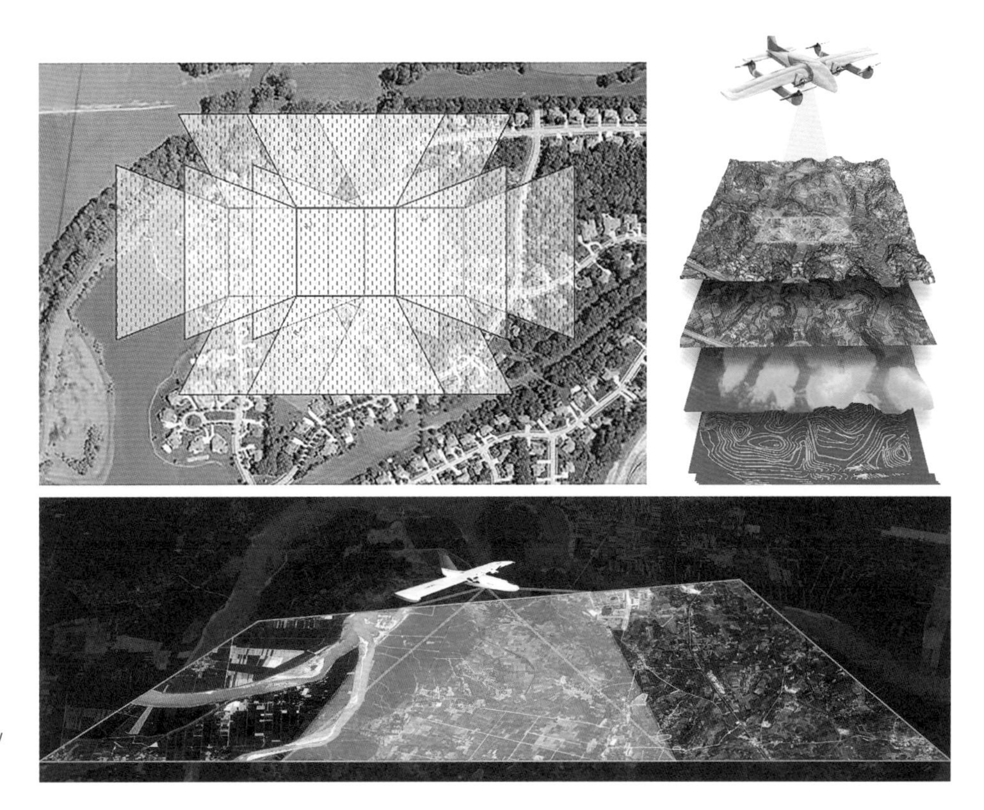

图4-11　无人机倾斜摄影原理（图片来源：http://gzjsch.com/index.php/fhywrj/390.html）

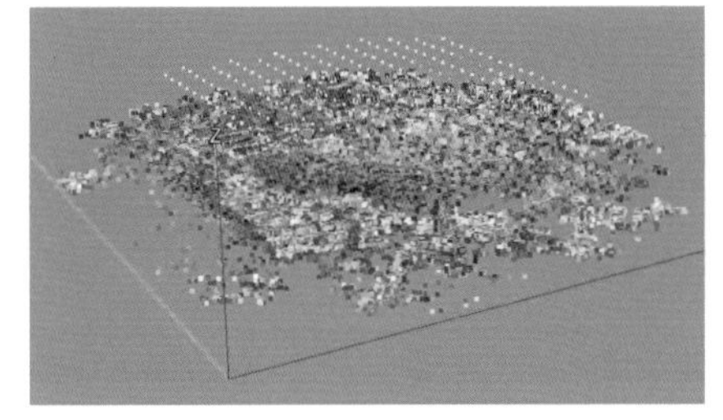

图4-12　五轴无人机倾斜摄影建模

三维实景建模是在无人机航拍获取大量图像数据的基础上，利用Smart3DCapture、Pix4D等航片拼接软件处理影像。这些软件可通过简单连续的影像生成超高密度的点云，并自动生成基于真实影像纹理的高分辨率三维实景模型。例如Smart3DCapture的三维重建过程，首先是将采集到的图像通过多视影像密集匹配技术生成超高密度三维点云，然后根据三维点云构建不同层次细节度的不规则三角网（TIN）模型，继而自动提取位置对应的纹理信息实现纹理贴附，最终生成纹理清晰、逼真的城市三维模型成果（图4-12）。Smart3DCapture生成的三维模型文件可以兼容obj、osg（osgb）、dae、xml等通用格式，且能导入各种主流GIS平台及三维编辑软件（图4-13）。

（3）基于三维激光扫描技术的地理空间数据采集

三维激光扫描技术又被称为实景复制技术，作为20世纪90年代中期开始出现的一项高新技术，是测绘领域继GPS技术之后的又一次技术革命。三维激光扫描技术是利用激光测距的原理，通过高速激光扫描测量的方法，大面积、高分辨率、快速地获取物体表面各个点的三维坐标（x、y、z）、反射率、颜色（RGB）等信息，并根据所得信息快速复建出被测目标的三维模型及线、面、体等各种图件数据。相较于传统的测绘，三维激光扫描技术具有快速性、不接触性、主动性、高密度、高精度、全数字化、自动化等优势，可以快速扫描被测物体，不需反射棱镜即可直接获得高精度的点云数据，可以高效地对真实世界进行三维建模和虚拟重现。根据扫描方式，三维激光扫描可以分为定点扫描、人工移动三维扫描、车载三维扫描和无人机机载三维扫描，相比于定点扫描，移动或车载扫描可以更加高效、连续地获取三维点云数据，而无人机机载三维激光，可以用于获取高精度、高分辨率的数字地形模型和三维实景模型（图 4-14）。

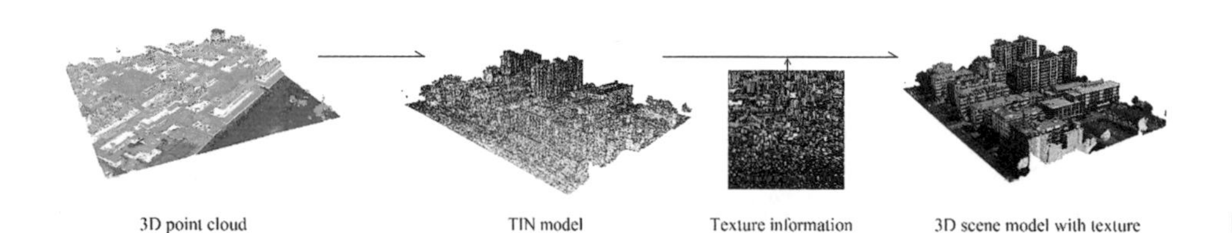

图4-13　三维实景建模流程图

三维点云

三维激光扫描仪

图4-14　机载激光扫描点云数据
（图片来源：上图：http://marborqueasociados.blogspot.com/2013/06/la-tecnologia-3d-permite-que-san-mames.html；
下左图：https://ain.ua/special/zachem-nuzhen-lidar/；
下右图：https://i.pinimg.com/originals/33/8f/0a/338f0a32a33c79113cc43d74424c1996.jpg）

4.1.2.2 景园色彩的数字化采集

景园色彩从客观上来说，是在特定的地域环境下、特定的建构场所内，所有造景要素受到太阳光照射反射出来的光谱。对于人眼观赏而言，每一个视觉界面内的色彩，都是造景要素光谱的集合，因此景园色彩的数据采集必须运用色度学的测量理论，以光谱曲线的拟合原理提取每一种造景要素的光谱。景园环境色彩根据环境要素特点可分为两类，一类为可接触要素色彩，如植物、建筑物等可接触材质表面的色彩信息；另一类是不可接触要素色彩，如天空、水面、玻璃、金属等依靠光的反射呈现色彩的景观要素和远景的山体、建筑等尺度较大及较远的景观要素。

景园环境色彩的数字化采集，可应用色彩测量仪器对景园环境中的可接触要素色彩进行计量。常用的色彩测量仪器如柯尼卡美能达分光测色计（CM-700d），该仪器体量较小，携带方便，采用接触式的测量方式，可通过设定被测物体表面包含或不包含光泽度反光因素的 SCI 与 SCE 模式测量反射系数较大的材料色彩，还可以直接设定 CIEXYZ 基色系统规定的不同类型的典型光源，例如 D65 标准光源（色温:6 504 K）、C 光源（不含紫外线波长区，色温:6 774 K）、A 光源（白炽灯，色温：2 856 K）。通过分光测色仪器能够实现对植物、建筑物、构筑物以及石材、水泥、玻璃等不同材料的造景要素色彩信息的精确采集，有利于色彩计量、管理、控制及研发，方便色彩的精确应用与修正。

景园环境中存在较多不可直接接触测量的环境要素，如天空、水面、玻璃、金属等依靠光反射而呈现色彩的景观要素以及景观建筑、远景山体等尺度较大、较远的要素。对于不可直接接触测量的造景要素，可使用色彩亮度计进行数据提取。受光照的影响，色彩亮度计的数据精度难以达到分光测色计实验室级别的精度控制，有时还需要借助色卡进行人为视觉分析。柯尼卡美能达 CS-200 色彩亮度计是色彩数值测试工作中最常用的型号，可以用来测量不可接触物体表面的色彩。它既可以满足实验室的使用，也可用于户外现场的观测。它对被测物体进行非接触式测量，从而使得测量工作从几米至上百米的范围内都能正常进行。此外，该仪器在测量后会显示出被测样品的 CIE1931 的色度坐标值，与柯尼卡美能达分光测色计（CM-700d）具有相同的颜色空间，属于绝对计量的色彩数据（图 4-15）。

图4-15　色彩测量

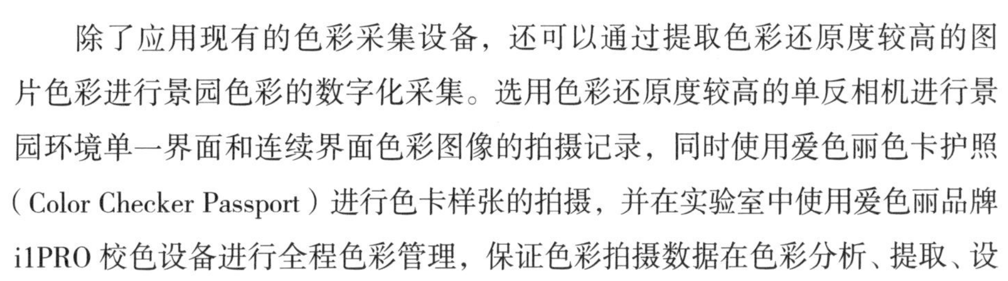

除了应用现有的色彩采集设备，还可以通过提取色彩还原度较高的图片色彩进行景园色彩的数字化采集。选用色彩还原度较高的单反相机进行景园环境单一界面和连续界面色彩图像的拍摄记录，同时使用爱色丽色卡护照（Color Checker Passport）进行色卡样张的拍摄，并在实验室中使用爱色丽品牌 i1PRO 校色设备进行全程色彩管理，保证色彩拍摄数据在色彩分析、提取、设

计、输出过程中色彩显示设备的色彩数据精准。

其次，以显示设备的 RGB、HSB 色值，借助相关软件进行景园色彩构成视觉数字图像的色彩数据提取，如 Adobe Photoshop、Adobe Lightroom、Colorimpact、Color Checker Passport 等，将图片导入到色卡护照配套的 Color Checker Passport 软件中，生成景园色彩环境中相机信息标准记忆的 DCP 数据文件，并在 Adobe Lightroom 软件中以白平衡校正和 DCP 文件共同校正所有场景拍摄的数字图像，构建统一标准，真实还原视觉感知的标准色彩效果（图 4–16）。最后使用 Colorimpact 软件按照色彩界面的编号提取数据，送入微软 Office 软件建立色彩数据库，对所测景园环境界面进行拼音和数字编码，数据按照视觉计量的 RGB、HSB 数值与软件界面数字图像、场景空间、方位信息描述一同归类（图 4–17、4–18）。

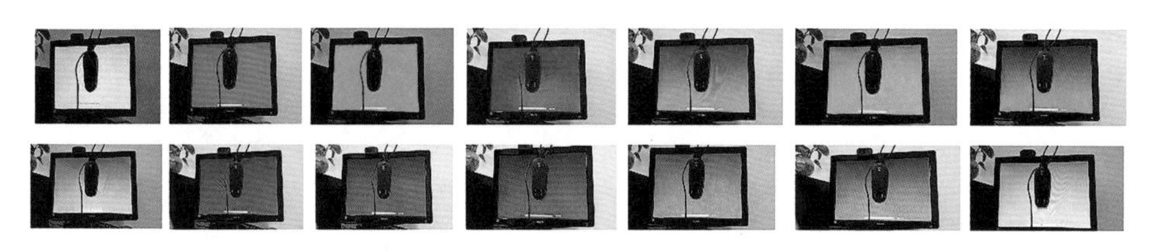

图4–16　计算机LED显示器色彩白点调教

图4–17　D65光源标准色彩图像

图4–18　Colorimpact软件数据分析

4.1.3 景园环境行为数据的采集

环境行为心理学着眼于物质环境系统与人之间的相互关系，是研究人与周围各种尺度的物质环境之间相互关系的科学。环境行为数据的采集主要是对人的活动行为数据、人对物质环境的感知和反应的数据的采集。传统的景园环境行为的调研和数据采集集中于行为观察法、问卷调查法、抽样调查法等，即以行为观察法为基础，以调查问卷法为补充，运用观察、描述的方式对行为数据进行采集，投入的人力、时间成本较高，且调查过程较为模糊，数据可靠性与主观定性存在争议（表 4-1）。

表4-1 传统的定量研究类型

研究方法	研究内容	特征
行为观察法	根据研究对象的需要，研究者有目的、有计划地运用自己的视觉、听觉器官或借助其他科学观察工具，包括摄影机、录音机等，直接观测、研究景观环境中的对象，从而做出分析并得出结论	直接性、观察性
问卷调查法	在行为观察法的基础上，结合访谈的结果，使问卷调查的结构尽可能接近客观	直接性、片面性
行为地图法	是研究人员将特定时间段、特定地点发生的行为标记在一张按比例绘制的地图上的方法，常把不同的行为或不同人群用符号标记在地图上	直接明了，与设计最容易相结合

当今大数据时代拓宽了样本数据的来源、类型与数量，景园环境行为数据的采集更加便捷。对人的活动行为的数据采集，一方面可以利用监控摄像头统计游人的数量、性别、活动类型等，也可从相关机构获取空间位置数据、社交网络数据等信息；人对物质环境的感知数据，可以利用五感传感器、眼动仪、声音采样设备等设备，也可以利用脑电仪、心电仪、皮电仪等生理数据采集仪器获得个体生理反应数据。

4.1.3.1 基于行为地图的行为数据的采集与监测

行为地图法是通过观察个体的行为并将行为与景园环境的各部分相联系的一种方法。该方法将行为发生的实际地点和频率标定在一个按尺度绘制的平面地图上，以帮助设计者将设计要点与行为发生的时间、空间相结合。

基于互联网平台、信号收集等大数据服务平台的支持，网络 POI 数据可广泛应用于行为数据的采集和动态监测。也可以将行为地图与无人机相结合，利用无人机定点航拍的方式，选择具有普遍性和代表性的时间段进行样本行为数据的采集，并利用 ArcGIS 软件，将观察收集的数据和位置信息建立空间数据库，同时以 LBS（Location Based Service，地理位置服务）公众数据作为调研辅助样本，对场地中的使用者在不同时段的活动热点做分类统计，进一步生成行为地图（图 4-19）。

4.1.3.2　基于五感传感的环境感知数据的采集

环境感知主要是人的五感（视觉、听觉、嗅觉、味觉、触觉）对环境的感知。现行的较为常用的环境感知数据采集主要是利用五感传感器、眼动仪、声音采样设备等设备对视觉感知、听觉感知数据进行采集，嗅觉、味觉及触觉感知的数据采集和应用还未得到完善的发展。

眼动跟踪方法是心理学研究中的一种重要方法，通过测量眼睛注视点的位置或眼球相对头部运动而实现对眼球运动的追踪，是视觉信息研究中最有效的手段之一，在医学、心理学、现代工程学等方面已得到广泛应用。利用眼动仪，可获得受测者在视觉感知过程中的实时数据，能够较客观地记录被试者对兴趣区域的关注时间、关注顺序、关注点数量等数据（图 4-20、4-21）。

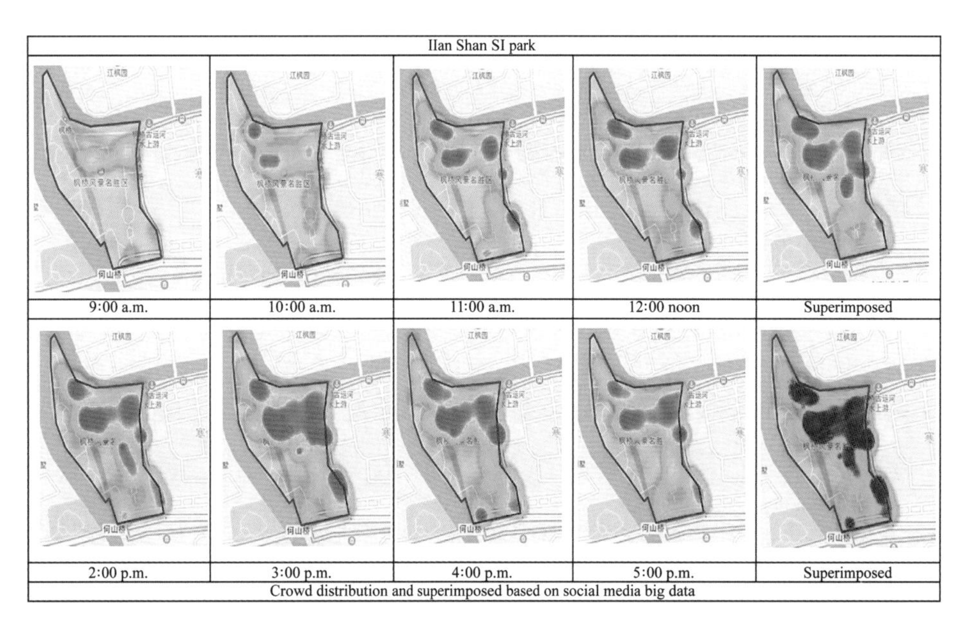

图4-19　苏州枫桥风景名胜区不同时间段对行为数据的采集

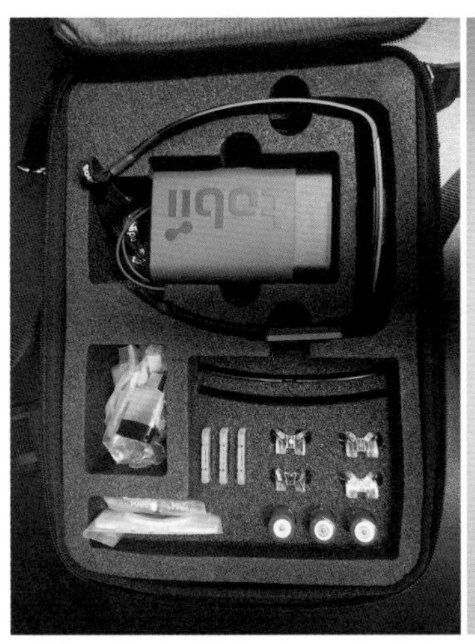
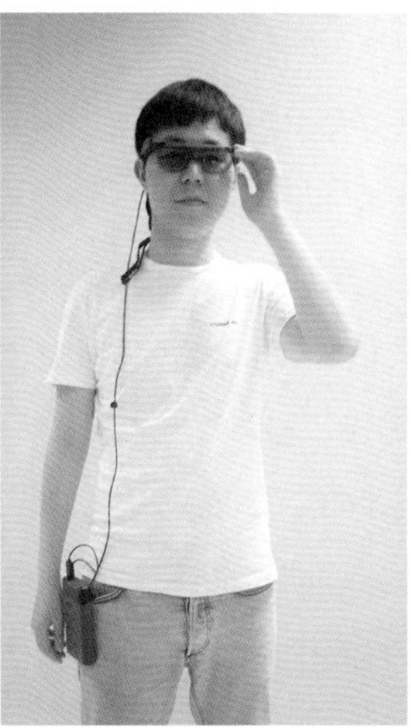
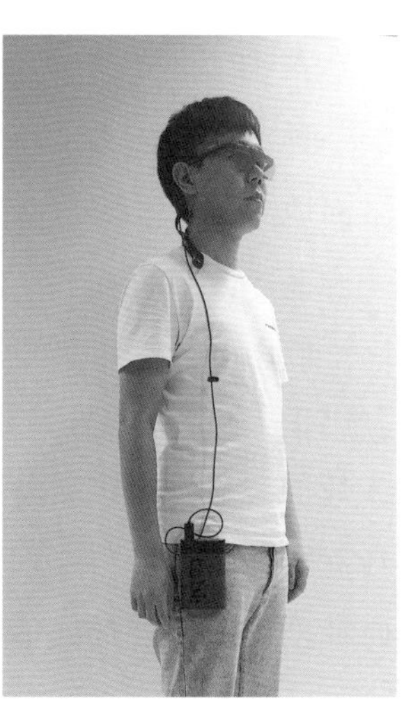

图4-20　眼动仪设备实验现场

图4-21 视线轨迹、关注热点、时长与频率等参数的可视化图像

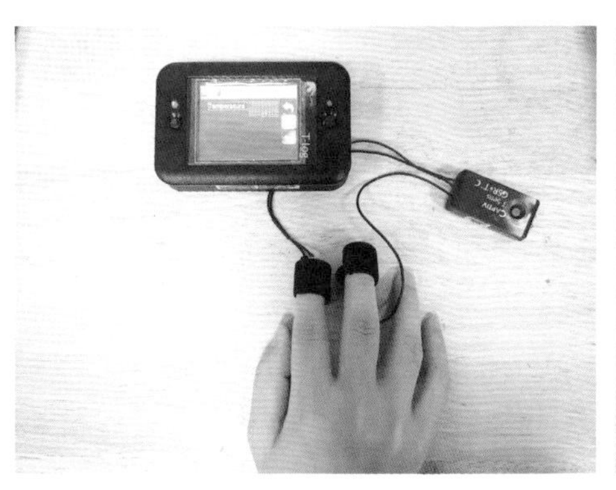

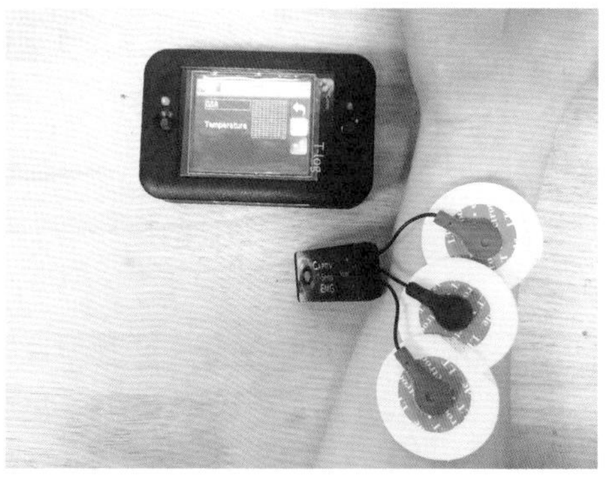

图4-22 生理设备测量

4.1.3.3 基于生理测量的环境感知反应的数据采集

人对环境感知反应的数据，可以通过心电仪、脑电仪、皮电仪等（图 4-22）生理测量仪器，测量心、脑或皮肤的个体生理的应激反应数据而获得。景园环境的生理测量主要研究的是外部环境变化所产生的外显性情绪导致的生理机能电信号的变化和反映，测量数据包括皮肤电传导、心电和脑电图的反映、心率和体感温度等，可以定量、客观地评价人的情绪变化，属于情绪的生理测量。测量方法主要包含自主神经系统测量和脑电图测量。自主神经系统是外周传出神经系统的一部分，自主神经系统激活的常用考察项目是皮肤电反应或血液循环系统反应，对应指标分别为皮肤电导水平（SCL）、短持续时间皮肤电导反应（SEas）、总外周阻力（TPR）、血压（BP）、心输出量（CO）、前喷出周期（PEP）、心率（HR）、心率变异性（HRV）。脑电图测量，以脑电波的变化反映因外界环境变化、个体本身的意识形态、精神状态变化而产生的情绪变化，与前额叶不对称有一定的关系。神经成像测量，其最终目标是找到脑激活区域，使用的主要技术是正电子断层扫描术或核磁共振成像技术，分析方法是观测与神经放电相关联的区域脑血流的变化或者观测血氧水平的变化。

4.2 景观环境数据的分析

4.2.1 竖向数据分析

竖向条件是景园环境塑造空间的基础，也是景园环境中其他要素（如建筑、广场、道路、水体、植物）的基础和依托。除了利用地形进行景园空间的围合设计，还须综合考虑竖向条件对场地排水的影响、植栽的需求以及水景观的生成与维护、道路及广场的坡度等内容。与此同时，合理地布置景园道路广场及景观建筑、恰当地就地利用土方、减少工程土方量也是竖向设计需要关注的重点内容。总的来说，竖向设计确定了景观的骨架，是风景园林设计最核心的问题之一。

长期以来，关于竖向设计，设计师们主要关注竖向空间的建构，以因地制宜为竖向设计的总体原则，控制土方总体平衡，合理布置景观要素与设施。然而由于技术手段的限制，设计方案往往仅局限于定性考虑，而非定量数据的验证，因此受分析、设计、建模和施工图各阶段的误差影响，很难实现严格意义上的土方平衡，更遑论施工阶段的工程控制（表 4-2）。

表4-2　各层面的问题列举

问题分类	存在的问题
施工图层面	平面、剖面图为重新绘制，非生成式，图纸之间易产生冲突； 出图方式单一，不能满足数字化时代对精准施工的要求； 统计表、材料表不精准
建模层面	模型多用于方案推敲及效果图表现，精确度不足； 模型多为静态，方案调整后往往需要重新建模，费工费时
分析层面	以感性分析为主，定量化的分析较少
设计层面	设计多为单因子控制，不能综合考虑相关子系统间的平衡
教育层面	高校缺乏风景园林参数化方面的教育； 对参数化计算机辅助设计的重视度较低

结合当前计算机技术及参数化方法的研究，在竖向设计过程中引入数字化方法，不仅可以利用既有的技术平台，真正实现对设计过程及施工过程的精确控制，而且通过计算机的辅助设计，可以同时实现竖向空间营造、场地组织排水、植物景观设计、景观水系组织、土方工程量平衡等风景园林设计诸多子系统的平衡与优化。

数字化景观环境竖向数据的分析主要是提取反映竖向的特征要素，分析场地地形的空间分布特征，以矢量高程、等高线数据和栅格数字高程模型（DEM）数据为基础，生成数字地形模型（DTM），并以此为根据分析反映地形特征的高程分级、坡度、坡向等，以指导后期的景园竖向设计、挖填方设计、排水和景观水系的组织、广场和道路的布局、空间营造等。景园竖向数据分析主要分为三部分内容，首先是讨论竖向数据的获取和分析方法，以 CAD、

ArcGIS 和 Civil 3D 为主要分析平台，从数据的获取、处理到分析和输出，全过程梳理竖向数据的分析方法；其次是竖向对景园环境其他要素的影响，主要梳理竖向分析和设计与景观环境的排水、景观水系的组织、广场和道路的布局的相互关系；最后是挖填方平衡与竖向设计优化。

4.2.1.1 竖向数据的获取和分析

1）竖向数据的获取与数字化表达

传统园林中运用语言描述地形："岗埠逶迤""层峦叠嶂"，缺乏科学的描述方式；近代以来，等高线成为描述地形的最主要的手段，使得地形描述逐渐走向精确化。然而随着科技的发展，等高线描述法已经不能满足设计及施工的精度要求，数字地形概念的提出，使得更为精确地描述地形成为可能，促进了竖向设计及施工方法的革新。数字地形模型是利用数字表达地面起伏形态的一种方式。自 1955 年美国麻省理工学院 Chaires L. Miller 教授提出数字地形模型的概念，目前已有多种模拟数字地形的方式，典型的图形描述方法包括规则格网（Grid）、不规则三角网（Triangulated Irregular Network，TIN）和等高线（Contours）三种。

规则格网表示法（图 4-23），是 DEM 使用最广泛的格式。Grid 的表达形式通常为正方形，每个格网单元对应一个数值，在数学上用一个矩阵进行表示，然后以二维数组的形式录入计算机。以高程矩阵表达的规则格网非常适用于计算机的处理，计算机可以快捷地进行数字地形分析。同时，格网 DEM 也存在一定的局限性，由于网格大小及密度的限制，其较难准确地表现地形结构和细部，在格网 DEM 中附加地形特征数据（如地形特征点、山脊线、谷底线、断裂线等）可以较好地解决此问题。

不规则三角网格表示法（图 4-24），是数字地形模型数据最常见的表示方式之一，它通过用一系列互不交叉与重叠的连续三角面来逼近物体表面。在所有可能的三角网中，三角网（Delaunay）在形态拟合方面表现最为出色。TIN 表示法中三角网构建的数字地形模型具有速度快、精度高、可适用性强等优势，将获取的离散点数据优化组合，连接成为连续的三角网面。这种地形的构建方式可以根据地形的复杂程度来确定所需测点的密度，因而能在保证精度的同时减少数据的冗余，方便数据的操作与运算。另外，在进行基于 DEM 的空间分析与运算时，三角网格表示法的效率和准确性也比其他表示方法相对更高。不规则三角网格相较于规则格网方式等其他描述方法有很多优势，因此应用更为普遍，常用的风景园林设计软件如 ArcGIS、Civil 3D 等均采用这种方式模拟数字地形。

等高线表示法（图 4-25）是常用的全面表现地形高程属性的一种方式，

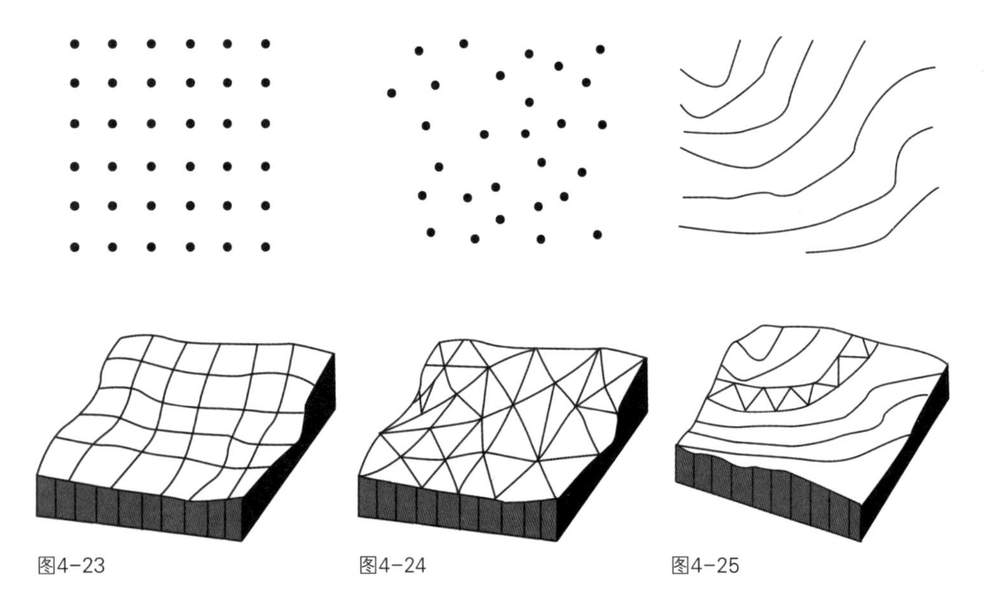

图4-23　规则网格表示法

图4-24　不规则三角网格表示法

图4-25　等高线表示法

传统风景园林竖向设计主要运用等高线表示法。等高线数字模型由一系列等高线的集合及其所对应的高程值组成。它通常以一个有序的坐标点对序列储存在计算机中，可简单理解为含高程属性的多段线集合。等高线表示的高程点数据往往比较有限，在模型构建过程中通常使用插值法计算等高线外的点高程。

随着数字技术的进步和相关理论研究的深入，人类对地形数据的模拟与处理能力大幅提高。当下的风景园林及地理信息系统的研究中，由于其直观、简便、高效的特点，Grid 表示法和 TIN 表示法逐渐成为表达数字地形模型最为常用的方式。竖向数据的获取主要以矢量高程、等高线数据和栅格 DEM 数据为主。矢量高程和等高线数据可以向相关地理信息管理机构提出申请获取，也可以利用传统的高程测量技术，如水准测量、三角高程测量和气压高程测量等获取。由于传统的高程测量需要耗费较多的人力和时间成本，因此在前期分析阶段，可以通过国家地理信息数据平台（地理空间数据云等）获取航空或航天测量的栅格 DEM 数据，主要包括 SRTM DEM（空间分辨率为 30 m 和 90 m）、ASTER GDEM（空间分辨率 30 m），主要针对较大尺度的场地竖向分析。对于小尺度场地的竖向分析，需要利用高精度的高程数据，除了人工测绘外，还可以利用倾斜摄影技术、机载激光扫描或雷达扫描技术获取小尺度场地的高精度 DEM 和 DSM（Digital Surface Model，数字表面模型）（图 4-26）。

2）竖向数据的分析

竖向数据的分析内容主要包括地形、坡度、坡向、挖填方量等，常用的分析方法或软件平台有 ArcGIS 和 Civil 3D。

（1）基于 ArcGIS 的竖向分析

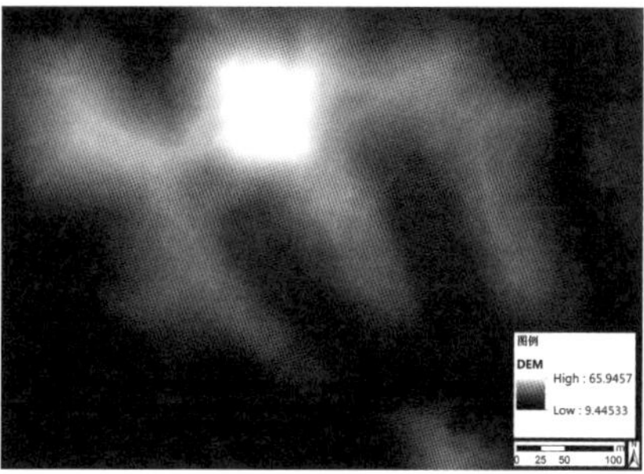

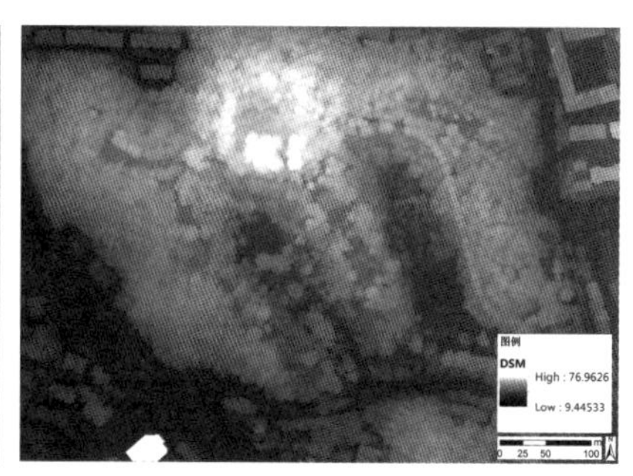

图4-26　南京市清凉山矢量等高线、DEM和DSM图像

地理信息系统是20世纪60年代发展起来的涵盖信息科学、地球科学、空间科学的交叉性学科，它由一系列用于收集、存储、提取、转换和显示空间数据的计算机工具组成。随着GIS的发展，基于DEM的空间分析方法在风景园林领域得到较为广泛的运用，极大地增强了风景园林竖向设计的科学性，成为风景园林设计中必不可少的辅助决策手段。但由于数据的精度和空间分辨率的限制，GIS更偏重于较大尺度范围的分析和研究，在中小尺度的风景园林设计中应用面较窄。在实际的设计实践中多用于较大尺度的风景区的前期分析和规划阶段，如地形、地貌、坡度、坡向、挖填方、水文分析、土地利用规划等，在设计层面的应用较少。

（2）基于Civil 3D的竖向分析

CAD（Computer Aided Design，计算机辅助设计）技术的发展和应用已经历半个世纪，从早期以模拟绘图板工作为出发点的解决矢量化、二次编程开发、二维计算机绘图技术的CAD，逐步形成以解决几何数据拓扑关系、曲面算法表达的CATIA三维曲面实体造型技术，并在计算机辅助制造（CAM）和计算机辅助工程（CAE）方面得到广泛应用。20世纪90年代，以全尺寸约束和尺寸驱动的参数化软件得到长足发展。随着设计领域信息化程度的逐步加深，参数化控制设计与覆盖整个建筑生命周期的BIM技术成为CAD发展的新方向。CAD技术作为现代绘图学技术，已经应用在建筑、机械、航空、汽车乃至个人消费领域数字设计的方方面面。

近年来，Autodesk公司推出了一款根据土木工程专业需要专门定制的建筑信息模型解决方案——AutoCAD Civil 3D，该软件具有多种功能，如勘测、曲面和放坡、地块布局、道路建模、雨水分析和仿真、排水系统布局、土方量计算、几何设计、数据提取分析、与施工图同步的设计修改、专业绘图、设计评审、多领域协作、对多方案进行可视化比较、地理空间分析和地图绘制等。这款软件具有相当高的智能化水平，其操作对象由若干参数进行控制，同时各个对象之间具有联动性，可以进行快速、即时的更新，改变参数即可实现改变竖向设计中地形、放坡、道路的形态，使得竖向设计变得更加便捷；其自动的标注系统随着场地的变化而变化，避免了手工标注的费时费力及可能出现的错误。这款软件的出现，促进了风景园林竖向设计方法的变革，同时与其对接的施工器械的开发，促进了地形施工方式的改变，加快了风景园林竖向分析、竖向设计、挖填方计算的全过程革新。Civil 3D 的出现极大地弥补了 GIS 在中小尺度风景园林设计层面的缺陷，它不仅可以用于场地的前期分析，而且在后续的风景园林道路设计、竖向设计、排水设计、土方量计算的数据精度方面具有 GIS 不可比拟的优势。

4.2.1.2 竖向设计与其他景园环境要素设计

竖向是景园环境的决定性要素，是连接景观中所有因素和空间的主线，是风景园林设计中其他要素的载体。竖向设计的主要目标在于结合场地、建筑及现状条件对自然地形加以利用或改造，最终确定场地的坡度和控制建筑地坪、道路、场地的高程。同时，竖向设计与空间营造、绿化栽植、排水系统及水景观生成、建筑与场地选址、工程量统计等方面有着密不可分的关系。因此竖向设计的第一步即是对竖向设计中的各个影响因素进行研究，分析其相互关系，并以数字的方式加以量化；第二步则是利用现有的技术平台，构建参数化设计模型，实现各相关参数的联动，并在参数与设计结果的动态调整中求得设计方案的最优解，对确定景观要素之间的比例、位置、坡度、外观形态等起着限制与指导作用。

风景园林竖向设计主要任务有以下几个方面：①地形竖向设计；②排水及水系组织；③景观建筑选址与布局；④游人活动空间营造；⑤植物空间配置与生境营造。以上各个方面的设计任务涉及的诸多方面相互关联交错，形成有机联系的复杂系统。传统的竖向设计大多只是针对性地进行逐项调整，不能同时处理多种矛盾，缺乏统筹的观念和统一的平台来综合性地考虑竖向设计相关的诸多因素。随着时代的发展，这种单一的、线性的设计方法已经不能很好地解决竖向设计这一复杂问题。风景园林竖向设计与相关设计元素之间错综复杂的关系，客观上要求清晰的逻辑和大量的量化指标以及将各类要素作为整体考虑的动态设计方式，最终实现竖向设计中多方面要素的综合优化。

1）竖向与排水 / 水系组织

竖向除了影响地表径流的大小，还决定着地表径流的分布和流向。因此，通过竖向设计组织硬质场地及自然地面的排水，首先是保证全园排水通畅，土壤不受冲刷；其次在于可以依据流量大小分散排水，避免地表径流末端集中，遇强降雨时造成严重的冲刷或溢流风险。

水系组织直接关系着景观效果的可持续性。如果处理不当，轻则导致场地积水、铺装及构筑物损坏、土壤板结或水土流失，景观效果大打折扣；重则引发各种地质灾害，导致重大安全事故。

作为竖向设计中的主要任务，景园环境的排水设计和水系组织的设计包含两方面的内容：一方面是组织场地排水防止场地积涝，并分散排水防止水土流失；另一方面是营造景观水系，丰富景观效果，并改善微气候。这两个方面往往是相辅相成的，良好的竖向设计一方面可以充分利用地表水丰富景观，减少不必要的市政设施从而节约工程造价，另一方面也可以降低工程后遗症，用可靠的低技术解决实际问题。例如在山地环境中通常利用场地的排水、汇水形成溪流水瀑，这样可以同时解决这两个方面的矛盾。

《公园设计规范》（CJJ48—92）中对不同地面的排水坡度做出了不同的规定。风景园林竖向设计中各类地表的排水坡度宜符合表 4-3 中的规定：

表4-3　各类地表的排水坡度

地表类型		最大坡度（%）	最小坡度（%）	最适坡度（%）
草地		33	1.0	1.5 ~ 10
运动草地		2	0.5	1
栽植地表		视地质而定	0.5	3 ~ 5
铺装场地	平原地区	1	0.3	—
	丘陵地区	3	0.3	—

资料来源：《公园设计规范》（CJJ48-92）表4.2.1。

风景园林竖向设计应当结合场地的地质条件、地形地貌、水文条件及年均降雨量等诸多因素科学、合理地确定各种软硬地面的排水方式。硬质场地的排水坡度不能满足要求时，应当采用多坡向或特殊措施组织排水。场地设计的标高应当高于该地段多年平均地下水位，且满足防洪（潮）规划的设防标准。场地中的雨水排出口内顶标高宜高于受纳水体的多年平均水位和防洪（潮）水位。

在参数化竖向设计过程中，场地排水的组织主要通过对数字地形模型中诸参数的设置，以三维建模的方式进行。在传统的竖向设计中，对于硬质场地地面排水及排水管沟组织通常依靠人工计算，不仅费时费工，且准确性不能保证。随着参数化软件的应用，对于场地排水坡度及重力管沟可以运用建模的方式进行直观、精确的表达。如在 Civil 3D 建模过程中，运用要素线可以精确、便捷地表达排水管沟的坡度，从而避免了许多可能出现的问题，大大加快了施工图纸的绘制速度。

另外，根据地形确定景观环境中的水系组织也是竖向设计的重要内容。首先，可以依据竖向和汇流量确定水景的分布、季节性水位变化、水体范围、地下水位等。其次，通过竖向设计确定水体的形状、位置和驳岸形式、坡比等也是竖向设计的重要内容。

2）竖向与道路、广场布局

道路及硬质场地竖向设计是风景园林竖向设计的主要内容。广场竖向设计的主要任务是在综合考虑地形条件、道路和建筑标高、土方工程量大小、地下管线的覆土要求的前提下确定场地标高及坡度，并组织场地排水。

（1）道路及广场竖向设计的内容及原则

风景园林设计中道路及广场竖向设计的主要内容包括：确定设计范围内道路的选线及标高，确定停车区域的位置，确定大型广场的选址及高程，计算道路及广场设计相对应的土方量。道路及广场竖向规划设计应遵循下列原则：

①合理利用地形地貌，充分结合现状高程，减少土方工程量；

②各种场地的适用坡度须满足国家现行相关技术标准和规范的要求；

③设计应当满足现状用地对交通、景观和市政管网等多方面要求；

④竖向设计应合理组织地表径流，避免土壤受到冲刷，防止水土流失；

⑤道路及广场竖向设计应当有利于建筑的布置与空间环境的设计；

⑥与道路两侧建成区域的竖向标高协调一致，对外联系道路的高程应与城市道路标高相衔接。

（2）道路及广场竖向设计相关参数

道路及广场竖向设计相关的参数包括以下几个方面：

①坡度

相关法律法规对于不同类型的道路及广场设计有着不同的坡度规定。设计中应当根据项目的具体情况，选择对应的指标作为坡度设计参数的限制条件。

《城市居住区规划设计规范》（GB 50180—93（2002 年版））中关于居住区竖向规划设计的相关规定，对于景园道路、广场、绿地的竖向设计有一定的指导意义。风景园林竖向设计中，当用地坡度大于 8% 时，宜采用台地式布局，并辅以梯步解决整个场地的竖向交通问题。在主要的公共活动中心或景观节点，应设置无障碍通道，通行轮椅车的坡道宽度应不小于 2.5 m，纵坡应不大于 2.5% 等。表 4-4 为可供参考的坡度规定：

表4-4　各种场地的适用坡度

场地名称		适用坡度（%）
密实性地面和广场		0.3~3.0
广场兼停车场		0.2~0.5
室外场地	儿童游戏场	0.3~2.5
	运动场	0.2~0.5
	杂用场地	0.3~2.9
绿地		0.5~1.0
湿陷性黄土地面		0.5~7.0

资料来源：《城市居住区规划设计规范》（GB50180-93（2002年版））第8.0.5.6条，表9.0.1。

表 4-5 为《园林规划设计》中所列各种场地坡度的经验值域：

表4-5 极限和常用的坡度范围

内容	极限坡度（%）	常用坡度（%）	内容	极限坡度（%）	常用坡度（%）
主要道路	0.5~10	1~8	停车场地	0.5~8	1~5
次要道路	0.5~20	1~12	运动场地	0.5~2	0.5~1.5
服务车道	0.5~15	1~10	游戏场地	1~5	2~3
边道	0.5~12	1~8	平台和广场	0.5~3	1~2
入口道路	0.5~8	1~4	铺装明沟	0.25~100	1~50
步行道路	≤12	≤8	自然拌水沟	0.5~15	2~10
停车坡道	≤20	≤15	铺草坡面	≤50	≤33
台阶	25~50	33~50	种植坡面	≤100	≤50

注：①铺草与种植坡面的坡度取决于土壤类型；
②需要修整的草地，以25%的坡度为好；
③当表面材料滞水能力较小时，坡度的下限可酌情下降；
④最大坡度还应考虑当地的气候条件，较为寒冷的地区/雨雪较多的地区坡度上限应相应地降低；
⑤在使用中还应考虑当地的实际情况和有关的标准。
资料来源：杨向青.园林规划设计[M].南京：东南大学出版社，2004.

根据《公园设计规范》中的相关规定，风景园林设计中主要道路的纵坡宜小于 8%，以便于行车；道路的横坡宜小于 3%（若为粒料路面也不宜大于 4%）；纵横坡不得同时无坡度，以免道路积水影响行车安全。若设计的基址位于山地环境，道路纵坡宜小于 12%，超过 12% 应做防滑处理。公园中的主要园路不宜设梯道，如必须设置梯道时，其纵坡宜小于 36%；支路和小路的纵坡宜小于 18%。《城市居住区规划设计规范》中对道路坡度的规定（如表 4-6）对于风景区内的道路设计也具有一定的参考价值。

表4-6 道路纵坡控制指标

道路类别	最小纵坡（%）	最大纵坡（%）	多雪严寒地区最大纵坡（%）
机动车道	≥0.2	≤8.0，L≤200 m	≤5.0，L≤600 m
非机动车道	≥0.2	≤3.0，L≤200 m	≤2.0，L≤100 m
步行道	≥0.2	≤8.0	≤4.0

资料来源：《城市居住区规划设计规范》[GB 50780-93（2002年版）]第8.0.3.1条，表8.0.3[L为坡长（m）]。

山区城市竖向规划应满足建设完善的步行系统的要求，参考《城市用地竖向规划规范》中的相关内容，风景环境中人行梯道按其功能和规模可分为三级：一级梯道为交通枢纽地段的梯道和城市景观性梯道；二级梯道为连接大型景观组团之间的步行交通的梯道；三级梯道为连接景观节点的梯道。景观梯道每升高 1.2～1.5m 就应设置观景休息平台；二、三级梯道连续升高超过 5.0 m 时，为保证安全，除应设置休息平台外，还应设置转折平台，且转折平台的宽度不宜小于梯道的宽度。各级梯道的规划指标宜符合表 4-7 中的规定。

表4-7　各级梯道的规划指标

级别	项目		
	宽度（m）	坡比值	休息平台宽度（m）
一	≥10.0	≥0.25	≥2.0
二	4.0～10.0	≥0.30	≥1.5
三	1.5～4.0	≤0.35	≥1.2

资料来源：《城市用地竖向规划规范》（CJJ_83-99）。

广场竖向设计除了应满足自身功能要求外，还应与相邻的道路及建筑物相衔接。广场设计的最小坡度宜大于0.3%以利排水，当不能满足时应当采用多坡向或特殊措施组织排水；其最大设计坡度平原地区应为1%，丘陵地和山区应为3%。

停车场内坡度主要应当考虑停车的安全性及场地排水的要求，出入口通道的坡度以0.5%～2%为宜，困难时最大纵坡不应大于7%。《停车场规划设计规则》中规定了停车场地通道的最大纵坡，如下表4-8：

表4-8　停车场通道最大纵坡度（%）

车辆类型	通道形式	
	直线	曲线
铰接车	8	6
大型汽车	10	8
中型汽车	12	10
小型汽车	15	12
微型汽车	15	12

资料来源：《城市用地竖向规划规范》（CJJ_83-99）。

另外，景区内软硬地面的排水系统需根据场地地形的特点进行设计。在山地等短时蓄水量较大的区域应当考虑排洪的要求。风景区中软质环境中的排水需求应当结合自然的溪流湖池解决，主要的大型广场宜采用暗沟的形式进行排水。在铺设管沟不经济及不适宜铺设的地段可采用明沟排水。

以上的法规作为指导设计的重要指标和坡度参数的限定条件，在风景园林参数化竖向设计中具有重大的意义。在具体的方案设计中应当选取相应法规中的坡度规定作为坡度设计的限定值域，约束道路及广场的竖向设计。

②坡向

坡向主要通过影响人的活动来影响道路、广场的选址。一方面，大多数情况下，供人游憩停留的广场应当位于阳坡，以满足人的心理及生理需求。另一方面，由于强烈阳光的直射，向南侧观景往往令游人不适，故观景平台又适宜处于山体的阴面。在实际的设计中可以根据具体项目的侧重点不同，选取不同的坡度倾向。

③路线长度

路线的长度是道路选线需要考虑的一个指标，路线的长度直接关系工程造价和施工周期。风景园林道路选线需要综合考虑造价与游赏需要之间的平衡。道路选线结束后，路线的长度可以作为多方案比较中的一个参考标准，用以决定方案的取舍。

④美景度

风景区道路、广场是景观设计呈现的主要媒介之一，如何能让游人观赏到最佳的景观，做到步移景异，应当是设计师们首先考虑的问题。美景度是指景观优美的程度，是景观评价的一个指标。景观自然的美具有客观性，目前风景园林领域关于美景度的评价已经有相当多的研究，评价方法也多种多样，由于本书研究的重点不在于此，故不一一赘述。

风景园林设计中应当对场地美景度高的区域或者有开发潜力的景观点进行调研，之后可运用缓冲区分析得到美景度较高的区域，园路以及供人停留、游憩的广场、平台的设计应当尽量靠近这些区域。美景度的影响范围跟人的视觉距离及景物的体量、观赏点有关。因此景观美景度的数据应当是三维的覆盖区域，而非仅仅是二维平面投影所能描绘。

⑤地质适建度

地质灾害的探测、调查、分析对于道路广场的选址起着非常重要的指导作用。风景园林工程中相关的地质灾害主要包括滑坡、泥石流、崩塌、危岩、潜在不稳定斜坡、岩溶、采空区塌陷等。在风景园林竖向设计中应当对拟建场区的地质灾害危险程度、各种地质灾害高发区进行分析，并纳入到道路、广场、建筑选址系统中加以考虑。

⑥生态敏感度

除了坡度的因素外，道路、广场等选址应当尽量不破坏现状水域、植被保护区等，以免建设及使用过程中扰动既有生态的平衡。生态敏感度的数据可由植被、水域、土壤三种栅格数据进行加权叠加后获得。

⑦道路及广场参数化竖向设计技术路线（图 4-27）

道路平面选线过程必须综合考虑场地的地形、地质、生态、用地状况等因子，在复合分析基础上进行道路设计。对上述坡度、坡向、美景度、地质层、植被层等各个指标进行调查并录入空间数据后，根据设计师给定的选线条件进行图形叠加、运算，得到满足要求的选址范围。若该范围不符合设计的需求，则须对初始条件及图形运算方式进行相应修改，如此交互进行，即可得到诸多因素均衡优化的道路选线方案。

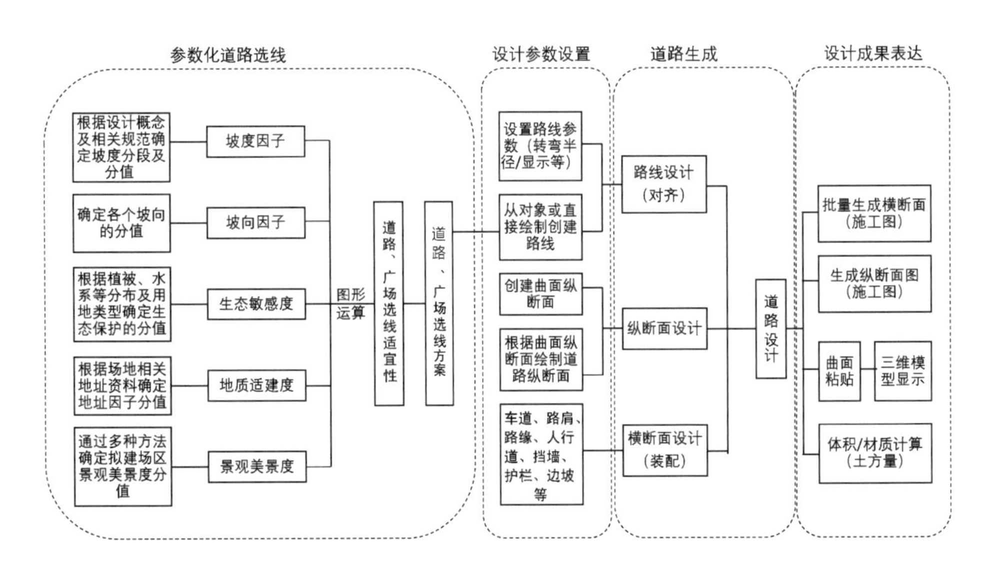

图4-27　道路及广场参数化竖向设计技术路线

除了道路平面选线，参数化竖向设计中的道路设计还包括道路纵断面设计、道路横断面设计及道路生成三个过程。其中道路的纵断面设计决定了道路各段的坡度、高程等，在设计中应当通过比对最终的土方工程量数据与道路三维形态，不断调整，通过这种交互式的设计方法，最终得到各方面综合优化的道路数据。道路横断面的设计中应当兼顾道路边坡的放坡形式及坡度，科学合理地配置横断面图。在 Civil 3D 中道路的生成是通过软件来实现的，其将道路的横断面与纵断面图联系起来，并可以根据横、纵断面图的变化实时更新包括道路模型、材料统计数据、土方数据在内的道路数据。Civil 3D 基于三维动态的数字地形模型实现了道路及广场竖向设计的全程联动。

3）竖向与景园建筑选址

确定景园建筑选址及标高也是风景园林竖向设计的主要内容之一。随着 GIS 技术的推广应用及新兴软件（如 Autodesk Civil 3D）的开发，这类空间选址问题已经比较容易解决。

风景园林设计的基址很大一部分都是位于山区的自然风景区；我国山地面积所占比重多，由于耕地限制，且平原地区开发已逐渐趋于饱和，因此，山地条件下的建筑选址仍将会是业内的一个重大课题。

传统的建筑选址基于人工实地踏勘，缺乏充足的理论依据及数据支持，不够精确，选址结果也具有一定的偶然性。而在自然风景环境中，由于森林覆盖率高，地面荆棘不堪，难以深入，通常缺乏实地踏勘的条件。在此情况下，基于数字地形的新的建筑选址的方法亟待探索。本节以山地景观建筑选址为例，对建筑选址与竖向设计的相关内容进行探讨，进而探索更为科学的参数化的景观建筑选址方法。

（1）影响景观建筑选址的竖向因素

①地形

地形包括地貌、地物与土地利用，是决定景观建筑选址的基本依据。

地貌是建筑施工的支撑，是建筑环境的下垫面。地貌条件对建筑工程的选址、施工技术的选择等往往起决定性作用。设计师只有基于对地貌要素的深入分析及整体环境的准确把握，才能够合理确定各个地块的用地性质、决策施工的技术方法等。另外，地貌也是建筑空间形态的依托。地貌条件常常决定地块的建筑、景观形态和空间构成，也影响着它的美学特征。对地貌空间形态的分析，可以帮助设计师形成对地块的总体认识，了解地块的空间特征及意境，从而在设计时能够对整体进行理性分析，在局部上巧妙地把握建筑与环境的关系。

坡度和坡向是地貌空间形态最重要的两个因素。在山地环境中，坡度是决定建筑施工难度的一个重要指标。坡度通常影响着施工时的开挖土方量，土方量的大小直接影响建筑成本，从而影响经济效益。在坡度较大的地方进行建设，一方面可能会破坏原有地貌的稳定性，引发各种地质灾害；另一方面也很容易造成水土流失，破坏原有生态环境。地表的形态起伏，很大程度上也决定着地块的使用性质。通常我们以平坡、缓坡、中坡、陡坡和急陡坡的分类来描述坡度的差异，在风景园林规划中，设计师根据长期工程经验，总结出了各种坡度类型地块的工程建设适宜性（表4–9）。

表4–9　地貌坡度与工程适宜性的关系

项目	坡度(%)				
	<5	5~<10	10~<15	15~<45	>45
土地使用	适宜各种类型	只适宜中小规模建设	不适宜大规模建设	不适宜大规模建设	不适宜大规模建设
建筑形态	适宜各种建筑形态	适宜各种建筑	适宜小型景观建筑，建筑区内需阶梯	只适宜阶梯式景观建筑，限制性比较大	不适宜建筑
活动类型	适宜各种大型活动	只适宜非正式活动	只适宜自由活动或山地活动	基本不适宜活动（可以开发攀岩活动）	不适宜活动
道路设施	适宜各种道路	适宜建设主要和次要道路	小段坡道车道，不宜与等高线垂直	不适宜	不适宜

资料来源：《建筑师设计手册》，建设部建设设计院等合编译，中国建筑工业出版社，1995。

另外，相关的法律法规对于建设用地的适宜坡度也做出了比较明确的规定（表4–10），可以作为景观建筑选址的参考性依据。《城市用地竖向规划规范》中规定：当用地的自然坡度小于5%时，场地宜规划为平坡式；当用地自然坡度大于8%时，场地宜规划为台阶式。这些规定对于参数化风景园林竖向设计有着十分重要的指导作用。

表4-10　城市主要建设用地适宜规划坡度

用地名称	最小坡度(%)	最大坡度(%)
工业用地	0.2	10
仓储用地	0.2	10
铁路用地	0	2
港口用地	0.2	5
城市道路用地	0.2	8
居住用地	0.2	25
公共设施用地	0.2	20
其他	—	—

资料来源:《城市用地竖向规划规范》(CJJ 83-99)。

坡向对景观建筑选址也有一定的影响，建筑物的朝向不同，其采光、通风的条件也往往不同，从而影响了建筑的室内居住环境。我国地处北半球，对于大多数建筑选址而言，东南向、南向是比较好的朝向。南向开窗有利于引入夏季的凉风，又可以避免冬季寒冷的北风，有利于建筑的节能保温。另外，大多数人，特别是身处室内生活、工作时间比较长的人，通常喜欢户外活动，如沐浴阳光、呼吸自然空气等，建筑选址应满足人们与外部空间接触的需求，故建筑物的整体环境宜朝向阳面。在山地环境中，有时还要考虑山体本身阴影的影响。山体的遮挡往往会造成建筑采光的不足，因此选址过程中需要对山体阴影进行分析。

土地利用状况与景观建筑选址也有着密切关系。风景园林设计的场地中常包含拆迁建筑用地、废弃工业厂房用地以及道路用地、采矿场地等。这些区域由于原有建筑的基础往往还仍旧存在，地质条件较为稳定，相对有利于新建建筑的选址；而历史用地为农田、林地、河道等的应当避免进行大规模建设，宜用作生态修复用地。在景观建筑选址中应当对用地状况这一因素设置一定的权重加以考虑。

另外，地表的各种地物，如道路、水域、植被、居民地等，也会对景观建筑选址造成不同程度的影响，在具体项目中应酌情加以考虑。

②地质

选址地的地质状况对建筑的安全性至关重要。地质状况具体包含的内容有：地质年代、不良地质现象（地震、断层、滑坡、崩塌等）、地下水、构造破坏带、褶皱变化带、岩相、岩体、岩片硬度等。当下的选址勘察工作主要为搜集和分析区域地形地貌、地质、地震、矿产和附近地区的工程地质资料，而后进行定性考虑，没有量化也未纳入综合选址分析过程之中。

③水文状况

如果基地位于河流或有山洪暴发的河谷附近，景观建筑选址应当避免位于山谷的最底部。建筑选址中应当考虑河流的常水位、汛期水位，山洪暴发的程度、波及范围等因素。选址中除了应对地表水进行研究，还应对地下水位进行核查。另外，产生较多污染物的建筑物不宜太过靠近水域，以免污染水体。建筑选址的备选地位于大面积水域周围时，应优先选取水域的北侧，在夏季东南季风的影响下，有利于引入凉风，改善室内物理环境。

④气候

通常情况下，风景区处于同一个气候带之中，气候状况大体相同。但由于地形地貌的差异，场地中各处的微气候会有所不同。风景园林建筑选址过程中必须加强对微气候的关注，才能更节能、高效地维持拟建建筑的室内外物理环境。对微气候的考虑主要包含两个方面的含义：其一是风，建筑应当面向夏季主导风吹来的方向，且应垂直于空气污染源或位于其上风向，建筑不宜暴露在山顶等大风环境中，也不应布置在山坳等空气不流通之地。其二是对空气干湿度的考虑，传统的风水学中提倡的背山面水有其科学性，因为这样的位置不仅可以提供适宜的空气湿度，而且由于水体的比热大，温差变化较小，有利于寒冷或炎热环境下建筑的保温和散热。

在具体的参数化竖向设计中，可运用流体分析软件来确定场地内风环境的状况，赋予其权重，纳入景观建筑选址的叠置分析过程中。

影响选址的因素十分复杂，不同的选址对象关注的重点不同，需针对具体情况及设计要求进行分析。分析过程中可采用 AHP 法、德尔菲法、模糊模式识别理论、回归分析法等得出选址影响因子的权重值，然后对不同的因子进行加权叠加分析，最终得到景观建筑选址适宜性的结果。

（2）参数化景观建筑选址技术路线

景观建筑选址主要包含的参数有坡度、坡向、生态保护因子、地质状况因子、气候因子等，通过相关因子的加权叠加可以得出景观建筑选址适宜性分析的结果，而后结合具体的项目设计确定选址位置及高程。参数化景观建筑选址方法是参数化竖向设计的重要组成部分，其具体操作模式如图 4-28 所示。

（3）GIS 在景观建筑选址中的作用

传统的建筑选址不能方便地组织、分类多源的数据，更不能对数据进行综合性地数字分析。随着地理信息技术的快速发展，GIS 技术在规划选址决策中也得到了广泛和充分的应用。GIS 软件内部所蕴含的参数化的理念，推动了风景园林学科的发展。其强大的信息分析能力、图形表示能力和空间数据的管理能力，使其在城市规划选址决策中发挥着越来越重要的作用。

①优化选址

在规划选址过程中，土地资源以及土地资源的保护是规划部门需要重点

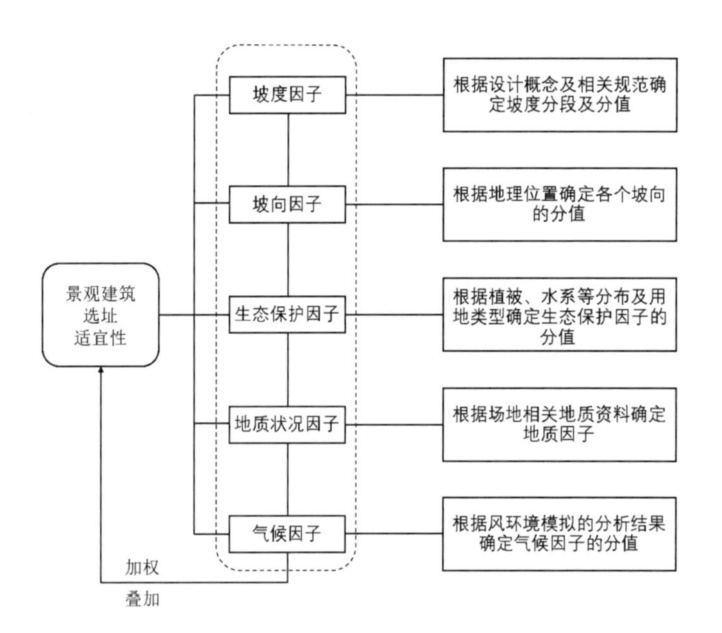

图4-28　参数化建筑选址技术路线

解决的问题，这就造成了土地资源和用地需求以及土地资源保护和土地开发之间的矛盾。土地的合理利用可以解决这两方面的矛盾，而土地的合理利用主要通过优化选址来实现。进行优化选址主要具有两方面的意义，一是可以对地类和需求面积进行协调，二是可以对空间布局进行协调，面积可以通过数学的统筹学来解决，而空间布局的协调主要是运用空间分析方法。

②进行空间查询

在规划选址过程中，要经常对几何参数、空间位置、空间关系、空间数据等进行查询，通过 GIS 可以方便、快捷、高效地实现这些功能。

③进行叠加分析

叠加分析是 GIS 非常重要的功能之一。在风景园林设计中，很多问题都受到多个要素的影响，而且诸多要素的影响权重也不尽相同，通过 GIS 的叠加分析可以综合地考虑诸多方面的影响，从而达到多目标同时平衡的设计最优解。

④进行缓冲区分析

在规划选址过程中，设计师经常需要按一定的缓冲条件建立缓冲多边形，或者需要建立正在建设的未来实体的相关地带，这些都需要进行缓冲区分析。GIS 的缓冲区分析应用十分普遍，它可以建立基于点、线、多边形的缓冲区，满足设计中的需求。表 4-11 为风景园林设计中常用的建筑选址考虑的因素及对应的 GIS 解决方法。

表4-11　影响选址的自然区位因素及GIS解决方法

<table>
<tr><th colspan="2">类别</th><th>方法</th></tr>
<tr><td rowspan="2">地形</td><td>地貌与土地利用：
（1）地貌
① 种类：山地、平原、丘陵，
② 高差、坡度坡向分析、坡度分级等；
（2）土质、土地利用类型、土地利用率等</td><td rowspan="5">坡度坡向计算分析
空间方位分析
邻域分析
缓冲区分析
叠加分析
网络分析
可视域分析
通视分析
聚类分析
再分类
Voronoi图算法
Delaunay三角网
距离量算（空间距离、时间距离、费用距离等）</td></tr>
<tr><td>地物：
（1）道路：路面性质、路段质量、数量、等级、通行度、长度、方向、路段重复量、路网密度等；
（2）水域：类型、分布等；
（3）植被：类型、分布、密度、间距等；
（4）居民地</td></tr>
<tr><td>地质</td><td>不良地质现象（地裘、断层、滑坡、崩塌等）、地下水、构造破坏带、褶皱变化带、岩相、岩体、岩片硬度等</td></tr>
<tr><td>水文</td><td>地表和地下水分析、洪涝灾害影响等</td></tr>
<tr><td>气候</td><td>温度、湿度、风力风向、降水量等</td></tr>
</table>

4）竖向与空间营造

按照诺曼·K. 布思所著《风景园林设计要素》一书所述：“从形态角度来看，景观就是虚体和实体的一种连续的组合体。”实体是指制约空间的因素，包括地形、植被、建构筑物等。实体所围合限定的空间即为虚体。由于地形的支配作用，风景园林环境中的实体与虚体通常主要依靠地形形成。地形类型可分为平地、凸地、山脊、凹地以及山谷等。不同类型的地形所形成的空间有着不同的特征，对其特征的研究有助于在概念构思阶段制定恰当的竖向设计原则，并指导竖向设计的全过程。

（1）平坦地形是所有地形中最简明、最稳定的地形，其所呈现出的静态性特征往往能给人舒适、平和的感觉。其缺点是不能形成私密的空间限制。平坦地形中竖向设计的主要任务是组织排水。

（2）凸地形通常表现为土丘、丘陵、山峦以及小山等，它们既是观景之地，同时又是造景之地。在景观环境中，凸地形可以作为视觉的焦点存在，尤其是在其周边环境较为平坦时。凸地形所对应的空间是外向性的，置身其上，视线是开放的、全方位的（图4-29）。

凸地形会对光照和风造成影响，从而形成不同的微气候，分析其坡度、坡向，对于组织道路、建筑及场地选址有十分重要的指导作用，如：在大陆温带气候带内，南及东南向的坡面，冬季可受到阳光的直射，是理想的活动场所；北坡则气候寒冷，不适合大面积开发。针对凸状地形的竖向设计中可以方便地组织排水，但由于坡度的影响，道路组织会相对困难。

（3）从排水的角度来讲，山脊线的作用就像一个“分水岭”。落在脊线

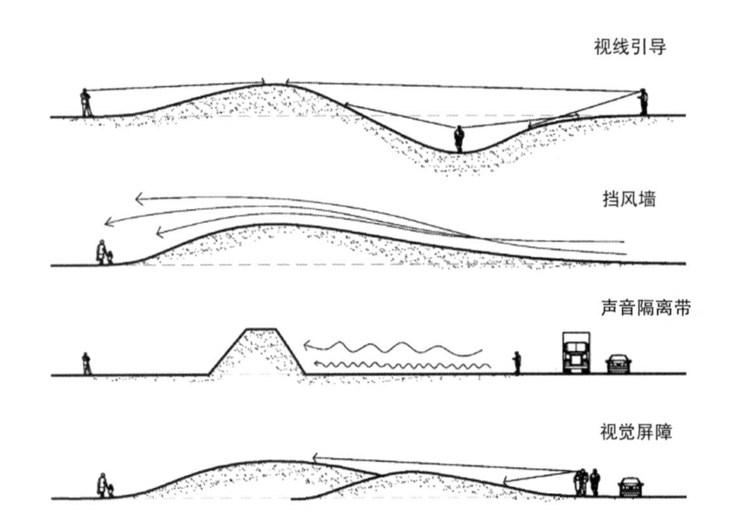

图4-29　凸地形的作用

两侧的雨水，将各自汇集到不同的排水区域。由于坡度的原因，沿着脊线行走较为容易，但垂直脊线运动，就十分艰难。同时，由于坡度较小，山脊通常是大小道路、停车场与布置建筑的理想场所。

（4）凹地形在自然环境中的表现形式通常为低地、洞穴、凹地。凹地形的空间具有内向性和封闭性的特征。处于其中的人的视线一般会汇聚到其中心，因此十分适宜作为下沉剧场等功能。另外，凹地形可以避风，热量耗散较慢，利于形成宜人的微气候。凹地形的缺点是排水不畅，容易积水，也因此可以作为景观湖或者泄洪地。

（5）谷地通常为水系汇集的区域，土壤肥沃，植物繁茂，生态较为敏感。谷地一般景观较好，适宜各种景观活动的开展，但由于自然灾害的多发性，因此并不适宜较大规模的开发建设，尤其在建筑选址时应当特别注意。在具体的设计中，景观要素的布局应当与谷地的走向相协调。

另外，在现代景观设计中，大多已不追求地形的绝对高差，而多采用微地形的处理手法，以达到景观效果与工程功能多方面优化的最佳平衡。采用微地形有利于景区内的排水，防止地面积涝。同时微地形的利用还可以通过增加绿地的表面积来增加城市绿地量。微地形的塑造也提高了绿地蓄水能力以及提升防风、防灾等方面的功能。

在风景园林设计中，竖向设计对景观空间营造起着至关重要的作用。竖向设计主要通过自然地表的形态即地形的塑造来分隔、围合空间，引导、转换视线，从而丰富人的景观体验，并满足室外空间各个方面的功能需求。

园林地形具有围合空间的作用，竖向没有任何变化的地形（即平坦地形）给人造成的空间感是最弱的。通过为地形来塑造不同属性的空间是现代园林设计的最重要的方式之一。地形不仅可以直接围合空间，形成高低起伏错落

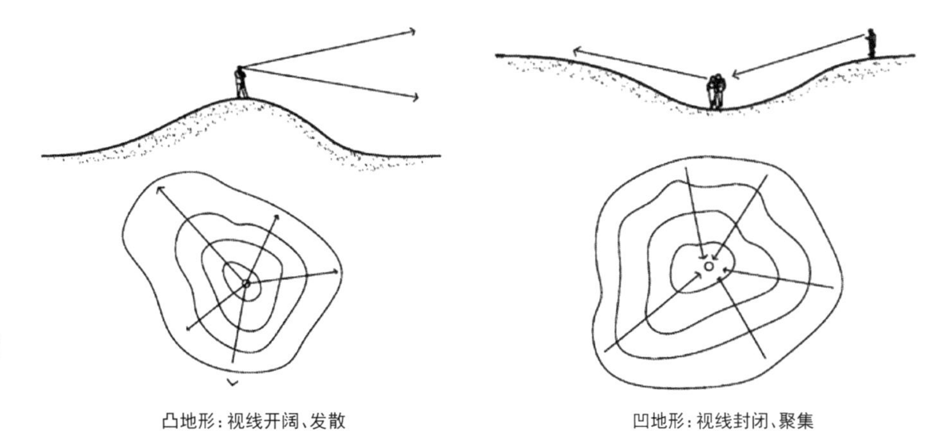

图4-30 凸地形与凹地形的特点
（图片来源：诺曼·K.布思.风景园林设计要素[M].北京：中国林业出版社，1989.）

的室外环境，而且作为种植设计的基面，其变化还可以改变景观环境中的天际线和林缘线。

地形对空间塑造的另一个重要作用是对视线的引导（图 4-30）。常用的手法主要有作为景点引导视线、作为屏障隔绝视线和作为背景三种方式。凸地形和凹地形视线开闭相反，均可组织成为观景及造景之地。凸地形如山岗、丘陵常作为视觉焦点成为景观的标志物；而凹地形则常聚水成湖，构成水景，由于其向心性很强，有时也结合草坡，作为露天剧场等空间。对于有私密性要求的场所，也可以利用地形来阻隔视线，效果极佳且显得十分自然。地形往往作为空间的背景，用以反衬景观主题，各种地形要素之间也可互为背景。另外，地形不仅可以引导人的视线，还可以组织人的行为，屏蔽寒风，改善微气候，隔绝噪音等。

风景园林设计的对象大多都有初始的自然的地形作为限制条件。这些现状条件是场地与自然长期磨合的结果，大多数情况下是大自然所赋予的最适形态。因此，场地地形的形式应当与之相和谐，才能达到资金投入的最小化和环境收益的最大化。

5）竖向与生境营造

生境（Habitat）指生物的个体、种群或群落生活地域的环境，包括必需的生存条件和其他对生物起作用的生态因素。生态学中，生境又称栖息地，由生物和非生物因子综合形成。土层除了满足植物的生长，其中还包含大量的微生物、昆虫、小型动物等，它们共同构成了景园环境的生态系统。如果设计中破坏了这一土壤生态系统，往往会导致土壤的一系列属性发生变化，进而影响植物的生长。竖向设计的操作中应当兼顾考虑生物因素，包括分布的植物种类、种的盖度、多度与优势种、群落类型以及病虫害状况等。

营造植物生长需要的生境，调节微气候，以满足不同植物的生长条件。针对场地的土壤、水文条件，采用与之相适应的苗木。另外，通过植物配置与

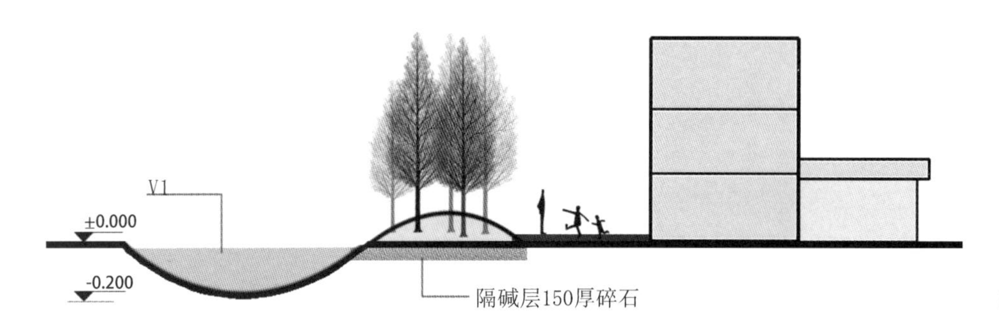

图4-31 生境改良示意图

地形的结合，形成丰富的园林天际线。植物竖向规划设计通过对植物栽植的竖向规划设计，对不良景观进行遮挡，同时丰富园林空间，创造高品质室外环境。如大丰高新区城市设计中利用下挖地形形成水系，同时利用挖掘出来的泥土堆成山形，丰富场地的竖向空间。由于现状条件地下水质具有很强的碱性，不适合植物生长，因此在工程实践中采用在常水位处增加 150 厚碎石作为隔碱层，改善土壤环境，为植物生长提供合适的生长条件（图 4-31）。

4.2.1.3 挖填方平衡与竖向设计优化

在风景园林竖向设计中，场地地形的改造往往是一个必不可少的环节，这就必然涉及挖填方的问题。土石方与防护工程是竖向设计方案是否合理、经济的重要评价指标，同时也是风景园林工程投资估算的必须依据。

土方量的计算是风景园林工程施工的一个重要步骤。常用的几种土方计算方法有等高线法、方格网法、断面法、平均高程法、DTM 法以及区域土方量平衡法等。Civil 3D 的土方量计算模型的核心是三角网格法，通过道路、地形等生成的曲面与已有地面相比较来计算土方量。与其他方法相比，这种通过两个曲面来计算土方量的方法非常精确。Civil 3D 中可以按照里程范围或者特定的里程位置，自动创建道路的横断面采样线，并为道路定义材质列表，快速地在设计的各个阶段进行土方量和道路材料用量的计算，生成土方调配图，进而为工程造价、方案优选及准确施工提供参考。

土石方工程包括场地平整、道路及水系等工程土石方量的估算与平衡等内容。《城市用地竖向规划规范（CJJ_83-99）》中对各类城市建设用地土方工程量定额及平衡标准做出了相关规定（表 4-12）。风景园林竖向设计中的土石方与防护工程应按照以下原则进行。

（1）满足用地使用要求

设计中土方的调整大多是对不适宜建设的区域进行修整，因此土方调整首先应当满足功能的需求，确保工程建设的安全性与可靠性。

（2）节省土方与土方平衡

在土方工程中应当尽量节省土方，做到挖填方就近、合理、平衡，以减少土方挖填、运输耗费的时间、人力及物力，缩短工程时间，降低工程造价。

（3）合理确定护坡形式及坡比

设计中应当根据场地的土壤、地质状况、设计概念以及服务工程的安全性要求确定护坡或挡墙的形式，并参照规范要求确定护坡的坡比。

表4-12　各类城市建设用地土石方工程量定额及平衡标准

用地性质	场地类型					
	平原地区		浅丘中丘地区		深丘高山地区	
	用地土石方工程量定额（m^3/m^2）	用地土石方平衡指标（%）	用地土石方工程量定额（m^3/m^2）	用地土石方平衡指标（%）	用地土石方工程量定额（m^3/m^2）	用地土石方平衡指标（%）
工业仓储用地	<0.8	<8	>0.8 ~ 1.5	<12	>1.5 ~ 2.5	<15
居住用地	<1	<10	>1 ~ 2	<15	>2 ~ 3	<20
铁路用地	<0.4	<7	>0.4 ~ 0.8	<10	>0.8 ~ 1.4	<15
道路用地	<0.8	<10	>0.8 ~ 2	<15	>2 ~ 3	<20
各类站场用地	<0.6	<10	>0.6 ~ 1	<15	>1 ~ 2	<20
机场用地	<0.6	<5	>0.4 ~ 0.8	<7	>0.8 ~ 1	<10

资料来源：《城市用地竖向规划规范（CJJ_83-99）》。

土方量主要涉及五个参数：挖方体积、填方体积、净体积以及松散系数和压实系数。在土方工程中，土壤经挖掘后，会破坏其组织，造成体积增大；而将土壤回填后，其压实程度不可能达到天然的状态，因此在土方量计算时必须针对土壤状况确定其松散系数与压实系数才能尽量减少计算误差。

①松散系数（k）

松散系数是指土石料松动后的体积与土石料未松动时的自然体积的比值。它反映了挖方过程中土壤的松散程度，可用如下公式表述：

$$k = V_2/V_1$$

其中，k表示松散系数，V_2为土石料松散后的体积，V_1为挖方前原来岩土的体积。目前在国内的建筑及景观工程中，主要有两种方式确定土壤的松散系数。其一为现场取样实测，该方法较为实用，精确度也较高；另一种即根据现状土壤的性质查询经验性的松散系数统计表。

②压实系数（λ）

压实系数是指土方工程中，回填土经压实后的干密度与经试验所得的最大干密度的比值。压实系数通常作为设计数据，必须根据工程设计的实际需要与相关规范来确定，如《工业企业总平面设计规范》（GB 50187—2012）规定：场地内建筑地段压实系数不应小于0.90，道路路基地段压实系数不应小于0.94，近期预留地段则不应小于0.85。

在风景园林竖向设计与施工过程中必须综合考虑土壤的松散系数和压实

系数，以保证土方工程的理论计算值与实际土方工程量相吻合，从而做到真正的土方平衡，避免产生大量多余土方或者填方量不足等问题。在 Civil 3D 软件中设定土壤的松散系数与压实系数，可以极大提高土方工程量的计算精度。

4.2.1.4　参数化风景园林竖向设计

以风景园林规划与设计的科学性与合理性为总目标，关注影响自然生态与人文社会的景观演变过程，并构建起整套基于数字技术平台的风景园林设计模型。采用野外调查、资料搜集、数据统计分析与 3S 技术有机结合，进行数字化景观建构，实现为某一典型特征的风景园林规划与设计提供科学依据和技术支撑，为建立和完善自然生态与社会经济协调发展做出贡献。

场地信息建模（Site Information Modeling, SIM）是依据地形的特征，制定相关建模规则和方法，生成基本的地形空间几何模型（图 4-32、4-33），并通过现场调查以及数字化信息的获取，结合相关的气候、土壤、水文、植被、动物栖息、建筑等人文痕迹研究成果的综合分析，构建风景园林地形特征体系的数字模型。建立起来的场地信息数字模型可根据不同的尺度要求获取地形、气象、水文、地质、人文、社会、经济等统计数据，进而对场地中自然人文特征系统进行研究。

参数化风景园林地形设计首先需要对存在显著差异的景观进行特征分析，建立起景观特征数据库，例如可以分为河流、湖泊等流域景观，城市景观，乡村景观，自然保护地等。根据风景园林类型的不同，挖掘各自场地中的自然文化特征及其动态演变规律，建立起具有各自显著特征的风景园林地形设计的数据库系统。其次，风景园林的变化和适应性具有一定的规律性，利用各种数据挖掘技术，建立一种较为精确的诊断模型，以此为风景园林地形设计提供理性依据。最后，为风景园林的未来进行动态预测与模拟，使得风景园林发展方向沿着某种良好并可控的范围演进，进而发挥出更为高效的自然文化潜能，对人和自然的发展都具有良好的促进作用。

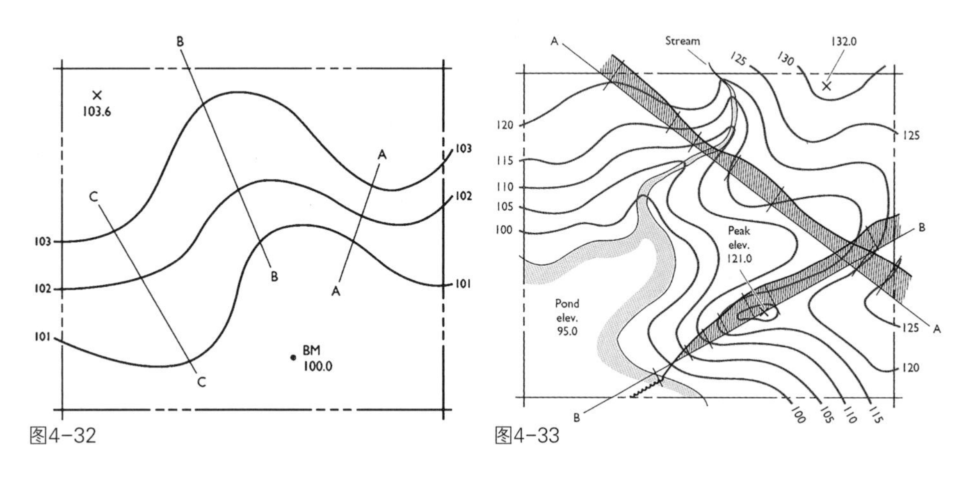

图4-32　场地地形建模等高线表达坡度和坡向

图4-33　地形模型分析方法（剖面的自动生成）

通过地理信息系统以及实地勘测数据等多种方式采集场地信息，建立风景园林地形设计模型。以场地信息模型（SIM）作为风景园林地形设计的基础，充分利用参数化设计平台以及海量数据库和数字图像等资源，为设计的初期评价，设计方案的优化，工程施工、建设后的评估与管理提供科学化服务。

（1）设计前期评价

设计前期评价过程将风景园林地形和其他相关设计因子相结合，利用数字量化和多元统计分析，对风景园林地形可能发生的演化特征做出定量分析和判断。

传统的风景园林设计前期都需要对场地进行实地调研，通过对自然文化环境的感性分析，制定相关的设计策略和解决方案。而参数化风景园林地形设计首先是要获取风景园林设计场地的地理生境层面的数据信息，对影响风景园林地形设计的场地要素进行全面模拟、分析和数据化，采用计算机编程技术对风景园林地形演变的过程进行参数化评价，为风景园林地形设计的生成提供科学依据。所评价的内容包括：场地物质流动、土壤侵蚀沉积过程、地表水排放与收集、水文状况、土地利用、交通、选址、土方量、运行成本预估等，并以此为基础推断地形设计的最优解。

（2）地形设计方案优化

将所收集的水文、植被、土壤和人文环境等场地信息进行数据定量化分析，筛选出适合场地改造的具体风景园林地形设计区域，对引导风景园林地形改变的驱动机制进行研究，并提出与目标相吻合的风景园林地形建设方案。

风景园林地形设计主要涉及的是场地形态、空间及其土方等问题，在研究的初期最好针对某单一目标拟定目标函数，而其他因子基本相同，这在完成地形设计过程中的高程、坡度、坡向、土方、占地面积、荷载、汇水等因子的设计具有重要作用。在对坡度、土方量等的设计过程中，就可以直接利用Civil 3D进行建模、计算和设计优化。而对于其他的因子，例如生态群落、水文、空间布局、景观设施以及风景资源等关联性因素，则需要对相关数字技术平台进行二次开发，甚至是基础性研发，才能实现参数化设计，通过改变相关数据参数进行运算、模拟，在复杂系统中寻求合理的解决方案。

（3）项目建成后评估

建成后评估是在数字技术平台基础上，利用具有可变参数的景园模型对项目未来的发展进行模拟预测和评估。其作用机制是结合周边自然与人为的干扰，对该场地的地形及其相关因素演化趋势进行分析、模拟以及效益评估，为确立最终方案提供建成后的优化参考。

评价指标数据库的科学构建，建立在对具体的风景园林特征分析的基础之上。例如广场景观、城市公园、水域景观（如河流、湖泊）、乡村景观（如农田、村落）等不同特征类型的场地环境，其评价方式和指标具有显著差异。此外，设计师眼中的好作品不一定能得到公众的认可，如狮子林假山设计在古典园林中并不能称之为掇山的最高典范，可是却备受广大市民和游客的喜欢，这种情况该如何评价？因此需区别对待各类评价标准，保证利用数字技术进行量化的合理性。

选择可量化的环境因子，建立项目完成后多目标评估体系，在满足主要目标的前提下，控制造价，实现风景园林地形设计的整体优化。基于风景园林特征描述的动态演变数据模型，为风景园林生态因子评价体系提供了更为客观的依据，并在实际建设的过程中进行动态维护与更新，以确保数据的时效性与准确性。生态因子评价体系的构建为风景园林实施过程以及未来的发展都能够沿着某种可控的范围演进提供了基本保证，进而使风景园林的参数化设计方法发挥出高效的潜能。

4.2.2 水文数据分析

4.2.2.1 水文数据的获取

水文数据主要包括地表水、地下水水质数据以及河、湖地形等相关属性数据，包括原始监测数据、整理汇编成果数据和统计分析成果及应用支撑数据。1949 年新中国成立之初，全国有水文站 148 处、水位站 203 处、雨量站 2 处。截至目前，我国已建成各类水文站点 3 万多处，形成包括水位、流量、降雨量、水质、地下水、蒸发量、泥沙等项目齐全、布局比较合理的水文、水资源数据网络。由于水文站点都设置于较大的河流交汇处，所以对于中小尺度的景园环境而言，此类数据并不能得到有效应用。因此，景园环境中的水文数据获取更偏向于传统的现场调研或利用传感器实时监测水量、水质的变化。传感器监测系统的应用，很大程度上拓展了中小尺度水文数据的监测和分析、评价。景园环境水文数据主要分为三类，一类是河湖水系等水体的形状、地形等相关属性数据，可以通过测绘、遥感技术等方法获取；其次是区域范围内较稳定或变化差异不明显的水文数据，包括降水、蒸发散数据，可以利用国家或省级气象部门的数据监测平台获取；最后是特定场地的水文数据，包括入渗、土壤含水量、地表径流量、水质等，可以通过人工定期调研获取，也可以利用传感器监测设备实时获取。

4.2.2.2 水文数据的分析

1）降水－径流计算

（1）降水

降水强度是指在某一历时内的平均降水量，可以用单位时间内的降雨深度表示，也可以用单位时间内的单位面积上的降雨体积表示。气象上按照降水强度，可将降雨划分为小雨、中雨、大雨、暴雨、大暴雨和特大暴雨。降水强度公式是反映降雨规律、指导城市排水防涝工程设计和相关设施建设的重要基础。根据《城市暴雨强度公式编制和设计暴雨雨型确定技术导则》等技术规范，基于当地不少于30年的降水事件编制的各城市降雨强度公式，普遍以 $i=A_1\cdot(1+C\lg P)/[(t+b)^n]$ 表示，P 为重现期，t 为降水历时（min），A_1、C、b 为各地区参数，n 为暴雨衰减系数。例如，南京降雨强度公式为：

$$i=\frac{64.30+53.80\times\lg P}{(t+32.90)^{1.011}}$$

但由于该公式为拟合公式，并不能完全与真实降水事件吻合，因此采用实时监测的降水数据更能体现降水事件的真实性。

（2）潜在蒸发量

潜在蒸发量（Potential Evaporation，即PET）是指充分供水的下垫面（即开阔水体或充分湿润的地表）蒸发、蒸腾到空气中的水量，又称为可能蒸发散量或蒸发散能力。PET与气温、风、空气湿度以及太阳辐射等因素相关。它能够较为全面地反映出研究区域内地表的蒸发散能力。若某一地区的年降水量小于该地区的PET，则该地区很难形成有效降雨，即该地区降雨多被蒸发掉，并不能形成地表径流。

潜在蒸发散量一般根据研究区域内的气候参数、地表类型、地表水（湖、海等）、土壤类型、植被覆盖情况等进行估算。通常情况下，由研究地区的基准气象站的气象资料和以短草为地表覆盖植被可以计算得到该地区的基准蒸发散量。基准蒸发散量乘以相应的表面系数即可得到潜在蒸发散量。但在推求较大面积的地区的PET时，由于植被分布的不均匀性，较难得出准确的表面系数，因此多采用其他方程求得。

关于潜在蒸发量的计算，常用的几种方法有Hargreaves方程、能量平衡方法、Penman联合方程和渗流观测方法等。由于Hargreaves方程较为简化，且计算精度可以满足要求，因此通常采用Hargreaves方程来计算潜在蒸发量。

（3）径流

径流指降落到地表的降水在重力作用下沿地表或地下流动的水流。径流可以分为地表径流与地下径流。它们之间关系密切，且通常情况下可以相互转化。流量、径流总量、径流深度、径流模数与径流系数等是水文学中常用的表达地表径流的特征值。

径流量是指在某一时段内通过某一过水断面的水量，常以立方米每秒表示。瞬时径流量计算公式：

$$Q = 10i\varphi F$$

式中：i 为降雨强度，单位为 mm/min；φ 为综合雨量径流系数；F 为汇水面积，单位为 ha。

径流总量是指某次降雨总量下或某一时段内通过某一过水断面的总径流量。径流总量 $W = Q\Delta t$，Q 为某一时段的平均径流量。某次降雨情况下，径流总量等于降雨量与蒸发和下渗量的差值，可根据容积法计算，径流总量计算公式：

$$W = 10H\varphi F$$

式中：H 为降雨总量，单位为 mm；φ 为综合雨量径流系数；F 为汇水面积，单位为 ha。

表4-13　地表径流系数经验值

岩土类别	φ
重黏土、页岩	0.9
轻黏土、凝灰岩、砂页岩、玄武岩、花岗岩	0.8 ~ 0.9
表土、砂岩 、石灰岩、黄土、亚黏土	0.6 ~ 0.8
亚黏土、大孔性黄土	0.6 ~ 0.7
粉砂	0.2 ~ 0.5
细砂、中砂	0 ~ 0.2
粗砂、砾石	0 ~ 0.4
坑内排土场，以土壤为主者	0.2 ~ 0.4
坑内排土场，以岩石为主者	0 ~ 0.2

注：①本表内数值适用于暴雨净流量计算，对正常降雨量计算应将表中数值减去0.1 ~ 0.2；
②表土为腐殖土，表中未包括的岩土则按照类似岩土性质采用；
③当岩石有少量裂隙时，表中数值减去0.1 ~ 0.2，中等裂隙减去0.2，裂隙发育时减去 0.3 ~ 0.4；
④当表土、黏性土壤中含砂时，按其含量适当将表中数值减去0.1 ~ 0.2。

地表径流系数指的是同一时间段内流域面积上的径流深度（mm）与降水量（mm）的比值，通常以小数或百分数表示。径流深度指在计算时间段内，总径流量平均分布在相应的流域面积上的水层厚度。利用地表径流系数可以估算目标流域范围内土壤渗透的水量（表 4-13）。

2）基于 ArcGIS/Civil 3D 的水文分析

ArcGIS 中可以运用水文分析工具模拟地表水的流动过程。借助地表水的运动模型，设计师可以了解场地的排水及地表水流的自组织状况，为设计提供依据。

流域结构模式对于流域特征提取算法的确定具有十分重要的意义（表 4-14）。流域是指用于自然资源管理与规划的水文单元，按地形划分，

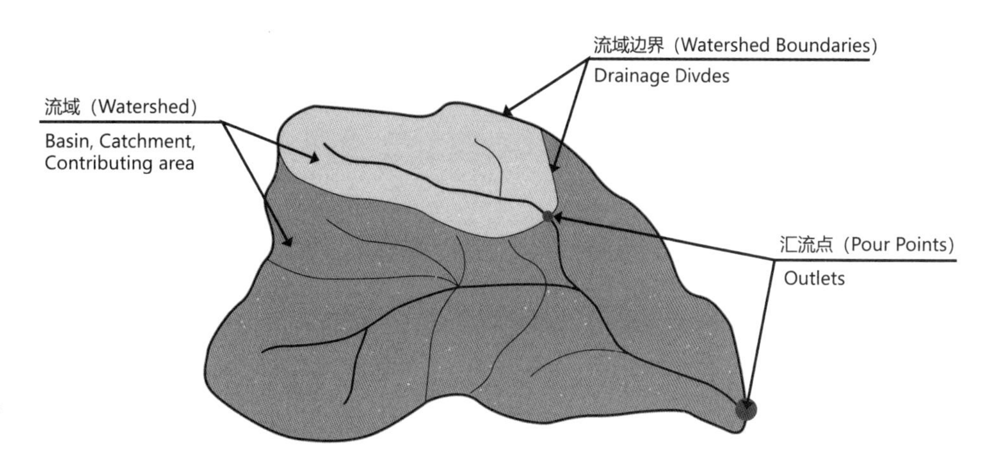

图4-34 Shreve提出的流域结构（图片来源：http://resources.arcgis.com）

是指具有共同出水口的地表水流经的汇水区。ArcGIS 中的流域分析工具可以在 DEM 曲面上执行，可以利用该工具确定曲面各个流域的范围并进行相关分析。流域面积的大小在一定程度上决定了场地汇水量的大小，对于风景园林水系设计具有指导作用。在设计分析时通常会使用跌水分析工具来追踪水在曲面上经过的路径，并参照其确定线性水系的走向。目前运用最多的流域结构模式是施里夫（Shreve）在 1967 年提出的流域结构树状图（图 4-34）。该结构包括结点集和界线集两部分，具体如表 4-14。

表4-14 流域结构组成

名称	组成
沟谷结点集	沟谷源点、沟谷结合点
沟谷段集	沟谷段
分水线段集	分水线段
界线集	沟谷段集、分水线段集

沟谷段集形成沟谷网络，其中每一段沟谷与一个由流域分水线集围合形成的汇流区域相对应。外部沟谷段通常只有一个外部的汇流区，而内部沟谷段则由分布于其两侧的两个内部汇水区组成。子流域像一片片叶子构成了整个流域模型。树状图流域结构模型简单、明确地定义了沟谷网络、子汇流区和分水线网络等概念并表明了它们之间的相互关系，为流域特征提取提供了理论基础。

分水线与汇水线的分布主要取决于地形的起伏变化。分水线是划分不同流域的界线，多数情况下等同于山体的山脊线或者平原中的堤防或高岗。汇水线则通常表现为沟、谷、河道等。分水线和汇水线是水文信息最基础的要素，对其进行提取也是水文分析的主要内容之一。在数字地形模型中，可以基于地表几何形态分析、图片处理技术、地表流水物理模拟分析、平面曲率与坡位组合等多种方法提取分水线、汇水线数据。

汇水区是汇流区要素数据集模型，表达地形地貌定义的河谷线、分水线、汇流区等水文地理几何特征。其主要包含以下几个方面的内容（表 4-15）：

表4-15　汇水区主要内容

名称	含义
流域	地理数据库数据管理的边界范围，可根据管理的需要，由几个不同的行政流域范围组成，一般用流域内的主河流来命名，例如长江流域
集水区	根据特定的水文法则得到的流域子集，通常是汇流到河网上某一点、某一河段或者水体的区域，如长江流域可分为长江上游、中下游、汉江等子流域
汇水区	根据流域的河谷线、分水线等自然地形按照一定的规则来划分的汇流区
出水点	DEM提取划分的汇流区的出水口所在的网格单元中心点
径流连线	DEM提取划分的径流经过的DEM网格单元的中心点连成的线

水流长度是指地形曲面上的一点沿着水流方向追溯至其流向的起点（或者终点）间的最大地面距离在该地形水平面上的投影长度。水流长度对地面径流的速度有着相当大的影响。在相同条件下，水流长度越短，表明地面坡度越陡，区域内地表径流速度越快，水流对地面土壤侵蚀作用就越明显。水流长度的提取和分析对于水土保持方面的研究具有十分重要的意义。在 GIS 中可通过水文分析工具计算水流长度，其计算方式可分为顺流计算和溯流计算两种。

汇流累计量是表明地面上某一点所流过的水流量的参数。规则网格表示的数字地形模型中可按照以下理论模型计算某一点的汇流累计量（图 4-35）：首先假设模型中的每一个栅格上的降雨量为 1 个单位，按照数字地形的水流方向数据计算流经每一个栅格的水量数值，即可得到该区域的汇流累积量图。汇流累计量在 GIS 水文分析中具有重要价值，依据其数值可以进行提取河网、分割流域等操作。

流向分析的主要目的是确定所有格网单元的水流方向（Flow Direction）。软件通过计算 DEM 中每个格网单元与其相邻八个单元之间的坡度，按照最

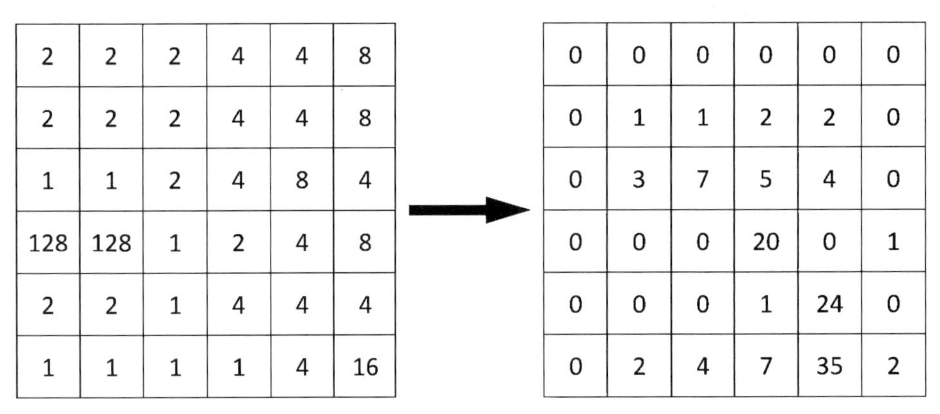

图4-35　汇流累计量的计算

32	64	128
16		1
8	4	2

图4-36　水流流向编码

大坡降或最陡坡度的原则来确定水流方向。水流方向可分为东、南、西、北、东南、西南、东北、西北八个流向，通过计算可形成一个包含所有格网单元水流方向的流向栅格模型。在 GIS 中通常通过规则格网确定水流的流向。如图 4-36，3 × 3 的栅格中先以 2 的幂值把中心栅格周围的八个栅格进行编号，而后计算中心栅格与周围栅格的落差，根据水往低处流的原理，水流往落差最大的栅格，则把相应的数值输出以表示该中心栅格的水流方向。

汇流分析是指以流向栅格模型为基础，通过计算汇集到每一个栅格点上的上游水流栅格数目来确定该栅格点所对应的上游集水区面积，从而建立一个包含所有栅格单元水流聚集点数据模型的过程。在地表径流的模拟过程中，可以通过水流方向数据计算每个栅格的汇流累积量。栅格汇流累积量的大小等价于经过其的上游汇流栅格数目，汇流累积量越大，意味着地表径流形成的可能性越大。

基于流向分析和汇流分析的流域特征提取技术在各个行业中运用都十分广泛。简森（Jenson）和多明戈（Domingue）设计了应用该技术的典型算法，该算法包括流向分析、汇流分析和流域特征提取三个过程。

在 GIS 中基于流域的汇流栅格图，可以方便、快捷地提取所研究流域的各种水文特征参数。如运用 GIS 模拟流域水系：首先设定一个 NIP 阈值，然后选择所有大于该值的栅格点，各点连接即形成沟谷线，众多的沟谷线集即是河网；又如基于汇流栅格求子流域：从某一河谷单元（或孤立洼单元）开始搜索所有流向该单元的栅格单元，他们的集合即以开始单元为出口的子流域。通过以上两步模拟得到水系及流域边界之后，利用 GIS 中的相关函数，即可方便地获取流域的其他特征参数，如河流的长度、流域面积等（图 4-37）。

4.2.2.3　拟自然水景库容计算及选址分析

在人工环境中，水面标高有较强的可控性，而在自然环境中，水面标高的确定与汇水面积、降雨量、地面蒸发量和渗透量、地形、驳岸标高等诸多因

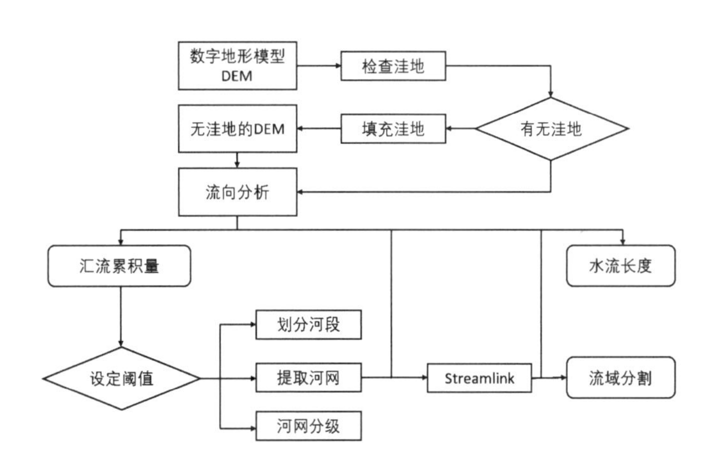

图4-37　GIS水文分析流程

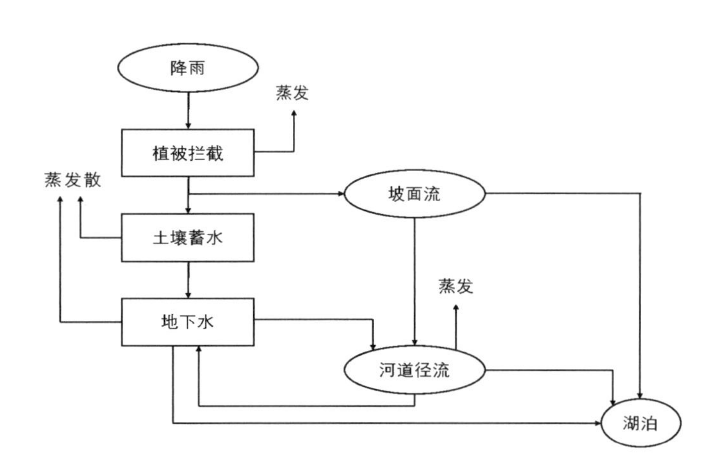

图4-38　自然界水循环过程模拟

素相关。在一个较为独立的汇水区域内，汇水面积、降雨量决定了区域汇水量的大小；地面蒸发量和渗透量是水域消耗的水量（图 4-38）。当汇水量大于消耗量时，水位逐渐抬高，同时水面的面积会逐渐增大，蒸发量和渗透量也逐渐增大，直至达到平衡状态。当汇水量小于消耗量时，水域面积逐渐减少，蒸发和渗透量减少，最终也会达到平衡状态。在实际情况中，汇水量的大小还需考虑上游水系来水和流向下游水系的水量，因此景观水域始终处于一个动态平衡的过程中，该平衡状态可以由以下公式粗略表示：

平均降水量 × 汇水面积 + 上游来水量 = 蒸发量 + 渗透量 + 水域蓄水量 + 下游去水量

只有综合考虑这几个方面的因素，才能通过数字模拟得到平衡状态下的水位值。

当前的风景园林水系设计中更多的是运用另一种方法：通过水利部门查阅拟建场区历年平均水位值，在没有大规模增加或减少水域面积的情况下，默认其为恒定值来进行景观水系的设计。

首先分析降雨径流预测模型（表 4-16），降雨量与径流的关系可用如下三个公式表示：

流域径流量 = 流域降雨量 - 流域森林蓄水量，

森林蓄水量 = 森林冠层截留水量 + 枯落物持有量 + 土壤蓄水量，

径流系数 = 径流量 / 降雨量。

表4-16　降雨径流预测模型计算公式

公式	$Q_i=\sum P_i \cdot e_i \cdot A_i \cdot 1\,000$	$LC_i=\sum L_i \cdot W_i \cdot e_i$	$S_i=\sum K_i \cdot D \cdot e_i \cdot 1\,000\,000$
式中符号含义	Q为单元森林冠层截流量	LC为水文响应单元的枯落物持水量	S为水文响应单元土壤需水量
	P为水文响应单元内降雨量	L为水文响应单元单位面积枯落物持水量	K为水文响应单元森林类型下土壤非毛管孔隙度
	e为水文响应单元森林类型面积	W为枯落物最大持水率	D为平均土壤深度
	A为水土响应单元森林类型的森林冠层流量	e为水文响应单元森林类型面积	e为水文响应单元森林类型面积

根据GIS水文分析可以得到场地的流域分布图。结合当地的降雨量数据可以估算出每一流域的年汇水量，以之作为面状水系的库容量参考值。结合河网分析与坡度分析，将坡度平缓又有高等级河网经过的地区划为汇水形成潜力区，可进行面状水域的设计。参考土壤安息角及相关规范，确定自然或硬质驳岸放坡的坡比，根据相应高程确定水深及湖面标高，放坡得到面状水系模型。之后，通过放坡体积工具可以得知水体土方工程的数据。科学地调蓄水资源，实现地表水资源保护与景观营造的双赢，是景园规划设计重要的议题。参数化方法的引入使得拟自然水景的设计过程更加可控与精准，不仅可以实现山地水景观设计的多目标，而且有助于实现可持续、减量化设计。

1）拟自然水景的营建

（1）拟自然水景的解读

中国传统造园崇尚自然，以“源于自然，高于自然”为审美标准，也形成了包括拟自然水景在内的传统。哲学上将未经过人类改造的自然称为“第一自然”。拟自然则是指通过人工营造有如自然一样的景观环境。中国园林讲求因地制宜，拟自然水景观营造的重点在于“理”。潘谷西先生在《江南理景艺术》中说：“自然山水风景与‘园林之景’不同，不能人造，只能以利用为主……‘理’者，治理也。”所谓“理水”指的便是就现有的山之形、水之势，因势利导，通过梳理形成新的水景观或优化原有的水景观。拟自然水景有着形式与规律的双重意义。首先，从形式上看，拟自然水景营造是通过人工的作用来形成自然形态的水景要素，如泉、潭、池、瀑、溪、汀、渚、滩、河、湖等，这些水体与要素共同构成了自然水系；其次，就规律而言，水景的营造需要通过人为的有限干预生成拟自然的水生态系统，即遵循自然规律形成具有自我维系能力的水景环境。

（2）拟自然水景的多义性

在风景环境中拟自然水景的营造对于整个区域而言不仅有着积极的生态学价值，而且能够通过蓄积和缓释的过程实现区域水资源的调节与优化，既缓解了缺水，又能够有效避免水量过大。将人工营造的水景纳入自然的系统，有助于维持区域水系的完整性和系统性。同时水系的生成还可以优化区域内水体的分布状况，合理调配水资源。此外，集约化思维在拟自然水景的营造中有着重要的意义。从研究场所出发，通过对地形地貌、水文条件等现状因素的分析，因地制宜、顺应地形，减少对于自然环境的干预。经过“分析—控制—优化”的过程，最大限度地利用现存的条件生成拟自然态的水景观，实现景观形态与生态保护、工程合理与经济的多赢，因而拟自然水景的营造具有满足多目标的意义。

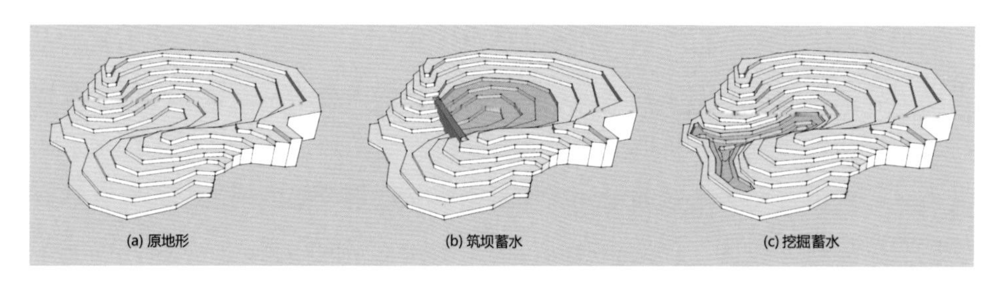

图4-39 池盆洼地形成示意图

（3）拟自然水景的设计述要

拟自然水体与天然水体的形成原理相同，需要有地形与水源的配合，水体的形成需要有天然的洼地、人工筑坝、挖掘形成的闭合凹陷区域（图 4-39）。从保护环境与控制工程量出发，在水文分析的基础上，选取地表径流汇集区域，通过合理挖方与筑坝的方式蓄水，在最低限度的环境扰动的基础上实现水体生成。山地环境拟自然水景的补给水源以自然降水形成的地表径流为主，辅以地下径流。在池盆洼地储水能力一定的情况下，水源的补给量决定了蓄水容积。此外，“水本无形，因势成之”，故而水体形态是水景观营造的另一重点。水体形态与淹没线紧密相关，由于自然地形的起伏多变，不同水位淹没线对应的水体形态各异。由此，拟自然水景的营造存在着三大要点：汇水量、工程量与水体形态。

自然状态下的水景观并不是独立存在的，而是互相关联成为一个水网系统（水系）。水系的营造需要依径流方向分级生成，上一级富余的水量随着高差流向下一级水体。从上文的分析能够看出，水位、水量及地形共同决定了水体形态，由此三者之间存在着联动的关系。人工干预下的水体生成主要依靠筑坝来实现，而坝的高度又与水位紧密相关。故而水量、工程量与形态之间产生了一种动态的关联，因此拟自然水景的营造是一项系统工程。

2）拟自然水景的参数化模型构建

于山地环境中营造拟自然水景，通常面对的是较大尺度的区域，GIS 软件的水文分析工具能够有效支撑相关分析工作。这一过程可分解为：降水量计算—集水区分析—汇水量计算—筑坝位置选择—坝高计算—水体形态生成。在拟自然水景的生成过程中，降水量、汇水量、坝高、水体形态等作为一系列参数参与整个运算过程，同时这些参数又互相联动，互为因果。图 4-40 展示了拟自然水体参数化设计框图，体现了设计过程以及各参数之间的逻辑关联。

（1）汇水区分析

拟自然水景强调利用自然降水，因而以关于汇水面积、分水线、径流线、汇水区域的研究为首要。结合汇水区域天然或人工生成池盆洼地，通过沟渠、池塘等水体蓄积地表水。其中主要涉及的要素有径流、盆域与倾泻点（图 4-41）。

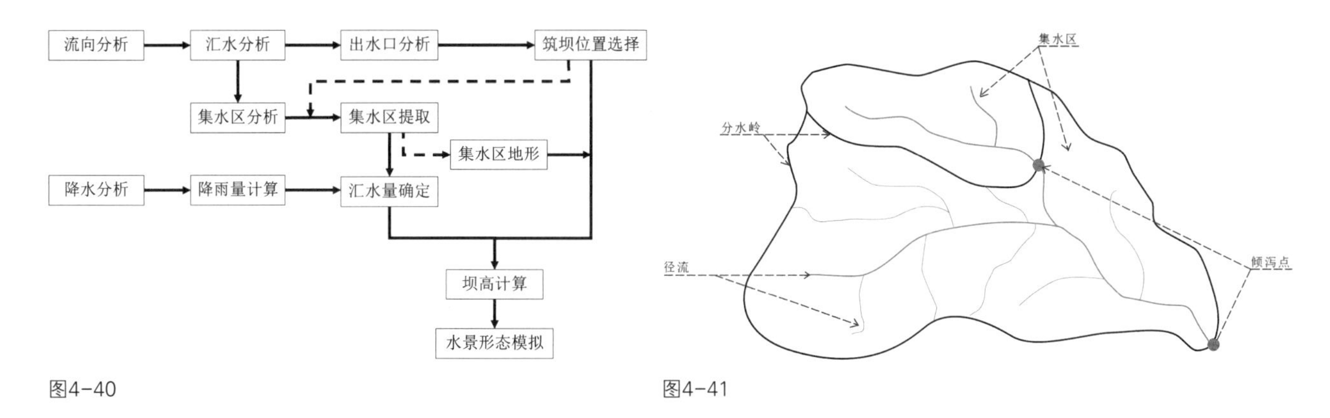

图4-40

图4-41

图4-40 拟自然水景参数化设计模型

图4-41 集水盆地组成

（2）水景的选址

地表径流网络不均质地分布于景园规划设计的整个场所，需要结合设计需求及现状地形条件选择适宜的水景营造位置。根据径流网络图分析水体存在的可能性，在可能的条件下充分利用地形选择合理的筑坝位置。对应于参数化拟自然水景设计模型，主要涉及要素有坝址和集水区。

（3）水量的估算

在水文学中，降水在重力的作用下，除直接蒸发、植物截留、渗入地下、填充洼地外沿地表或地下流动的水流称为径流。由降雨到径流一般分解为产流和汇流两个过程。降水到达地表后，进入水体的先后顺序依次为：水面降雨、地表径流、地下径流、地下水。其中，扣除降水损失的部分，剩下的能够形成地表径流及地下径流的部分为净雨，净雨的水量与径流量是相等的，不同的只是两者形成的时间有差异。由上述可知，在径流的形成过程中，由于截留及蒸发会导致水量的损耗，因而降水总量难以全部供给成为水景营造的水量。主要涉及要素有集水区降水总量和损耗量。

（4）坝高的推算

人工营造拟自然水景需要通过筑坝的方式生成池盆洼地，当坝体与常水位等高时，上游水会向下游倾泻，形成瀑布、跌水等水景观。通过上一步的计算可得到集水区汇集的能够用于水景营造的水量，即为最大的水体体积。该体积对应的坝顶标高即为该水体最大可能水位。为了保证水景常年有水，坝顶标高不应超越拟定常水位。体积公式 $V=S\cdot h$ 反映了体积一定时，水面面积与坝高之间的关系。

ArcGIS 软件提供了“表面体积”计算工具，将地形以及坝高作为参数输入该工具，能够计算得出对应的水体体积。不同的坝高对应不同的水体形态，水体形态的优美与否是判断水景观营造成功与否的重要指标，故而在水量一定的约束下，坝高的最终确定需要建立在水体形态评价的基础之上，由此坝高、水量与水体形态三者之间形成了参数化的动态关联。

（5）水体形态的模拟

由于地形的不均质变化，不同水位对应的水面形态必然不同。拟自然水体的生成需要多参数的集约化设计，基于最大水量，结合坝体高度控制与水面形态优选，通过动态关联与多方案比较优化，确定适宜的坝体高程与水面形态。

3）拟自然水景参数化设计实践

（1）汇水区分析

利用数字高程模型（DEM），GIS 软件能够分析出整个场地地表径流汇集的"水网"，根据阈值设定可调控径流网络的密度。径流分析对于拟自然水景营造的意义在于能够清晰地展示设计场所中的径流分布情况，同时为判断径流在径流网络中的等级提供直观的图示，为下一步的分析和设计做好准备。

（2）水体的选址

确定盆域之后，通过查询选定盆域的属性信息，利用 GIS 中的按属性提取工具，将选定盆域从规划区域的盆域栅格中提取。通过对选定盆域内径流位置与等高线的判读能够初步筛选出具有形成水面潜质的区域。

（3）水量的估算

到达地面的降水主要由 4 部分组成：一部分被植被表面拦截，这个过程称为截留；一部分直接被土壤吸收，这个过程称为渗透；另外有部分被储存在地表一些小的凹地及洼地内，这一过程称为洼地蓄水；剩余部分雨水沿地表流动，生成地表径流，最后汇集到沟道、河流和池塘等水体之中。水文循环是一个高度复杂的非线性系统，降雨径流的形成过程受多种因素的影响与制约，同样也是一个极为复杂的非线性过程。在水文学的研究中，通过构建水文模型对水文现象进行模拟和计算，并对不同的水文过程进行模型的细分，已有大量成果，但已超出了本书的研究范畴。针对本书的研究，采取简化的方法对集水区的汇水量进行估算，即将降水量扣除植物截留及土壤入渗后利用系数进行计算，计算公式如下：

$$W = \sum_{i=1}^{n} k_i \cdot m_i \cdot A_i \cdot P \cdot 10^3$$

式中，W 为可利用的水量，k、m 分别为第 i 种土地利用类型的集水区下垫面径流系数和径流折减系数，A 为第 i 种土地利用类型的集水区面积（m^2），P 为多年平均降水深（mm）。

（4）形态的模拟

自汉代起，中国古人已对自然水景的形态有具体而微的描述。在近现代的湖泊科学研究中，对以湖泊为代表的水体形态的描述，目前较常用的参数有面积、水深、容积、湖长、湖宽、湖岸线长度、岸线发展系数、岛屿率、湖盆坡降等。除岸线发展（发育）系数、近圆率、形状率、紧凑度等欧式几何形态指标，分形维数也常用于水体形态的评价。

（5）水系的生成

在第一级营造的水体确定后，便可利用参数化拟自然水景模型进行下一级水体的设计工作。需要注意的是，就下一级水体而言，其所能利用的水量为集水区内汇集与承接上一级水体倾泻的水量之和。由此可见，水系的营造过程是一个依据盆域高程由高向低逐级推进的过程，水系中所形成的池、沼、塘、湖之间由水量为纽带，存在着紧密的关联。

“山因水活，水随山绕”，山水构成了中国景园文化的核心。水景观的营造之于风景环境设计而言，具有审美、生态、文化等诸多层面的重要意义。通过拟自然水景参数化模型的构建与运用，可使水景设计过程更加可控、可靠与精准，从而为水景观的营造提供科学的支撑，实现水景设计将“理性的知觉与感性的直觉”有机结合。

4.2.3 植被数据分析

园林植被不仅具有自身的生理属性，也是园林景观的重要构成。对园林植被的分析首先需要对其本身的生理属性进行测定，同时对其构成的外部景观进行分析与评价，达到由内到外的综合认知。

4.2.3.1 园林植物的生理测定

园林植物的生理测定采用定量的方法分析植物的生长情况。通常包括树木冠层叶面积指数的测定、植物茎流的定量分析、植物生长的测量、植物根系的生长监测和植物光合作用的检测等。

1）树木冠层叶面积指数的测定

叶面积指数（Leaf Area Index，LAI）与植株的光合总量以及蒸腾作用有关，是指单位土地面积上植物叶片总面积占土地面积的倍数，即叶面积指数=叶片总面积 / 土地面积。叶面积指数是反映植物群体大小的较好的动态指标，既能反映树冠的遮阴情况，也能体现树木的生长量。数字植物冠层分析系统可以用来对树冠指标（主要是叶面积指数）做定量分析。

近年来，与叶面积指数相关的测量仪器应运而生，主要有美国 Licor 公司的 LI 和 LAI 系列仪器，英国 Delta-T Devices 公司的 SunScan、HemiDIG/HemiView 系列仪器，美国 Decagon 公司的 Sunfleck Ceptometer、AccuPAR 系列仪器等。根据测量原理不同，这些仪器分为两类，一类是基于辐射测量的方法，另一类是基于图像测量的方法。

基于辐射测量的方法是通过测定辐射透过率来计算叶面积指数的。其基本原理为入射到冠层顶部的太阳辐射（称为入射辐射）被植被叶片吸收、反射后，到达底部时（称为透射辐射）会产生衰减，衰减的速率与叶面积指数、冠层结构有定量关系，通过这一关系反推 LAI。这类仪器主要由辐射传感器和微处理器组成。基于图像测量的方法是通过分析植物冠层的半球数字图像来计算叶面积指数的。其基本原理是使用 180° 鱼眼镜头和高清晰度数码相机从植物冠层下方或森林地面向上取像，再将数码相机的高清晰度影像载入软件，计算太阳辐射透射系数、冠层空隙、间隙率参数等，进而推算 LAI（图 4-42、4-43）。

2）植物茎流的定量分析

植物茎流主要是指植物体内疏导系统在根压和蒸腾拉力的作用下将水自下而上运输过程中形成的内部液流，能够反映植物的生长状况，也能用于分析不同条件下植物蒸腾作用的强度，可以通过茎干茎流计来测定。

目前市场上茎流计产品主要分为两种：插针式（热脉冲速率茎流计、热扩散速率茎流计）和包裹式（热平衡茎流计）。目前最常用的有美国 Dynamax 公司的 FLGS-TDP 茎流计、Flow 32 茎流计、EXO-Skin 茎流计，德国 Ecomatik 公司的 SF-L 植物茎流计，以及中国林科院林业研究所和中国农业大学共同改进的 RR8210 自动测定系统。以 SF-L 探针式植物茎流计为例，其采用热耗散传感器原理，包括 4 个探针：第一和第二个探针插入树干上下不同部位，上部探针用衡流加温，两个探针之间形成温差。水流上升时，带走热量，两个探针之间温差变小。温差和树干茎流之间具有函数关系。通过测量温差算出树干茎流速。第三和第四个探针测量树干纵向温度梯度，用以修改第一和第二个探针之间非树干茎流带来的温差（图 4-44、4-45）。

3）植物生长的测量

植物的生长测量是指通过植物生长测量仪对重点树种的茎干、枝果等进行不同时间尺度连续的生长量监测，包括植物径向的生长测量、周长生长测量、纵向变化的生长测量等（图 4-46）。

半径生长测量仪（DR）是将传感器用两个特殊螺丝固定在树干的心材中，所测量的心材以外厚度的变化即等于半价生长量，这种设置可确保长期、高稳定性的测量。其优点是可抗拒风、雪、下跌树枝和果实的影响，保证稳定测量，对测点压力极小，非常适合野外长期无人监护的测量。小型直径生长测量仪 DD-S 是专门用于农作物、小乔木、灌木和树枝的直径生长测量，适合直径小于 5 cm 的植物，其独特的安装技术可保证测量结果非常稳定。大型直径生长测量仪 DD-L 是将传感器通过专利技术安装在植物上，以保持稳定测量直径变化。其优点是对植物无损伤，对测点压力极小。周长生长测量仪 1 型 DC1 是

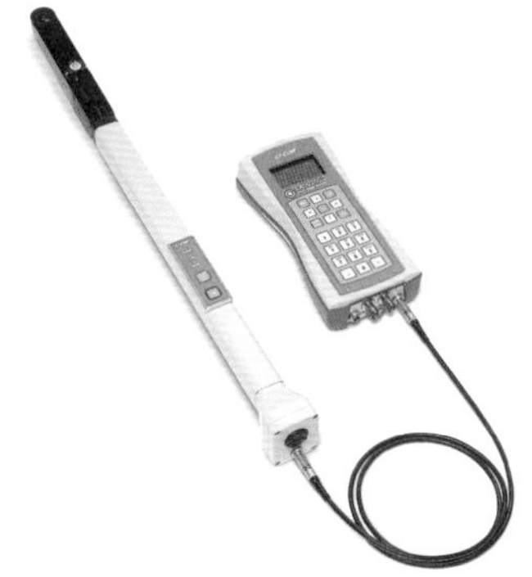

图4-42　LAI-2200叶面积指数测量仪

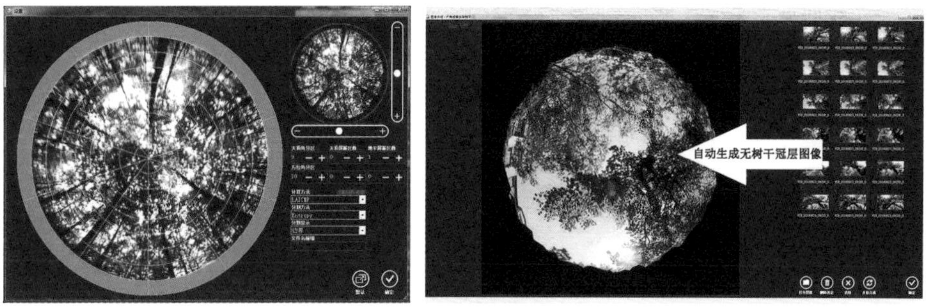

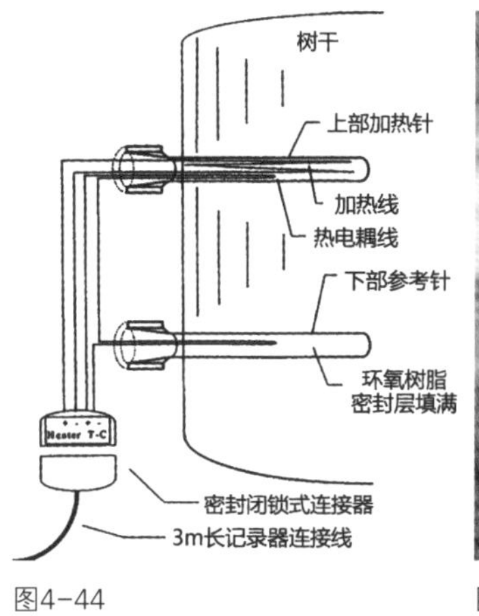

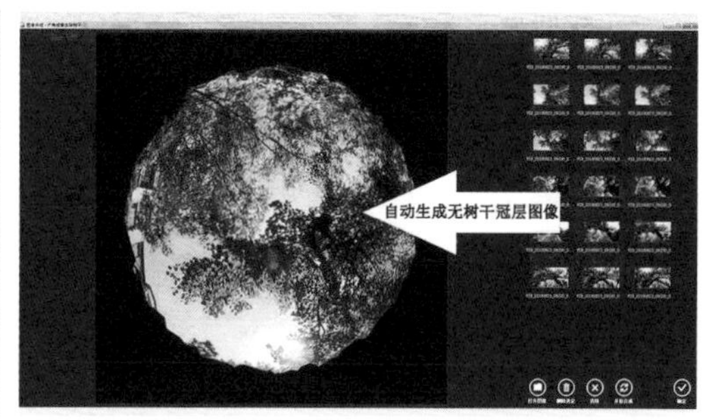

图4-43　鱼眼镜头拍摄和图像处理
（图片来源：http://labaaa.org/digital-fabrication-2016/）

图4-44　热扩散插针式茎流计剖面图

图4-45　SF-L探针式植物茎流计
（图片来源：http://www.hi1718.com）

图4-44　图4-45

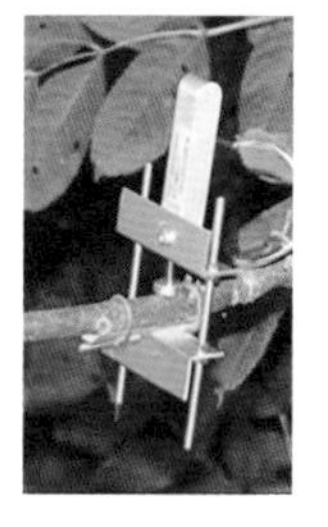

图4-46　各类植物生长测量仪
（图片来源：http://www.phenotrait.com）

测量植物周长变化的简单版本。传感器通过一个由热膨胀系数最低的合金制成的钢丝绳固定在树上，用小塑料环减少钢丝绳对树的压力，并减少摩擦阻力，大大提高了灵敏度。2 型 DC2 和 3 型 DC3 是 DC1 的改进版本，钢丝绳的拉力改为径向设置。这样钢丝绳对树的压力和树径无关，不同树径的测量结果可直接比较。传感器通过一个由热膨胀系数最低的合金制成的钢丝绳固定在树上。根茎生长测量仪 DRO 是专门为连续测量根径、水生植物、匍匐植物的生长而设计的。整个仪器防水，活动部分用耐光的柔软塑料保护，上部用铝板保护，以减少土壤的压力。整个仪器的比重接近于水，如果用于水生植物，对植物的压力很小。容易安装，无须特殊保护措施。水果、蔬菜生长测量仪 DF 是专门用来测量圆形植物体的版本。探头通过一种特殊方法固定在果实、蔬菜上，对测量对象没有压力，不影响其生长。茎秆纵向变化测量仪 DV 是专门用来连续测量树干纵向变化（不是生长）的。树干的长度因其含水量、风和弯曲而发生变化，因此树干纵向变化是一个可以用来判断树体含水量（干旱程度）、竞争压力和机械压力的参数。

相应的测量仪种类如表 4-17：

表4-17　植物生长量测量仪

名称	简称	适用植物直径（cm）
半径生长测量仪	DR	＞8
小型直径生长测量仪	DD-S	0～5
大型直径生长测量仪	DD-L	3～30
周长生长测量仪1型	DC1	5～30
周长生长测量仪2型	DC2	＞5
周长生长测量仪3型	DC3	＞5
根系、水下植物生长测量仪	DRO	0～2
水果、蔬菜生长测量仪	DF	0～11
茎秆纵向变化测量仪	DV	＞8

4）植物根系的生长监测

根系是通过不断地与土壤进行着物质交换而生长的，因此可以通过植物根系的生长状况反映根系周围土壤的一些物理和化学特性，根据植物根系的生长变化一定程度上也可以反映出当地的气象环境问题。获取根系的生态参数是研究根系生理状况的重要基础，对植被的恢复及环境的保护具有重要意义。传统的测量根系的挖掘法、整段标本法、针板法、土钻法、容器法等均需要将植物根系从土壤中拔出并洗净测量，对根系的损伤很大，同时也破坏了植物原始的生长环境。因此运用数字图像处理技术来测量根系的方法不断得到发展并应用。

目前对于植物根系图像的提取方法，主要有微根窗法和探地雷达法。

①微根窗技术的应用

由巴特斯（Bates）于1937年首次提出的微根窗技术是一种可以提供多个时间内定点直接观测植物根系的方法，这种根系测量方法能够在不干扰根系生长过程的前提下对根系生长变化过程进行动态监测。利用微根窗系统观察根系的工具主要有：根系潜望镜、内窥镜、光学孔径检查仪、光学照相机、照明镜以及微型彩色摄像机等。目前，一个典型的微根窗系统是由一个插入土壤中的微根窗管、摄像机、标定手柄、控制器和一台计算机（采集器）组成（图4-47）。

从微根窗图像中获得根系数据和信息或者将微根窗图像数字化通常采用两种方法，一种是用手工描绘，另一种是使用计算机软件。目前使用比较多的软件有美国杜克大学生产的RooTracker根系分析软件和美国密歇根州州立大学生产的ROOTS根系分析软件。很多商业化的根系分析软件也应运而生，如美国Bartz Technology Corporation公司开发的BTC I-CAP系统，该系统利用I-CAP图像捕捉子系统来选择、捕捉和存储BTC摄像系统看到的植物根系图像，并能够对根系相关参数进行定量化，如根的长度、面积、体积、根长密度、平均直径等；又如美国与加拿大的合资公司CID于2003年推出的Cl-600 Root Scanner for Root Monitoring监测系统，是全球第一套土壤原位360度多层次旋转式图像监测仪，可以获取土壤、根系剖面图像，监测土壤中活体根系的生长动态。

②探地雷达技术的应用

虽然微根窗技术具备了非破坏性探测的特点，但是安装微根窗管的技

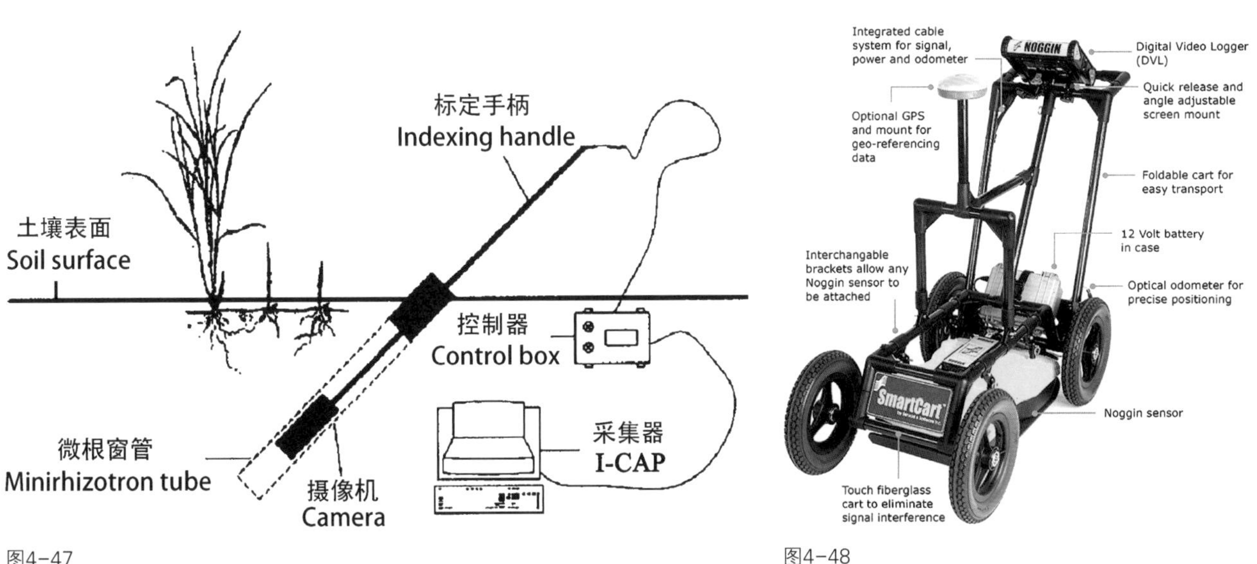

图4-47

图4-48

图4-47 微根窗法原理
（图片来源：https://www.caigou.com.cn）

图4-48 探地雷达设备图解
（图片来源：https://www.mtu.edu/greatlakes/shared-facilities/geospatial/equipment/gpr/）

术要求较高，观测断面有限，且根窗管的插入有时也会影响到根的生长和寿命，该方法的可靠性和普适性还有待时间检验。与此同时，探地雷达（Ground Penetrating Radar，GPR）作为一种较新的地球物理方法，其实际应用范围正在迅速扩大，已经覆盖了考古、矿产资源勘查、道路检测、岩土工程测试、工程质量无损检测、环境工程、刑事侦查、军事应用等诸多领域（图4-48）。近年来，利用探地雷达探测根系的研究不断出现，方法也在不断改进和完善，促使对根系的研究也越来越深入。

GPR 是利用地下不同的介质对广谱电磁波（107 ~ 109 Hz）的不同响应来确定地下介质的分布特征（图 4-49）。由于植物根的含水量高于土壤基质，致使两者的介电常数产生差别，为探地雷达的探测提供了可能性。GPR 发射的电磁波在地下介质中传播时，其传播的路径、电磁场强度与波形将随所通过介质的电性、几何形态等因素的变化而产生不同程度的变化，并根据回波信号的时延、形状及频谱特性等参数描绘出目标深度、介质结构、性质及空间分布特征，如图 4-50 雷达记录示意图所示。

根据 GPR 数据常常采用手工制图的方式得到植物根茎大小、深度和根的生物量等实测结果。崔喜红等还提出了一种利用 GPR 数据构建树木根系三维图像的方法，该方法能够减少或避免出现根系图像的不连续现象，明确根系的分布，虽已获得中国专利，但在实际应用中的效果还有待检验。

5）植物光合作用的检测

光合作用是指绿色植物通过叶绿体利用光能把二氧化碳和水转化成有机物，并释放出氧气的过程。这一过程十分复杂，并受到外界环境因子（如光照强度、空气相对湿度及大气温度等）和内部自身因素的影响。植物光合特性

图4-49　探地雷达工作原理（图片来源：https://www.topographix.com）

图4-50　探地雷达记录示意图（图片来源：https://www.tracerelectronicsllc.com/tracer/page59/page19/Noggin.php）

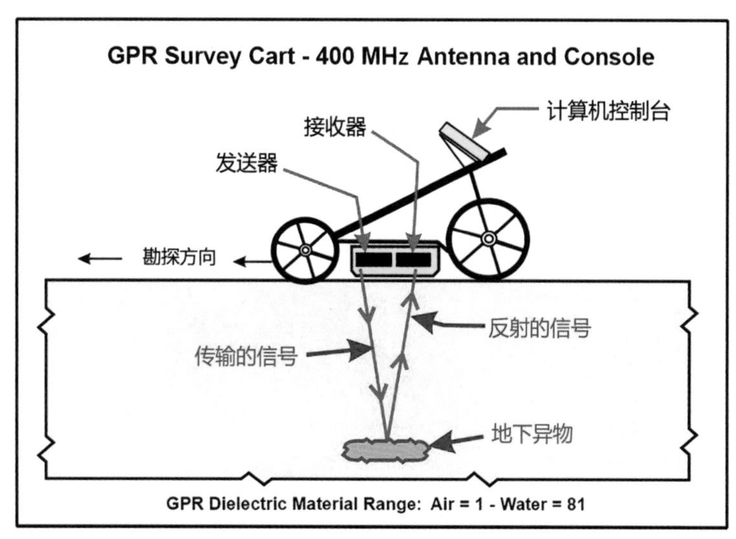

图4-49

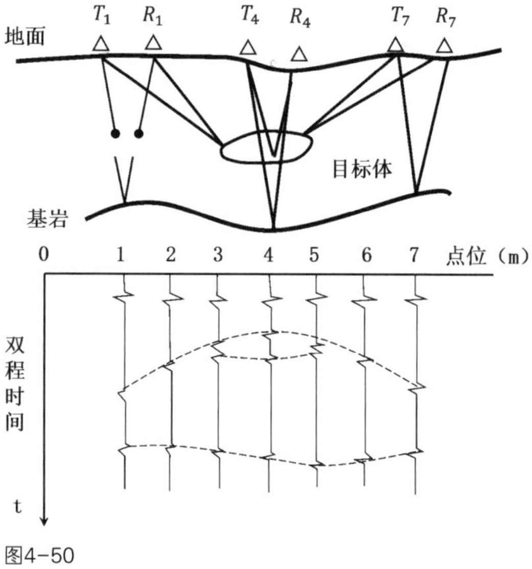

图4-50

图4-51　LI-6800型光合仪
（图片来源：http://www.bio-equip.com）

的研究对解释和预测内、外因子如何影响树木的生长、发育及物质生产过程中能量吸收、固定、分配及转化起到十分重要的作用。光合仪是测定在精确控制环境因子的条件下，通过红外线气体分析仪检测二氧化碳的消耗速率来测定植物光合速率的一种仪器。国际上一些生理生态仪器公司已生产出全自动的光合测定仪器，如PP Systems公司生产的Ciras-2、Ciras-1、TPS-2型光合仪，LI-COR公司生产的LI-6800（图4-51）、LI-6400型光合仪等。使用光合仪，不仅可以通过控制叶片周围的CO_2浓度、H_2O浓度、温度、相对湿度、光照强度和叶室温度等相关环境条件对植物光合作用进行研究，还可以进行叶绿素荧光、植物呼吸、植物蒸腾、群落光合及土壤呼吸等多项指标的测定。

（1）植物群落分析

①植物群落的数理模型分析

植物群落的数理模型分析是指采用样方调查法实地考察植物群落的结构（水平和垂直）、乔木层树高和径级分布、乔木层健康状况等数据资料后，根据选择的多样性指标，建立相应的数理模型，进而分析植物群落的多样性。常用的操作方法是利用R语言编程结合Vegan数据包，或者利用专门的Estimates软件对植物群落的情况进行数理分析。对物种多样性的衡量常采用植物Gleason丰富度指数（D）、植物多样性高低Shannon-Weiner指数（H'）、群落Simpson优势度指数（D_s）、不同物种多度分布均匀度的Piclou均匀度指数（J_h），作为样地植物多样性的测定指标。

Gleason丰富度指数：

$$D = S / \ln A$$

式中：S表示种群中的物种数目；A表示单位面积。

Shannon-Weiner指数（香农－维纳多样性指数）：

$$H' = 3.3219\left(\lg N - \frac{1}{N}\sum_{i=1}^{s} n_i \lg n_i\right)$$

式中：N为全部种的个体总数；n_i为第i个种的个体数。

Simpson 指数（辛普森多样性指数）：

$$D_s = 1-\sum_{i=1}^{s} \frac{n_i(n_i-1)}{N(N-1)}$$

式中：N 为全部种的个体总数；n_i 为第 i 个种的个体数。

Piclou 指数：

$$J_h = H'/\ln S$$

式中：H' 为 Shannon-Weiner 多样性指数；S 为种群中的物种数目。

②高光谱遥感技术的应用

遥感技术以其大面积、快速、动态的优势可在不破坏植被结构的同时获得不同时间和空间尺度的植物冠层信息，与传统点尺度上耗时耗力的人工测量相比，遥感为获得植物冠层信息提供了便捷的手段。随着航空、航天技术和传感器技术的快速发展，可提供从地面、机载到星载等不同尺度的海量遥感数据。高光谱遥感技术得到了迅速的发展，各种类型的高光谱传感器层出不穷。各种地面测量的高光谱设备也陆续出现，通过测量地面的地物光谱来弥补航空和航天数据可能产生畸变的缺陷。各种主要的地面高光谱设备有 ASD、EPP、Hyperscan 等（图 4-52、4-53）。

国内外各个机构研究利用遥感来反映植被信息的越来越多，研究的思路逐渐从宏观走向微观、从定性走向定量。相较于多光谱数据，高光谱数据具有较高的光谱分辨率，有更多光谱细节信息，可以提取植物本身的生化参数（如叶绿素、N、木质素、纤维素、植物冠层参数、叶片倾角分布）、生态参数（NPP、FPAR）、植物种的识别与分类（图 4-54）。

（2）生态功能评价

园林植物具有降温增湿、减弱噪音、固碳释氧、杀菌滞尘、调节气候等生态功能。植物冠层遮挡可以形成林下空间，其盖度、叶倾角、叶面积等结构特性能起到阻挡太阳辐射的作用。植物自身的生理活动，如光合作用、蒸腾作用等也可对周围环境起到调节作用，从而形成良好的小气候。对此，国内外学者从不同层面做了相关研究。一些学者从群落面积、下垫面类型、群落结构、配植模式等方面入手，将园林生态效益由定性研究推向了定量研究。

①植物群落绿量的定量分析

三维绿量，又称三维绿色生物量，是能反应绿地生态效益和生态功能的一种参数指标。三维绿量的测量是连接园林设计与园林生态结构的纽带，探求群落结构与三维绿量之间的关系可以对园林的设计和建设提供新的指导规范。

图4-52

图4-53

图4-52　Hyperscan高光谱成像仪实物图

图4-53　高光谱仪器使用情况（图片来源：http://www.li-ca.com）

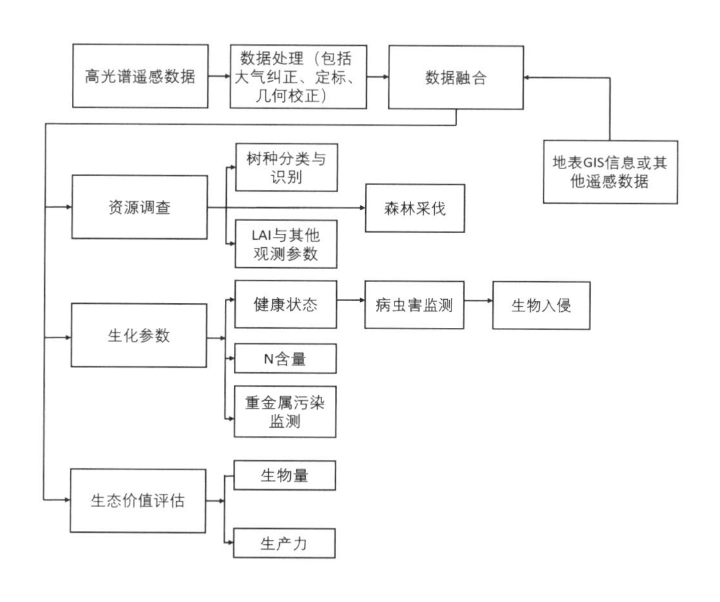

图4-54　高光谱遥感数据在植被中的应用情况

三维绿量的测量方法一般分为两类。一类是立体摄影测量法，利用拍摄的相邻两组航片的左右视察确定植被的高度，然后利用航片测出该植被的投影面积，经过图像处理，最后根据不同植被类型对应的计算公式来测算三维绿量。但是这种方法需要耗费大量人力物力，测量结果的相对误差也较大。另外一类是平面量模拟立体量的方法，这是针对某种植物，通过其冠径和冠高关系的回归方程模型，由航片上量取的植物冠径求得冠高，再得出整个树冠体积的方法。这种方法靠计算机的模型模拟，其准确度较高，利于数据的大量测算和存储管理。

② CITYgreen 模型的应用

CITYgreen 软件在城市园林植物生态功能评价方面独具特色，代表了当前该研究领域的最新成果。CITYgreen 软件能够分析的城市植物生态功能包括 C 存储及 C 吸收、水土保持、大气污染物清除、节能以及提供野生动物生境 5 个方面，并能将上述各种生态效益按照市场价值法、替代价值法、影子工程法等核算方法折算成直观的经济价值。此外，CITYgreen 软件还可以根据植被的现状，通过生长模拟，对植被所发挥的生态效益作动态预测；并可根据不同的城市绿地规划方案，评估其生态效益，以用于辅助决策。然而，CITYgreen 软件还处在不断完善之中，例如没有考虑园林绿化的减噪和杀菌作用等。目前美国已有 200 多座城市利用 CITYgreen 软件来制定环境控制规划、土地利用政策以及确定重造林区。

（3）观赏特性评价

传统观赏特性评价常用的方法有层次分析法（AHP）、美景度评价法（SBE）、审美评判测量法（BIB-LCJ）、语义分析法（SD）等。基于数字技术的发展，图像识别技术与评价得到越来越多的应用。图像识别技术是人工智能的一个重要领域。图像识别技术主要是利用计算机的功能来对图像信息进行处理、分析、理解，基于计算机得出的结果即可判断不同属性的目标。对于一个复杂场景，基于机器视觉的图像识别技术更加稳定、客观和准确。图像识别过程为图像预处理—图像分割—图形特征提取—图像匹配。目前已应用在医疗、交通、人脸识别、车牌识别、行为检测等领域。

图像识别技术应用在植物观赏特性的评价方面，可以用来进行植物色彩定量、植物肌理定量评价、季相量化、群落景观结构量化、植物景观画面构成、与其他园林要素的配合定量评价。

以色彩定量研究为例，景园植物色彩的量化分析是进行景园色彩规划的重要环节。色彩计量模型在 Photoshop 等软件上实现了色彩效果量化表达的数据互通性，也可以与绝对计量模型 CIELAB 颜色空间的计量数据互转，进而通过计算机软件和设备进行色彩数据的分析和比较。HSB 是一种直观的色彩计量模型，其优势在于在进行图像色彩显示的表达和操作时，使用 HSB 数据计量色彩，可以在摄影设备和图像显示设备中完成色彩的量化研究。这些色彩数字化设备，基于 RGB 原理获取和显示色彩图像，代替人眼感受色彩的工作流程，留住特定时空下的色彩效果，为色彩构成的量化研究奠定了数字技术基础。需要指出的是，对于设备的操作存在色彩校对的过程，需要在实验室使用色彩校色和管理设备，控制白点（白平衡）形成色彩所见即所得的统一标准图像。

无论是绝对计量还是相对计量都是根据颜色空间进行色彩定量研究的，本书所论及的色彩计量模型并不是全部，主要谈及的 CIELAB 颜色空间和 HSB 颜色空间对景园环境色彩量化研究具有很强的实用性和操作性，也各有相关的实验设备。从色彩科学研究的视角来看，LAB 是数学量化模型，优势在于对物质色彩“本质”的探究，对单一物质色彩的真实存在和生产再造具有生产上的实践意义。而 HSB 是色彩视觉感受的量化模型，强于色彩构成的量化研究以及色彩生理、心理感受研究。基于两种数据的互通性，根据景园环境不同的研究对象和设计目标，运用有针对性的色彩量化方法十分重要。

4.2.3.2 园林植物数字资源的构建

（1）植物资源检索（生态信息）数据库构建

数据库是存储在一起的相关数据的集合，这些数据是结构化的，无有害的或不必要的冗余，并为多种应用服务；数据的存储独立于使用它的程序；对数据库插入新数据、修改和检索原有数据均能按一种公用的和可控制的方式进行。由于植物物种十分丰富且形态、特性各异，在选择应用中不易把握，为了方便查询，出现了不少结合计算机技术的园林植物数据库系统，这些数据库系统不但为园林专业人员的工作提供了便利，也使纸面的知识有了数字化的组织。

数据库的开发平台主要有 Visual FoxPro、Visual Basic6.0、Visual C++、Visual Studio.Net 等几种，应用的核心编程技术涉及 SQL 语言、API 调用、ActiveX 控件、网络更新及数据上传等。系统由六大模块组成，分别为浏览、查询、分析统计、收藏输出、数据管理及帮助，其下又包括 15 个子功能。软件结构和数据库结构分别如图 4-55、4-56。

（2）植物设计应用（形态信息）数字模型构建

建立数据资源库的 MongoDB 软件是用 C++ 开发的高性能、开源、无模式的文档型数据库，是当前数据库产品中最热门的一种，为应用提供可扩展的高性能数据存储，在很多场合可替代传统关系型数据库或键值存储方式。MongoDB 服务端可运行在 Linux、Windows 或 iOS 平台，支持 32 位和 64 位应用，默认端口为 27017。根据园林植物应用数据资源库结构设计的实用应用目标，利用应用设计编程语言，结合素材设计和创意设计，制作生成以网络平台服务于园林设计、施工和养护者的数据结构设计，通过应用编程语言，实现系统的交互性和目标性。

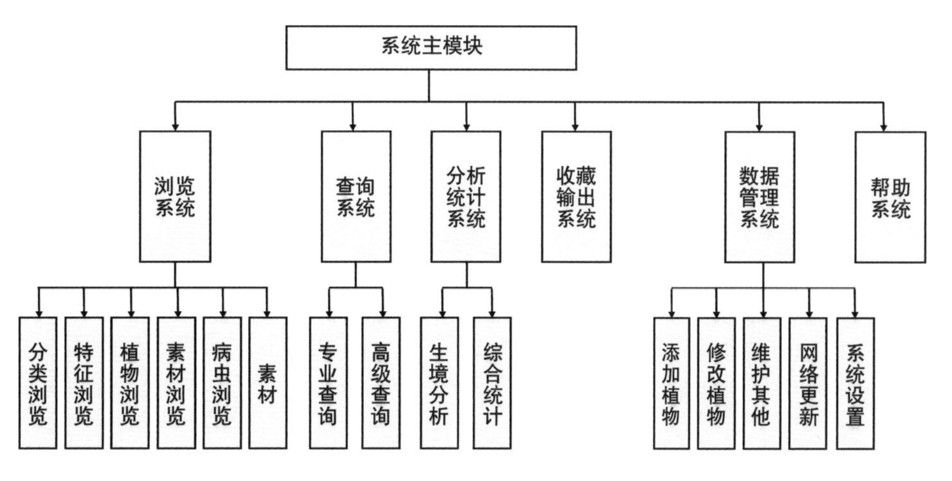

图4-55 软件结构
（图片来源：高阳林. 园林植物数据查询分析系统的应用与研究[D]. 杨凌：西北农林科技大学，2009）

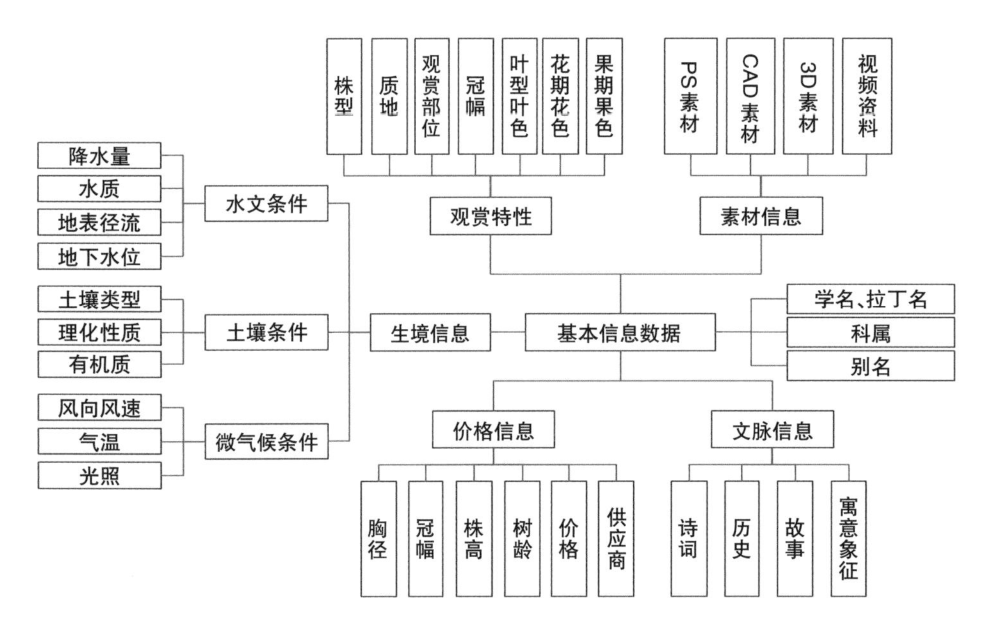

图4-56　植物数据库基本信息

园林植物应用的数据单元应包括 10 大类 33 个小类（谷志龙，2014）：

植物基本知识（植物种、科属、学名）；

生长习性（生长发育节律、形态识别特征）；

生态习性（光环境、温度、土壤、水分、空气湿度）；

观赏性（观叶、观花、观果、观枝、观干）；

形态特征（根系布局、树形、株型）；

功能性状（耐盐碱性、抗性）；

空间尺度规格（胸径、冠幅、高度、枝下高）；

季相色彩特征（叶色、花色、果色、秋季变叶色标准值）；

设计、施工、养护要点（栽植成活难易性、种植密度、技术要点）；

环境适应性（自然分布和应用分布）。

4.2.4　微气候数据分析

微气候是指由于下垫面性质以及人类和生物活动的影响而形成的近地层大气的小范围的气候。风景园林设计中的植物配置应当在遵从场地的气候格局的前提下展开设计。同时，在操作层面，微气候的营造是景观设计必不可少的手段。良好的微气候环境不仅能增强人的体感舒适度，使游人更全面地感受空间氛围，而且可以为特殊种类的植物营造良好的生长环境。每种植物都有其特殊的生长环境,其对环境的适应能力也各不相同。在绿化栽植设计中，可以根据微气候形成的规律营造一个适宜植物生存的环境，以避免工程中植被成活率低、景观效果不佳的问题。

4.2.4.1 生境光照的数据采集与分析

对于光照的实测可以从光学系统、能量学系统和量子学系统三方面进行数据采集。光学系统以人眼对亮度的响应特征为基础，利用硒光电池的光电转换，将光能转化成电能加以度量，单位为照度单位 lx。能量学系统以热电偶为传感器，从能量角度测定辐射量的仪器有天空辐射表、直接辐射表、净辐射表、分光辐射表等，单位为能量密度 W/m^2。量子学系统常见测量仪器为光量子通量仪，测量光量子通量密度是指测量光合有效辐射中的光通量密度，即 400~700 nm 波长范围内入射的光量子数，主要是针对植物光合作用方面的研究，单位为 $\mu mol/(m^2 \cdot s)$。

对光环境进行模拟是常用的分析手段。数字模拟的发生基础是太阳与地球关系的年变化规律，模拟地点的纬度是模拟光源（日光）方位与质量的决定因素。正因如此，软件模拟的是指定时间和地点的太阳辐射特征，并不考虑具体的天气情况，重点是地物形态对地表接受光照的影响。在日照辐射定量分析和模拟方面，常用软件有地理信息系统（GIS）、草图大师（SU）、生态建筑大师（Ecotect）以及基于 CAD 二次开发的分析软件,国内常见的有 T-Sun、Sunlight 和 FastSun 等。软件模拟的基本操作相似，将模拟对象的空间数据信息输入软件，再确定相关地理数据及时间设置等参数，后台会基于太阳辐射的固定模式输出该对象环境关于光照时间和光照强度的定量分析结果，结果信息多为图示形式，也可以提取数据列表。

4.2.4.2 生境水环境的数据采集与分析

对生境水环境的分析包括对降雨的监测和对土壤含水量的监测。对于降雨的监测主要通过室外架设的雨量计来测量，常见的有虹吸式雨量计、称重式雨量计、翻斗式雨量计等，结果为设定单位时间段内的累计降雨量，单位为 mm。

土壤含水量的测量通过土壤水分传感器来完成，它利用电磁脉冲原理，根据电磁波在介质中的传播频率来测量土壤的表观介电常数，从而得到土壤的相对含水量，即为土壤的体积含水量，单位为 %。该仪器同时可以测得土壤电导率，即土壤的盐分环境指标。

水环境的测量可以是不同地区和时间的即时定量数据采集，也可以与处理数据存储与传输的物联网技术相结合，实现长期的定点监测。

4.2.4.3 生境土壤环境的数据采集与分析

土壤具有物理性质和化学性质。土壤的物理性质在很大程度上决定着土壤的其他性质，例如土壤养分的保持、土壤生物的数量等。因此，物理性质是土壤最基本的性质，它包括土壤的质地、结构、比重、容重、孔隙度、颜色、温度等方面。土壤的化学性质主要表现在土壤胶体性质、土壤酸碱度和氧化还原

图4-57

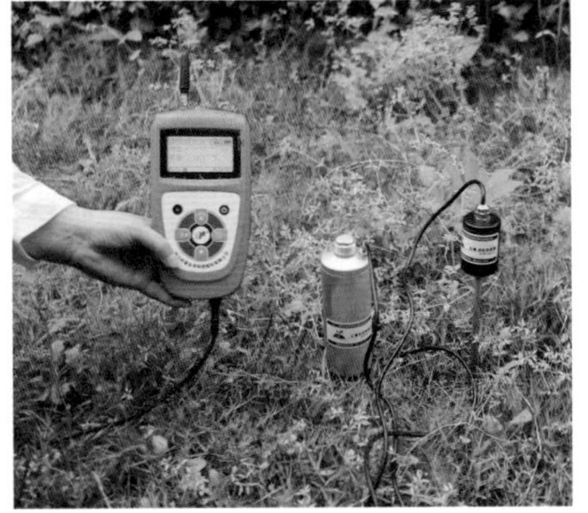
图4-58

图4-57　土壤硬度测量
（图片来源：http://www.hartrao.ac.za）

图4-58　土壤酸碱度测量
（图片来源：http://www.topyiqi.com）

反应三个方面。

对土壤紧实度的测量传统方法是环刀法，通过烘干和称量计算土壤的密度和容重。也可以采用数字化的硬度计，或称为紧实度计，进行现场采集。硬度计是利用压力计的理论值 kg/cm^2，直接测量出土壤的硬度值。土壤硬度计又叫土壤硬度测量仪、土壤硬度测定仪，可以直接测量出土壤的硬度值，同时显示土壤紧实度，测量深度及地理位置，经过检测以后，可以得知土壤的透气性、透水性及土壤对肥料的吸收和分解情况，以此为依据进行土壤的改良，提升土壤的品质（图 4-57）。土壤酸度计是用来检测土壤酸碱度的仪器，可以直接插入土壤测量土壤的酸碱度。较传统测量土壤酸碱度的方法有所不同，使用该仪器操作更为简单，而且直接插入土壤测量更能反映土壤的实际情况（图 4-58）。

对土壤元素的测量包括 N、P、K 等营养元素和铜、镁、铁等金属元素，主要通过分光光度计来完成。原理是针对不同的测量元素，先后采用相应的提取试剂和显色试剂对土壤溶液进行处理，再通过光度计的色差识别获得元素含量的结果。实验室测量提取剂如表 4-18 所示。

表4-18　实验室测量提取剂

检测项目	提取液编号	有效提取物	提取用试剂片	水	土壤
硝酸盐（氮）、锰	提取液N	1ml氯化铵	蓝色匙加满提取液N粉末，再加入一满匙硝酸盐（氮）粉末	50ml	2ml
磷酸盐（磷）	提取液P	0.5ml碳酸氢钠	5片提取液P片剂	50ml	2ml
钾	提取液K	0.1ml乙酸镁	蓝色匙加满提取液K粉末	50ml	2ml
钙、镁、铝、氨、氮	提取液A	1ml 氯化钾	5片提取液A片剂	50ml	10ml
铜、铁	提取液C	0.05ml EDTA钠	5片提取液C片剂	50ml	10ml
氯化物、硫酸盐（S）	提取液W	水	去离子水	50ml	10ml

如今手持式土壤分析仪（图 4-59）也得到广泛应用，可以快速检测金属材料中的金属元素含量。如 i-CHEQ 手持式 XRF 分析仪式（图 4-60）来自美

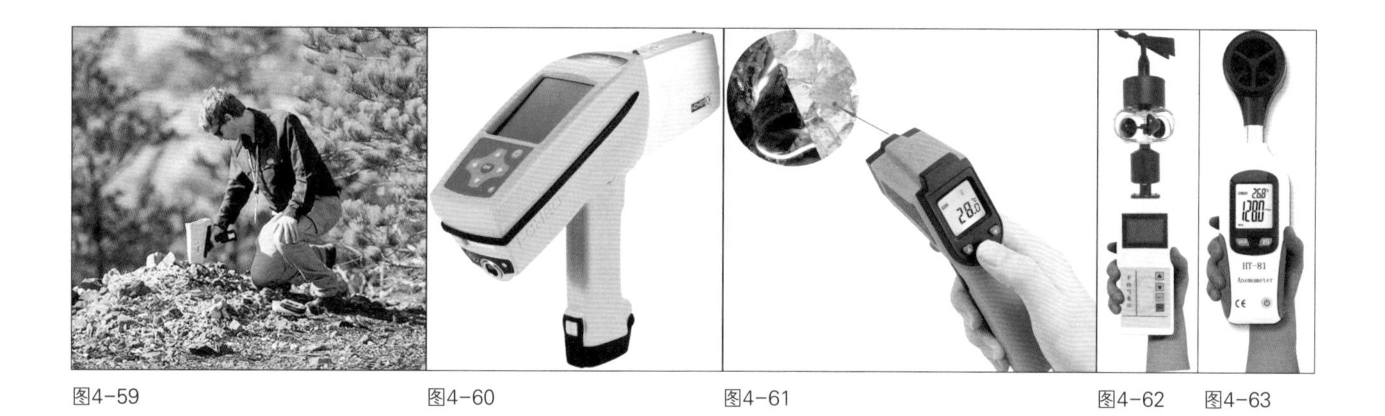

图4-59　图4-60　图4-61　图4-62　图4-63

图4-59　手持式土壤分析仪的使用
（图片来源：http://www.icheckx.com）

图4-60　i-CHEQ手持式XRF分析仪
（图片来源：http://www.wiseok.com）

图4-61　手持式温湿度测量仪

图4-62　手持式风向风速仪

图4-63　手持式风速测量仪

国最先进的XRF技术，能快速对土壤中八大重金属进行现场分析，可用于对各种不同类型的环境进行现场分析，做出快速而全面的污染类型研究。主要应用包括对“原地土”进行检测以便快速进行环境调查和应用于水土保持工程。

4.2.4.4　生境近地空气环境分析

生境近地空气环境分析主要包括空气温湿度、风速、风向等。可采用气象参数仪进行现场测量，包括手持式的即时测量设备（图4-61～图4-63）和架设式的长期监测设备。

基于CFD的室外风热环境模拟也是常用到的近地空气环境分析手段。CFD的全称是计算流体力学（Computational Fluid Dynamics），是20世纪30年代初诞生的新兴学科，并在近20年来随着计算机技术和计算能力的发展而得到广泛应用。它是分析流体流动性质的技术，用以描述流体传热和传质。它将计算机图形学和数值计算方法结合了起来，能针对各种复杂的流体流动进行机理分析。计算机技术成形伊始（20世纪60年代），CFD技术最早主要被用于飞行器、机动车辆和燃气轮机的外形设计与制造，20世纪末开始在城市规划、建筑通风采暖、火灾烟气流动和环境工学等领域得到广泛应用。通过CFD技术设置合理的参数与模拟边界，根据研究对象及目标建立合理的湍流模型，就能从时间和空间上准确、快速地得到对对象环境在三维流场、浓度场和温度场上的模拟。

CFD软件对风热环境的模拟流程主要包括三部分：物理建模、气象条件的选取和CFD软件的数值模拟（图4-64）。对于尺度比较大的模拟对象，为了避免计算机无法计算或计算时间过长，可对整体区域进行划分，分区模拟，最后再将计算结果合并。CFD模拟在空间上的逻辑为在对象空间三维模型外围（地下方向除外）按一定倍数建立场域空间范围，计算机提供的模拟条件包括气流、辐射等，作用在这个场域空间内，所以它又被称为计算域，而模拟精度则由计算域的网格密度决定。因此，物理模型的准备以及如何建立对应

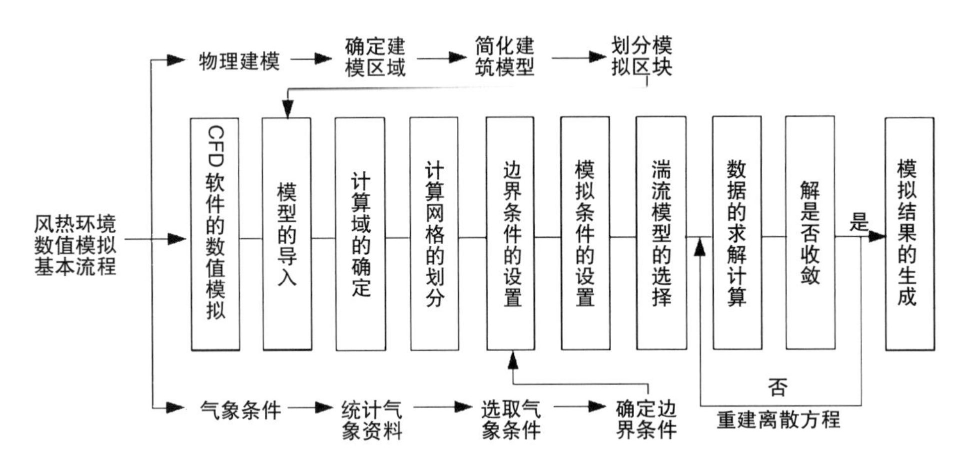

图4-64 CFD软件风热环境模拟流程

的计算域，既是模拟的前期工作，更是整个模拟过程的基础。

为减少数值模拟的计算量，提高软件的模拟效率，在对城市环境进行建模时可将建筑形体和轮廓进行简化。建筑轮廓上的细部可以忽略或者合并，考虑到多数城市建筑的形体特征以及其对流场作用的机理，各建筑模型可基本由其底面积轮廓和高度决定，简化为向上拉伸的规则体块。公建建筑、高层建筑裙房等较复杂的形态应简化为直角四边形或三角形的组合，圆形或椭圆形可简化为近似的多边形。密度较高的成片低层建筑群可进行体块合并，体量较小对空间构成影响不大的建筑可以忽略。但建筑形体的简化应不影响空间的结构与布局特征，街区的开合、室外空间的围合关系等基本空间属性应尽量保证还原真实场地。

目前，常用的CFD软件有Fluent、CFX、Phoenics、Star-CD等。以Phoenics为例，Phoenics是抛物双曲线或椭圆形数值积分法系列（Parabolic Hyperbolic or Elliptic Numerical Integration Code Series）的缩写。它可以对三维稳态或非稳态的可压缩流或不可压缩流进行模拟，包括非牛顿流、多孔介质中的流动，并且可以考虑黏度、密度、温度变化的影响。在流体模型方面，Phoenics内置了22种适合于各种雷诺数场合的湍流模型，包括雷诺应力模型、多流体湍流模型和通量模型及k-ε雷诺数模型的各种变异，共计21个湍流模型，8个多相流模型，10多个差分格式。除此之外，在操作层面上，Phoenics还具备开放性强、格式导入方便、PARSOL网格处理功能和自动收敛功能。

4.2.5 行为数据分析

4.2.5.1 建成环境行为数据分析

1）空间规划与行为数据分析

行为数据的分析是景园规划设计阶段，对于场地环境需要满足的行为需

图4-65　基地周边用地属性与步行最优覆盖范围

求类型的研究和分析，与景园功能空间的定位联系紧密，包括环境容量、交通可达性、服务人群的数据调研和采集，并运用统计方法进行评判。

以南京市花卉公园景观规划方案数据分析为例，通过对用地属性与潜在人群分析后，发现在《南京市铁北红山新城储备地块及规划指标》中，基地周边规划用地性质为商办（14宗）、商业（2宗）、商住（8宗）、科研（10宗）、住宅（6宗）、教育用地等（表4-19）。应用慢行交通出行阈值数据，分析出基地周边步行最优覆盖范围（500 m、800 m）分别有居住、科研、商办等用地（图4-65）。从用地属性分析得出潜在人群主要包括周边居民、商务白领、学生等（表4-20）。

表4-19　基地周边规划用地性质

序号	用地性质	主要功能
1	R2住宅用地	居住小区、住宅建筑用地等
2	Bb商办混合用地	以商业办公为主的混合用地，如酒店式公寓
3	B29a科研设计用地	科研设计用地，不包括科研事业单位用地
4	B1商业	商业及餐饮娱乐、购物、休闲
5	Rax幼托	单独占地的幼儿园、托儿所用地
6	Rc基层社区中心	配套服务、社区管理、社区卫生、文体、基层社区服务、居家养老等
7	A2文化设施用地	公共文化活动设施用地

表4-20　人群结构

编号	人群类型	活动偏好
1	周边居民	日常休憩、慢走、邻里互动、康体运动等
2	城市家庭	鲜花采购、鲜花食品制作、亲子类项目
3	学生	植物领养与种植经验分享、花卉科普体验、花卉知识学习等
4	商务白领	香料、饰品DIY体验、鲜花主题婚庆等
5	老年人	摄影、怀旧、食疗养生等

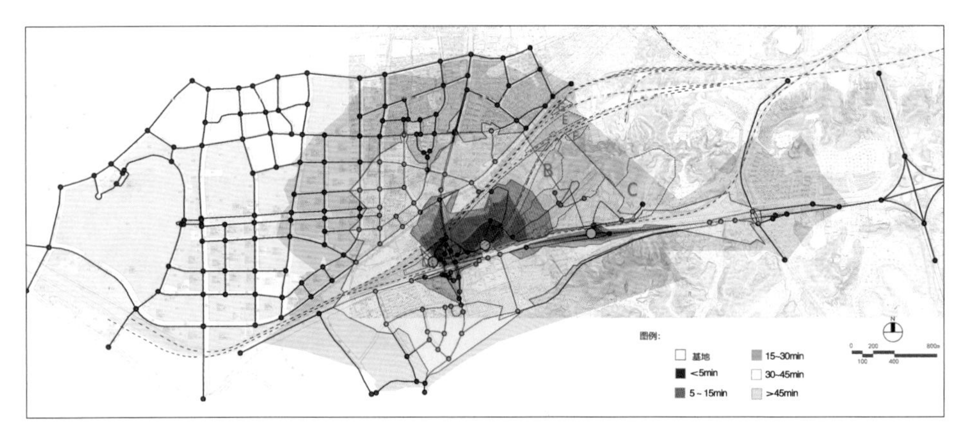

图4-66　空间网络分析:慢行、散步行为(定义步行速度50m/min)

基于用地属性及潜在人群的调查研究，通过对人行为数据的运用，对周边交通网络与基地可达性进行分析。根据 ArcGIS 空间网络分析方法，以基地周边城市道路网络为基础，分析在不同时间与步行速度阻力赋值下，设计范围在城市道路系统中的可达性（图 4-66）。分析得出对于铁北红山新城大部分区域而言，可以步行 30 ~ 45 分钟到达基地 A、B、D 三个场地，覆盖区多为居住性用地，可达性相对较好，适合突出主题性活动，同时兼顾周边居民的日常游憩活动。地块 D 空间独立且机动交通便利，适合花卉销售；地块 C 可达性次之，适合游人跑步、自行车或者结合园内换乘系统展开活动，目标性活动和吸引力是设计的关键；地块 E、F、G 可达性最弱，适宜打造生产性苗圃。

2）道路选线与行为数据分析

道路空间是城市外部空间的主要形式，是人们进行户外活动的主要场所之一，城市里的人们每天都会花较多的时间在道路上。城市道路设计要充分考虑人们的心理行为特性，创造人性化的空间环境，为市民参加户外活动提供良好的场所。

根据 Depthmap 分析可得出周边道路整合度分析，场地周边路网发达，交通可达性较高，结合轨道交通和慢行体系，人群可较为便利地到达场地。但基地受限于高架及铁路交通，对场地出入口的设计产生了影响。根据基地周边道路整合度结合空间网络分析得出场地 A、B 均适合设置车行、人行入口；场地 C 外接人行天桥，适宜设置人行入口连接；场地 D 适宜设置车行入口进入场地（图 4-67）。

3）景观评价与行为数据分析

景观评价是指运用社会学、美学、心理学、生态学、艺术、当代科技、建筑学、地理学等多门学科和观点，对拟建区域景观环境的现状进行调查与评价，预见拟建地区在其建设和运营中可能给景观环境带来的不利和潜在影响，提出景观环境保护、开发、利用及减缓不利影响措施的评价。景观评价包括三个

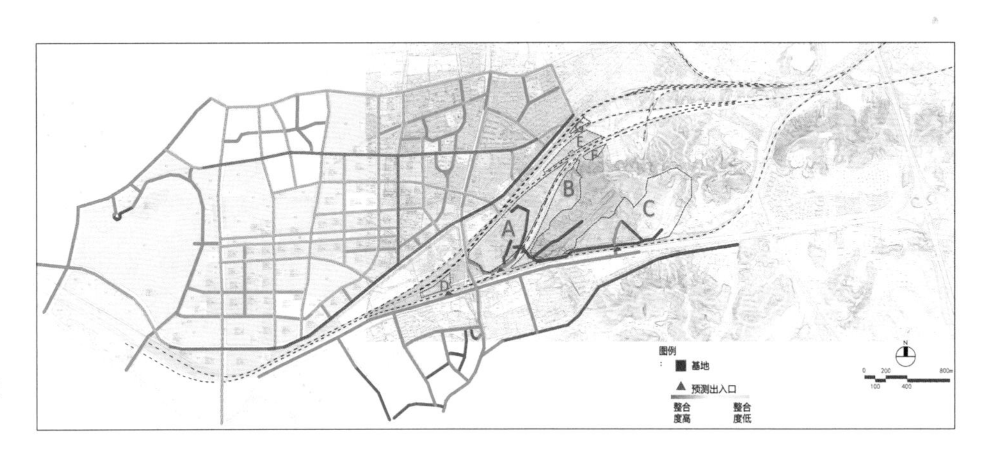

图4-67　基地周边道路整合度分析

方面：景观质量现状的评价、景观的利用开发评价或适宜性评价、景观功能价值评价。建成环境中对景观质量的评价与行为数据紧密联系，如对美景度评价、对公共服务设施的评价等。

以对公共服务设施有效评价为例，可以基于 ArcGIS 和 Gephi 平台，围绕居民的必要性活动出行对该片区设施的有效使用进行客观评价，并对评价较差的区域提出设施布局的优化策略，促进设施的有效使用。步骤如下：

（1）基础数据准备。采用道路网数据、POI 数据和土地使用数据作为数据输入。

（2）建立出行网络。选择所有居住地块的出入口作为起始点，以及各类设施及主要经营性地块作为终点，生成出行网络，其中每条边代表一条出行路径。

（3）计算指标：分别计算每条路径的步行距离接受度、空间路径的步行适宜度、设施叠合度。

（4）指标整合：运用上文确定的多指标综合评价方法，计算各条路径的实施有效使用指数。

（5）数据可视化：通过 Gephi 平台将所得到的各条出行路径评估汇总的网络进行可视化处理，直观展示研究范围内各片区设施的有效使用评估结果。

基于行为量化模拟分析的设施有效使用评估，将设施的实际使用与人的出行习惯紧密结合，相比仅仅通过服务半径和规模对设施服务水平的评判方法，更加真实地反映了设施使用的有效性，体现了以人为本的规划思路。

4.2.5.2　主体感知行为数据分析

行为数据分析的内容还包括对行为主体在环境中的感知分析。生活中的认知大多来自周围环境，对周围环境不同程度的认知构成了人的感知信息。由于不同的人的感知能力是不同的，因此在同一个环境中、同样的刺激条件下，不同的人接收到的感知信息是不同的。人对信息的感知除了同环境中的刺激有关之外，还与人的动机有很大关系。因此，人对刺激的反应，会同时受到周围环境和主观因素的影响。

人类在环境中的感知行为包括基于感官的行为（视觉、嗅觉、听觉等），还包括基于生理感知的行为和基于心理感知的行为。景观规划设计中，可以运用各种测量感官设备进行数据的采集和分析，也可以利用测量眼动、血压、心跳等方法，并融合 GPS 的空间轨迹；数据统计主要应用 SPSS、Excel 进行，并使用 Spearman、MATLAB 分析数据相关性。

ErgoLAB 人机环境同步平台是研究个体行为、生理情绪状况、视觉、认知、活动等机体特性在特定工作或移动状态下与周围刺激环境间交互影响状态变化性的完美解决方案。广泛应用于基础心理学、认知与情绪眼动 / 视觉认知、生物反馈、心理咨询、交互行为观察、户外 / 现场研究、体育 / 运动心理学、人因工程 / 工效学、安全人机工程 / 作业安全、用户体验 / 可用性测试、交通仿真 / 驾驶模拟、交通安全、驾驶行为、人机交互虚拟现实、环境行为、消费行为、管理行为等研究领域（图 4–68）。

（1）基于感官的行为数据分析

"视觉"一词源于生理学词汇，通过光的作用刺激到视觉器官，使其感受到兴奋，然后神经系统将这些感受到的信息经过处理和加工后就产生了视觉，肉眼可直接感受到物体所固有的外在属性，如颜色、形状和形态等。简言之，视觉感知就是我们接收和感受外界图像的能力。我们每天获得的外界信息至少有 80% 都来自视觉的感知，对环境的感知大多数都是通过视觉进行传达的。

眼动跟踪方法可获得受测者在观看视觉信息过程中的实时数据，以便探究被试者视觉加工的信息和选择模式等认知特征。眼动跟踪方法在记录的过程中更加自然、干扰较小，有其特殊的优越性。眼动仪的数据分析主要是从以下几个方面对被试者进行分析：①注视点，是指人的眼睛在看某一物体时眼球对焦与定位后目光所集中的点。②兴趣区域，注视点比较集中的那部分区域。③注视持续时间，在一系列兴趣区域实验中累计的注视时间长度。④注视点数量，注视点的数量和搜索效率是成负相关的，注视点过多往往意味着由于显示的元素排列不当，导致搜索效率降低。如果注视点的分布是随机的，则说明被试者眼中的研究对象缺乏关联性。⑤兴趣区域的首次注视时间，该度量标准可以帮助我们了解每个兴趣区被感知到的时间长短。⑥兴趣区域的注视时间，注视时间的长短反映了被试者对该要素的重视程度。眼动追踪可以通过观察兴趣区域的注视时间去判断色彩联想的强度和范围。

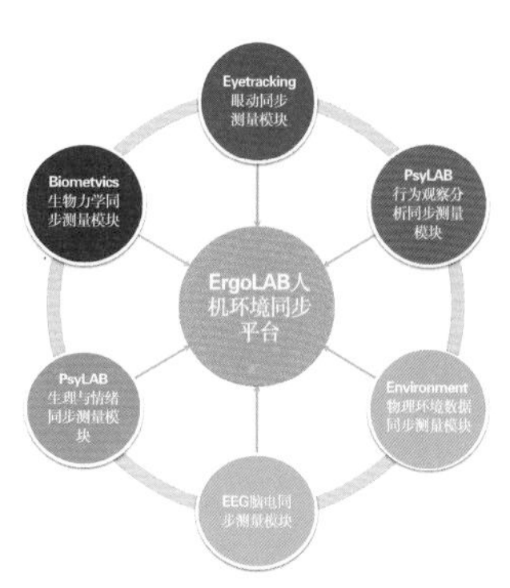

图4–68 ErgoLAB人机环境同步平台

以中山陵景观环境色彩提升的研究为例，首先，根据拍摄的数字图像提取色彩量化数据，评价景观色彩构成效果的图底关系；其次，使用 Tobii Glass

图4-69　中山陵眼动仪色彩分析实验过程

眼动仪生成热点图像，找出色彩界面中人眼最关注的色彩构成要素，得出背景层植物色彩无法突显主景雕塑“孝经鼎”色彩的搭配问题。研究结果说明中山陵景园环境在个别景观节点中，没有传递出厚重、庄严的景观文化氛围，景园色彩要素的人文和情感属性没有得到充分的展示（图 4-69）。

嗅觉感知是人类的基本感知力之一，其基本功能是识别气味。研究显示，嗅觉是理性智力的反映。嗅觉信号属于人的本能反应，它同视觉、听觉、触觉一样，构成了人类的基本感知能力。但是，由于直接的嗅觉实验研究的困难性，科学界对嗅觉的气味识别机理的研究一直处于探索阶段，直到 20 世纪 90 年代才有了突飞猛进的进展。嗅觉系统的工作方式是气味受体被气味分子激活后，气味受体细胞产生电信号，这些信号随后被传输到大脑的嗅球中，并进而传至大脑其他区域，结合成特定模式，从而产生嗅觉感知功能。因此，人就能有意识地感受到植物的香味，并在另一个时候唤醒这种气味，从而实现记忆效果的提高，并留下深刻印象。在所有感觉中，嗅觉是最神秘的领域。为什么通过嗅觉能辨别和记忆成千上万种不同气味，以及大脑如何处理不同的嗅觉信号来区分不同的气味依然是个谜。

在园林中产生的不愉快气味大多是由于有的植物会产生一些特殊的气味，例如樟树会产生类似腐败的气味，有的植物的枝叶或者果实也会产生特殊的味道，另外植物枝叶的腐败、动物的排泄物、游人产生的垃圾等也会形成令人厌恶的气味。根据医学研究的结果，嗅觉往往与记忆共同起作用，环境中不愉快的气味会让人产生不好的联想，使人在游览的过程中兴致受到极大的影响，对景观的评价也会大打折扣，从而降低了园林景观整体的审美协调感。因此在景园环境的营造中，需要注意对消极气味的屏蔽和适当地运用芳香植物等提升场所地嗅觉体验。

听觉是由耳、听神经和听觉中枢的共同活动来完成的。物体的振动会产生不同的声波，并通过一定的介质进行传播，且能被动物或人类的听觉器官所感知到的称为声音。一般人耳能接受音强为 16 dB 至 160 dB 的声音。15 dB 以下有宁静感；30 dB 以下有安静感；50 ~ 60 dB 有嘈杂感，人们平常说话的音强约为 60 dB；人若长期处于 70 ~ 80dB 环境中，会感到头痛、疲劳等；80 dB 以上，就会听不清楚对方的讲话；长期处于 90 dB 的环境中，听力会下降；超过 140 dB 就会引起痛觉或触压觉。

在研究中开展较多的还是基于主观实验的心理声学量化评价。常用的心理声学量化评价方法大致可以分为排序法、成对比较法、评分法与语义微分法。如应用噪声频谱分析仪（图 4-70）对各声音元素的音量声级进行标定后，利用 CoolEdit 声音制作编辑软件将所选取的几种声音元素分别编辑成不同等级的声音文件，由此可以模拟既定公园环境中可能出现的声景元素，之后让被测试者进行打分评价，再利用 SPSS 分析软件分析各组数据，得到最终评价值。

（2）基于生理感知的行为数据分析

景园色彩构成效果产生的外显性情绪必然导致生理机能电信号的变化和反映，尤其是皮肤的电传导以及心电、肌电、脑电的反映；同时，人的心率和体感温度也会上升。对这些生理信息的检测和数据收集，可以数字化地客观评价人的主观情绪反映，属于情绪的生理测量方法（图 4-71、4-72）。关于皮电反应的研究，从查拉斯・费瑞（Charlas Fere）、托肯诺夫（Tarchanoff）的研究到欧突・费拉哥斯（Otto Veraguth）都清楚地知道受到刺激后，电反应能够迅速地和灵敏地发生变化，而且刺激过后半分钟内又可以几乎完全恢复到原来的基础水平。当人们活动时电传导就高，而在放松时电传导就低。皮肤电传导的范围是睡眠时的低水平到强烈激动状态的高水平。皮肤电传导和皮肤电阻是反比关系，皮肤电传导的倒数就是皮电阻。因此，结合皮电阻和心

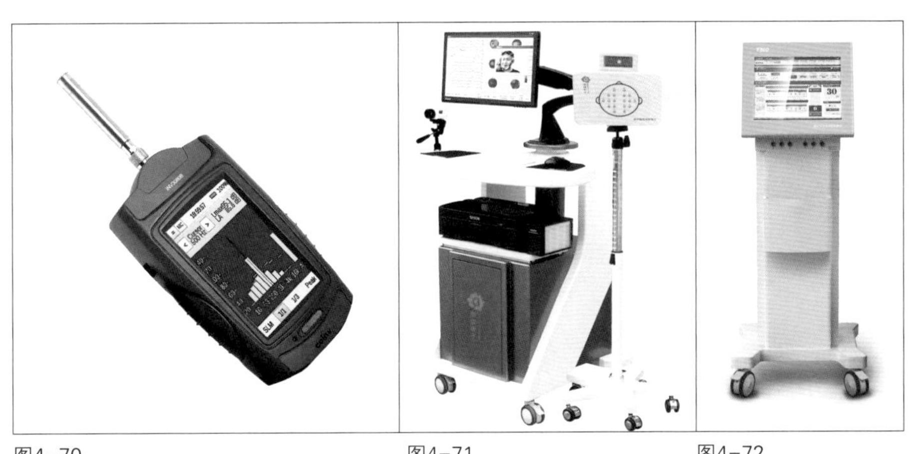

图4-70　噪声频谱分析仪
（图片来源：http://www.coinv.com）

图4-71　神经皮电刺激仪
（图片来源：https://www.yaopinnet.com/zhaoshang/y05/yy212905.htm）

图4-72　全数字视频脑电图仪
（图片来源：http://www.xzscyl.com/557/570）

图4-70　图4-71　图4-72

率的生理测量数据，可以有效地对被测试者给出评价结果的可信度进行判断和修正。

收缩压和舒张压最常用来反映人体交感神经系统（SNS）和副交感神经系统（PNS）活性，心率反映人体紧张程度和生理唤醒程度，一般常作为检验人体心理健康状况的指标。平均收缩压、平均舒张压和平均脉搏 3 个指标可以反映试验前后人体生理变化情况，也能说明试验者景观观赏活动后健康状况的发展趋势（表 4-21）。

表4-21　两种形态植物观赏前后生理均值变化

	自然型植物单元			几何型植物单元		
	舒张压/mmHg	收缩压/mmHg	脉搏/（搏·min^{-1}）	舒张压/mmHg	收缩压/mmHg	脉搏/（搏·min^{-1}）
观赏前	113.38 ± 8.11	66.13 ± 9.37	78.63 ± 11.98	113.90 ± 8.03	67.90 ± 8.05	76.03 ± 9.02
观赏后	107.55 ± 11.32	68.11 ± 6.10	78.03 ± 8.54	107.63 ± 7.17	64.25 ± 6.23	77.26 ± 7.13
P	0.007	0.532	0.028	0.019	0.034	0.009

资料来源：邢振杰, 康永祥, 李明达. 园林植物形态对人生理和心理影响研究[J]. 西北林学院学报, 2015, 30(2):283-286.

（3）基于心理感知的行为数据分析

语义差别法（Semantic Differential,SD 法）最早是由美国心理学家查尔斯·埃杰顿·奥斯古德（Charles Egerton Osgood，1916—1991）于 1957 年在其论文“*The Measurement of Meaning*”中提出的一种心理测定的方法，又称作感受记录法，它可以通过言语尺度进行心理感受的测定，将被调查者的感受构造为定量化的数据。SD 法的具体操作是根据被访者有可能出现的心理反应，拟定出一些形容词，如安全的—不安全的、有吸引力的—没有吸引力的等。这些形容词成对拟定，具有明确的可判定性和可度量性，以此保证这些形容词可以准确地被描述。当被访者接触评价媒介时，对此得出的印象程度标示在形容词对应的等级上，并通过这些数据的收集和整理寻找被访人群对评价媒介的感受规律。情绪量表法是常用的心理试验测量方法，反应正负情绪变化，将人体的主观意识转化为量化指标，特别是在空间环境研究中用来测量心理感受。

问卷调查法最初是社会学、社会心理学使用的调查方法，之后逐步推广，在各专业领域都有着广泛的应用。一方面，问卷调查适合于调查人们空间利用的倾向性和态度。在视觉景观评价研究中，问卷调查作为一种公众参与的手段，得到广泛的应用。另一方面，问卷调查也因为受制于调查人员和被调查者等主观因素的影响，所以其数据的客观性不如观察类的调查方法。但由于时间、场所等因素的限制，难于直接通过观察捕捉人们在空间中的各种行为时，问卷调查也成为必要的手段之一。

4.3 景观设计方案的模拟

风景园林设计的模拟通常以动态呈现、量化输出的方式表示，其目标是了解随时间变化或是在条件变化情况下设计的属性及行为的变化。当前可行的方式是多代理技术，它能模拟某种行为（如人群流动、植被生长、水体流动等），并在虚拟环境中表现出来，在此基础上记录和分析影响因素间的交互关系。景观设计过程中涉及建造过程中的模拟，景观环境行为的模拟和对景观场景的模拟。建造过程中需要模拟涉及场地的基本情况，包括地形条件的模拟、自然环境的模拟以及复杂的动态过程模拟。景观环境行为模拟是通过对人的仿真模拟达到研究场地内时间－空间－行为的相互关系从而实现精细化设计。景观场景模拟是采用可视化技术清晰明了地表达规划设计方案，主要包括建模渲染、虚拟现实和增强现实等技术来实现。

4.3.1 方案过程推敲

4.3.1.1 地形模拟

对地形的模拟是地形与空间研究的基础。传统的物理模拟多采用实体模型的方式进行，是传统竖向设计中最主要的地形模拟手段。随着数字时代的来临，数字模拟成为地形模拟最重要的方式，也成为风景园林参数化竖向设计研究的基础。

地形的数字模拟又分为数学描述和图形描述两类。在风景园林设计中，图形描述的方法最为有效和直观。典型的图形描述方法包括规则格网（Grid）、不规则三角网（TIN）和等高线地形图三种。三种描述方式中不规则三角网（TIN）对地形的拟合度最高，适于表现不同的地貌形态，同时在进行空间分析时精度也最高，成为数字地形模型最主要的描述方法。

由于 GIS 与 Civil 3D 在相关方向已经得到广泛的探索与应用，其软件设计中蕴含的参数理念使得它们在参数化辅助设计中发挥了重要的作用。以 GIS、CAD 两大平台为基础的景观信息模型是风景园林参数化竖向设计的基础与平台。

（1）以 GIS 为平台的地形模拟

GIS 以地理空间数据为基础，可以对空间数据进行采集、管理、操作、分析等。在风景园林竖向设计中运用最广泛的是其空间分析的功能，目前可以快速地对研究场地进行坡度、坡向等初步分析。另外，GIS 系统的开放性允许设计师根据设计意图进行空间查询、图形运算、复合分析，以推进设计的进行。ArcGIS 3D Analyst 分析模块提供了强大的、先进的三维可视化、三维分析和表面建模工具。使用 ArcGIS 3D 分析模块，可以高效地编辑和处理三维数据。3D 分析扩展模块的核心是 ArcGlobe 和 ArcScene 应用程序，他们提供了浏览多层 GIS 数据、分析和创建表面的界面，可以高效地处理栅格、矢量和影像数据，建立模型等。

（2）以 CAD 为平台利用 Civil 3D 进行地形模拟

AutoCAD Civil 3D 基于 CAD 平台，具有三维数字地形建模功能，主要解决风景园林设计中的地形问题。其主要具有以下功能：可直接输入原始测量数据计算最小二乘法平差，依据点与特征线等测量资料自动建立地形，并能以互动的方式建立与编辑测量地形的高程点；包含多种地理空间分析和地图制作功能，可以分析要素间的空间关系；依据输入的地形分析坡度、坡向、地表径流及流域分析等，提供相应的报告，辅助方案的优选；运用地形复合体积法或平均面积法，运算现状场地与规划场地间的土方差值，产生土方调配图，分析挖填方是否平衡、需移动的材料量、移动的方向，并且识别借土区及弃土区等；以智能方式连接设计与图纸，生成施工图，在变更模型时能保持图纸的同步修改；制作相应的统计报告，并可随时更新；利用 Autodesk Vault 技术进行设计阶段性变更管理，进行版本控制，对使用者权限进行控制；与其他软件如 Autodesk Revit Architecture 等结合，可使用建筑师等其他学科人员提供的资料，实现团队合作；具有实现可视化的工具。

AutoCAD Civil 3D 一个最重要的特点和突出的优势就是三维动态设计。这有两方面的含义，首先，AutoCAD Civil 3D 的工作方式是基于三维模型的设计；其次，AutoCAD Civil 3D 通过智能对象间的交互作用实现设计过程的自动化。

AutoCAD Civil 3D 的基本程序代码使用面向对象的结构，提供了曲面、放坡、路线、纵断面、道路、横断面、管道、地块等丰富的风景园林工程专用设计对象。图形中的设计图元（例如点与曲面）是维持与其他对象关系的智能对象。

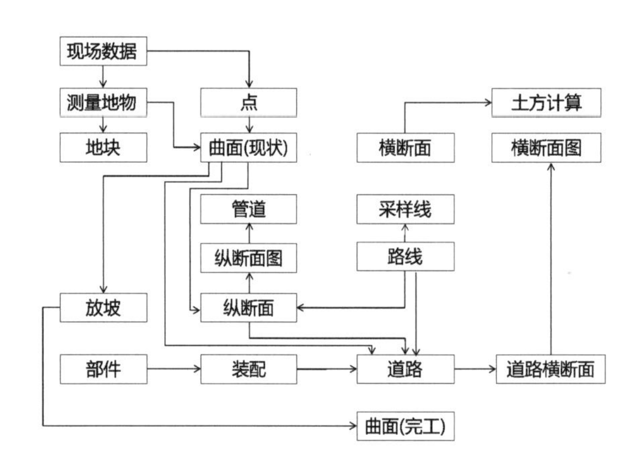

图4-73 AutoCAD Civil 3D智能对象关系图

对象之间保持动态关联关系，从而使设计变更能够智能地传递。表 4-22 显示了编辑每种对象类型时可以更新的对象。图 4-73 举例说明了 AutoCAD Civil 3D 智能对象彼此之间如何建立联系。

表4-22 AutoCAD Civil 3D主要对象更新关系

编辑对象	可更新对象	编辑对象	可更新对象
点	曲面	放坡	曲面、道路
曲面	放坡、纵断面、管网、道路	部件	装配、道路
地块	放坡、道路	装配	道路
路线	放坡、地块、道路、纵断面、横断面、管网	管网	曲面、路线
		要素线	放坡
纵断面	交点	采样线	横断面、填挖方图

动态更新的设计模式避免了进行大量重复运算的过程，每次地块编辑的变化都能及时、准确地反映到数字模型及地块信息的报表中。同时动态标签功能可以方便地控制地块的信息显示，很大程度上缩短了场地设计的周期，让烦琐枯燥的信息修改和数字计算由软件自动完成，从而提高了场地规划设计的效率。另外，软件中放坡和要素线的引入让设计师可以快速构建三维场地模型，精确地计算场地土方工程量，使得最优化的竖向设计成为可能。

（3）两个软件的优势与对比

在风景园林设计中，GIS 主要通过空间数据的采集、管理、处理、分析、建模和显示来解决复杂的规划和管理问题。而 Civil 3D 则是利用计算机及其图形设备辅助设计工作的进行。Civil 3D 及 GIS 两者具有相似之处，如均有坐标体系，均能描述和处理图形数据及其空间关系等，又存在区别，具体如下：

① CAD 的制图功能强于 GIS。Civil 3D 的图形编辑功能强，且较为灵活，可较好地响应设计师的设计灵感。GIS 制图功能偏弱，提供的制图工具比 Civil 3D 少，灵活性较差，但目前已有较大提高，如 ArcGIS 10.0 的制图功能

已接近 AutoCAD。

② GIS 制图的规范性更强。GIS 的数据管理十分严格，制图时必须遵守事先制定好的数据模型，因而数据的冗余小、数据质量高。而 Civil 3D 对数据质量未有过多限制，其关注的不完全是数据。

③ GIS 具有较强的空间分析功能，而 Civil 3D 此项功能较弱。

④ GIS 可良好地管理非空间数据，而 Civil 3D 此方面较弱。

⑤ GIS 可制作丰富的专题图纸。GIS 的数据内容和数据表达方式是分离的，对于同一份数据可针对不同的目的制作不同的专题图纸（如道路网现状图、道路等级图、交通流量图等）。而 Civil 3D 数据内容与表达方式绑定，一份数据对应一份图纸。

⑥ Civi1 3D 可以同步更新体积、等高线、曲面分析等数据；在添加、删除、编辑源数据时，整个三维地形曲面就会由 Civil 3D 软件自动进行更新。GIS 则无此功能。

结合 Civil 3D 的编辑及制图能力以及 GIS 的数据分析、收集和管理优势，可实现景观信息模型的建构，并进一步对风景园林参数化竖向设计展开研究。

4.3.1.2 微气候环境的模拟

微气候模拟研究的方法可以分为实测和计算机数值模拟两种，通过实测数据对微气候进行分析是比较准确的方法，但是比较费时费力，而计算机数值模拟的方法比较高效、便捷，但是其准确性还在进一步完善中。

实地观测方法存在成本高 、风险大 、干扰因素多、实验环境控制困难等问题。因此采用缩尺模型或者数值模型对城市气候进行模拟（Simulation）分析已逐渐成为当前研究城市微气候的重要方法。首先，数值模拟的方法与实测等方法相比，节约了人力与时间；其次，数值模拟的方法可以直观地呈现复杂的微气候状况；最后，最重要的是数值模拟的方法可以预测规划设计方案的微气候状态，为设计提供参考依据。

（1）模拟方法及模拟软件

近几年，数值模拟的方法发展迅速，研究内容涵盖了城市微气候中的风环境、热环境、空气质量等问题。主要采用的模型有基于非计算流体力学类（集总参数法 CTTC 模型）和基于计算流体力学（分布参数法 CFD 模型）两类。基于不同的模型原理开发的模拟软件的功能与特性也不同，在研究的过程中依据研究目的可进行合理的选择。CTTC（Cluster Thermal Time Constant）模型是使用建筑群热时间常数（反应结构蓄热能力和透热能力的参数）的方法计算局部空间环境的空气温度随外界热量扰动变化的情况，建筑群室外热环境分析软件 DUTE 就是基于该模型进行模拟计算的。CFD（Computational Fluid Dynamics）模型是通过对室外环境的热传递与空气流动的耦合计算来评价空间的微气候环境，采用该模型模拟的常用软件主要有 ENVI-met、Phoenics、Fluent 等（表 4-23）。

表4-23　常用CFD模拟软件

模拟方法（数理模型）	软件名称	应用
能量收支平衡方程	RayMan（Radiation on the Human Body）	小气候舒适度指标生理等效温度、天空可视度
	SOLWEIG（Sloar Longwave Environmental Irradiance Geometry Model）	模拟输出平均辐射温度和辐射通量在空间上的变化
CFD模型	ENVI-met	模拟地面、植被、建筑和大气之间的能量、动量及物质交换过程
	Ecotect	模拟太阳辐射
	Phoenics	模拟太阳辐射、污染物浓度、火灾参数
	Fluent	模拟风环境
CTTC模型	DUTE（Design Urban Thermal Environment）	室外热环境分析，如模拟和预测热岛效应

（2）Envi-met 的应用与模型构建

目前的研究中涉及最多的是 ENVI-met 软件，该软件可以做出包括土壤环境、风环境等一系列环境要素的模拟。城市微气候模拟软件 ENVI-met 由布鲁斯（Bruse）教授及其团队于 1998 年开发，目前使用版本是 V4.0 版。三维主模型区域下部为自由出流，ENVI-met 软件提供了 3 种入流方式——开放式、强迫式和循环式。顶部为强迫边界，强迫值由一维边界模型计算得到。为确保模拟的准确性，模型首先初始化一维边界模型，确定地面至 2 500 m的大气边界层，然后将初始值转化为三维核心子模型所需的实际模拟边界条件。三维子模型包括：

①大气模型：包含风场、温度和湿度场、湍流模型。风场模型采用三维非静力不可压缩流体模式，考虑地转偏向力、浮力和植被拖曳力的影响；计算大气湿度场和温度场时考虑净长波辐射通量沿高度的变化及大气与植被之间的水分热量交换。

②辐射模型：通过输入模拟时段、地理位置、云量、云属性（高云、中云、低云）、太阳辐射调整系数等参数自动计算入射辐射。

③土壤模型：通过计算土壤温度及体积含水量等参数模拟土壤中的热传递和水分传递过程。土壤模型将地面到 2 m 深的土壤划分为不等间距的 14 层，越接近地面间距越小，在水平方向上按照三维主模型区域的水平网格划分，土壤模型为一维模型，只考虑土壤沿竖直方向的热量和水分传递。

④植物模型：用户可根据 ENVI-met 的三维植物建模工具自定义植物类型，模拟叶片温度、植被冠层与空气的热交换和水分交换过程。

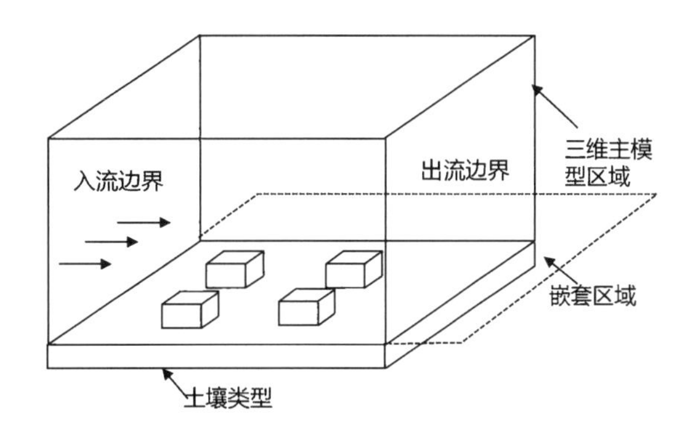

图4-74 ENVI-met模型构架
（改绘自：冯嘉成. 余荫山房庭园空间气候适应性的模拟与策略分析[D].广州：华南理工大学，2015.）

⑤建筑模型：通过自定义建筑材料性质、建筑高度、建筑形状等参数模拟建筑物表面热通量。

⑥气体扩散及微粒分布。模型所需背景数据有模拟区域下垫面信息、背景气象数据（空气温度、空气湿度、风速风向、云量、土壤温度、土壤相对湿度等），模型主要输出参数包括不同高度空气温度、空气湿度、风场、湍流、气体和微粒分布，太阳辐射和长波辐射通量，土壤温度、土壤湿度，植物叶片温度、蒸发蒸腾量，建筑物表面温度、室内气湿等；室外热环境指标：平均辐射温度（图 4-74）。

4.3.2 景观环境行为研判

行为，即为实现某种预期目的，人在与外界相互作用时用自身的机体所做出的连续反应或连续活动的过程。这个过程占据着时间与空间，也是需求与条件互动背景下评价和优化城市空间的重要标尺。对行为发生原因、执行规律、影响因素等关键问题的认知和分析，能够对行为发生做出有效预判，从而对城市空间如何响应产生积极的推进力。

在尺度较大的景观规划和设计项目中，常以 GIS 与 Depthmap 结合的方式，通过计算道路整合度、连接度、交通可达性等场地周边的情况，对群体的行为进行研判，并以此为依据进行场地出入口以及场地道路选线的优化设计。

近年来，景观环境中的行为仿真模拟（行人仿真）已经成为仿真中的热点领域，在国内外都广受关注。受上海外滩踩踏等重大事件的影响，行人仿真目前在重大城市与建筑设计项目安全评估、人流疏散模拟中占据了重要的地位。对于行人密集的区域，例如轨道交通站点、广场、医院、火车站或大型活动举办场所等周边城市空间，运用行人仿真的手段，对容纳和通行能力进行评估，可以为建筑设计、城市设计、规划设计方案提供重要辅助。

行人微观仿真（Pedestrian Microscopic Simulation）即通过对城市中分散个体及其之间作用力的模拟，在相当程度上诠释城市发展自下而上的动力机制和过程。常用技术行为仿真平台有 Vissim、STEPS、Sim Walk、NOMAD、Legion、Anylogic 等。

以 Anylogic 为例，将收集的城市空间、行为规律、移动方式等相关信息输入 Anylogic 软件平台（图 4–75），其中包括了行人流量、速度、目的地等关键数据信息，行人的平均步行速度以 1.35 m/s 计算模拟，在平台上构建虚拟城市空间，使行人在虚拟空间中的步行行为相对真实，结合行为规律，建立仿真计算逻辑框架（图 4–76）。信息输入之后，对关系模型进行调试，运行模拟，并进一步做可视化处理（图 4–77）。运行过程中，以行人的步行时间为依据，观察并记录行人在不同时间的潜在路径，即可达的城市空间，产生初始影响域（图 4–78）。

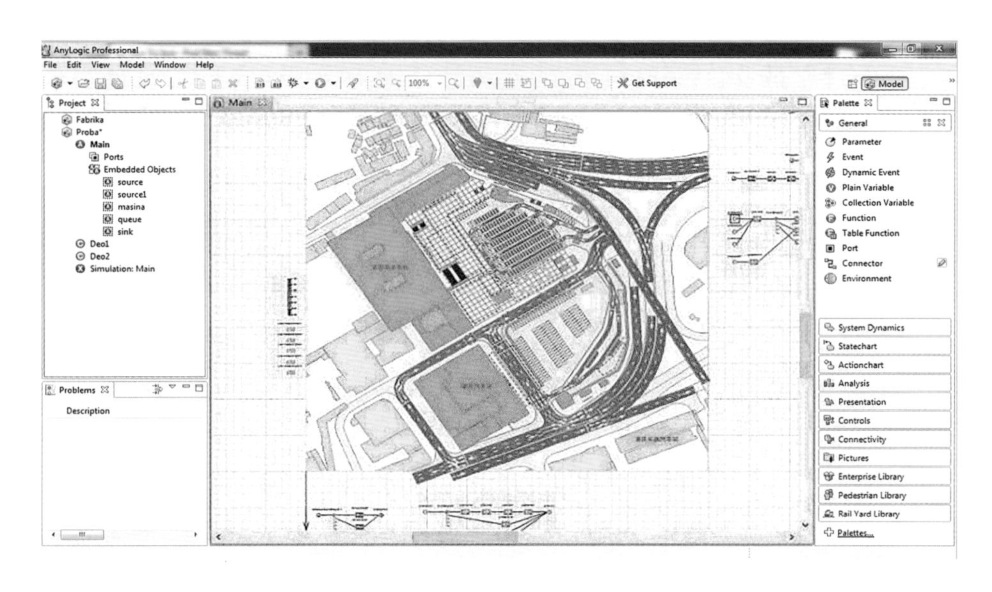

图4–75　信息输入Anylogic7.0软件平台及其操作页面

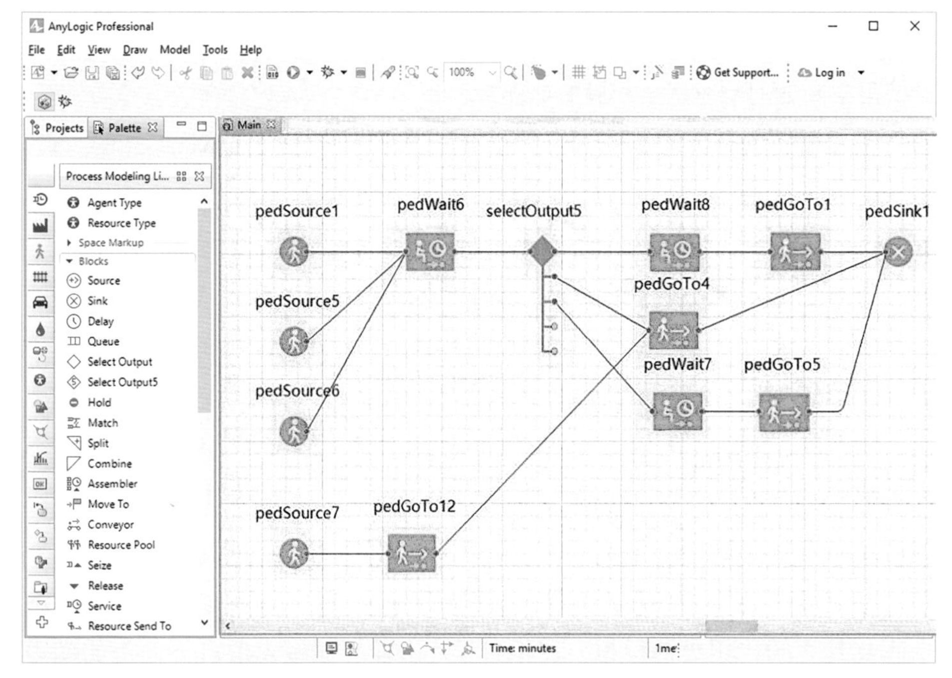

图4–76　两路口站点影响域划定的仿真计算框架（部分）

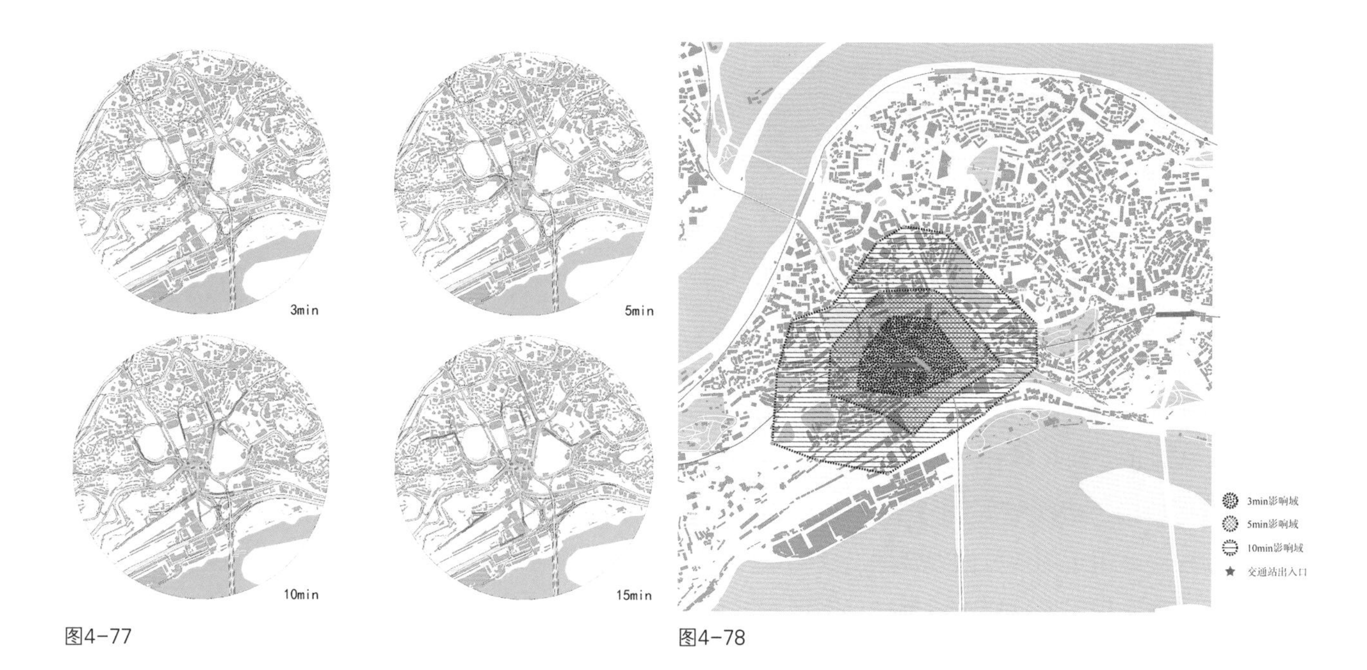

图4-77　　　　　　　　　　　　图4-78

图4-77　两路口站点影响域Anylogic仿真过程中不同时间能到达的区域

图4-78　Anylogic模拟产生的两路口站点影响域初始状态
（图片来源：魏书祥. 基于“行为—时空—安全”关联的精细化城市设计方法研究[D]. 重庆：重庆大学，2018.）

4.3.3　景观场景模拟

4.3.3.1　虚拟现实技术（Virtual Reality，VR）

伯德（Burdea）和科伊夫（Coiffet）描述了虚拟现实（Virtual Reality）的 3 个基本特征，即想象、交互和沉浸。相比传统可视化，虚拟现实技术能提供多角度、多模式模拟，使用户有更切身、真实的体会。同时，实时渲染可实时感受场景变化，对场景进行修改，更具交互性，可提高规划的公众参与性。

自 2003 年开始，就有 PC 用户开始使用 3DMax 整合 VRML97 作为建模手段，从而建立风景园林的静态虚拟现实环境，这是虚拟现实技术在景观领域的最基本应用。VRML97 得到许多软件的支持，通用性较强，同时 VRML 程序可以直接接入网络，通过互联网展示虚拟场景并支持互动浏览，整合了 Java、XML、流技术等先进技术，包括了更强大、更高效的 3D 计算能力、渲染质量和传输速度。基于 Web3D 引擎如 Unity3D、Virtools、Quest3D、Flash3D 等可实现虚拟旅游、历史遗迹复原等。如 Pescarins 等通过 Virtools、Open Scene Graph、VTerrain 对阿皮亚公园（Appia Park）考古与文物信息进行开源管理。

（1）OSG（Open Scene Graph）场景漫游技术

OSG（Open Scene Graph）是使用 OpenGL 技术开发的一套基于 C++ 平台的应用程序接口，使得开发者可以避免与烦琐的底层图形开发接口直接接触，从而更加关注于应用程序的开发，提高开发效率，能够为快速开发图形应用程序提供许多附加的实用工具。OSG 具有支持大规模场景的分页、粒子系统与阴影、多线程、多显示的渲染，以及支持各种文件格式等特性，诸如飞行器

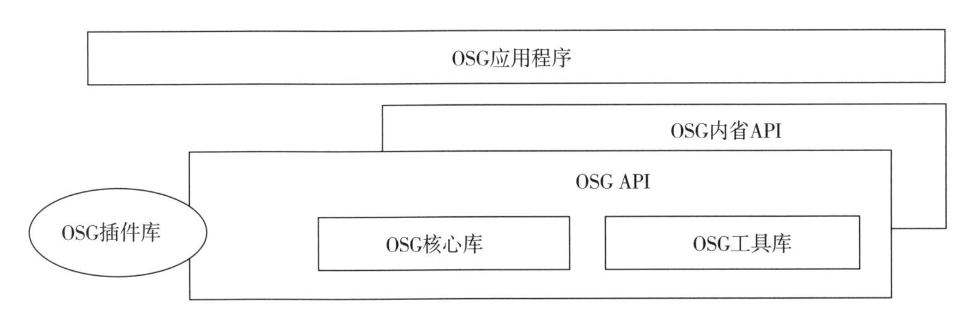

图4-79　OSG组成结构图

仿真、虚拟现实、科学计算可视化等高性能图形应用程序的开发，就是利用OSG设计实现的。OSG具有开源、源码质量高、跨平台操作、可扩展性强的特点。其组成结构包括核心库、工具库、插件库以及内省库。核心库是OSG场景管理的核心，用于场景数据的管理以及场景图的显示操作等；工具库是场景管理的扩充，用于提供特殊效果显示等操作；插件库由第三方提供，利用OSG核心库进行插件的自动管理；内省库用来提供程序运行接口。各个库之间结构组成如图4-79。

OSG支持骨骼动画、关键帧动画等各种流行的动画，它可以把3DMax建立的动画模型转化成OSG格式导入到项目中进行控制，osgAnimation库中有大量的动画实用类。在OSG相关扩展中，最引人注目的是osgEarth、VPB与osgOcean，它们可以帮助开发人员完成一个功能强大且完善的三维地形展示系统，osgEarth功能类似于Google Earth，且地形的实时生成效率可媲美Google Earth。osgOcean是OSG的扩展海洋模块，其特点是可以逼真地仿真大面积水域，也可以在此基础上做二次开发。

（2）沉浸式三维可视化系统

①系统硬件建设介绍

沉浸式三维可视化系统如图4-80，三面投影系统如图4-81。该系统独有的角落式设计，真正实现了虚拟“探索”的奥秘。产品由三面相互具有公共邻边的光路系统构建而成，采用背投与正投相结合的方式，三通道画面系统分离控制，非常适用于方案评估对比，可呈现出一个综合视角（图4-82）。

②应用方向

适用于多角度产品审视、产品内部构造分析等应用，三通道光路系统能够较充分地表达多维度空间的包围沉浸感，在建筑、高端制造、科研教育、能源、国防军工、生物医学等领域有着广泛应用。

③系统软件解决方案

除了以上硬件设备，软件也是虚拟现实系统的组成部分。在系统的软件配置中，结合用户对三维数字样机展示、虚拟维护和拆装的需求，推荐了一系

图4-80

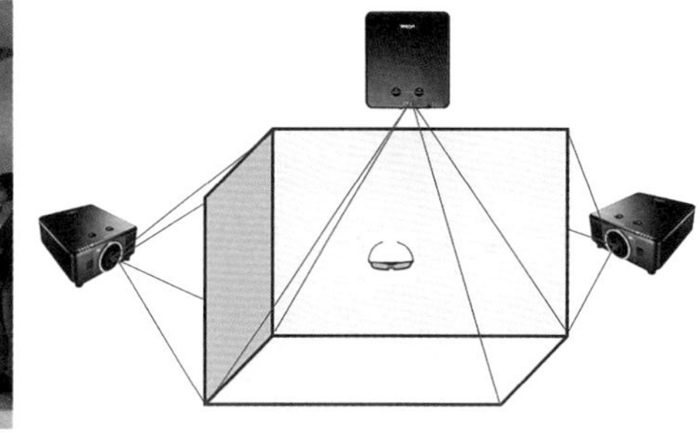

图4-81

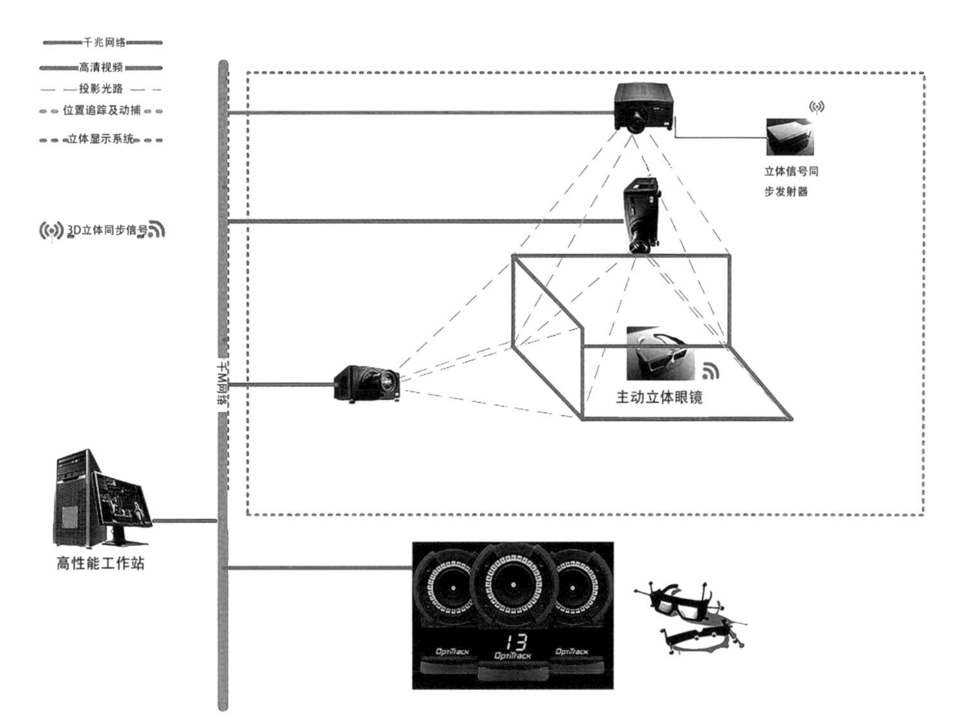

图4-82

图4-80 沉浸式可视化现场体验

图4-81 投影的路线图

图4-82 系统拓扑图

列针对制造业研发的数字化物理样机仿真软件，它基于虚拟现实技术，为用户提供先进的、交互性强的可视化设计决策平台。软件的应用不仅丰富了传统CAD数字样机的功能，还帮助用户改进研发流程、降低研发风险、避免设计缺陷并减少资源利用。同时也能使相关部门（设计方、工艺方、客户、供应商）更好、更快地进行交流，使沟通变得顺畅、简单。这些软件可以助力从设计到制造的整个产品研发过程，在企业的销售、市场、维修、维护等活动中发挥重要价值。

本书选择了用于三维数字样机展示的MiddleVR软件和Techviz软件为例。结合用户实际房间尺寸做初级布局图，等正式房间确认还可以结合实际再做调整。三折幕的画面可以按正常比例投放，还可以裁切左侧画面，使系统更加整齐，顺便节省部分空间，如图4-83所示。

4.3.3.2 增强现实技术（Augment Reality，AR）

增强现实技术（Augment Reality, AR）是从虚拟现实技术中发展而来的，它能将真实的环境和虚拟的场景实时地叠加到同一个画面或空间中同时存在。AR 技术具有三个特点：①真实世界和虚拟世界的信息集成；②具有实时交互性；③在三维尺度空间中增添定位虚拟物体。相比虚拟现实技术，它给人以更真实的感官感受。由清华大学建筑学院主持开展的“数字圆明园”项目运用 AR 技术，使游园者在使用移动终端时可以实时实地观看圆明园复原的三维模型和相关的历史资料。近几年随着智能手机的普及，增强现实浏览器如 Layar、Wikitude、Junaio 等的推动，AR 技术亦可应用于 APP 研发，Ian D. Bishop 创建名为“what's here”的 APP 原型，界面采用 xCode 4.5.2，用户可以通过手机 GPS 定位，直接进入 AR 模式查看该地点的历史或未来的场景，包括气候变化、可再生能源设施的增加、用地类型的改变、海平面上升情况等，帮助用户了解景观与环境变化的发生过程。

在规划设计过程中，用以表达基地原始信息、承载规划设计行为的操作界面，就是规划设计操作平台。随着数字化技术的进步，一种基于计算机辅助建造技术（CAM）和增强现实技术（AR）的操作平台逐渐发展了起来，这就是“沙盒”。“沙盒”是一种能够精确还原现场、直观承载手工设计操作，并进行实时人机互动的四维操作平台（图 4-84）。“沙盒”平台主要由 4 部分组成：基于 CAM 技术的地形实物再现及设计操作模块、基于 AR 技术的数字信息识别模块、数字信息分析模块和数字信息投射模块（图 4-85）。

CAM 技术使得利用可反复塑形的材料精确还原现场成为可能，沙子物理模型既能直观表现复杂地形，又能承载手工设计操作。一方面，实践证明，人们面对三维实物时往往可以发挥更强大的创造力，手工的控制则更能够激发设计师对于空间的直觉和潜意识。另一方面，AR 技术的介入，使得实时人机交互成为可能，基于识别和分析模块的数字信息实时投射在物理模型上，使得景观设计师能够随时洞察设计操作所影响的动态系统，这种操作平台极

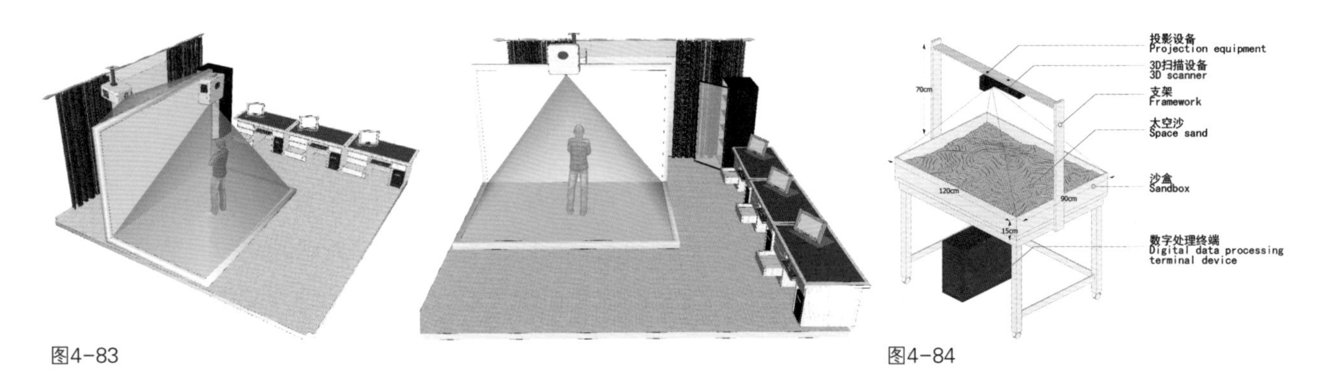

图4-83　　图4-84

图4-83　设备布局图

图4-84　沙盒系统图解
（图片来源：冯潇，蔡凌豪，王文韬.沙盒——基于计算机辅助建造和增强现实技术的风景园林规划设计操作平台[J].景观设计学，2017，5(2)：42-55.）

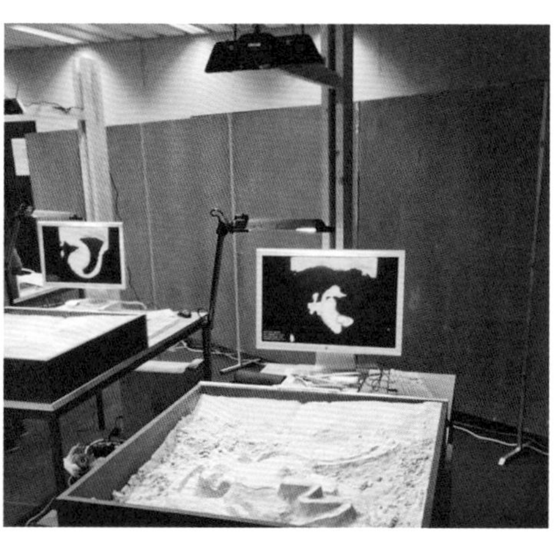

图4-85 ETH的景观地形设计系统，采用Kinect摄像头作为三维扫描设备
（图片来源：蔡凌豪. 基于增强实境的地形设计沙盘系统研究[J]. 西部人居环境学刊，2016，31（4）：26-33.）

大地提升了设计效率，较传统的“分析—设计—检验”流程要简便许多。目前，对于沙盒平台中人机交互功能的开发利用只是一个开端，通过引入或开发更强大的模拟分析软件系统，沙盒平台完全能够模拟诸如土壤侵蚀、植被生长、群落演替、人群行为等更复杂的自然和社会过程，这必然能够为景观设计师提供更强大的技术支持。

4.3.3.3 混合现实技术（Mix Reality，MR）

混合现实技术（Mix Reality，MR）包括增强现实和增强虚拟，指的是合并现实和虚拟世界而产生的新的可视化环境。在新的可视化环境里物理和数字对象共存，并实时互动。混合现实（MR）的实现需要在一个能与现实世界各事物相互交互的环境中。MR 和 AR 的区别在于 MR 通过一个摄像头让人看到裸眼都看不到的现实，而 AR 只管叠加虚拟环境而不管现实本身。

4.4 景观数字化建造

4.4.1 3D 打印

3D 打印技术起源于 20 世纪 80 年代末，是快速成型技术的一种，它是一种以数字模型文件为基础，运用粉末状金属或塑料等可黏合材料，通过逐层打印的方式来构造物体的技术。目前 3D 打印技术在景观领域已经得到了普及和应用，包括 3D 打印的雕塑、景观桥、景观小品等（图 4-86）。

由英国曼彻斯特建筑学院的尼克·邓恩（Nick Dunn）所著的《建筑中的数字建造》（*Digital Fabrication in Architecture*）一书是目前关于数字建造比较全面的总结性著作，它重点探讨了数字建造的思路、技术和手段。包括数字设计技术：CAD、NURBS 曲线、网格、曲线构造、参数化与生成式设计、算法建筑、形态生成（MorpHogenesis）；数字建造的原则：切割（Cutting）、减法

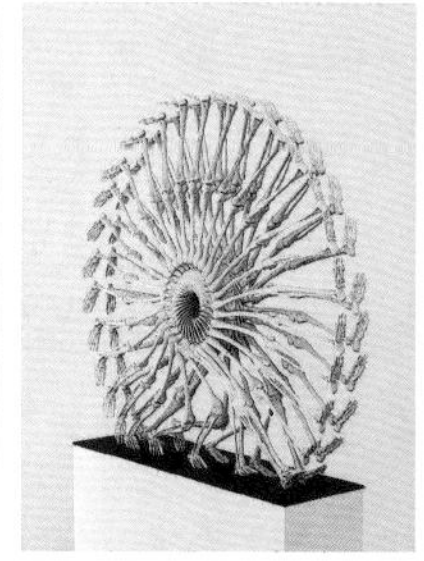

3D打印小品（图片来源：王寅.3D打印技术在雕塑领域的运用[J].雕塑，2017（3）:60-61）

3D打印上海临港新城滴水湖畔落云亭（图片来源：http://www.light-up.hk）

全球最大的混凝土3D打印步行桥（图片来源：http://d.youth.cn）

图4-86　3D打印作品

（Subtraction）、加法（Addition）；数字建造的技术：激光切割、CNC 数控机床、快速成型、3D 扫描、机械手等；数字建造的方法：等高线法（Contouring）、折叠法（Folding）、成型加工法（Forming）、切片法（Sectioning）、镶嵌法（Tiling），并在最后对数字建造进行了展望。

就软件来说，目前主要可以通过 3DMax、Rhino、Maya、Revit 等三维软件进行建模，或者采用他们的相关插件如 Rail Clone、Grasshopper、Paneling Tools、Dynamo 等进行参数化数字建模。就硬件而言，根据目前数字建造所运用的工具来看，有这样四大常用的数字建造工具：激光切割机、CNC 数控机床、3D 打印机和机械手。

4.4.1.1 基于混凝土分层喷挤叠加的增材建造方法

英国拉夫堡大学（Loughborough University）创新和建筑研究中心的林（Lim）等人于2008年提出了后来被称为“混凝土打印（Concrete Printing）”的建筑3D打印技术，这也是基于混凝土喷挤堆积成型的工艺，其工艺流程如图4-87所示，机械装置如图4-88所示。

团队研发出适合3D打印的聚丙烯纤维混凝土，已于2009年成功打印出一个尺寸为2 m×0.9 m×0.8 m的混凝土靠背椅，并对其原位剥离进行了立方体抗压等性能测试。混凝土打印通过空间钢筋网保证了构件的整体性，其工艺较简单，打印效率较高，但其打印构件表面粗糙，尺寸受设备限制。

4.4.1.2 基于砂石粉末分层黏合叠加的增材建造方法

从2012年开始，瑞士苏黎世联邦理工学院（ETH Zürich）的Michael等人以砂石粉末为材料，经过数字算法建模、分块三维打印、垒砌组装等过程（图4-89）完成了一个3.2 m高的Grotesque构筑物的3D打印建造，称之为数字异形体（Digital Grotesque），如图4-90所示。打印建造的数字异形体雕塑被置于工作室中用于展示，是建筑师数字设计建造的一个典型尝试。

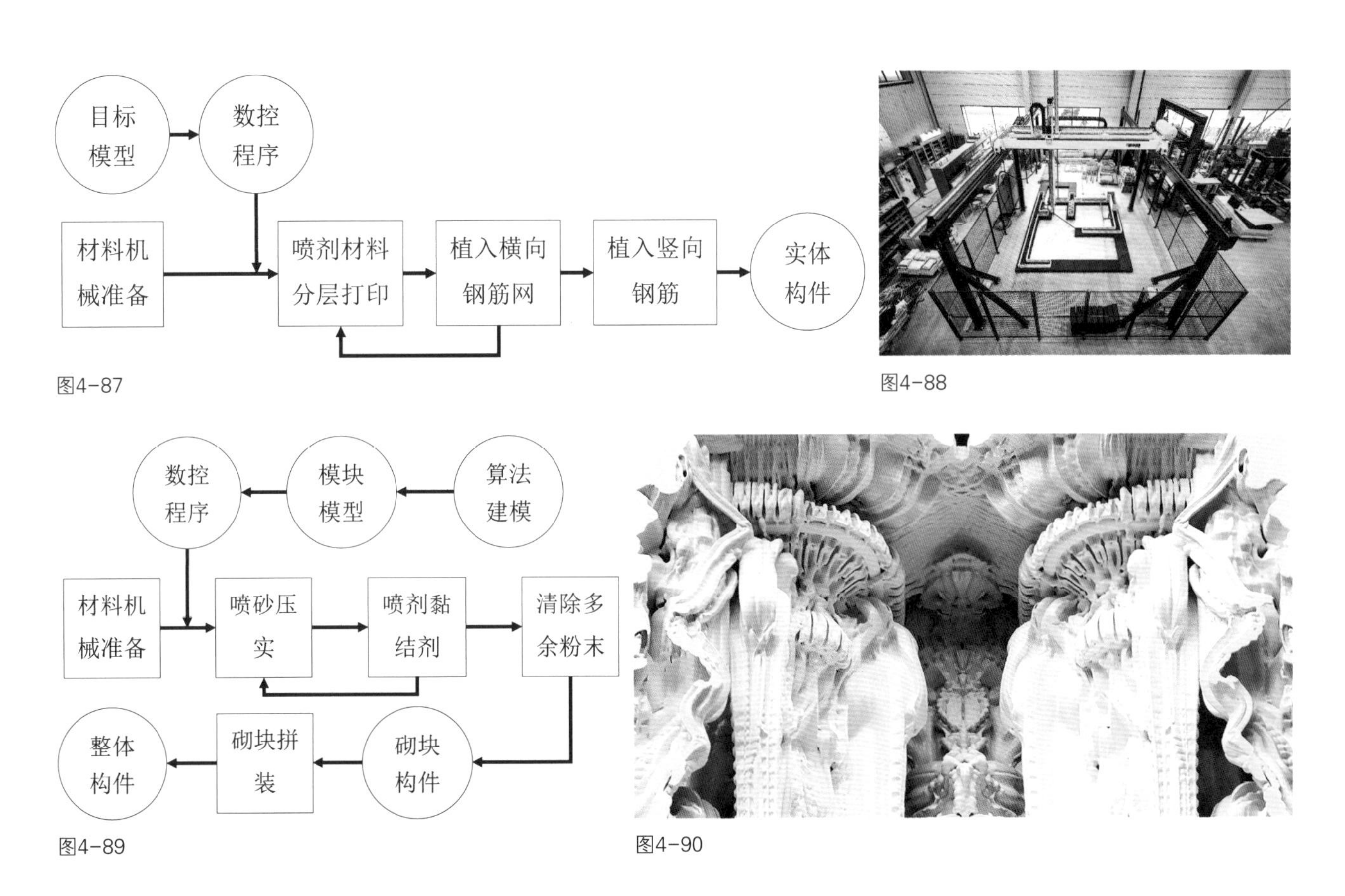

图4-87 混凝土打印工艺流程
（图片来源：丁烈云，徐捷，覃亚伟.建筑3D打印数字建造技术研究应用综述[J].土木工程与管理学报，2015，32（3）：1-10.）

图4-88 混凝土打印机械装置
（图片来源：https://phys.org）

图4-89 数字异形体工艺流程
（图片来源：丁烈云，徐捷，覃亚伟.建筑3D打印数字建造技术研究应用综述[J].土木工程与管理学报，2015，32（3）：1-10.）

图4-90 数字异形体雕塑
（图片来源：https://www.arch20.com）

4.4.2 数控加工

4.4.2.1 激光切割机

（1）激光切割运作方式

激光切割机是将从激光器发射出的激光，经光路系统，聚焦成高功率密度的激光束。激光束照射到工件表面，使工件达到熔点或沸点，同时与光束同轴的高压气体将熔化或气化金属吹走，使材料很快被加热至汽化温度，蒸发形成孔洞。随着光束对材料的移动，孔洞连续形成宽度很窄的切缝，以完成对材料的切割（图 4–91）。

激光切割加工是用不可见的光束代替了传统的机械刀，具有精度高、切割快速、不局限于切割图案限制、自动排版节省材料、切口平滑、加工成本低等特点，将逐渐改进或取代传统的金属切割工艺设备。其优点具体如下：激光刀头的机械部分与工件无接触，在工作中不会对工件表面造成划伤；激光切割速度快，切口光滑平整，一般无须后续加工；切割热影响区小，板材变形小，切缝窄（0.1~0.3 mm）；切口没有机械应力，无剪切毛刺；加工精度高，重复性好，不损伤材料表面；数控编程，可加工任意的平面图，可以对幅面很大的整板进行切割，无须开模具，经济省时。

激光雕刻是以数控技术为基础，以激光为加工媒介，对板材进行二维轮廓切割和雕刻的技术。激光雕刻以激光为刀具，加工过程中不与加工材料有物理接触，根据激光头灼烧时间的长短，可在板材上划线或直接切割，非常适合薄板的加工。激光雕刻几乎可以对任何材料进行加工，常见的材料为有机玻璃、塑料、玻璃、竹木、泡沫塑料、布料、皮革、橡胶板、石材、PVC 板、纸张、金属板、喷塑金属等。但受到激光发射器功率的限制，激光雕刻的耗材主要以非金属材料为主。

激光雕刻机一般以打印机形式安装到计算机上，只需要在 AutoCAD 软件中画好雕刻和切割路径，并设置成不同颜色，调整机器设置中不同颜色对应

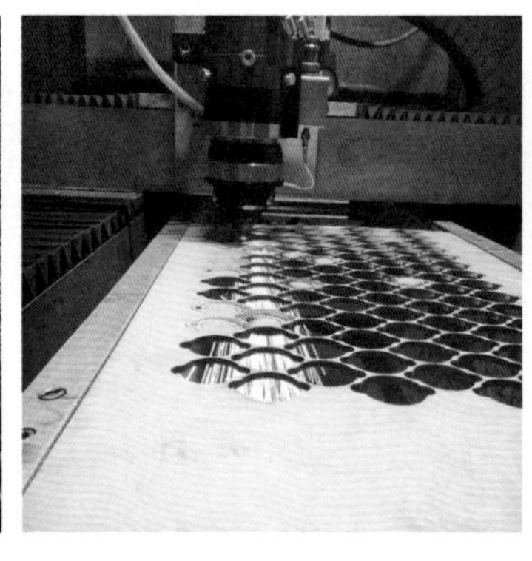

图4–91　激光切割机的运作方式
（图片来源：http://www.arch20.com）

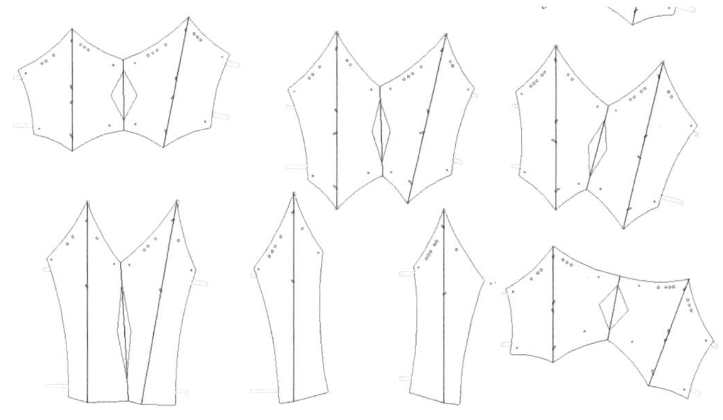

图4-92 异形构筑物的切割和拼合
（图片来源：http://labaaa.org）

的激光功率、移动速度等便可发送至机器，机器会自动生成G代码后自动打印。

（2）激光切割的发展

随着激光切割技术的日益发展，手工制作与机械自动化生产相结合已成为现代模型制作生产的趋势。在园林模型制作中，如何使模型最大限度地接近于实体，是今后模型制作中需要研究的内容。此外，激光切割技术除了辅助园林建筑设计外，还可以对具有更高价值的古建筑进行微缩模型制作，批量生产、成套出售，产生经济效益的同时也宣传了建筑文化，其在园林建筑模型领域的应用前景非常广阔。作为应用时间较长的一种 CAM 输出工具，激光切割机在建筑学和城乡规划学的运用已经相当成熟，是许多高校和模型公司加工、制作模型的主要输出工具。由于激光雕刻机主要适用于平面板材切割和图案雕刻，因此它主要是一种二维平面输出设备（图 4-92）。

4.4.2.2 数控机床

（1）数控机床运作方式

计算机数字控制机床（Computer Numerical Control Machine Tools）是一种装有程序控制系统的自动化机床。该控制系统能够逻辑地处理具有控制编码或其他符号指令规定的程序，并将其译码，从而使机床按指令动作并加工零件。计算机数控机床是一种装有程序控制系统的自动化机床，该系统能够处理具有控制编码的程序，将其译码成为工序动作并加工材料，是一种三维实体输出设备。

数控机床运作的方式是一个对材料做减法的过程，其工作原理是通过具有 3 轴或 4 轴的夹具和铣削刀具，按照严格设计好的刀路进行有先后顺序的粗雕及精雕，逐步切削材料至设计目标。数控机床可以雕刻的耗材主要为泡沫板、塑料、木材等软质材料，装备合金刀头的数控机床也能铣削金属材料。

数控机床的 G 代码生成过程最为复杂。首先，需要根据机床尺寸确定雕刻板材尺寸；其次，将数字模型各组件排布至可雕刻区域，需要雕刻的面朝上，

图4-93

图4-94

图4-93 工作中的数控机床
（图片来源：ETH Zürich Raplab）

图4-94 CNC机床输出模型
（图片来源：http://topalovic.arch.ethz.ch/materials/growing-the-island-1924-and-2012/02-materials-_-03-models-_-02-topo-models-main_bw/）

各组件之间应留有安全间隙；最后模型排布好后，导入到G代码生成软件（如PowerMill）中，设置雕刻刀头、夹具、转速、刀具补偿及偏置、进给速度、安全高度、步距、切入切出位置等参数，按照粗雕—精雕的顺序完成刀路设计，即可导出G代码（图4-93）。

（2）数控机床的运用与发展

由于大型数控机床过于昂贵的成本、烦琐的操作流程，使得一般设计人员很难接触到这样的设备。近年来，广泛的市场需求促成了数控机床的小型化及民用化。瑞士苏黎世联邦理工学院（ETH）建筑系的LVML实验室、德国安哈尔特应用技术大学（AUAS）都开发出自己的CNC"迷你机"，即小型化、简单化的数控机床。它造价低廉，既便携、可移动，也不需要较多的操作经验。由于该装置工作时相对安静且封闭，锋利的刀头和铣削产生的碎片都被包裹在装置中，运行安全系数较高，适用于学校和设计工作室，用以探索风景园林的参数化设计以及复杂多样的空间结构。在景观领域中，小型数控机床可以方便地进行地形切割，为设计的前期分析阶段提供实体模型，呈现出直观充分的地貌特点，使设计师可以充分考量、分析设计基地，建立更加精确的空间参考系，为设计的推进提供坚实的基础（图4- 94）。

4.4.3 数控建造

4.4.3.1 数控挖机

（1）数据准备

在风景园林工程施工环节中，基于三维全球卫星导航系统（3D GNSS）的机械控制技术已较成熟地运用于景园的营建。通过将设计完成的三维地形模型输入建造机械终端，就可以沿着设定好的x、y轴实现地形营造的全自动化，不仅节省了人力、物力，提高了施工效率，而且十分精准迅速（图4-95）。

Differential Global Positioning System（DGPS）即差分全球定位系统，其运

图4-95　基于三维全球卫星导航系统的数字化地形控制
（图片来源：彼得·派切克，郭湧.智慧造景[J].风景园林，2013(1):33-37.）

挖掘机利用全球卫星导航系统实现自动化施工

数字地形模型加载到三维机械控制系统

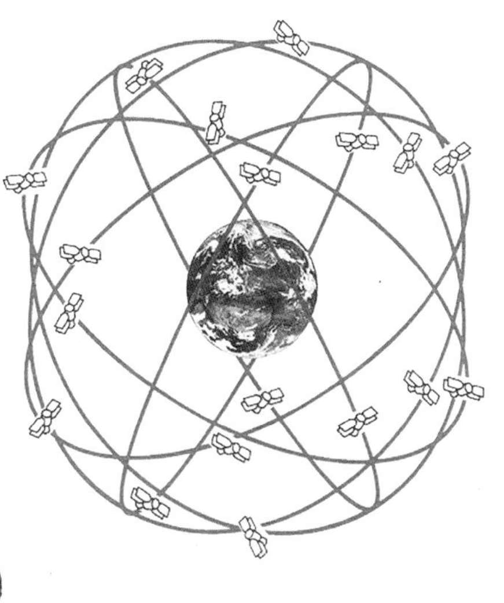

图4-96　差分全球定位系统（Differential Global Positioning System，DGPS）/局部定位系统（Local Positioning System，LPS）

用方法是在一个精确的已知位置（基准站）上安装 GPS 监测接收机，计算得到基准站与 GPS 卫星的距离改正数。目前 GPS 系统提供的定位精度是优于 10 m，为得到更高的定位精度，我们通常采用差分 GPS 技术：将一台 GPS 接收机安置在基准站上进行观测。根据基准站已知精密坐标，计算出基准站到卫星的距离改正数，并由基准站实时将这一数据发送出去。用户接收机在进行 GPS 观测的同时，也接收到基准站发出的改正数，并对其定位结果进行改正，从而提高定位精度（图 4-96）。

（2）数据提取与处理

道路及景观竖向设计可以依托动态智能的数字地形模型，通过设计结果与输入参数间的不断交互，实现竖向设计过程中多目标的同时优化。参数化竖向设计模型的构建基于数字地形模型，以 ArcGIS 和 Civil 3D 为主要软件平台，可实现从数据准备、提取、处理到数据输出全过程中参数与设计之间的交互。以牛首山风景区（北部景区）道路及景观竖向设计为例，初步构建了基于三维动态模型交互式设计方法，为风景园林竖向设计提供了一个新的思路（图 4-97 ~ 图 4-102）。

不同项目背景，不同场地条件的竖向设计的主要任务都不尽相同，本案例通过计算机生成道路放坡、道路纵断面、道路横断面和道路平面，最大限度地保护了原地形，做到少挖少填。

（3）数据输出

传统的风景园林竖向设计数据输出的方式较为单一，主要采用手动标注的施工蓝图的方式。这种输出方式不仅输出速度慢，而且精确度较低，出图

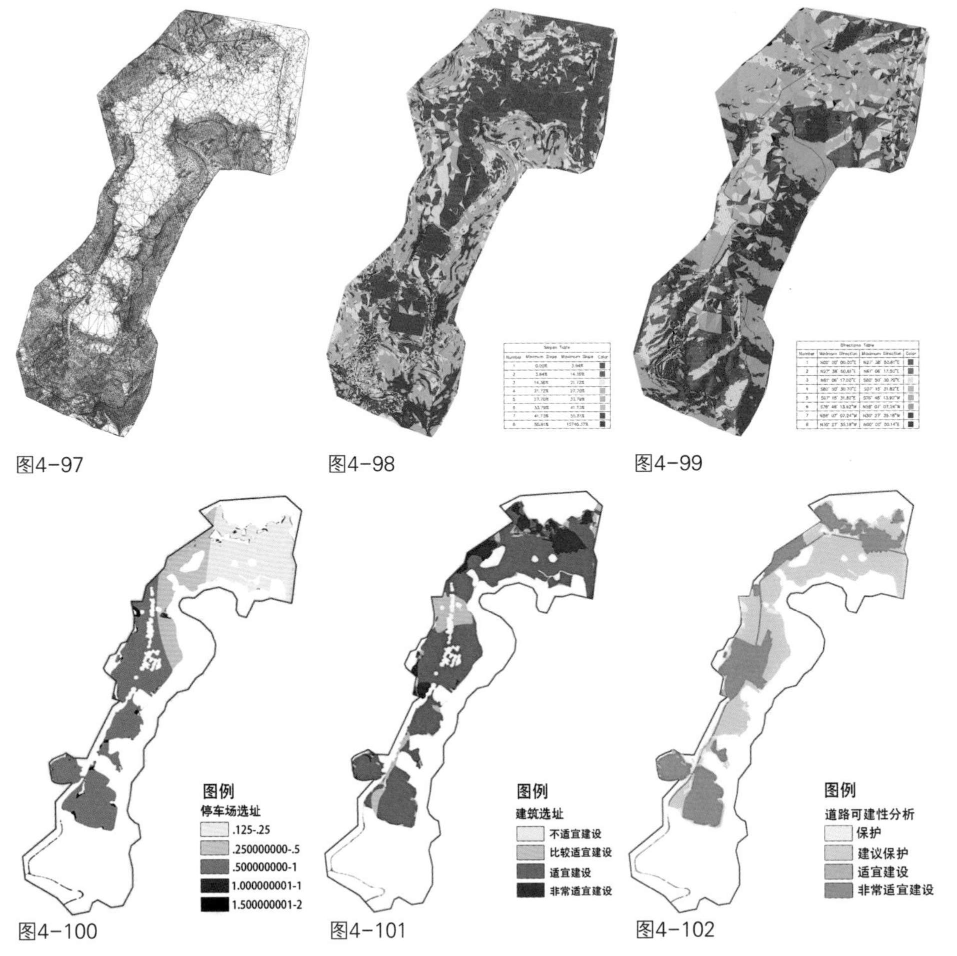

图4-97　现状数字地形模型（三角网显示）

图4-98　坡度分析图

图4-99　坡向分析图

图4-100　停车场选址适宜性分析

图4-101　建筑选址适宜性分析

图4-102　道路选线适宜性分析

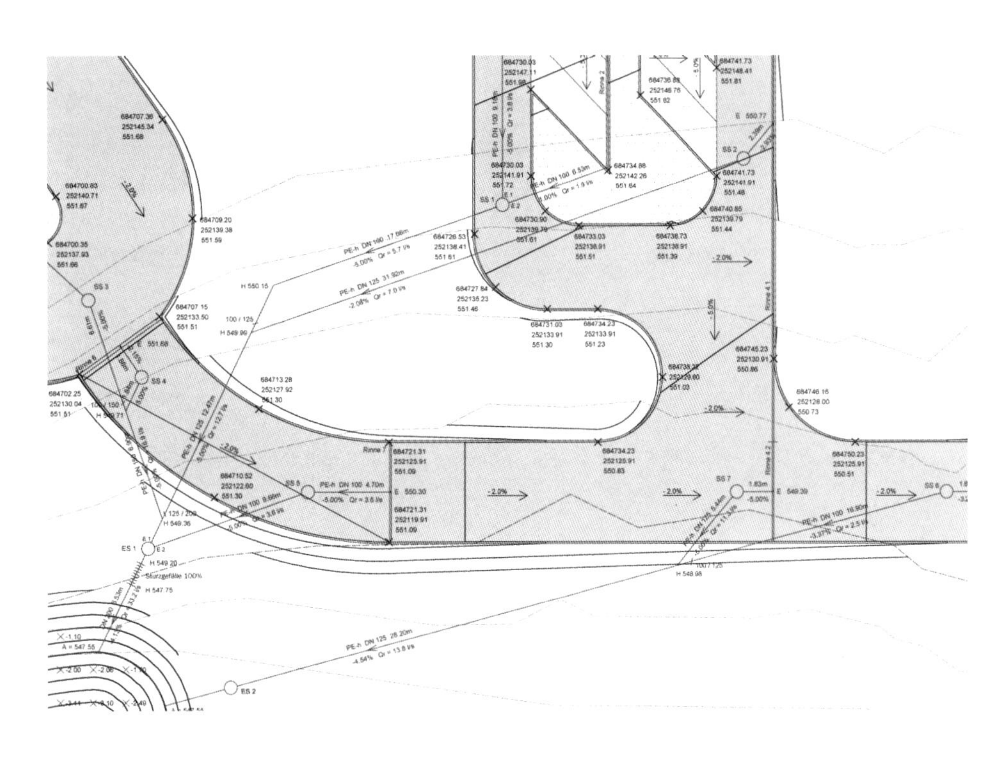

图4-103 Civil 3D施工图

过程与施工过程之间存在数据的流失。参数化竖向设计数据的输出方式包含传统的图纸输出方式，其标注更为智能、快速、精确；另外还可以采用模型输出及场地输出两种电子输出方式，避免了传输过程中数据的流失。

①图纸输出（图 4-103）

Civil 3D 中施工图主要包括平面图、立面图、剖面图和效果图等。Civil 3D 中强化了样式机制，使得设计单位及个人可以更方便地自定义设计标准。样式涵盖了等高线的线型、颜色、间距以及各种横纵断面等图的标注。设计师可预先定义好自己的样式，并将其运用于从方案设计到图纸输出的过程中。

Civil 3D 中的动态标注系统可以根据三维模型自动进行坡度和尺寸的标注，使得标注更为智能和便捷。它还可以自动生成道路的横纵断面图，使得设计与出图过程变得十分高效。

②模型输出（图 4-104）

Civil 3D 的数据可以用于计算机数控（CNC）加工，即将场地数据转译为 NC 代码，利用 CNC 技术建造实体模型，而后利用模型对场地条件如水体流动、泥沙沉积等进行模拟与分析。另外其电子数据也可以用于雕刻机制作及 3D 打印等。

③场地输出

场地输出即将数据模型转化为场地施工的过程：将数据输入至三维全球卫星导航系统，GPS 挖掘机和推土机等装备基于全球卫星导航系统的传输数据运行，从而实现从设计到施工的无缝衔接。这种输出方式配合 GPS 推土机

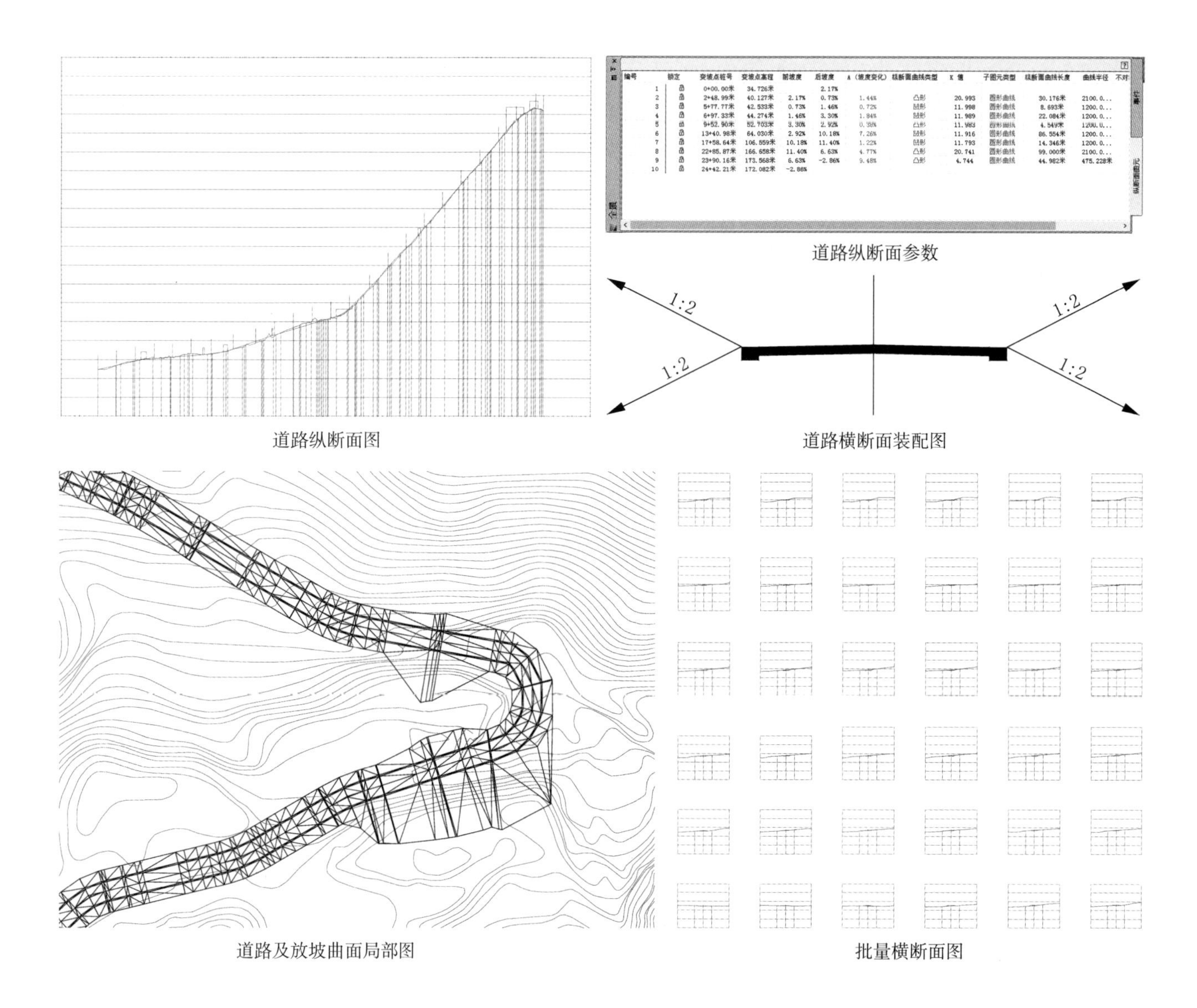

编号	锁定	变坡点桩号	变坡点高程	前坡度	后坡度	A（坡度变化）	纵断面曲线类型	K 值	子图元类型	纵断面曲线长度	曲线半径	不对
1		0+00.00米	34.726米		2.17%							
2		2+48.99米	40.127米	2.17%	0.73%	1.44%	凸形	20.993	圆形曲线	30.176米	2100.0...	
3		5+77.77米	42.533米	0.73%	1.46%	0.72%	凹形	11.998	圆形曲线	8.693米	1200.0...	
4		6+97.33米	44.274米	1.46%	3.30%	1.84%	凹形	11.989	圆形曲线	22.084米	1200.0...	
5		9+52.90米	52.703米	3.30%	2.92%	0.38%	凸形	11.983	圆形曲线	4.549米	1200.0...	
6		13+40.98米	64.030米	2.92%	10.18%	7.26%	凹形	11.916	圆形曲线	86.554米	1200.0...	
7		17+58.64米	106.559米	10.18%	11.40%	1.22%	凹形	11.793	圆形曲线	14.346米	1200.0...	
8		22+85.87米	166.658米	11.40%	6.63%	4.77%	凸形	20.741	圆形曲线	99.000米	2100.0...	
9		23+90.16米	173.568米	6.63%	-2.86%	9.48%	凸形	4.744	圆形曲线	44.982米	475.228米	
10		24+42.21米	172.082米	-2.86%								

道路纵断面参数

道路纵断面图

道路横断面装配图

道路及放坡曲面局部图

批量横断面图

图4-104　道路模型输出

与挖掘机直接进行地形施工，省去传统施工过程中人工放线的步骤，极大地提高了施工精度和速度，减少了施工过程中的数据流失（图 4-105）。

以参数化为突破点的竖向设计方法提高了设计的精确性，为方案设计过程提供了定量化的依据，实现了竖向设计中多要素的同时优化协调，同时丰富了设计数据的输出方式，通过计算机与智能施工设备间的无损传输提高了施工精度。另外，新的设计方法借助软件的同步更新功能提高了设计效率，使得竖向设计变得十分方便、快捷。

风景园林专业编程技术的引入将使得参数化竖向设计变得更为智能，功能更为多样。随着整个社会及专业学科内信息化程度的加深，以及相关专业软件的进一步开发，参数化必将成为竖向设计的发展方向，推动学科及工程建设领域的技术进步。

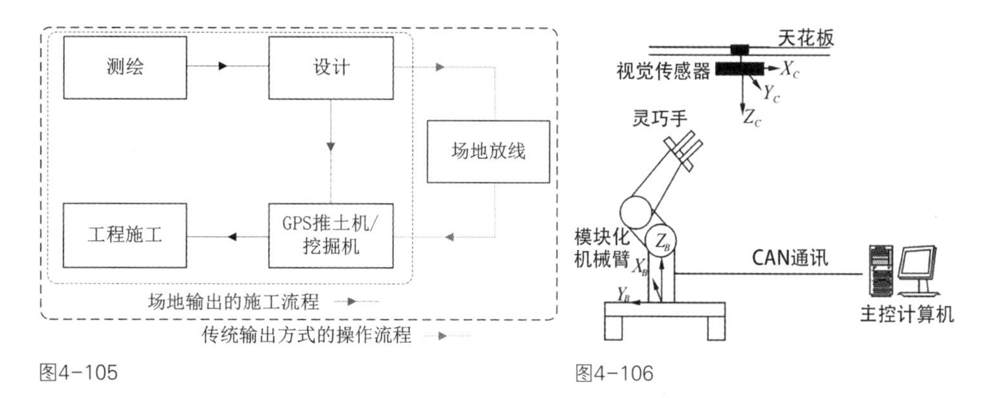

图4-105 场地输出与传统输出方式的数据操作流程对比

图4-106 机械臂系统模型

4.4.3.2 机械臂

机械臂是指高精度、高速点胶机器手，机械臂是一个多输入多输出、高度非线性、强耦合的复杂系统。因其独特的操作灵活性，已在工业装配、安全防爆等领域得到广泛应用。

机械臂作为一个复杂系统，存在着参数摄动、外界干扰及未建模动态等不确定性，因而机械臂的建模模型也存在着不确定性。对于不同的任务，需要规划机械臂关节空间的运动轨迹，从而级联构成末端位姿。机器人系统是由视觉传感器、机械臂系统及主控计算机组成，其中机械臂系统又包括模块化机械臂和灵巧手两部分。整个系统的构建模型如图 4-106 所示。

（1）虚拟建造与信息关联

参数模型（Grasshopper，Revit，Archicad 都属于这一类）是划时代的，相比 3D Max 之类单一的盒子叠加，参数模型本身带有参数或者信息，这些参数或者信息可以反复利用。如将 Grasshopper 的模型形体参数化后，改变形体只需调整参数，但传统方式下则须重建模型。参数模型中，建模变成在整理逻辑关系，从“堆盒子”建模到编写代码，由代码构成参数关系。这些参数关系的信息是关联的，可以反复使用，并在施工阶段继续细化。

数控设备在切割或雕刻工作之前都有虚拟仿真告知功能，可以很直观地看到结果，而且过程是自适应的。如 Kuka 机械臂，对其预设好参数关系之后，机械臂本身的轨迹运行和动作是自动适配的，即自动生成了轨迹和动作代码（当然还应调整代码以适应不同需要）。未来建筑施工之前将会有更多虚拟建造、模拟施工过程、实验施工方法，它们均可以对建造施工过程做出相应的预判和分析。虚拟建造的模型若能通过互联网把建筑材料、施工队伍、物流信息、价格等连接起来，反馈到实际施工当中，将非常有益于优化项目完成度、提高资金使用效率、控制建造周期等。数字模型还可用于能效分析、性能分析，为日后建筑使用运营提供数据信息，并将投资方、运营方、设计方、建造方的信息关联起来。

（2）数字化批量定制

相对传统批量制造的复制方式，数控生产批量相同的产品和批量微差的产品从效率上来说是一样的，这给了定制化很好的前提，而且整个流程也发生了相应的改变。有了高效率的数控生产，更多的时间可以放在设计上，放在控制上。以深圳双年展的夏昌世回顾展的展台为例，该作品是一个模拟山地起伏的大型装置，投影面积 150 m^2，设计耗时 1 个月，数控生产时间 5 天，现场拼装 6~7 人花了 7 天。若是传统木工，仅制作就需要 2 个月。而如今消费者有更多个性化的需求，数字控制工具的生产模式可以适应这样的需求。

未来消费模式将会从 B2C 到 C2C，发展到 C2F，即从商家对个人，个人对个人，发展到个人对工厂，未来的消费产品在生产之前就能知道它的顾客是谁。设计师连接数字工厂，省却了中间的中介环节，消费者直接面对定制的出厂产品；或者，设计师本身的工作场所就是一个迷你车间，同时也是线下展示场所。

（3）模块构件化建造

康拉德·瓦克斯曼（Konrad Wachsmann）曾与格罗皮乌斯一起，从建筑师的角度，自主开发了通用型板式系统（General Panel System），通过工业化组装，实现隔墙交接点的类型化生产。但当时由于技术原因，未能有效推向市场，商业化失败。瓦克斯曼后来还构想了一种动态建筑结构，希望用标准构件来形成建筑的水平和垂直构件，以实现延伸搭建。这在当时是天方夜谭，但在数字技术日渐成熟的今天，用 3D 打印构件完全能够实现瓦克斯曼的想法（图 4-107）。他的装配式模块思想为后人提供了很好的思路，为数字建造提供了广阔前景。

图4-107　3D打印构件
（图片来源：http://www.chinanews.com）

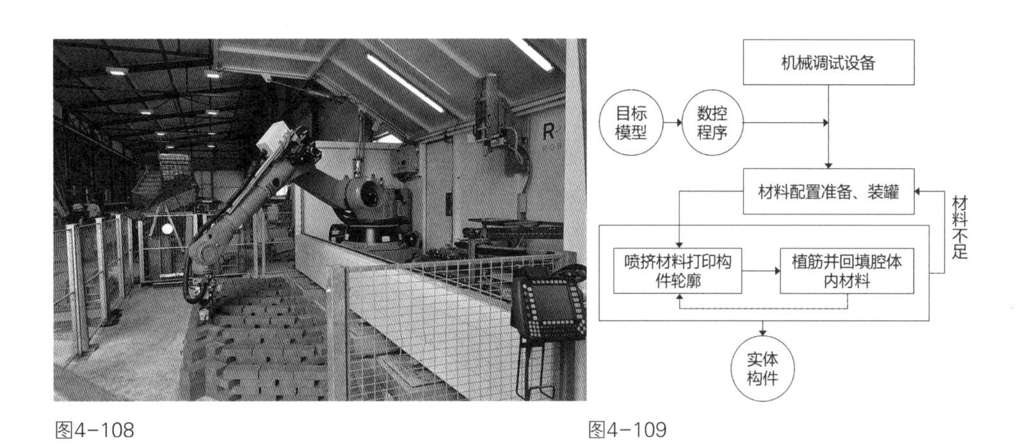

图4-108　　　　图4-109

图4-108　机械手臂驱动砖块堆叠过程
（图片来源：丁烈云，徐捷，覃亚伟.建筑3D打印数字建造技术研究应用综述[J].土木工程与管理学报，2015，32（3）:1-10.）

图4-109　数字异形体工艺流程

从2006年开始，瑞士联邦（ETH Zürich）的法比奥（Fabio）、马提立斯（Matthias）等人开始进行由大型机械臂主导的数字设计建造研究，其中较为典型的是砖块堆叠（Brick Stacking）。砖块堆叠以砖块作为材料单元，由数控程序驱动3 m×3 m×8 m的机械手以错位形式抓取堆叠砖块，上下两块砖之间用环氧树脂黏结剂连接补强，建造了外立面超过300 m^2的动态砖墙（Informing Brick Wall）（图4-108）。近两年来，研究者开发了用小型机器人飞行器进行砖块抓取堆叠的新技术，提高了工作自由度及效率，图4-109为其工艺流程。

4.5　景观绩效评价

绩效（Performance）的概念从管理学的角度看，是组织为实现其目标而展现在不同层面上的有效输出，它包括个人绩效和组织绩效两个方面。建筑绩效（Building Performance）常用来表述建筑物的性能表现，特别是在舒适度和能源节约等方面。景观绩效（Landscape Performance）是指可持续发展的风景园林实践在完成预期目标和做出贡献方面对其效能和效益的度量。景观设计基金会（LAF）把景观绩效定义为衡量景观措施对既定目标的实现程度以及是否有助于实现可持续发展。如果将景观视为一个系统，那么景观绩效就是指的这个系统的性能表现，表现为系统的运行过程、服务和输出的量化数据。

景观绩效的评价建立在生态环境、经济和社会三者的可持续性之上，需要综合考察环境、经济和社会三个方面以及这三个方面所创造的效益，以实现生态环境保护、经济发展以及社会效益三者之间的平衡和可持续发展（图4-110）。现阶段，景观绩效的研究还处于发展阶段，越来越多的研究者和从业者开始关注景观绩效，并在近年来取得了长足的进展。2010年美国风景园林基金会开始景观绩效的研究，包括环境、社会和经济三方面的效益，且对环境效益方面的生态效益的研究已经形成了很完善的研究方法。而国内关于该领域的研

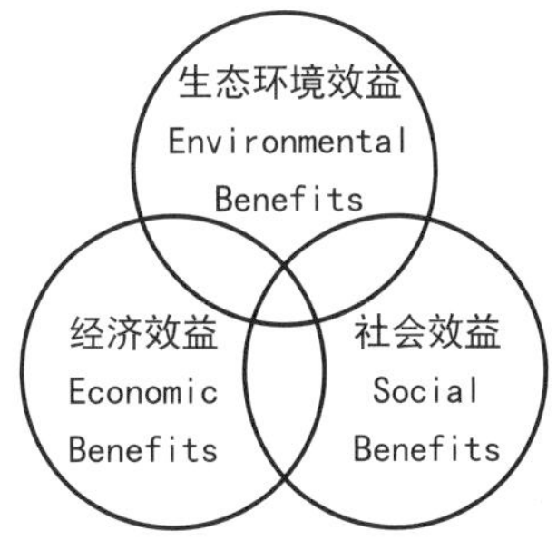

图4-110　景观绩效理论框架

究相对较为薄弱，尚未形成较成熟的系统，尤其是缺乏针对建成后项目的景观绩效量化的研究。

景观绩效提供了对景观方案的客观反馈，从定量的角度出发审视景观方案的多重属性和设计的不确定性，强调了风景园林循证设计（Evidence Based Design）方法，是风景园林学科走向科学性的途径之一。景观绩效的研究为风景园林规划设计的循证设计方法提供了定量评价的方法和工具，能有效促进我国风景园林事业的科学发展和可持续发展。

4.5.1　生态环境效益

生态环境效益的评价对象可细分为土地、水、生境、碳、能源、空气、材料与废物等（表 4–24）。大部分生态效益评价如地表径流控制、水质控制、雨水资源利用效率、生境植被绩效等，皆可以借助数字技术对景园环境建成后的生态效益进行分析和评价，少数评价对象如材料的使用，需利用建成后数据加以分析。

4.5.1.1　水生态绩效

（1）地表径流控制绩效

城市水文循环具有系统性、时空动态性特征，水文数据的获取与应用也突出了实时、细粒度等要求。以往，景观项目中水文数据的获取大多通过人工采样、现场测量和实验室检测等方式获取，而物联传感技术较于人工采集数据精度和可控性更高，更重要的在于其采集数据的持续动态性，通过不同空间位置、不同时间间隔的传感器设置获取的时间序列数据集（Time Series Database）可实时监测降雨及低影响开发设施的运行状态。城市的水文运动作为一个动态过程，降雨 – 径流与雨水利用之间存在着较明显的时空异质性，低影响开发系统的雨水收集与利用之间也具有较明显的延时效应。物联传感技术可较好满足雨水利用的动态反馈要求，基于实时数据驱动雨水控制装置，并利用程序设定对设施工作状态进行自动控制。例如利用电磁阀控制传感器调控雨水缓释速率，当传感器监测到实际湿度低于设定值时，电磁阀可自动打开储水装置进行缓释输水；当土壤实际湿度满足绿化灌溉要求时，可通过传感网络将电磁阀关闭，停止缓释。以此解决城市绿化用水与收水异时性问题，优化城市绿地生境。

基于物联传感技术的低影响开发测控系统针对城市景观水文数据实时监测与智能控制需求，采用低维护、低成本设备实现对城市水环境及设施工况24 小时实时监测与控制；通过开发电脑客户端、手机 APP 等终端掌握设计场地降雨量、雨水收集量、土壤含水量、水质污染等基础水环境数据；实现数据

表4-24　生态环境效益评价内容

生态环境效益类型	评价目标	评价指标
土地	土地使用与生态保护	土地使用适宜性
		生态基底保护与修复
	土壤生态恢复与污染处理	土壤稳定性
		土壤污染处理
		土壤碱性改善
水	水生态保护	水资源保护
		水岸、海岸、湿地保护与恢复
	雨洪管理	地表径流控制
		雨水下渗、补充地下水
		尖峰径流削减
		地表侵蚀
	雨水利用	雨水收集与资源化利用
		中水、盐水利用
	节水	调控景观灌溉用水
		节水设施
	水质	水体入流的总固体悬浮物、污染物、富营养物控制
		水体水质净化与处理
	防洪	生态防洪保护
		洪峰削减
		防洪能力
生境	生境保护与恢复	景观原生生境保护
		濒危/稀有物种保护
		生态廊道连通性
		生物多样性
	植被	绿化率/绿地覆盖率
		本土植物应用
		植物群落丰富度
		成活率、生长状况
碳、能源与空气质量	能源使用与排放	使用可再生能源
		利用节能设施降低能耗
		改善小气候
	空气质量	清除空气污染物
	温度与城市热岛效应	降温效应
	碳存储与封存	减少碳足迹/碳排放
材料与废物	地方材料	应用本土材料
	减少废物	回收废物废料
	绿色废物	利用可回收材料

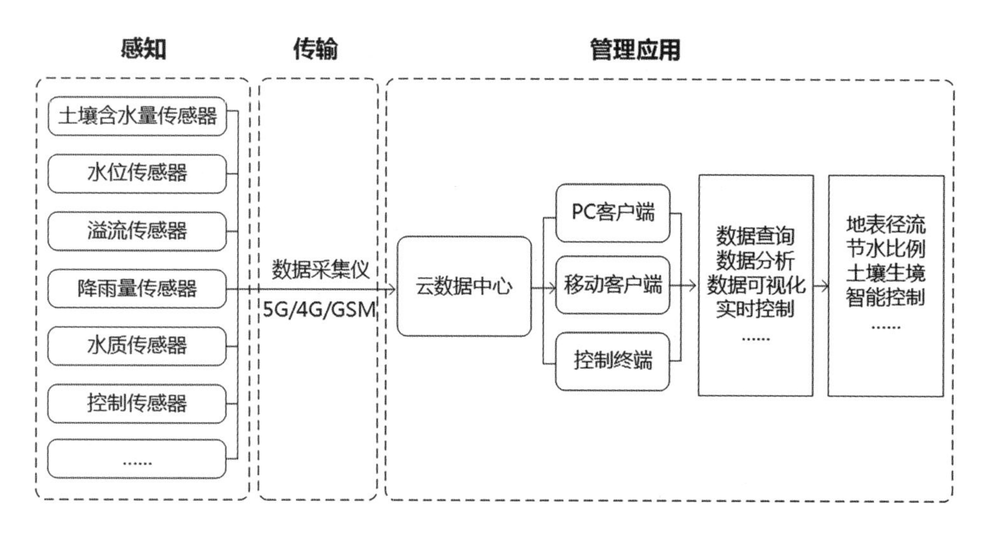

图4-111 低影响开发测控系统基本架构

查询、数据比对、数据分析、智能预警等基本功能。系统包括场地雨水数据感知、雨水数据传输与雨水数据管理应用 3 个基本层级（图 4-111）。

（2）水质改善绩效

景园环境中的水质改善，一般是对河湖等景观水体的水质进行物理或生物处理，包括入流的总固体悬浮物、污染物、富营养物控制和水体本身的水质改善，以防止对下游造成污染。

依据地表水环境功能和保护目标，按功能高低依次划分为五类水域：Ⅰ类主要适用于源头水、国家自然保护区；Ⅱ类主要适用于集中式生活饮用水地表水源地一级保护区、珍稀水生生物栖息地、鱼虾类产场、仔稚幼鱼的索饵场等；Ⅲ类主要适用于集中式生活饮用水地表水源地二级保护区、鱼虾类越冬场、洄游通道、水产养殖区等渔业水域及游泳区；Ⅳ类主要适用于一般工业用水区及人体非直接接触的娱乐用水区；Ⅴ类主要适用于农业用水区及一般景观要求水域。对应地表水上述五类水域功能，将地表水环境质量标准基本项目标准值分为五类，不同功能类别分别执行相应类别的标准值。水域功能类别高的标准值严于水域功能类别低的标准值。同一水域兼有多类使用功能的，执行最高功能类别对应的标准值。

4.5.1.2 土地生态绩效

完善的城市生态廊道可作为城市的水生态、生物栖息地廊道，城市通风廊道，居民游憩绿道等，具有多重生态效益。

首先，土地生态绩效评价的首要目标在于土地的适宜性和生态敏感性，土地开发是位于适建区还是在生态敏感的区域；其次，土地生态绩效在于评价对受损的土地的恢复和修复，包括土壤污染的修复、土壤肥力的恢复、土壤盐碱性的修复等。

4.5.1.3 生境优化绩效

（1）生境保护与绩效恢复

生境保护与绩效恢复主要通过对保护区所提供的生态服务、科研服务、育种服务、观光服务等进行评价。通过实施生境保护与恢复工程，科学监测生境保护与恢复的效能，实现生境生态功能的恢复，充分发挥保护区的保护职能，提高保护区各种生态功能的作用，提升周边社区群众的保护意识，提高管理保护能力，逐步建立集保护、科研、科普宣教、展示人与自然和谐等功能于一体的综合性、开放型保护体系。

（2）植被生境优化绩效

植被形成绿色空间能够改变城市的近地气候，为人们提供多种环境效益。如利用荫蔽减少建筑的热量吸收，从而节省建筑的能源消耗；又如植物能够吸收并处理地表水，提高空气湿度。城市道路绿化带乔木的根系主要分布在 1 ~ 2 m 深度，灌木根系主要在 0.45 ~ 0.6 m 深度。在生态路的工程项目中可以通过蓄水模块中雨水对土壤的缓释作用，优化土壤生境，使其更适合植物生长。

以南京天保街生态路为例，在生态路试验段、对比段均采用相同规格、同种类植物，从图 4-112 中可以看出，蓄水模块雨水缓释效应基本能够持续全年，秋季为植物较为缺水的季节，试验段 2.4 m 处土壤含水量仍能保持 30% 以上，在对比段保持人工绿化灌溉的情况下，试验段土壤含水率与对比段相比仍平

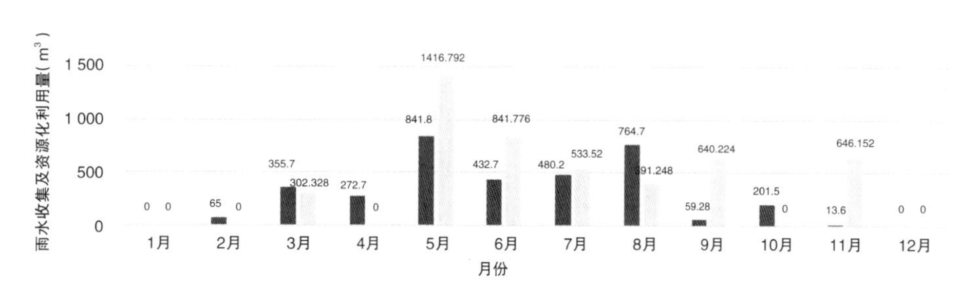

天保街生态路2015年1月至12月、2016年7月至2017年7月雨水收集及资源化利用量统计

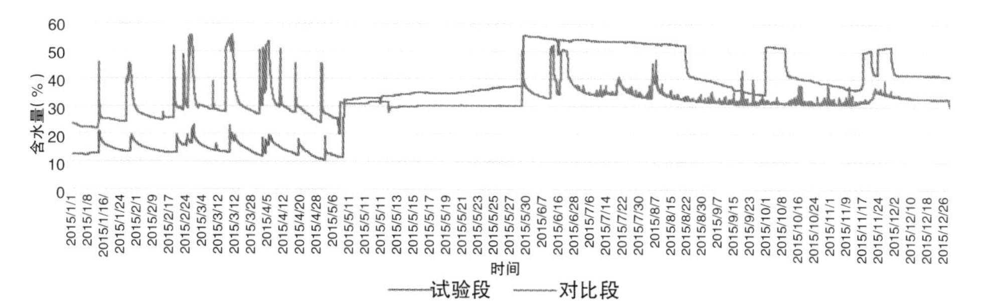

天保街生态路试验段与对比段2015年2.4m深土壤含水量对比

图4-112 南京天保街生态路雨水资源化利用量统计及2.4 m处土壤含水量对比

图4-113 生长量对比

均高 10% 以上。2017 年春季，经人工测量对比，试验段植物生长量平均比对比段高 30%（图 4-113）。同时，生态路系统采用传统道路绿化堆栽形式，在满足海绵城市建设要求的同时，不影响景观绿化效果，植物品种选择及景观绿化种植方式更为多样化。

4.5.1.4 **材料与废物回收利用**

材料回收再利用和废弃物减少包含在景观绩效的环境类别中，但它的价值有时是通过节约施工成本的经济价值来体现的。比如，经托运公司计算，洛杉矶港威尔明顿海滨公园（the Port of Los Angeles Wilmington Waterfront Park）在建设中通过回收水泥和沥青降低运输成本约 97 500 美元。波特治湖滨与散步道（Portage Lake Front and Riverwalk）引用了另一家公司准备的 LEED 评估文件，指出 75% 的废弃物得到回收再利用。尽管两个研究团队都表明材料回收和再利用是经济的，但他们使用的方法是不全面的，在内容效度上存在问题。洛杉矶港威尔明顿海滨公园考虑了避免运输而节约的成本，但忽视了在建筑材料项目上的成本节省。而波特治湖滨与散步道仅关注材料成本的节省，忽视了运输成本的节约。此外，这两个案例都没能认识到，材料回收再利用可能需要消耗额外的劳动力和技术，这可能同样是昂贵的。而且回收和再利用材料有可能存在耐久性较差、生命周期较短的问题。这些被忽略的因素降低了评估的有效性。

孙楠等人基于 LAF 的景观绩效系列（LPS）计划下的景观绩效的量化方法，对唐山南湖生态城中央公园进行了景观绩效评价。1976 年，唐山发生震惊中外的里氏 7.8 级大地震，地下采空区大量塌陷，并导致地表多处沉降。截至 2006 年，南湖因煤炭开采所导致的地表下沉已多达 28 km^2。出于安全考虑，南湖在震后仅用于填埋城市垃圾和废墟。2008 年，根据中国地震局、煤炭科学研究总院等权威机构出具的评估报告，南湖的大部分区域正处于地表下沉稳定期，坚实而牢固，已经具备了成熟的开发建设条件。唐山南湖生态城中央公园的设计将人与自然紧密结合，因地制宜，最大限度地运用场地内可回收或二次利用的材料，注重雨洪管理，进行土壤侵蚀控制，同时关注野生动物栖息地的营造与修复。利用已形成的水面和场地上原有的大量植物，打造成为市民休闲娱乐的公共绿色空间；对昔日场地内垃圾山进行封闭改造，建成台地式绿色山体，成为核心区的标志性景观和远眺点；建设人工水处理湿地系统，对污染的青龙河水进行净化，作为公园湖区的补水水源；利用生态城内的干枯、废弃的树枝、树杈和树干打造生态护岸，就地取材，变废为宝。仅仅 3 年时间，这一曾经的废弃地已被转换成中国华北地区最大的城市中心公园，大幅度改善了唐山市的环境质量，为居民提供了重要的公共空间。南湖生态城中央公园建设过程中共再利用场地内现存粉煤灰 6 000 000 m^3，用作生产粉煤灰砖和填埋路基等。如果没有再利用粉煤灰，则需要 6 000 000 m^3 土方来烧砖和处理沉降问题。在唐山地区普通土方价格约为每立方米 7.86 美元，项目因此节约土方费用 47 160 000 美元。

4.5.2 社会效益

社会效益是指最大限度地利用有限的资源满足人们日益增长的物质文化需求，强调人的行动自由只能在必要的公共利益范围内才得以实现。社会效益往往在一段比较长的时间后才能发挥出来，其效益原理要点是从社会总体利益出发来衡量某种效果和收益。

景园环境的社会效益主要包括景观使用绩效、公众安全与健康、公众教育价值三类（表 4–25）。

4.5.3 经济效益

经济效益主要从项目本身的经济成本和对区域经济发展的推动作用两方面评价。项目的建造成本、运营与维护成本等，是对项目全生命周期成本效益的评价；对经济发展的推动作用主要包括推动经济发展和增加税收、刺激周边开放空间和基础设施建设、提供新工作岗位、刺激消费、提升周边地产价值等（表 4–26）。

表4-25 社会效益评价内容

社会效益	评价目标	评价指标
景观使用绩效	使用效率	步行性
		无障碍性
		可达性
		使用频率
		可参与性
	使用后评价	安全性
		满意度
		舒适度
		美景度
	娱乐与社交价值	为居民提供公园和公共空间
		亲近自然
		提高生活质量和视觉体验
		促进邻里交往,社区参与
公众安全与健康	公众安全	安全的空间场所,降低犯罪率
		防灾能力
		社会公平
公众安全与健康	公众健康	社区健康水平
		降噪、防尘、降温
		促进心理健康
公众教育价值	社会宣传	学术交流
		媒体宣传
	学科发展	对本学科的影响
	环境教育	对公众的环境教育

表4-26 经济效益评价内容

经济效益	评价目标	评价指标
项目经济成本	建造成本	节约施工成本
		节约材料与设施成本
		节约运输成本
	运营与维护成本	低维护成本
		节约运营成本
		增加收入
	使用年限成本	延长材料、设施使用年限
		废弃处置成本
经济发展效益	增加税收	企业税
		消费税
		房产税
	刺激消费	零售消费
		旅游消费
	提升周边地产价值	—
	刺激周边开放空间和基础设施建设	开发空间、产业开发
		基础设施建设
	提供新工作岗位	—

4.5.3.1 项目成本效益

景园环境中，适应性的措施可以大大降低项目的成本，例如通过使用当地植被和适应当地气候条件的植被，能够节约运输费用和植被的后期管养费用；通过地形的分级，进行雨水收集，可以充分利用雨水资源，节约灌溉及水费；回收利用当地建筑拆迁的材料可以节约石材等。

基于3年完整实验数据可知（项目具体规划设计见5.3.2.1），南京天保街生态路试验段每600 m长给排水费用每年可节约8.13万元，人工及机械费用每年可节约1.3万元，总计每年节约9.43万元。其中节约灌溉用水费3.15万元（以年均雨水资源化利用率46%统计，年均资源化用水量为1.05万 m^3，以南京市工业用水价3元/m^3计算，则实际节约水费3.15万元）；节约排水费4.98万元（天保街试验段道路硬质总面积为17 400 m^2，以2015年降水量1312 mm计，实际道路收水量为22 828.8 m^3，以2014年南京市排水费2.18元/m^3计算，则排水费总计4.98万元）。人工及机械费参考南京市城市道路园林绿化养护管理价格（灌木及地被8.23元/（m^2·a），乔木每株50元/年，其中人工、机械浇水费用占30%～40%，试验段绿地面积3 384 m^2，乔木株172株）年共计节约人工及机械费约1.3万元（表4-27）。

表4-27 天保街项目成本效益

费用构成	灌溉用水费	排水费	人工及机械费
计算依据	以2015年南京市工业用水价3元/m^3计算	以2014年南京市工业用水价2.18元/m^3计算	参考南京市城市道路园林绿化养护管理价格
数量	1.05万m^3	2.28万m^3	灌木及地被3 384m^2，乔木株172株
节约费用（万元）	3.15	4.98	1.3
总经济绩效（万元）	9.43万元/（a·600 m）		

4.5.3.2 经济发展效益

经济发展效益是指对经济发展的推动作用，主要从提升周边的地产价值、带动经济发展、刺激消费、推动周边开放空间和基础设施建设等方面进行评价。

由于在数据收集和变量选择上具有一定局限性，经济发展的量化颇为困难。许多经济数据为经由市、地区和国家层面采集而得，基于这些数据难以确定某个特定景观项目对经济增长究竟有多大贡献。

例如韩国首尔清溪川恢复工程对比了项目所在区域与首尔市中心区的商业和劳动人口增长量。美国芝加哥千禧公园则通过公园周围区域6年内居住单元和旅游业的增长量来证明商业的增长。这两种方法都运用了对比的方式：清溪川恢复工程在项目区域和城市中心区之间做了横向比较，而千禧公园则纵向比较了一段时间内项目周边区域的变化。这种比较排除了其他变量的影响，提高了信度和效度。当具备项目区域内的历史数据时，纵向比较可以用于展现当地经济如何随时间增长。如果掌握了某个时间几个不同区域的经济数据，横向比较可以用于观察景观项目所在区域的经济是否优于其他区域。

第 5 章　数字景观方法与技术的运用

数字技术与方法对于风景园林行业带来的变革是全领域、全过程的，针对不同尺度、不同类型的风景环境，数字景观方法与技术均有重要的运用价值。数字景观及其系列技术基本覆盖了风景园林规划设计的全过程，包括前期的环境调研、评价认知、场地生态敏感性、建设适宜性的研究与分析，设计方案的生成和比较、模拟与优化，直至施工过程和后期的测控等环节。在这样的过程中，数字技术不仅极大地提高了规划设计的精确性与效能，同时也由于采取了统一的二进制数据流，从而使规划设计不同环节、流程之间的衔接更加高效，减少了各设计环节之间衔接产生的误差。

迄今，数字景观方法与技术的运用主要聚焦于以下六大领域：风景环境评价与保护规划、园林与景观规划设计、景观水文与海绵城市规划设计、景观环境色彩规划设计、景园空间形态研究与设计、景观环境行为模拟与应用。本章将针对这六个专题，结合实践案例分别阐述数字技术与方法的运用。

5.1　风景环境评价与保护规划

景观环境可分为风景环境与建成环境两类。风景环境中由于没有或少有人类活动干扰，自然条件对环境起决定作用，属于自然生态系统。

党的十九大报告提出，要构建以国家公园为主体的自然保护地体系。“十三五”规划纲要又对国家公园体制改革做了进一步细化，明确将风景名胜区、森林公园、湿地公园、沙漠公园等划定为国家公园的保护范围。包括荒野地在内的自然保护地是风景园林游憩的主要研究对象，更是国家国土生态安全的重要组成部分。我国目前已建成数量众多、类型丰富、功能多样的自然保护地。风景环境的评价与保护主要是基于对自然因素的分析与评估，对风景环境进行分级管理和分区管控，并分类施策、制定切实可行的保护措施，使得景观基质、斑块和廊道之间构成网状生态体系，从而更大限度地发挥其生态效益。

5.1.1　南京牛首山风景区北部地区项目实践

项目位于南京牛首祖堂风景区北部，是南京南北历史轴线上重要的节点，

图5-1　项目区位图

是牛首山景区传统进香道，也是春季踏青赏花必由之路（图 5-1）。针对场地内人为扰动下自然景观环境严重破坏的问题，在充分分析现状条件的基础上，尊重自然规律，借助数字技术，以量化研究为支撑，最大限度地利用场地条件与资源，让自然做功，修复生态环境，重塑地貌形态及水系。

5.1.1.1　风景环境评价与保护规划目标

针对场地由于工矿企业植入造成的自然环境破坏问题，本项目旨在通过数字定量研究，系统地分析场地资源，充分利用既有竖向、植被、道路等条件，结合场地建设适宜性的评价，统调优化既有资源，对场地生态环境进行修复，并使其融入新的景观环境之中。通过定量计算有效控制建设工程量，以最少的人工干预取得最优的景观优化效果，实现设计建造全过程的精准化。

5.1.1.2　数字技术与方法

本项目基于 GIS 分析平台，综合叠加场地坡度、坡向、水域、植被等因子对场地进行定量化研判，制定风景环境的保护策略，以科学地指导后期规划设计。

（1）工作重点

全过程采用数字景观技术，通过定量研究辅助设计决策。包括从环境生态敏感性建设适宜性的分析、评价到设计过程的组织、模拟，以及后期的设计表达、实施均采用全过程数字化、定量化。通过精准的设计并控制建造过程，从而提高设计效益，确保实施效果。

（2）数字技术方法与应用

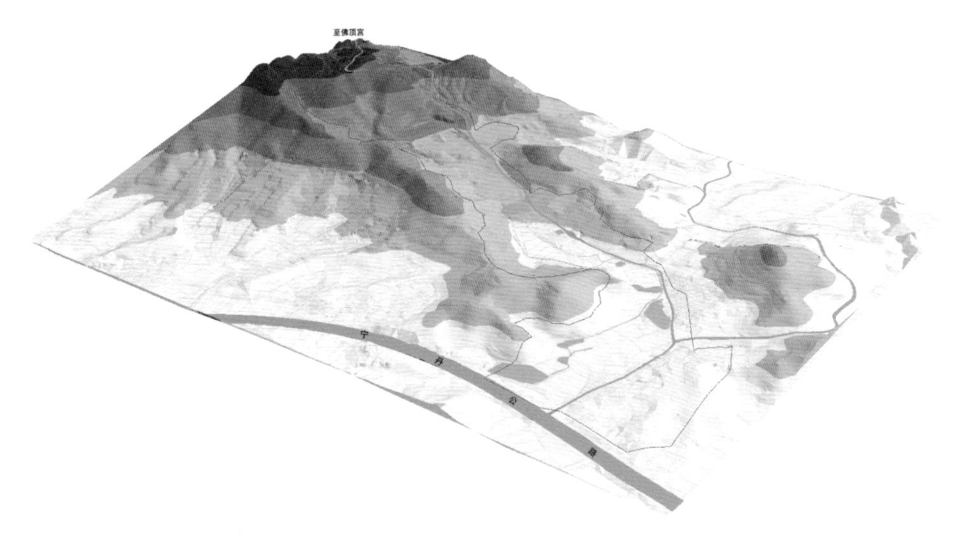

图5-2　南京牛首山景区北部地区三维数字模型

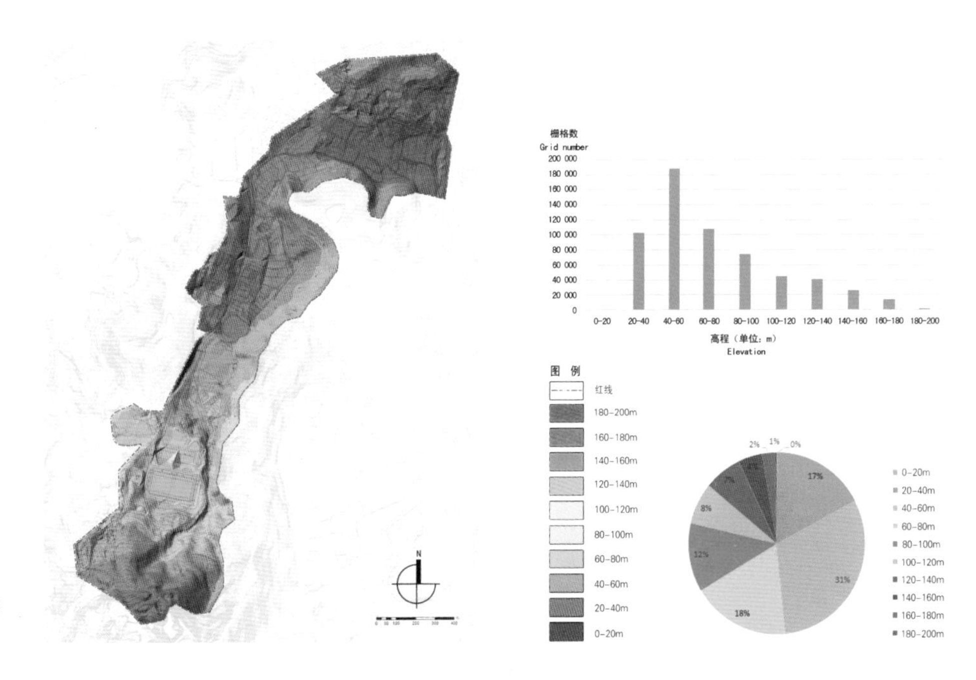

图5-3　南京牛首山景区北部地区项目场地高程分析

根据现状条件以及规划目标，结合卫星航拍图和CAD地形图进行实地勘察，运用GIS对高程、坡度坡向、现状水域、植被等因子进行重新分类赋值，综合叠加得到适宜建设用地范围，为项目建设布局提供依据（图5-2）。

设计范围为0.61km^2，通过对场地高程进行分析可知：中部为谷地，东西两侧为自然山体，场地地形整体上呈西南高、东北低之势；红线范围内最高海拔194 m，最低海拔33.3 m，最大高差为160.7 m，高程30～80 m，区域面积占研究区总面积的69.37%，为场地主要高程分布区（图5-3）。

场地坡度分析图（图5-4）反映了特殊的地形结构，其对工程建设具有重要的影响，地形的坡度大小对道路选线、纵坡的确定、地面排水、土石方

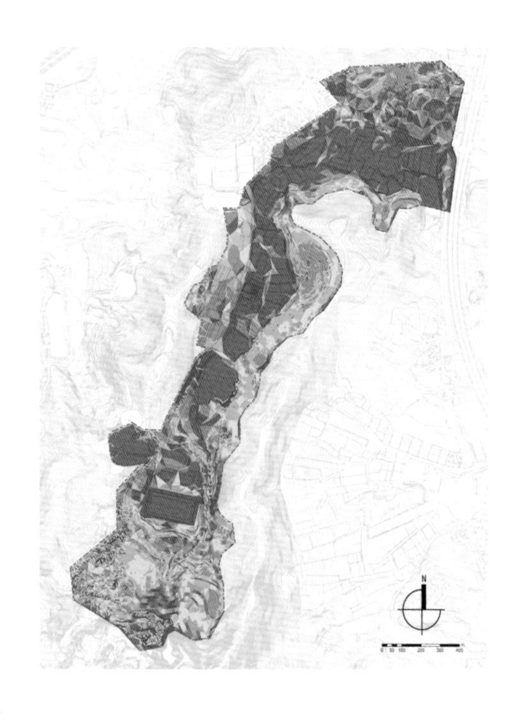

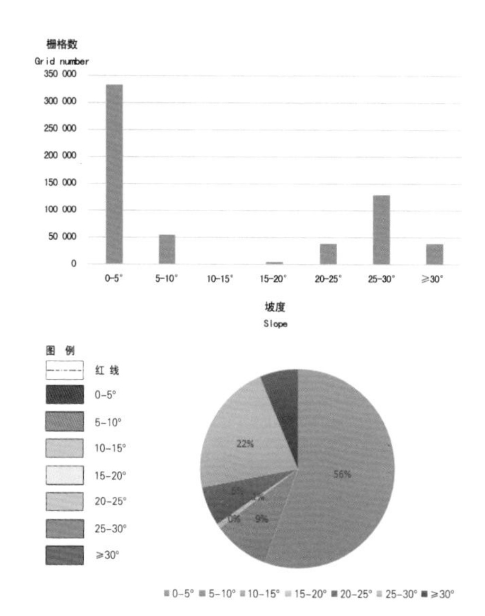

图5-4　南京牛首山景区北部地区项目场地坡度分析

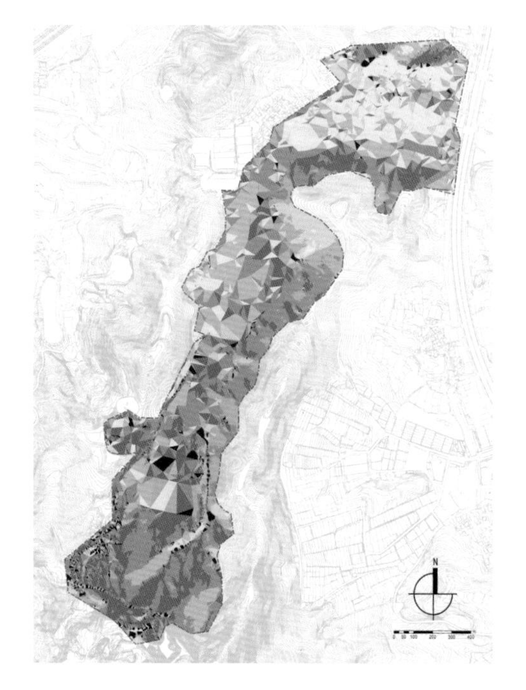

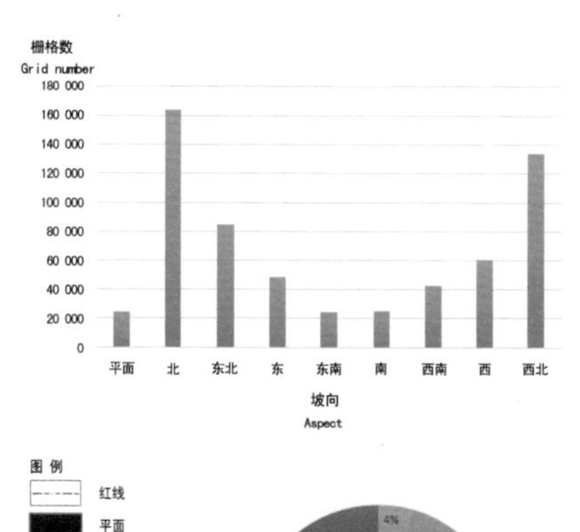

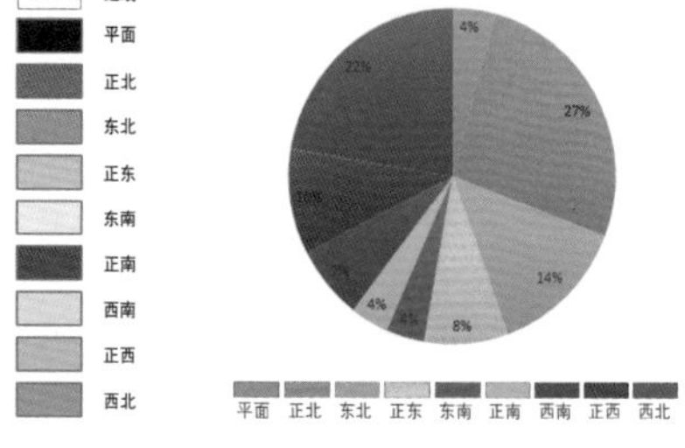

图5-5　南京牛首山景区北部地区项目场地坡向分析

工程量以及绿化植被选择的影响尤为显著。可以结合实际情况，根据不同地形坡度采用不同的建筑形式。坡向分为平面、东、西、南、北等不同等级（图 5-5），坡向影响到建筑的通风、采光。同时在植被绿化中，不同的植物对光的要求并不同，利用 GIS 坡向分析可以为园区植物种类选择提供依据。

通过对场地进行剖面分析，得到场地竖向切片（图 5-6、5-7），并以此指导设计。

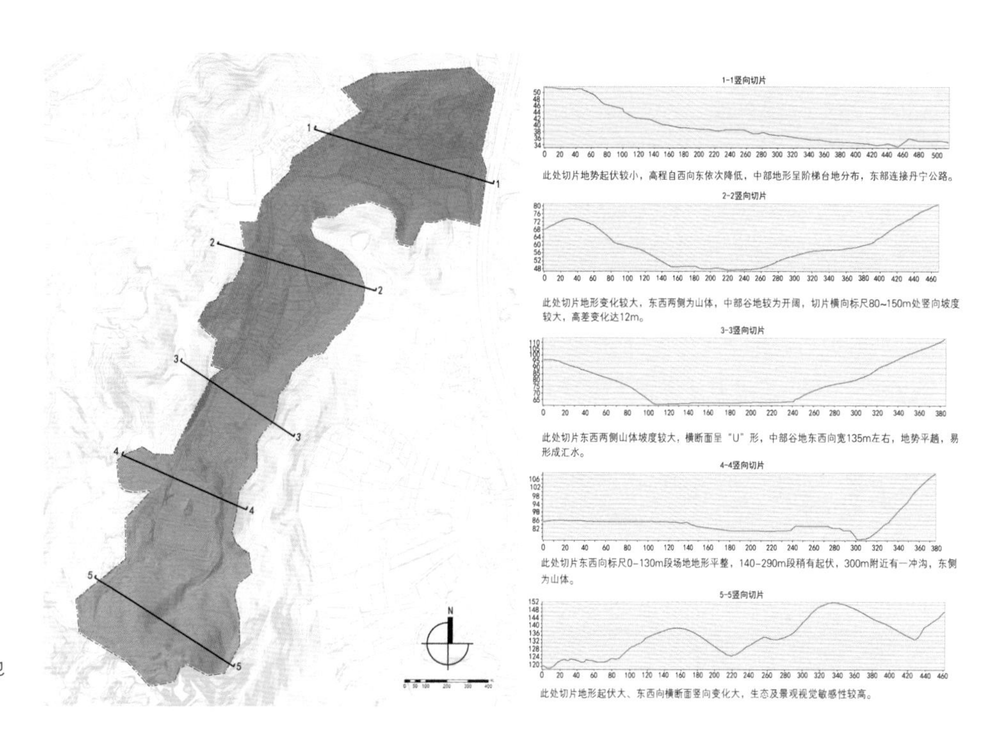

图5-6　南京牛首山景区北部地区项目场地竖向切片分析(一)

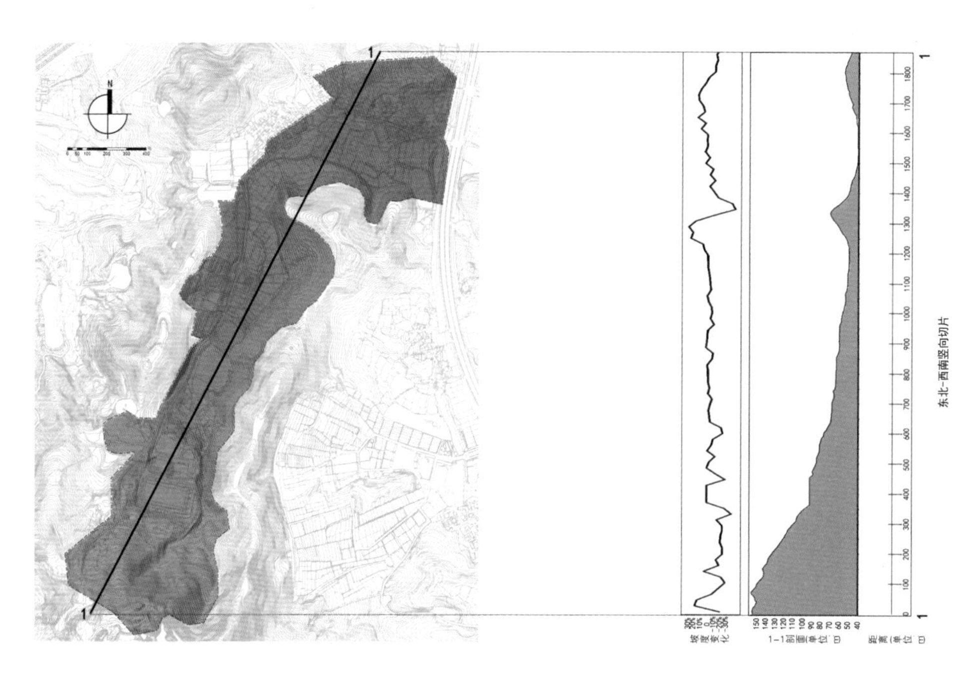

图5-7　南京牛首山景区北部地区项目场地竖向切片分析(二)

牛首山景区为丘陵地区，谷浅且蓄水能力差，暴雨时汇水快，使景区内形成了诸多水面（图5-8）。主要的水面有大石湖水库，其三面环山，水质清澈，林木葱郁，景色优美。对场地主要径流进行提取，结合现状水域分布情况，确定集水区域及面积、潜在径流及汇水量等数据，为水系梳理及水景设计提供依据和参考。

对场地用地类型进行归类与分析（图5-9）可知，现状建设用地对山体

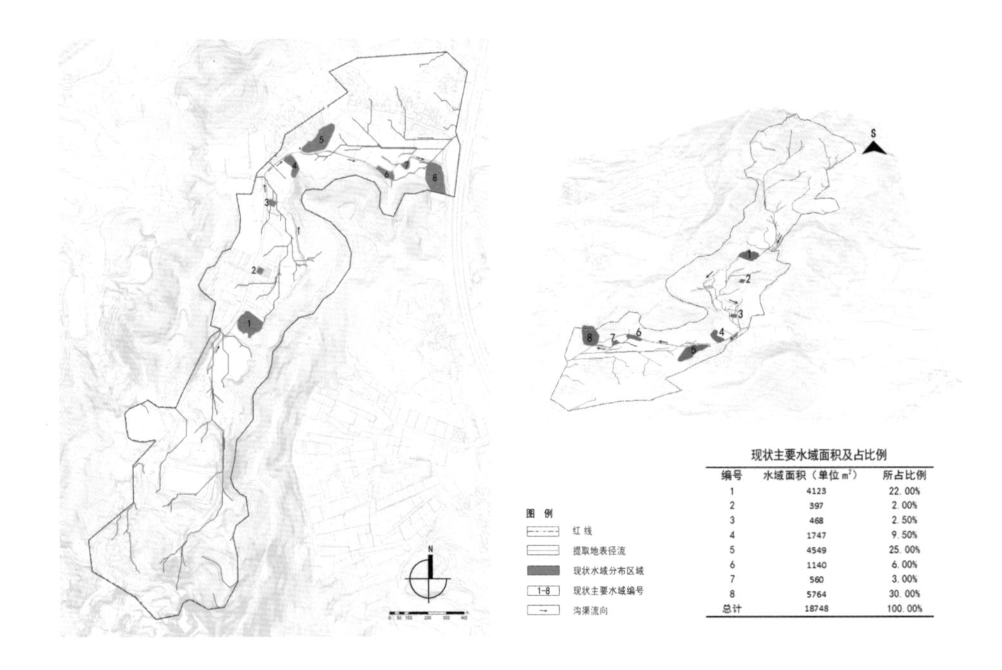

现状主要水域面积及占比例

编号	水域面积（单位 m²）	所占比例
1	4123	22.00%
2	397	2.00%
3	468	2.50%
4	1747	9.50%
5	4549	25.00%
6	1140	6.00%
7	560	3.00%
8	5764	30.00%
总计	18748	100.00%

图5-8　南京牛首山景区北部地区项目场地水文分析

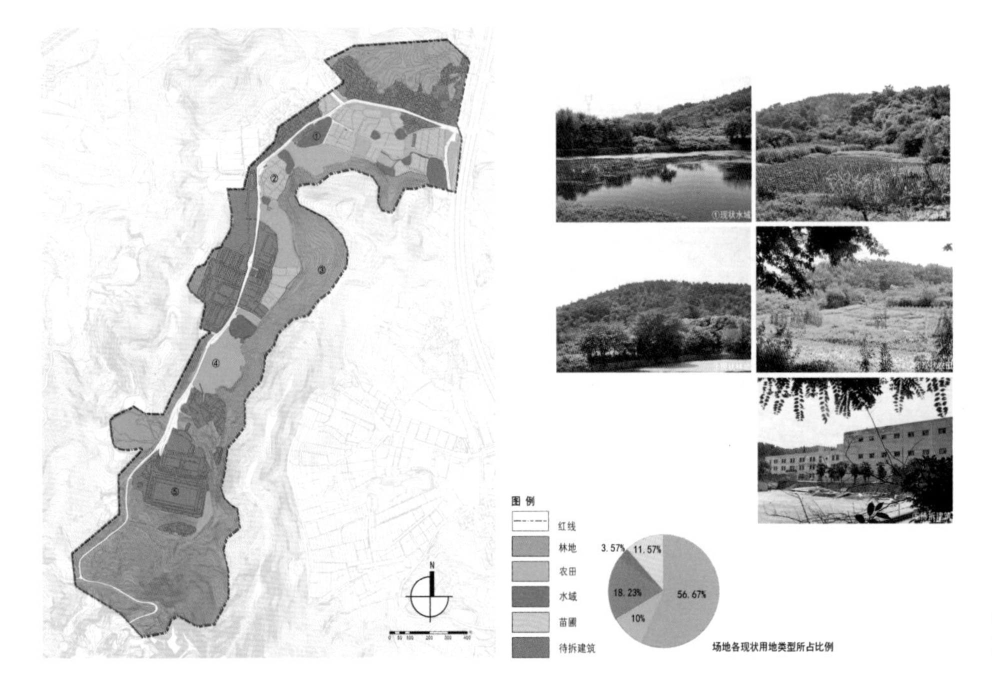

图5-9　南京牛首山景区北部地区项目场地用地属性分析图

破坏很小，主要位于生态低敏感性地区；土地资源利用率低，消极功能占地较多；铁路、高架和大量高压线影响整体景观环境和形象感知，也限制了景区内的功能组织和安排。现状用地内建筑主要为村落和纺织工贸集团厂房及宿舍。

对场地植被进行分析（图 5-10）可知，山体植被保存完整，有大面积针阔林，大乔木生长良好，主要针阔叶树种有马尾松、青冈栎、枫香、盐肤木、朴树、白檀等。林木冠大荫浓，长势旺盛，且有苦槠林、椴树林等部分价值较高的稀有植物群落。

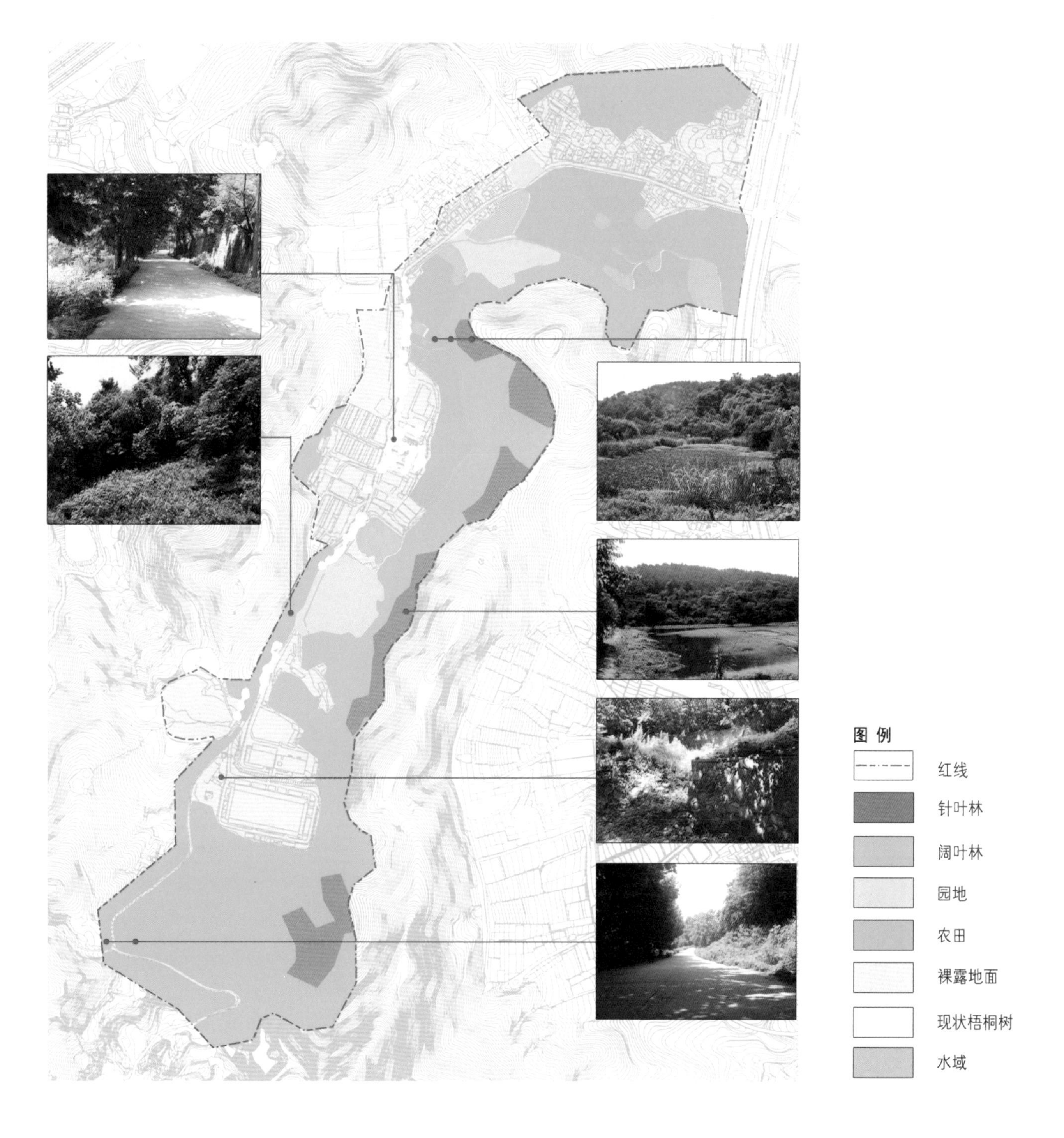

图5-10 南京牛首山景区北部地区项目场地植被分析

然而建设区域缺乏常绿树，大部分树种景观、生态价值不高，且针叶林开始退化，许多区域植物资源因工程施工和居民开发缘故受到严重破坏，与山坡及山顶较为繁茂的植被形成鲜明对比，破坏了现有植被的完整性，使植物景观效果大大降低。

运用 GIS 对坡度、坡向、现状水域、植被等因子进行重新分类赋值，综合叠加得到适宜建设用地范围，为项目建设布局提供依据（图 5-11）。

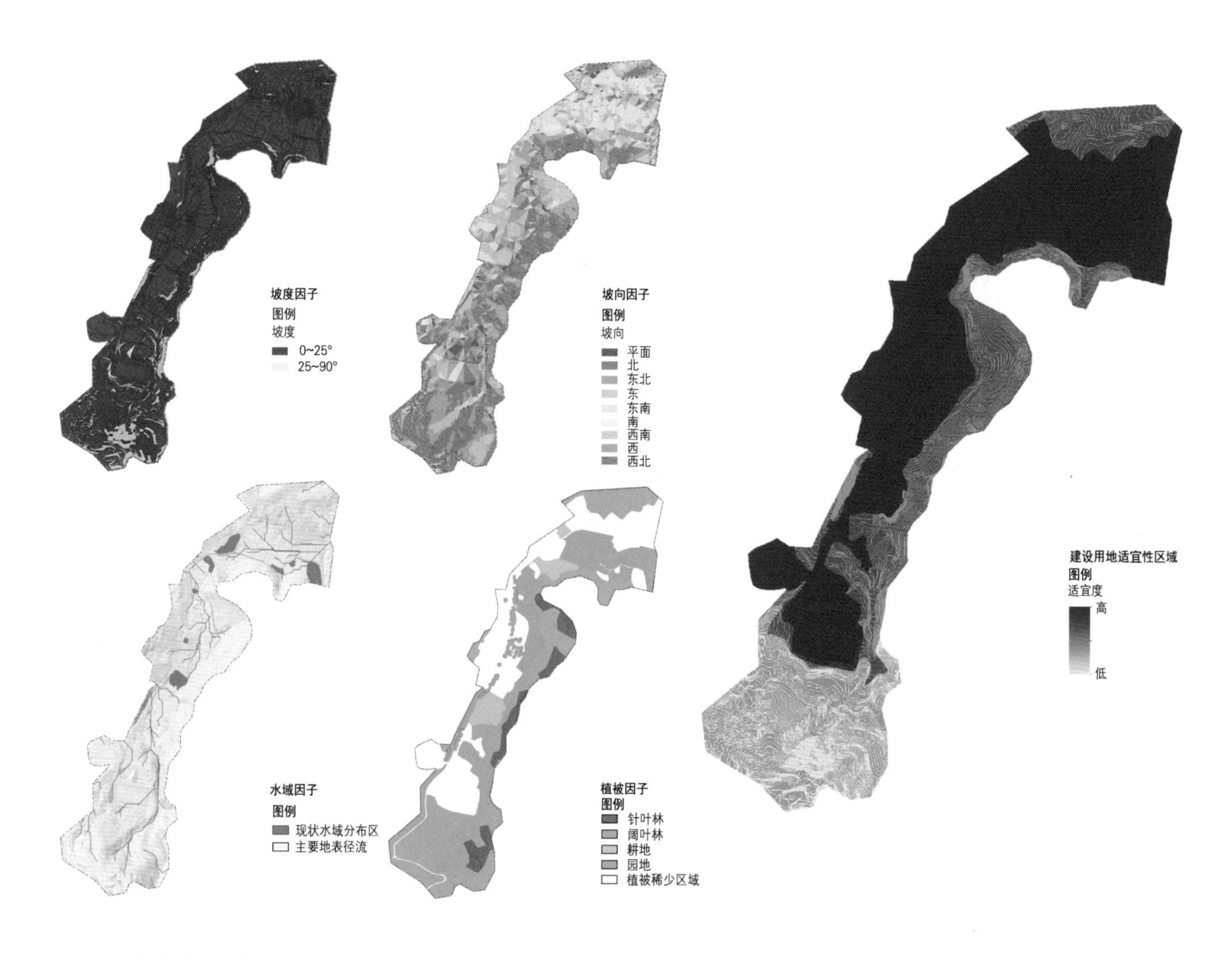

图5-11 南京牛首山景区北部地区项目场地建设用地适宜性叠加分析

（3）方案设计成果

①总体方案

设计秉持可持续发展原则，以生态敏感性评价为前提，科学地研究分析场地原有生态环境后，因地制宜，充分利用既有竖向、植被、道路等条件，并将其融入新的景观环境之中。控制建设工程量，以最少的人工干预取得最优的景观优化效果。最终依据科学合理的环境评价以及参数化设计方法生成方案，如图 5-12、图 5-13 所示。

②用地布局调整

本次设计充分考虑景区资源整合自身发展的需求，同时与设计区域所在的牛首山景区总体规划、牛首山风景区北部地区详细规划、土地利用总体规划等相关规划有机衔接，对原有用地布局进行了调整（表 5-1），以满足景区旅游发展和社会发展的需求（图 5-14）。

至大石湖
N
0
50m
100m
200m
250m
宁
丹
路
至佛顶宫
图 例
1 北入口
2 万象更新
3 城市公共交通换乘中心
4 北片区停车场
5 缆车万象更新站
6 游客服务中心
7 宁南旅游商业中心
8 拈花微笑
9 六祖洞
10 禅宗文化艺术博览馆
11 梵音洞
12 天籁洲
13 七宝斋
14 菩提林
15 塔影湖
16 涤心潭
17 万花精舍
18 茶溪谷
19 天阙禅茶
20 近佛亭
21 缆车佛顶宫站

图5-12 规划总平面图

图5-13　设计分区图

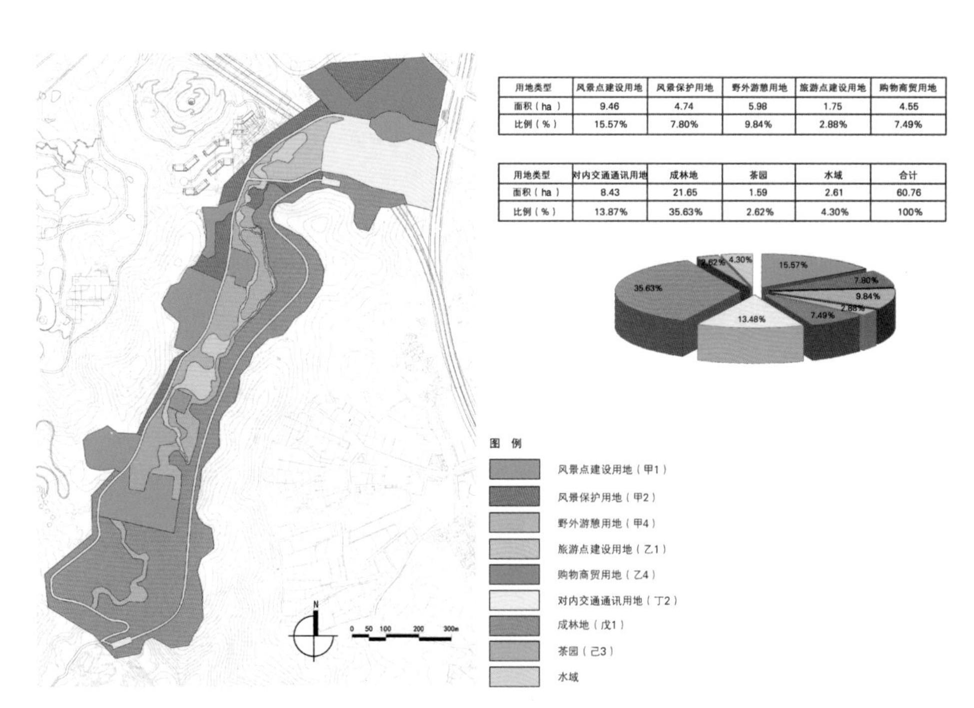

用地类型	风景点建设用地	风景保护用地	野外游憩用地	旅游点建设用地	购物商贸用地
面积（ha）	9.46	4.74	5.98	1.75	4.55
比例（%）	15.57%	7.80%	9.84%	2.88%	7.49%

用地类型	对内交通通讯用地	成林地	茶园	水域	合计
面积（ha）	8.43	21.65	1.59	2.61	60.76
比例（%）	13.87%	35.63%	2.62%	4.30%	100%

图5-14　牛首山景区北部地区项目用地规划图

表5-1　用地类型分析表

用地类型	面积(ha)	比例(%)
风景点建设用地	9.46	15.57%
风景保护用地	4.74	7.80%
野外游憩用地	5.98	9.84%
旅游点建设用地	1.75	2.88%
购物商贸用地	4.55	7.49%
对内交通通信用地	8.43	13.87%
成林地	21.65	35.63%
茶园	1.59	2.62%
水域	2.61	4.30%
合计	60.76	100%

5.1.2　镇江南山风景区西入口片区项目实践

项目位于镇江南山风景名胜区西部，是江苏省文物保护单位，规划面积约 175.47 ha，项目设计定位为打造南山风景名胜区内集健康养生体验、文化雅集活动与远古文化展示于一体的特色片区。设计基于对场地现状条件的定量分析研判，梳理并优化片区水文、植被及交通组织，形成特色鲜明的片区景观结构体系，同时完善景区服务设施，实现南山风景区西入口片区基于定量管控、科学合理的规划设计。

5.1.2.1　风景环境评价与保护规划目标

现状场地存在以下问题：①路网尚未完善，节点可达性、节点间连通性较弱，局部道路路面状况不佳；②现状用地属性较单一，休闲游憩等功能缺乏；③现状局部用地建筑配套设施不成体系，不能满足景区服务需求。规划设计需在对场地地形地貌、水文、植被等相关生态环境因子及用地属性的科学分析的基础上提出针对性优化策略，为进一步制定片区设计方案提供依据。

5.1.2.2　数字技术与方法

（1）工作重点

通过定量研究辅助设计决策，对场地地貌、水文、植被空间进行定量分析，并叠加形成场地生态敏感性与建设适宜性评价结果；在此基础上对场地进行分级划定并制定相应的设计策略，因地制宜地进行生态修复及适度开发利用。从前期分析、评价到方案生成以至后期的设计表达全过程均介入了数字化、定量化的方法，从而提高了设计的科学性、可行性，确保了实施效果，体现了风景环境保护利用的生态优先性。

（2）数字技术方法与应用

①定量化场地现状竖向分析

通过 ArcGIS 软件对场地高程进行量化分析（图 5-15），可知场地总体呈现东高西低、北高南低的态势。场地被北部的九华山与中部西侧的风林山、南部的蓬古山分隔，形成两处谷地。对场地三维模型进行剖切（图 5-16），从剖面图可直观看出场地竖向高程情况（图 5-17）。

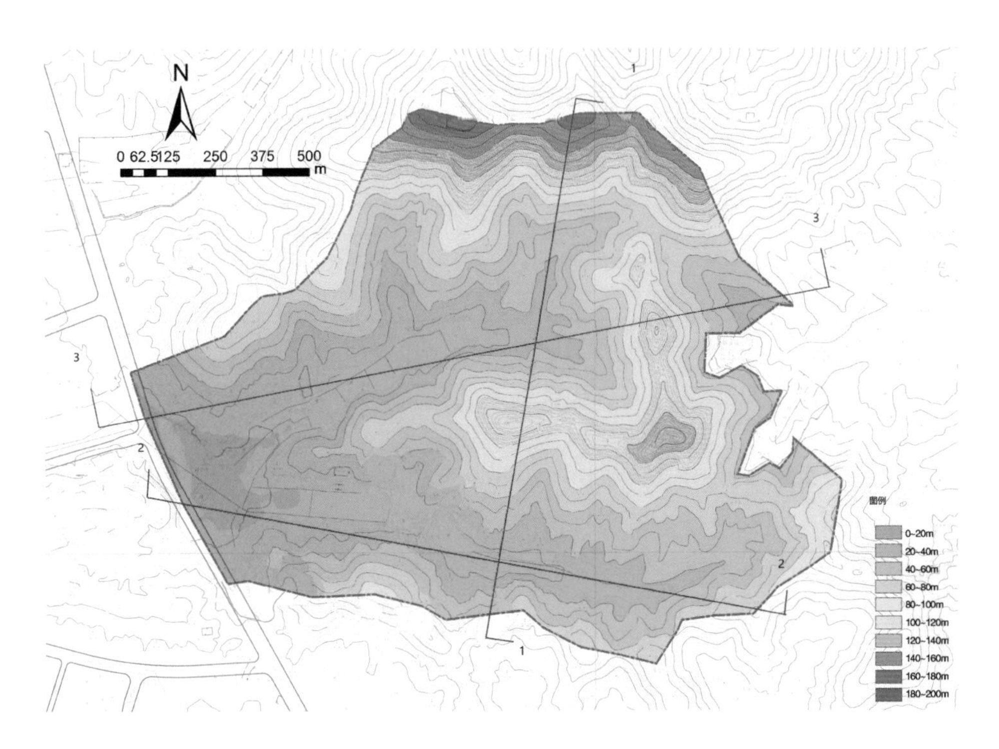

图5-15 镇江南山风景区西入口片区场地高程分析

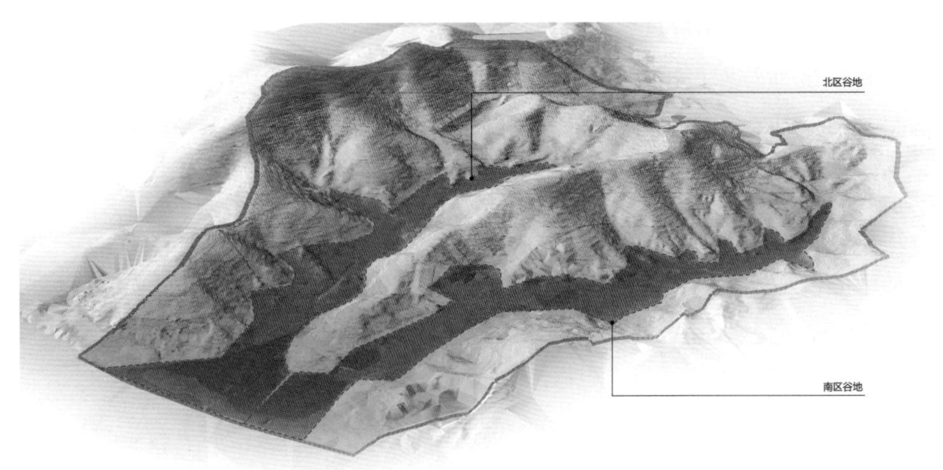

图5-16 镇江南山风景区西入口片区场地三维数字模型

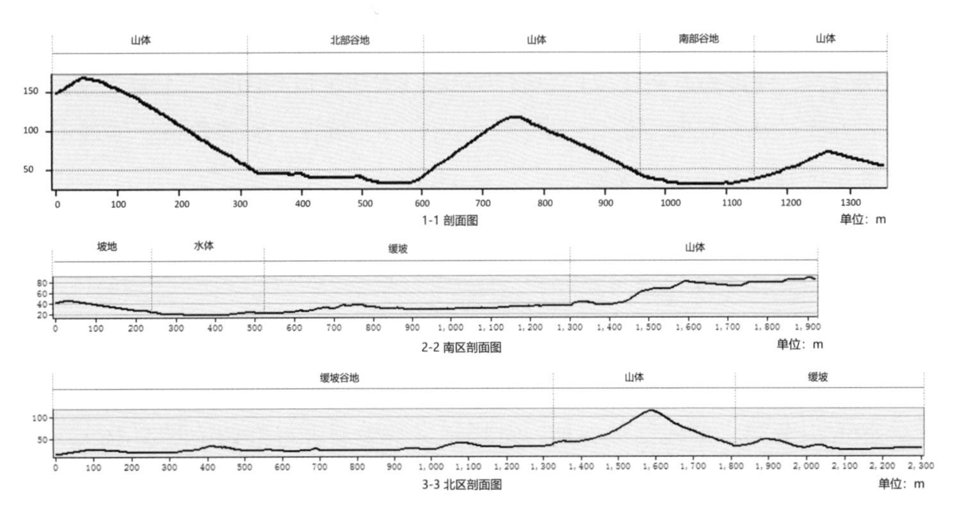

图5-17 镇江南山风景区西入口片区场地剖切分析

对场地坡向、坡度的定量化分析可知，场地坡度主要集中在5°~30°，整体地势较为平坦，但地形起伏变化丰富。北向坡向比例相对较小，利于植物的生长（图5-18）。

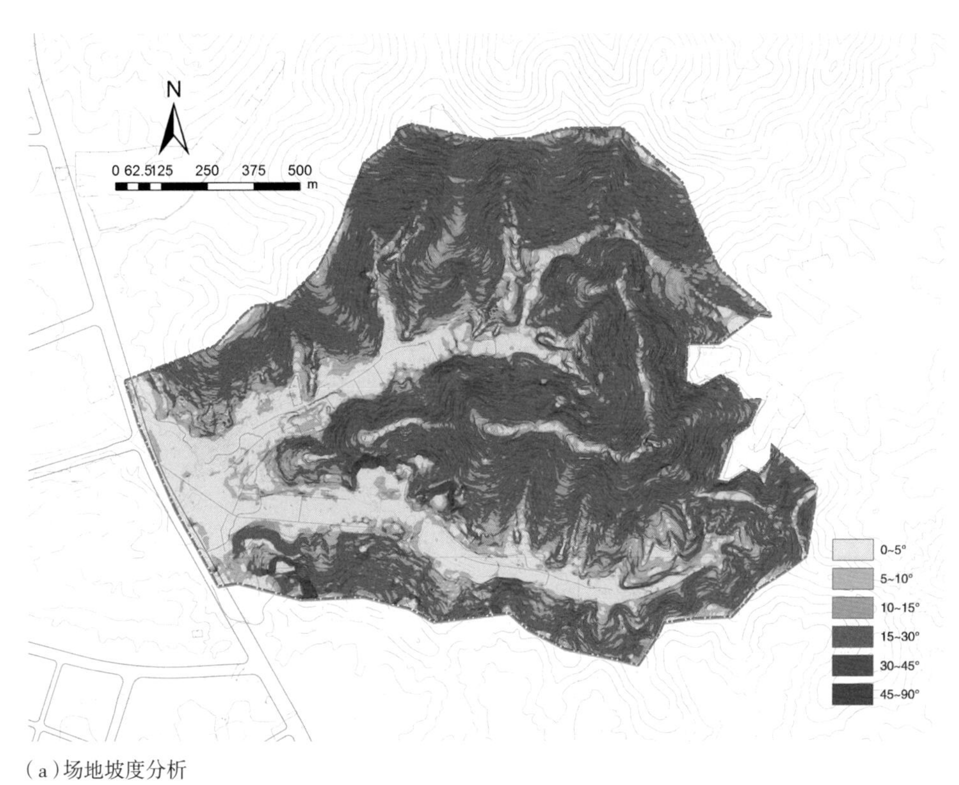

（a）场地坡度分析

（b）场地坡向分析

图5-18 镇江南山风景区西入口片区场地坡度、坡向分析

综上可知场地地形类型多样，拥有平坦地、缓坡地、山地等多种地形，整体地形空间形态较为丰富，依托自然山体及起伏地形使场地具备形成丰富景观空间层次的条件。

②定量化场地现状水文分析

结合现状水体勘测总体情况（图 5-19、表 5-2），运用 GIS 软件对主要径流进行提取及对现状水域分布进行分析，并利用数字高程模型分析场地地表径流，根据阈值设定可调控径流网络的密度（图 5-20）。经由比较，选取阈值为 2 000 时生成的径流网络作为径流分析的结果并进行分级（图 5-21）。

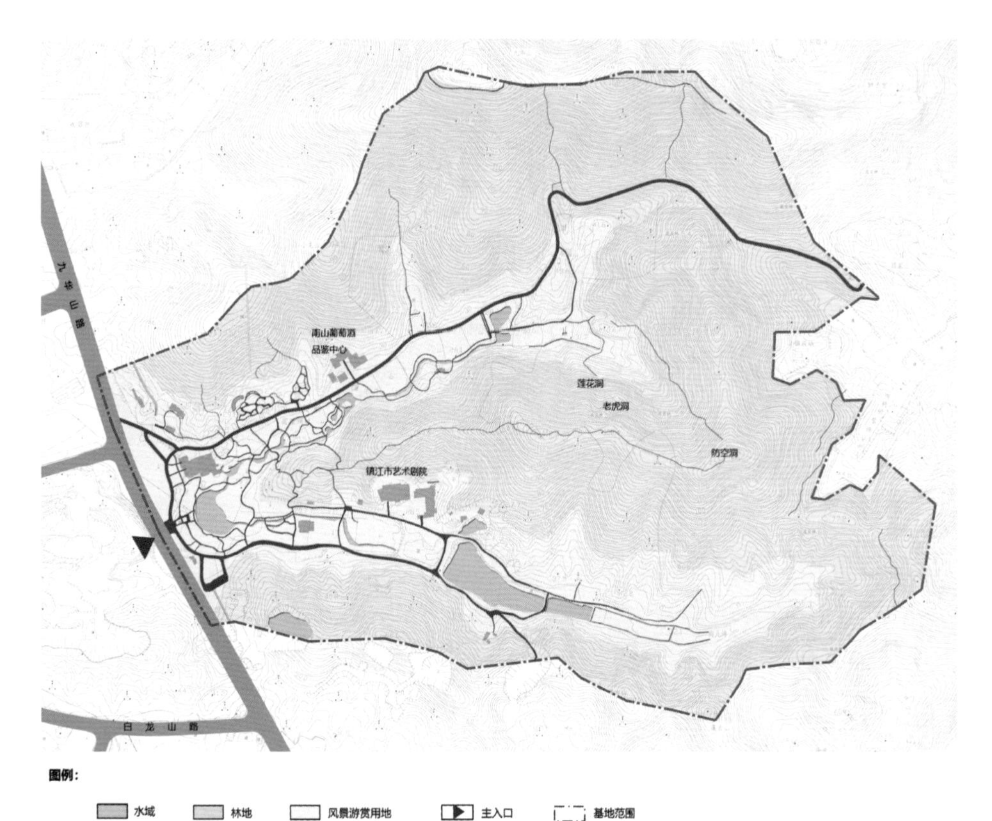

图5-19　镇江南山风景区西入口片区场地水资源分布概况

表5-2　镇江南山风景区西入口片区场地主要水域面积及所占比例

编号（见图5-20）	水域面积（m^2）	所占比例（%）
1	7 815.95	20.18
2	4 894.93	12.64
3	2 177.49	5.62
4	4 698.76	12.13
5	1 277.74	3.30
6	14 587.66	37.67
7	3 278.13	8.46
总计	38 730.66	100

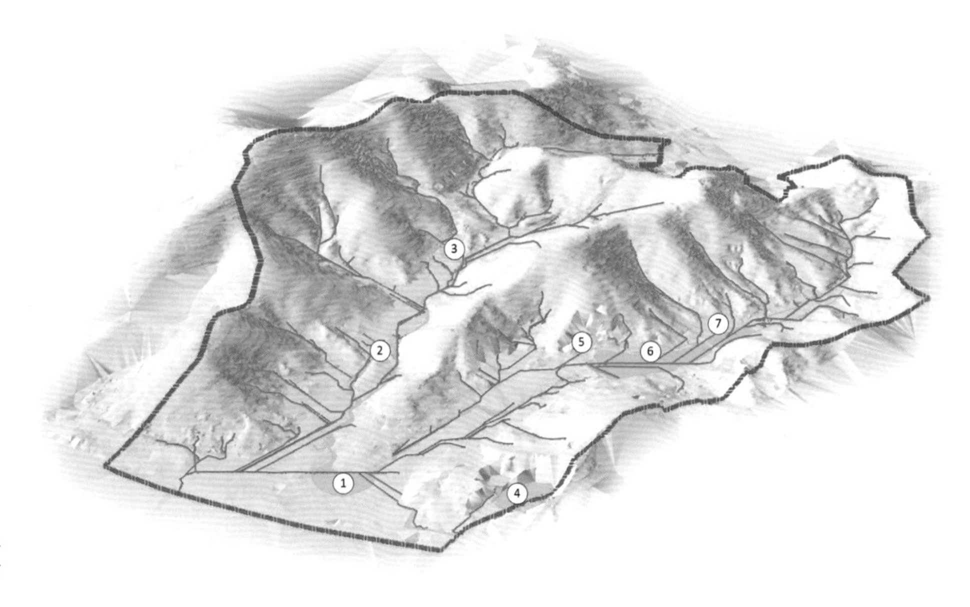

图5-20 镇江南山风景区西入口片区场地现状水域与径流分布模拟

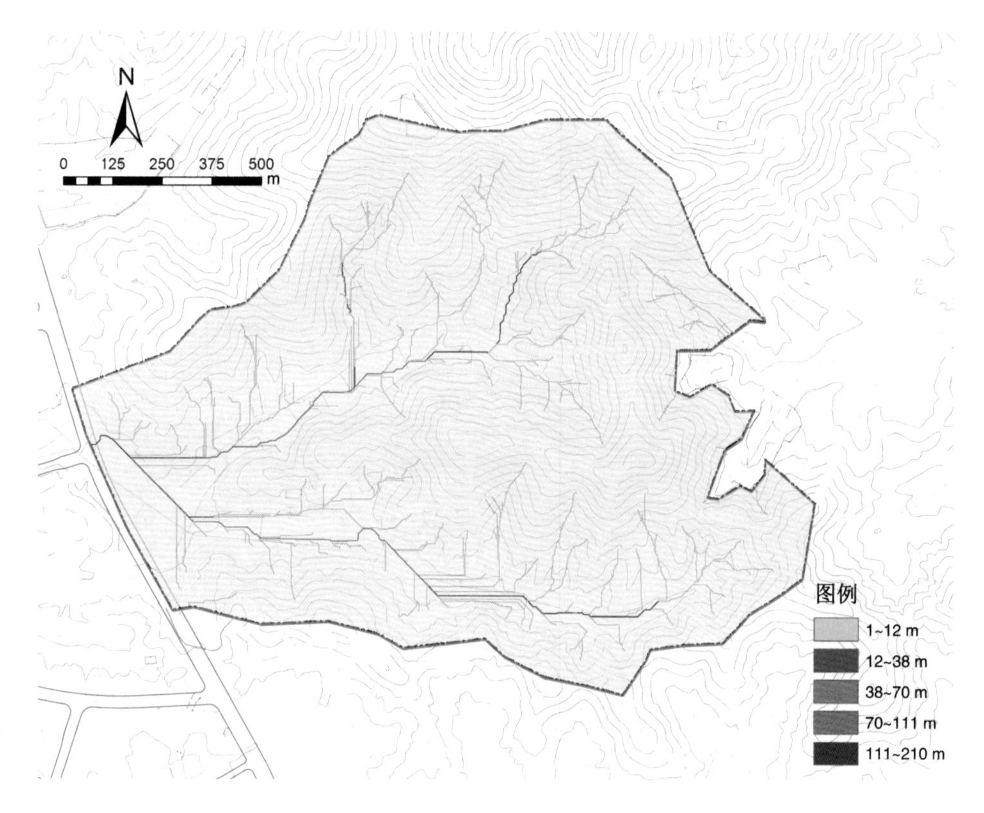

图5-21 镇江南山风景区西入口片区场地径流提取与河网分级

通过GIS水文分析,进一步进行场地盆域提取,研究范围主要位于盆域1中。提取汇水区出水口，生成集水流域，并对场地潜在汇水区域进行分析，为场地水景设计提供依据和支持（图5-22）。

③定量化场地现状植被分析

结合对场地现状植被的定量分析获得植被类型及分布结果，并结合卫

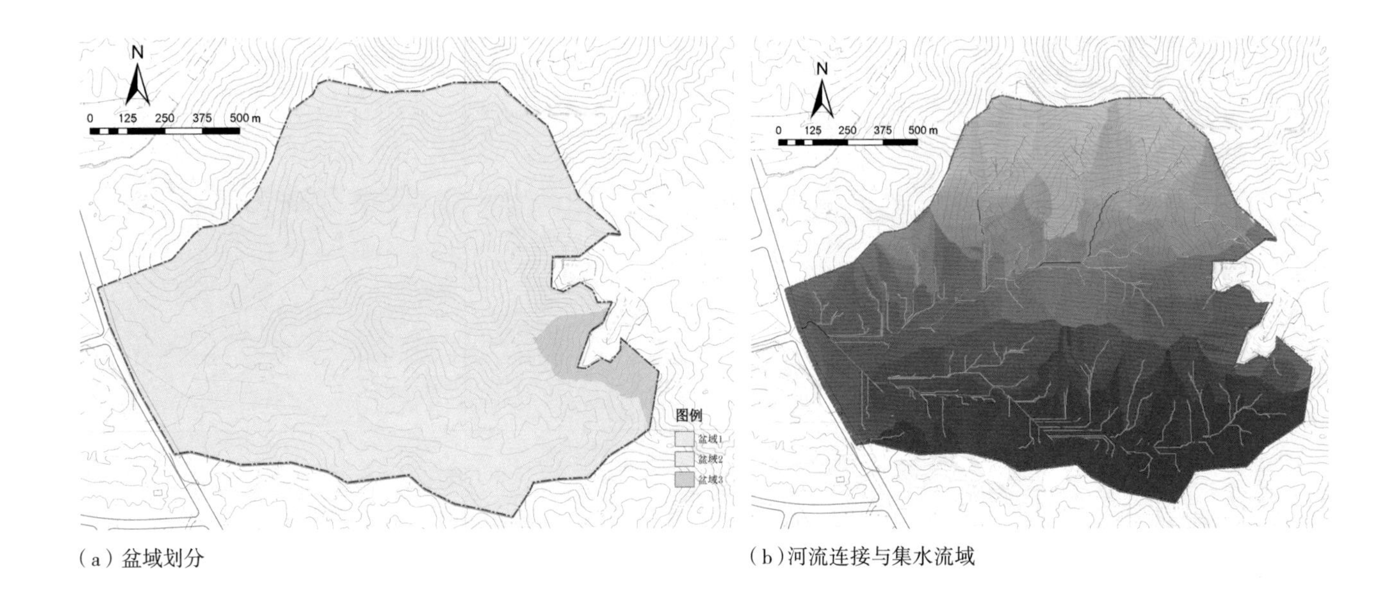

（a）盆域划分

（b）河流连接与集水流域

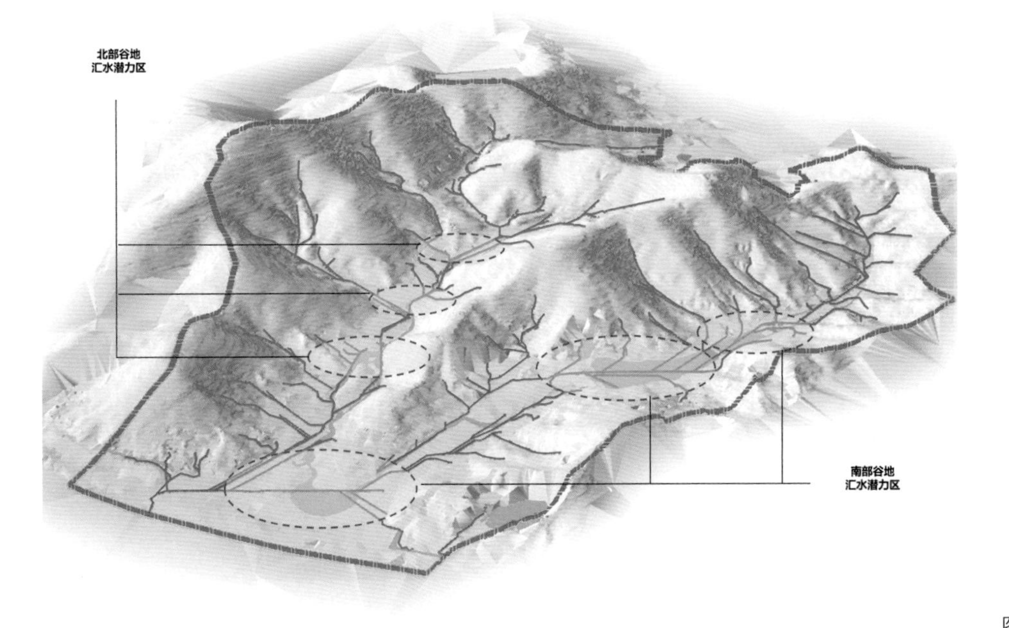

（c）汇水潜力区分布

图5-22 镇江南山风景区西入口片区场地汇水潜力区分析

星影像对植物空间郁闭度进行量化分析，从而为场地植被优化设计提供依据（图 5-23、5-24）。

④场地生态敏感性与建设适宜性评价

选取地形地貌、现状植被、水体、现状建设 4 个生态敏感性一级因子及高程、坡度、坡向、水体缓冲区、现状植物覆盖与类型、用地类型 7 个二级因子，利用 ArcGIS 软件，采用 AHP 法对场地进行生态敏感性评价，确定场地生态环境影响最敏感的区域和最具有保护价值的区域，为后期场地规划设计提供依据（图 5-25）。

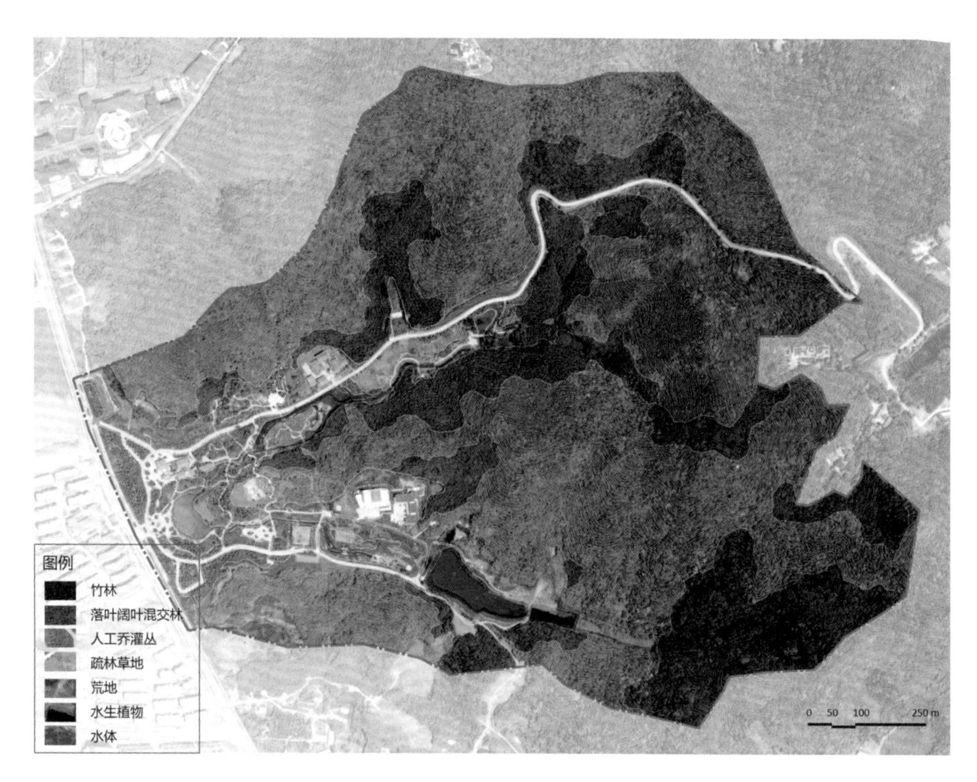

图5-23 镇江南山风景区西入口片区场地现状植被类型及分布分析

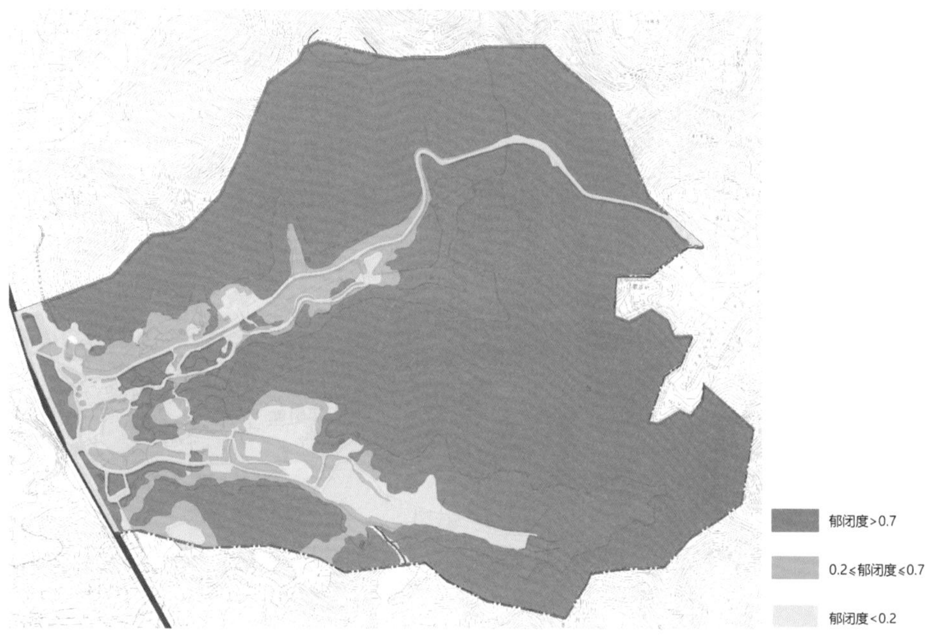

图5-24 镇江南山风景区西入口片区场地现状植物郁闭度分析

在场地生态敏感性评价的基础上，从景观营建的角度出发，对地形地貌、植被情况、水体缓冲、现状用地、现状交通等建设适宜性影响因子进行加权叠加分析，同时排除高生态敏感区等限制性特殊因子，对场地中的适宜建设区域进行分级，得到适宜建设区域、较适宜建设区域、不适宜建设区域，以此作为规划设计的依据、从而划定场所中需要通过人工干预加以优化的区域，科学指导后期景观的优化营建与建筑及构筑物的营造（图5-26）。

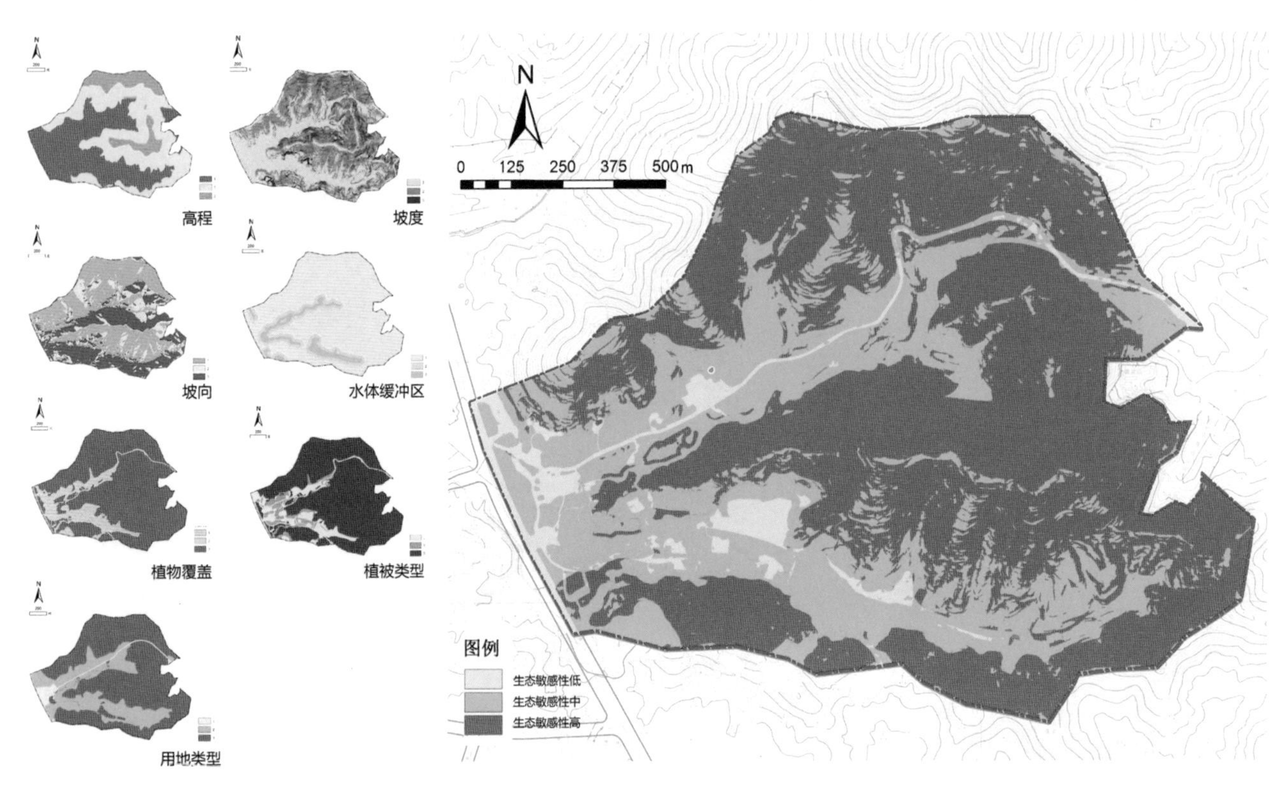

图5-25　镇江南山风景区西入口片区场地生态敏感性评价

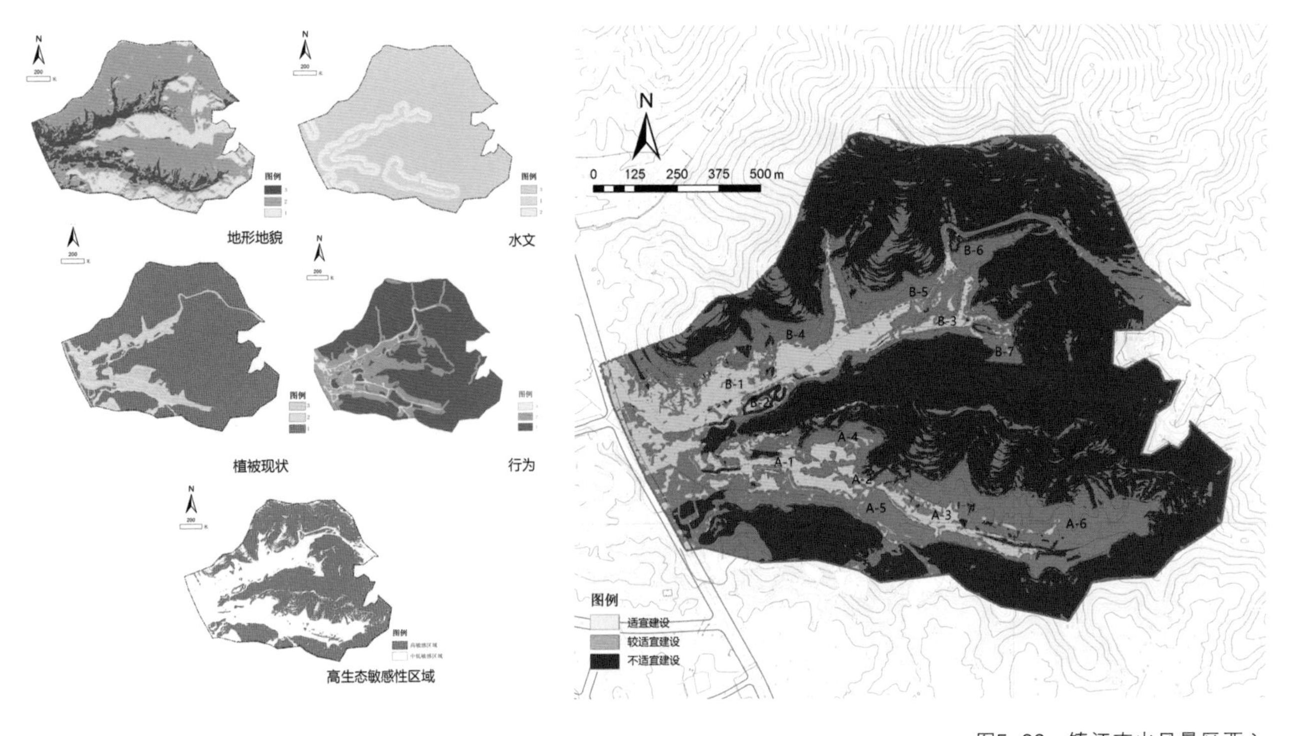

图5-26　镇江南山风景区西入口片区场地建设适宜性评价

图5-27 镇江南山风景名胜区总平面图

（3）方案设计成果

南山风景区西入口区基于以上对场地的数字化定量分析研判，充分利用南山优越的山水资源和场地现有的莲花洞、老虎洞等人文资源，生成了特色凸显、功能完备的风景区片区总体设计方案（图 5-27），并形成了“一核、两翼、三大片区、十二主要景点”的总体空间结构，实现了南山风景名胜区西入口片区的科学合理规划设计。

5.1.3 安徽滁州琅琊山丰乐亭景区规划设计

滁州市琅琊山风景名胜区为全国首批国家 4A 级旅游景区，自古有“皖东第一名胜”之赞誉，丰乐亭景区是整个琅琊山风景名胜区的核心景区之一，规划总面积 415.20 ha。本项规划设计以丰乐亭历史文化为内涵，以良好的山水自然环境为主体，具有鲜明的人文景观特色，为开展观光、文化、科普教育和城市居民游憩活动搭建良好平台。

5.1.3.1 风景环境评价与保护规划目标

项目规划设计前期采用数字化手段，对场地现状条件进行定量化分析研判，得到场地生态敏感性与建设适宜性评价结果，并结合规划布局与功能分区，充分挖掘既有环境资源价值，针对性地对景区工业废弃地、植被环境进行生态

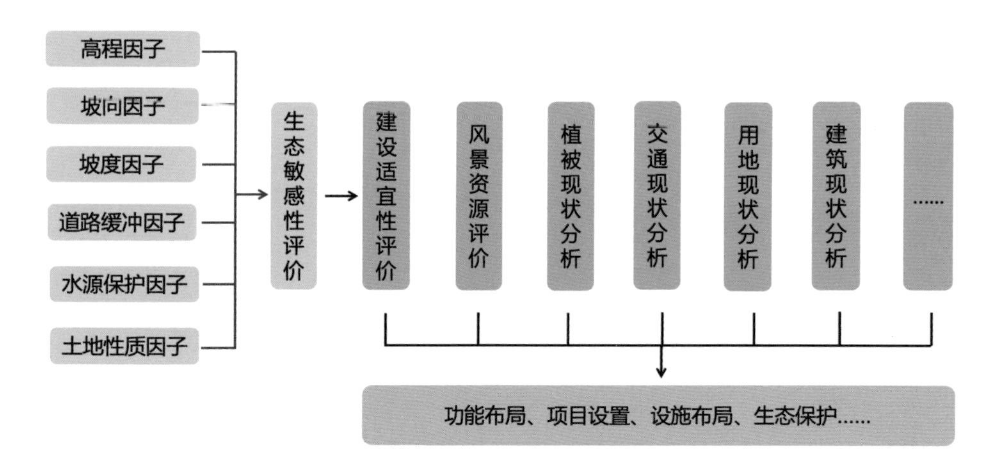

图5-28　滁州琅琊山丰乐亭景区规划设计技术路线框图

修复与景观提升改造，旨在打造集生态保护、遗址纪念、科普教育、风景游赏于一体的修复区景观。

5.1.3.2　**数字技术与方法**

（1）工作重点

采用数字技术，综合场地环境因子，对场地进行生态敏感性和建设适宜性分析评价，侧重研究场地由于采矿活动而被扰动、破坏的生态环境以及场地的植被群落生境，制定因地制宜的设计策略，生成景区总体方案，恢复与保护景区植被条件，彰显人文景观内涵，在保护的基础上进行合理开发，实现景区环境的整体提升（图 5-28）。

（2）数字技术方法与应用

结合 GIS 软件生成场地三维模型（图 5-29），对场地的用地、植被、坡度、坡向等因子进行量化分析与评价，叠加生成场地生态敏感性及建设适宜性评价结果，以科学指导规划设计。

由场地分析可见，基地地势由南到北逐渐降低，其间三条山谷内及基地北缘地势较为平缓，东侧由于采石及储油等原因，人为造成许多陡壁断崖，地形起伏较为复杂。基地内山体走向基本为西南及东西向，兼有采石形成的众多崖壁地形，进行建筑选址时当优先选择南向及东南向，以及平坦的宕口地段。

从生态敏感性的角度进行分析（图 5-30），丰乐亭景区可界定三个等级的生态敏感性程度：较低生态敏感性、一般生态敏感性、较高生态敏感性。较高生态敏感性区包括山脚地区以及景区北部滨水区域，以灌丛、草甸为主，土壤状况较好。一般生态敏感性区主要为山体地区，具有一定的植被基础。较低生态敏感性区的现状主要为建筑用地及采石场遗留下来的矿坑，属滞留用地，主要位于景区东部以及原奶牛场所在的谷地区域。

从建设适宜性的角度进行分析，景区内较低生态敏感性区可划分为三个

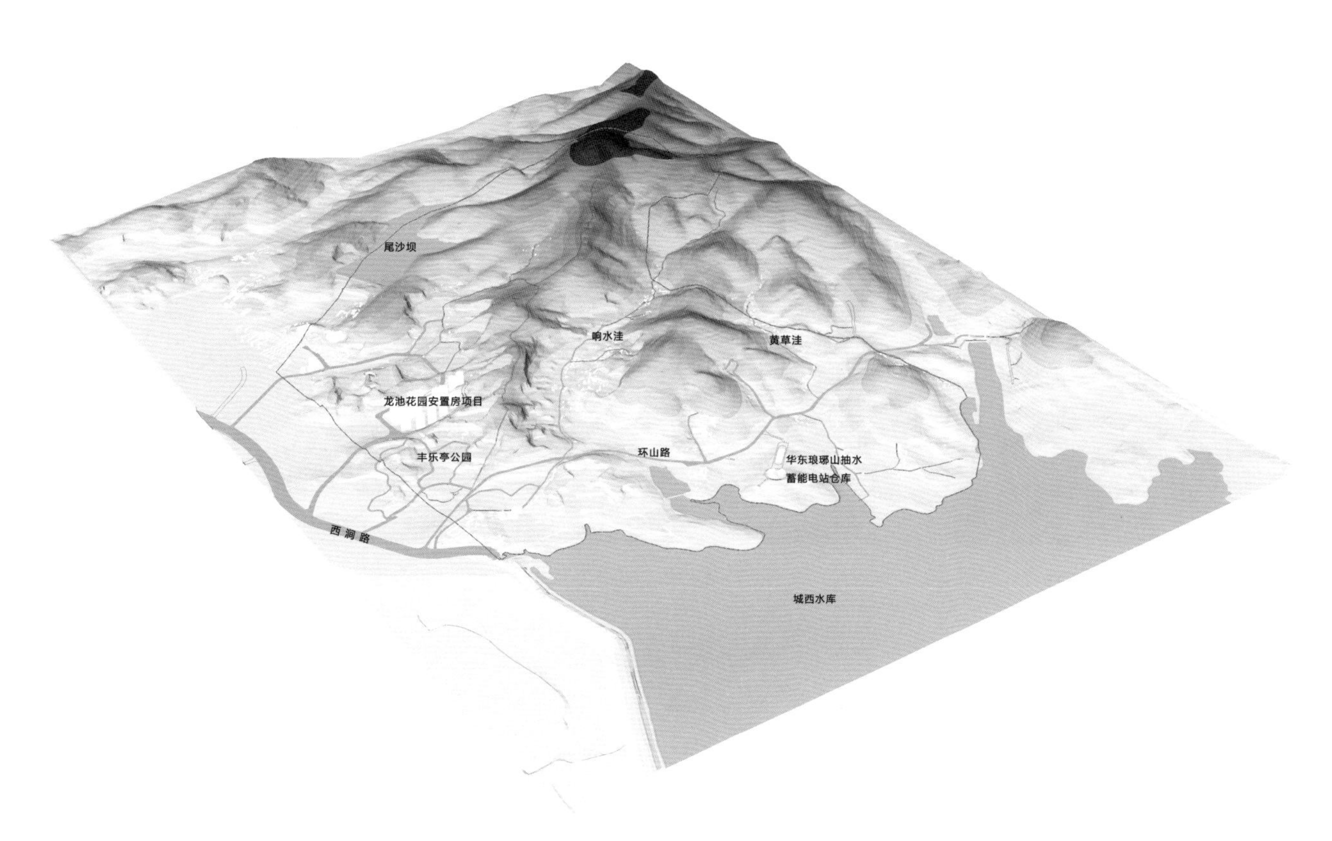

图5-29　滁州琅琊山丰乐亭景区场地三维模型

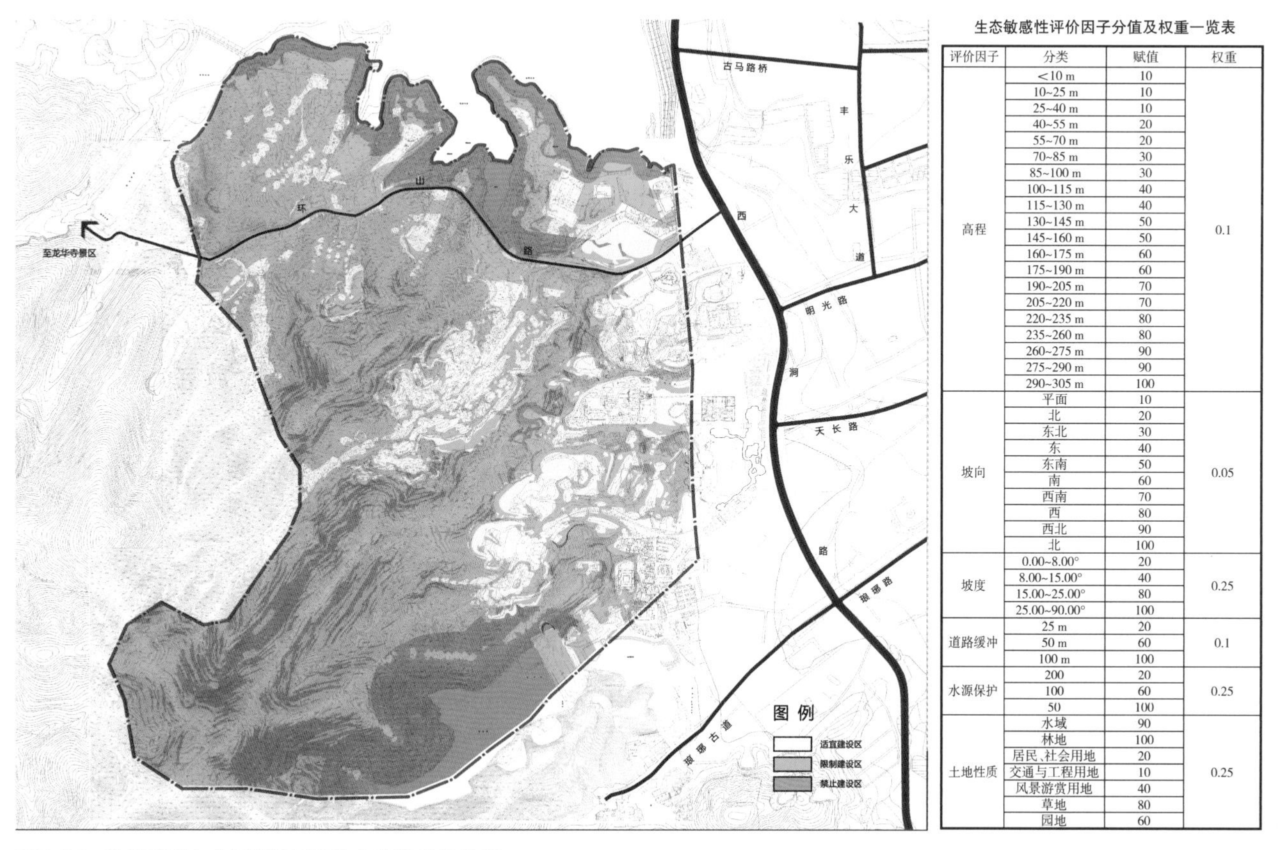

生态敏感性评价因子分值及权重一览表

评价因子	分类	赋值	权重
高程	<10 m	10	0.1
	10~25 m	10	
	25~40 m	10	
	40~55 m	20	
	55~70 m	20	
	70~85 m	30	
	85~100 m	30	
	100~115 m	40	
	115~130 m	40	
	130~145 m	50	
	145~160 m	50	
	160~175 m	60	
	175~190 m	60	
	190~205 m	70	
	205~220 m	70	
	220~235 m	80	
	235~260 m	80	
	260~275 m	90	
	275~290 m	90	
	290~305 m	100	
坡向	平面	10	0.05
	北	20	
	东北	30	
	东	40	
	东南	50	
	南	60	
	西南	70	
	西	80	
	西北	90	
	北	100	
坡度	0.00~8.00°	20	0.25
	8.00~15.00°	40	
	15.00~25.00°	80	
	25.00~90.00°	100	
道路缓冲	25 m	20	0.1
	50 m	60	
	100 m	100	
水源保护	200	20	0.25
	100	60	
	50	100	
土地性质	水域	90	0.25
	林地	100	
	居民、社会用地	20	
	交通与工程用地	10	
	风景游赏用地	40	
	草地	80	
	园地	60	

图5-30　滁州琅琊山丰乐亭景区场地生态敏感性分析

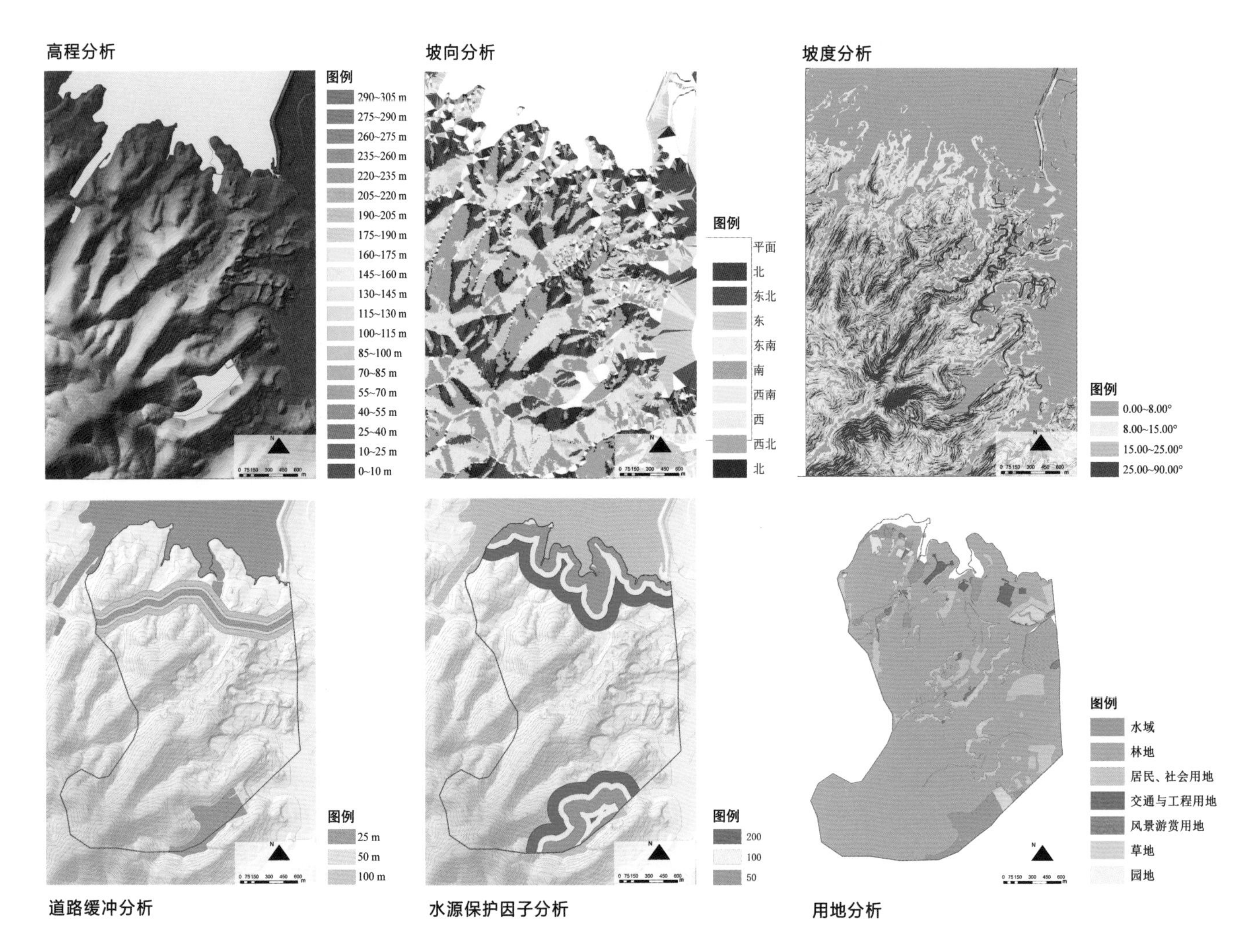

图5-31　滁州琅琊山丰乐亭景区场地用地适宜性分析

等级的建设适宜性程度：不适宜建设、一般适宜建设、适宜建设。建议尽量在适宜建设区域进行建设，以降低经济费用，最大限度地保护景区生态环境（图 5-31）。

（3）方案设计成果

规划在修复与保护基地原有特征的同时，对生态环境进行合理开发利用，在维持地块山林风貌的同时，增强基地的可持续发展潜力，重塑自然和谐的生态环境。基于以上定量化场地分析，结合规划设计需求，生成丰乐亭景区总体规划方案（图 5-32）。

方案结合地块原有地形进行水系改造，并以五条山脊围成的四片区域为基址，因地制宜地依次展开环状景观与建筑布局，在景区内规划了入口服务区、丰乐亭文化景区、矿坑修复区、丰山花谷区、水源保护区、生态培育区等，以本地块的特色景观与活动内容推动都市休闲区旅游业的发展（图 5-33）。

本次规划的风景保护的分类包括自然景观保护区、史迹保护区、风景恢复区、风景游览区和发展控制区（图 5-34）。

图5-32　滁州琅琊山丰乐亭景区规划总平面图

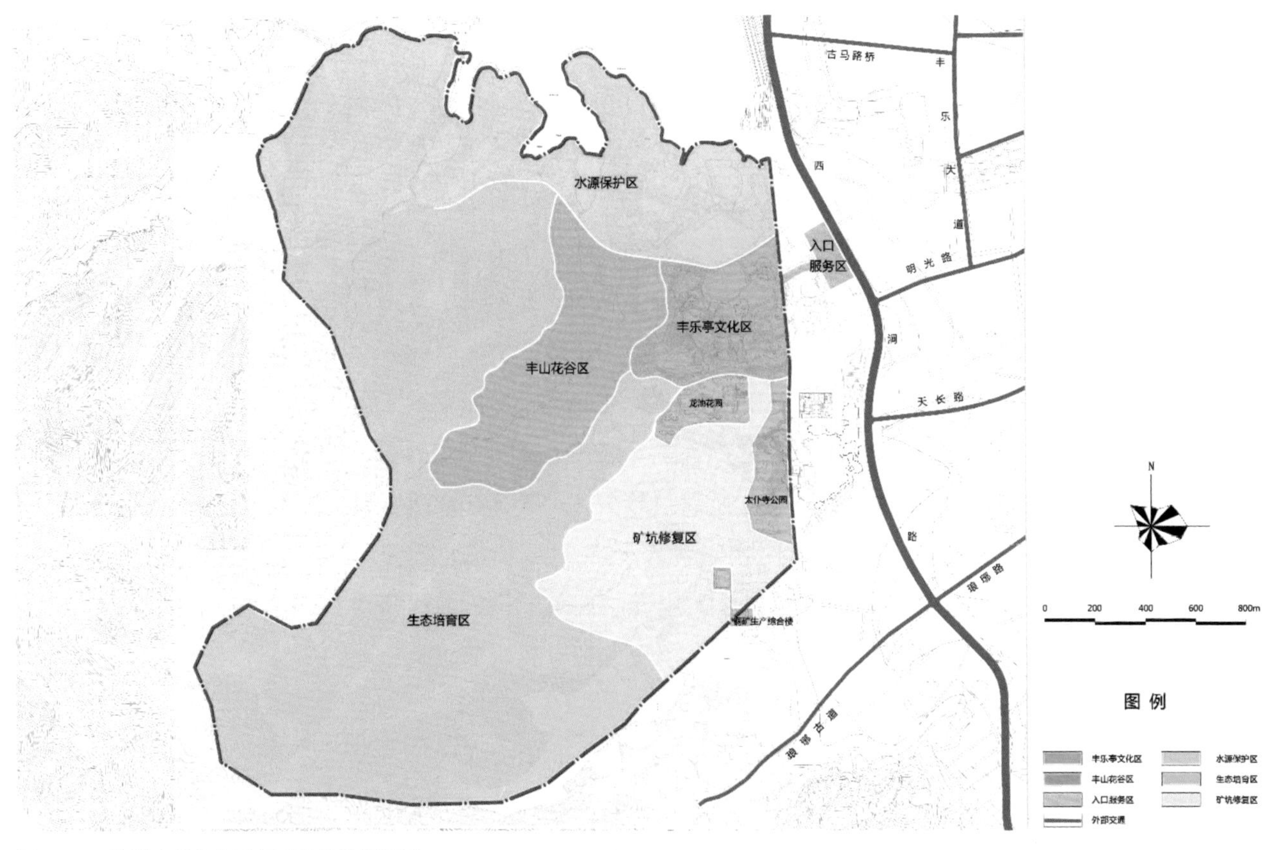

图5-33　滁州琅琊山丰乐亭景区规划分区图

保护培育类型	地块编号	面积（ha）	比例(%)
风景恢复区	1-1 1-2	309.19	75
风景游览区	2-1 2-2 2-3 2-4 2-5	65.73	16
自然景观保护区	3-1	13.40	3
发展控制区	4-1 4-2	18.60	4.5
史迹保护区	5-1	5.22	1.5

图5-34 滁州琅琊山丰乐亭景区风景保护培育规划图

5.2 园林与景观规划设计

2017 年中国土地勘测规划院在北京发布了《全国城镇土地利用数据汇总成果》，该报告系统介绍了全国城镇土地利用数据汇总工作及汇总成果。数据显示截至 2016 年 12 月 31 日，全国城镇土地总面积为 943.1 万 ha。相对于中国 963.4 万 km^2 的国土面积来说，建成环境总面积占中国国土总面积不足 1%，然而这 1% 的土地却密切关乎广大国民的人居环境、生活质量和生活福祉。

与风景环境不同，建成环境依据人的使用要求而营造，较多地反映了人的意志，反映了人对环境的改造过程。建成环境是由自然生物圈与人类文化圈交织而成的复合生态系统。建成环境往往要满足景观、人文、经济、建筑、交通、环境和生活质量等方面的要求，同时还要满足人们的生理、心理需要和环境的可持续发展需要。由于人口的集中以及大规模的人工干扰，导致植物生长比例失调，野生动植物稀缺，降低了环境自净能力和自我调节机能，破坏了自然界的物质循环，生态环境遭到严重破坏。

因此，建成环境中占据城市规划建设面积 30% ~ 40% 的城市绿地已不仅仅是满足绿化和美化城市基本需求的手段，更是缓解剩余 60% ~ 70% 城市下垫面所产生复杂矛盾的一剂良方，是城市绿色基础设施的重要组成部分。园林与景观规划设计即主要针对建成环境中的城市绿地进行合理的组织布局和开发利用，在保证最大生态效益的基础上，充分考虑人的需求和统筹协调社会各方面的要求，构建人与自然和谐共生的城市生态系统。

城市绿地的复杂属性导致园林与景观规划设计过程也具有复杂性和多元性，数字技术的运用为场地定量研究和推敲并生成规划设计方案提供了科学支撑和操作便利，已经广泛应用在当代的景观规划设计项目中。本节以公园景观规划设计与绿道选线规划设计为例做具体应用说明。

5.2.1 公园景观规划设计

城市公园是城市绿地系统的重要组成部分，是城市开放空间系统中不可或缺的部分，其中有许多经典的案例，如纽约中央公园、伦敦海德公园、东京上野公园等。它不仅为城市提供大面积的绿地，而且可以开展丰富的户外游憩活动，适合于各种年龄和职业的城市居民进行一日或半日的游赏活动。这一城市空间享有更大的包容性，游人在法律及道德的范围内可自由出入和使用这一城市空间，是城市中信息交流、传递、汇集的场所，也是城市最具活力的场所。这类大型的城市公园是群众性的文化教育、娱乐、休息的场所，并对城市面貌、环境保护、社会生活起着重要的作用。公园景观有多种类型，应根据不同区域的不同气候和场地条件，因地制宜，以保证城市环境生态绿化，满足大众行为心理，提升视觉景观形象。

5.2.1.1 溧阳焦尾琴公园规划设计

该项目位于溧阳市城西，规划范围约 669.92 ha。规划范围内包含中科院物理所园区、焦尾琴公园、野猫山 - 龙湫湖，以及奥体大道东侧的溧阳人民医院用地。

规划设计将既有的平陵西路北侧城西片区规划设计、中科院物理所园区方案设计、西圣公园方案设计、焦尾琴公园东入口设计以及永平大道南侧生态大走廊规划纳入统筹考虑范畴。该基地是溧阳中心城区的重要组成部分，位于生态绿楔与城区功能板块的交接处，依托优良的山水生态资源，同时面向城市界面，是溧阳城西片区兼具生态、城市功能的重要区域。

1）规划设计目标

本次规划研究对现状条件进行充分解读，并梳理既有局部规划方案做统筹考虑，打造溧阳未来的新城片区的中央公园、核心绿地。

2）数字技术与方法

（1）工作重点

项目规划设计前期采用五轴倾斜摄影技术获得场地三维实景模型，并借助数字化定量分析方法综合评价场地现状各影响因子情况，在对场地生态敏感性和建设适宜性评价分析的基础上制定总体设计策略，设计过程中结合参数化方法对交通专项、水景专项进行引导与控制，并对项目设计成本进行有效管控。

（2）数字技术方法与应用

①定量化场地现状竖向分析

对规划设计场地高程（图 5-35）、坡向（图 5-36）和坡度（图 5-37）进行定量分析可知，研究范围内整体地势较为平缓，中部西圣山区域起伏较大；总体呈现南高北低中隆起，北部最高点高程 67.4 m，为野猫山顶，中部最高点 158 m，为西圣山顶。

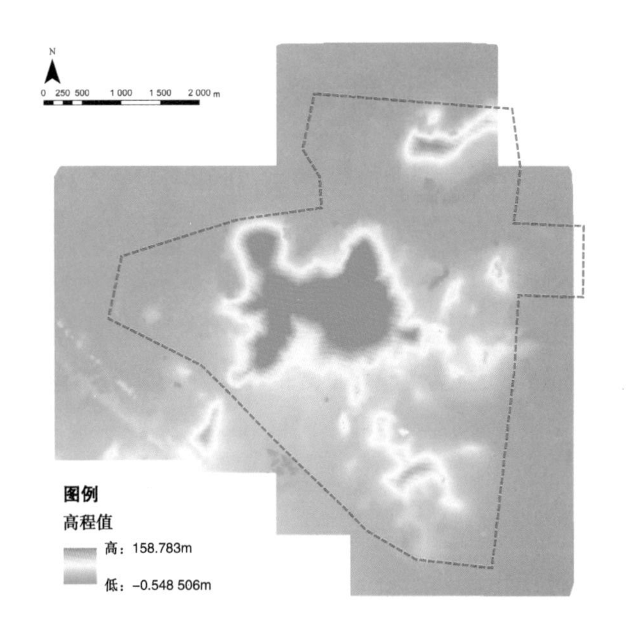

图5-35 溧阳焦尾琴公园规划设计原场地高程分析

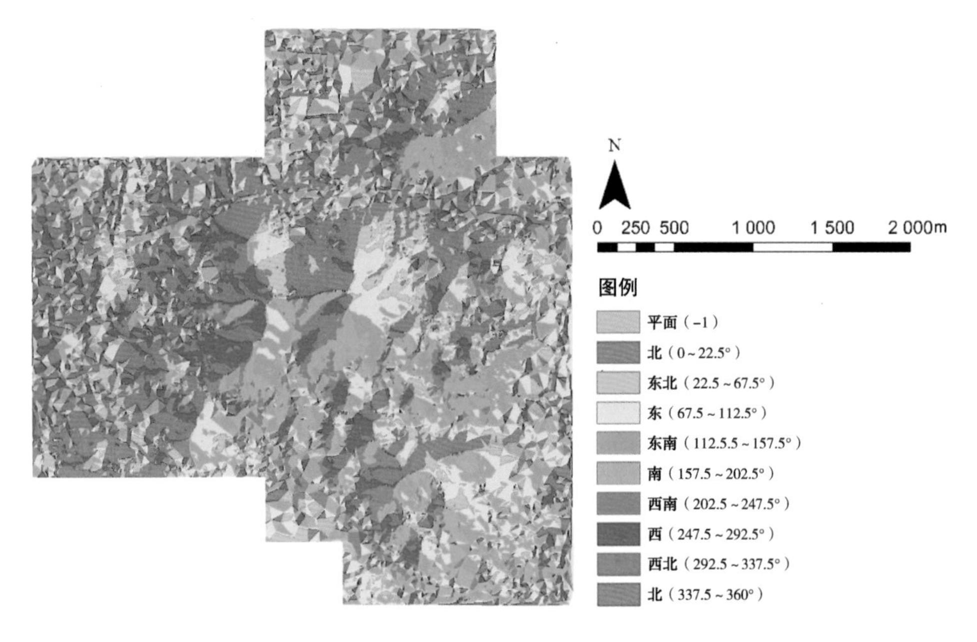

图5-36 溧阳焦尾琴公园规划设计原场地坡向分析

图5-37 溧阳焦尾琴公园规划设计原场地坡度分析

图5-38 溧阳焦尾琴公园规划设计原场地城市天际线分析

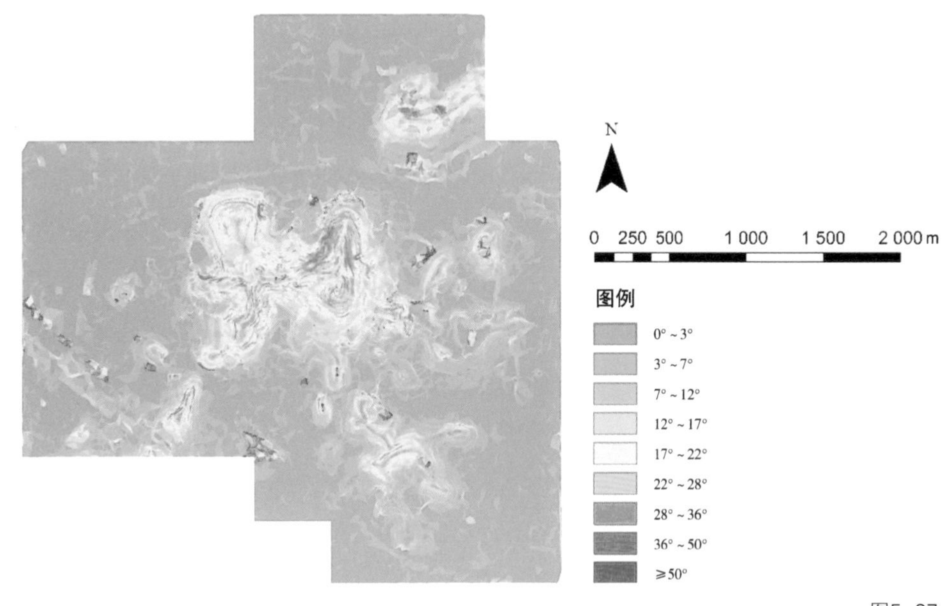

图5-37

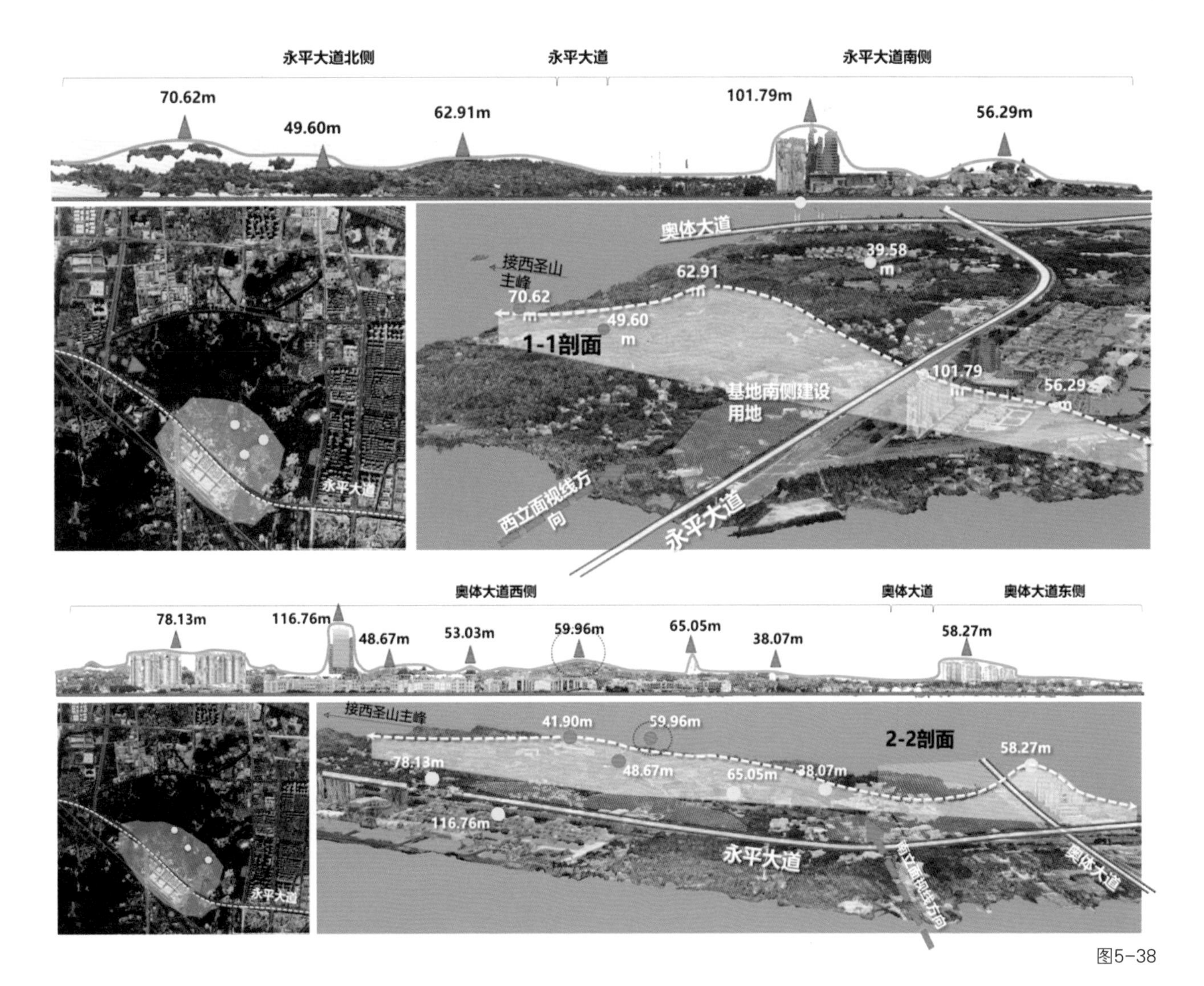

图5-38

②倾斜摄影技术——场地立面城市天际线分析

通过采用无人机技术对场地南侧、永平大道北侧待建区域进行了拍摄、成像及建模，得到该片区的西立面图像及场地三维模型，并对永平大道北侧部分空间竖向关系进行分析（图 5-38）。基地西立面形成连绵曲线缓接南北两侧城市用地，制高点为西圣山主峰及次峰，拟建区域位于山体天际线下部，应适当控制建设高度与建设密度，与山体环境形成高低、疏密的呼应关系。基地南立面制高点也是西圣山主峰及次峰，南立面永平大道南侧有若干高层建筑，西圣山脉成为南侧城市景观面的中景，设计中可通过自然山体形态缓冲场地周边中高层建筑体量。在西圣山最高点拟建观景塔，需结合总体竖向关系控制建筑体量与高度。

③场地水文定量化分析

基地范围内有南河水流经野猫山周边，场地内西圣山脚下、低洼处分布有大大小小分散的水塘、湖泊。规划拟改造现状西山河，修整扩大水面，汇聚形成龙湫湖，并将景观向南延伸至西圣山山脚，实现芜申运河、野猫山和西山公园之间的水环境联动（图 5-39、5-40）。

④倾斜摄影技术——现状植被分析

利用倾斜摄影技术对场地现状植被进行调研分析（图 5-41）。基地内除少量村庄、厂房及公共设施所组成的建设用地外，大多数土地均由植被覆盖，总体上可以分为人工苗圃植被群落和次生林群落，以次生林群落为主。次生林植被群落主要位于西圣山，是原始林受干扰后在次生裸地上形成的森林，

图5-39　溧阳焦尾琴公园规划设计原场地水体分布分析

图5-40　溧阳焦尾琴公园规划设计原场地汇水分析

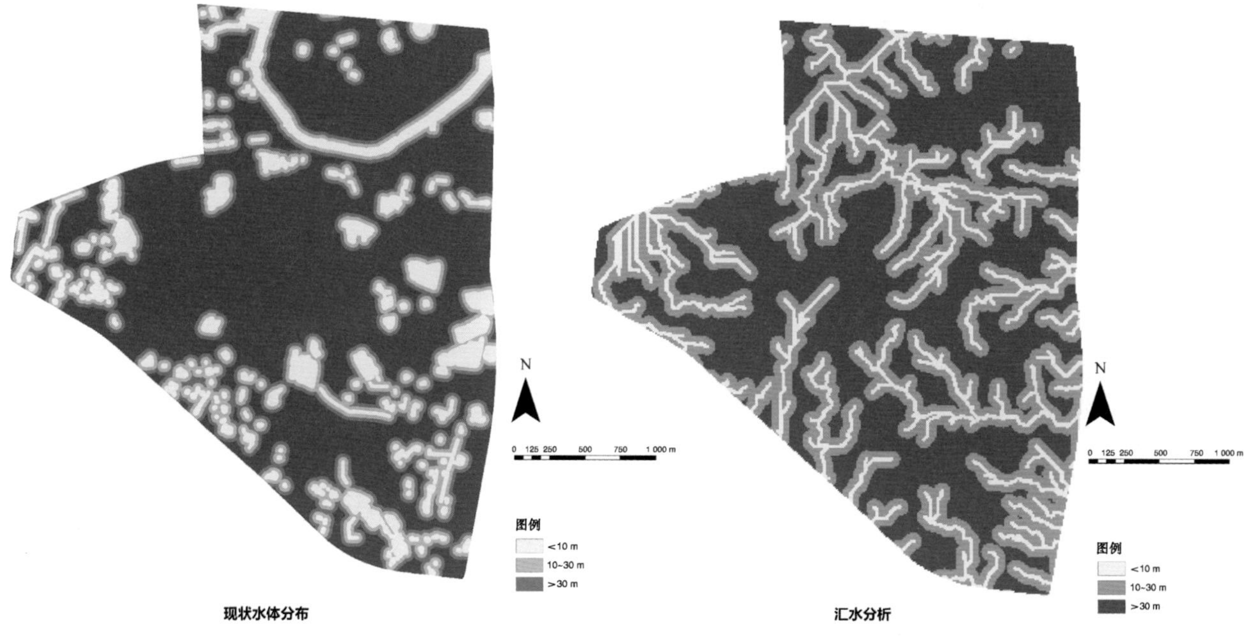

图5-39

图5-40

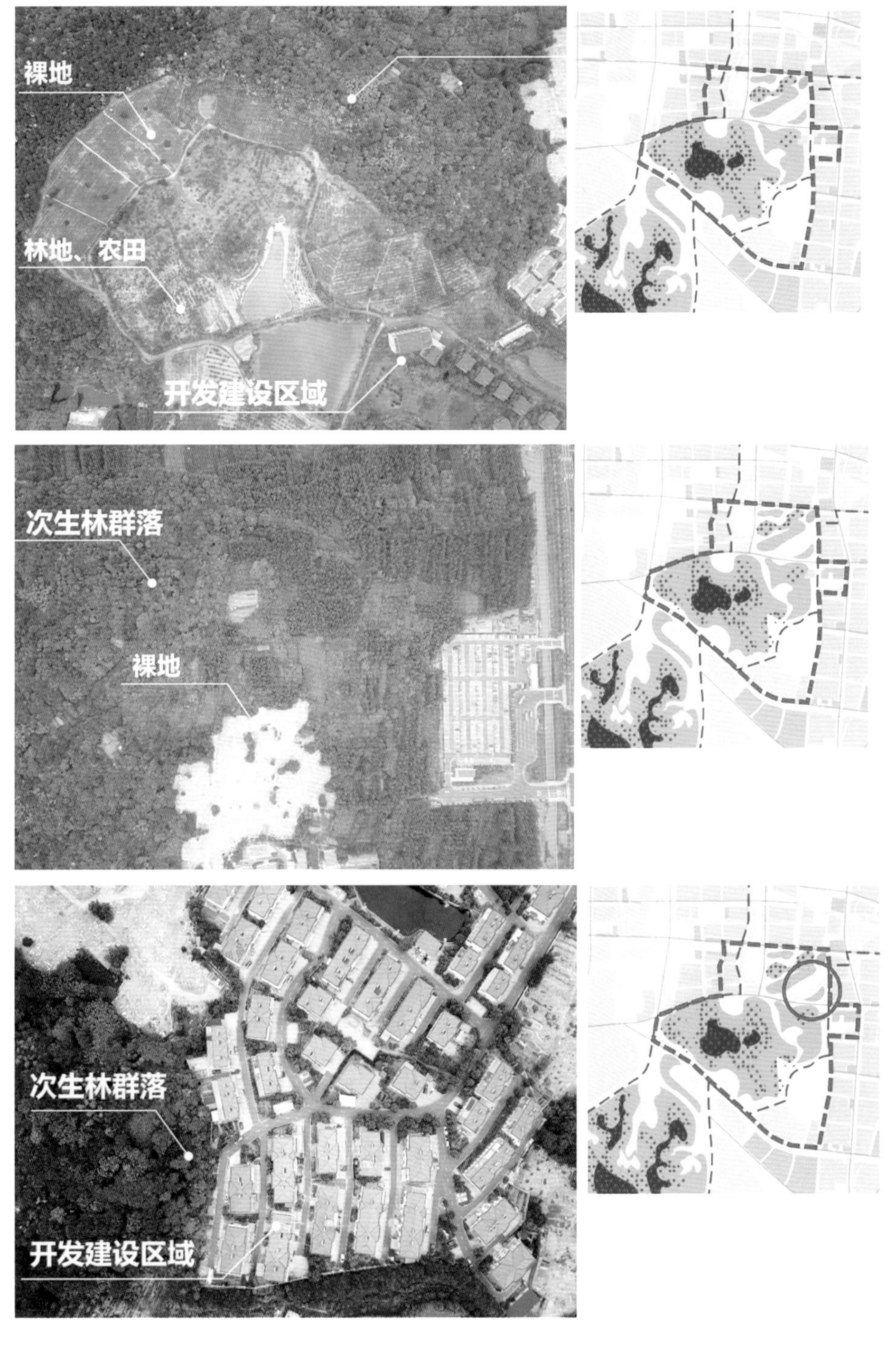

图5-41 溧阳焦尾琴公园规划设计原场地现状植被分析

可以理解为是原始森林生态系统的一种退化，生态系统的基本结构和固有功能遭破坏或丧失，生物多样性下降，稳定性和抗逆能力减弱，系统生产力降低。因此规划需要严格遵守生态保护红线相关规定，红线内保证以自然生态演替为主，避免人为干扰对生态环境造成破坏。

基地内南侧靠近永平大道处有少量村庄、厂房，主要为次生林群落及裸地。基地内东侧靠近奥体大道部分除奥体中心场馆外以裸地及附属设施用地为主，部分拟作为未来城市建设用地。基地内东北侧已建养老社区，次生林群落保存状况较好。

⑤场地用地适宜性评价

生态敏感性评价：为了对基地进行合理的评价，拟从生态敏感因素综合空间、生态、形态三个方面遴选评价指标并展开评价，包括地形地貌、水文、植物与用地类型（图5-42）。将其划分为3个生态敏感性等级（极敏感、较敏感、弱敏感），并运用层次分析法确定各因素及各指标权重。

建设适宜性评价：在生态敏感性分析的基础上，本专题充分考虑基地条件和建设用地适宜性评价的技术要求，拟从建设安全因素、社会经济因素、生态敏感因素三个方面遴选评价指标并展开评价（图5-43）。将其划分为3个

图5-42　溧阳焦尾琴公园规划设计场地生态敏感性叠加分析

图5-43　溧阳焦尾琴公园规划设计场地建设适宜性叠加分析

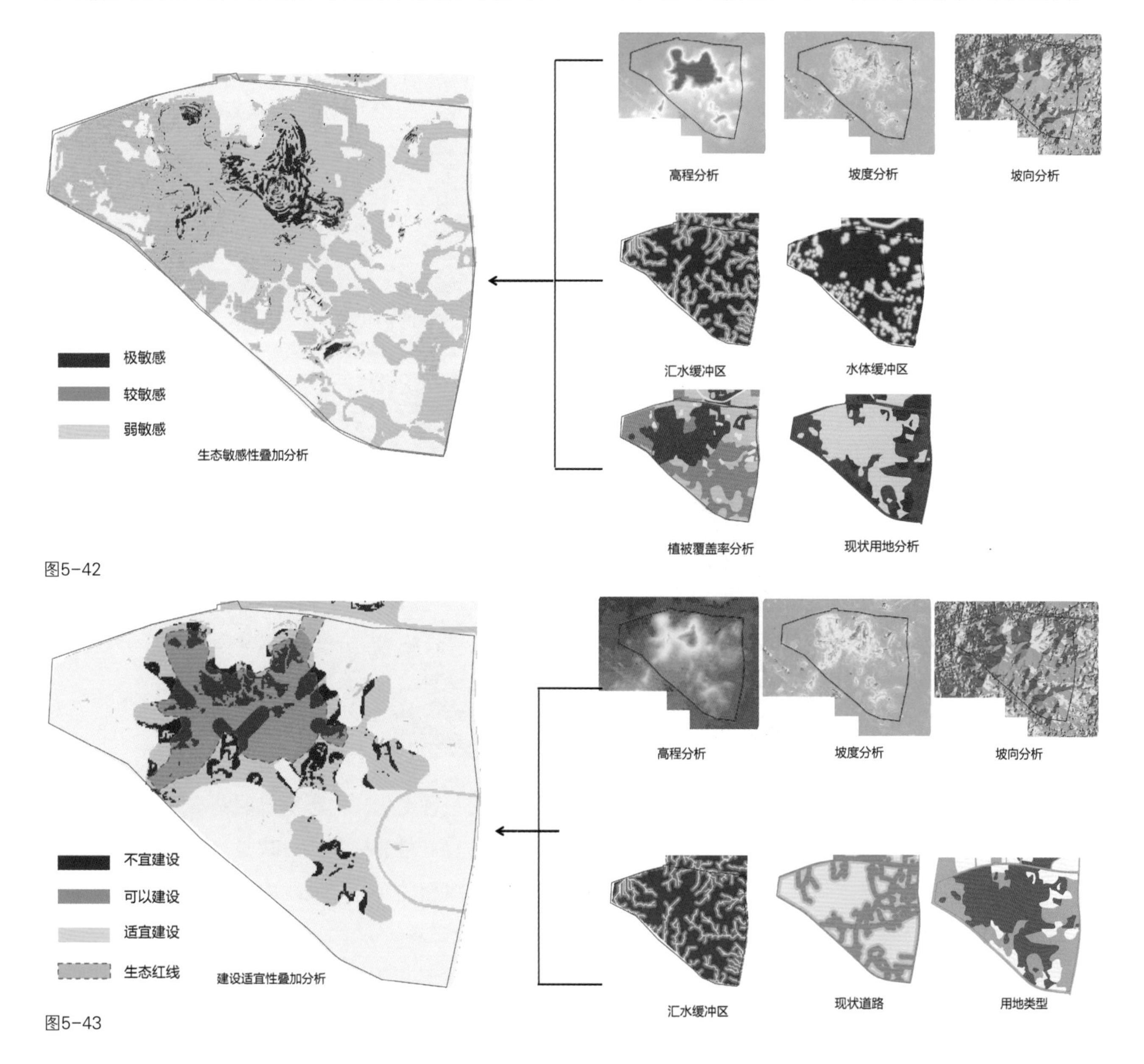

图5-42

图5-43

建设适宜性等级（适宜建设、可以建设、不宜建设），并运用层次分析法确定各因素及各指标权重。

⑥参数化选线

通过层次分析法和德尔菲法，通过对地形、坡度、起伏度、径流缓冲区、水体缓冲区以及现状路网这六个因子加权叠加，最终得到道路选线成本距离栅格（图 5-44）。

以场地东、南、北边的四个主入口为起点，在 ArcGIS 中进行道路选线，分别得到四种选线方案，即以资源点距离成本栅格为基础，通过入口到达场地内所有景点最适宜路线图（图 5-45）。

将四张道路选线图叠加，最终得到最佳游憩路线。通过人工修正，最

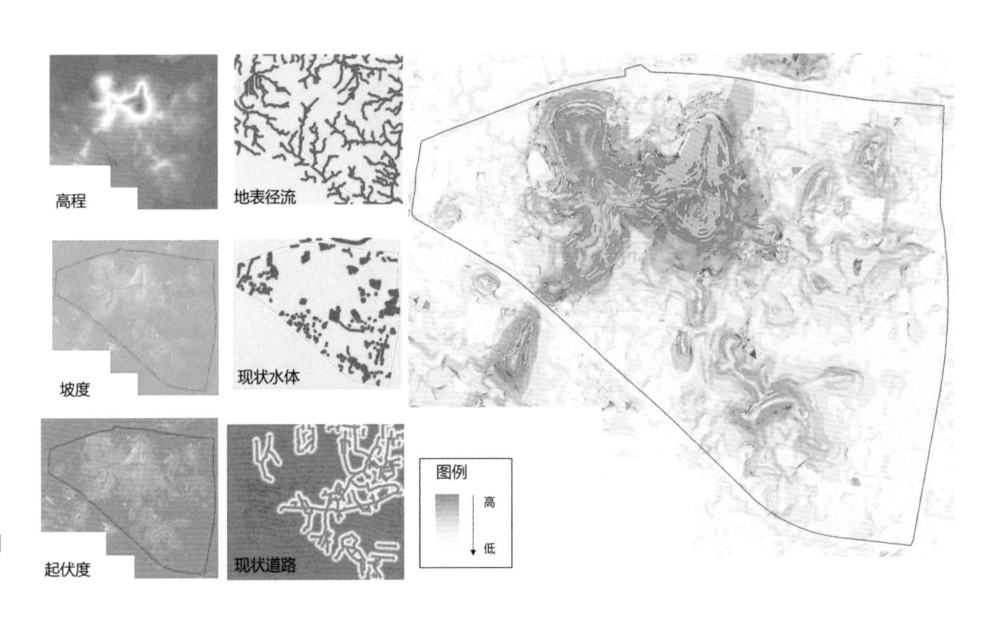

图5-44　溧阳焦尾琴公园规划设计道路选线成本距离栅格图

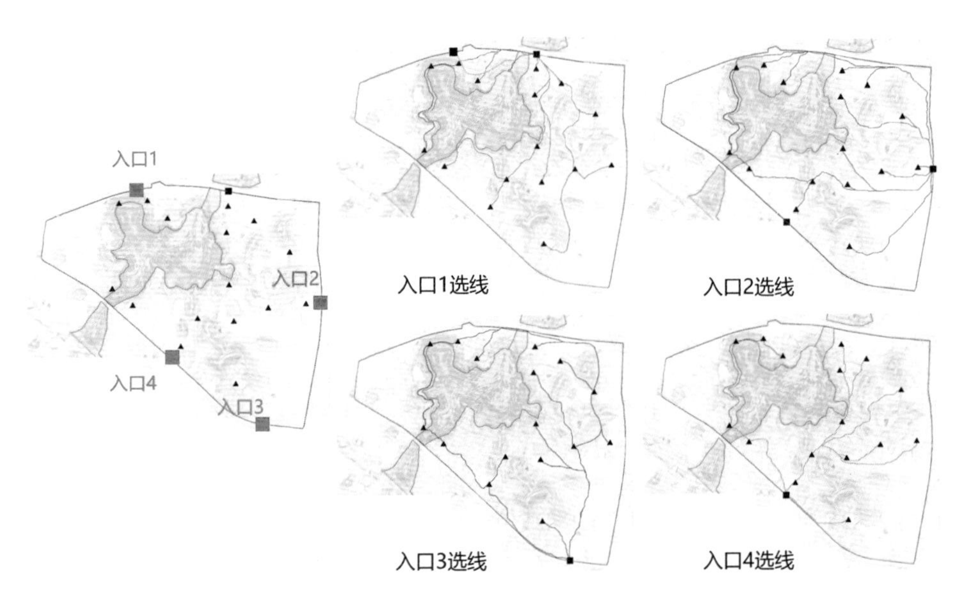

图5-45　溧阳焦尾琴公园规划设计道路选线最小成本选线图

图5-46 溧阳焦尾琴公园规划设计交通规划图

终得到路网（图 5-46），且路网纵坡不大于 8%。焦尾琴公园范围内一级环路位于 35~36 m 标高处，一级路衔接主要出入口，总长度约 958 790.02 m（958.79 km）；二级环路位于 10~12 m 标高处，二级环路连接几大分区，总长度约 1 736 745.40 m（1 736.75 km）。

（3）方案设计成果

规划设计坚持可持续发展原则，基于对场地现状条件的定量化分析，以生态敏感性评价为前提，从城市区域人居环境的尺度上科学分析场地原有生态环境，生成场地建设适宜性评价结果，因地制宜，充分利用场地既有竖向、植被、道路等条件，将其融入新的景观环境之中，最终生成如图 5-47、图 5-48 所示。

5.2.1.2 南京花卉公园概念性规划设计

南京花卉公园项目基地位于城市主城区铁北丹霞大道东端，东接朝阳山、聚宝山公园，紧临玄武湖——紫金山风景区，区位优势显著，交通便利，是南京城的“北大门”（图 5-49）。基地内人文景观资源丰富，该区域的提升与特色的营造对展示南京城市形象起到重要的作用。研究范围总用地面积 73.41ha。

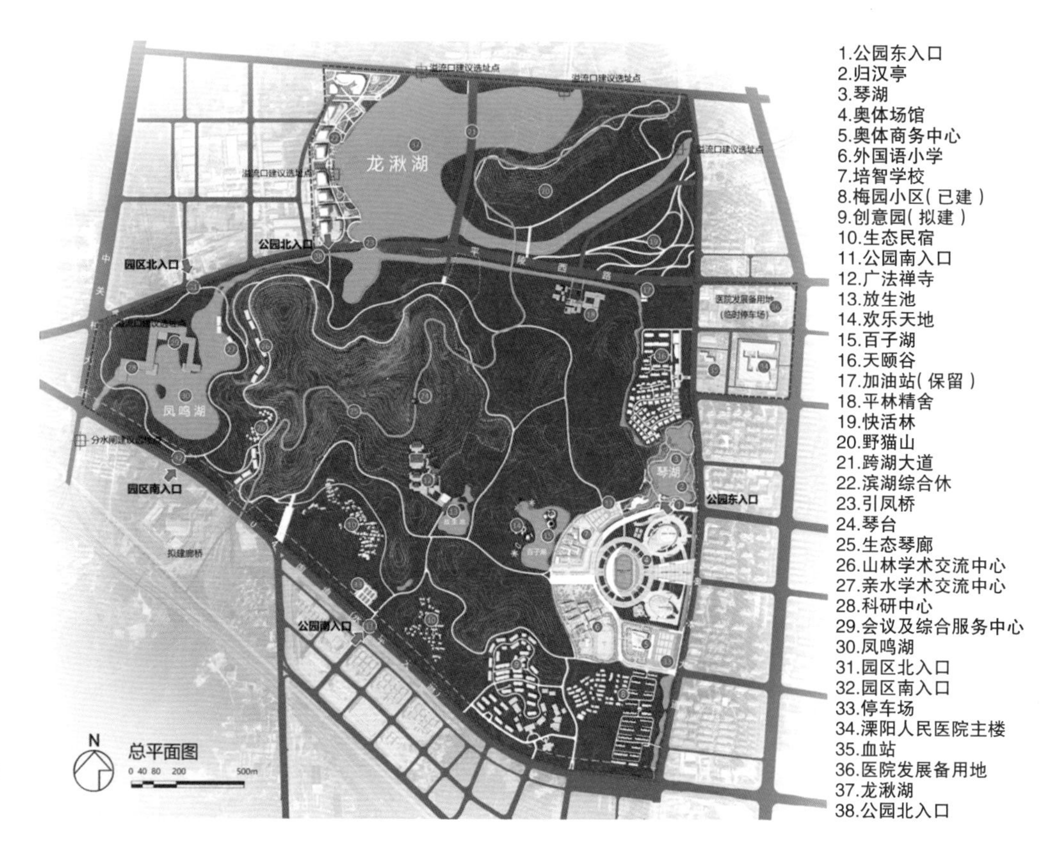

图5-47 溧阳焦尾琴公园规划设计总平面图

图5-48 溧阳焦尾琴公园规划设计功能分区图

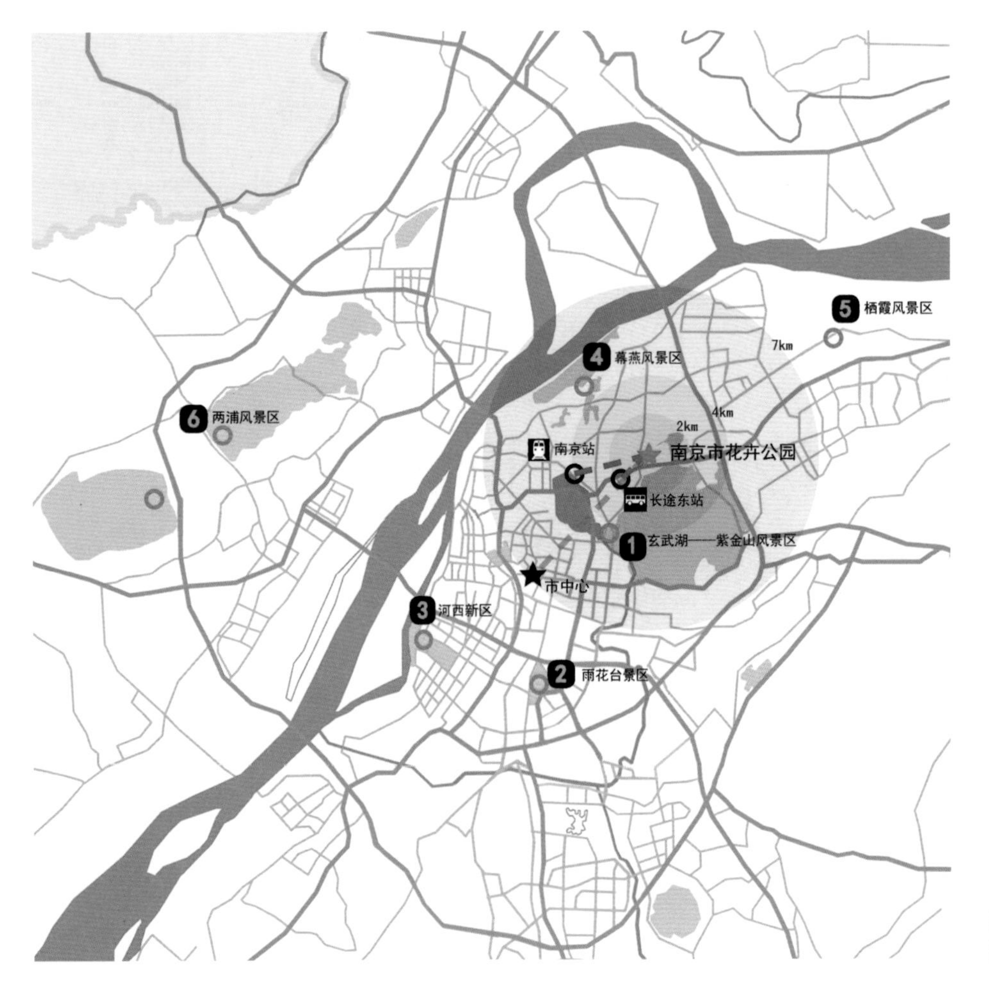

图5-49　南京花卉公园概念性规划设计项目区位图

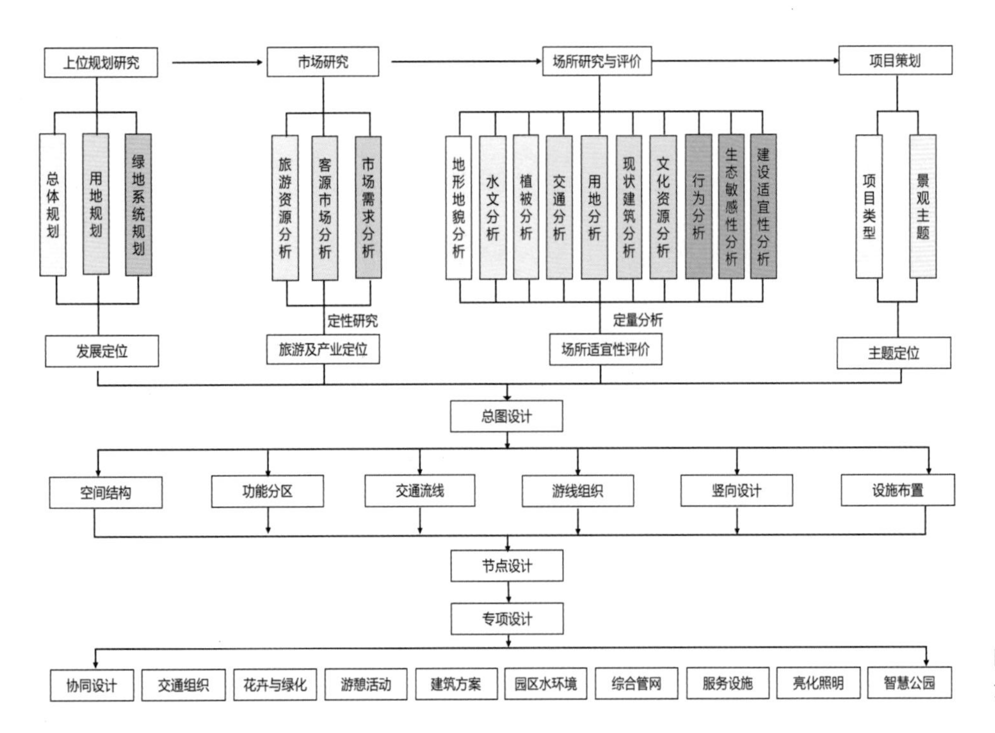

图5-50　南京花卉公园概念性规划设计项目技术路线框图

1）规划设计目标

规划研究框架（图5-50）主要由上位规划研究、市场研究、场所研究与评价以及项目策划四部分组成。通过数字化技术与方法的使用，将定性研究与定量分析相结合，生成科学合理、因地制宜的规划设计策略，并指导方案总图设计、节点设计和专项设计。设计紧扣花卉主题，旨在打造一处集主题游赏、教育科普、生态休闲为一体的城市花卉主题公园，并使其成为长三角地区旅游新地标。

2）数字技术与方法

（1）数字技术方法与应用

①定量化场地现状分析

针对项目所在场地较为复杂的现状条件，对场地地形地貌、水文、植被等环境因素进行量化分析，基于以上对场地的全面定量分析生成生态敏感性与建设适宜性评价，结合规划要求与设计诉求科学地指导方案规划设计全过程（图5-51、5-52）。

选取地形地貌、现状植被、水体、现状建设作为4个生态敏感性一级因子，选取高程、坡度、坡向、水体缓冲区、径流缓冲区、现状植被覆盖、用地类型作为7个二级因子。利用ArcGIS软件，采用AHP法对场地进行生态敏感性评价（表5-3），确定场地生态环境影响最敏感的区域和最具有保护价值的区域，为后期场地规划设计提供依据。

依据场地现状及规划设计生态保护要求，通过加权叠加得到场地生态敏

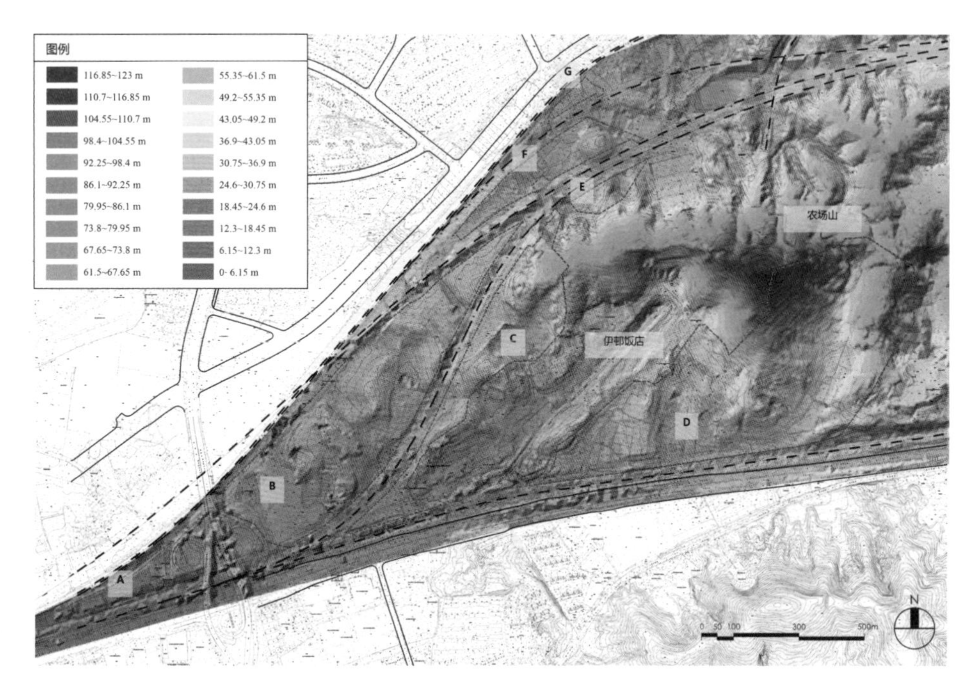

图5-51　南京花卉公园概念性规划设计场地高程分析

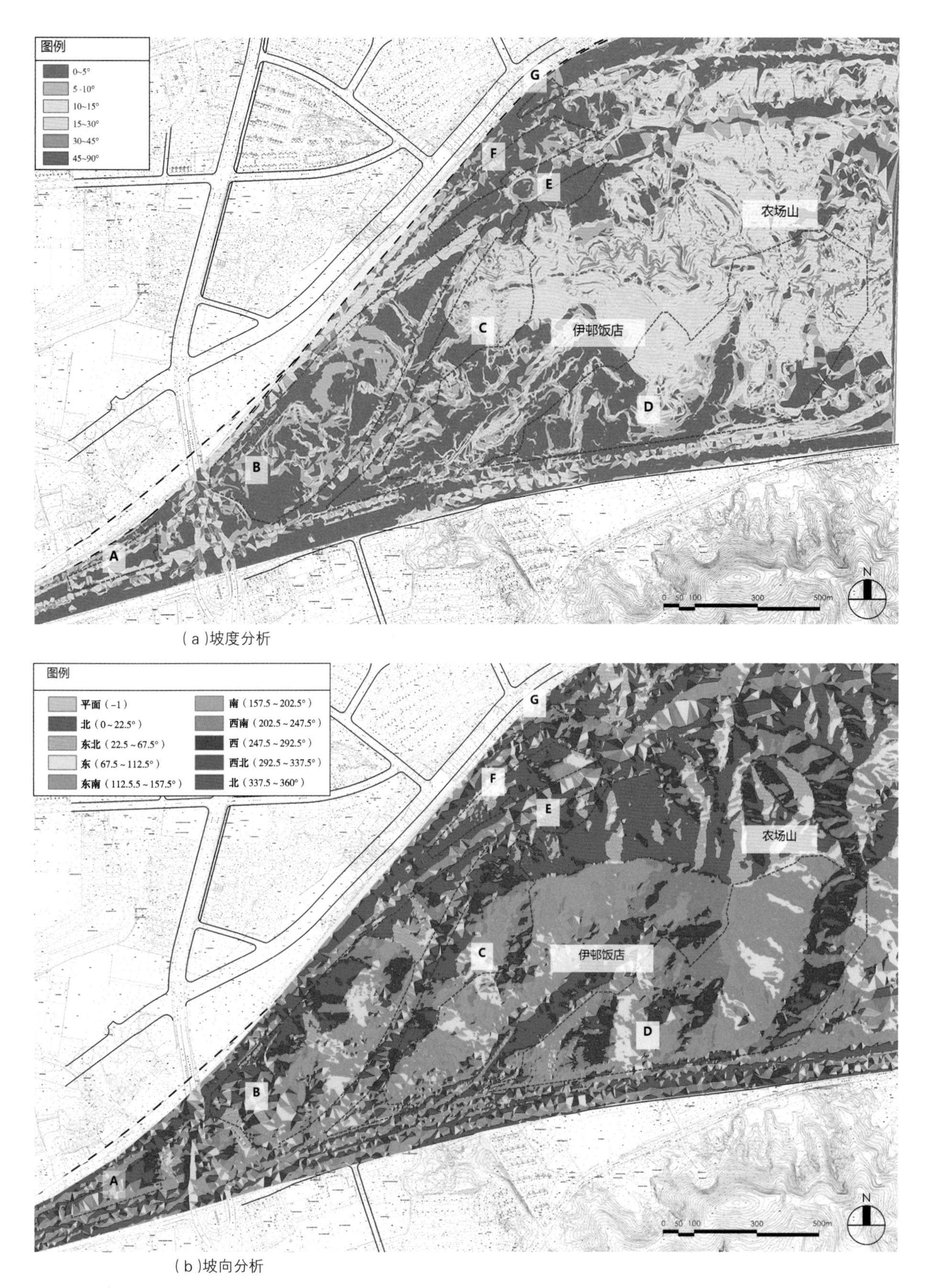

（a）坡度分析

（b）坡向分析

图5-52　南京花卉公园概念性规划设计场地坡度、坡向分析

表5-3 生态敏感性单因子分级标准与权重表

评价目标	指标类型	一级指标	权重	二级指标	权重	分级标准		
						极敏感(3分)	较敏感(2分)	敏感(1分)
生态敏感性评价	空间	地形地貌	0.1	高程	0.02	>100 m	50~100 m	<50 m
				坡度	0.04	>30°	15~30°	<15°
				坡向	0.04	北、西北、东北	东、西	南、西南、东南
	生态	水文	0.25	水体缓冲区	0.15	<10 m	10~15 m	>15 m
				径流缓冲区	0.10	<5 m	5~10 m	10~15 m
		植物	0.45	植被覆盖	0.45	茂密	稀疏	裸地
	用地	现状建设	0.2	用地类型	—	自然区域	弱人工影响区	已建设区域

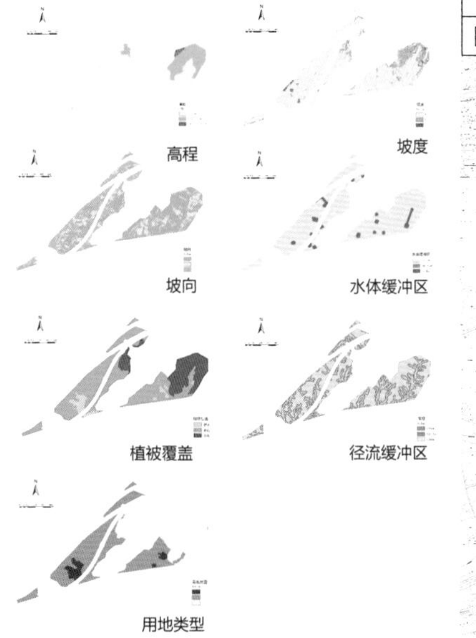

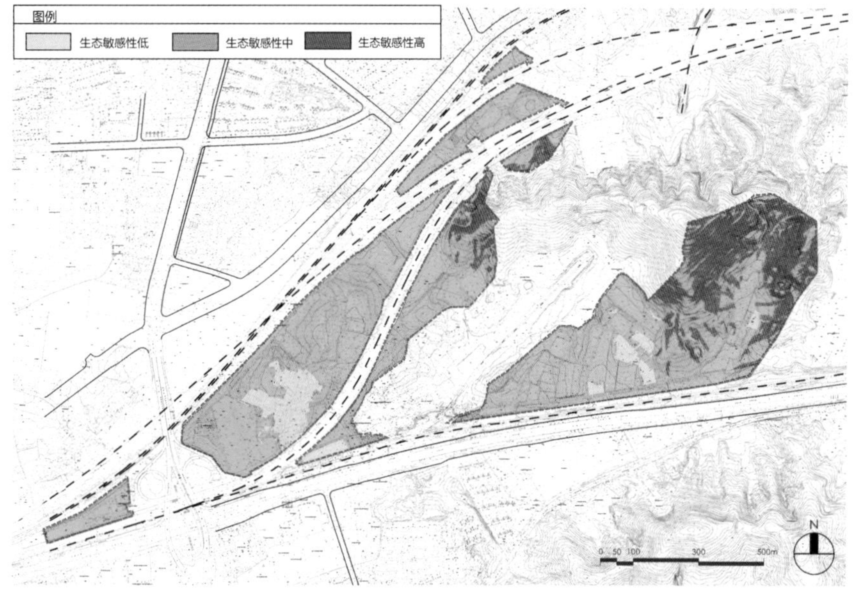

图5-53 南京花卉公园概念性规划设计场地生态敏感性评价

感性评价图(图5-53)。图中颜色越深表示生态敏感性越高,越需要保护并尽量避免人工的扰动,颜色越浅表示生态敏感性越低,可适当开展活动及适度进行景观营建。通过对生态敏感区域的分级划定,并将其作为场地规划设计的基本依据,体现了生态优先原则。

建设适宜性划定的是场所中需要通过人工干预加以优化的区域,包括景观的优化营建与建筑及构筑物的营造。在场地生态敏感性评价基础上,从景观营建的角度出发,对地形地貌、现状用地、现状交通、政策等建设适宜性影响因子进行加权叠加分析(表5-4),同时排除高生态敏感区等限制性特殊因子,对场地中适宜建设区域进行分级,得到适宜建设区域、较适宜建设区域、不适宜建设区域(图5-54),并以此作为规划设计的依据。

在建设适宜性评价基础上结合场地具体情况来细分地块,并作为后期规划设计主要建设用地范围(表5-5)。

表5-4　建设适宜性单因子分级标准与权重

评价目标	指标类型	一级指标	权重	二级指标	权重	分级标准		
						适宜建设（3分）	可以建设（2分）	不宜建设（1分）
建设适宜性评价	空间	地形地貌	0.5	高程	0.1	<25 m	25~50 m	>50 m
				坡度	0.2	<5°	5~15°	>15°
				坡向	0.2	南	东、西	北
	生态	水文	0.05	水体缓冲区	—	>15 m	10~15 m	<10 m
		植物	0.05	植物覆盖	—	裸地	稀疏	茂密
	行为	交通	0.15	道路距离	—	距主要道路<100 m	距主要道路100 ~ 200 m	距离主要道路>200 m
		土地利用现状	0.15	土地利用类型	—	建筑用地、硬质场地	旱地、绿地	林地、水域
	生态敏感性		0.1	—	—	生态敏感性低	生态敏感性中	生态敏感性高

图5-54　南京花卉公园概念性规划设计场地建设适宜性评价

表5-5　建设适宜性区域地块分区统计表

序号	名称	地块编号	面积（m^2）
1	适宜建设1	A-1	64 982
2	适宜建设2	A-2	41 581
3	适宜建设3	A-3	16 439
4	适宜建设4	A-4	27 185
5	较适宜建设1	B-1	38 938
6	较适宜建设2	B-2	40 159
7	较适宜建设3	B-3	60 653
8	较适宜建设4	B-4	11 793
9	较适宜建设5	B-5	27 518

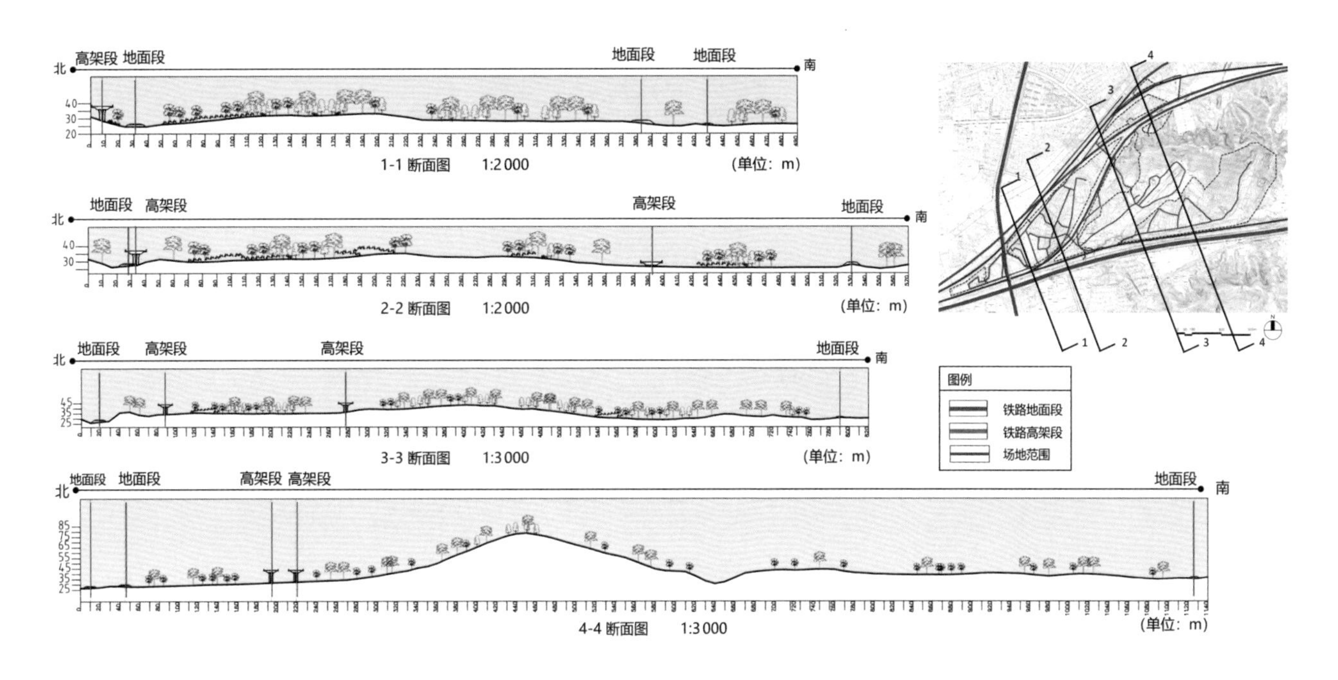

图5-55 南京花卉公园概念性规划设计场地竖向剖切分析

由于铁路线切割基地的关系较为复杂，自西向东，选取 4 个典型地段绘制基地断面图（图 5-55），以研究场地内部空间关系。由断面图可以看出，自西向东，铁路线对于场地切割而造成的负面影响逐渐增加，造成了空间破碎化程度加剧。

将铁路交通线与场地高程叠加可知，铁路线的分隔对基地空间造成了一定的负面影响，尤其是高架铁路具有一定的高度和较大的体量，空间被分割成若干块，空间彼此分散、独立。通过铁路线与高程的叠加，可以大致确定需要采取措施减弱铁路线产生负面影响的地块范围。如图 5-55 是断面图，由于南部有山体阻挡，铁路高架对南部地块影响降低，因此对其北部地段采取措施更为有效，山体对铁路线的负面影响也可以达到一定的消减作用。在影响程度较大的地段，可以通过种植成片的林木等空间优化方式，对铁路线特别是高架铁路线进行一定的遮挡，消减其对地段产生的空间压迫感，降低其对于基地的整体负面影响。

②定量化场地水文分析

场地内部水体较为分散，以面状小水域为主，水质情况一般。基地南部美人冲为一冷泉，水质条件优越。由于场地内部可容纳地表水体面积有限，大量雨水资源通过南侧唐家山沟排入玄武大道南侧，造成了雨水资源的浪费。规划设计前对场地汇水情况进行了研究，充分勾连场地水系并优化水系形态，以提升水质，在塑造多样水景的同时，为植物生长提供良好的小气候环境。

本次规划设计运用 ArcGIS 软件，利用数字高程模型分析场地地表径流，根据阈值设定可调控径流网络的密度。经由比较，选取阈值为 800 时生成的

图5-56 南京花卉公园概念性规划设计场地主要径流提取及现状水域分布

径流网络作为径流分析的结果（图 5-56）。

以农场山山脊为界，场地内部汇水线主要分布于场地南部与北部。场地内有多处现状水塘，水体面积较小，多分布于山麓处（表 5-6）。

场地内部分布有若干零散水面，且面积较小，未能形成水系。依据水文分析结果，将现有水面沟通串联，形成完善的水网系统，合理调配场地内部水资源，生成优美的水景观，营造良好的生态环境。

表5-6 现状主要水域及面积

编号	水域面积(m^2)	所占比例(%)
1	576	8.22
2	1 384	19.75
3	1 327	18.93
4	755	10.78
5	921	13.15
6	1 091	15.57
7	953	13.6
总计	7 007	100

通过 ArcGIS 软件进行水文分析，提取河网，生成集水区，并对场地潜在汇水区域进行分析，为场地水景设计提供依据和支持。

倾泻点是流域内水流的出口，也是整个流域的最低处。倾泻点的定位为人工营造水景的选址提供了参考。在计算出倾泻点的基础上，根据情况，确定水景选址。经水文分析后，场地内共选择了 13 个汇水潜力区（图 5-57），

图5-57 南京花卉公园概念性规划设计场地集水区与倾泻点分析

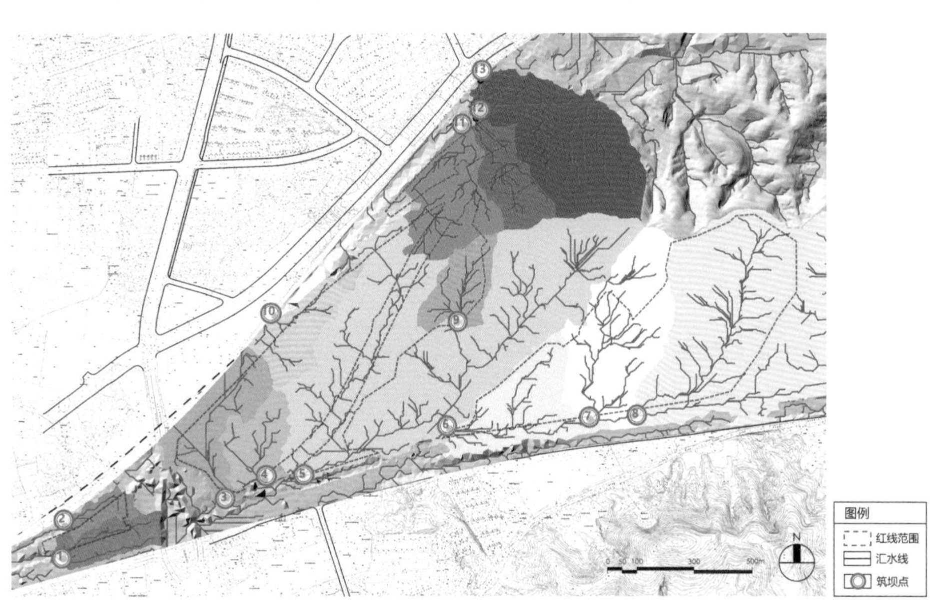

图5-58 南京花卉公园概念性规划设计场地汇水量分析

作为设计时水景选址的参考。

根据对汇水潜力区的分析，选择出 13 个可能的筑坝位置，对这些筑坝位置进行集水区分析与汇水量计算（图 5-58）。根据《江苏省统计年鉴（2018）》，南京市年降水量为 1 807.7 mm，通过汇水量计算公式（年汇水量 = 年降雨量 × 汇水面积 × 径流系数）得到每个集水区的年汇水量（表 5-7）。

通过坝址汇水量的计算，采取逼近法建立库容曲线，以确定坝高的阈值（图 5-59）。对不同的坝高对应的水面形态进行模拟，从而在此基础上选择合适的水系形态。

以坝址 8 为例，倾斜点位于场地西部上游，通过确定集水区流域面积得出汇水量为 17 296.59 m^3，建立库容曲线得出倾斜点 8 最大筑坝标高为 45.7 m。利用 GIS 对不同坝高下水面形态进行模拟，筛选出较理想的水面形态，进而确定坝址 8 最终坝高和水面形态（图 5-60）。

表5-7　集水区年汇水量

筑坝点	汇水面积（m^2）	年降雨量（mm）	径流系数	年汇水量（m^3）
1	33 871	1 807.7	0.2	12 245.72
2	18 295	1 807.7	0.2	6 614.37
3	86 729	1 807.7	0.2	31 356.00
4	40 459	1 807.7	0.2	14 627.55
5	452 122	1 807.7	0.2	163 460.19
6	88 758	1 807.7	0.2	32 089.57
7	138 756	1 807.7	0.2	50 165.84
8	546 072	1 807.7	0.2	197 426.87
9	44 578	1 807.7	0.2	16 116.73
10	55 250	1 807.7	0.2	19 975.09
11	80 936	1 807.7	0.2	29 261.60
12	49 587	1 807.7	0.2	17 927.68
13	155 076	1 807.7	0.2	56 066.18

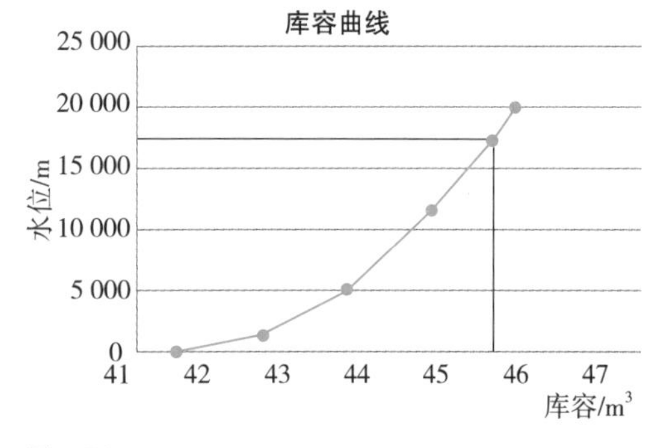

水位、水面面积和库容

水位（m）	水面面积（m^2）	库容（m^3）
42	427.79	109.06
43	2277.47	1336.12
44	5561.01	4961.07
45	7649.83	11442.13
45.7	9151.57	17296.59
46	10213.08	20161.68

图5-59

图5-59　南京花卉公园概念性规划设计坝址水位、水面面积及库容计算

图5-60　南京花卉公园概念性规划设计坝址不同坝高水位模拟

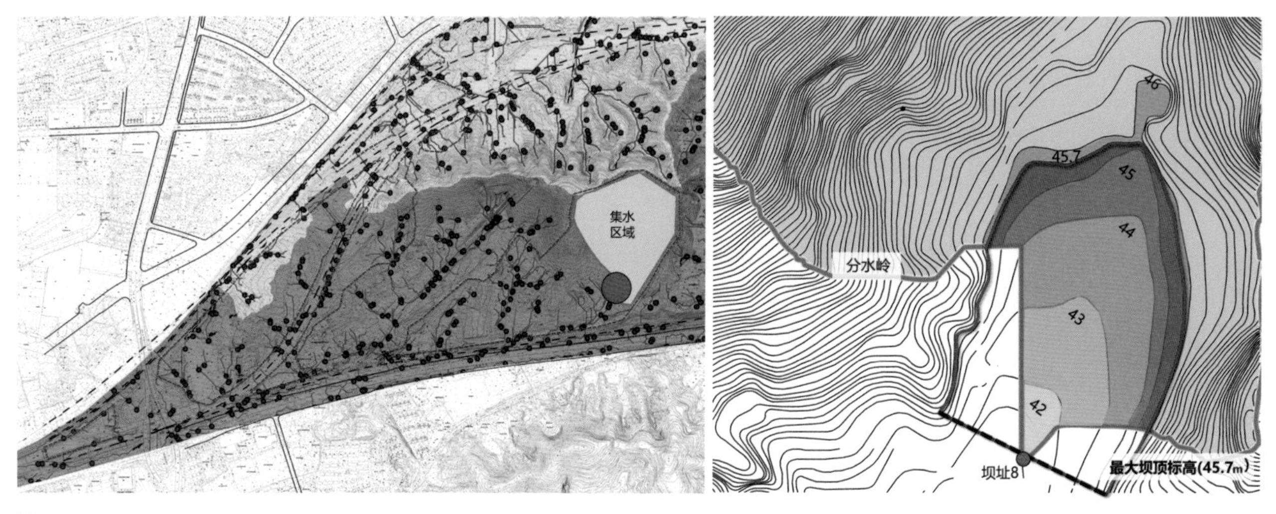

图5-60

（2）方案设计成果

基于对设计场地的全过程数字化定量分析，结合规划要求及设计主题，生成本项目的总体方案（图 5-61）。

整体形成“一核、三轴、五片、三十八景点”的景观结构（图 5-62）。

本项目设计公园共由五大片区构成，其中包括四大特色景区，从西至东依次为：花博园片区、科普园片区、梦幻花园片区、美人花园片区以及培育园（苗圃）（图 5-63）。

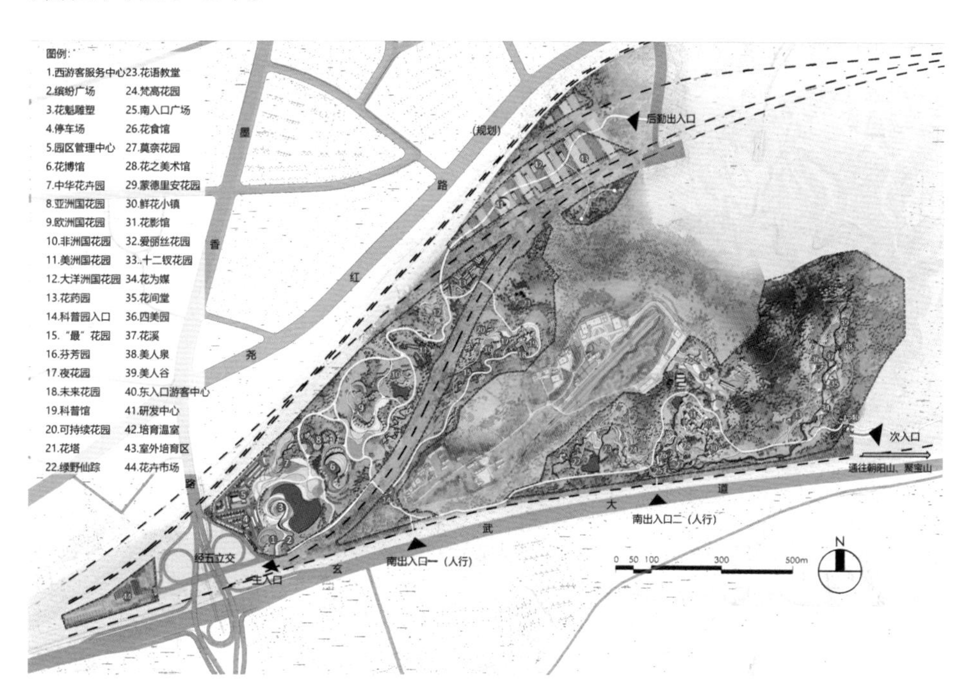

图5-61　南京花卉公园概念性规划设计方案总平面图

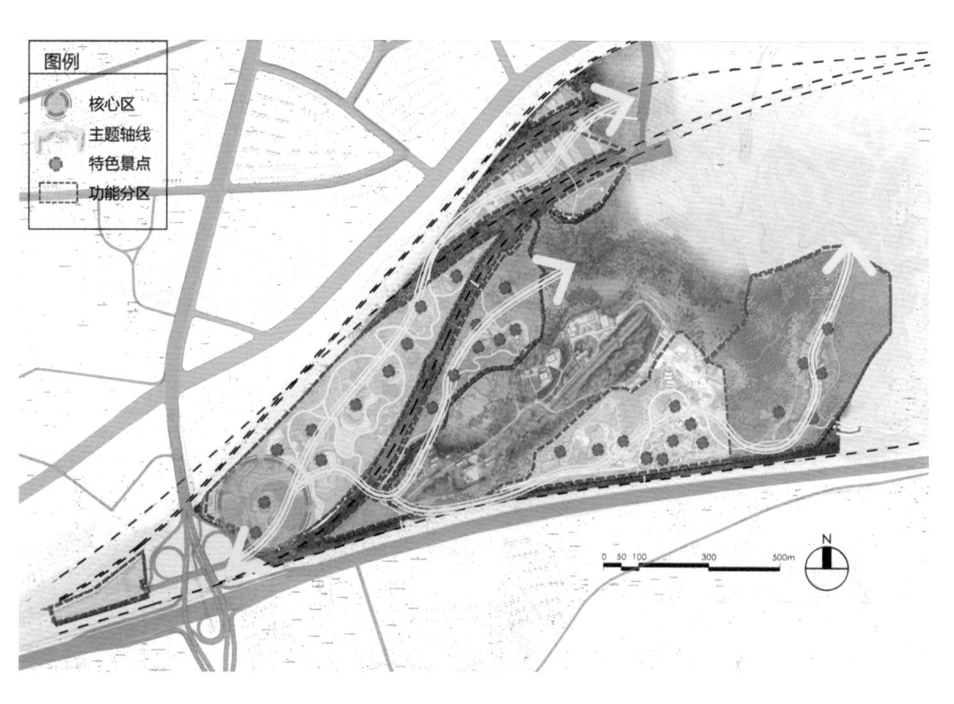

图5-62　南京花卉公园概念性规划设计方案景观结构图

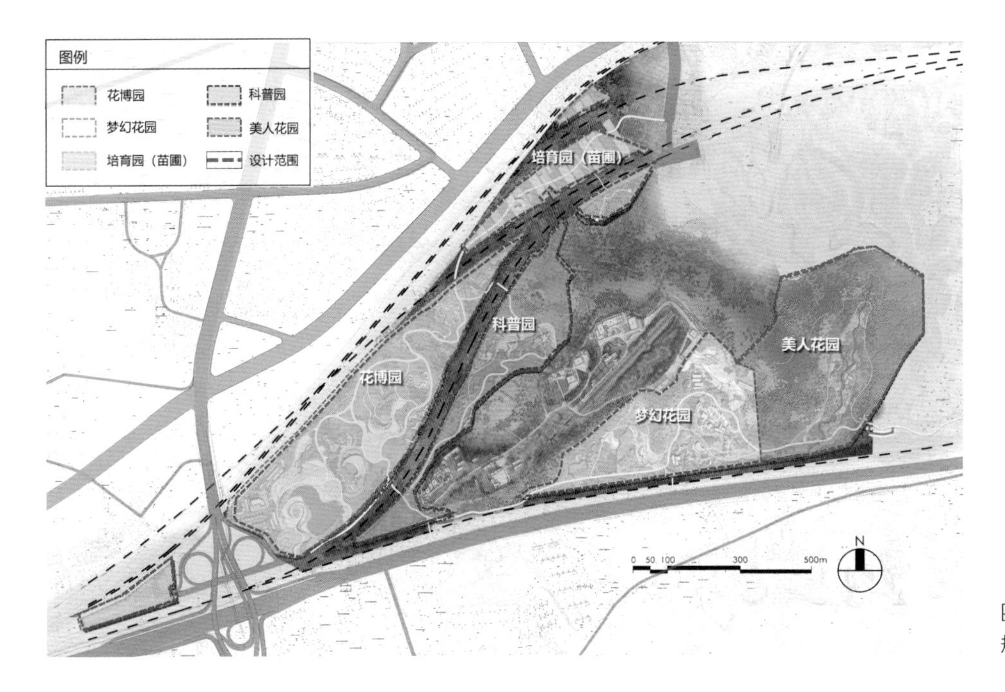

图5-63 南京花卉公园概念性规划设计方案功能分区图

5.2.1.3 南京紫清湖生态园规划设计

该项目位于南京市江宁区汤山街道，沪宁高速公路以北，环城路以西，占地 2 793 亩（1 亩 ≈ 666.7 m²）（图 5-64）。项目区位及交通条件优越，且具有丰富的旅游资源集群。项目旨在以扬子鳄、娃娃鱼养殖以及休闲度假为主要特色，以温泉为依托，打造长三角地区鳄鱼养殖综合开发中心、南京特色农业旅游发展的新亮点、江宁区精品农业旅游的典范。

1）规划设计目标

项目前期充分解读上位规划与旅游市场需求相关内容，基于数字化定量分析的方法对场所生态环境、空间形态格局、交通组织进行分析评价，得到场所生态敏感性与建设适宜性评价结果，并作为规划设计的依据，结合设计功能诉求与文化内涵植入，实现基于全过程数字化、生态与形态耦合、功能融入与文化彰显并重的规划设计成果。

2）数字技术与方法

（1）数字技术方法与应用

①定量化场地现状分析

基于 GIS 平台运用定量分析的方法对场地高程（图 5-65）、坡度（图 5-66）、坡向（图 5-67）进行量化分析可见，场地总体呈西北高、东南和南侧低的总体趋势，场地为背山状态，高地将场地南侧与北部一分为二，西北侧、北侧坡度较陡，南侧坡度趋于缓和。南侧坡向为东南向和西南向，北侧坡向以北向为主。

②定量化场地生境分析

图5-64 南京紫清湖生态园规划设计场地区位图

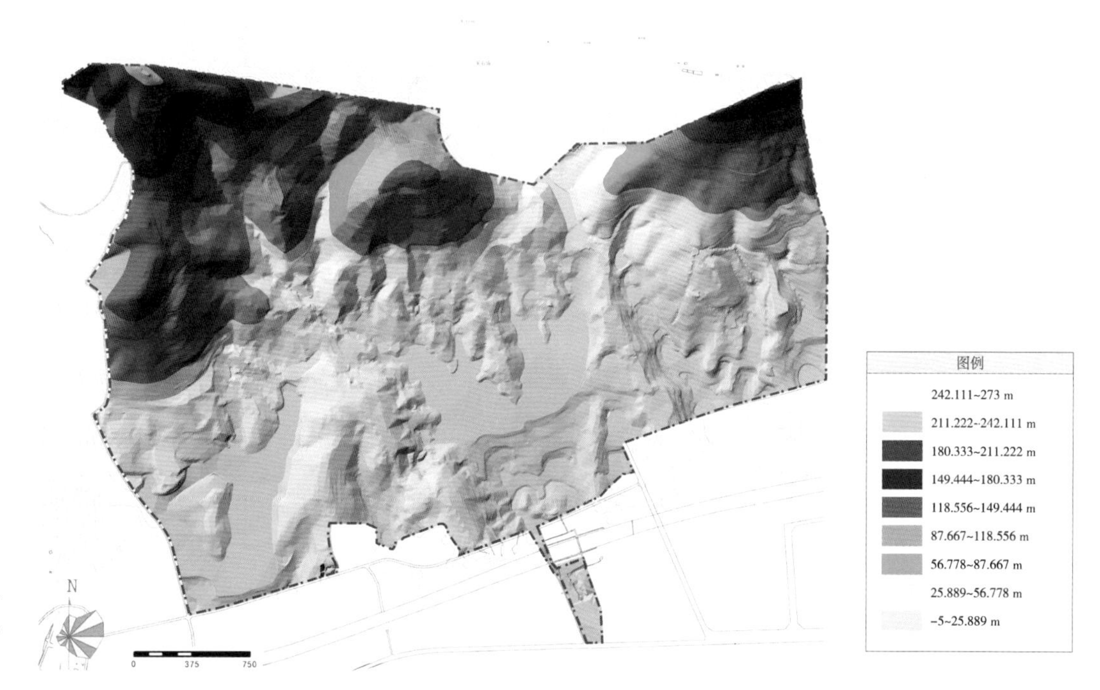

图5-65 南京紫清湖生态园规划设计场地高程分析图

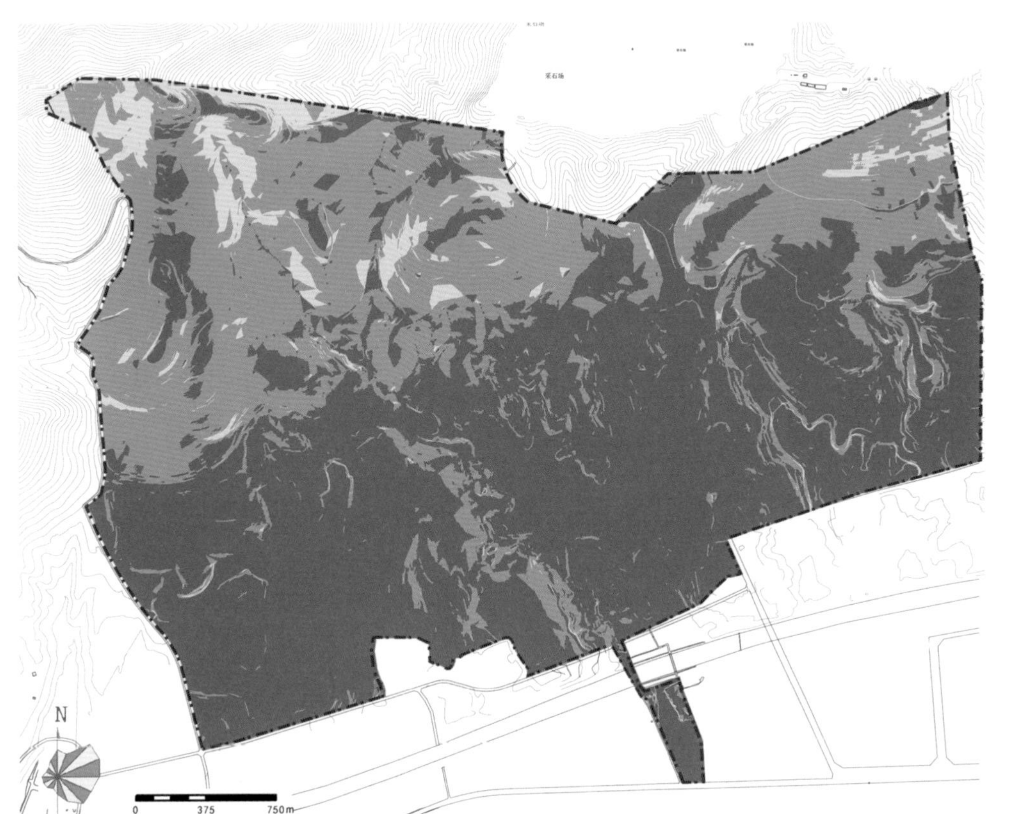

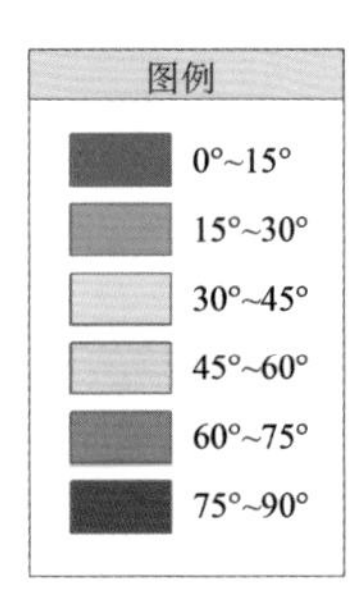

图5-66 南京紫清湖生态园规划设计场地坡度分析

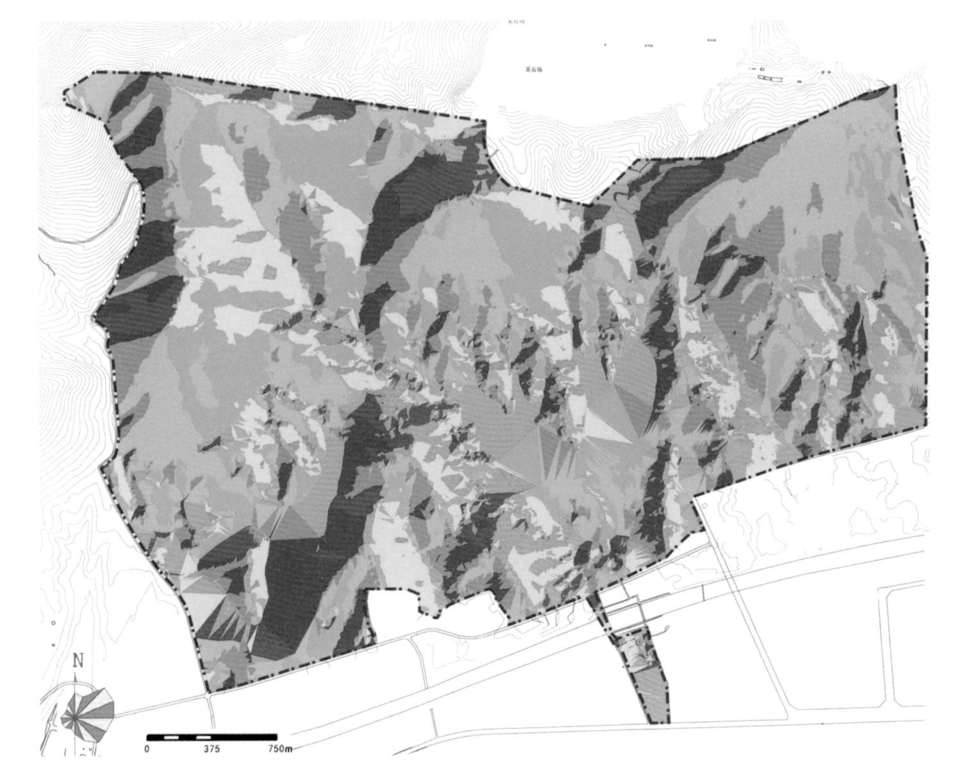

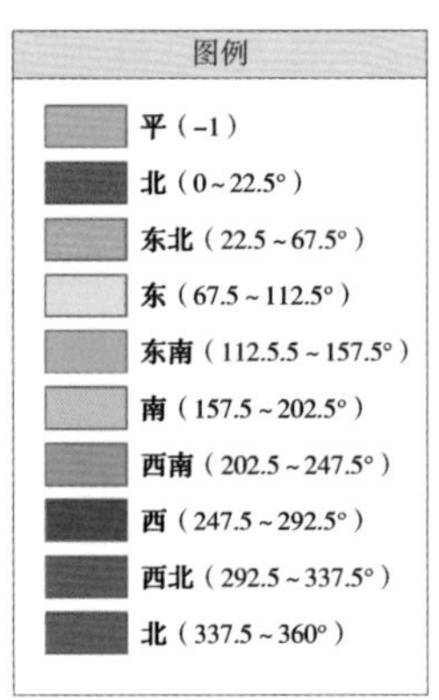

图5-67 南京紫清湖生态园规划设计场地坡向分析

基于 GIS 平台运用定量分析对场地土壤（图 5-68）、水文（图 5-69）、植被（图 5-70）进行分析。

③可建设用地分析

项目重在打造集休闲游乐、生态保育和科普教育于一体的环境，在风景区内的开发建设应首先满足生态保护的要求，因此需要综合叠加各种生态影响因子，进行场地生态敏感性评价，为景区土地利用规划布局提供借鉴和依据。

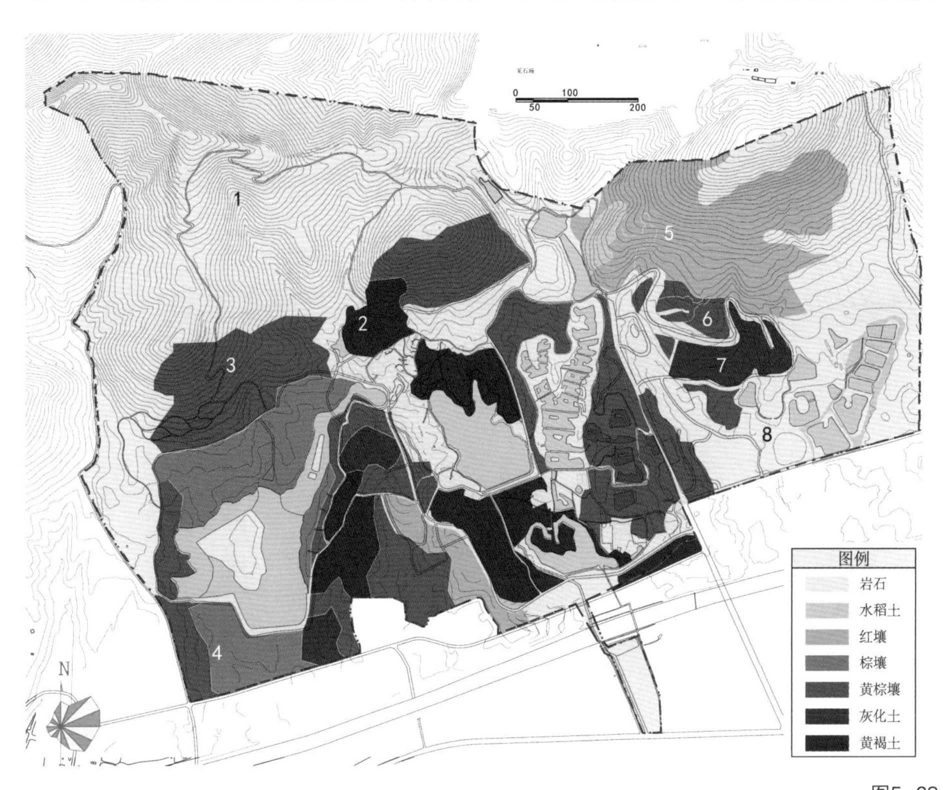

图5-68　南京紫清湖生态园规划设计场地土壤类型及分布分析

图5-69　南京紫清湖生态园规划设计场地水文分析

图5-68

（a）场地水文分布

（b）场地汇水分析

图5-69

(a) 现状植被群落种类分布

(b) 现状林相结构分布

(c) 现状植被覆盖率分析

图5-70 南京紫清湖生态园规划设计场地植被分析

综合空间、生态、形态三个方面进行评价指标的遴选并展开评价，评价指标包括地形地貌、水文、土壤、植被。经反复论证，依据各评价因子对城市建设用地的影响程度，将其划分为3个生态敏感性等级（极敏感、较敏感、弱敏感），并运用层次分析法确定各因素及各指标权重（图5-71）。

在生态敏感性分析的基础上，充分考虑基地条件和建设用地适宜性评价的技术要求，对基地进行判断，建立总体的评价框架，拟从建设安全、社会经济、生态敏感性三个方面遴选评价指标并展开评价。经反复论证，依据各评价因子对城市建设用地的影响程度，将其划分为3个建设适宜性等级（适宜建设、可以建设、不宜建设），并运用层次分析法确定各因素及各指标权重（图5-72）。

在生态敏感性和建设适宜性分析的基础上，进一步叠加场地高压走廊、现状水体和生态极敏感区，综合分析划定场地可建设区域（图5-73）。

④参数化项目选址研究

结合场地高程、坡度、坡向以及土壤情况与植被类型及逆行叠加分析，对主要节点项目的适宜性选址进行分析研究（图5-74），为“汤泉缘会”“林宴合缘”“山居尘缘”“花田缘续”等主要节点项目选择适宜的基址，为进一步深化设计奠定基础。

⑤参数化道路选线研究

基于GIS对生态园景区游憩路网的筛选及生成，将场地高程、起伏度、坡度、径流区、水体缓冲区等因子进行叠加分析生成道路最低成本选线结果（图5-75），并结合入口与项目节点选址以及游憩需求等生成道路最终选线结果（图5-76），在满足生态优先的前提下兼顾交通、集散、游憩等功能需求。

（2）方案设计成果

基于以上数字技术的定量分析与研判，生成因地制宜的规划设计策略，并形成项目总体方案（图5-77）。场地规划整体结构为“一带、两轴、两环、六心”，其中一带为连接场地主要景观点的折线景观带，两轴为水系贯通的景观轴，两环为山上、山下的道路体系，六心为景区内的六大核心景区。

5.2.2 绿道选线规划设计

绿道（Greenway）是以道路线性空间为依托，通过整合、优化区域内的生态系统和交通系统构建的生态廊道与慢行系统。与一般意义上的绿带（Greenbelt）和公园路（Parkway）有重合但也有区别。绿道不仅具有休闲功能，更具有多方面的意义。首先，绿道具有社会效益，能够通过健全交通体系，完善城市公共设施体系，促进城乡一体化发展；其次，具有生态效益，绿道

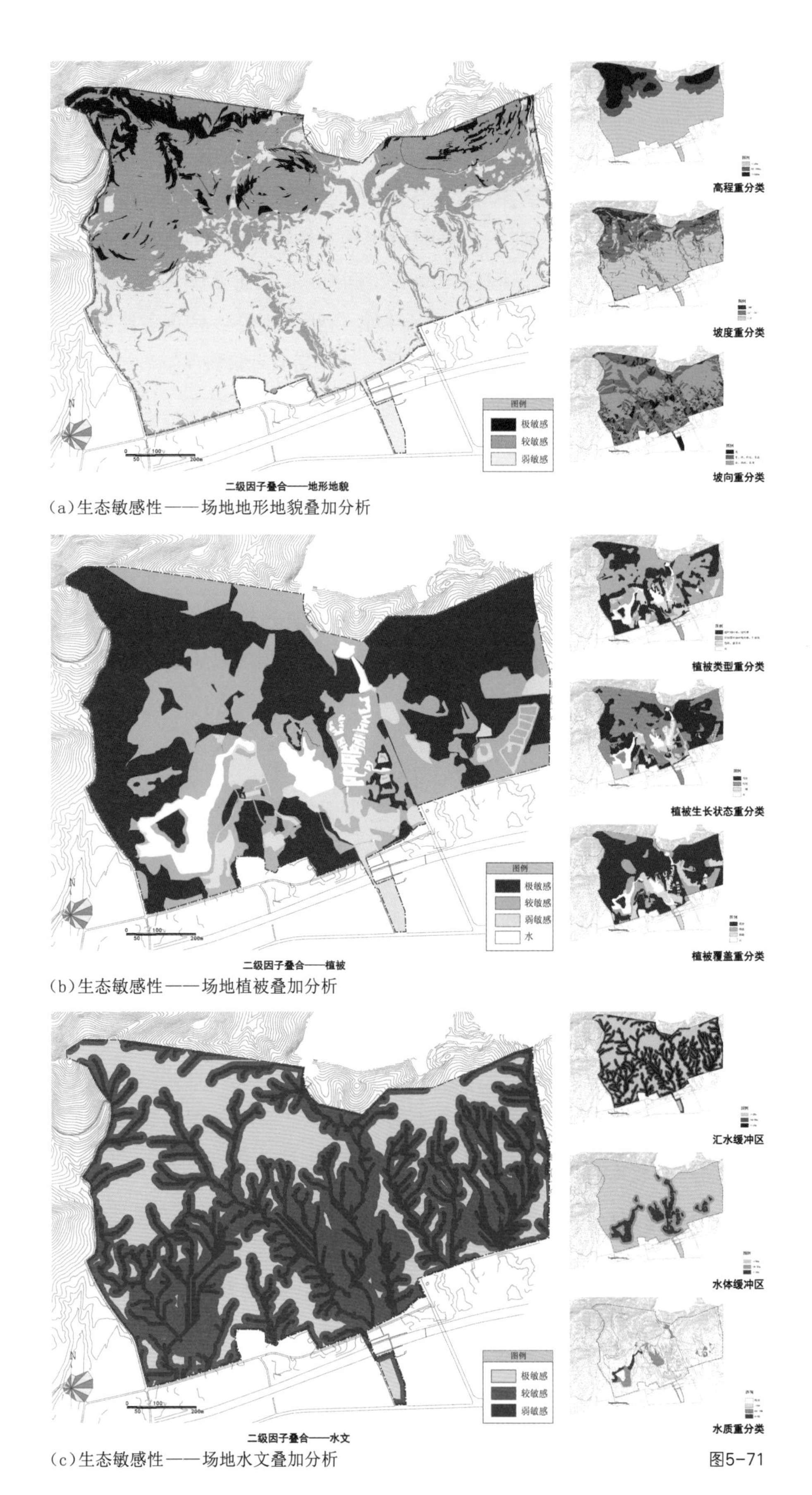

(a)生态敏感性——场地地形地貌叠加分析

(b)生态敏感性——场地植被叠加分析

(c)生态敏感性——场地水文叠加分析

图5-71

图5-71　南京紫清湖生态园规划设计场地生态敏感性分析

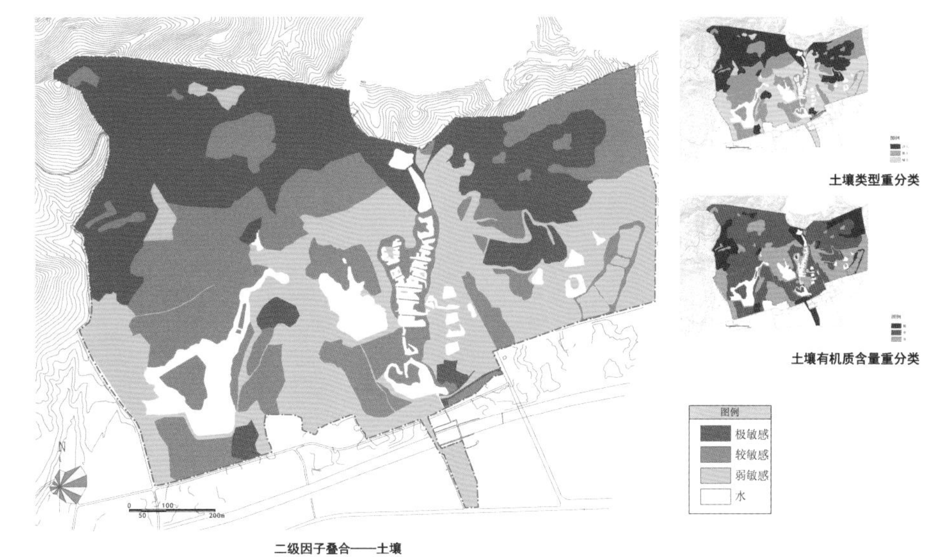

(d)生态敏感性——场地土壤叠加分析

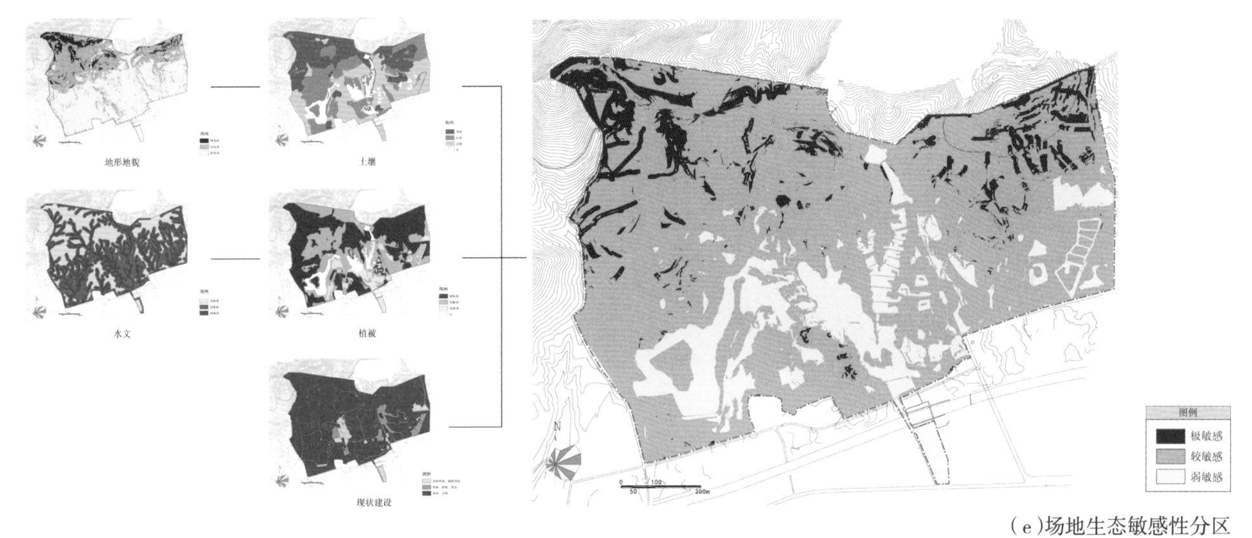

(e)场地生态敏感性分区

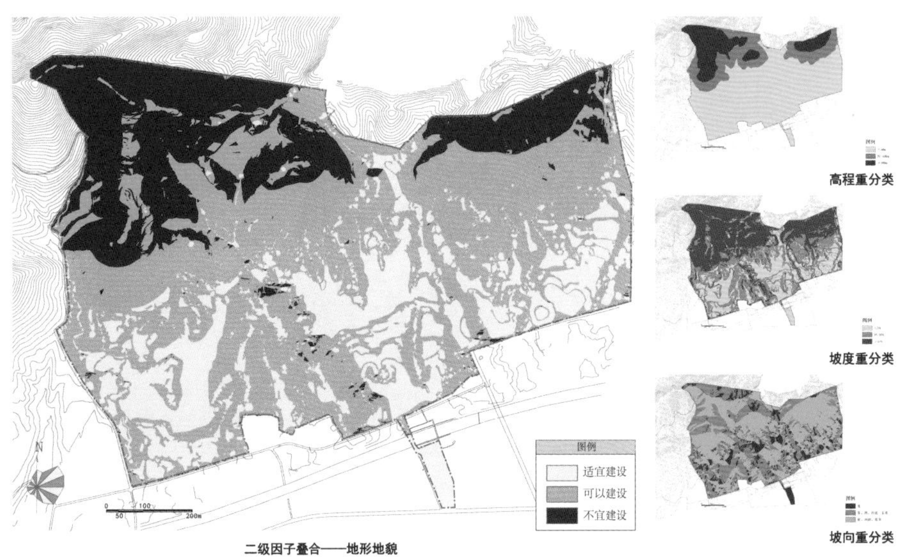

图5-72

(a)建设适宜性——场地地形地貌叠加分析

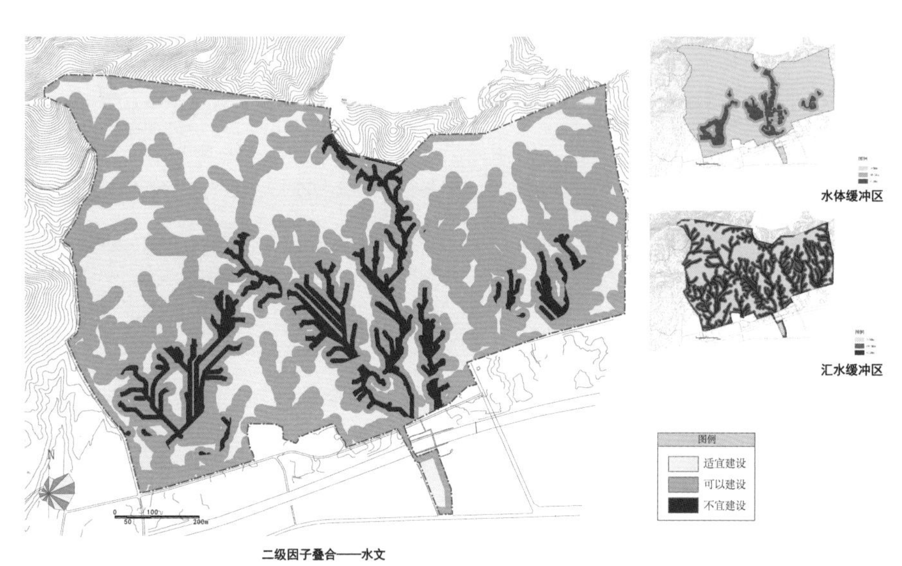

(b)建设适宜性——场地水文叠加分析

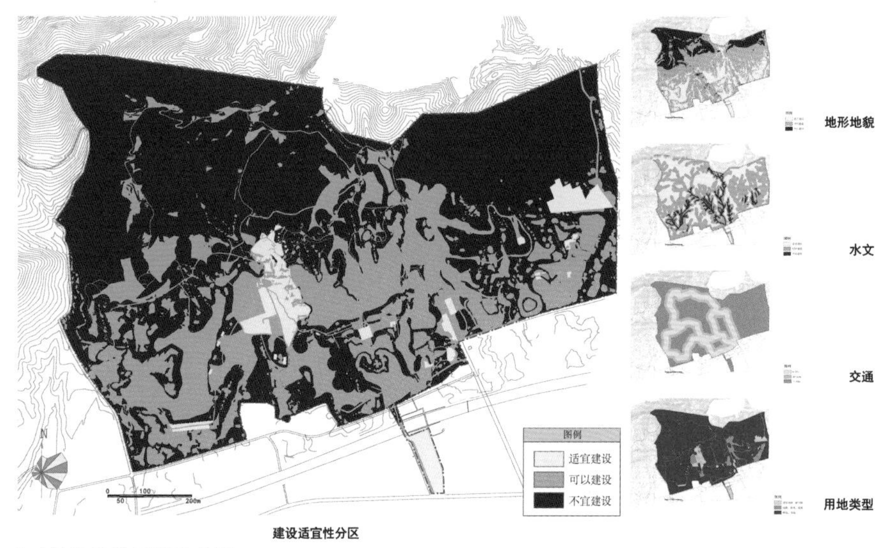

(c)场地建设适宜性分区

图5-72　南京紫清湖生态园规划设计场地建设适宜性分析

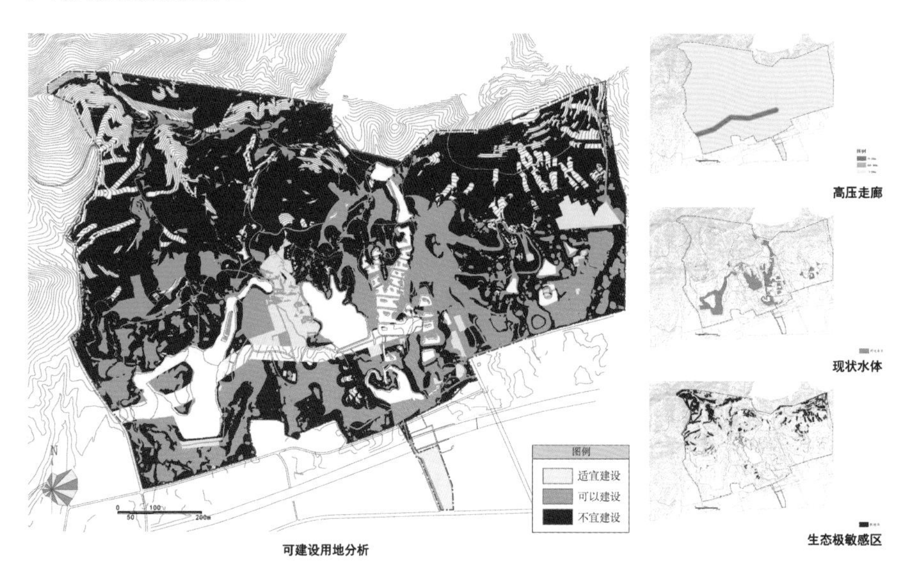

图5-73　南京紫清湖生态园规划设计场地可建设用地分析

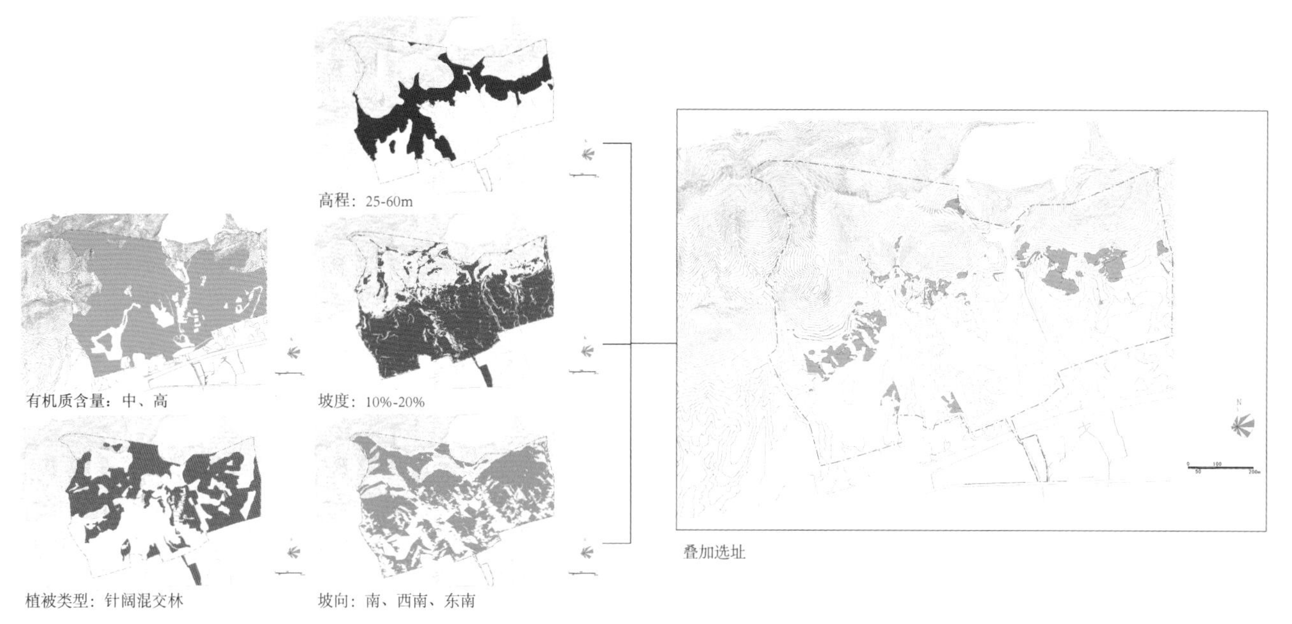

(a)项目选址影响因子叠加分析

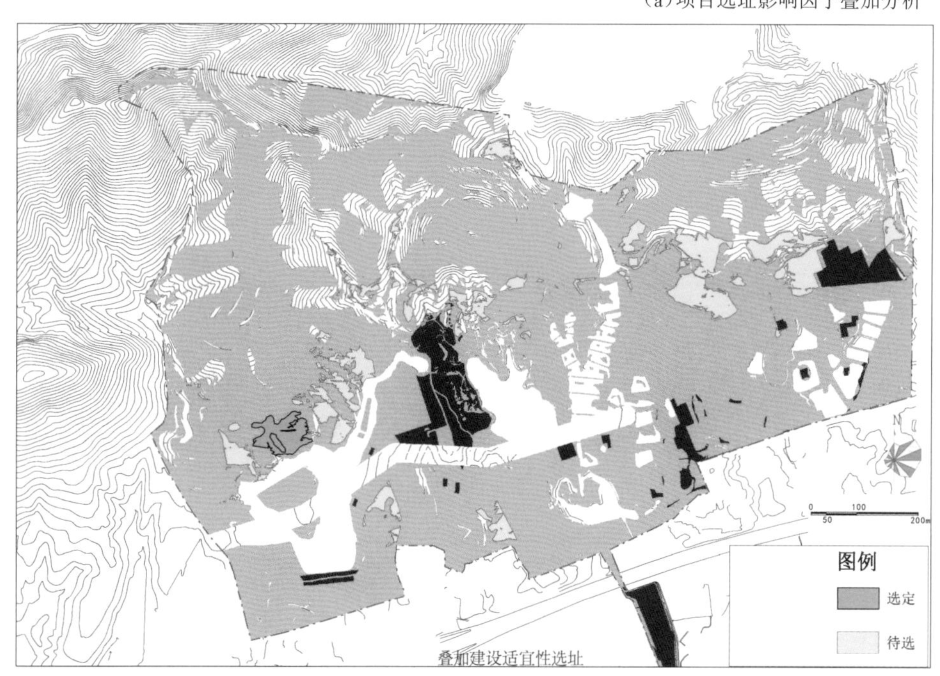

(b)项目适宜性选址研判

图5-74　南京紫清湖生态园规划设计项目选址研究

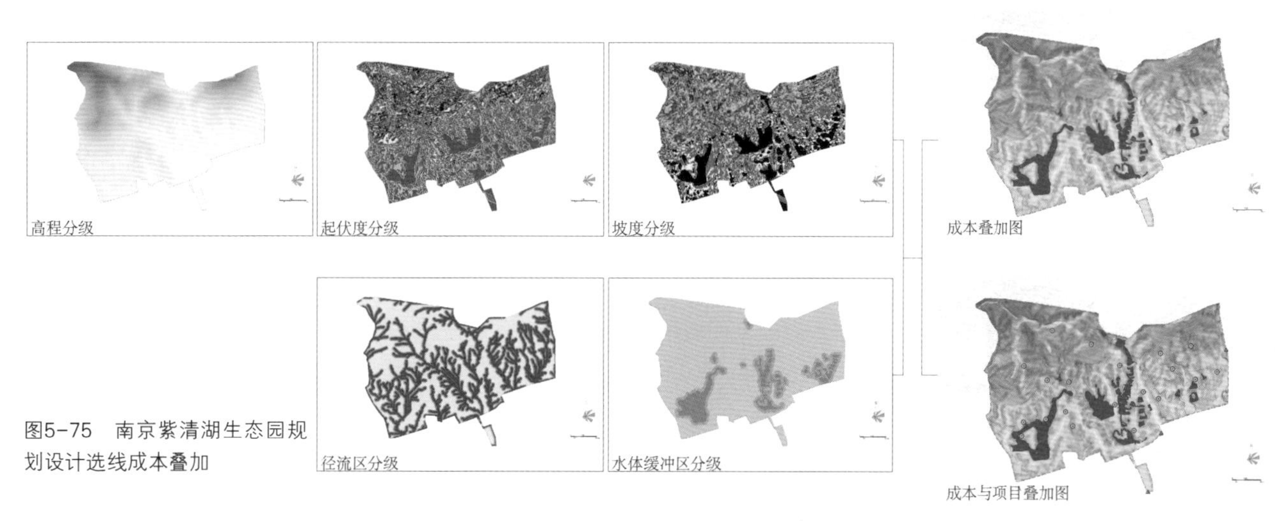

图5-75　南京紫清湖生态园规划设计选线成本叠加

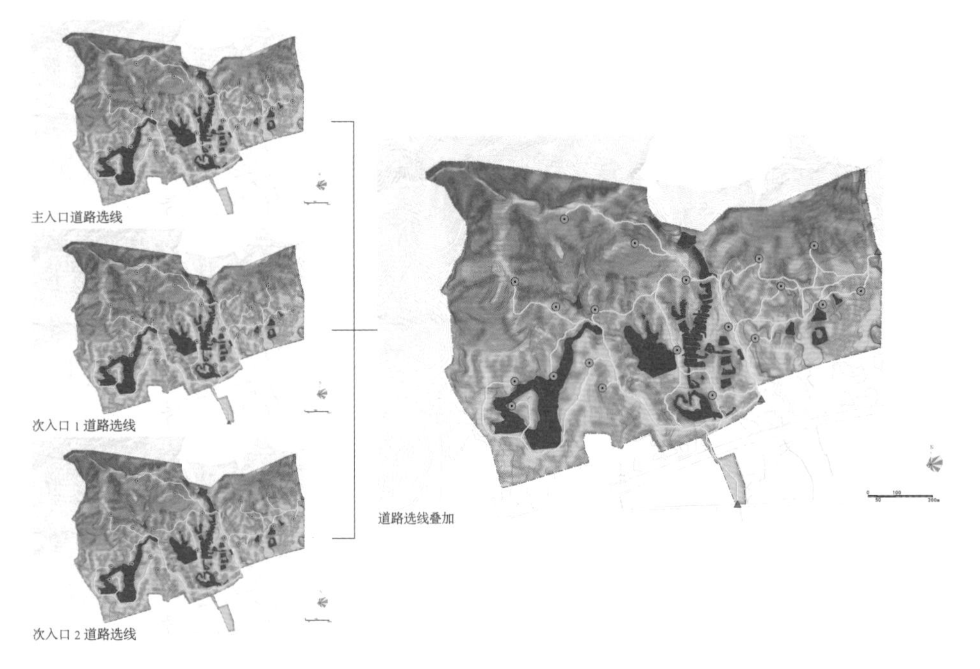

图5-76 南京紫清湖生态园规划设计道路选线叠加

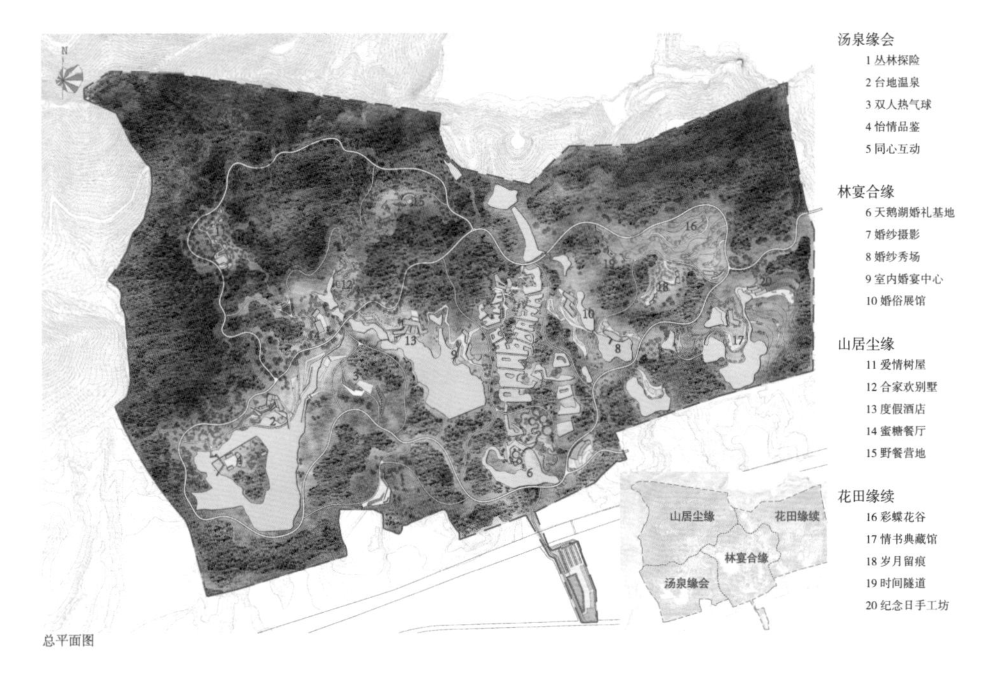

图5-77 南京紫清湖生态园规划设计总平面图

的建设是保护城市生态环境和区域生态安全大格局的有效手段；最后，绿道还具有经济效益，可以带动沿线地方经济及旅游产业的发展。

随着城市化进程的推进，城市快速扩张，原本完整的自然生境逐渐趋于破碎，物种栖息地丧失，生态系统恶化，最终导致城市环境恶化，发展受限。其中通过构建生态廊道实现建成环境生态格局优化，已成为促进环境可持续发展的重要措施。修复、重构生态系统已然成为当代城市发展的要务，而 RS、GIS 等数字技术的运用可以更好地实践生态安全格局理论。绿道选线规划设计应基于现有生态本底，以道路线性空间为依托，结合游憩系统，构建全域绿廊网络。

5.2.2.1 佛山绿岛湖慢行系统规划设计

本次规划研究项目位于佛山市禅城区的绿岛湖片区，场地西至紫洞北路，南至季华西路，东北至东平河道，总占地面积 970 ha。方案设计的对象为绿岛湖片区内已建成的绿道、市政道路、有条件实施联通区域慢行系统的路段。规划研究范围扩大为西至紫洞北路，南至季华西路，东北至东平河道的区域（图 5-78）。

1）规划设计目标

道路选线是本项目慢行系统规划的核心环节。本次方案充分利用规划绿地、合理利用规划道路、依据场地用地性质及居民活动方式、充分利用场地现状慢行道路四大原则，采用数字技术与方法进行参数化选线设计，旨在构建集游憩休闲、品质生活、生态运用为一体的多功能、综合性绿道体系。通过慢行系统的构建，串联湖涌片区的城市开放空间，做好慢行系统与机动车的衔接，将慢行道路打造成为点缀湖涌区域的“绿色项链”，从而提升区域的整体环境品质。

2）数字技术与方法

（1）工作重点

本项目道路选线坚持三大原则，分别为满足居民日常活动需求、满足沿线景观最优以及满足出行效能最优。在参数化选线过程中，充分考虑对象日常活动类型及活动特征，充分研究出行景观环境质量及出行体验，并考虑出行可达性、时间成本等因素，统筹兼顾进行量化分析与综合评价，筛选出人性化、舒适宜人的慢行道路系统，体现以人为本、社会关怀的内涵。

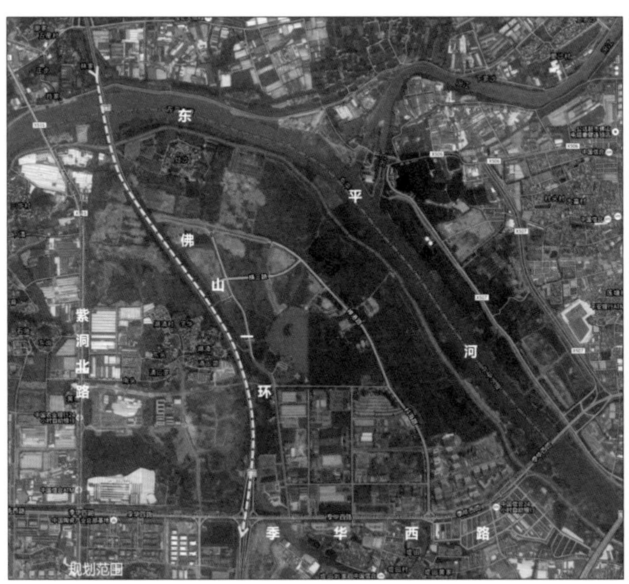

图5-78 佛山绿岛湖慢行系统规划设计场地区位示意图

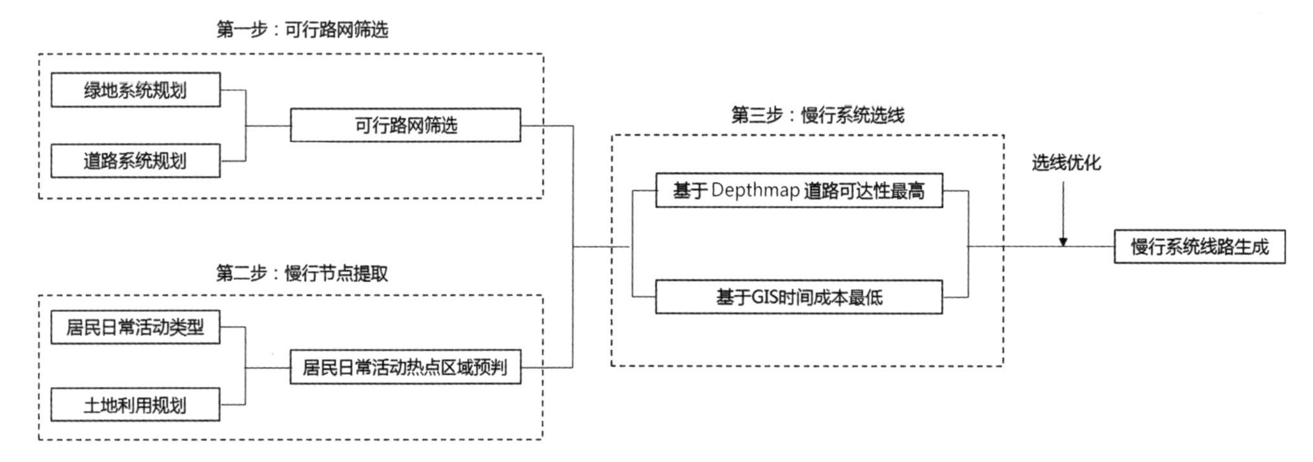

图5-79　佛山绿岛湖慢行系统规划设计技术路线框图

（2）数字技术方法与应用

慢行系统的选线技术路线共包含三大步骤，分别为可行路网筛选、慢行节点提取以及慢行系统选线（图 5-79）。首先，可行路网的筛选是基于规划道路以及规划绿地的等级和宽度等特征，筛选出可容纳慢行系统的区域作为慢行线路的可行范围，并生成可行路网。其次，以居民日常活动类型为依据，根据土地利用规划文件预判出该片区未来居民日常活动的热点区域，作为慢行系统选线的必经节点。再次，通过 Depthmap 道路整合度分析提取可行路网中可达性最高的慢行道路，并通过 GIS 成本路径生成一条串联居民日常活动热点区域的慢行环线，将可达性最高线路与时间成本最低环线叠合，初步形成慢行系统的线路网络。最后，根据绿地系统分布以及特殊慢行需求进一步优化慢行线路，最终生成符合居民日常出行需求、景观环境优美、系统效能最优的慢行线路。

①可行路网筛选

慢行系统空间的组织主要依托于规划道路两侧机动车道路缘石上的线与道路红线之间预留的交通空间，以及规划公共绿地空间。选线基底——可行路网的筛选应基于《禅城区慢行系统专项规划》相关要求，提取出满足慢行系统空间需求的区域，并生成慢行系统线路的可行路网。

a）筛选依据

禅城区现已制定的《禅城区慢行系统专项规划》对慢行系统的宽度及形式提出了具体的要求："人行空间宽度不小于 2 m，骑行净空间均应保证 2.5 m 以上，自行车集散道应设置为独立自行车道，有条件的情况下宜与人行道、机动车道进行绿化分离。"在满足文件中对人行、非机动车行空间宽度规定的同时，以 1.5 m 作为绿化带最小宽度，故此次设计的慢行空间净宽度不小于 6 m。

b）可行路网筛选方法步骤

将《道路系统规划图》与《绿地系统规划图》叠合，提取出规划道路两侧机动车缘石线与道路红线之间预留的交通空间，以及规划公共绿地空间，并以 6 m 作为慢行空间的最小宽度，对慢行系统可行空间进行筛选。可行空间包括三种类型：①规划道路单侧无规划绿地，机动车道路缘石上的线与道路红线宽度不小于 6 m 的空间段落；②规划道路单侧有规划绿地，机动车道路缘石上的线同规划绿地外边界线宽度不小于 6 m 的空间段落；③绿地净宽度不小于 6 m 的空间段落。接着，将上述三种可行空间段落转化为线形路径，并在 GIS 中制作出路径及节点图。最终形成的路网由可行路径与路径节点构成，该路网满足了慢行系统对空间的宽度需求，为慢行系统组织的备选区域。

②慢行节点提取

a）居民出行方式及活动类型调研

居民出行方式调研需考虑三类影响因素，分别为出行需求、慢行交通出行环境需求以及慢行系统出行特征。基于对以上影响因素的分析可知“安全、连续、舒适、便捷”是居民出行基本诉求，通过对规划道路断面及等级的分析确定慢行人流通过量，研究慢行交通道路空间路权并划分合理比例和空间设置要求，基本确定慢行系统过街设施的位置和方式。对慢行系统出行特征进行分析，根据区域公交站点和地铁轨道站点的位置，按步行 500 m 和自行车 1 500 m 的覆盖范围指导确定慢行网络和换乘位置（图 5-80）。

活动类型调研以必要性活动、偶然性活动以及非日常性活动为评价标准，梳理出各类活动所对应的规划用地类型及公共场所类型（图 5-81）。

调研结果显示（表 5-8），绿岛湖片区周边居民认为：日常生活出行必要性活动场所主要包括居住区、商业区、公交枢纽站、地铁出入口、肉菜市场等；偶然性活动场所包括社区医院、学校、文化活动站、警务室、综合体育活动中心、居民健身设施、社区服务中心、邮政所等；非日常性活动场所包括垃圾收集站、变电站、环卫工作站、污水泵站等。

图5-80　佛山绿岛湖慢行系统规划设计多种出行方式覆盖范围预判

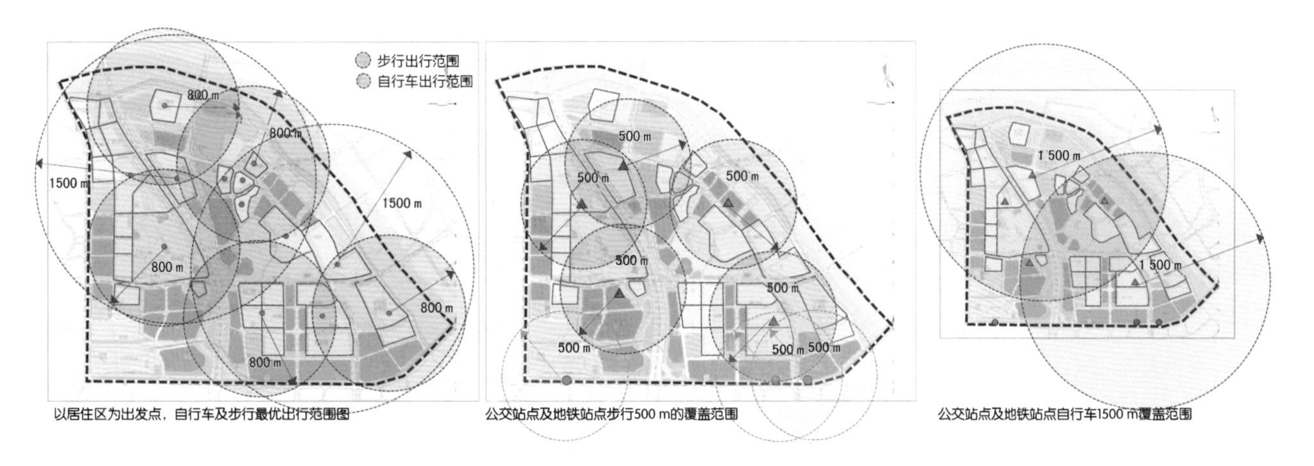

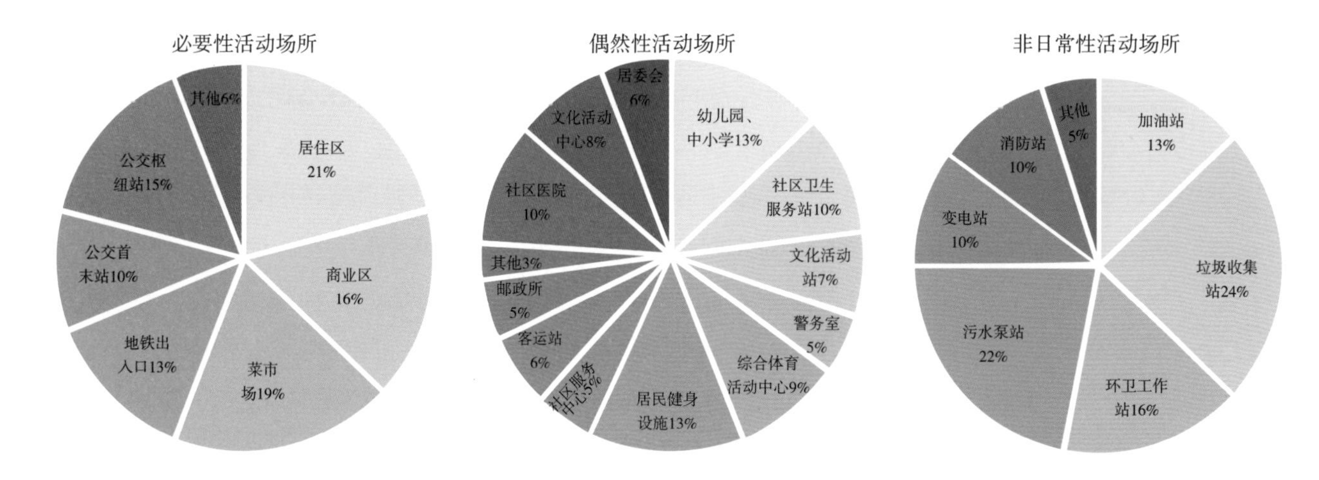

图5-81　佛山绿岛湖慢行系统规划设计——活动场所类型调研结果

表5-8　活动场所类型调研结果

必要性活动场所	偶然性活动场所	非日常生活性活动场所
居住区 商业区 菜市场 地铁出入口 公交首末站 公交枢纽站	幼儿园、中小学 社区卫生服务站 社区医院 文化活动站 文化活动中心 警务室 综合体育活动中心 居民健身设施 社区服务中心 居委会 客运站 邮政所	加油站 垃圾收集站 环卫工作站 污水泵站 变电站 消防站

b）热点活动区域预判

基于日常活动的频率及重要性，对研究范围内必要性活动场所、偶然性活动场所与非日常性活动场所分别赋值（表 5-9）。赋值时需考虑服务对象具体诉求，如幼儿园、小学、中学与社区医院等教育、医疗场所虽为居民出行偶然性活动场所，但慢行系统的设置应重点关注儿童及老人的出行便捷性与安全性，故上述教育、医疗场所应与必要性活动场所同等赋值。

表5-9　活动场所类型热度赋值

赋值	2 分	1 分	0 分
活动目的地	学校（幼儿园、中小学）	社区卫生服务站、社区医院	垃圾收集站
	菜市场	文化活动站、文化活动中心	环卫工作站
	居住区	警务室	污水泵站
	商业区	综合体育活动中心、居民健身设施	变电站
	公交枢纽站、客运站	社区服务中心、居委会	消防站
	地铁站	邮政所、加油站	—

根据上位规划中场地内土地利用方式类型，找出场地中与上述活动类型相对应的活动目的地，并根据不同活动类型的重要性分值进行叠加，最终得到居民日常活动区域热度图（图 5-82）。

③慢行系统选线与优化

根据规划道路布局，运用 GIS 制作出道路路径以及道路节点图，并叠合规划绿地空间，找出潜在的绿地内部连接道路。最终形成的路网结构作为下一步 GIS 选线中的备选道路（图 5-83、5-84）。

将规划道路 GIS 路径与居民日常活动区域热度图叠合，根据道路节点周边场地活动热度平均值［$A=(B1+B2+B2+B4)/4$］，确定活动热度最高的若干点。选取出的点将作为 GIS 选线的必经点（图 5-85）。

利用 GIS 进行时间成本最低选线，将选得的道路作为下一步深入优化的依据。进一步进行道路优化设计，在居民出行便捷、时间成本最低的基础上，实现景观优势最大化的生活慢行系统（图 5-86）。

利用 Depthmap 软件对绿岛湖片区慢行系统的可行道路进行整合度分析，

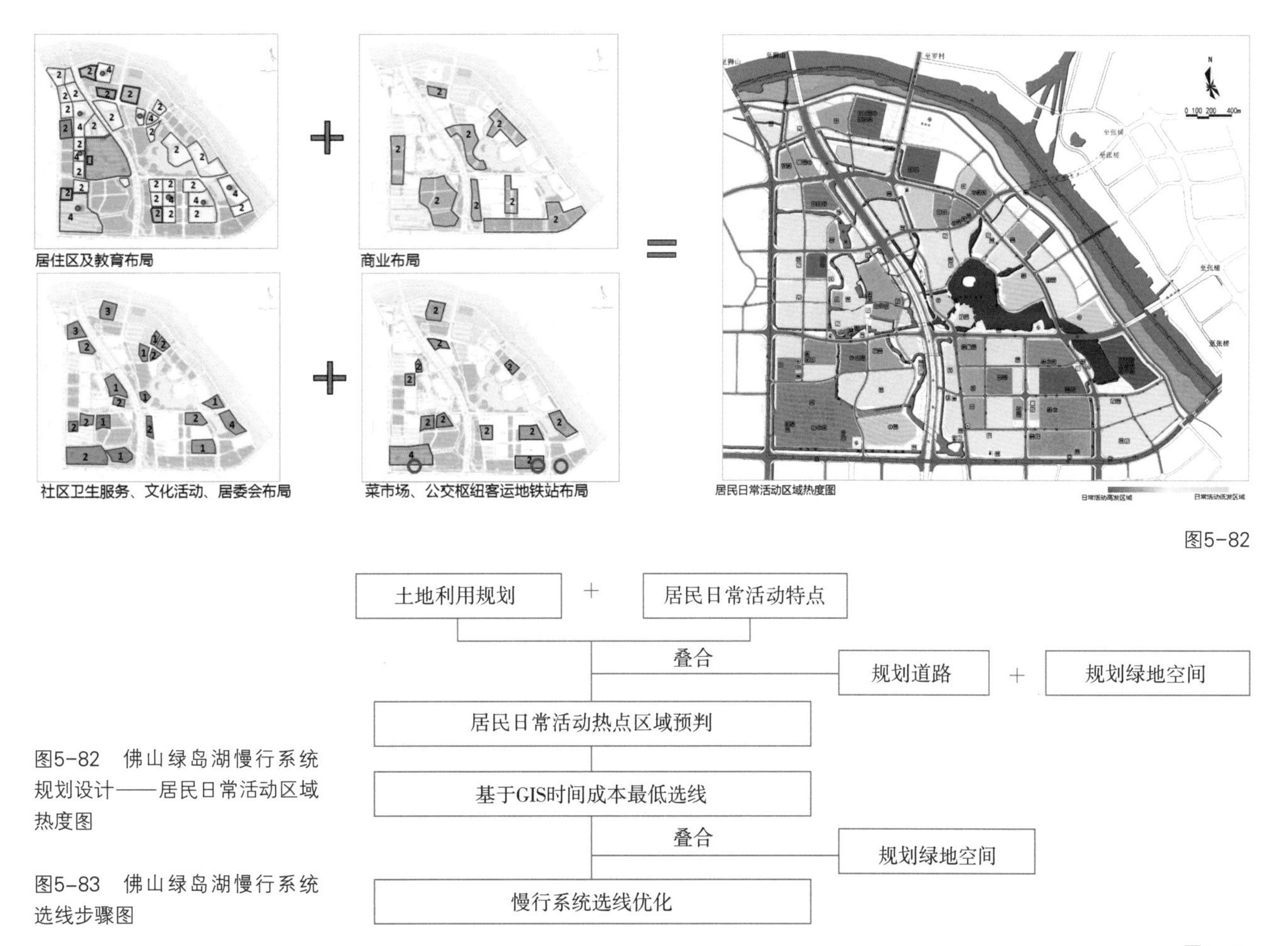

图5-82

图5-83

图5-82 佛山绿岛湖慢行系统规划设计——居民日常活动区域热度图

图5-83 佛山绿岛湖慢行系统选线步骤图

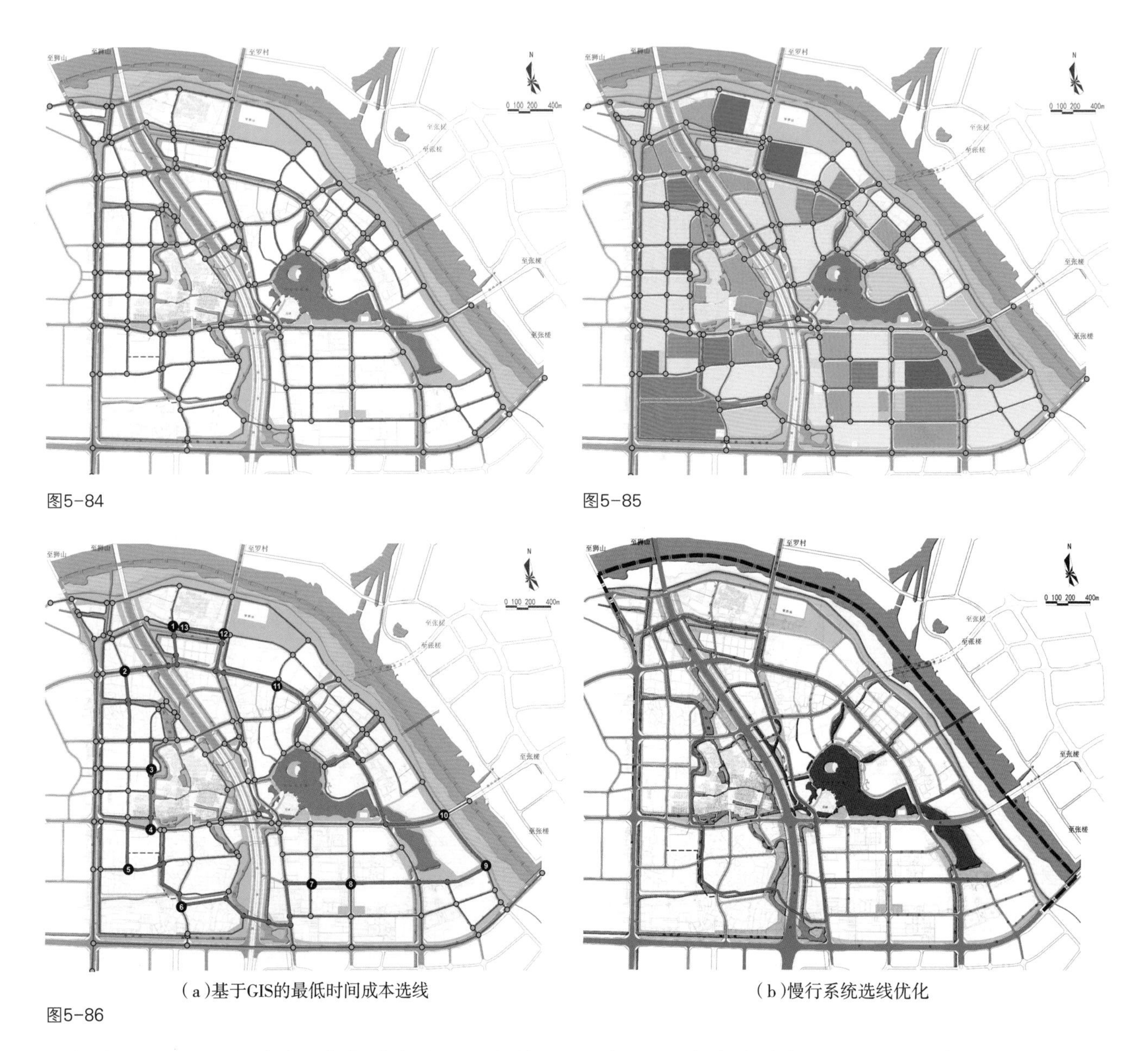

图5-84

图5-85

（a）基于GIS的最低时间成本选线

（b）慢行系统选线优化

图5-86

图5-84　佛山绿岛湖慢行系统选线——叠合规划道路GIS路径与规划绿地空间

图5-85　佛山绿岛湖慢行系统选线——GIS选线必经节点预判

图5-86　佛山绿岛湖慢行系统选线——最低时间成本路径生成

根据分析而成的可行道路整合度图（图 5-87（a））可以看出：红色线路道路整合度最高，即从整个绿岛湖片区路网中任意一点都最易到达该线路；相反，蓝色线路整合度最低，即最不易到达。将时间成本最低选线与道路整合度最高区域叠合，选得的路径即为居民生活最便捷、快速、高效的地段（图 5-87（b））。

进一步优化筛选出的路径，考虑其与外部绿地、道路所在绿岛湖片区与湖涌村间的联系，进行道路线形优化，最终形成绿岛湖特色慢行环之间的交通连接体系（图 5-88）。

规划的慢行系统最终由三个功能环 、若干交通连接带为主。经由参数化选线得到的慢行系统中的路径功能环满足了居民生活、游憩、运动等多重需求，连接系统则符合便捷出行的生活习惯（图 5-89、5-90）。

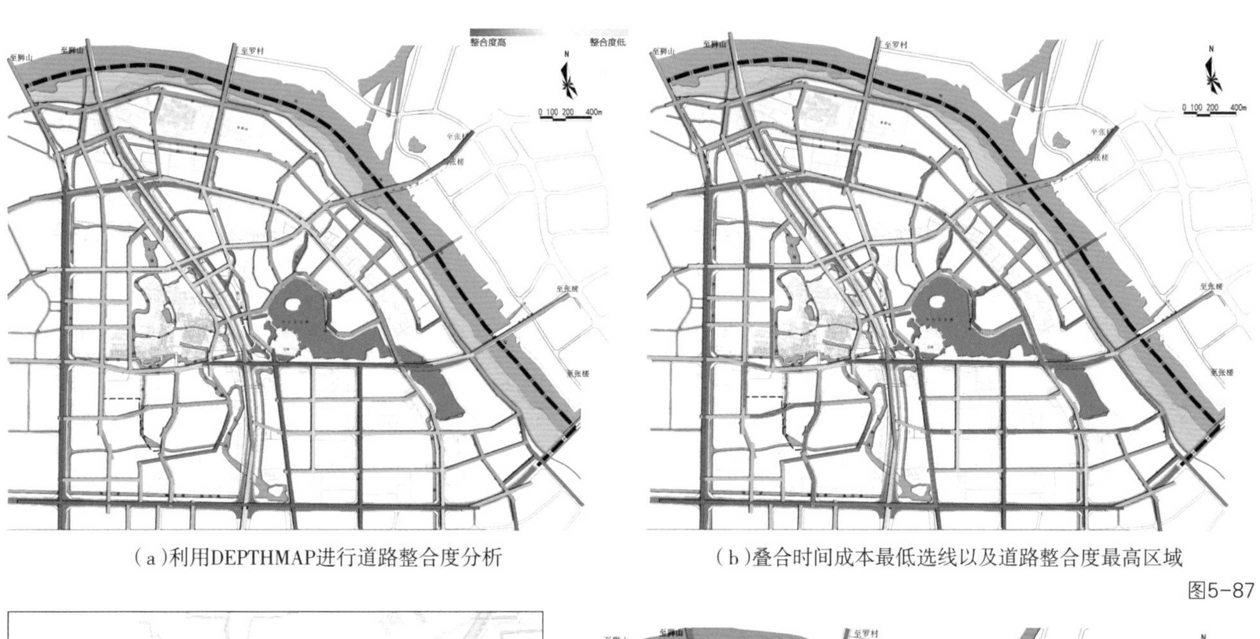

（a）利用DEPTHMAP进行道路整合度分析

（b）叠合时间成本最低选线以及道路整合度最高区域

图5-87

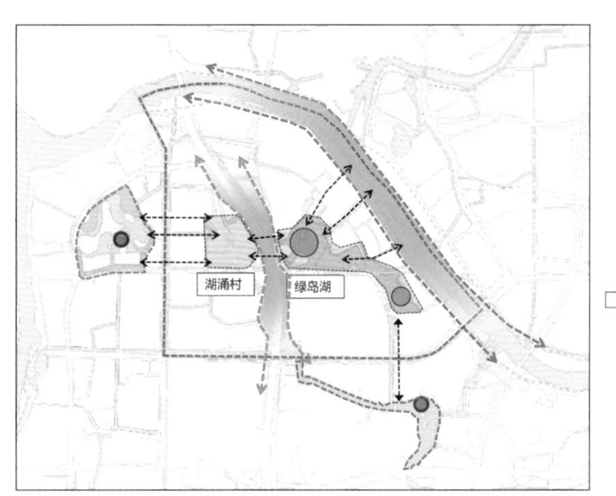

加强与外部绿地空间的联系

加强绿岛湖与湖涌村间联系

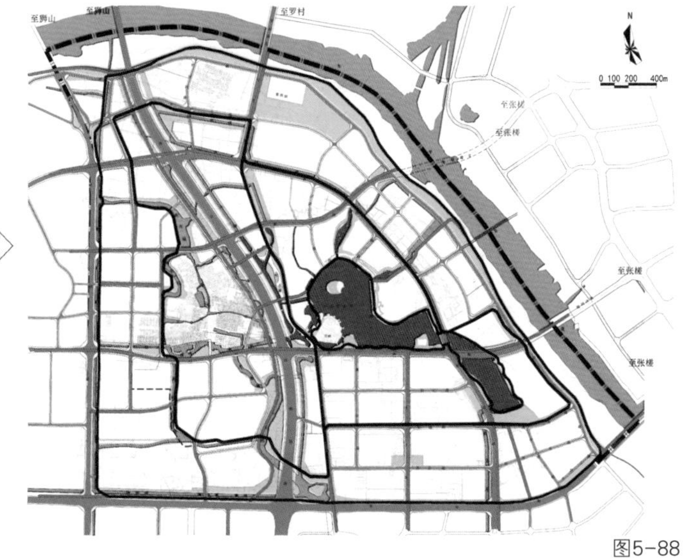

图5-88

图5-87　佛山绿岛湖慢行系统选线——路径整合与筛选

图5-88　佛山绿岛湖慢行系统选线——线形优化与连接体系确定

图5-89　佛山绿岛湖慢行系统选线——路网分级规划图

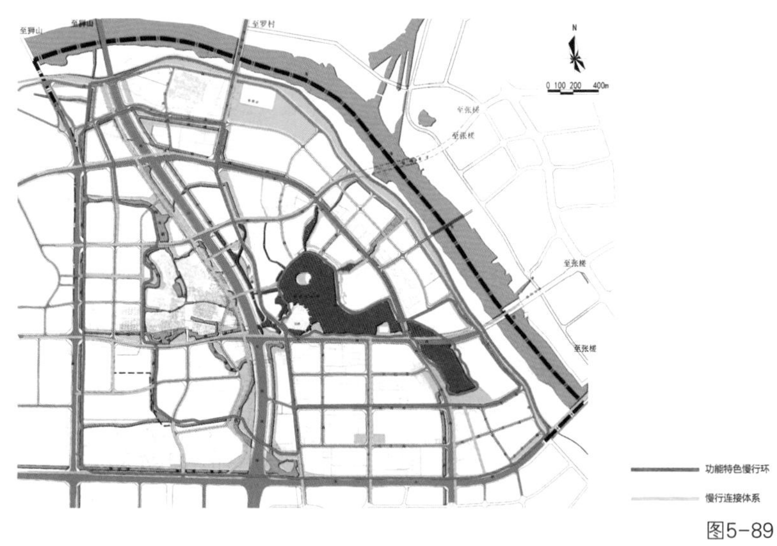

图5-89

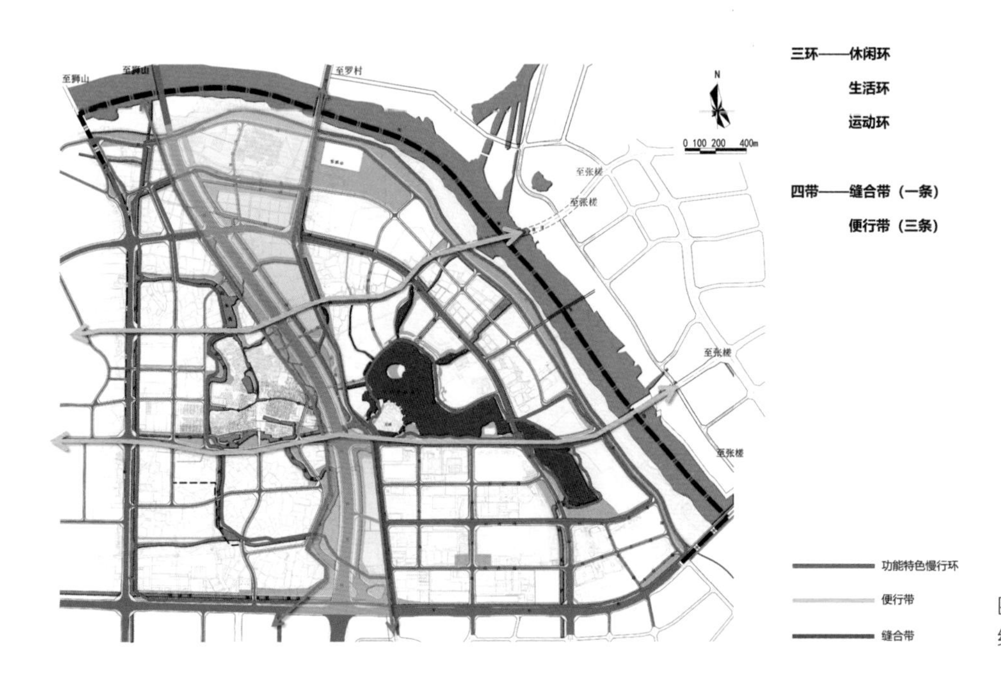

图5-90 佛山绿岛湖慢行系统选线——成果结构图

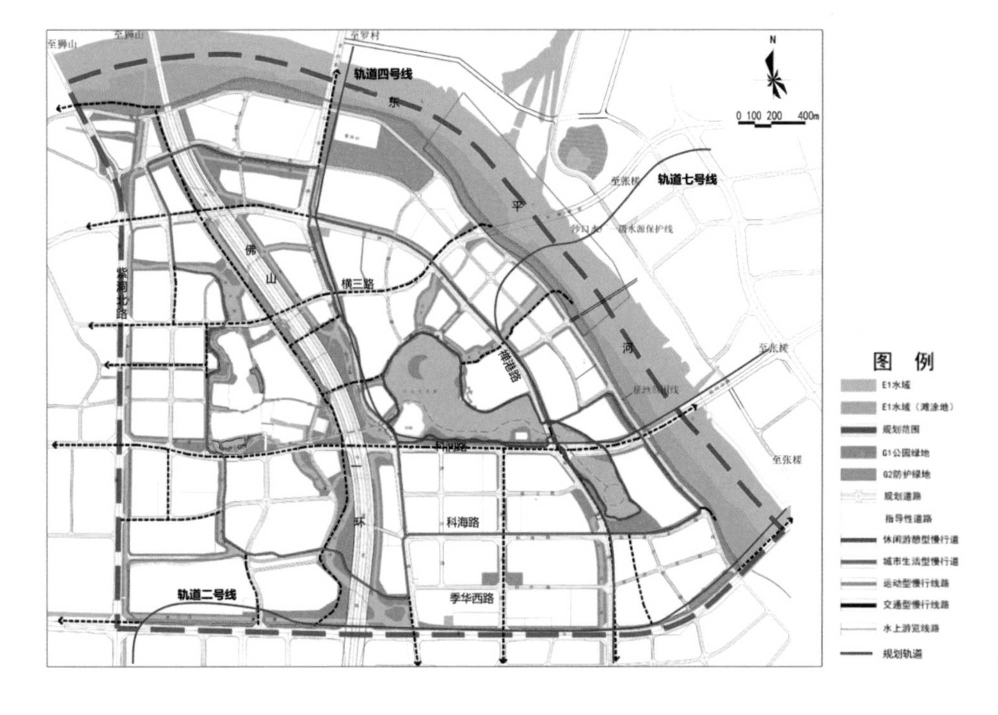

图5-91 佛山绿岛湖慢行系统规划设计图

（3）方案设计成果

基于参数化方法的慢行系统规划设计，结合绿岛湖整体片区的统筹规划，最终生成本项目的方案设计成果（图 5-91）。

5.2.2.2 南京六合区域绿道系统规划

本项目研究范围为六合区全境（不含江北新区直管区三个街道），总用地面积约为 1 295 km^2。项目积极响应中央关于“全域旅游发展”的号召以及交通运输部关于推进“四好农村路”建设的号召，整合六合全区绿道系统规划和全域资源，以实现全域资源旅游化，扩大资源发展空间。

1）规划设计目标

本项目基于参数化选线技术，采用多目标合一的区域绿道系统规划方法，从生态格局、交通网络、游憩体系三个方面出发，运用数字景观技术构建六合区域绿道网络，统筹规划六合区域绿道的空间布局和路网等级结构，实现通达、游憩、生态、文化、体验等多重功能，提升公路景观性、服务配套性功能，并结合示范段的详细设计为六合区域绿道规划及建设提供科学的指引和参考。

2）数字技术与方法

（1）工作重点

借助数字景观技术，科学、客观地评价现状环境与绿道构建条件，对整体绿道网络体系进行系统研究，充分利用现有道路、林网构建区域生态网络，构建“两网合一”的全区域生态绿道系统网络。基于六合区域绿道特点，从生态网络、现状交通与游憩体系三个方面系统构建区域绿道的选线技术方法，聚焦生态、交通、游憩三大目标进行多目标绿道选线。

（2）数字技术方法与应用

生态本底格局分析：

从地理空间数据云下载六合区卫星遥感影像图，利用计算机 ENVI 软件进行人工解译，得到斑块分布图（图 5-92）。通过斑块内聚力指数（Cohesion）

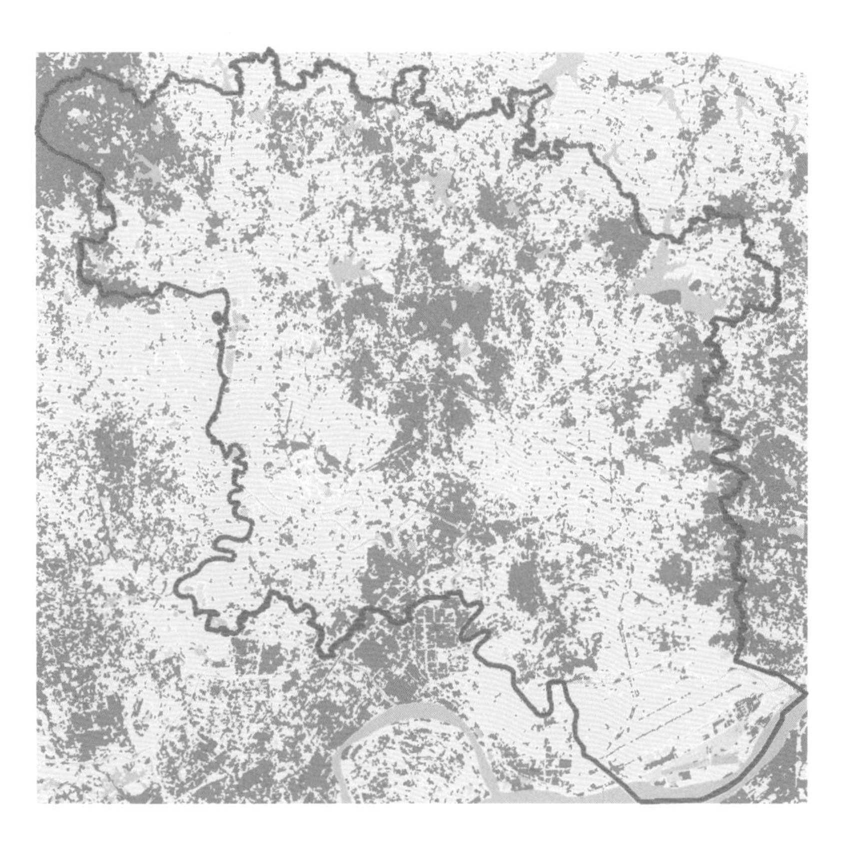

图5-92　六合区域绿道系统规划设计——生态斑块分布图

可知，六合域内耕地斑块（斑块内聚力指数为 99.972 6）分布较为整体，草地斑块（斑块内聚力指数为 87.896 5）分布零散。景观分离度（DIVISION）越接近 1 则分离程度越强，除了耕地（景观分离度为 0.885 3）状况尚可，其余斑块分布皆互相分离。从斑块面积相关指数来看，六合域内耕地斑块占绝对优势，林地、草地等自然生态斑块面积缺乏，建成区外围缺乏开放性绿地与基质联系。从数量、形状相关指数来看，六合域内缺乏自然斑块及廊道，存在影响生态交流的可能性。从区域总体生态水平看，六合域内没有形成城乡一体化的自然生态网络结构，需思考如何有效地在区域内整合有限景观资源，优化格局，提高生态综合承载能力和生态效应（图 5-93）。

生态敏感性评价：

首先，通过 GIS 对六合区域内高程、坡度、植被覆盖度、土地利用类型、现状水体缓冲区进行分析并图示化表达，为生态敏感性叠加做准备。其次，利用 GIS 加权叠加，得到生态敏感性评价图（图 5-94）。绿道选线及建设应首先满足生态保护需求，对生态极敏感与敏感区域进行保护，禁止开发或控

TYPE	CA	PLAND	NP	PD	LPI
林地	132764.8	30.0781	5581	1.2644	4.9269
水	26661.13	6.0401	1776	0.4024	1.3333
已建设用地	62849.46	14.2387	4229	0.9581	1.6441
耕地	209158.2	47.3852	3566	0.8079	33.7855
草地	9965.94	2.2578	2240	0.5075	0.1179

TYPE	IJI	COHESION	DIVISION	AI
林地	51.4383	99.7292	0.9949	97.2452
水	78.9281	99.413	0.9997	97.4305
已建设用地	58.0635	99.594	0.9993	96.5939
耕地	75.8008	99.9726	0.8853	97.57
草地	87.8965	97.1527	1	94.2475

LID	TA	NP	PD	LPI	LSI	CONTAG	IJI	COHESION	DIVISION	PR
F:\envi\reclass11.tif	441399.456	17392	3.9402	33.7855	103.0143	56.5344	67.9131	99.9287	0.8793	5

图5-93　六合区域绿道系统规划设计——Fragstats景观格局分析

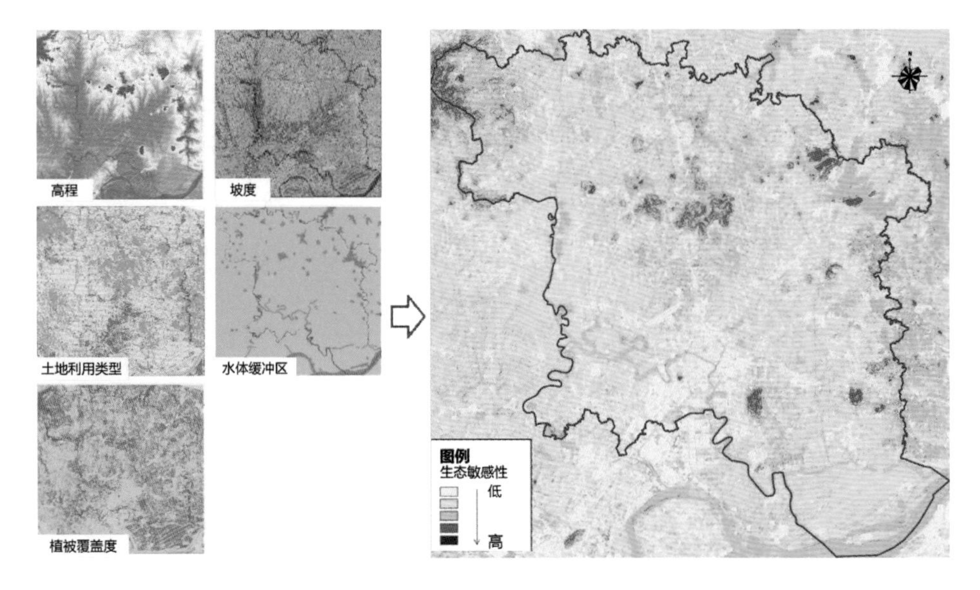

图5-94　六合区域绿道系统规划设计——生态敏感性分析

制性开发。生态敏感性较高地区主要集中在六合区中部偏北山地，南部集中在灵岩山、方山片区。

① 生态网络评价与优化

在景观空间的分布中，特别是某些障碍性或导流性结构的存在和分布、景观的异质性决定着景观对物种的运动,物质、能量的流动和干扰扩散的阻力。

基于 ArcGIS 10.2 中 Cost-Distance 模块，通过计算生态源地到其他景观单元所耗费的累积距离，以测算其向外扩张过程中各种景观要素流、生态流扩散的最小阻力值，进而判断景观单元与源地之间的连通性和可达性。依据研究区主要生态环境特征，利用地形位、土地利用类型及土壤侵蚀强度叠加，计算出生态源地向外扩张的累积耗费阻力（图 5-95）。

将生态源地与生物流阻力叠加，并按照阻力值最小计算得出理想条件下生态廊道以及战略节点，直接指导六合区生态安全格局的构建（图 5-96）。提取廊道并按重要性分级，其结果作为绿道选线及绿道等级确定的重要依据（图 5-97）。

六合区现有的两条主要生态廊道为西南滁河生态廊道以及北部金牛山—冶山—白云山—平山生态廊道（图 5-98），另有五条潜在生态廊道。通过绿道规划，将生态斑块、踏石串联，构成六合区安全的生态格局。

②空间句法分析

a）全局整合度分析

通过 Depthmap 软件进行空间句法分析，对六合区城市及交通结构进行定量分析，即通过全局整合度研究区域空间结构和整体范围内的可达性分布，

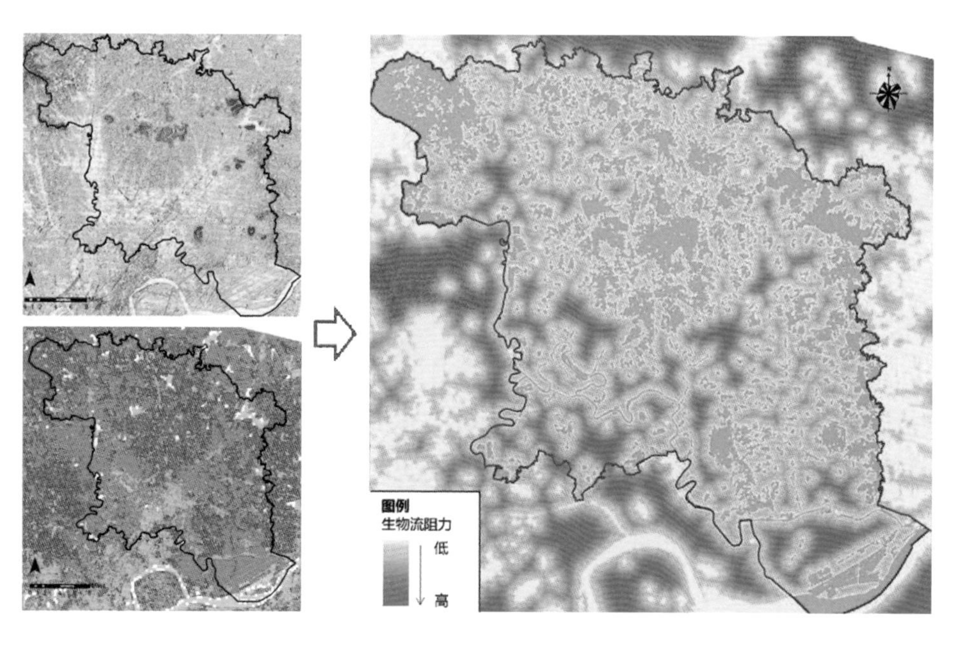

图5-95　六合区域绿道系统规划设计——生物流最小累积阻力面分析

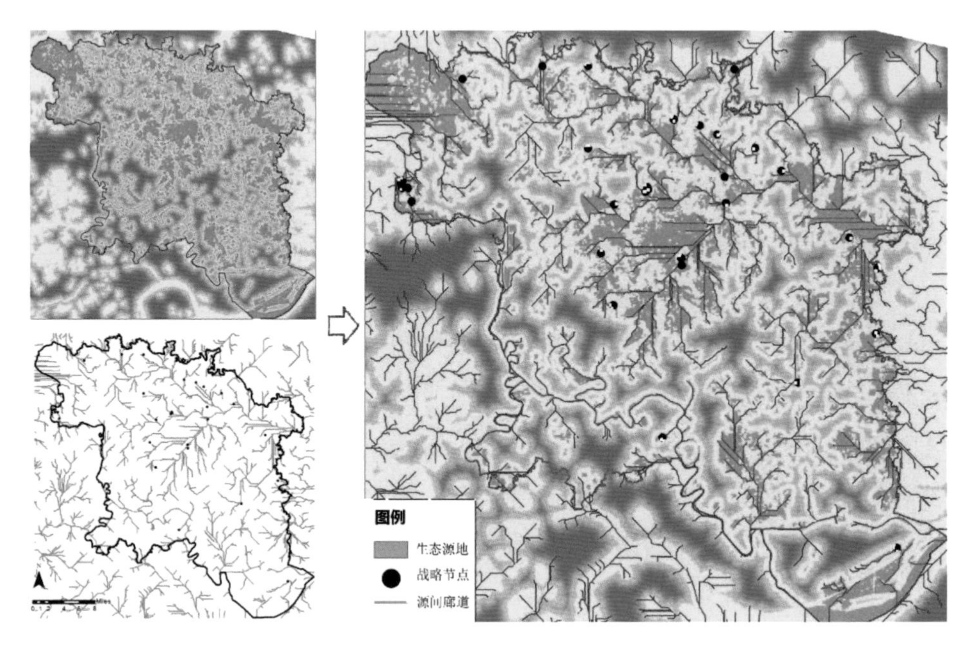

图5-96 六合区域绿道系统规划设计——生态网络安全格局构建

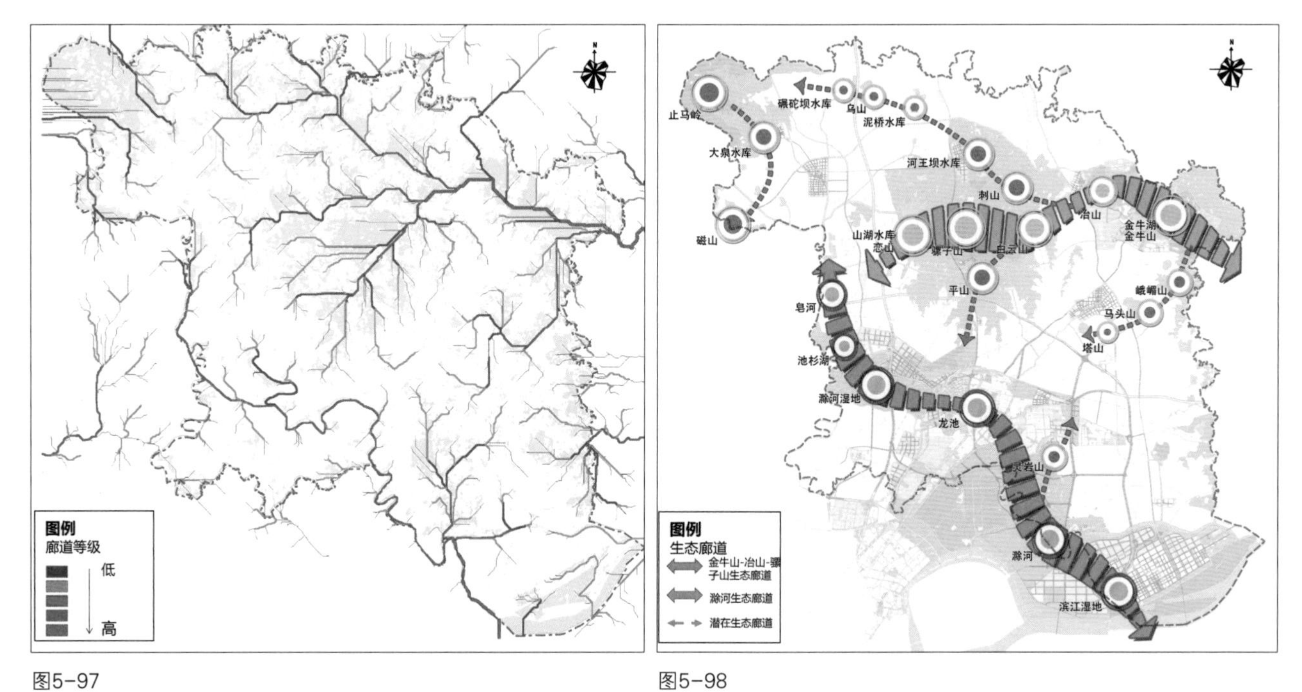

图5-97

图5-98

图5-97 六合区域绿道系统规划设计——廊道等级划分

图5-98 六合区域绿道系统规划设计——生态廊道示意图

衡量空间吸引到达交通的潜力（图 5-99）。从整体看来，交通可达性与现状道路等级保持一致，但北部及东部片区空间吸引力有待提高。

b）局部整合度分析

选取 5 km 等时圈，进行可达性和集成度分析，重点分析在一定行进距离内的空间关系，探究慢行交通系统建设需求。研究域内分区情况，构成空间路网组团，便于之后形成和完善绿道网的分区结构（图 5-100）。从分析结果看，局部整合度高的地区与七大旅游度假版块区位分布基本一致，在后期绿道建

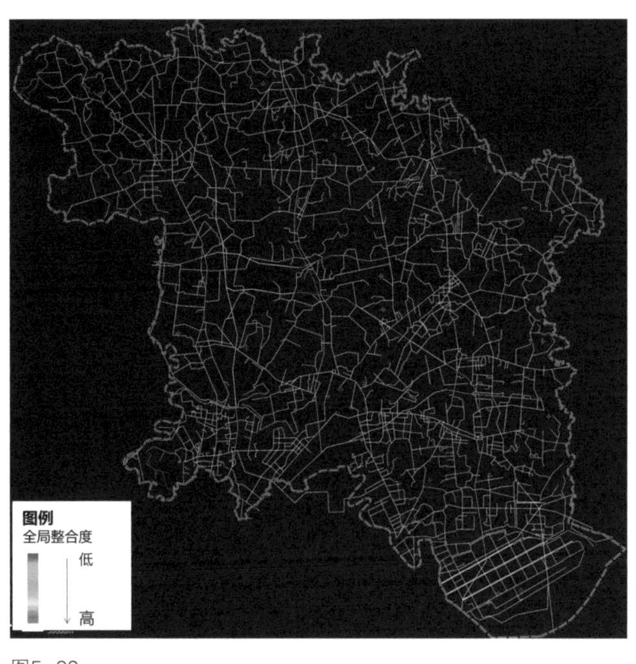

图5-99

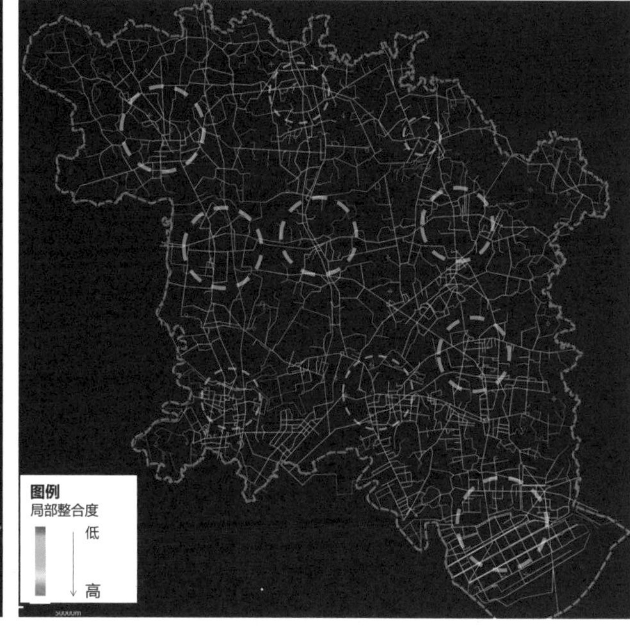

图5-100

图5-99　六合区域绿道系统规划设计——全局整合度分析

图5-100　六合区域绿道系统规划设计——局部整合度分析

设中可考虑局部环线。

c）选择度分析

反映某节点出现在最短路径中的概率，可衡量其吸引穿越交通的潜力。研究域内的热点交通线路为交通主要干线，可作为后期重点建设路段或示范路段（图 5-101）。

③ 游憩体系构建

a）游憩体系成本叠加分析

通过层次分析法和德尔菲法，对建设适宜性评价、公共服务需求评价、现状道路缓冲区进行加权叠加（图 5-102）。

b）成本距离栅格

在满足高建设适宜性和较高游憩需求的同时，对绿道建设成本进行分析，形成成本距离栅格图，并将此作为绿道选线的基础（图 5-103）。

c）最小成本选线

以六合区东、南、西、北四个主入口为起点，在 ArcGIS 中进行道路选线，分别得到四种选线方案（图 5-104），即以旅游资源点距离成本栅格为基础，通过入口到达全域所有景点最适宜路线图。将四张选线图进行叠合，得到最佳游憩线路（图 5-105）。

④绿道选线与规划

将六合区生态网络、交通路网与游憩选线结果三者耦合叠加，得到六合区域绿道选线的适宜性评价，并通过人工筛选与修正，最终得到六合区域绿

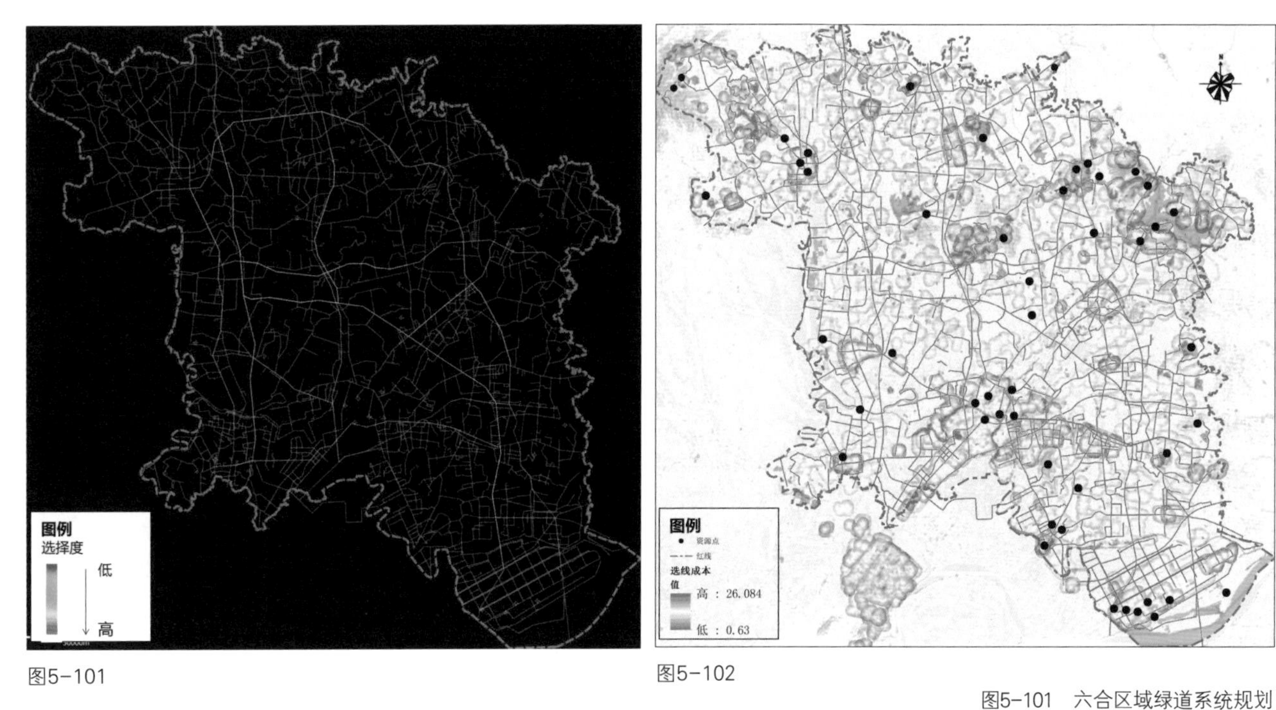

图5-101

图5-102

图5-101　六合区域绿道系统规划设计——选择度分析

图5-102　六合区域绿道系统规划设计——成本路径选线

图5-103　六合区域绿道系统规划设计——成本距离栅格分析

成本路径选线

0.388

建设适宜性评价

图5-102

地形+水文

0.196

公共游憩服务需求

现状用地类型

0.416

绿道建设成本

现状路网

图5-103

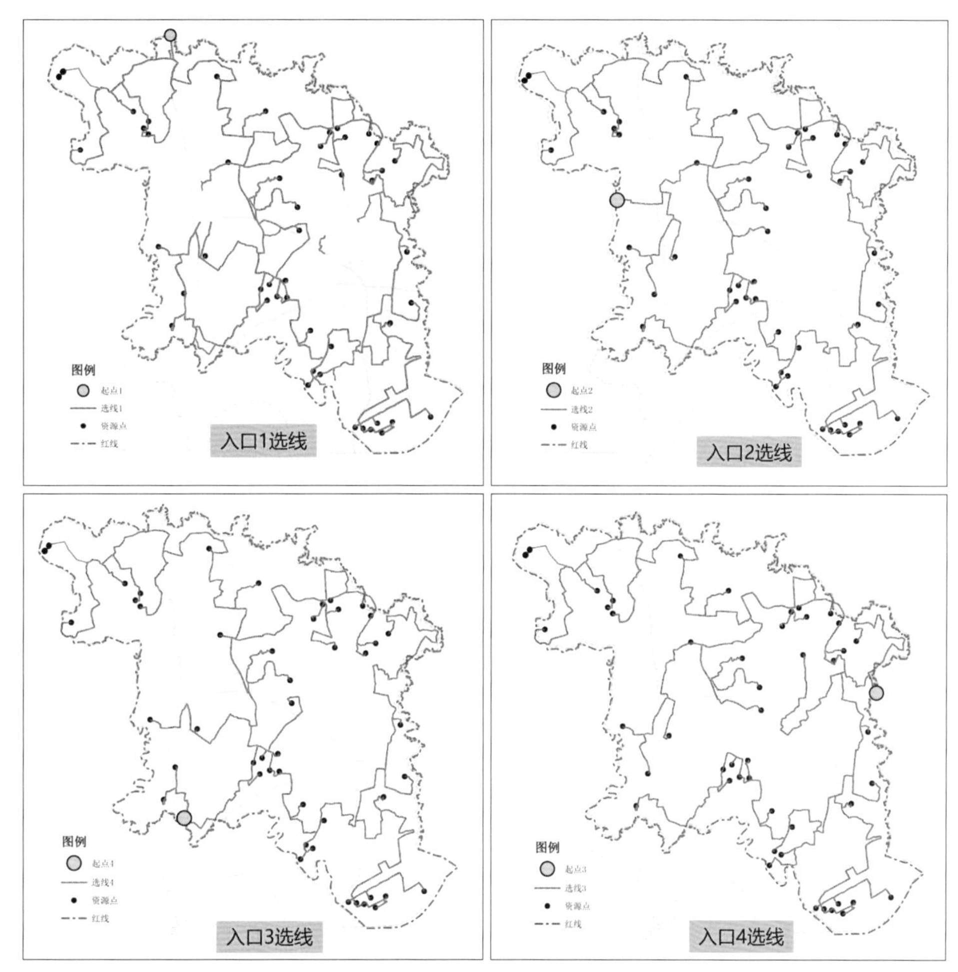

图5-104 六合区域绿道系统规划设计——四个入口最小成本选线结果

图5-105 六合区域绿道系统规划设计——最小成本选线结果叠加

图5-106 六合区域绿道系统规划设计——绿道选线技术路线框图

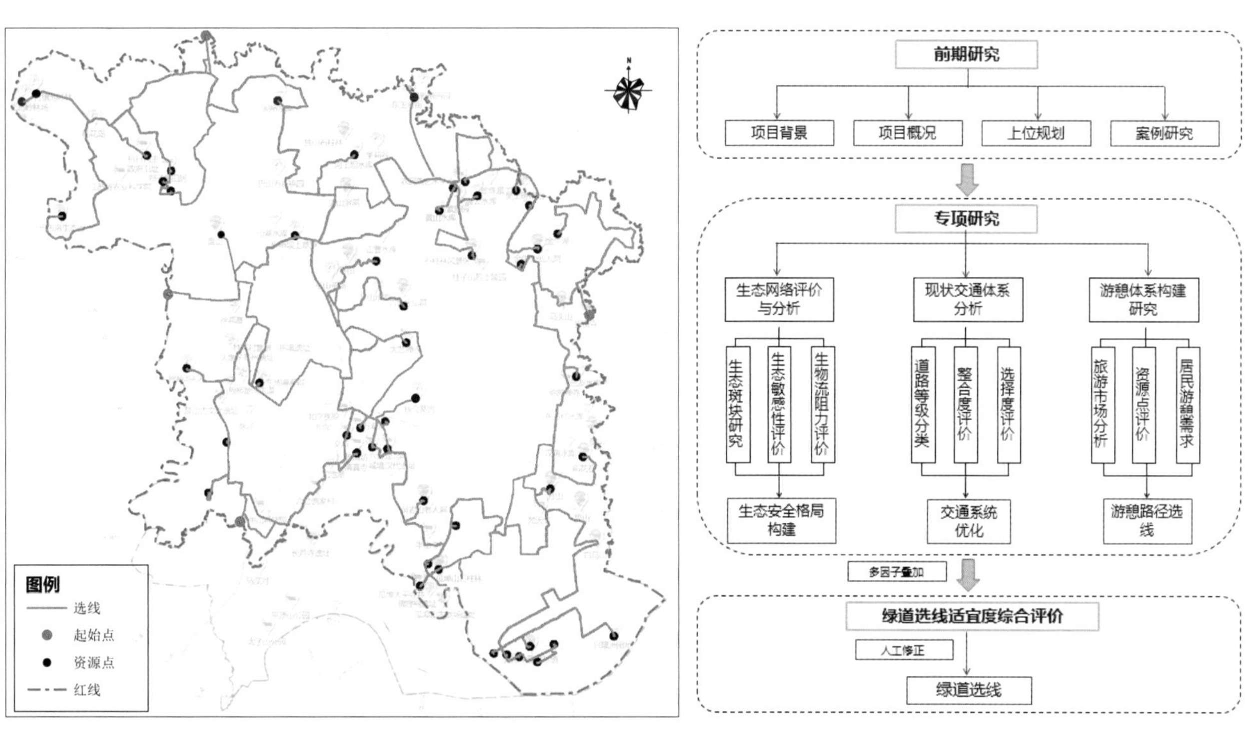

图5-105

图5-106

道布局。

基于生态、交通、旅游三大目标将绿道选线进行叠加，得到绿道选线适宜度评价，颜色越红则表示适宜度越高（图 5-106、5-107）。

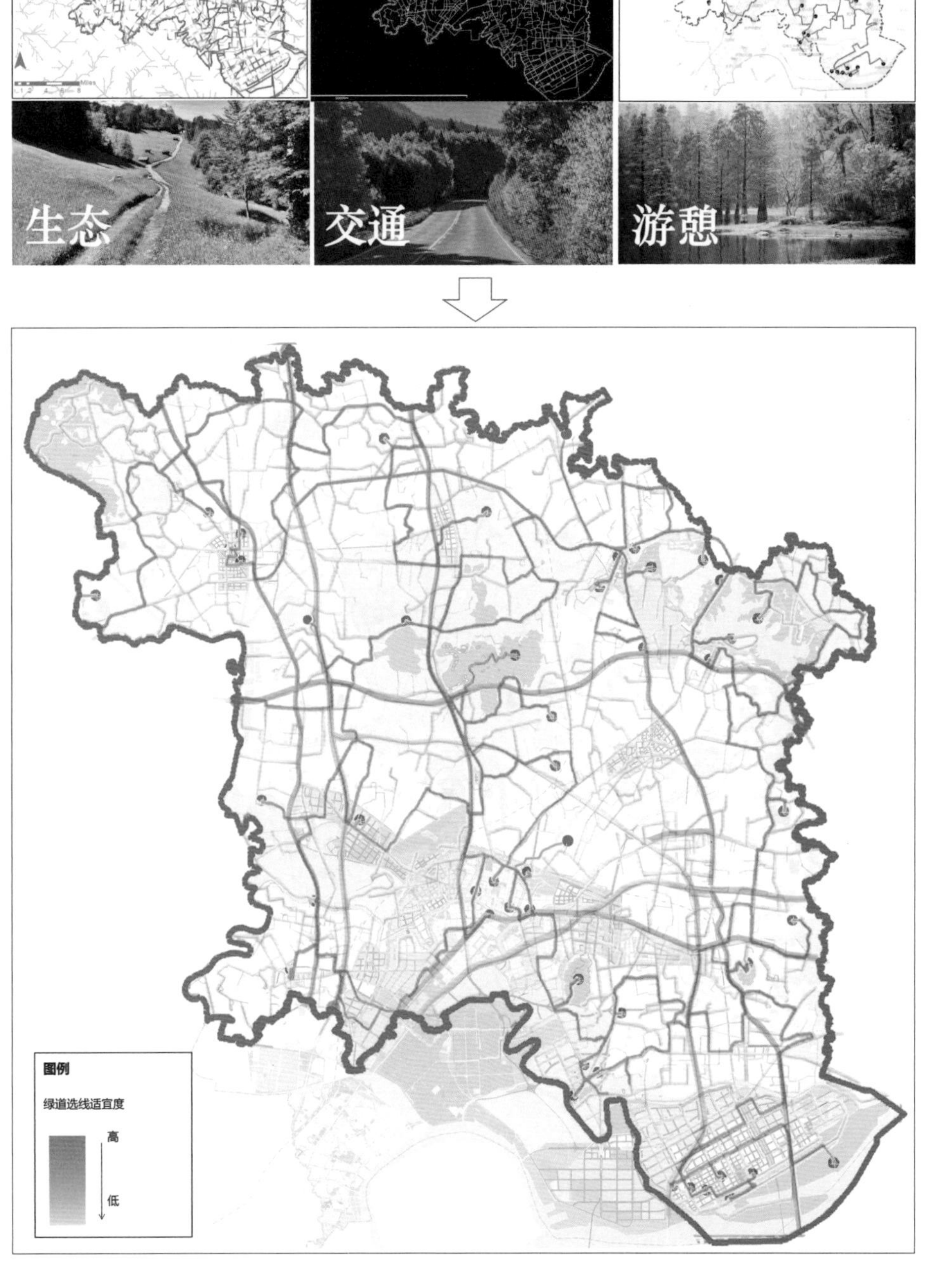

图5-107　六合区域绿道系统规划设计——绿道选线适宜性评价

（3）方案设计成果

基于数字技术的定量分析研判以及参数化手段的设计辅助最终生成六合区域绿道系统规划总体方案。绿道线路总规模约 805 km，从公路到风景道，从单一功能运输型公路到复合功能型旅游风景道，实现了客源互动与资源共享、市场共享（图 5-108）。

系统内包含三级路网，其中一级绿道承担主要交通集散、直达功能，是六合区对外枢纽的重要旅游集散道，是全域旅游交通骨架，以高快速路、一级公路为主要载体；二级绿道兼具游憩和道路交通双重功能，串联各景区节点，融汇多样景区文化，两侧给人以优良的风景游赏体验，以二级和三级公路为主要载体；三级绿道为游憩型景观道，两侧视域空间风景优美，主要载体为次级公路及休闲步道等（图 5-109）。

绿道规划整体形成“三横、三纵、两环”的布局结构（图 5-110）。“三横、三纵”构成六合区绿道骨架；外环串联六合区外围重要斑块，形成外部环状生态安全屏障；内环沟通城市与山水资源，打造生态宜居的生活游憩圈。通过绿道网的构建，串联六合区内重要生态源地，优化了区域生态空间格局；同时，局部慢行系统的建设能够改善老百姓的出行和游憩，也兼有促进区域旅游发展和便于举办赛事的功能。

图5-108　六合区域绿道系统规划设计——总平面图

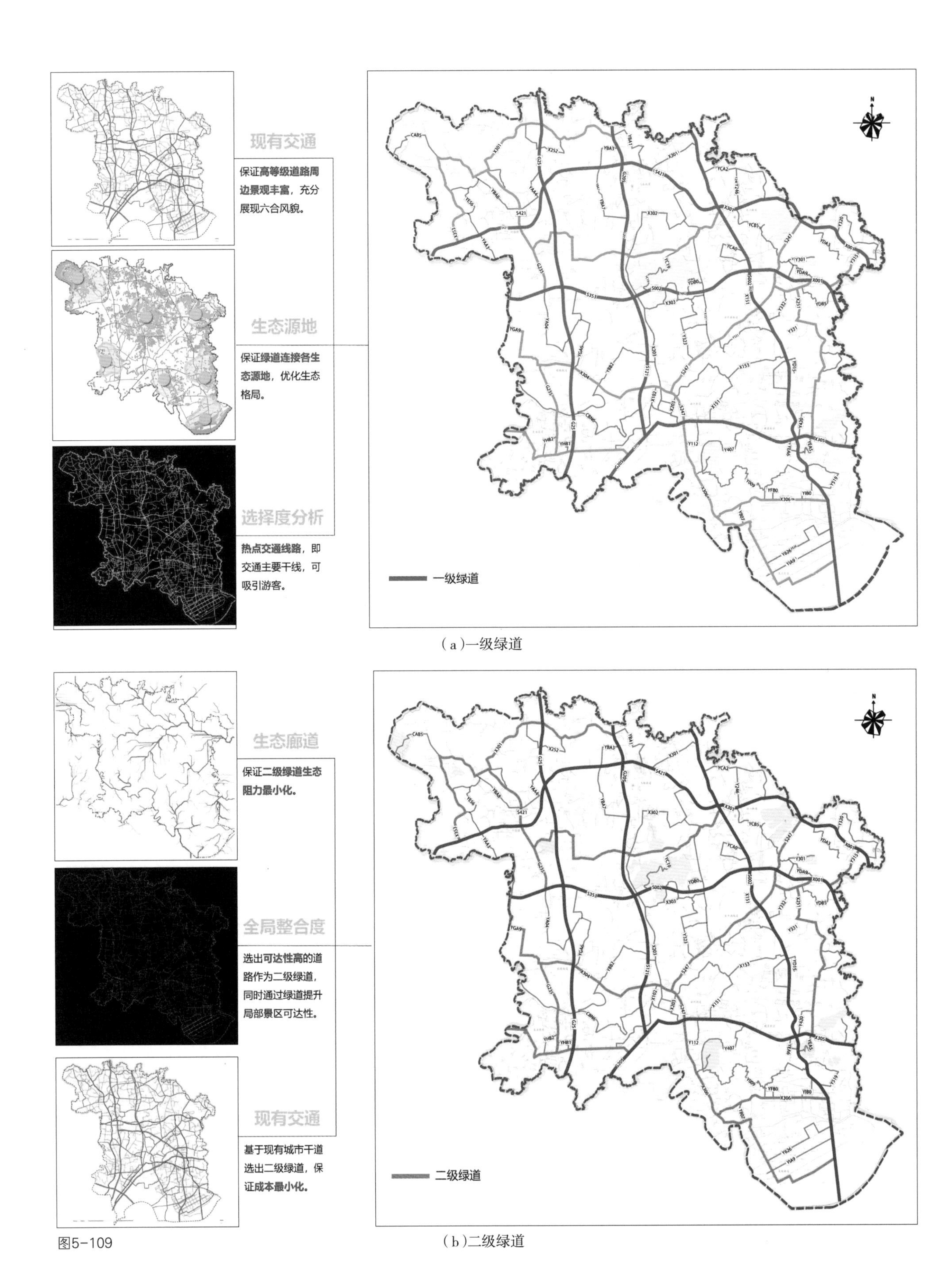

(a)一级绿道

(b)二级绿道

图5-109

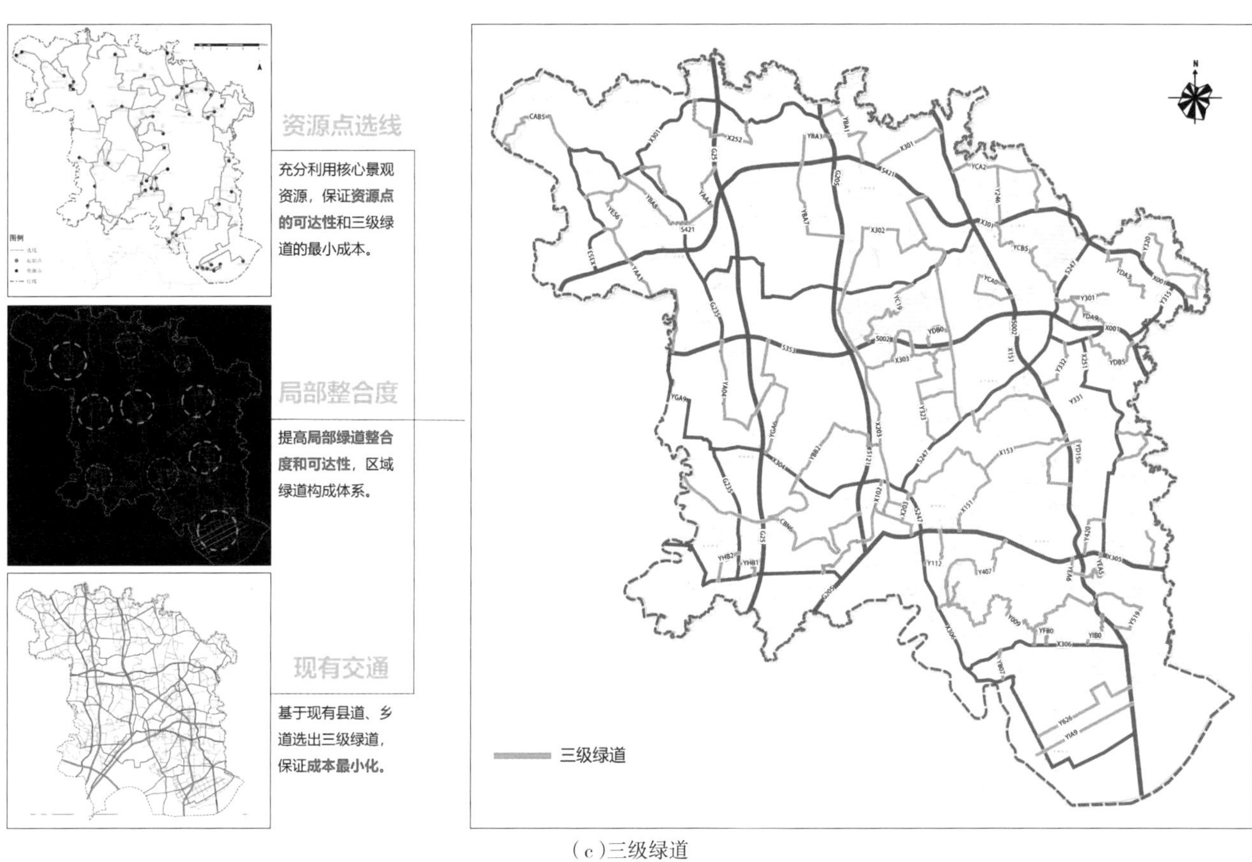

(c)三级绿道

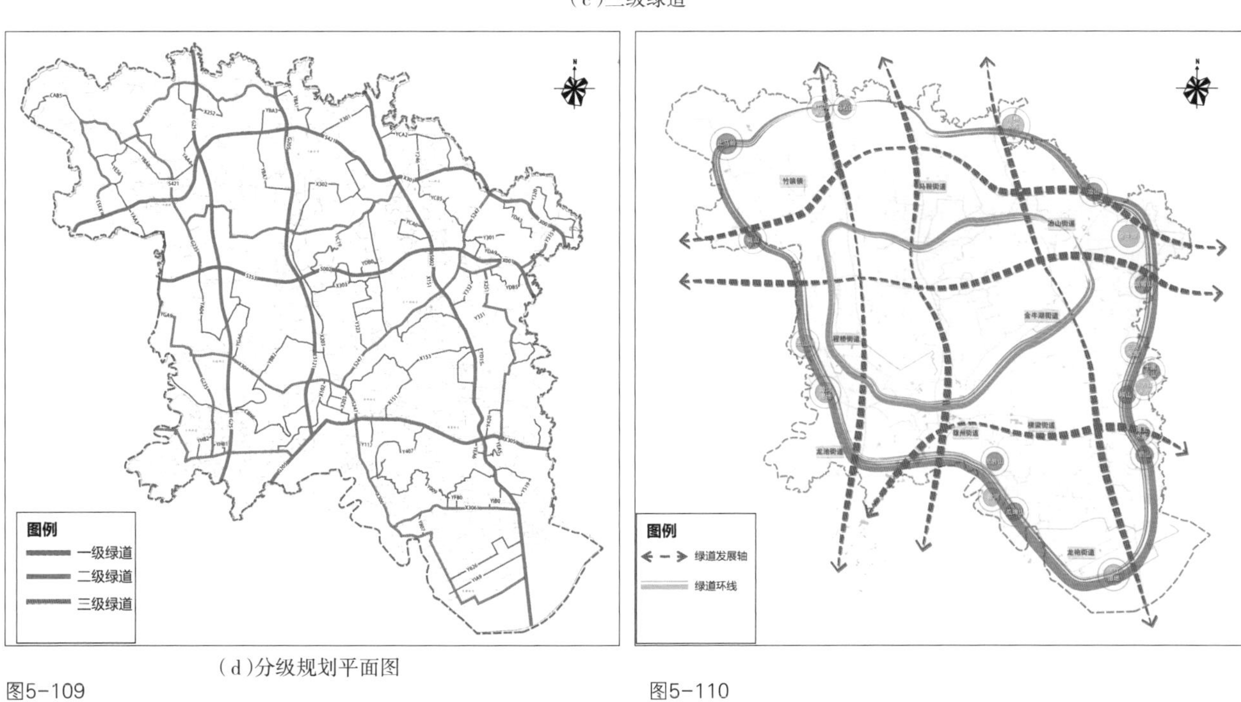

(d)分级规划平面图

图5-109

图5-110

图5-109　六合区域绿道系统规划设计——分级绿道规划平面图

图5-110　六合区域绿道系统规划设计——规划结构图

5.3 景观水文与海绵城市规划设计

5.3.1 海绵城市规划

生态智慧是人类在与自然协同进化的漫长过程中领悟和积累的生存与生活知识的结晶，应对旱涝是人居环境持续发展面临的重要问题之一。随着人口的积聚与技术的进步，从聚落到城市的发展，人为的城市系统与自然环境系统共同构成当代城市两大组成部分，与此同时，“雨洪”与“干旱”这一对矛盾同时出现在人为营造的城市之中，几乎成为当代东西方城市共同面临的通病。究竟是什么原因导致了人类精心规划、营造的家园背离了城市营建的初衷，导致城市水环境两极化的矛盾双方并存，这不得不引起人类对于城市水环境的反思。海绵城市是人类运用生态智慧统筹解决城市理水问题构想，针对当代城市水环境的特征，深入研究、剖析城市旱涝的缘起，以最为集约的方式系统地解决“渗、蓄、滞、净、用、排”，充分让自然做功，相反相成自两极化解矛盾，从根本上解决城市旱涝问题。海绵城市蕴含着丰富的生态智慧，其要义有三：天人合一的认识论、因天地制宜的方法论、让自然做功的技术观。

传统的城市规划在功能至上的引导下，淡化了对自然本底与规律的研究，过度强调人为控制与作用。在城市建成环境中，由于面积占比三分之二以上的城市人工下垫面失去了自然土地的海绵效应，因此城市主要依靠以灰色的管网解决雨水排放问题，这就造成一方面管网不足则易积涝，另一方面排水能力强，虽不积涝却使得城市极度缺水，“两难”问题已然直接导致城市成为旱涝频发的重灾区。海绵城市规划不应以单一地以解决洪涝或雨水利用为导向，而应统筹蓝、绿、灰基础设施，结合城市双修，调节城市水环境，智慧地解决城市的旱涝水患。

5.3.1.1 南京建邺区海绵城市规划

南京市建邺区的建成区内建设用地面积超过 3 000 ha，占总用地面积的 60%以上，人均用地面积 77 m^2。公共绿地由城市公园、社区公园、街头广场绿地组成。区域属长江漫滩地貌单元，区域内共有河流 25 条，包含长江夹江境内段与秦淮河内段河道。区域位于北亚热带湿润气候区，四季分明，雨水充沛，全年降水量分布不均，七八月份易发生秋汛，现今极端天气频发，极端降雨发生的概率也随之增大。

1）规划设计主要任务与目标

针对建邺区内主要易涝点和易涝路段从场地竖向、地下水位等方面对区域雨洪成因进行定量化、综合性的分析研究，并结合海绵城市规划设计要求，基于水绿耦合的原则对区域绿地斑块、绿地系统格局进行统筹分析，通过确定

图5-111 南京建邺区海绵城市规划——建成区域内绿地斑块分布图

绿地系统格局和地表径流的关系来研究绿地系统格局的海绵效应，优化区域绿地系统格局以实现区域绿地的雨洪调蓄作用。

2）数字技术与方法

（1）定量化绿地斑块分布分析

通过建邺区建成区的Google Earth卫星地图和实际调研状况调校，对研究区内的绿地斑块在GIS中进行人工解译，得到该区域内城市绿地斑块空间分布数据（图5-111）。研究区域的总面积约为33 km^2，绿地总面积约为890万m^2，绿化率约为26.9%。除去不超过100 m^{2}的绿地斑块，其余绿地斑块数量为1 282，面积分布于100～270 000 m^2，绿地总面积为8 099 604 m^2。

通过GIS人工解译出研究区域内绿地斑块的分布情况，初步统计出南京市建邺区建成区域内不同规模面积的绿地斑块的数量分布情况（表5-10）。小型绿地斑块：绿地斑块面积在5 000 m^{2}以下的小型绿地斑块占绿地总面积的 23%左右，其中 1 000 m^2 以下的绿地斑块面积占绿地总面积的 12%左右；中型绿地斑块：绿地斑块面积在 5 000～50 000 m^2 的占所有斑块面积的 50%左右，其他斑块面积呈递减趋势，可以认为该区域内绿地斑块以中型绿地为主；大型绿地斑块：绿地斑块面积在 50 000～100 000 m^2 的大型绿地占所有斑块面积的 25%以上。

表5-10　南京市建邺区建成区域内不同面积的绿地斑块的数量分布情况

绿地斑块面积（m^2）	绿地斑块数量	绿地斑块总面积（m^2）	占绿地面积总量（%）
100以下	—	800 000	8.98
100～500	152	110 244	1.24
500～1 000	196	152 725	1.72
1 000～5 000	595	1 000 093	11.23
5 000～10 000	180	1 496 122	16.81
10 000～50 000	132	2 806 621	31.53
50 000～100 000	16	1 640 494	18.43
100 000以上	11	889 897	9.99

（2）定量化绿地系统格局特征分析

引入景观生态学的研究方法对研究区域内绿地系统格局特征进行分析。景观生态学中对于景观格局的应用主要是以不同景观指数对景观格局进行分析评价，并以此来建立系统格局和生态过程之间的联系。利用景观指数对景观格局进行评价是景观生态学定量分析的基本方法。

因此，对研究区域绿地系统格局的分析将采用景观格局指数进行描述，应用景观分析软件 Fragstats 4.2 对研究区域内绿地系统格局的特征计算相应的景观指数，并通过 GIS 将结果图示化。在研究范围内选择样本区域进行对比研究，从而判断不同景观指数与雨洪调蓄的关系。最后结合研究范围内城市内涝现状对研究范围内绿地系统格局进行综合评价，并以此评价为基础建立绿地系统格局与城市海绵效应之间的联系。

研究从绿地斑块规模及其分布特征两方面入手，选取相应的景观格局指数进行分析，并以此对研究区域的绿地系统格局特征进行描述。结合研究内容，选取以下 5 个景观指数：斑块类型面积、斑块密度、斑块破碎度、景观连接度和斑块内聚力指数，对南京市建邺区建成区域内的绿地系统格局进行评价（图 5-112）。

（3）定量化绿地格局海绵效应分析

在城市建成环境中，绿地系统格局对于城市海绵能力的影响主要体现在

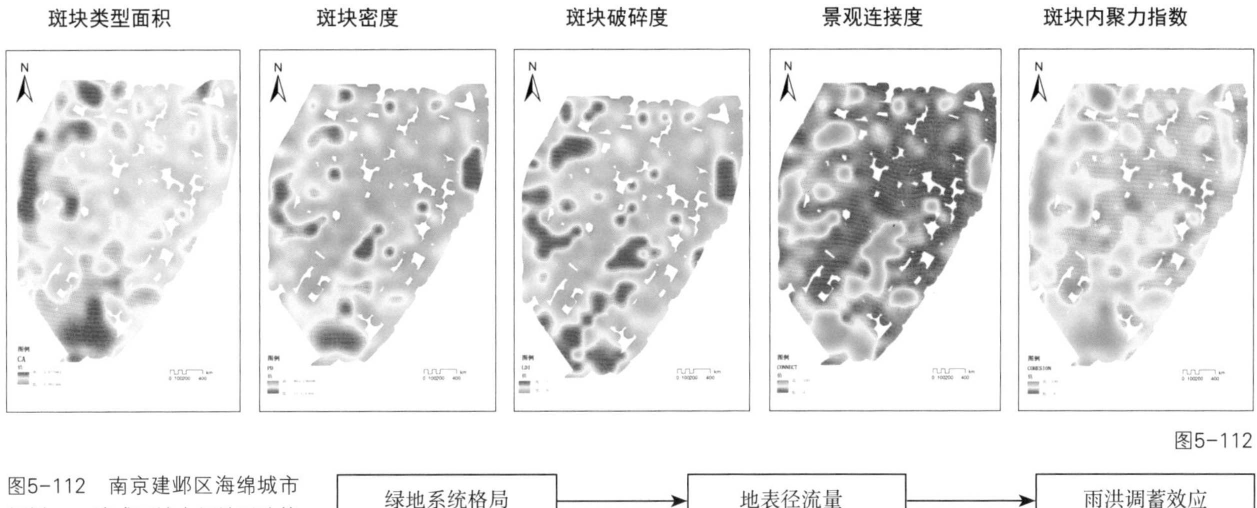

图5-112

绿地系统格局 → 地表径流量 → 雨洪调蓄效应

景观格局指数 ↑表现 绿地系统格局

下垫面特征 ↑决定 地表径流量

下垫面特征 → 景观格局指数

图5-113

图5-112　南京建邺区海绵城市规划——建成区域内绿地系统格局评价

图5-113　南京建邺区海绵城市规划——建成区域内景观格局指数与雨洪调蓄效应的关系

其具有的雨洪调蓄功能即对雨水径流的控制上，而对雨水径流控制的强弱最直接的体现就是径流量的变化。研究绿地系统格局的海绵效应也就是雨洪调蓄意义，将通过确定绿地系统格局和地表径流的关系来表现，地表径流越大则表示其雨洪调蓄效应越弱，地表径流越小则表示其雨洪调蓄效应越强。而影响城市地表径流最主要的因素就是下垫面的构成情况，从这个特点出发计算特定区域的径流量，并以此作为分析、判断绿地景观格局雨洪调蓄能力的变量。

研究区域内绿地系统格局的不均匀性与各个景观指数在研究区域中的不同片区的差异值密切相关。所以在本研究中，通过优化绿地系统格局减少地表径流，首先要分析不同的景观格局指数对地表径流的影响（图 5-113）。

为了能够进一步确定绿地系统格局特征和雨洪调蓄能力的关系，在研究区域中选择了 6 个布局规模、类型、结构不同且具有各自代表性的绿地片区作为重点研究片区（图 5-114）。

按照绿地、建筑屋顶、硬质铺装广场及道路和水系的区分提取出 6 块片区的下垫面概化图，并以此为参考进行片区的径流量计算。为了明确径流量和下垫面条件的对应关系，在此引入雨水设计流量计算公式：

$$Q = \Psi q f$$

式中：Q——雨水设计流量（L/s），指单位时间内降雨在下垫面产生的雨水径流量；Ψ——径流系数，其值常小于 1，指径流量与降雨量的比值，研究区域的平均径流系数按照地面种类加权平均计算；q——设计暴雨强度［L/

图5-114　南京建邺区海绵城市规划——建成区域内重点研究片区位置

（s·ha）]，指某一连续降雨时段内的平均降雨量；f——汇水面积（ha）。

平均径流量的取值即为单位时间内降雨在下垫面产生的雨水径流量和区域面积的比值（图 5-115），对 6 块片区的景观格局指数进行计算，结果如表 5-11 所示。

①斑块类型面积指数评价

斑块类型面积（CA）表示的是在研究范围内的所有绿地斑块类型面积之和，在进行计算时表示的是每公顷中绿地斑块的面积之和，因而 CA 值的计算可等同于绿地率的计算。在同等面积的城市建成区域内，绿地是径流系数最小的下垫面类型，相比其他下垫面类型，其雨洪调蓄效应最强。因而绿地率越高，则地表径流量就越小

片区编号	下垫面概化图	下垫面统计结果	平均径流量计算结果（mm）
1		绿地占比：35.9% 建筑屋面占比：11.4% 道路场地占比：52.7%	137.13
2		绿地占比：23.4% 建筑屋面占比：11.3% 道路场地占比：65.3%	154.84
3		绿地占比：20.5% 建筑屋面占比：12.8% 道路场地占比：66.7%	160.68
4		绿地占比：33.7% 建筑屋面占比：15.7% 道路场地占比：50.5%	143.15
5		绿地占比：25.6% 建筑屋面占比：13.2% 道路场地占比：61.2%	153.2
6		绿地占比：26.2% 建筑屋面占比：12.8% 道路场地占比：61.0%	152.06

图5-115　南京建邺区海绵城市规划——片区平均径流量计算结果

表5-11　各片区景观格局指数计算结果

片区编号	CA/ha	PD	LDI	Connect	Cohesion
1	3.59	58.7	0.47	81.57	28.13
2	2.34	25.9	0.27	77.64	19.88
3	2.05	28.27	0.36	82.22	25.33
4	3.37	5.5	0.62	89.23	34.12
5	2.56	29.3	0.22	70.29	19.29
6	2.63	12.0	0.76	76.31	29.17

同时，为了验证此原理，依据样本计算结果利用 SPSS 软件对因变量径流量和自变量 CA 值进行线性回归分析（图 5-116）。即使在样本特征中构成下垫面的建筑屋面积和道路广场面积占比不同，但 CA 值的大小仍然和径流量的大小呈现非常肯定的负相关性，也就是对径流量的控制能力呈正相关性。因此，CA 值越低则表示相应的绿地率就越低，即绿地规模越小，产生的径流量就越大，也就表示该区域内绿地的雨洪调蓄能力越弱。因而，CA 值与雨洪调蓄能力呈现正相关性。

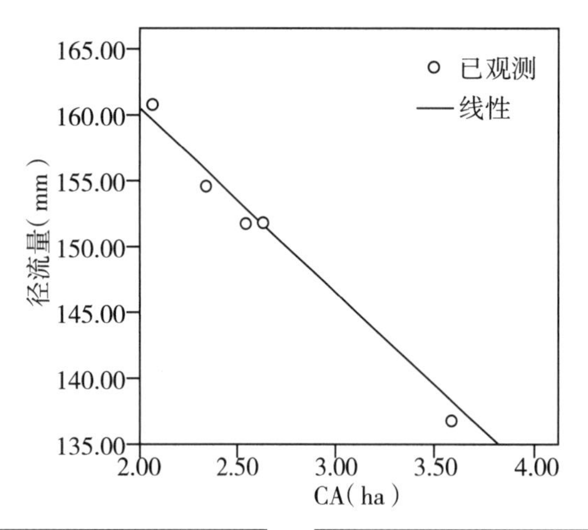

图5-116　南京建邺区海绵城市规划——片区绿地斑块类型面积CA和径流量大小的线性回归分析

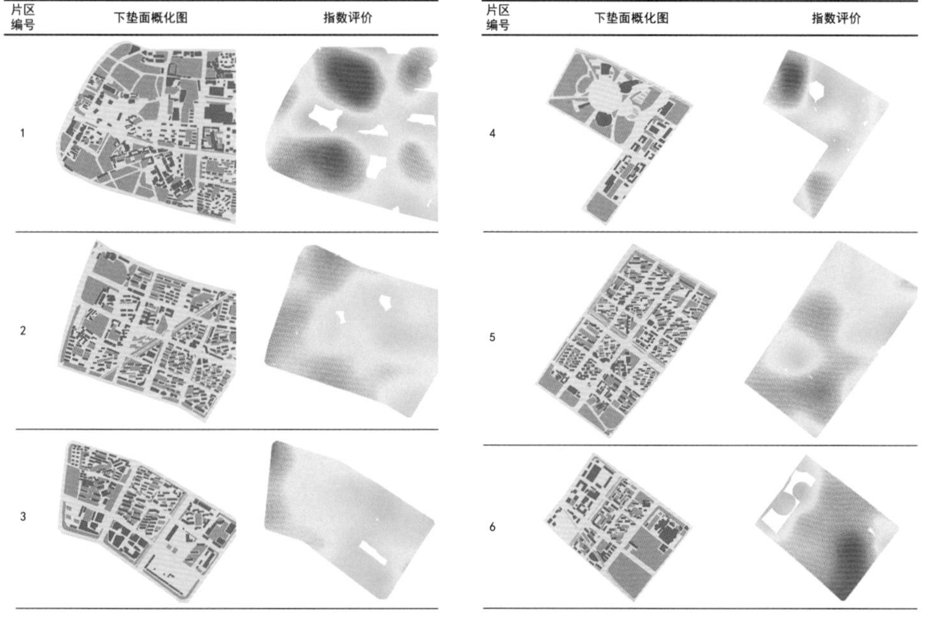

图5-117　南京建邺区海绵城市规划——6块片区斑块类型面积分析

对 6 块片区斑块类型面积评价图进行对比分析，在评价图中颜色越红，表示斑块类型面积指数越高（图 5-117）。斑块类型面积较高区一部分集中在公园绿地占主要的区域，而作为公共设施附属、居住区附属等附属绿地占主要的区域斑块类型面积较低；另一部分则集中在未建区。在城市建成区域中，对大中型绿地斑块重点进行优化，充分发挥公园绿地作为区域级主要的洪峰控制手段。因为一般大中型绿地具备更充分的改造条件，可以考虑从建设下凹地形与加强和公园湖泊的结合方面加强对雨水的传输和滞纳。

②斑块密度指数评价

斑块密度（PD）值表示的是研究范围内绿地的斑块的密度。PD 值对于径流量的影响没有 CA 值直接，但是在具体的城市建成环境中，因为建成环境的硬质广场和建筑具有一定规模，绿化率必然固定在一定的范围里，此时 PD 值则具有了意义。PD 值的大小主要反映单位面积中类型板块的数量，在同等面积和同等绿地率的建成环境中，绿地斑块密度越大则表示绿地斑块数量越多。

图 5-118 左右两图中绿地斑块面积相同，但右图中绿地斑块密度（PD 值）更高。因为绿地斑块的分割，右图中不透水下垫面的破碎度也就高于左图。相应地，左图的硬质下垫面破碎度大于右图，被绿地斑块分割的硬质下垫面连续性被打断，也就减少了较大斑块面积的硬质下垫面。在城市暴雨条件下，越连续、面积越大的硬质下垫面越容易使暴雨径流一冲到底，暴雨径流汇集时间更短。因而在绿地规模相同时，当绿地斑块密度更大时，暴雨洪峰的到来更为延迟，也就是对雨洪的调蓄能力更强。因此在绿地规模相同的情况下，分散分布的小型绿地斑块暴雨径流的消纳力要大于集中分布的大片绿地。

结合 6 个片区下垫面概化图和斑块类型面积评价图的对比分析，评价图中颜色越绿，绿地斑块密度指数越高（图 5-119）。对绿地率相同的低建筑密

图5-118　南京建邺区海绵城市规划——片区绿地斑块密度（PD）分析

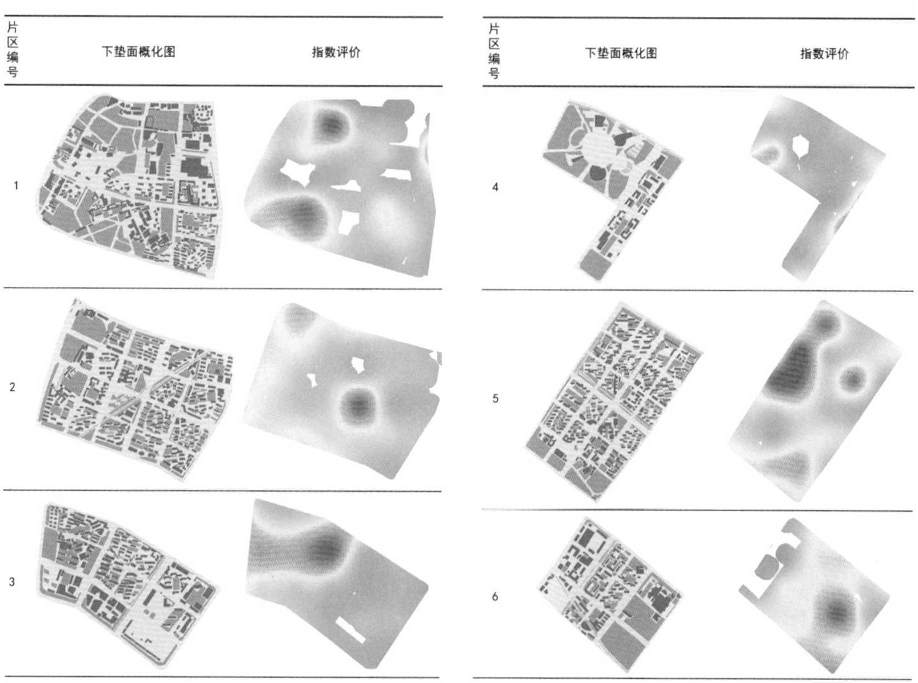

图5-119　南京建邺区海绵城市规划——6块片区斑块密度分析

度区域1片区与4片区进行比较，1片区绿地斑块密度指数高于4片区，径流量低于4片区，也就是PD值的大小和径流量的大小呈现负相关性，即与对径流量的控制能力呈正相关性。而对于如2片区、3片区和6片区这样的高建筑密度区域，绿地斑块数量更多、斑块规模更为细小、分布更为散乱的区域明显径流系数最强的建筑物分布更为密集，因此加权平均径流量系数更大，这也是造成这部分区域径流量更大的主要原因。这部分片区无法增设大面积绿地斑块，因此小型绿地斑块数量越多越能够对雨水进行调蓄。因此在面积相同、绿地率相同的建成环境中，因为PD值越大则绿地斑块密度越大，因此PD值与雨洪调蓄能力呈现正相关性。

景观密度PD表现城区中斑块分布状态、密集程度等。一方面，为减少城市地表径流，在相同的建设环境下可以将同等规模的城市绿地进行分散分布，打断硬质下垫面的连续性。另一方面，因为在小细斑块散乱分布的区域对应的是建筑密度更大的状况，因此可通过增加城市景观密度，在高建筑密度的建成区域中的大片不透水表面中增设小细斑块来提升其海绵效应的发挥。在这一层面上，更多的应该考虑在空间界面的变化上进行绿化建设，建筑屋顶绿化和垂直绿化墙面的做法对于截留雨水、减少地表径流汇集、加强雨水蒸腾效应行之有效，同时还可以软化整个空间界面。

③斑块破碎度指数评价

景观破碎度指数（LDI）表示的是研究范围内绿地斑块的破碎程度。区别于PD值仅仅对绿地斑块的数量进行描述，LDI值的计算还涉及了不同面积大小的绿地斑块占所有绿地斑块的数量比，因而范围内较大面积的绿地斑块在LDI值的生成中发挥主要作用。LDI反映的是单位面积内绿地斑块规模等级的丰富程度。

图5-120中，左右两图绿地斑块类型面积和斑块密度相同，但左图中绿地规模层次更为丰富，具有更大面积的绿地斑块。一方面，因为相对于小型绿地斑块，大型绿地斑块更适于改造，具有更强的雨洪调蓄能力；另一方面，因为绿地斑块层次规模更为丰富时对应的是不透水下垫面更为破碎的情况，绿地斑块破碎度更大对应的也就是与径流控制能力更强。因此在面积、绿地率、绿地斑块数量规模相同的建成环境中，LDI值的大小仍然和径流量的大小总体呈现负相关性，也就是与对径流量的控制能力基本上呈正相关性。因此，LDI值越大表示绿地斑块破碎度越大（绿地斑块的规模等级越丰富），则对径流量的控制能力越强，即LDI值与雨洪调蓄能力呈现正相关性。

因为景观破碎度反映的是单位面积内绿地斑块规模等级的丰富程度，所以景观破碎度的分析在局部区域级以上的范围内才具有意义。结合6块片区景观破碎度评价图的对比分析，评价图中颜色越红，表示绿地斑块破碎度指

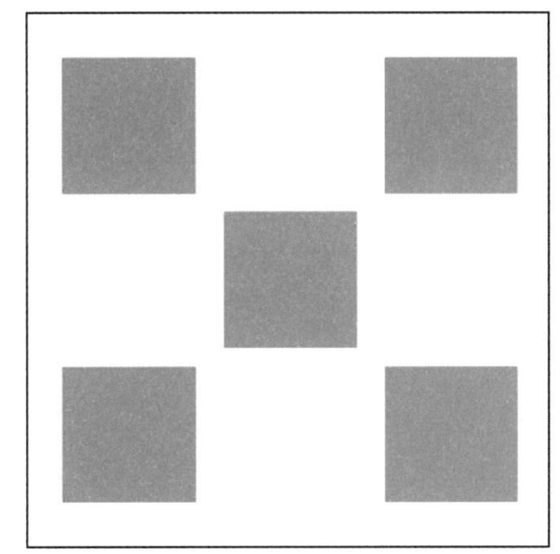

图5-120　绿地斑块破碎度（LDI）分析

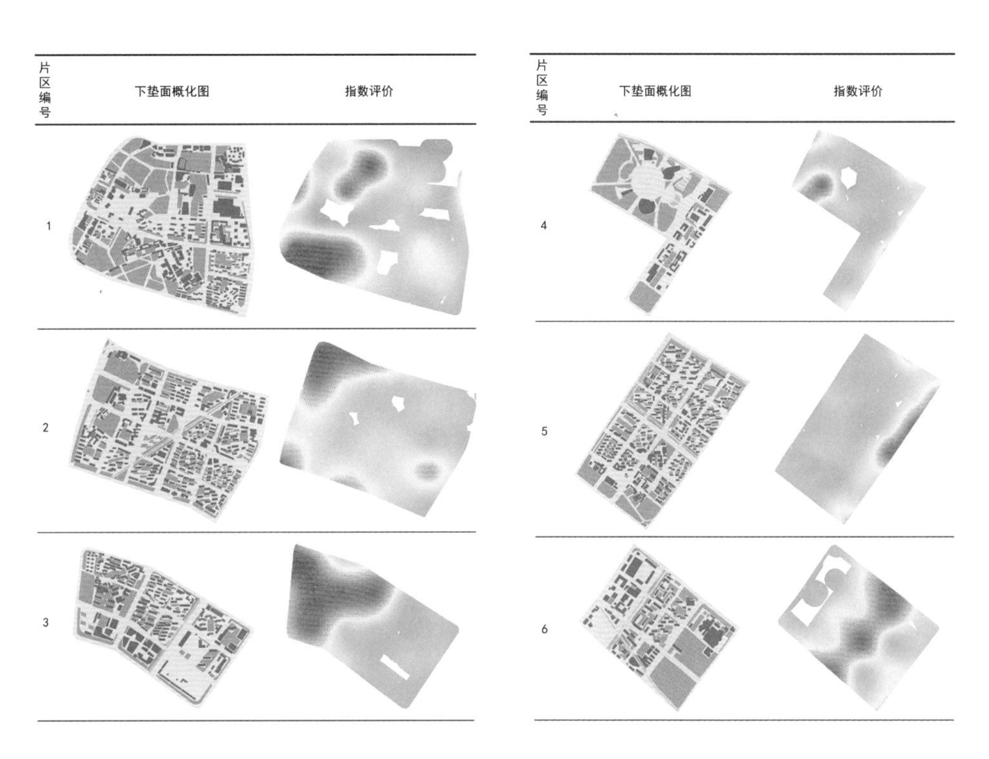

图5-121　南京建邺区海绵城市规划——六大片区斑块破碎度分析

数越高（图 5-121）。在同等规模的建成环境中，绿地斑块的规模等级更为丰富的区域一般对应的就是硬质建设量较低、绿地分布更为自由也就是绿地率更高的情况。因此从减少城市径流量的角度出发，应增加城市景观的丰富度，使不同类型的绿地斑块交错分布，尽量避免绿地斑块密度较低的城市用地类型连续分布，而且增设街头绿地和城市公园可以有效减轻城市内涝。

④斑块连接度指数评价

景观连接度（Connect）值表示的是研究范围内绿地斑块在空间上的连接程度（图 5-122）。一方面，当绿地斑块连接度增强，不透水下垫面的连续性被打断，被绿地斑块分割的硬质下垫面将更为破碎，在暴雨径流形成时雨水径流的快速汇集被绿地打断，雨水径流更易被延滞；另一方面，建成环境中

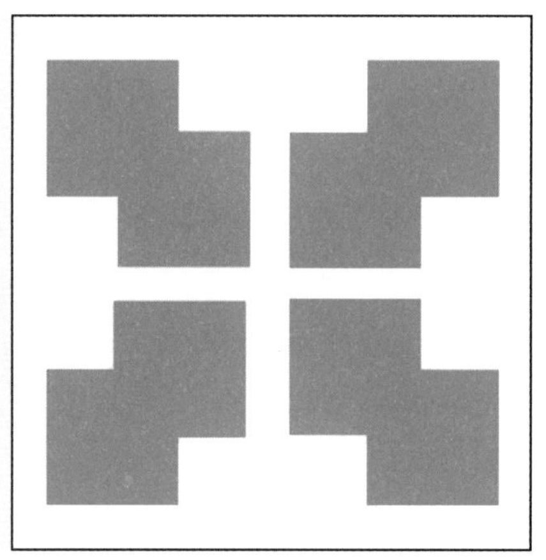

图5-122　片区绿地斑块连接度（Connect）分析

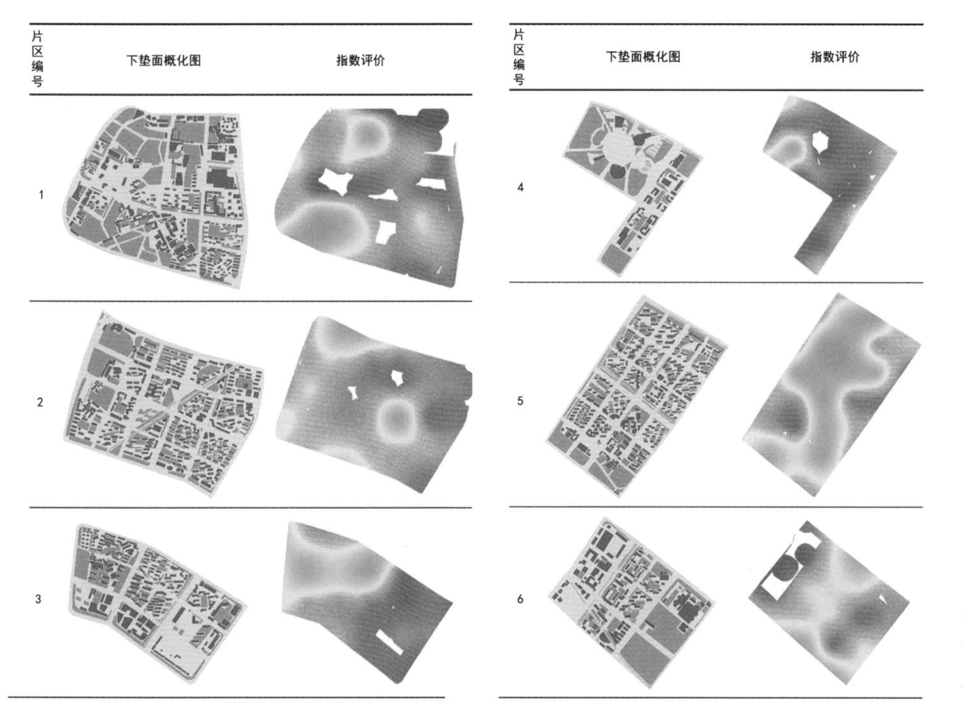

图5-123　南京建邺区海绵城市规划——6块片区景观连接度分析

的雨水基本是就近处理，固定值的绿地可以调蓄固定范围内的地表雨水，雨水不可能在绿地斑块不连续的情况下从附近的绿地斑块传递到另一绿地斑块进行处理，而当绿地斑块的连接度增强，雨水越就近处理，效果就越突出，分布连接的绿地斑块更能够对附近范围内的地表雨水径流进行控制，雨水更易被调蓄。因此，Connect 值越大则表示对径流量的控制能力越强，Connect 值与雨洪调蓄能力呈正相关性。

结合 6 块片区的景观连接度评价分析可见，评价图中颜色越绿，表示绿地斑块连接度指数越高（图 5-123）。景观连接度更高、绿地斑块更为接近的区域也是被道路、建筑分割较少的区域。因此合理规划道路系统、削减城市建筑体量成为提升绿地斑块连接度的积极手段。此外，在城市景观中增加雨洪调蓄积极类斑块类型间的连接性，如利用城市建成环境中已建成的绿道系统和

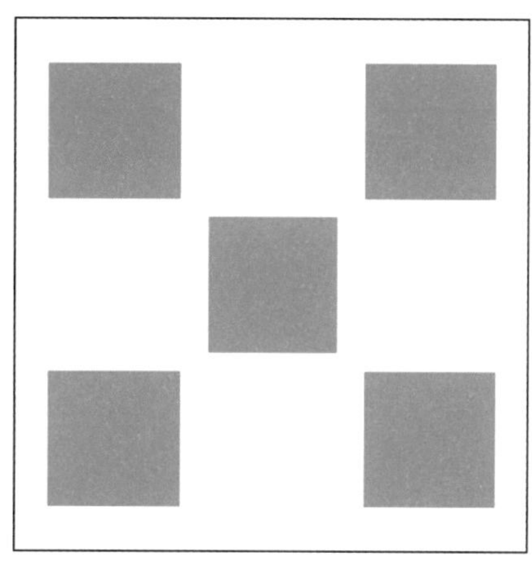

图5-124　片区绿地斑块内聚力指数(Cohesion)分析

河流湖泊等来连接景观中各类斑块可增加不同斑块类型间的连接度，景观中不同斑块类型汇集雨水又通过绿地下渗、河流湖泊外排等方式将雨水排出，以此减少地表径流的产生。对于城市易涝路段，在与道路接壤的硬质斑块周边布置一定规模的绿地进行地表径流的阻隔，能够减少进入道路径流的雨水量。

⑤斑块内聚力指数评价

斑块内聚力指数（Cohesion）值表示的是研究范围内绿地斑块的集中程度。该指数值越高表示绿地斑块的分布越集中，该指数越小的区域绿地斑块分布越离散。

图 5-124 中，在绿地斑块的斑块类型面积、斑块密度和破碎度相同的情况下，左图绿地斑块的内聚力指数远高于右图。绿地斑块作为建成环境下垫面类型中的优势斑块，具有团聚效应，在进行雨洪调蓄时有斑块间的距离阈值，斑块间距离大于距离阈值时则不利于地表径流的排出。所以斑块团聚程度越高，其对雨水的滞留能力也越强，因此内聚程度高的绿地斑块对径流量的控制能力更强，Cohesion 值和雨水调蓄能力弱呈正相关性。

结合 6 块片区斑块内聚力评价图可见，评价图中颜色越绿，绿地斑块内聚力指数越高（图 5-125）。绿地斑块内聚力更高的区域一般也是绿地率更高的区域，且周边也有很大的可能性布置有面积较大的不透水下垫面。增加景观影响径流的优势斑块团聚程度，对雨水的滞留效果越大，能够延缓洪峰时间，减小地表径流。在城市建成环境中，重点在于汇水线的末端、具有排雨劣势的下洼处和面积较大的不透水下垫面周边布局具有一定规模团聚状的绿地来布置高效的雨洪调蓄措施。

在景观区域中形成以较大斑块为主的景观布置，如公园中形成以绿地为主的优势斑块，充分发挥绿地系统对雨水的截留、蓄渗和净化等能力，能够有效降低地表径流洪峰流量，减少洪涝灾害的发生；而在本来就主要分布着细小绿地斑块的附属绿地，如居住区绿地、交通附属绿地，则应在其中适量引入

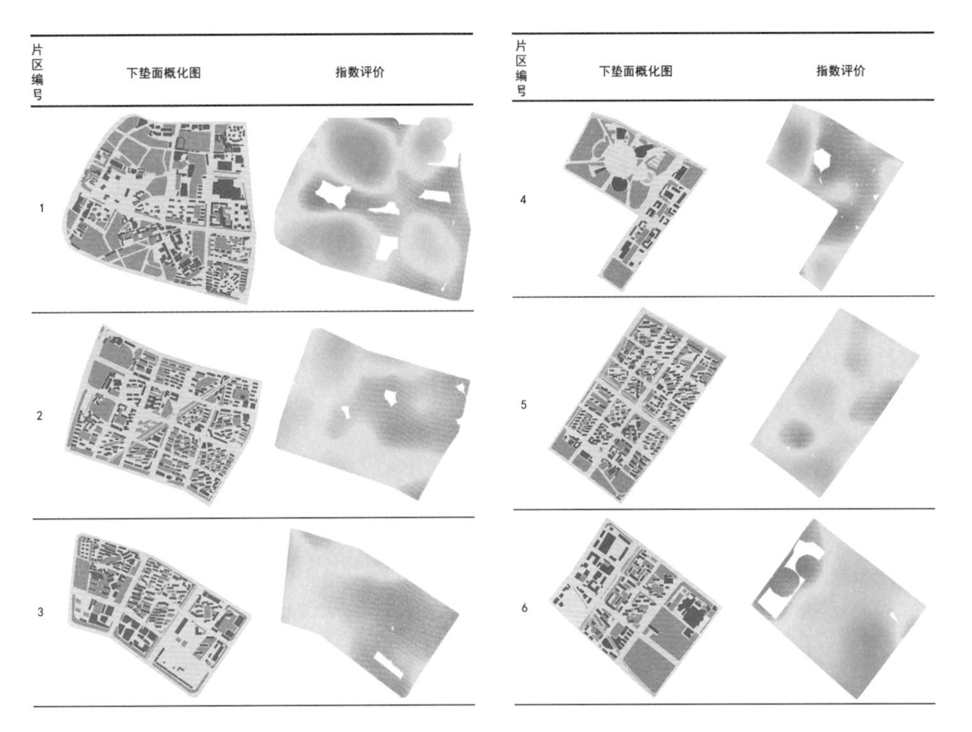

图5-125 南京建邺区海绵城市规划——6块片区斑块内聚力分析

中型绿地，和原本的细小型绿地斑块共同构成片区绿地系统对雨洪进行调蓄。

（4）海绵城市建设的绿地系统格局的优化

城市绿地系统格局的优劣是对应地区雨洪调蓄能力大小的必要非充分条件，在城市易涝点、易涝路段中总结其主要引发原因是用地地形低洼及周边排水系统排水能力不足，因此对区域绿地系统格局与城市内涝点的分布进行综合分析，通过对绿地系统格局的优化来提升内涝点对应片区的雨洪调蓄能力能够减轻内涝点内涝状况（图 5-126）。

研究区域的西部及南部绿地斑块面积较大，绿地斑块规模层次丰富。同时，研究区域西部及南部存在较多内涝点及内涝路段，绿地具有很大的改造潜力，可以对绿地系统格局进行优化从而提升研究区域的雨洪调蓄能力。

在研究区域中，雨洪调蓄功能更好的绿地彼此间被不透水下垫面分割，大片绿地间连接性较差，绿地不能充分发挥其团聚效应。同时带状分布的道路交通绿地和河流水系绿地等能够发挥连接传输雨水作用的绿地形式并未对研究区域内的绿地系统格局起到良好的连接作用。

在研究区域中，绿地雨洪调蓄能力较差的部分通过道路、广场等彼此连接，面积规模较大，且多分布于道路周边，道路对这些雨洪调蓄能力较差的部分起到了连接、聚集作用，大大增加了不透水下垫面的连接性，内涝发生频率也随之增高。

对于建成区域绿地系统格局改善的主要途径，在于通过绿地系统格局的调整优化，使不同类型的斑块之间形成良好的镶嵌结构，丰富城市景观的空

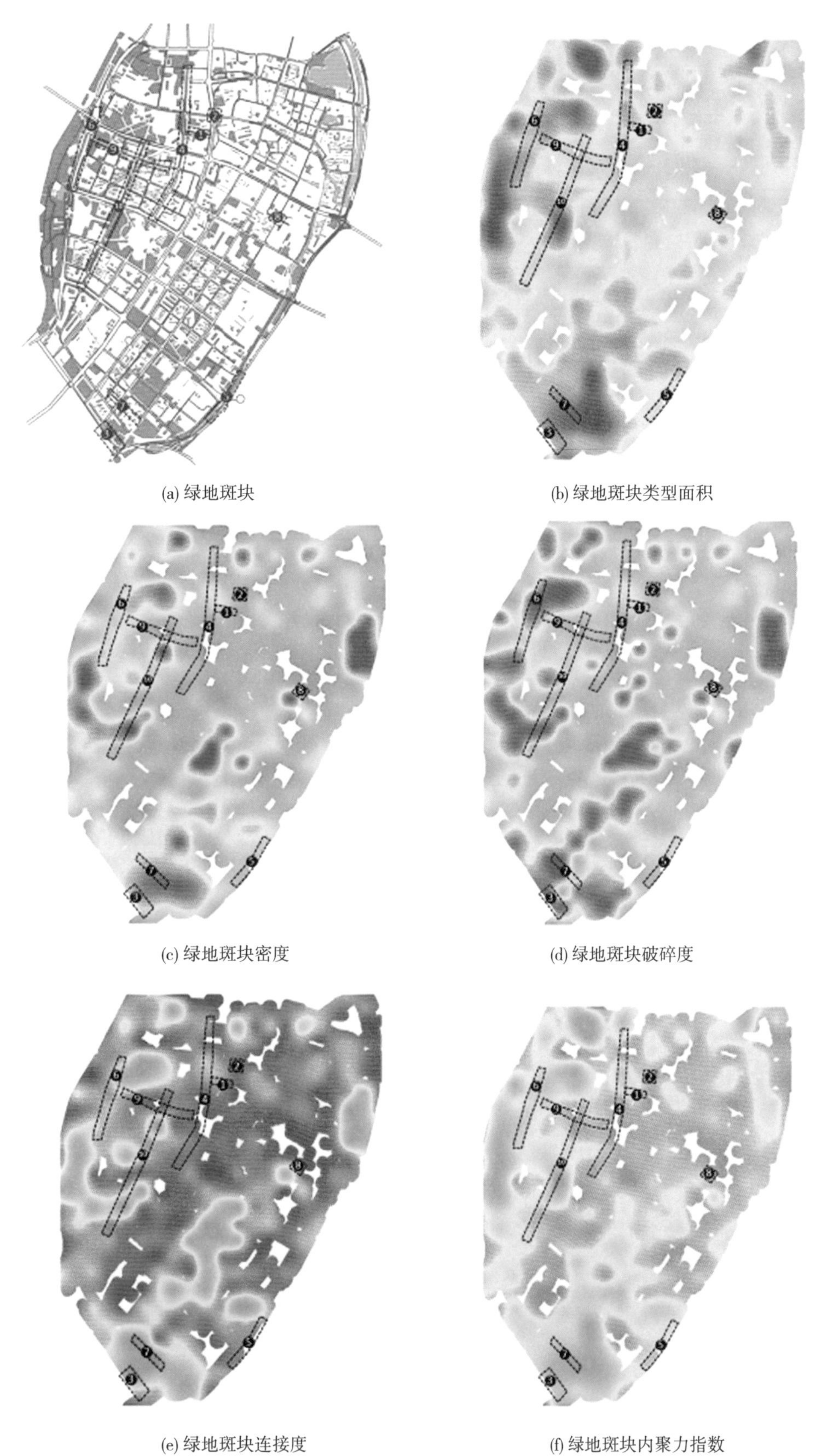

(a) 绿地斑块

(b) 绿地斑块类型面积

(c) 绿地斑块密度

(d) 绿地斑块破碎度

(e) 绿地斑块连接度

(f) 绿地斑块内聚力指数

图5-126　南京建邺区海绵城市规划——研究区域绿地系统格局与城市内涝点分布

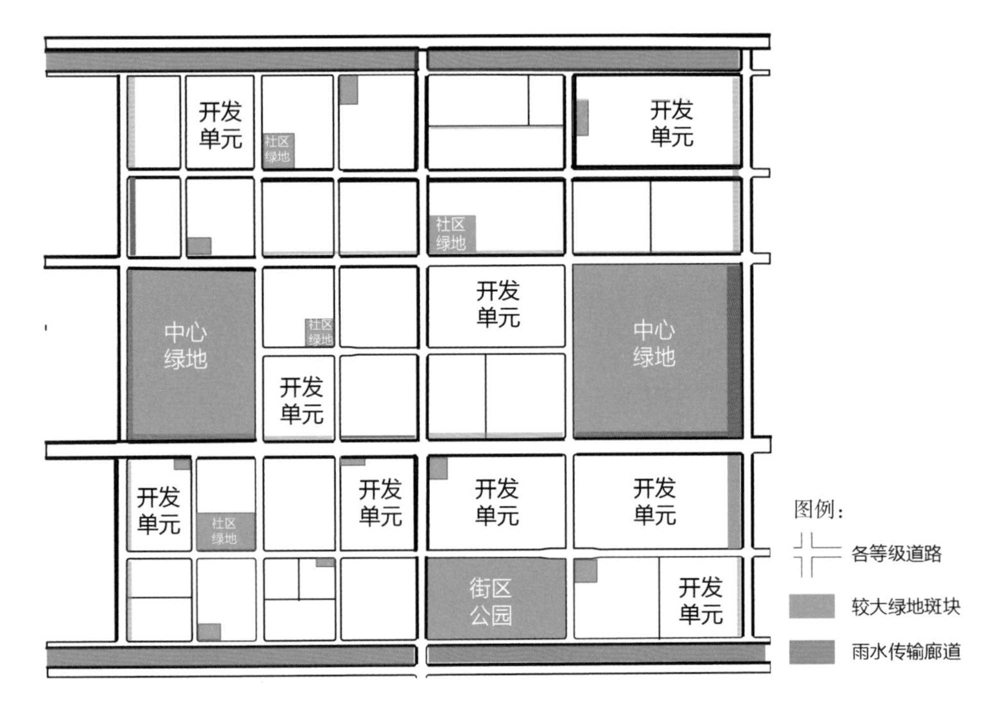

图5-127　南京建邺区海绵城市规划——绿地系统镶嵌结构示意图

间分布与布置。利用绿地系统、不同雨水下垫面和河流湖泊等不同斑块之间的相互作用，一方面加强优势斑块的自然多元化，尽量达到雨水就近处理的目标；另一方面雨水调蓄优势斑块相互连接，切分阻隔雨水调蓄劣势斑块，增强雨水生态滞留能力，而绿地斑块和城市内河相互交错、相互连接，使得绿地与河流成为互通的调蓄设施，以此合理外排过量雨水来控制地表径流（图 5-127）。

对于研究区域内的城市建设概况和绿地系统格局现状，提出以下两条主要的改善途径。

①对现有研究区域内绿地系统格局中绿地斑块和绿色廊道的联系进行重构

目前研究区域内以河西中央公园、滨江公园、奥体中心公园、绿博园、莫愁湖公园和南湖公园为主的几个大型绿色斑块之间没有绿色廊道进行连接，研究区域内雨洪调蓄功能较好的区域相互之间被硬质下垫面分割，区域级别的绿地无法容纳局部区域级别的雨水溢流，也就是无法调节对应的大型降雨。

对此，进行优化的首要策略就是识别研究区域级别中可以作为绿色廊道的绿色构成要素，通过降低其高程、设置植草浅沟、改造为下凹绿地等方式增加其连接度来改造成为雨水廊道，在发生大型暴雨时通过雨水廊道将超出场地或局部区域级别蓄存能力的雨水径流进行传输，进入大型雨洪调蓄设施也就是大型绿地和其中的林地、湿地和河流湖泊等进行滞蓄消化，最终在研究区域内形成由场地级别、局部区域级别和区域级别等多尺度的绿地雨洪调蓄系统，对不同级别的城市降雨进行调蓄。

②利用绿地系统的优化对研究区域内不透水下垫面部分中的斑块和廊道的联系进行解构

研究区域内现有城市建成环境的建设程度较高，不透水下垫面的建设规模同样较高，这就导致了城市现有不透水下垫面的连接程度较高，同时交通道路作为不透水下垫面的连接廊道在雨水径流的产生中发挥着重要影响。并且由于道路高程通常较低，城市内涝在道路周边更易发生。

对此进行优化的主要策略就是通过改善城市绿地系统格局来改善城市道路周边绿地的雨洪调蓄能力。在连续大面积硬质下垫面的雨水传输途径中，增设绿地系统进行阻隔，提高不透水下垫面的破碎度，增加雨水径流在路面传输中的阻力，切断交通道路的雨水传输廊道作用，最终使研究区域中雨洪调蓄能力较差的区域相互孤立、彼此分离。在暴雨情况下雨水可以在附近绿地中就近处理，延长雨水滞留于绿地中的时间。

5.3.1.2 大丰市高新技术开发区海绵系统规划

盐城大丰市高新技术开发区规划面积约 30 km^2，目前已实施约 15 km^2，东至大丰干河，西至五一河，南至二卯西河，北至疏港路。规划在分析大丰市高新技术开发区现状水文、竖向基础上，梳理既有自然水系，根据水文计算适当开挖河湖沟渠、增加水面与绿地面积，充分发挥自然水系、绿地的存蓄水功能，构建水绿交融的绿色基础设施网络。水系在常水位时，规划区内水面总面积可达 118 万 m^2，利用自然水系可调蓄场地内约 378 万 m^3 地表径流，降低了规划区内涝风险，同时增强了不同地块间的物质循环与能量流通。

（1）规划设计主要任务与目标

由于大丰高新技术开发区是建立在高盐碱土地上的，因此原场地盐碱化严重。为了达到降碱以满足绿化栽植和植物生长需要的目的，本规划通过人为调整竖向变化，在工程中大量采取了下凹式的河道、湖泊，并结合隔碱技术和雨水的淋溶，形成了自然降碱术，同时也形成了多达 378 万 m^3 的下凹空间。这样既可以很好地起到削减雨洪的效应，也有效地改良了土壤，降低了盐碱化程度，满足了植物的生长需求。规划后城市的主次干道均与河道相邻，大面积的绿网结合河网而生，实现了水绿的交互和渗透，具有高度的一致性。也鉴于此极具前瞻性的水绿规划模式，大丰高新区绿地格局连通性极佳，很好地实现了水与绿的耦合和交融。

（2）数字技术与方法

景观格局主要是指景观的空间格局，即一系列大小、形状、类型各异的景观要素在一定时空范围内形成的空间结构特征，是景观异质性的具体体现，也是各生态过程在不同尺度上作用的结果。景观格局的变化和发展是自然过程和人为干扰等多种因素相互作用的综合反映，实现一定的生态功能需要相应的景观格局或结构的支持，并受景观格局的结构特征的制约和影响，而景观格局的形成和发展也会受到景观功能或生态过程的影响。已形成的景观格局对生态过程具有控制作用，景观单元的内部过程在一定程度上决定了单元的个体行为，而景观单元的空间组合则会影响景观的整体水平。景观格局一旦形成，构成景观的景观要素的大小、形状、类型、数目及其结构特征对生态过程将产生直接或间接的影响，从而影响景观的功能。

景观格局指数是反映景观结构组成和空间配置特征的定量指标，因此，可依据景观格局分析方法，运用景观指数法和空间统计学方法分析绿地景观格局，在看似无序的复杂城市系统中发现潜在的绿地结构特征及其分布规律，从而实现对城市绿地结构关系与作用机制的分析。

采用的核心数字技术包括借助遥感技术（RS）提取城市下垫面与绿地斑块，初步分析城市下垫面分布特征；通过构建包括 PLAND（斑块类型所占比例）、NP（斑块数量）、SHAPE（形状指数）、CAI（核心面积指数）、PROX（邻近指标）、FNN（功能最邻近距离）、AI（聚合度）、CONTAG（蔓延度）、DIVISION（分离度）等十余种斑块及景观类型指标的景观格局指数模型，运用景观指数法及空间统计法分析绿地景观的组成、类型、空间分布总体特征（图 5-128、5-129）。

图5-128　大丰市高新技术开发区海绵系统规划——景观格局指数分析

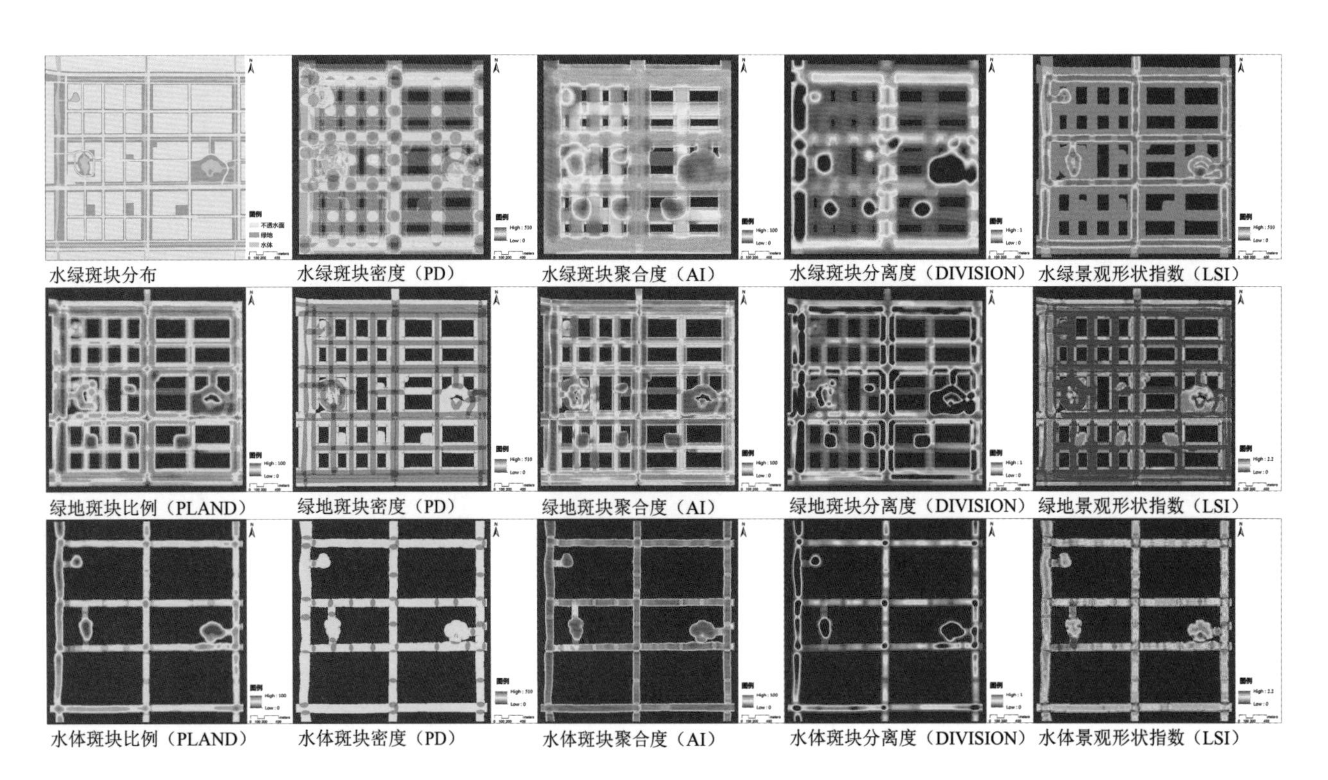

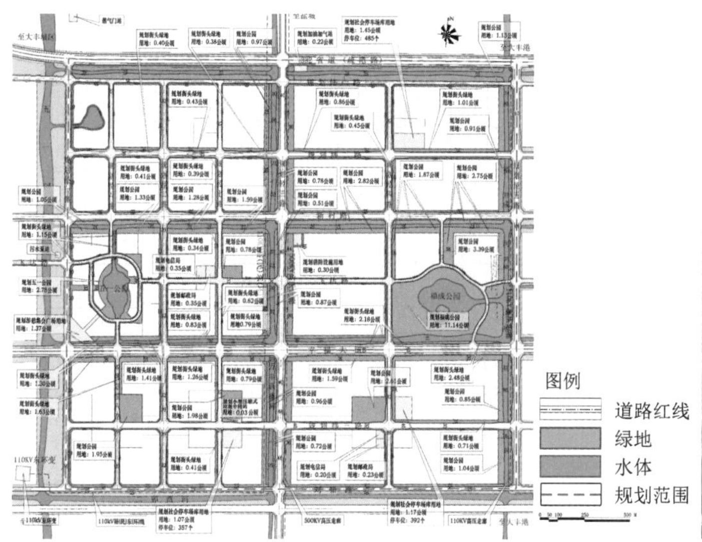

(a)大丰市高新区绿地规划图

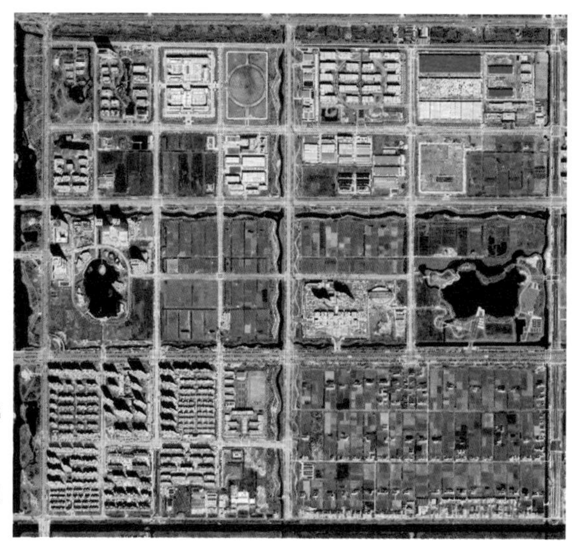

(b)大丰市高新区规划后卫星影像

图5-129 大丰市高新技术开发区海绵系统规划——规划设计成果

5.3.2 海绵城市设计

海绵城市设计针对不同地理区位的城市内涝、绿化缺水、水污染等问题，因地制宜，根据不同地域的降雨、土壤、地形等特征，提倡构建符合城市特定气候、地理环境的“收水—用水”一体化雨水管理体系，将地表径流削减与雨水积存利用充分有机结合，形成一套行之有效的雨水收集处理、集中分配、传输净化、缓释灌溉等功能的雨水系统，使城市内涝及绿化缺水问题得到有效解决，实现城市“雨水—景观—生态”多目标的综合。

系统建构城市海绵系统可基于全过程定量研究，运用GIS与SWMM等软件平台对城市竖向及水环境进行综合分析，科学设计海绵系统，结合传感器、物联网等自动化监测装置实时传输系统工况，编写专用计算机程序以及移动APP，通过智能终端设备实时监测系统运行。以定量研究成果支持城市水环境分析评价、海绵系统规模与设计、海绵设施确定及绩效评估等，提高海绵城市建设的客观性、科学性和精准性，定量研究对于海绵城市建设具有重要意义。

5.3.2.1 南京天保街生态路实践

天保街位于南京河西新城南部地区，北起滨江大道，南至新河路，全长约1 600 m，本项目是其中扬子江大道至燕山路之间的路段，全长567.5 m。本项目作为生态示范道路的研究及工程实践，首创城市道路雨水管理与利用海绵系统，将路面排水、集水和绿化灌溉用水有机结合，构建了一套适用于城市道路的海绵系统，对海绵城市道路建设具有示范作用与实践指导意义。

1）规划设计主要任务与目标

项目聚焦城市道路水环境旱涝问题及其产生机制，寻求系统解决城市道路水环境问题的策略及设计途径，利用城市道路的海绵系统统筹解决城市的旱涝问题；提倡符合城市特定气候、地理环境的“收水—用水”一体化雨水管理体系，将地表径流削减与雨水积存利用充分有机结合，形成一套行之有效的雨水路面收集处理、集中分配、传输净化、缓释灌溉等功能的雨水系统。

本项目旨在构建完整的城市道路雨水管理系统，实现场地地表径流控制、雨水收集及资源化利用、生境优化等多重目标，系统解决城市道路旱涝问题，统筹改善城市道路水环境，实现城市道路“雨水—景观—生态”多目标耦合的设计效果，为海绵城市建设提供良好的范式和参考。

2）数字技术与方法

（1）工作重点

基于水绿耦合原理，研发针对中国城市道路水环境特征的生态路海绵系统和环境监测系统，并应用于天保街示范段的生态路海绵系统规划设计，针对机动车道、非机动车道、人行道分别采取不同设计策略：透水路面、集水边沟、自然渗透蓄水模块等系统技术，提出多目标优化的城市道路海绵系统构建和绩效量化研究方法，并实现规划设计全过程的科学定量、实时监测，以确保完成系统运行绩效。

（2）数字技术方法与应用

①定量化生态路示范段设计前期分析

根据南京地区地理气候基础数据，运用 GIS 与 SWMM 分析竖向、确定海绵设施规模、模拟设计前后道路水环境状况（图 5-130）。

②生态路海绵系统构建

南京天保街生态路系统由路面雨水渗透系统、雨水收集分配系统、雨水存储利用系统及海绵绩效监测系统 4 部分组成（图 5-131）。

a）路面雨水渗透系统

传统城市道路路面主要采用雨水口点式集中排水方式，当降雨量较大时，地表径流若无法及时汇入雨水口并顺利排出，则易在路面形成积水，影响车辆及行人交通安全，且在低洼地段极易形成内涝。南京天保街生态路系统由传统点式收集排水方式改成面式渗透，极大地提升了路面排水效率。机动车道为保证重载车辆行车安全，路面雨水渗透系统采用面层 40 mm 透水沥青，透水沥青面层下为普通沥青层和水稳层，与普通沥青道路做法一致，确保道路强度及承载能力。当雨水渗入面层透水沥青后，在道路横坡的作用下向边沟流动，经过特殊设计的边沟盖板相互拼接后，在侧面形成过水槽口，雨水可通过该槽口进入边沟。机动车道的整个排水和收水过程均在路面层内完成，不会形成地表积水与径流。非机动车道采用道路面层、基层全透水方式，雨水

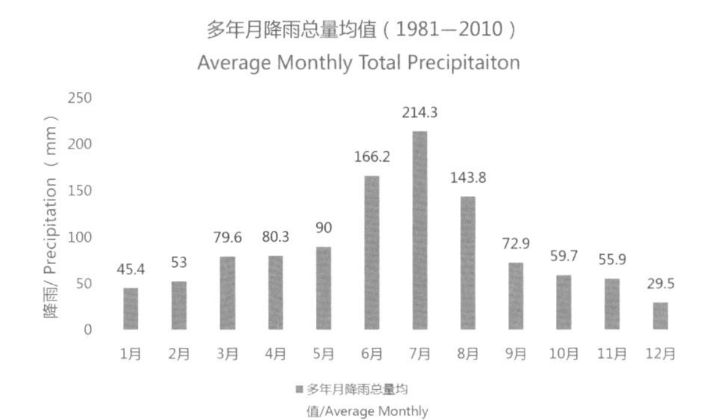

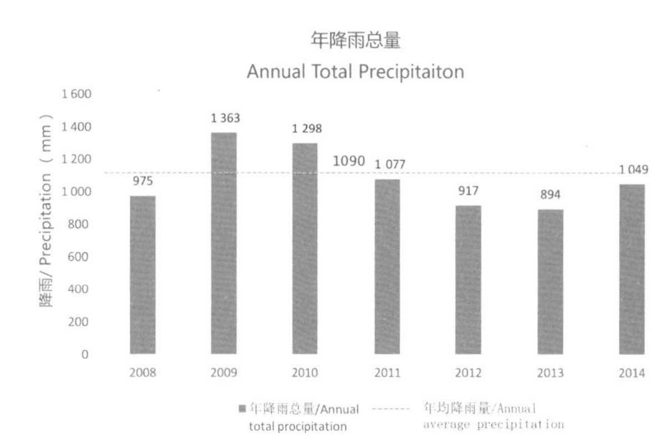

土壤分类 Soil Classification	饱和下渗率（m/s） Sautrated Hydraulic Conductivity	毛细水头（ft） Suction Head
黏土 Clay	7.06E-08	12.6
粉质黏土 Silty Clay	1.41E-07	11.42
砂质黏土 Clay Silt	1.41E-07	9.45
粉黏质壤土 Silty Clay Loam	2.82E-07	10.63
粘质壤土 Clay Loam	2.82E-07	8.27
粉土 Silt		
粉质壤土 Silt Loam		
壤土 Loam	9.17E-07	3.5
砂质壤土 Sandy Loam	3.03E-06	4.33
壤质砂土 Loamy Sand	8.33E-06	2.4
砂土 Sand	3.34E-05	1.93

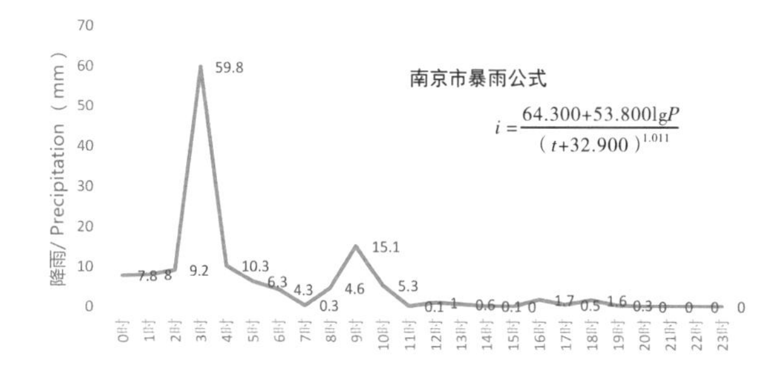

图5-130

图5-131

图5-130　南京天保街生态路实践——设计前期分析

图5-131　南京天保街生态路实践——生态路海绵系统及道路模型

降落至非机动车道后可直接渗透土壤。人行道为保证行人行走舒适采用面层不透水、基层透水的做法，雨水通过面层露骨料混凝土铺装自然拼缝渗透到垫层及土壤中（图 5-132）。

b）雨水收集分配系统

雨水收集分配系统由机动车道两侧集水边沟及集水井构成，以实现对雨

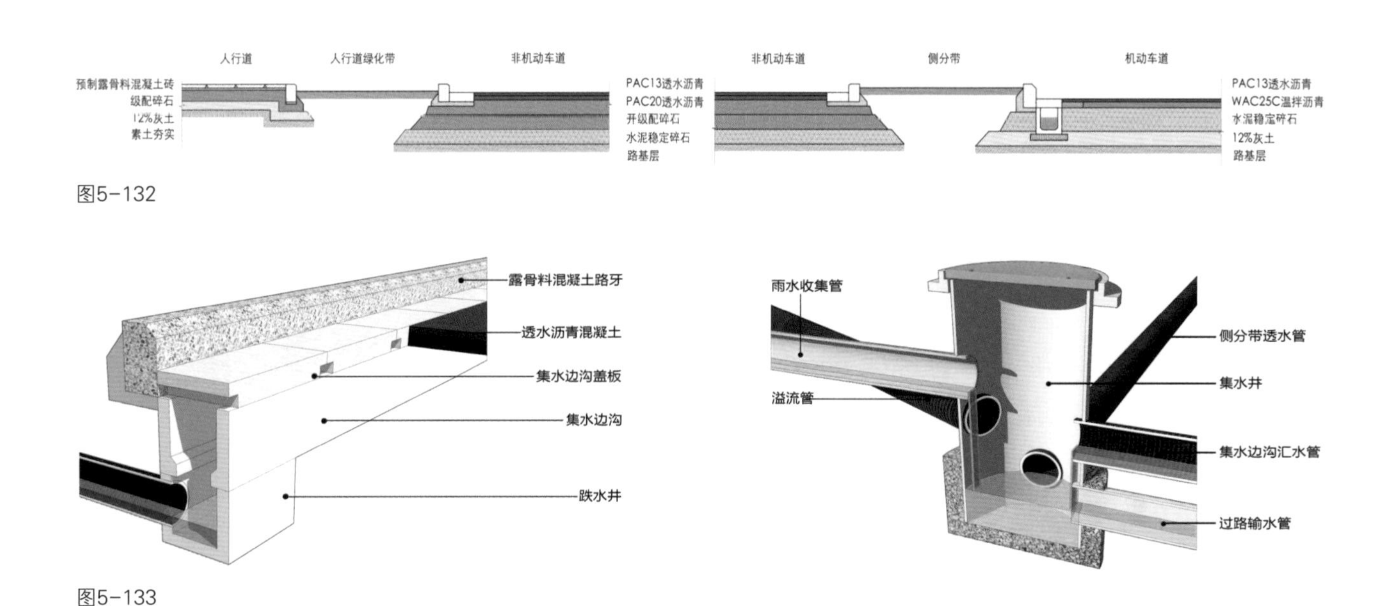

图5-132

图5-133

图5-132 南京天保街生态路实践——雨水渗透系统图示

图5-133 南京天保街生态路实践——雨水收集分配系统图示

水的高效收集及有序调节（图 5-133）。机动车道集水边沟内每隔 20~30 m 设跌水井，再通过汇水管将初步沉淀的雨水导入集水井中。集水井设置在侧分带内，是雨水收集、分配的枢纽，井深约 1.3 m，上层为进水管，包括连接集水边沟的汇水管和收集非机动车道下渗水的收集管；底层为出水管，包括预埋在侧分带土壤中的渗透管和向中分带储水模块输水的过路管；中间是与市政排水管网相接的溢流管。集水井收集到的雨水首先分配给渗透管和储水模块，当雨量较大时，储水模块注满，集水井水位上升，可由溢流管将过量雨水排出（2015—2017 年 3 年间仅有 1 天存在外溢记录，即 2015 年 6 月 27 日，当日降雨量达 247.4 mm。）另外，集水井底部打有数个直径 10 mm 的小孔，使一部分收集的雨水直接渗透至土层。

c）雨水储存利用系统

南京天保街生态路雨水存储空间由 3 部分构成：道路中分带储水模块，两侧集水边沟、集水井、雨水管道，路面 40 mm 透水沥青（图 5-134）。当场地降雨量较少时，透水沥青及集水边沟和集水井可将雨水收集消纳，当雨量较大时则通过过路输水管将雨水传输到埋设在中分带内的储水模块进行存储。储水模块为 PP 材料，即聚丙烯，是一种半结晶的热塑性塑料，具有较高的耐冲击性，机械性质强韧，抗多种有机溶剂和酸碱腐蚀。储水模块外侧包裹有滤水土工布和碎石层，可将储存的雨水缓释至周围土壤，满足中分带植被对水分的需求。另外，预埋在侧分带内的渗透管外部也用土工布和碎石层包裹，可使部分雨水渗透至侧分带土壤中，同样起到灌溉植被的作用。本生态路系统试验段采用的储水模块分段排列成条状，埋设在中分带内，每段长度约 30 m，覆土深度 0.9~1.0 m，横截面为 1.3 m × 0.8 m。

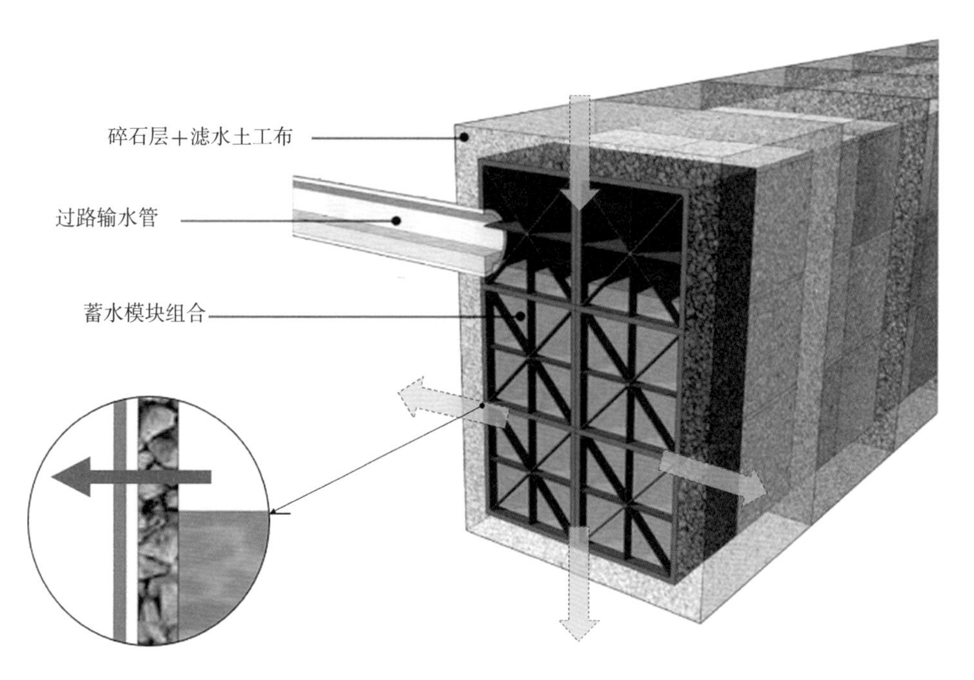

图5-134　南京天保街生态路实践——雨水储存利用系统图示

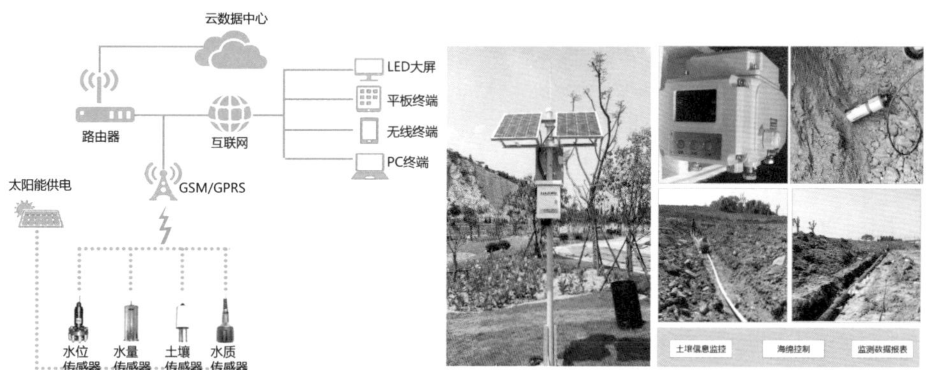

图5-135　南京天保街生态路实践——海绵绩效监测系统构成

d）海绵绩效监测系统

海绵绩效监测系统架构：

南京天保街生态路绩效监测系统由数据采集存储、数据远程传输及绩效监测平台终端三部分组成。基于物联网及传感器技术，绩效监测系统可实现对生态路海绵绩效24小时实时监测，设计及管理人员可通过电脑、手机APP客户端实时掌握区域降雨量、雨水收集量、中侧分带土壤含水量等雨水管理绩效数据。同时，在天保街生态路周边未采用雨水生态系统路段设立绩效监测对照组，对照组采用与生态路相同土壤含水量设备和参数，对其绩效进行实测验证（图5-135）。通过与对比段监测数据的比较，能够客观反映试验段生态路系统对土壤水分变化的影响。

海绵绩效监测平台：

海绵城市绩效监测平台是由东南大学数字景观实验室（江苏省城乡与景观数字技术工程中心）开发，用于海绵城市系统绩效评价及展示的客户端工具。

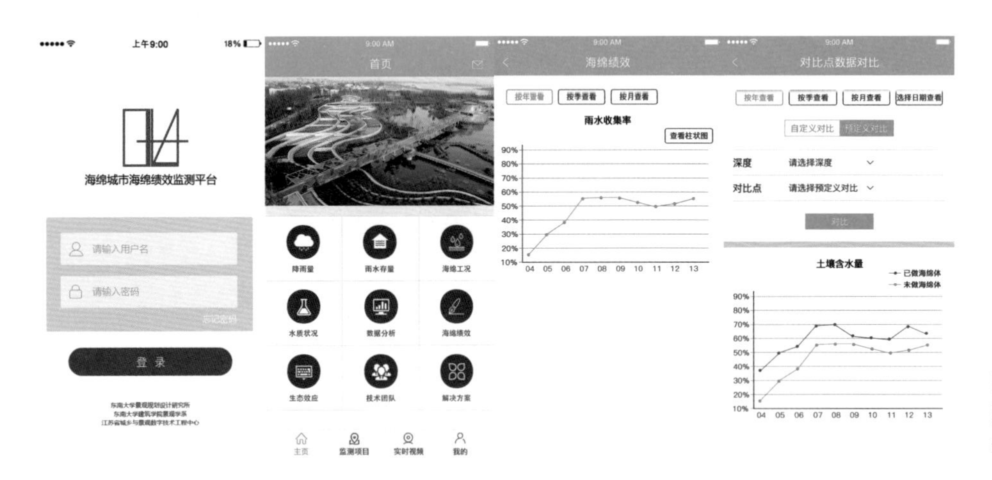

图5-136　南京天保街生态路实践——海绵城市绩效监测平台移动APP客户端界面

监测平台基于海绵城市系统绩效数据集及 B/S（Browser/Server，浏览器 / 服务器模式）架构构建，可对海绵项目绩效进行实时监测、评价分析及可视化展示，由移动 APP 和电脑 Web 在线客户端构成。移动 APP 包括地图监测、数据可视化、数据查询、数据分析、报警管理及评价分析等 9 个工具模块，Web 在线客户端则具有更强大的数据管理、分析及智能控制功能（图 5-136）。

（3）规划设计成果

①生态路建成运营成果

2013 年 11 月，南京天保街生态路海绵系统系统试验段的建设与道路施工同时展开，并于 2014 年 7 月建成运行。2014 年 11 月生态监测系统开始收集数据，除去设备调试及 1 次人为损坏导致的 3 个月期间无法收集数据，其余均运行正常。截至 2017 年 7 月 17 日，共收集有效传感器数据 142 805 条。自 2014 年竣工至今，天保街生态路系统 5 年来运行稳定、综合绩效优，在应对特大暴雨等极端灾害性天气下也能发挥较好的地表径流控制效益，路面雨水能在短时间内排空，使路面不积水、不内涝。此外，根据定量监测数据，生态路系统示范段机动车道年均收集利用雨水 4 836 m^3，年均雨水资源利用率为 46%，在满足海绵城市建设要求的同时不影响景观绿化效果，示范段绿地面积 3 384 m^2，乔木株 172 株，每年共计节约人工及机械费 1.3 万元。

南京天保街生态路具有以下 4 个基本特征：将路面的排水、集水和绿化灌溉用水有机结合，构建了一套适用于江南高水位、无冻土地区的城市道路海绵系统；系统具有低成本、免维护、无能耗、易实施推广等优点，通过缓释与渗透技术，实现了对道路绿化的自动灌溉；基于物联网及传感器技术构建海绵绩效监测平台，可实现对系统海绵绩效的全天候实时定量监测；改善道路中侧分带立地条件，优化了生境，促进了植物生长，降低了道路绿地的管护费用约 30% ～ 40%。

结合海绵绩效监测平台对建成后道路地表径流控制、雨水收集利用、生境优化等绩效进行监测。自 2014 年竣工至今，本系统不仅在中等规模降雨条件下具有完整的调蓄作用，即使在暴雨、大暴雨等灾害天气下也能发挥较好的削峰及减灾作用。

②生态路海绵绩效实证研究

a）地表径流控制绩效反馈

基于南京天保街生态路海绵绩效监测平台 2 个完整自然年（2015 年 1 月至 12 月及 2016 年 7 月至 2017 年 7 月）24 小时累计降雨量、蓄水模块液位变化数据统计，结果显示，当天保街设计区域 24 小时累计降雨量≤ 116.6 mm 时，生态路海绵系统能够实现 100% 就地消纳降雨，不生成地表径流。当 24 小时降雨量＞ 116.6 mm 时，结合灰色系统可以迅速将过量雨水排出（图 5-137、5-138）。

（a）小到大雨量情况下生态路地表径流控制绩效反馈

依据国家降雨强度等级划分，当 24 小时累计降雨量小于 10 mm 时，降雨强度等级为小雨；当 24 小时累计降雨量为 10～24.9 mm 时，降雨强度等级为中雨；当 24 小时累计降雨量为 25～49.9 mm 时，降雨强度等级为大雨。基于南京天保街生态路海绵绩效监测平台数据分析，当降雨强度为小雨时，南京天保街生态路多孔路面透水沥青及集水边沟基本能将雨水就地消纳，蓄水模块不产生水位上升；当降雨强度为中雨时，雨水模块水位上升量平均为 0.1 m；当降雨强度等级为大雨时，蓄水模块水位上升平均为 0.2～0.3 m。在小到大雨降雨强度等级下，生态路能够实现降雨的全部就地消纳，地表径流控制率达 100%。

（b）暴雨及大暴雨下生态路地表径流控制绩效

依据国家降雨强度等级划分，当 24 小时累计降雨量为 50～99.9 mm 时为暴雨降雨强度，当 24 小时累计降雨量为降雨量为 100～199.9 mm 时为大暴雨降雨强度。基于南京天保街生态路海绵绩效监测平台数据分析，南京天保街生态路能够实现对暴雨强度降雨的就地消纳，当出现大暴雨降雨情况时也能较好发挥径流峰值消减效果，使道路内不积水、不内涝，同时极大地减轻了城市排水系统压力。

（c）特大暴雨、极端天气状况下生态路地表径流控制绩效

依据国家降雨强度等级划分，当 24 小时累计降雨量大于 200 mm 时，即为特大暴雨降雨强度。2016 年 7 月 7 日凌晨，南京突发特大暴雨，河西地区 3 小时累计降雨量达到 235.5 mm，1 小时累计最大降雨量达到 129.2 mm，这是南京有气象记录以来最大小时雨量。河西地区多条城市道路因遭遇强降雨严重积水出现交通中断，城市道路内涝灾害严重。天保街生态路试验段相邻的江东南路、郎城路等城市道路路面均出现不同程度的积水，经 7 月 7 日 13

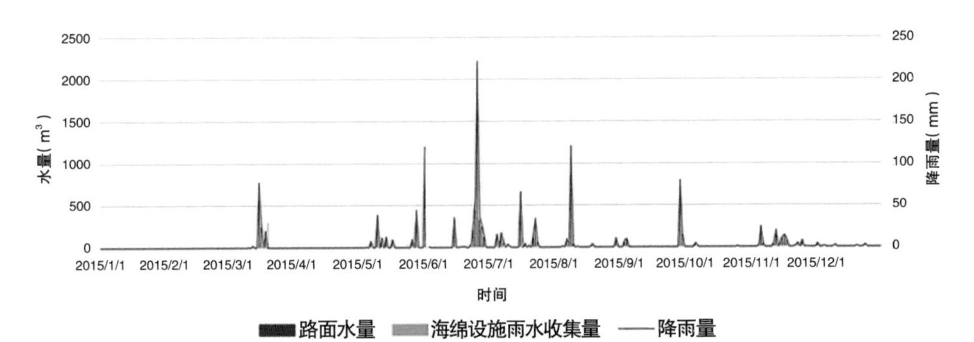

2015年1月至2015年12月南京天保街生态路降雨量、路面水量及海绵设施雨水收集量

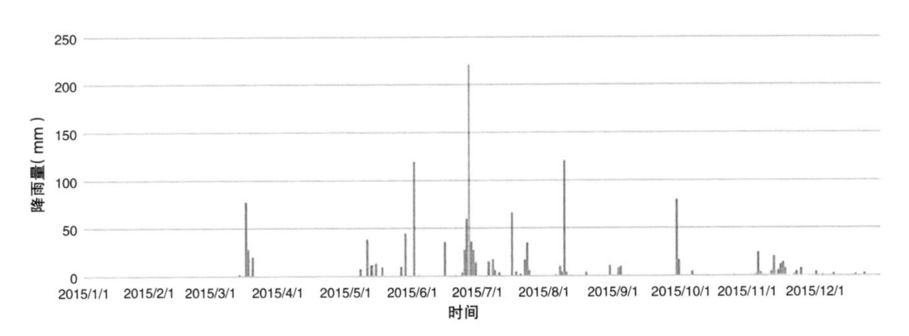

2015年1月至2015年12月南京天保街生态路降雨量

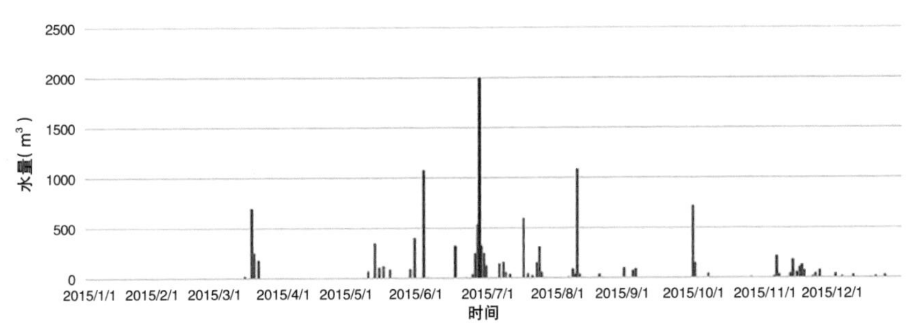

2015年1月至2015年12月南京天保街生态路路面水量

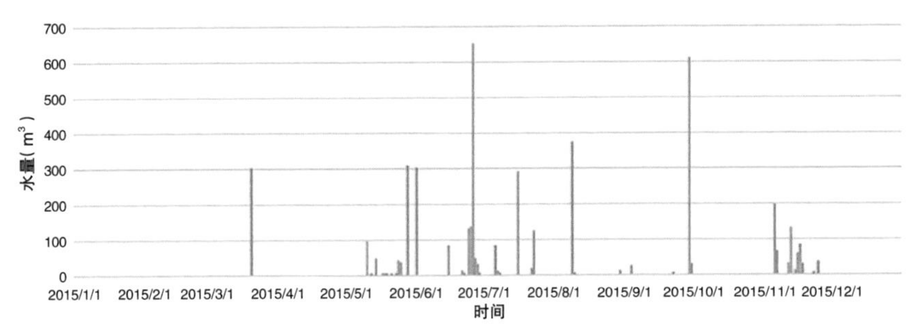

2015年1月至2015年12月南京天保街生态路海绵设施雨水收集量

图5-137　2015年1月至12月天保街生态路降雨量、路面水量及海绵设施雨水收集量

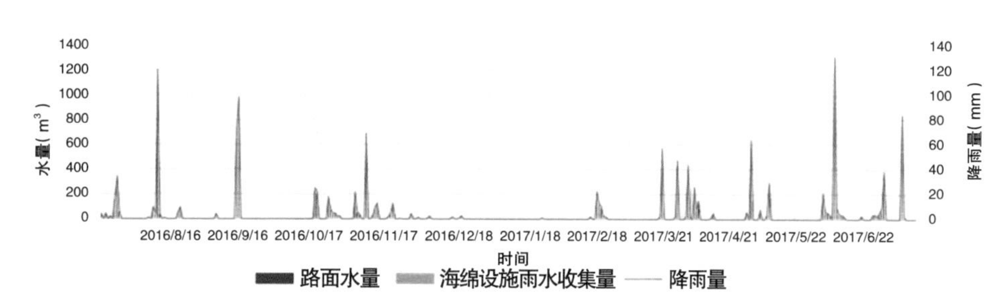

2016年6月至2017年6月南京天保街生态路降雨量、路面水量及海绵设施雨水收集量

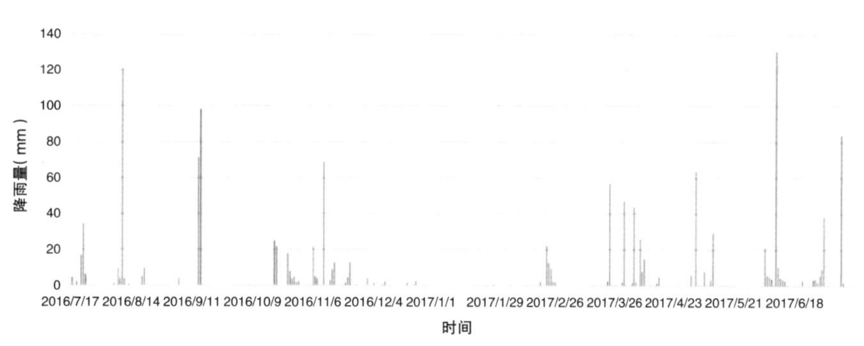

2016年6月至2017年6月南京天保街生态路降雨量统计

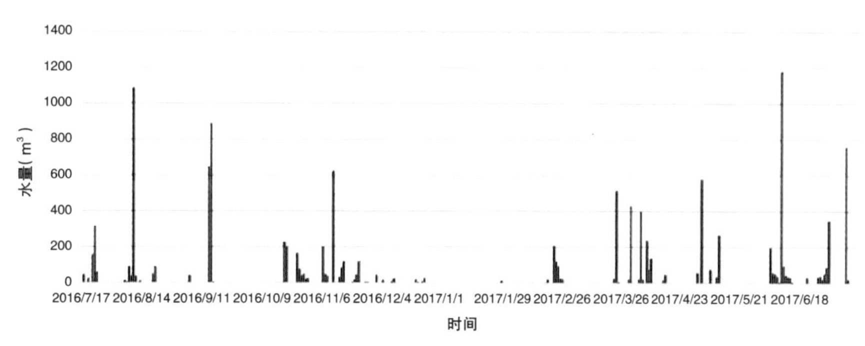

2016年6月至2017年6月南京天保街生态路路面水量

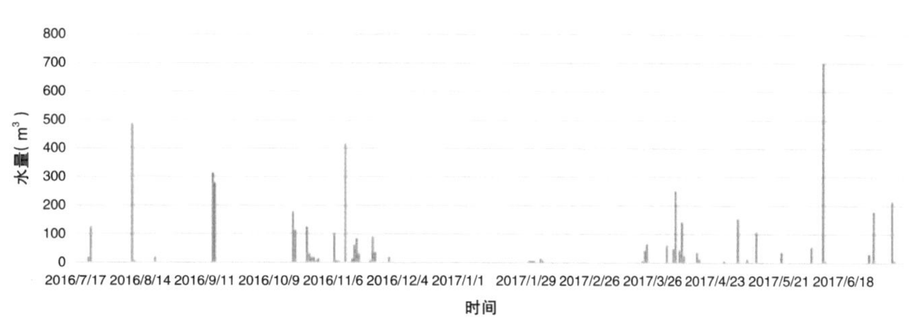

2016年6月至2017年6月南京天保街生态路海绵设施雨水收集量

图5-138　2016年6月至2017年6月天保街生态路降雨量、路面水量及海绵设施雨水收集量

2016 年 7 月 7 日雨后 5 小时天保街周边城市道路路面情况

2016.7.7 14:00 生态路机动车道路面情况　2016.7.7 14:00 生态路非机动车道路面情况　2016.7.7 14:00 生态路人行道路面情况

2016 年 7 月 7 日雨后 5 小时天保街生态路路面同时段照片

图5-139　2016年7月7日雨后5小时天保街周边道路及生态路路面对比

点 45 分及 14 点笔者于周边道路及生态路现场观测，生态路路面并无积水现象（图 5-139）。实践证明，南京天保街生态路在应对特大暴雨等极端灾害性天气下也能发挥较好的地表径流控制效果，路面雨水能在短时间内排空，使路面不积水、不内涝。

b）雨水收集及资源化利用绩效

基于南京天保街生态路建成后 2015 年至 2017 年三年的定量监测数据，生态路系统示范段机动车道年均收集利用雨水 4 836 m³，年均雨水资源利用率约为 46%。

（a）年雨水收集及资源化利用量

2015 年 1 月至 12 月，南京天保街生态路区域总降雨量为 1 312.2 mm，路面范围内年总水量为 11 808 m³，海绵设施年雨水收集量为 4 807 m³，年雨水收集及资源化利用率为 41%；2016 年 7 月至 2017 年 7 月，南京天保街生态路区域总降雨量为 1 052 mm，路面范围内年总水量为 9 468 m³，海绵设施年雨水收集量为 4 865 m³，年雨水收集及资源化利用率约为 51%（图 2-110）。

（b）雨水资源化利用供需分析

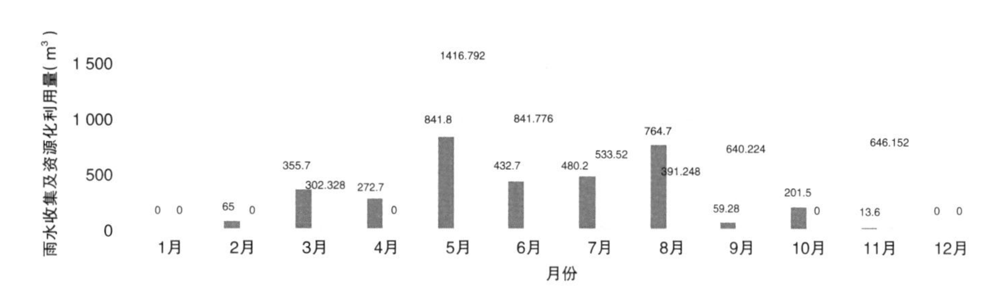

天保街生态路2015年1月至12月、2016年7月至2017年7月雨水收集及资源化利用量统计

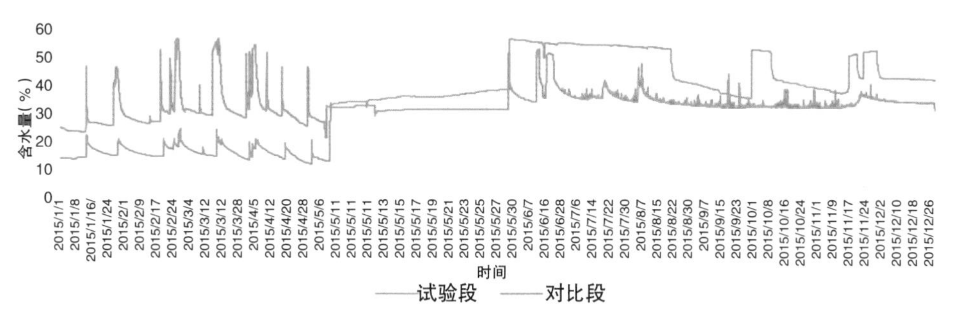

天保街生态路试验段与对比段2015年2.4m深土壤含水量对比

图5-140　天保街生态路雨水资源化利用量统计及2.4 m处土壤含水量对比

南京天保街生态路试验段中分带绿地面积为 3 384.8 m^2，年灌溉需用水约 6 768 t（2t/m^2·年），以南京市年平均降雨量 1 047 mm 计算，除去降雨灌溉外，每年仍需 3 224 m^3 灌溉用水，生态路海绵系统试验段 600 m 海绵模块年均收水量约为 4 334 m^3，基本可满足试验段中侧分带绿化灌溉用水的需要（图 5-140）。

c）系统生境优化绩效

从图 5-140 中可以看出，蓄水模块雨水缓释效应基本能够持续全年，秋季为植物较为缺水季节，试验段 2.4 m 处土壤含水量仍能保持 30% 以上，在对比段保持人工绿化灌溉情况下，试验段土壤含水率与对比段相比仍平均高 10% 以上。

城市道路绿化带乔木的根系主要分布在 1~2 m 的深度，灌木根系主要在 0.45~0.6 m 的深度。考虑到蓄水模块埋设深度，2.4 m 土层维持较高的含水量对植物根系呼吸作用影响不大，不会形成积水烂根现象。由于毛细作用，当土壤干燥时，一部分水会上升至上层土壤供植物根系吸收。通过蓄水模块雨水对土壤的缓释作用，优化了土壤生境，使其更适合植物生长。生态路试验段、对比段均采用相同规格、同种类植物，2017 年春季，经人工测量对比，试验段植物生长量平均比对比段高 30%。同时，生态路系统采用传统道路绿化堆栽形式，在满足海绵城市建设要求的同时不影响景观绿化效果，植物品种选择及景观绿化种植方式更为多样化。

d）系统经济绩效

基于 3 年完整实验数据，南京天保街生态路试验段每 600 m 长给排水费用每年可节约 8.13 万元，人工及机械费用每年可节约 1.3 万元，总计每年节约 9.43 万元。其中节约灌溉用水费 3.15 万元（以年均雨水资源化利用率 46% 统计，年均资源化用水量为 1.05 万 m^3，以南京市工业用水价 3 元 / m^3 计算，则实际节约水费 3.15 万元）；节约排水费 4.98 万元（天保街试验段道路硬质总面积为 17 400 m^2，以 2015 年降水量 1 312 mm 计，实际道路收水量为 22 828.8 m^3，以 2014 年南京市排水费 2.18 元 /m^3 计算，则排水费总计 4.98 万）。人工及机械费参考南京市城市道路园林绿化养护管理价格 [灌木及地被 8.23 元 /（m^2·a），乔木每株 50 元 /a，其中人工、机械浇水费用约占 30%～40%，试验段绿地面积 3 384 m^2，乔木 172 株] 年共计节约人工及机械费约 1.3 万元。

5.3.2.2 徐州市襄王路节点海绵绿地设计

徐州市三环西路绿化海绵城市试点项目襄王路节点海绵绿地位于徐州市西北部，襄王路与三环西路相交处东北角，总占地 12 545 m^2。项目充分利用原采石场石料并填充作为海绵体，打造集景观游憩、雨水收集、生态修复等多功能为一体的复合型绿地（图 5-141）。

图5-141 徐州襄王路设计方案平面图

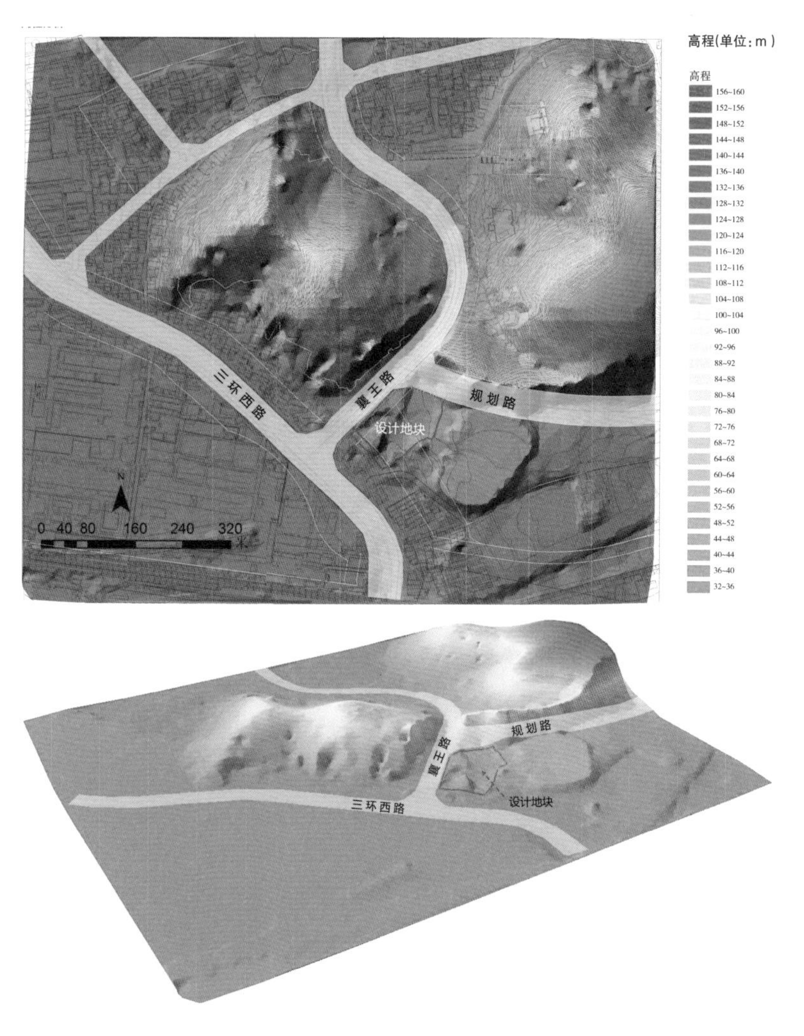

图5-142 徐州襄王路节点高程分析及场地三维地形

1）规划设计主要任务与目标

项目针对场地特征采取因地制宜的海绵技术，旨在将场地打造成自然积蓄、自然净化、自然灌溉、雨水精细化利用的集约型海绵绿地，利用场地既有建筑垃圾及周边道路拆迁建筑废弃材料作为海绵腔体填料以降低建造成本，凸显生态经济效应，同时基于物联网及传感器技术构建海绵绩效监测平台，使绿化灌溉等得到全天候实时定量的管理和监测。项目的建设旨在有效控制城市内涝积水，打造安全、舒适的海绵化绿地，为市民提供休闲、游憩场所。

2）数字技术与方法

（1）地形分析

将带有高程属性的 CAD 地形图导入 ArcGIS，生成三维数字地形模型（图 5-142）。由模型图可直观看出设计地块内整体地势东北高、西南低，红线范围内最高点为 53.11 m，最低点为 43.70 m。

（2）水文分析

运用 GIS 水文工具划分集水盆域，提取主要汇水线（图 5-143）。

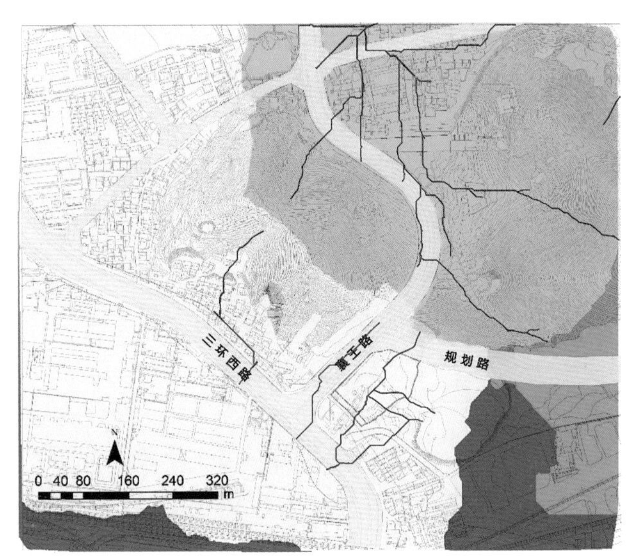

图5-143

图5-144

图5-143 徐州襄王路节点水文分析——汇水区提取

图5-144 徐州襄王路节点水文分析——汇水区面积

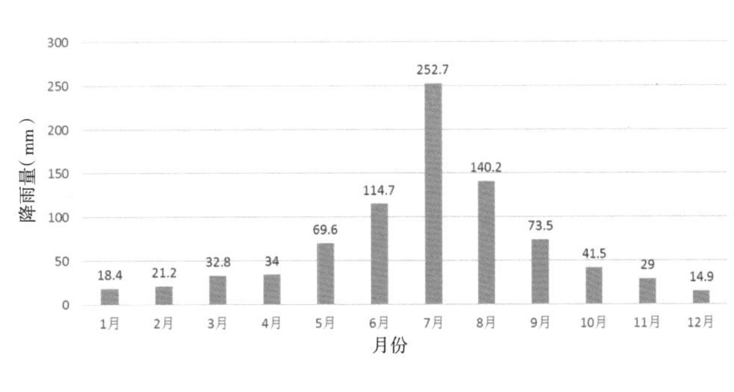

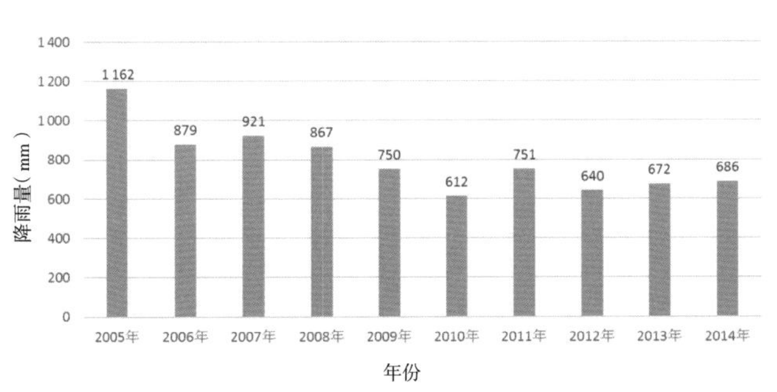

图5-145 徐州襄王路节点降雨量统计
（资料来源：中国地面国际交换站气候资料数据。）

（3）盆域分析

在 GIS 盆域划分基础上，将场地细分为 3 个主要汇水区域：场地北侧 1 号汇水区，东侧 2 号汇水区，以及场地自身 3 号汇水区。1 号汇水区面积为 4.4 ha，2 号汇水区面积为 2.87 ha，3 号汇水区面积为 1.17 ha（图 5-144）。

（4）降雨资料统计及分析

根据住建部《海绵城市建设技术指南》中我国大陆地区年径流控制率分区图，徐州市位于Ⅳ区，年径流控制率要求为 70% ～ 85%。考虑徐州市实际水文条件（蒸发量大于降水量），取最大值 85% 作为设计标准，经过统计徐州市近 30 年降雨日值资料（图 5-145）得出徐州市地表径流控制率 85% 对应的设计降雨量为 43 mm（表 5-12）。

表5-12 徐州市不同年径流控制率及对应设计降雨量表

年径流控制率(%)	60	65	70	75	80	85	90
设计降雨量(mm)	18.2	21	25	30.1	35.3	43	55.3

（5）不同汇水区汇水量计算

在确定设计降雨量的基础上，分别计算3个汇水区汇水量（表5-13）。

场地北侧1号汇水区。根据容积公式：

$$V = 10H\varphi F$$

其中，V——设计调蓄容积（m^3）；H——设计降雨量（mm）；φ—综合雨量径流系数；F——汇水面积（ha）。考虑规划路以北山体汇水区地表主要以裸露山体为主，参考《室外排水规范》，地表径流系数取0.6。计算得出1号汇水区汇水量为1 137.8 m^3。

场地东侧2号汇水区。考虑场地用地现状主要为裸露山地及建筑垃圾（径流系数为0.6），远期规划为绿地（径流系数为0.15），计算得出2号汇水区近期汇水量为118 m^3，远期改造绿地后汇水量为473.9 m^3。此次设计采用综合径流系数0.4，计算得出2号汇水区设计汇水量为315.9 m^3。

场地自身3号汇水区。设计后场地主要是可渗透地面，根据设计后场地竖向情况计算得出3号汇水区高段汇水量为65.7 m^3，低段汇水量79.5 m^3，总计145.2 m^3。

表5-13 汇水区面积及汇水量统计

汇水区名称	汇水面积(ha)	汇水量(m^3)
场地北侧1号汇水区	4.4	1 137.8
场地东侧2号汇水区	2.87	315.9
场地自身3号汇水区	1.17	145.2

（6）汇水区海绵体调蓄容量计算

结合场地现状及地质情况确定海绵体平面位置。在前期汇水量计算的基础上，根据场地现状竖向及地质情况，场地共规划2个海绵蓄水区：高位蓄水区和中位蓄水区。高位蓄水区主要蓄积场地北侧1号汇水区汇水以及场地北侧高处自身径流（场地北侧1号汇水区汇水通过管道沿襄王路地势汇入高位蓄水区，同时在1号汇水区汇水处设置节流开关，根据汇流量变化情况调节高位蓄水区水量）。中位蓄水区主要收集场地东侧2号汇水区汇水及自身汇水。

经计算得出高位蓄水区海绵体调蓄容量为911.25 m^3，中位蓄水区调蓄水容量为713.11 m^3，以此作为场地海绵系统及景观设计依据（表5-14）。

表5-14 海绵体调蓄容量计算结果统计

蓄水区	汇水总量					海绵体收水量（m^3）	海绵体面积（m^2）	海绵体平均深度（m）
	汇水来源	汇水面种类	径流系数取值	汇水量（m^3）	汇水总量（m^3）			
高位蓄水区	场地北侧1号汇水区	裸岩地	0.6	1 137.8	1 164	911.25	2 025	1.5
	场地内部	草地	0.15	13.7				
		透水铺装	0.15	13				
中位蓄水区	场地东侧2号汇水区	规划前（裸岩地）	0.6	473.9	163.65	713.1	2 377	1
		规划后（绿地）	0.15	118.47				
		设计标准取值	0.4	315.9				
	场地内部	草地	0.15	40				
		透水铺装	0.15	5.5				
	高位蓄水区多余汇水量	—	—	292.25				

（7）海绵体蓄水规模与场地的耦合

蓄水海绵体采用块石填充（考虑周边采石场及建筑拆迁材料可再利用），海绵腔体空隙率为 30%。根据场地地勘平面及剖断面资料，依据土层构造及结构确定海绵体深度，保证海绵体调蓄水量基本与汇水量保持平衡（水量误差≤ 10%）（图 5-146）。

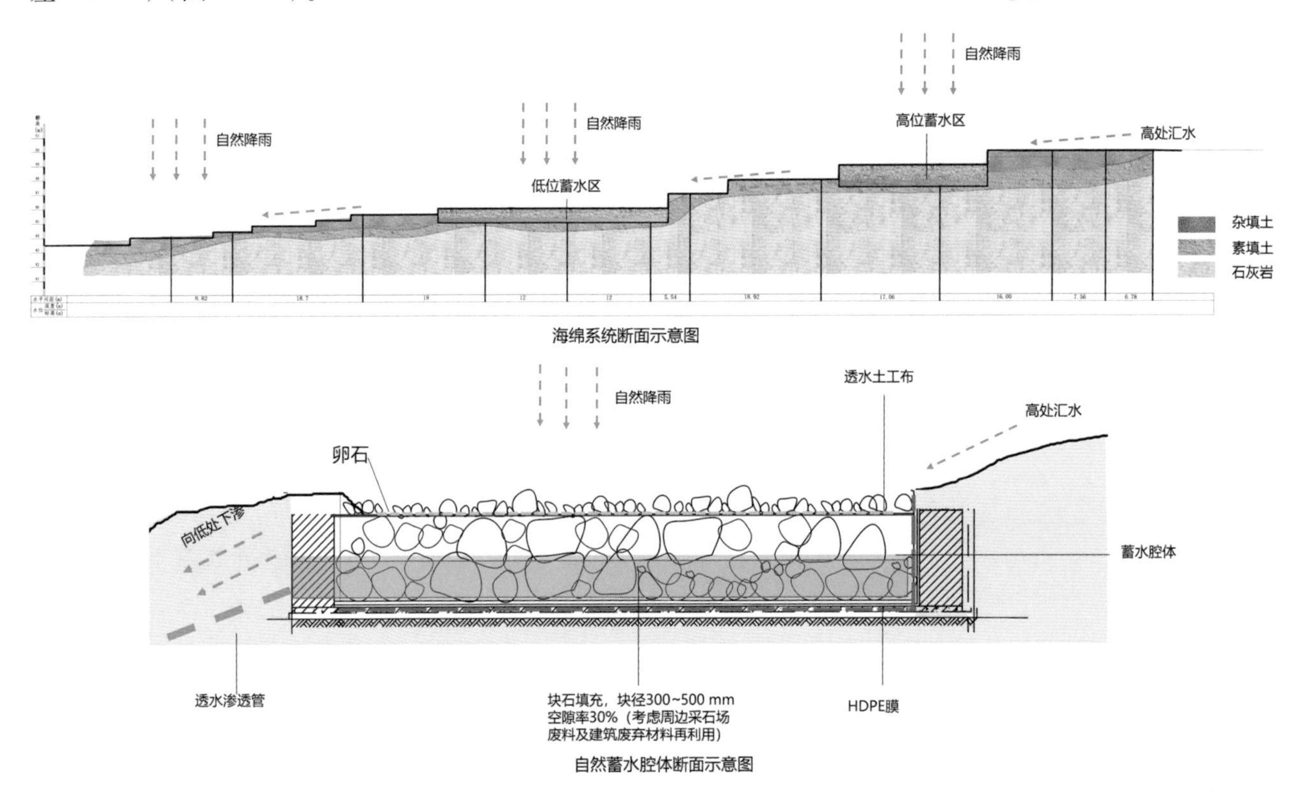

图5-146 徐州襄王路节点海绵绿地设计——自然蓄水腔体断面示意图

图5-147　徐州襄王路节点海绵绿地建成实景图

3）建成成果（图 5-147）

5.3.2.3　苏州城北路海绵系统实践

苏州城北路（长浒大桥—娄江快速路段）位于苏州市中心城区北部，全长约 14.5 km，是苏州市重要的交通干线，承担着重要的交通功能。项目设计范围内路线全长 14.117 km。本项目响应国家海绵城市建设政策，通过构建城北路海绵系统，优化了该段城市道路水环境状况，成为江苏省海绵城市道路建设示范段，为同类项目建设起到了良好的示范带头作用（图 5-148、5-149）。

1）规划设计主要任务与目标

针对项目不同路段特征因地制宜地采取相应的海绵技术，在径流总量控制、径流污染控制、雨水资源化利用等方面达到了国家海绵城市建设要求；设计研究将道路绿化与海绵系统相结合，提升道路绿化景观效果，促进雨水资源的收集和利用;采用“隐形化”的技术措施以实现对道路的最小干预和影响。

2）数字技术与方法

（1）工作重点

①因地制宜的设计原则

根据苏州地区降水、下垫面、水文、植被等地域性条件及城北路上跨、平交、下穿、滨水、沿山五种不同道路类型特征，分别制定了不同的海绵策略，因地制宜地采用海绵技术，使道路海绵系统的景观设计与场地条件相契合，维持城市整体景观特征的和谐与统一。

②多种海绵技术集成的设计策略

苏州城北路海绵系统设计通过高度技术集成，构建了完整的城市道路海绵系统，具有包括路面渗透、雨水收集、雨水存蓄、雨水利用、环境监测、远程

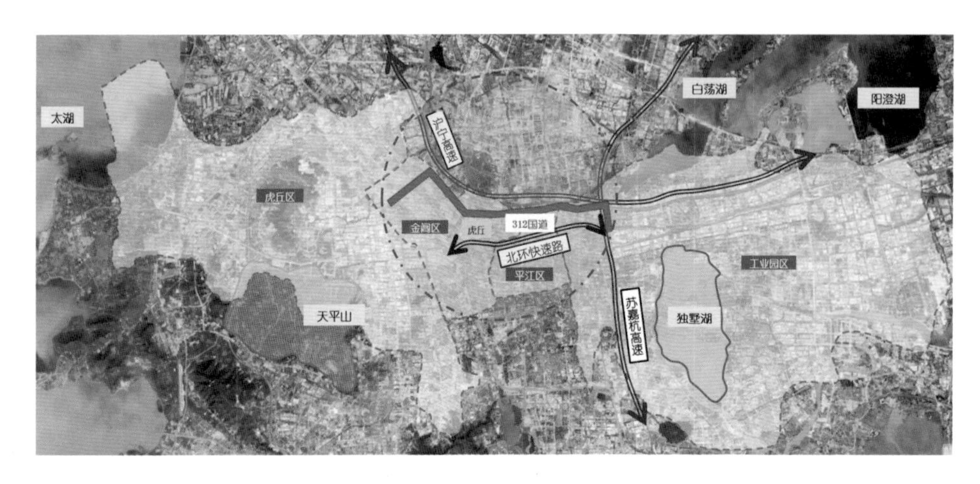

图5-148　苏州城北路设计范围示意

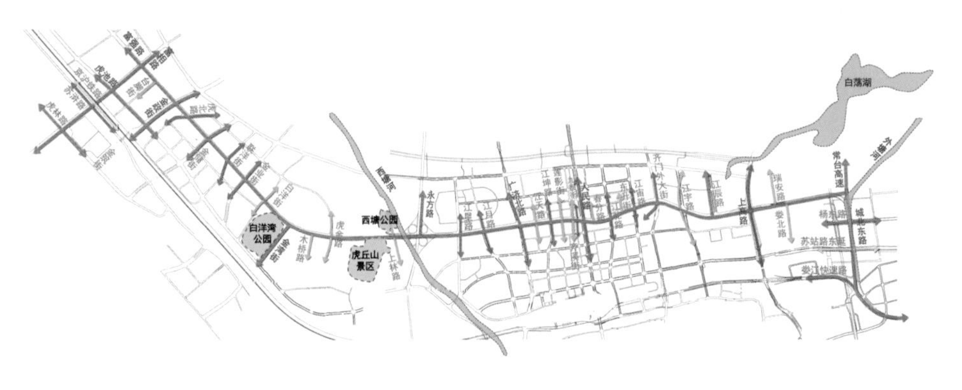

图5-149　苏州城北路场地沿线情况

信息传输等在内的多种技术措施，能够良好地应对城市道路的内涝与绿化缺水问题。

③多功能海绵系统的构建

针对城市道路内涝及绿化缺水问题，本项目根据道路形式及结构特点，在保证道路交通安全的前提下，构建了符合特定气候、地理环境的“收水—储水—用水”一体的雨水管理与控制利用体系，形成了一套融合雨水收集、调配、净化、灌溉利用等多功能的城市道路海绵系统。

④全过程数字化监测与绩效评估

苏州城北路海绵系统建立了全过程的数字化智能监测体系，通过该智能监测体系得到的监测数据和反馈对雨水的储存、回用和灌溉进行自动化调控，实现了全生命周期内的集约化管理与绩效评估。

（2）数字技术方法与应用

①现状潜水位分析

项目所在区域属典型的水网化低洼平原区，沟河塘汊极为发达，纵横交织成网，河流密度较大。道路南侧人民路以西分布有大寨河，其走向与道路走向一致，水面标高为 1.10～1.30 m（1985 国家高程基准），水深为 0.5～0.9 m，根据本次勘察的水文地质调查，并结合区域水文地质资料，对本次海绵系统工

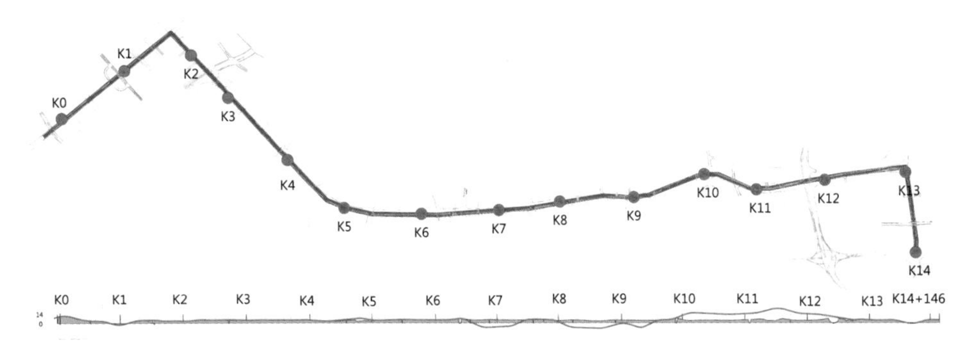

图5-150 苏州城北路潜水水位

程设计有影响的地下水为潜水。拟建场地浅层孔隙潜水赋存于表填土中，分布不均匀，量较小，主要接受大气降水及地下水道渗补给，以侧向排泄于河湖为主要途径，水位随季节变化明显。勘探期间测得浅层潜水初见位埋深0.20～2.30 m，浅层潜水稳定位埋深0.30～2.80 m。相应稳定水位标高为1.14～1.66 m（1985国家高程基准）。下伏粉质黏土、黏土、粉质黏土层透水性差，是潜水含水层与微承压含水层之间的相对隔水层。潜水层为此次海绵系统设计主要考虑的地下水影响因素（图5-150）。

城北路沿线潜水层相应稳定水位标高为1.14～1.66 m，城北路海绵系统设计底部标高范围为2.5～10 m，场地地下潜水层对海绵系统影响较小。

②沿线土壤情况分析

根据钻探孔揭露、野外测试及土工试验成果综合分析，拟建设路全地层分布情况按其沉积年代、成因类型及工程特性，从上至下共分为12个工程地质层，与本次海绵系统设计相关的主要为1～5层，其具体土壤地质情况见表5-15。

表5-15 土壤地质情况表

编号	名称	特征	层厚（m）	层底标高（m）
1-1	淤泥层	黑色，饱和，流塑，土质不均匀	0.20~1.50	-2.10~0.00
1-2	素（回）填土层	灰褐色，很湿，饱和，松散	0.80~7.70	-3.46~1.56
1-3	淤质填土层	灰黑色，饱和，流塑，土质不均匀	1.20~3.90	-3.42~-0.14
1-4	杂填土层	杂色，湿，松散，含大量建筑垃圾	0.60	-0.90~-0.67
1-5	压实填土层	杂色，稍微湿，密实，工程特征一般	1.00~1.90	1.59~2.93
1-6	素填土层	灰褐色，很湿，饱和，土质不均匀	0.30~4.90	-1.70~3.23
2	粉质黏土层	灰色，软塑，可塑状态，土质不均匀	4.70	-4.01
4	黏土层	灰黄、褐黄色，可塑，土质均匀	0.40~4.70	-3.64~-0.19
5-1	粉质黏土层	灰黄色，可塑，土质不均匀	0.50~2.20	-5.41~-1.14
5-2	粉土灰粉质黏土层	灰、灰黄色，饱和，稍密，土质不均匀	0.80~3.00	-5.98~-2.44

城北路沿线地表土层以回填土层、淤质填土层及杂填土层为主，土质状态较为松散，孔隙度及透水率适中，适合采用雨水存储缓释技术。

③城北路海绵系统设计

市政道路作为雨水污染的一个重要部分，城市道路面源污染具有范围大、

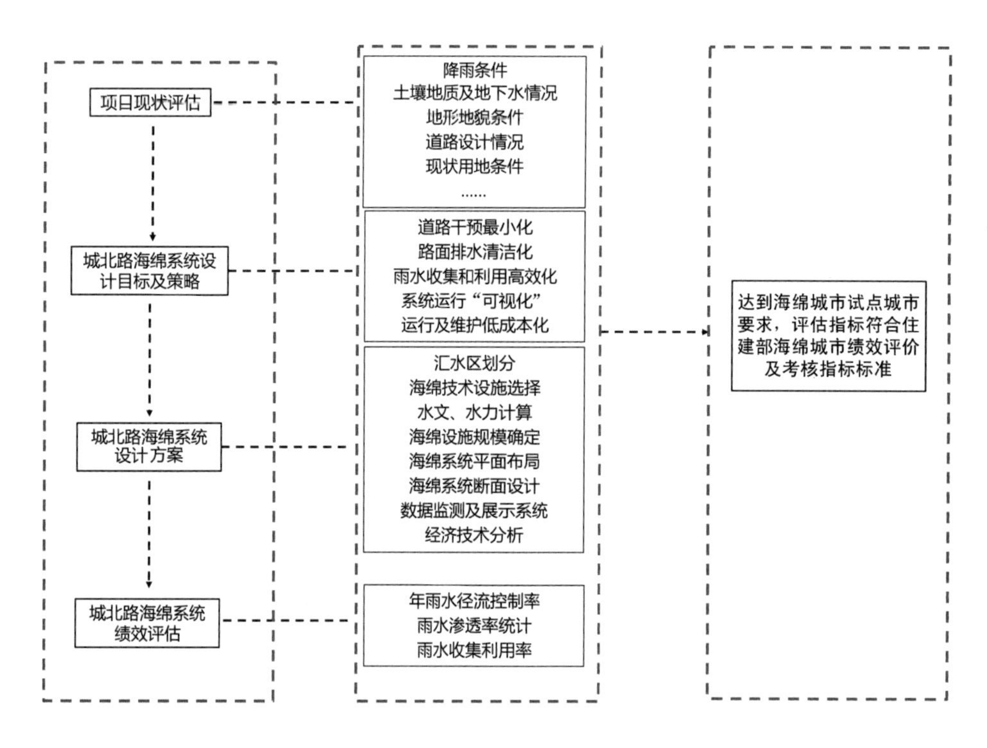

图5-151　苏州城北路海绵系统设计技术路线框图

区域广和控制难度较大的特点。城北路海绵系统基于对场地现状的定量化评估、相应设计目标及策略的提出，通过采用生态滞留设施及雨水集中收集利用措施，分段分散处理初期雨水。通过渗透管道和模块水渠入渗至土壤中，在降雨过后的数天内缓慢入渗至土壤内，增加土壤湿度，给植物生长提供良好的生境（图 5-151）。

a）汇水区划分

综合考虑道路竖向、道路断面设计形式及后期雨水利用方式等因素，城北路全段共划分为 17 个子汇水区，各分区面积及范围如图 5-152 所示。

b）设计调蓄标准及设施规模确定

依据住建部《海绵城市建设技术指南》中对我国不同城市年径流总量控制率分区标准，苏州市位于Ⅲ区，年径流总量控制率要求为 75%～85%，本设计取最大值 85% 为年径流控制率目标。

根据苏州市 30 年（1980—2010 年）日降雨气象数据，30 年间苏州市共发生 11 276 次降雨事件，总降雨量为 35 588 mm，按《海绵城市建设指南》中的方法统计苏州市 85% 年径流控制率对应的设计降雨量为 33 mm。

城北路设计雨水滞留总量为 12 555 m^3，道路径流流向规划如图 5-153 系统构造模型图所示。

机动车道及非机动车道雨水通过地面雨水箅子（截污挂篮）汇入排水暗沟，然后通过过路雨水管进入集水弃流井进行收集及初期弃流，随后汇入中分带和侧分带 PP 蓄水模块中储存，溢流雨水排入市政雨水管道。

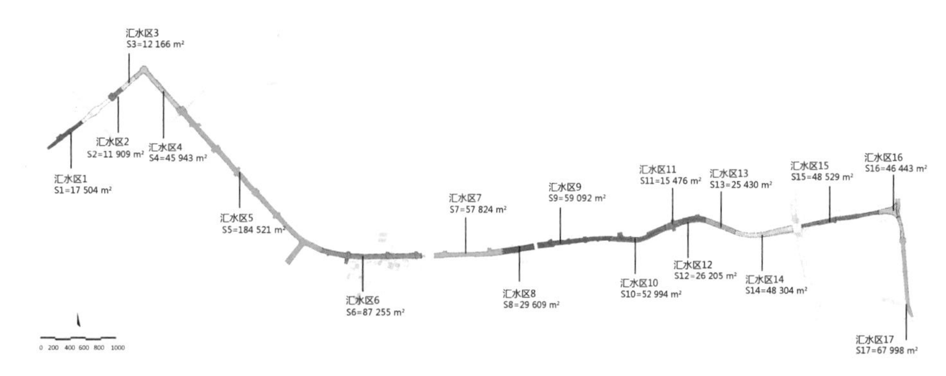

汇水区编号	汇水区位置	面积（㎡）
1	K0+480- K0+800	17 504
2	K1+320-K1+450	11 909
3	K1+450-K1+690	12 166
4	K1+690-K2+520	45 943
5	K2+600-K4+800	184 521
6	K5+070-K6+380	87 255
7	K6+540-K7+440	57 824
8	K7+470-K7+880	29 609
9	K7+928-K8+890	59 092
10	K8+890-K9+656	52 994
11	K9+656-K9+840	15 476
12	K9+840-K10+180	26 205
13	K10+180-K10+610	25 430
14	K10+610-K11+380	48 304
15	K11+500-K12+520	48 529
16	K12+520- K13+150	46 443
17	K13+150- K14+860	67 998

图5-152　苏州城北路海绵系统设计——汇水区划分及面积统计

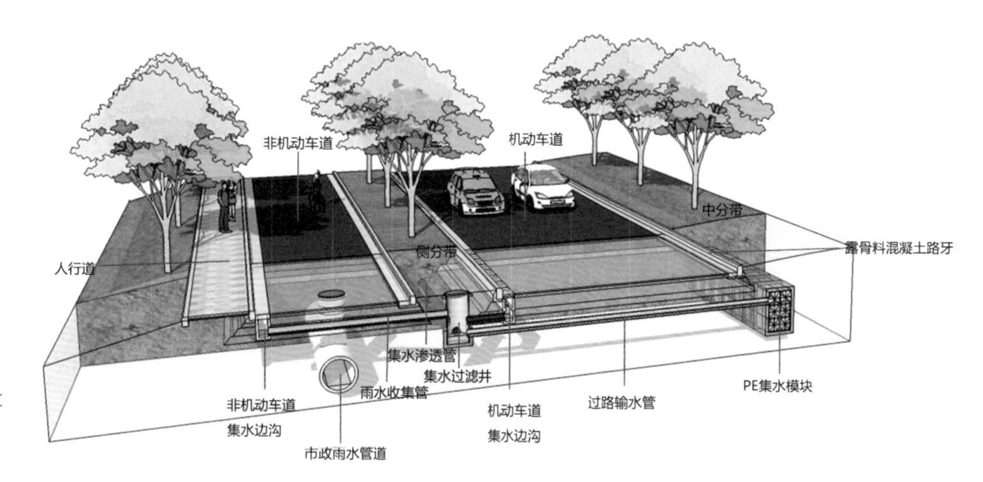

图5-153　苏州城北路海绵系统设计——海绵系统构造透视图解

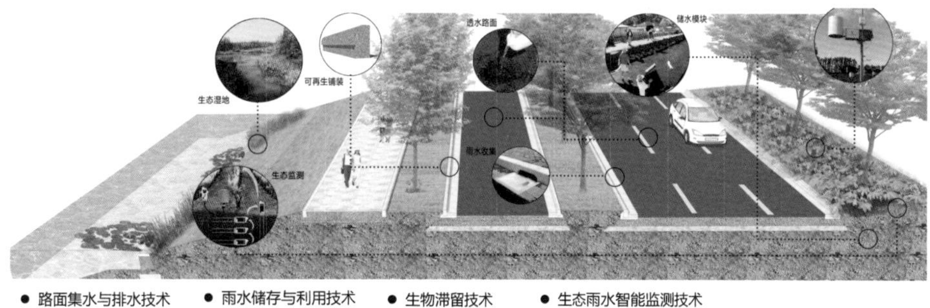

图5-154　苏州城北路海绵系统设计——海绵系统采用技术图解

c）海绵系统设计

城北路海绵系统作为兼具实用性与实验性的综合设施，其设计具有高度的技术集成性，采用了包括路面渗透、雨水收集利用、环境监测、远程信息传输等在内的多种已较为成熟的技术措施，旨在构建完整的城市道路雨洪管理系统，做到排、收、蓄、用、管各层面的相互呼应与协调（5-154）。

城北路海绵系统不改变传统道路设计及雨水管渠排放模式，只在雨水排放到雨水管渠之前对径流总量、径流污染进行控制，将城市道路原有功能与针对雨水管理的生态功能充分结合起来（图 5-155）。

根据前期城北路子汇水区划分、汇水量计算、技术措施选择及道路设计结构形式，城北路海绵系统共分为 A、B、C 3 个区，共 9 种布置形式，具体分区及海绵系统布置形式如图 5-156、5-157 所示。

d）生态路全生命周期内集约化控制

在全生命周期内，通过合理降低控制资源和能源的消耗以及工程投入，

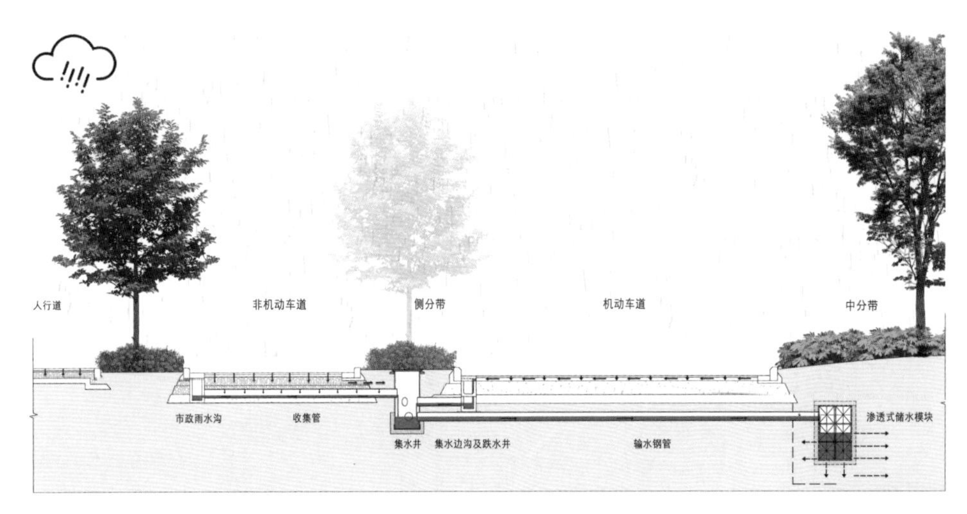

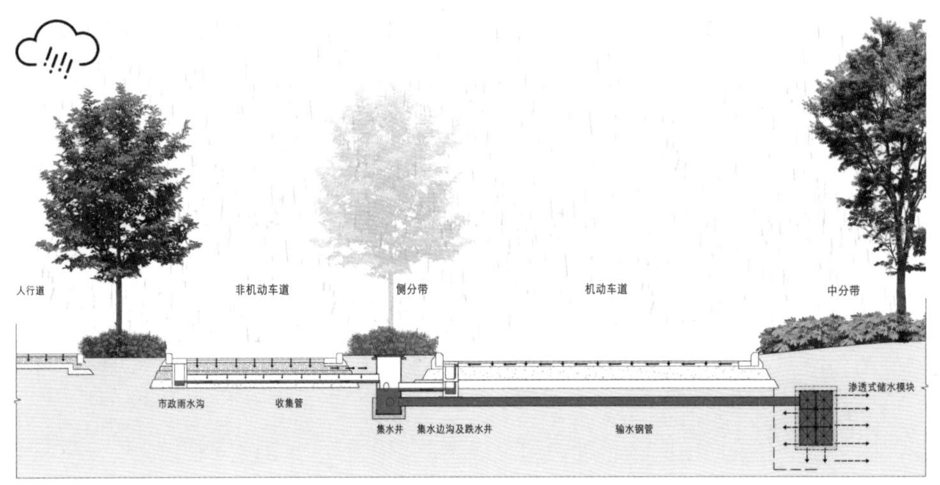

图5-155 苏州城北路海绵系统设计——海绵系统雨水收、渗、蓄、排过程示意

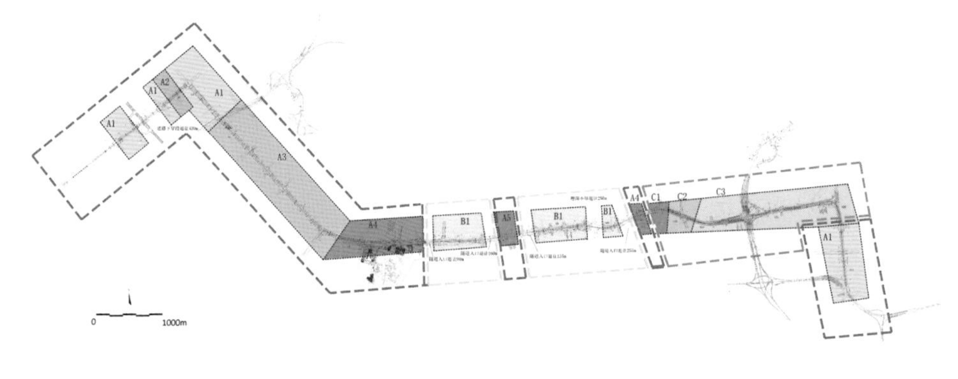

图5-156 苏州城北路海绵系统设计——具体分区及海绵系统布置形式分布图

道路类型		汇水区	路面绿化带宽度及海绵系统布置形式				
	A1		侧分带2	侧分带1	中分带	侧分带1	侧分带2
A （普通路面） K5+070	K0+480-K0+800 K1+320-K1+450 K1+690-K2+520 K13+150-K14+860	S1 S2 S4 S17	—	1.5 m	2 m/3.25 m	1.5 m	—
				透水管	渗透式储水模块连续布置	透水管	
	A2		—	1.5 m	9 m	1.5 m	—
	K1+450-K1+690	S3		透水管	每隔13m布置7m长渗透式储水模块双侧交错布置	透水管	
	A3		—	3 m	2~3 m	3 m	—
	K2+600-K4+800 K9+656-K9+840	S5 S11		每隔5 m布置5 m长渗水模块，沿中间布置	每隔5 m布置5 m长渗透式储水水模块，沿中间布置	每隔5 m布置5 m长渗水模块，沿中间布置	
	A4		—	1.5 m	2 m	1.5 m	—
	K5+070-K6+380	S6		透水管	渗透式储水模块连续布置	透水管	
	A5		—	3 m	1.5 m	3 m	
	K7+470-K7+880	S8		渗透式储水模块连续布置	生物滞留设施连续布置	渗透式储水模块连续布置	

道路类型		汇水区	路面绿化带宽度及海绵系统布置形式				
	B1		侧分带2	侧分带1	中分带	侧分带1	侧分带2
B （隧道）	K6+540-K7+440 K7+928-K8+890 K8+890-K9+656	S7 S9 S10	—	3 m	9 m	9 m	—
				每隔11 m布置4 m长渗透式储水模块，沿中间布置	每隔11 m布置4 m长渗透式储水模块，双侧布置	每隔11 m布置4 m长渗透式储水模块，沿中间布置	
C （高架）	C1		—	3 m	26.5 m	3 m	—
	K9+840-K10+180	S12		每隔10 m布置5 m长渗透式储水模块，沿中间布置	每隔7.5 m布置7.5 m长渗透式储水模块，双侧布置	每隔10 m布置5 m长渗透式储水模块，沿中间布置	
	C2		—	—	8 m	—	—
	K10+180-K10+610	S13			每隔7.5 m布置7.5 m长渗透式储水模块，双侧布置		
	C3		—	4.5 m	8 m	4.5 m	—
	K10+610-K11+380 K11+500-K12+520 K12+520-K13+150	S14 S15 S16		每隔9 m布置6 m长渗透式储水模块，沿中间布置	每隔9 m布置6 m长渗透式储水模块，双侧布置	每隔9 m布置6 m长渗透式储水模块，沿中间布置	

图5-157　苏州城北路海绵系统设计——海绵系统不同类型布置形式

可有效减少废弃物的产生，并且充分利用可再生资源，从而最大限度地改善生态环境，促进土地等资源的集约利用与生态环境优化，实现生态效能的整体提升，最终实现人与自然和谐共生的可持续性景观。

生态路全生命周期内集约化控制研究即在路面一定的情况下，最优化配置集水井、贮水器的数量、容积、分布位置、管线，生成算式，并针对苏州地区道路状况对土壤、气候、植被进行具有针对性的研究。研究的全过程应选择对照道路做比较。

环境监测系统由水质传感器、水位传感器、土壤养分传感器、土壤含水传感器等监测设备组成，对道路及绿化区的土壤条件进行实时监测，通过传感器探头测量不同土层土壤湿度、温度、储水池水位、径流量、出流量、降雨量。

对水文效应的改善、绿化水节省比例与流量、洪峰削减效果进行着重分析。

采集的数据由信息传输平台远程发送至服务器和移动客户端。根据不同气象条件或者不同季节变化，对雨水的储存、回用和灌溉系统进行有针对性的调控，以实现系统的集约化和实效性。

（3）方案设计成果

①示范段海绵系统平面与断面设计（图 5-158）

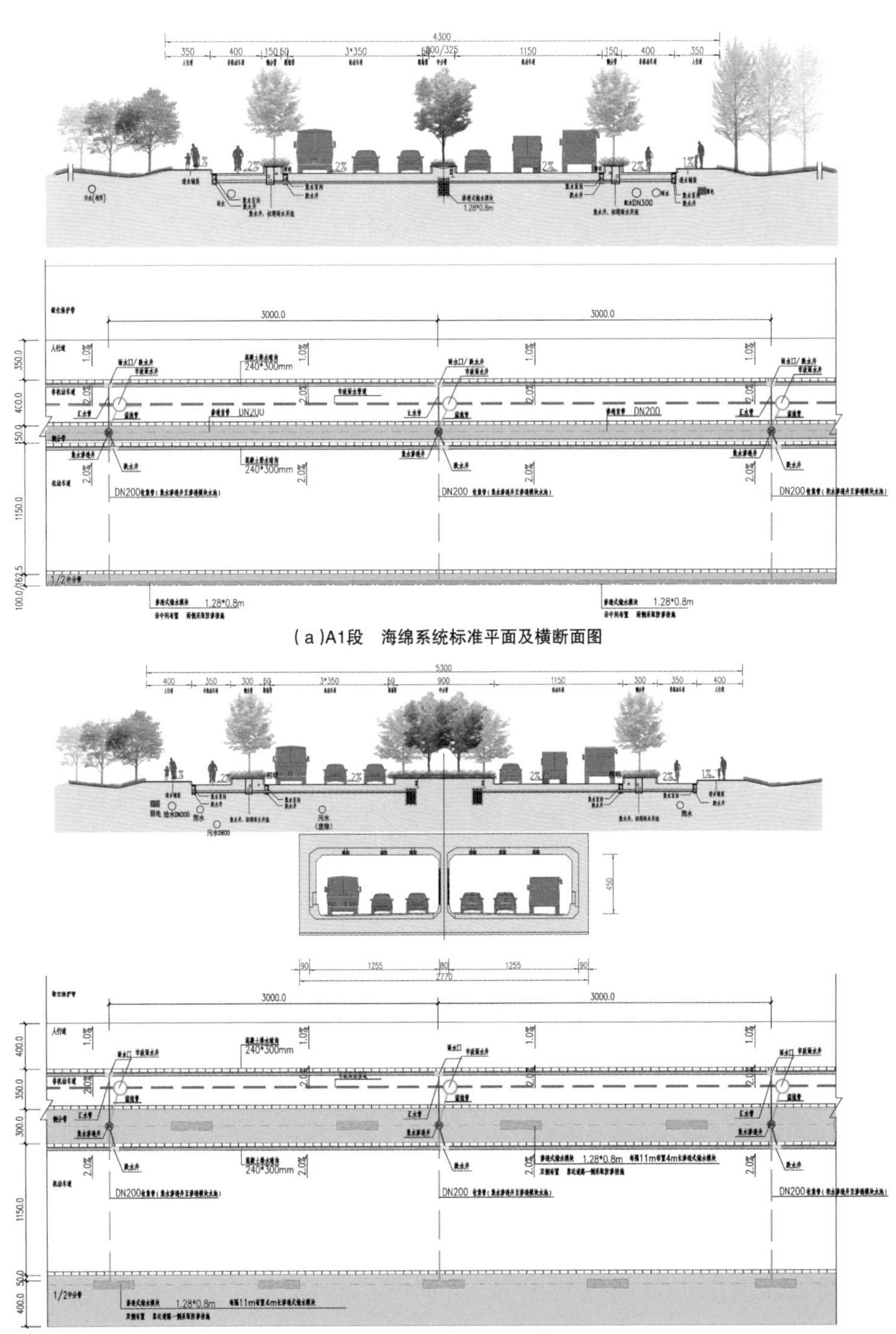

（a）A1段　海绵系统标准平面及横断面图

（b）B1段　海绵系统标准平面及横断面图

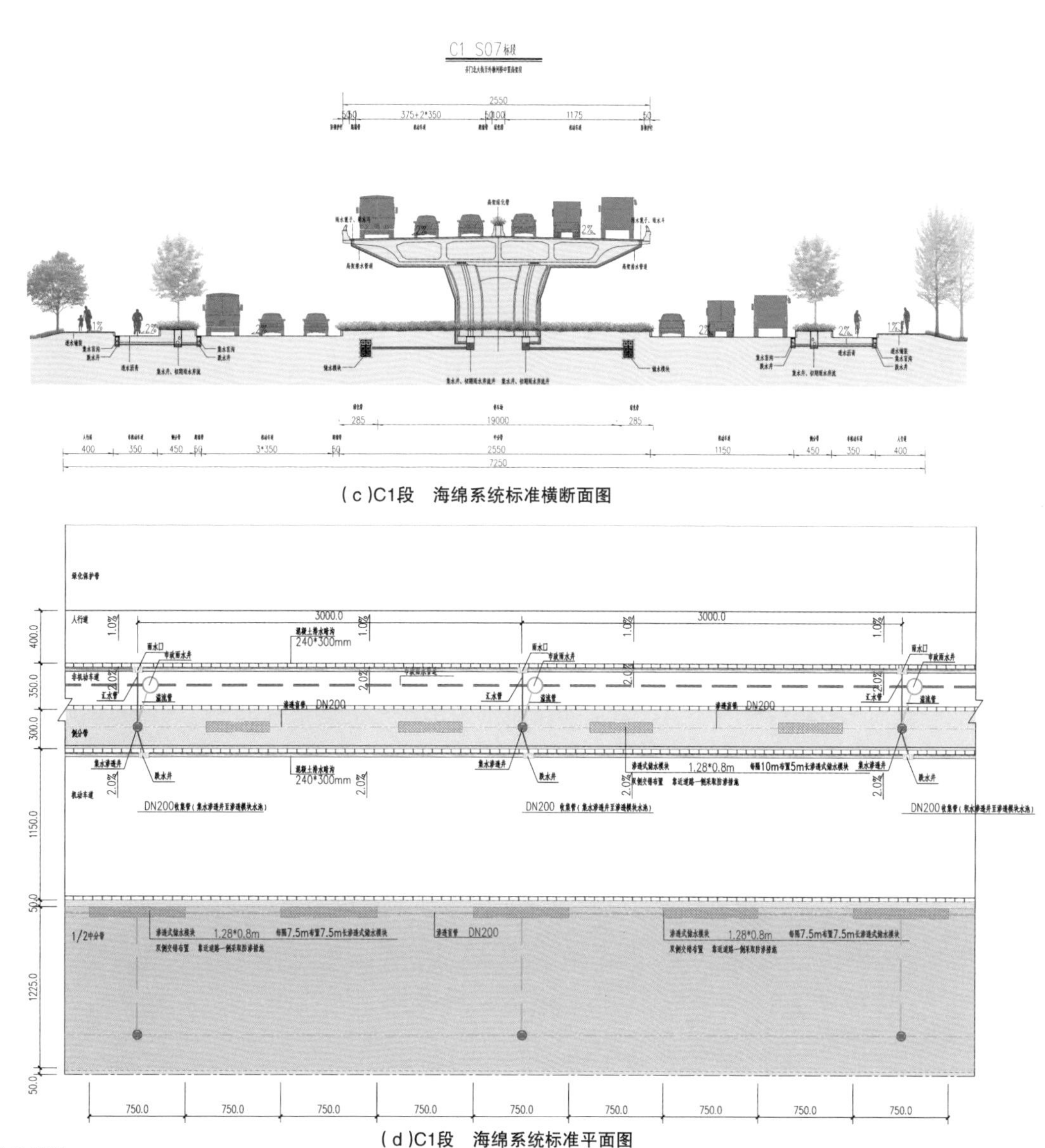

(c)C1段　海绵系统标准横断面图

(d)C1段　海绵系统标准平面图

图5-158　苏州城北路海绵系统设计——海绵系统标准平面及横断面图

②道路两侧边坡及周边绿地海绵化设计

城北路两侧道路边坡及周边绿地海绵化设计中，主要采取植草沟、拟自然溪流、湿地等海绵技术，充分发挥绿地、河湖湿地等自然海绵体的作用，达到“自然积存、自然渗透、自然净化”的海绵效应。同时将建筑拆迁固态不降解材料（砖、石、混凝土块等）在植草沟及雨水花园建造中作为海绵蓄水腔体填料再利用，实现集约化海绵城市建设（图 5-159、5-160）。

③节点海绵化设计

将互通绿地打造成雨水花园形式，结合景观设计，平日作为景观绿地，暴雨时利用管道将高架桥面雨水引入雨水花园，防止桥底积水，减轻道路下水管道压力，达到雨水滞留、调蓄及净化的目的（图 5-161）。

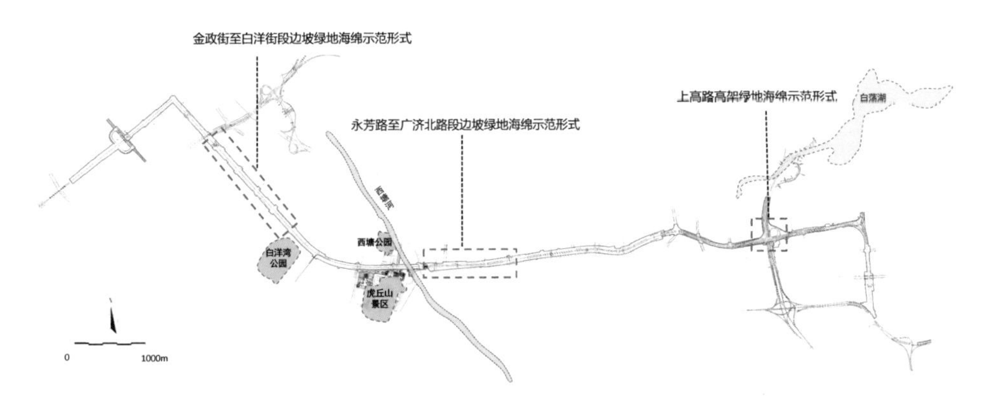

图5-159 苏州城北路海绵系统设计——示范段绿地海绵示范形式

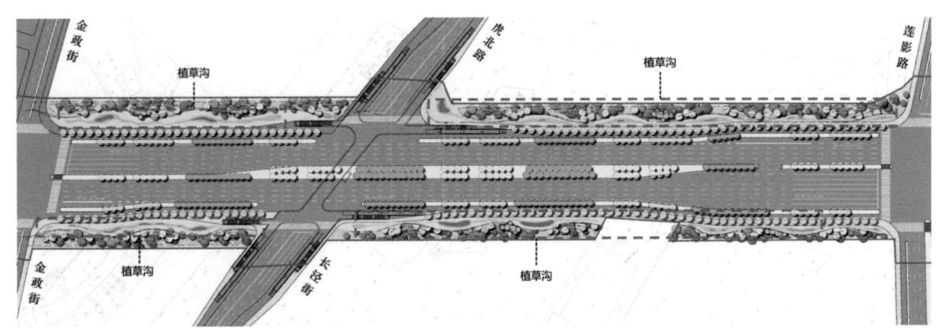

(a)金政街至白洋街段

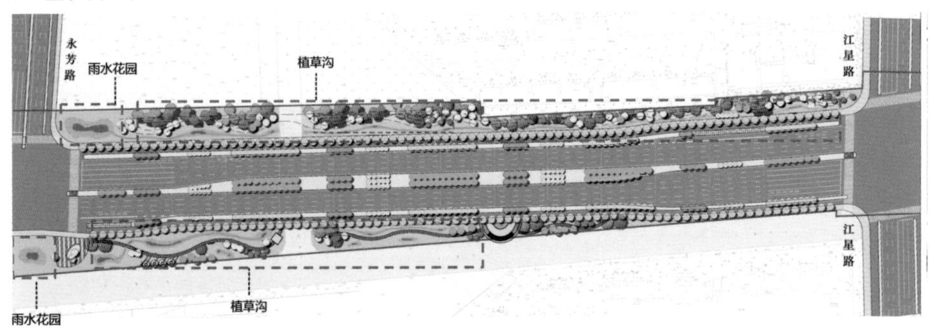

(b)永芳路至广济北路段

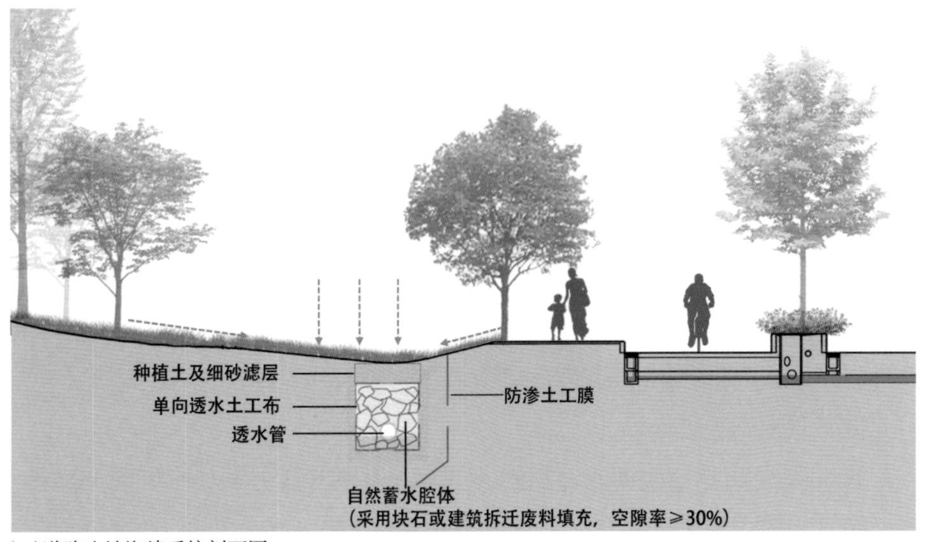

(c)道路边坡海绵系统剖面图

图5-160

图5-160 苏州城北路海绵系统设计——示范段道路边坡海绵系统布置平面及剖面图

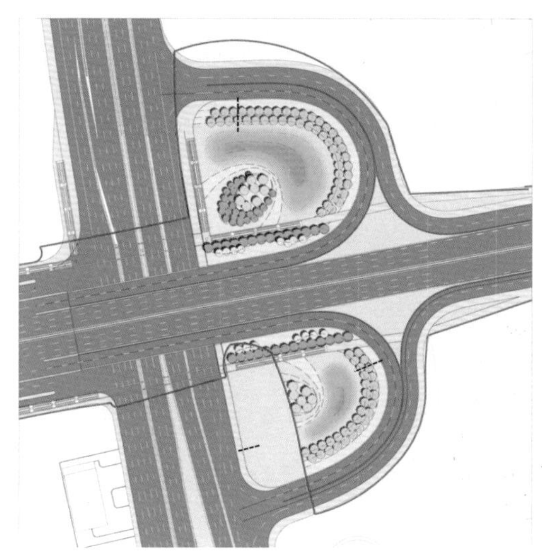

（a）上高路互通雨水花园平面布置形式

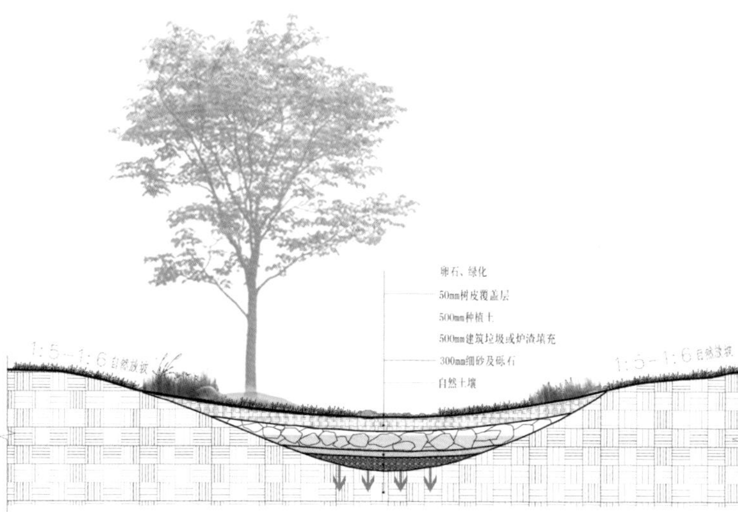

（b）雨水花园系统剖面图

图5-161　苏州城北路海绵系统设计——节点“上高路互通雨水花园”设计

5.3.3　水景观规划设计

过往的水景观设计大多是从形态出发，根据地形条件采取模拟自然的方法，或采取聚、散、开、合等措施来处理水景观的平面构成。事实上，水景的形成不仅仅取决于形态，更多的还与涉及的小流域地表径流、地形地貌、植被环境等特征关系密切。因此在数字技术的帮助下，定量分析地形地貌、下垫面特征、潜在水文过程、汇水面积、汇水量以及可能形成的水域形态，并以此作为水景观规划设计的依据。在数字技术的帮助下，水景观的设计实现了定量基础上的定性，从而使水景设计与科学的定量计算紧密关联。

5.3.3.1　南京牛首山风景区北部景区水景设计

牛首山风景区北部地区地处牛首祖堂风景区北部，位于南京雨花台区东南部。牛首山风景区内地质条件复杂，规划范围内的常态地貌有低山、丘陵、岗地、平原和盆地，主要为丘陵地区，谷浅、蓄水能力差，暴雨时汇水快，在景区内形成了诸多水系。

本项目充分利用雨水、地表汇水条件，通过精准计算，因地制宜，完整地恢复并营造了水系景观，丰富了景观内涵，赋予传统起承开合的理水方法，借助科学的计算，营造佛文化主题“梵音涧”，同时也极大地改善了山谷地区生境条件。

1）规划设计目标

南京牛首山风景区北部景区水景规划设计运用了参数化的方法，从保护环境与控制工程量出发，在水文分析的基础上，选取地表径流汇集区域，通过合理挖方与筑坝的方式存蓄水，实现在最低限度的环境扰动基础上生成水体。

牛首山风景区北部地区拟自然水景规划与设计基于数字高程模型，运用ArcGIS的水文分析工具对场地的径流情况进行分析，确定汇水潜力区作为规划水系景观的备选区域。同时结合集水区分析与规划项目情况，进一步明确水系的选址。在倾泻点分析的基础上，根据南京地区降水情况进行水量计算，并选址筑坝位置，对不同筑坝位置的水体形态进行模拟，筛选出较为理想的水体形态，进而确定最终的坝高。这一过程可分解为：降水量计算—集水区分析—汇水量计算—筑坝位置选择—坝高计算—水体形态的生成。在拟自然水景的生成过程中，降水量、汇水量、坝高、水体形态等作为一系列参数参与整个运算过程，同时这些参数又互相联动，互为因果。

2）数字技术与方法

（1）径流分析

利用数字高程模型（DEM），GIS软件能够分析出整个场地地表径流汇集的“水网”，根据阈值设定可调控径流网络的密度。径流分析对于拟自然水景营造的意义在于能够清晰地展示设计场所中的径流分布情况，同时为判断径流在径流网络中的等级提供直观的图示，为下一步的分析和设计做好准备。经由比较，选取阈值为2 000时生成的径流网络作为径流分析的结果。在径流网络确定的基础上，根据参数化拟自然水景营造模型，需要对径流网络中的各段径流进行分级，为坝址的选择及汇水量的计算做好准备工作。本项目采取什里夫（Shreve）法对径流网络进行分级。图5-162（a）展示了径流分级的结果，图中由冷色到暖色体现了径流的等级程度，并以数字标出了各径流的等级，暖色部分代表了较高等级的径流，其所承接的水量为上级所有径流水量的总和，故而水量较大。

（2）集水区分析

集水区是收集水的区域，又称为集水盆地、流域，与地形有着紧密的关联。通过集水区的分析可知拟自然水景所位于的流域，进而得出这一集水区域的面积，这也是汇水量计算的依据。利用GIS软件，将地形栅格、流向栅格、流量栅格分别作为参数输入模型进行运算，可得到图5-162（b）径流盆域及集水区分析图。该图反映出整个场地的盆域划分及每支径流所对应的集水区，为水景观营造的定位提供依据。结合图5-162（c）可看出，编号为2～5的4个盆域的径流网络较为完整，汇水区面积较大，所对应的汇水量也较大，故而存在营造景观水系的良好条件。盆域4位于山间谷地，径流网络状况良好，但现仅有零散的小型水面存在，因而具有进一步梳理形成景观水系的可能。同时结合规划设计构思及分区定位，本区域被定位为“禅文化”主题，通过山间潺潺溪流以寓意“梵音”。经过以上的分析与规划设计的耦合，选择盆域4

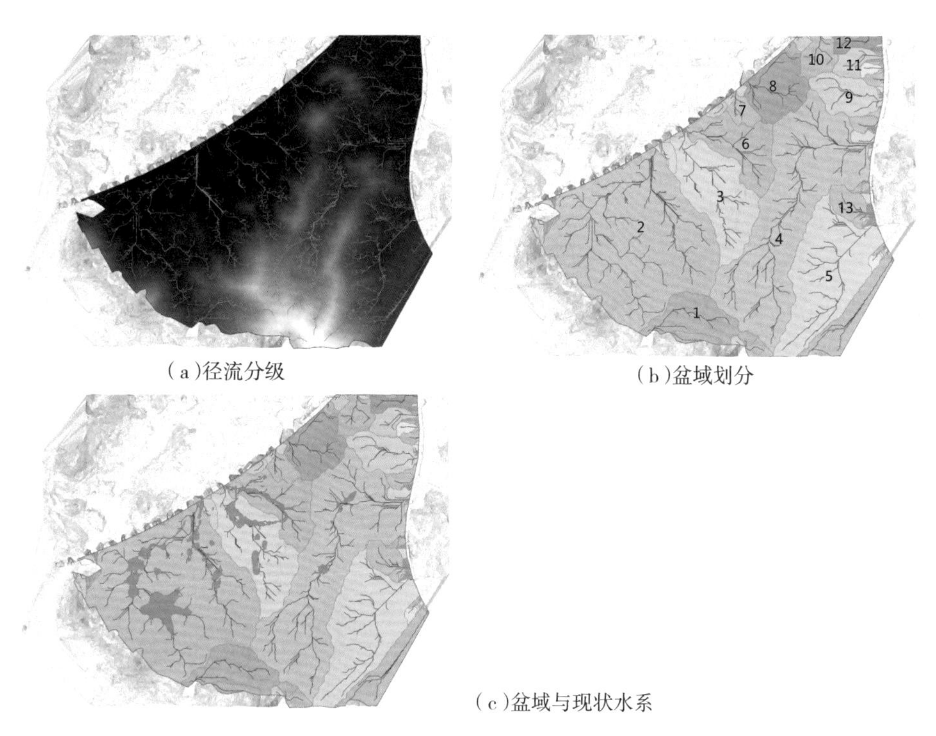

（a）径流分级

（b）盆域划分

（c）盆域与现状水系

图5-162　南京牛首山风景区北部景区水景设计——水文分析

作为拟自然水景观的营造场所。

（3）水体的选址

确定盆域之后，通过查询选定盆域的属性信息，利用 GIS 中按属性提取工具，将选定盆域从规划区域的盆域栅格中提取。通过对选定盆域内径流位置与等高线的判读能够初步筛选出具有形成水面潜质的区域。图 5-163 中黄色圈定的范围展示了一处具有潜质的区域：位于山脊之间的谷地，四周围合

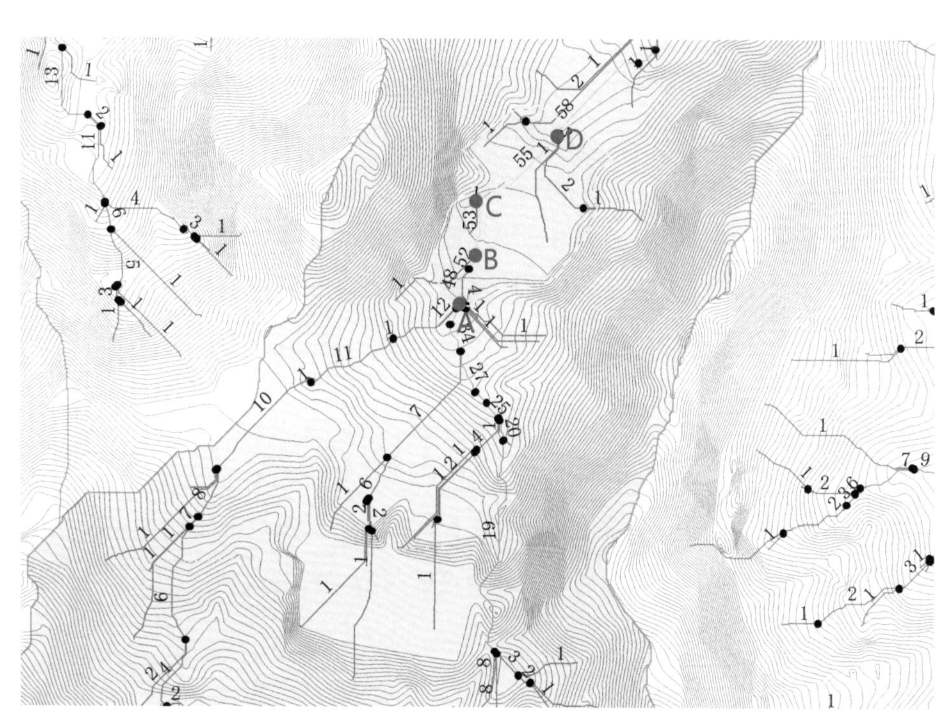

图5-163　南京牛首山风景区北部景区水景设计——筑坝位置的选择

较好，天然形成了一个不闭合的盆地区域，西南侧地势较高，东北侧地势低，故而出水口位于东北一侧。倾泻点又称为出水点，是流域内水流的出口，也是整个流域的最低处。倾泻点的定位为人工筑坝的选址提供了参考。每段径流均存在起始点和终止点，终止点同时又为 2 个径流段的连接点。通过对径流连接的分析能够得出整个区域范围内径流网络的所有起始点、终止点及倾泻点，即径流的节点。依据径流的倾泻点分析，可得到图 5-163 中所示 A、B、C、D 4 处可能的筑坝位置。4 点均位于较高等级的径流位置，保证了水量的供给要求。其中 A 处位于盆地边缘，如若形成水面，则水面将向盆地的西南侧移动，但西南侧地形变化较大，形成的水面较为局促；B 点位于盆地中地势较为平缓的部分，四周地形围合较弱，如若在此筑坝，工程量相对较大；C 处与 B 处的劣势基本相同，故而排除；D 处位于盆地的东北地势较低处，四周地形围合较好，且与前 3 处相比径流量更大，代表所能汇集的水量更大，同时能够充分利用盆地地形生成水面，位置较为有利，故而选择 D 处为坝址。在坝址确定的基础上，提取有效汇水的径流所对应的集水区 D。根据径流网络的分级原理，坝址所在径流的上游径流水量均为该径流的水量来源。据此，所提取的集水区 D 范围为上游各径流的集水区域之和（图 5-164）。

（4）水量的估算

到达地面的降水主要分成 4 部分：一部分被植被表面拦截，这个过程称为截留；一部分直接被土壤吸收，这个过程被称为渗透；另外有部分被储存在地表一些小的凹地及洼地内，这一过程称为洼地蓄水；剩余部分雨水沿地表流动，生成地表径流，最后汇集到沟道、河流和池塘等水体之中。水文循环是一个高度复杂的非线性系统，降雨径流的形成过程受多种因素的影响与制约，同样也是一个极为复杂的非线性过程。在水文学的研究中，通过构建水文模型对水文现象进行模拟和计算，并对不同的水文过程进行模型和细分，已有大量成果，但已超出了本书的研究范畴。针对本研究，采取简化的方法对集水区的汇水量进行估算，即将降水量乘以扣除植物截留及土壤入渗后利用系数，计算公式如下：

$$W = \sum_{i=1}^{n} k_i \cdot m_i \cdot A_i \cdot P \cdot 10^3$$

式中：W 为可利用的水量；k、m 分别为第 i 种土地利用类型的集水区下垫面径流系数和径流折减系数；A 为第 i 种土地利用类型的集水区面积（m^2）；P 为多年平均降水深（mm）。根据牛首山地区观测资料及实际情况，估算得出坝址 D 的汇水量为 80 423.1m^3。

（5）形态的模拟与坝高的确定

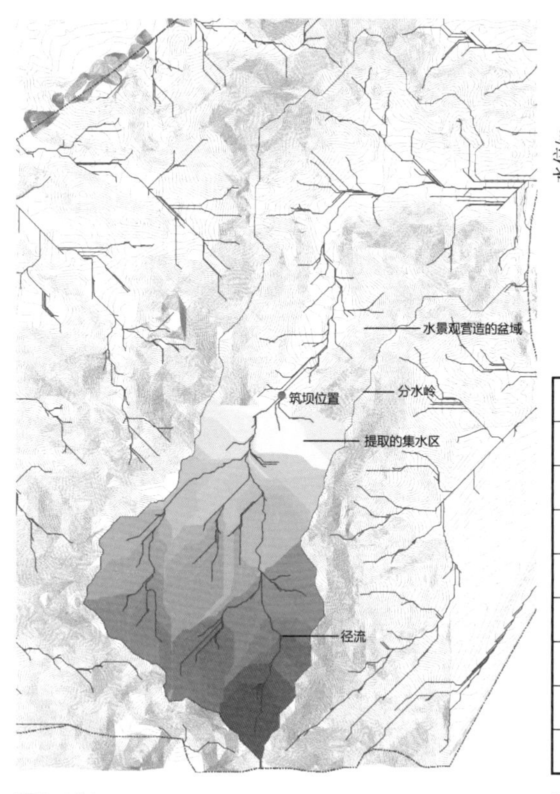

图5-164

水位/m
68.00
67.00
66.00
65.00
64.00
63.00
62.00
61.00
60.00
59.00
0.00 20 000.00 40 000.00 60 000.00 80 000.00 100 000.00
库容/m³

水位（m）	库容（m^3）	水面面积（m^2）
60.00	279.20	520.16
61.00	1 120.37	1 253.02
62.00	2 974.82	3 646.18
63.00	10 757.68	12 400.25
64.00	25 224.86	16 681.27
65.00	42 942.15	18 811.41
66.00	63 002.13	21 760.74
67.00	86 110.88	24 507.22

图5-165

图5-164　南京牛首山风景区北部景区水景设计——集水区的提取

图5-165　南京牛首山风景区北部景区水景设计——根据水位及对应库容生成库容曲线

库容曲线表示的是水库水位与其相应库容关系的曲线。本项目研究中库容曲线对应的是池盆洼地蓄水的坝顶标高及蓄水体积之间的关系曲线，纵坐标指代坝顶标高，横坐标指明蓄水体积。利用 ArcGIS 软件可通过构建不规则三角网（TIN）数字高程模型，输入参数并基于既有函数模型实现库容的计算。本项目采取逼近法，建立库容曲线，逆向估算坝高的阈值（图 5-165）。由坝址 D 的汇水量可得坝顶标高为 66.8 m，即最大筑坝标高。以 66.8 m 坝顶标高为限，在 GIS 软件中对不同坝高对应的水面形态进行模拟。自汉代起，中国古人已对自然水景的形态有具体而微的描述。在近现代的湖泊科学研究中，对以湖泊为代表的水体形态进行描述时，目前较常用的参数有面积、水深、容积、湖长、湖宽、湖岸线长度、岸线发展系数、岛屿率、湖盆坡降等。除岸线发展（发育）系数、近圆率、形状率、紧凑度等欧式几何形态指标，分形维数也常用于水体形态的评价。选取以上评价要素对不同坝高生成水体形态进行比较，筛选出较为理想的水体形态，进而确定最终的坝高。

（6）水系的生成

对应于盆域 4，第一级营造的水体确定后，便可利用参数化拟自然水景模型进行下一级水体的设计工作。需要注意的是，就下一级水体而言，其所能利用的水量为集水区内汇集与承接上一级水体倾泻的水量之和。由此可见，水系的营造过程是一个依据盆域高程由高向低逐级推进的过程，水系中所形成的池、沼、塘、湖之间由水量为纽带，存在着紧密的关联。图 5-166 为牛首山风景区北部地区运用参数化拟自然水景模型进行水景营造的水系透视图。依托于参数化的分析与计算，原本被直接排入周边城市管网的降水得以蓄积。该水系由 3 个不同高程的较大水面及溪流、跌水组成，在水量的估算与调控下，能够确保常年有水。该项目已竣工一年有余，水体形态自然优美，水声潺潺，水系生态系统已基本稳定，与周边自然山体环境融为一体，且不需要人工加以维护，真正实现了设计全过程的可持续（图 5-167）。

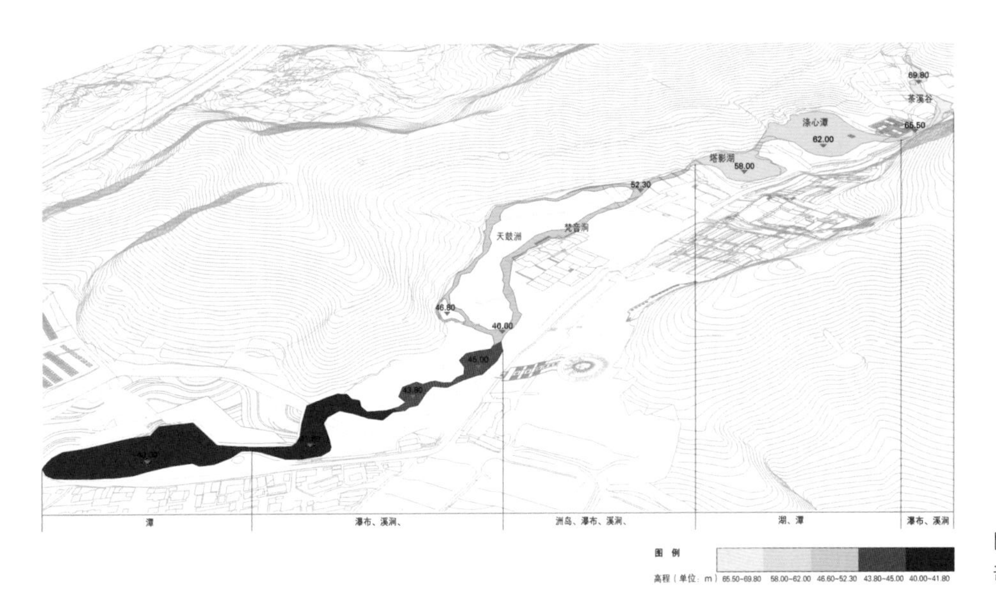

图5-166　南京牛首山风景区北部地区水系透视图

图5-167　南京牛首山风景区北部地区水系实景

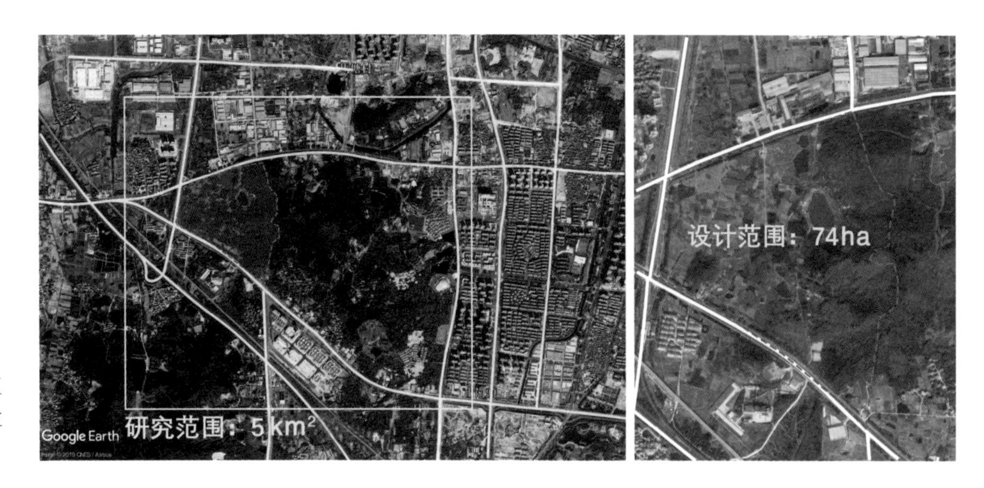

图5-168 溧阳中科院物理所园区凤栖湖水景设计——项目区位示意

5.3.3.2 溧阳中科院物理所园区凤栖湖水景设计

该项目基地位于溧阳中心城区西侧，仙人山脚下，东至仙人山，南至永平大道（104国道），西至中关村大道，北至平陵西路。总用地面积约74 ha。基地紧邻城市干道，对外交通便利。研究范围扩展至周边区域，面积约为400 ha（图5-168）。项目依托中科院物理所科创园区所在山水环境，响应城市总体规划水文要求，结合场地山形水势营造形态优美、水面开合聚散、变化丰富的园区水体景观，并通过生态化手段改善园区水质，提升环境品质。

1）设计主要任务与目标

项目水景设计侧重从现状地形地貌梳理、水文条件入手论证水景设计的前期可行性，为满足园区水面基本持平、周边道路无漫水隐患、可向外部水体补水的要求，结合客水来向与外部水体补水问题，预判园区可生成的水体面积、汇水量，估算水体向龙湫湖补水量，统筹考虑园区水体的湖面生成与水量动态平衡；通过一系列生态化手段对湖底进行处理，以改善水质、提升水景效果；结合景观效果对湖面形态进行进一步优化，最终实现生态良好、优美宜人的科创园区水景观。

2）数字技术与方法

（1）数字技术方法与应用

①定量化场地水文分析

基于GIS软件平台对场地现状水体分布进行量化分析，可知规划范围内现状水体总面积约55 000 m²，包括水塘、田间溪流，溪流连贯田间及水塘，大部分水塘设于山脚缓坡地作为蓄水塘，滞流东部山体径流的同时，蓄水用于农业灌溉（图5-169）。

对场地潜在径流分布进行预判，可知规划范围径流主要来自东部山体和项目南部山体汇集雨水，汇集至水塘、溪流，经由北部较平缓地水渠出流（图5-170）。

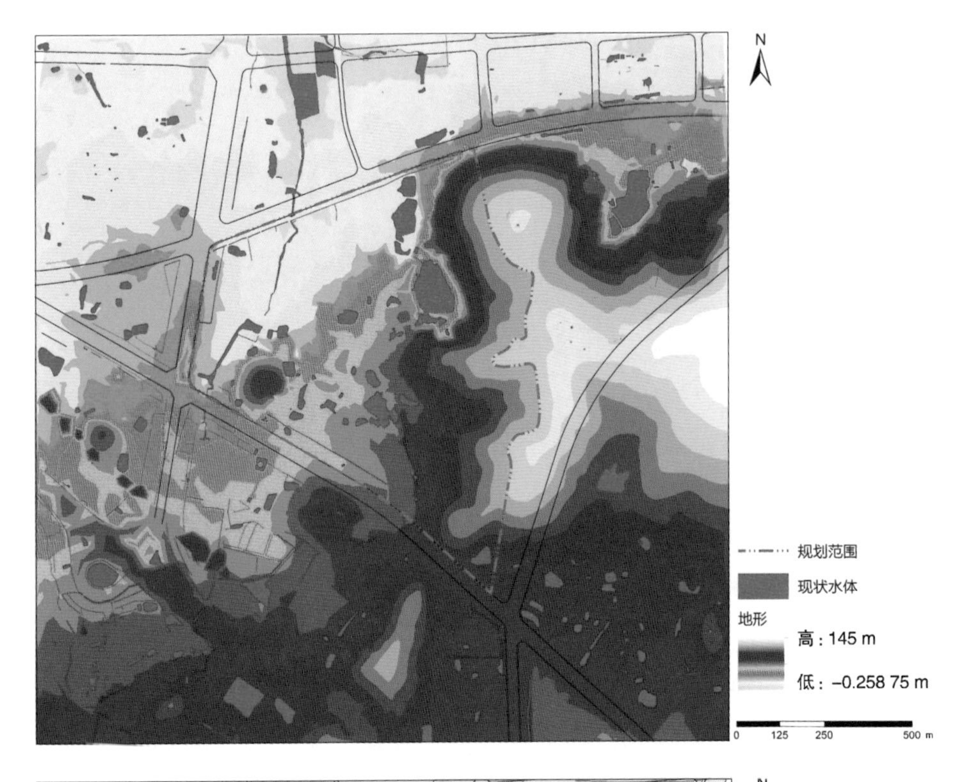

图5-169　溧阳中科院物理所园区凤栖湖水景设计——现状水体分布

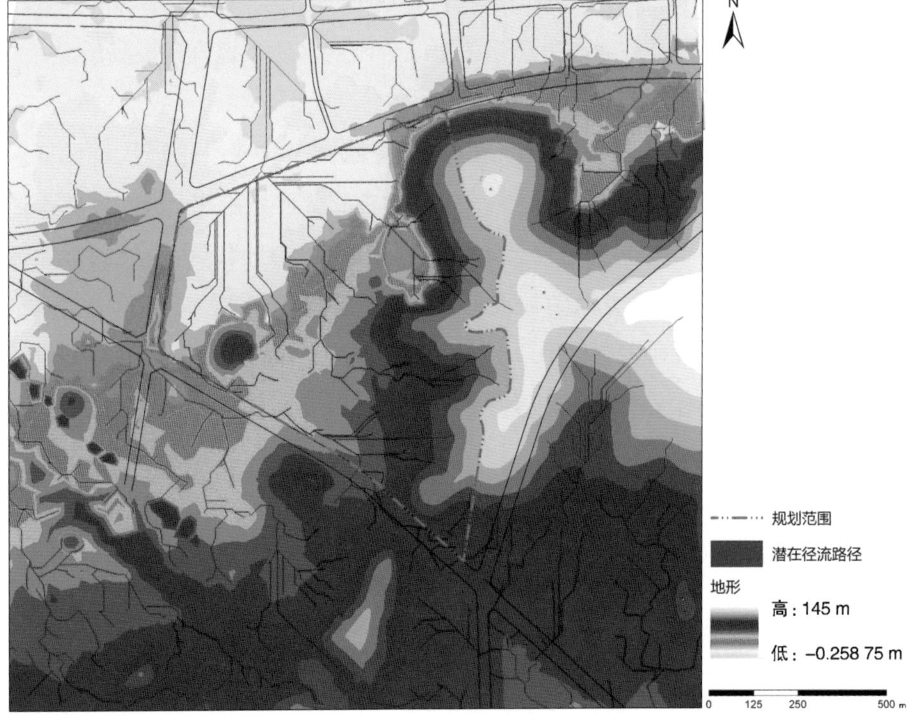

图5-170　溧阳中科院物理所园区凤栖湖水景设计——潜在径流分布

叠加潜在径流路径与现状水体。由于场地未经过较大强度的开发，因此潜在径流与现状水体的走向基本吻合（图 5-171）。

②定量化湖面生成分析

通过 GIS 软件结合现状水文分析结果对场地主要汇水区进行识别和数据统

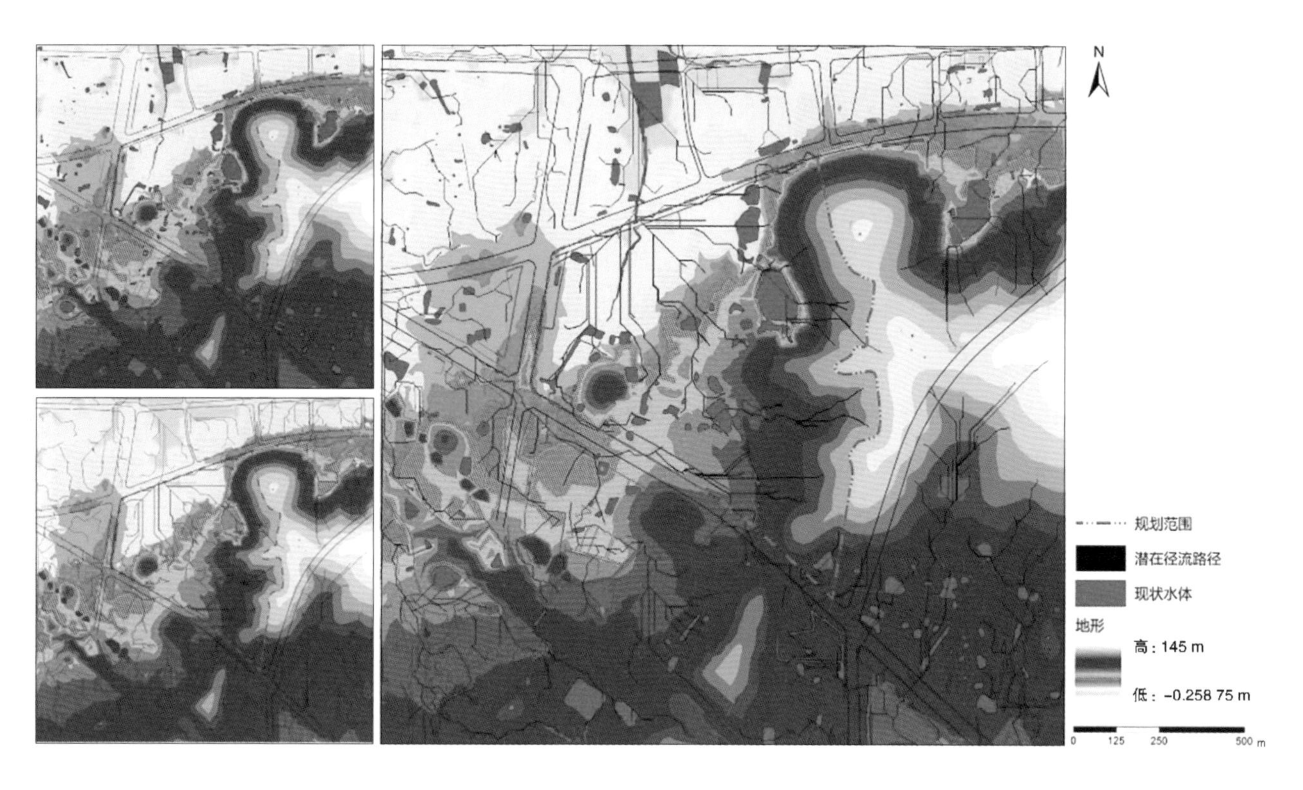

图5-171　溧阳中科院物理所园区凤栖湖水景设计——现状水体与潜在径流叠加分析

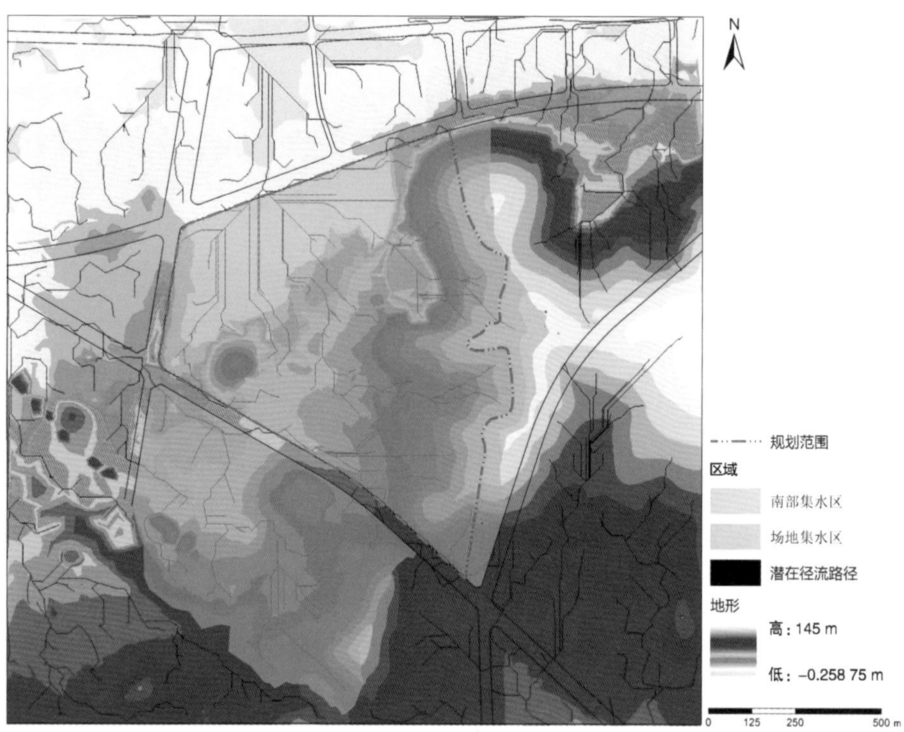

图5-172　溧阳中科院物理所园区凤栖湖水景设计——场地汇水区分布与面积统计

计，可知场地汇水主要有两部分：场地内汇水，面积（含场地降雨汇水与西圣山西侧山体汇水）共84.26万 m²；南部集水区汇水，面积为40.84万 m²(图5-172)。

根据场地地形，分析不同高程水位的淹没范围。现状水体对应的淹没范围约为高程5.0 m，约5.5万 m²。根据水位—淹没范围曲线和水位—淹没体积曲线得出，当水体面积为 20 万 m^2，水体深度为 4.4 m（标高 6.4 m）时，汇水 41.29 万 m^3，可以达到年平均汇水标准（图 5-173）。

③优化后水体方案及相关水文数据测算

基于以上量化分析结果，结合岸线形态优化生成园区水体方案，计算得到设计水体面积为 17.53 万 m^2；设计水体标高：保持在常水位 6.0 m 标高处（北部地形局部堆高阻止水漫溢），西北、西南两处设溢流口与外部水体沟通，保持园区内水面持平；设计水深：2～3 m，且局部有跌水；设计水体容积经测算约为 29.22 万 m^3，可实现向龙湫湖补水约 5.14 万 m^3（图 5-174）。以上计算结果均根据《海绵城市建设评价标准》及《室外排水设计规范》中的计算

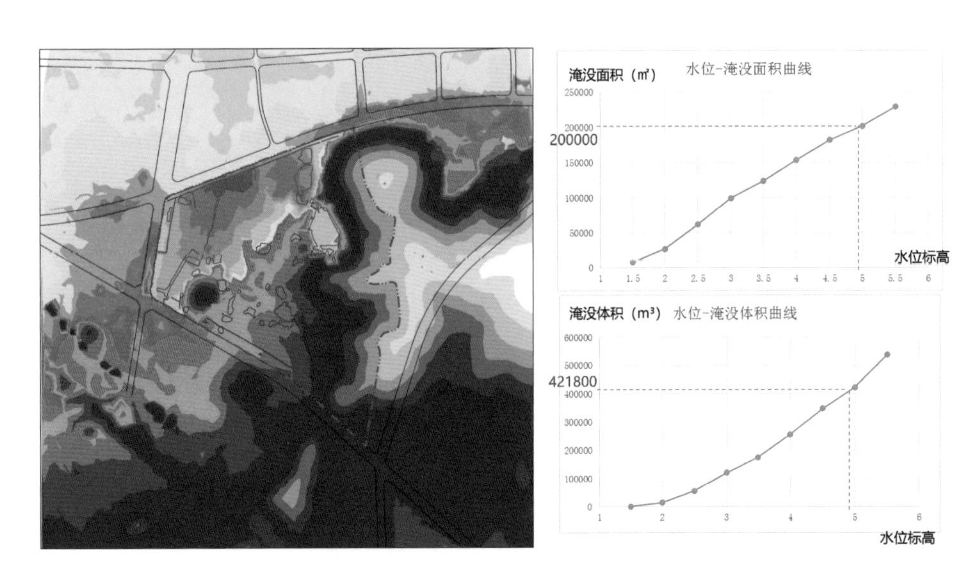

图5-173　溧阳中科院物理所园区凤栖湖水景设计——场地水域体积与面积测算

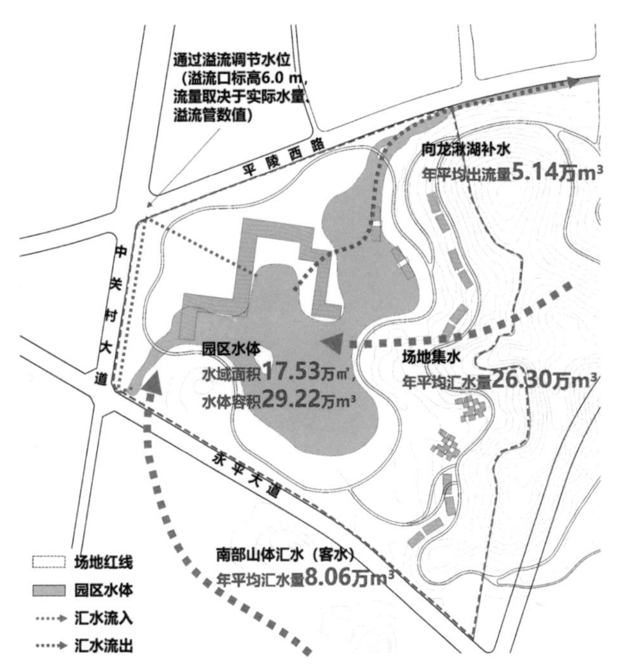

图5-174　溧阳中科院物理所园区凤栖湖水景设计——设计后水体方案及相关水文数据

图5-175

图5-176

图5-175 溧阳中科院物理所园区凤栖湖水景设计——园区水景方案总平面图

图5-176 溧阳中科院物理所园区凤栖湖水景设计——园区水景方案鸟瞰效果图

方法（径流系数法）按年平均汇水量计算。

（2）方案设计成果

通过以上对场地的定量化分析，采用参数化的水景设计方法，结合园区整体设计最终形成了本项目的总体方案（图5-175、5-176），其中基于定量科学化设计方法的水景部分构成了园区的骨架与灵魂，从而以水活园，实现园区整体的灵动发展以及与周边环境的对话融通。

5.4 景观环境色彩规划设计

色彩构成是景园规划设计中的重要内容，色彩景观是视觉审美的第一要素。色彩规划设计作为一种提升环境品质的造景手段，起着突出风格、渲染意境的关键作用，尤其是色彩往往还具有特定的文化和情感意味，具有一定的表征意义。

在建筑、规划、风景园林领域，景观色彩研究长期依赖设计师的感觉和感知，过于注重设计师主观的艺术搭配，而不注重客观景物本身的色彩属性。环境中的色彩构成不同于纸面绘画的色彩构成，从科学的角度来客观研究色彩，任何物质的色彩都是光子传播被人眼感知的物理过程，可以说，在人眼感知色彩之前，物质就具有了唯一的颜色物理属性，即色彩的客观性，不以人的意志为转移。

首先，景观环境是物质环境，人在物质环境中认知色彩，必然受到光、气候、视觉能力等多种因素的影响，因此难以准确认知和评价色彩，只能通过感觉和感知来描述。其次，景观环境色彩构成的核心要素是植物要素，植物与建筑、山石不同，是具有生命周期和色彩变化规律的造景要素。因此，植物一年四季的物候色彩变化，以及一日四时、阴晴雨雪等气象光照条件的影响，增加了景观环境的色彩变化。这些可变性和多样性，构成了景观环境丰富绚烂的色彩世界，也导致了景观环境色彩规划设计的不确定性。

当代数字技术的发展，不论是软件还是硬件的进步，均辅助风景园林研究从感觉到知觉、从定性到定量的转变。随着色彩科学理论的发展，对环境中景物色彩物理属性进行定性、定量的研究方法层出不穷。例如，使用数字化的色彩检测仪器，借助 CIELAB 模型提取物质光谱数据的色值；使用软件，借助数码拍摄设备获取数字色彩图像，提取 RGB、HSB（色相、饱和度、亮度）、HCV（色相、彩度、明度）色彩数值等。基于数字技术进行色彩科学计量和管理，通过仪器与设备的色彩数据进行量化分析，为客观比对与筛选最佳的景观环境色彩规划设计方案提供了科学的依据，避免了依靠人为主观配色导致的色偏和色差，使景观环境色彩规划、设计与建构更具实践操作性。

本书将借助几个景观色彩规划设计的实践案例，详细阐述运用数字技术进行景观环境色彩调查、研究、评价及设计的方法与步骤。

5.4.1　南京明城墙赏樱风光带设计

南京明城墙赏樱风光带核心观赏区域面积为 43.76 ha，可带动的外围潜在游览区域面积为 564.4 ha。赏樱风光带位于南京市玄武区东北部，南起和平公园，北至廖家巷，全长约 3 km，是南京主城区的核心地带（图 5-177）。

南京明城墙赏樱风光带以南京市玄武湖西南侧的明代古城墙为主体向两侧展开，具有鲜明的城市景观风貌特征。明城墙作为风光带色彩构成的背景色彩，发挥了贯穿全线、协调统一色彩的核心作用，其灰色系列的色彩与近景、中景层次的建筑、植物色彩构成了和谐的图底关系，形成了以明城墙、樱花、沿线民国建筑、玄武湖景区、鸡鸣寺等色彩为主体的，具有色彩标识性的城市赏樱风光带。

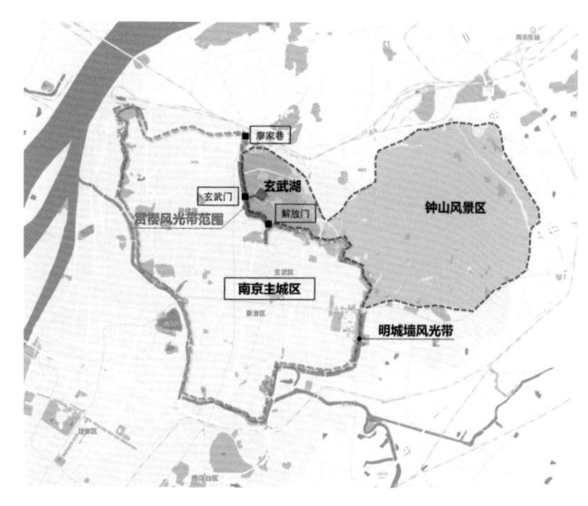

图5-177　南京明城墙赏樱风光带研究范围

5.4.1.1 景物色彩调研及数字化过程

在进行南京明城墙赏樱风光带的色彩规划设计之前，对景观环境色彩现状进行科学的调研，其色彩数字化分析是关键的一环。在实地进行色彩数据采集的过程中，首先使用色彩照度计确定晴空 D65 的标准光照条件，采用柯尼卡美能达 cm-700d 分光测色仪对环境单一景物进行多次取色，取得 CIE L*a*b* 的色彩平均值。对相同色彩样本进行不同分布点的测量，尽量避免受人为操作设备的影响，对差别较大的色彩样本应收集物理样本，进入实验室对色灯箱中复检。主要采集数据内容包括 CIE L*a*b* 色空间指数、XYZ 三色刺激值。

其次，景观色彩界面和色彩序列的数字化调研过程中，在标准光照条件下，使用佳能 5D Mark Ⅱ数码相机进行色彩图像记录。拍摄时，使用爱色丽色卡护照（Color Checker Passport）记录 DNG 白平衡数据与设备信息，作为 Adobe Lightroom 软件对 RAW 图像色彩精准调校的修正参数。为保证拍摄图像中的色彩数据在输入、输出计算机过程中的精准性，生成可以提取色彩数据的最终图像，使用爱色丽品牌 i1PRO 校色系统进行全程色彩管理，然后使用 Color Impact 分析软件提取图像 HSB 色彩数据，并与单一景物数据进行对比校验，色彩 HSB 各项数据差值不超过 5%。

最后，为了获取最完整的场地现状色彩数码图像，全面评价风光带景观色彩构成基底，使用大疆无人机航拍鸡鸣寺—昆仑路全线的景观环境图像，作为景观环境色彩数字化研究的资料（图 5-178）。

图5-178 南京明城墙赏樱风光带设计——无人机航拍数字图像

基于以上调研过程，使用Word软件将风光带景物色彩的光谱色度（L*a*b*）、三色刺激值（XYZ）、色彩效果（HSB）等主要量化数据统计为南京赏樱风光带色彩构成特征量表，主要以鸡鸣寺—解放门—玄武门—昆仑路的观赏序列进行景观环境现状色彩数字化的工作（表5-16）。

表5-16 南京赏樱风光带色彩构成特征量表

（时间：2016年7月29日10：00-15：00；地点：鸡鸣寺至昆仑路道路两侧；设备：柯尼卡美能达分光测色仪、色彩照度计、5D Mark Ⅱ；标准照度：晴空D65）

空间界面	样地检索	色彩描述	光谱色度（L*a*b*）	三色刺激（XYZ）	色彩效果（HSB）	相关景物	备注
1.古生物研究所			L:88 a:0 b:0	X:222 Y:222 Z:222	H:0° S:0% B:87%	建筑立面	
			L:65 a:-8 b:-11	X:134 Y:163 Z:177	H:200° S:24% B:69%	建筑玻璃幕墙	
			L:69 a:1 b:10	X:176 Y:167 Z:150	H:39° S:15% B:69%	人行道	
			L:48 a:-14 b:27	X:103 Y:120 Z:66	H:79° S:45% B:47%	水杉	
2.鸡鸣寺			L:57 a:22 b:51	X:188 Y:121 Z:43	H:32° S:77% B:74%	寺庙院墙	
			L:20 a:10 b:-3	X:60 Y:43 Z:53	H:325° S:28% B:24%	柱	
			L:28 a:30 b:11	X:110 Y:45 Z:51	H:354° S:59% B:43%	窗、枋	
			L:28 a:3 b:-6	X:68 Y:65 Z:76	H:256° S:14% B:30%	瓦	
			L:64 a:-24 b:62	X:136 Y:-66 Z:18	H:72° S:89% B:65%	三角枫	
			L:45 a:-26 b:47	X:79 Y:118 Z:12	H:82° S:90% B:46%	侧柏	
3.解放门			L:60 a:0 b:5	X:148 Y:145 Z:136	H:45° S:8% B:58%	城墙	

（续表）

空间界面	样地检索	色彩描述	光谱色度（L*a*b*）	三色刺激（XYZ）	色彩效果（HSB）	相关景物	备注
			L:40 a:−18 b:43	X:80 Y:101 Z:8	H:74° S:92% B:40%	竹	
			L:38 a:−10 b:31	X:85 Y:93 Z:36	H:68° S:61% B:36%	石楠	
4.台城路			L:25 a:−1 b:3	X:59 Y:60 Z:55	H:72° S:8% B:24%	车行道	
			L:39 a:0 b:4	X:95 Y:92 Z:85	H:42° S:11% B:37%	城墙	
			L:48 a:−13 b:30	X:106 Y:120 Z:61	H:74° S:49% B:47%	香樟	
5.明城汇			L:40 a:−1 b:6	X:95 Y:95 Z:85	H:60° S:11% B:37%	景观墙	
			L:46 a:−16 b:35	X:95 Y:115 Z:45	H:77° S:61% B:45%	小叶黄杨、竹	
			L:30 a:−14 b:12	X:53 Y:77 Z:51	H:115° S:34% B:30%	夹竹桃	
			L:35 a:−21 b:21	X:56 Y:92 Z:48	H:109° S:48% B:36%	迎春	
			L:45 a:10 b:−1	X:121 Y:100 Z:107	H:340° S:17% B:47%	二乔 玉兰	
6.西家大塘产业园			L:31 a:−1 b:−6	X:68 Y:75 Z:83	H:212° S:18% B:23%	建筑立面	
			L:69 a:−1 b:1	X:166 Y:168 Z:165	H:100° S:2% B:66%	建筑屋顶	
			L:16 a:−9 b:6	X:30 Y:44 Z:31	H:124° S:32% B:17%	桂花乔木	

（续表）

空间界面	样地检索	色彩描述	光谱色度（L*a*b*）	三色刺激（XYZ）	色彩效果（HSB）	相关景物	备注
			L:34 a:8 b:8	X:96 Y:76 Z:69	H:16° S:28% B:38%	红花继木	
			L:31 a:22 b:23	X:109 Y:58 Z:37	H:17° S:66% B:43%	红叶石楠	
7.玄武门派出所			L:57 a:−2 b:16	X:141 Y:136 Z:107	H:51° S:24% B:55%	建筑立面	
			L:36 a:14 b:31	X:115 Y:76 Z:35	H:31° S:70% B:45%	亭廊	
			L:29 a:−20 b:29	X:45 Y:76 Z:19	H:93° S:75% B:30%	银杏	
			L:24 a:−15 b:21	X:40 Y:62 Z:23	H:94° S:63% B:24%	枫杨	
8.玄武门			L:52 a:−2 b:0	X:120 Y:124 Z:123	H:165° S:3% B:49%	覆土建筑	
			L:43 a:−13 b:9	X:83 Y:108 Z:86	H:127° S:23% B:42%	玻璃幕墙	
			L:22 a:−7 b:0	X:41 Y:57 Z:54	H:169° S:28% B:22%	玄武门宝顶	
			L:20 a:11 b:0	X:63 Y:42 Z:49	H:340° S:33% B:25%	玄武门塔楼	
			L:55 a:1 b:−1	X:134 Y:132 Z:135	H:280° S:2% B:53%	人行道	
			L:43 a:−17 b:29	X:83 Y:108 Z:50	H:86° S:54% B:42%	草坪	
			L:33 a:−17 b:19	X:109 Y:68 Z:50	H:18° S:54% B:43%	鸡爪槭	

（续表）

空间界面	样地检索	色彩描述	光谱色度（L*a*b*）	三色刺激（XYZ）	色彩效果（HSB）	相关景物	备注
			L:28 a:−11 b:5	X:49 Y:71 Z:58	H:145° S:31% B:28%	雪松	
			L:15 a:13 b:5	X:57 Y:31 Z:32	H:358° S:46% B:22%	紫叶李	
9.红星美凯龙			L:61 a:0 b:−3	X:145 Y:148 Z:153	H:218° S:5% B:60%	建筑墙面	
			L:33 a:−1 b: 3	X:77 Y:78 Z:72	H:70° S:8% B:31%	城墙	
			L:73 a:−4 b:−9	X:163 Y:181 Z:195	H:206° S:16% B:76%	周边高层幕墙	
			L:37 a:−18 b: 33	X:69 Y:94 Z:28	H:83° S:70% B:37%	摩纹	
10.昆仑路北段			L:65 a:3 b:15	X:170 Y:154 Z:129	H:37° S:24% B:67%	黄石	
			L:32 a:0 b:−1	X:75 Y:75 Z:77	H:240° S:3% B:30%	建筑 立面	
			L:51 a:51 b:0	X:197 Y:180 Z:125	H:337° S:59% B:77%	紫薇 （花）	
			L:30 a:10 b:7	X:89 Y:65 Z:61	H:9° S:31% B:35%	紫叶小檗	

注：重复景物色彩不重复记录色彩量化数据。

5.4.1.2 数字化景观色彩设计

景观环境色彩数字化分析，应着重从现状环境的色彩空间、色彩序列、色彩界面三个层次借助色彩数据的分析解读，客观评价现状环境色彩构成的问题和色彩提升的方向，为色彩规划设计提供科学依据。

首先，在色彩空间构成的层面，基于南京赏樱风光带的色彩构成特征量表，使用分段提取的 CIE L*a*b* 色彩数据进行分析，根据 CIE L*a*b* 颜色空间在 L*、a*，b* 三个通道的取值范围定义：L* ∈ [0, 100]，a* ∈ [−86.181 3，98.235 2]，b* ∈ [−107.861 8，94.475 8]，使用 Excel 软件进行风光带色彩分布频率的累计百分比分析，建立 L*、a*、b* 值的直方图（图 5-179 ~ 图 5-181）。

通过直方图比率分析，以 CIE L*a*b* 色彩空间正负取值为依据，从光谱色度 a* 值（-4，-26）、b* 值（2，28）的集中分布，各段累计百分比证明色彩 70% ~ 85% 具有深绿、黄绿色的特征，25%～30% 具有深灰和蓝灰色特征，可以说明，在色彩构成关系最稳定的夏季 7 月期间，风光带色彩特征以灰色系和绿色系为主体色彩。灰色系景物包括城墙、地面铺装、建筑立面等，而绿色系景物包括无花、无果的阔叶和常绿植物，如樱花、玉兰、水杉、枫树、香樟、女贞、石楠、桂花等。使用相同的调研和分析方法，对 2016 年 10 月、12 月，2017 年 3 月的场地色彩进行调研和数字化研究，可以论证风光带四季的色彩变化中春、秋两季的色彩比率与夏、冬两季差异明显，主要呈现粉白与灰绿、红黄与灰绿的色彩构成效果（图 5-182）。

图5-179　L*值量化分析

图5-180　a*值量化分析

图5-181　b*值量化分析

图5-182　鸡鸣寺樱花四季色彩变化

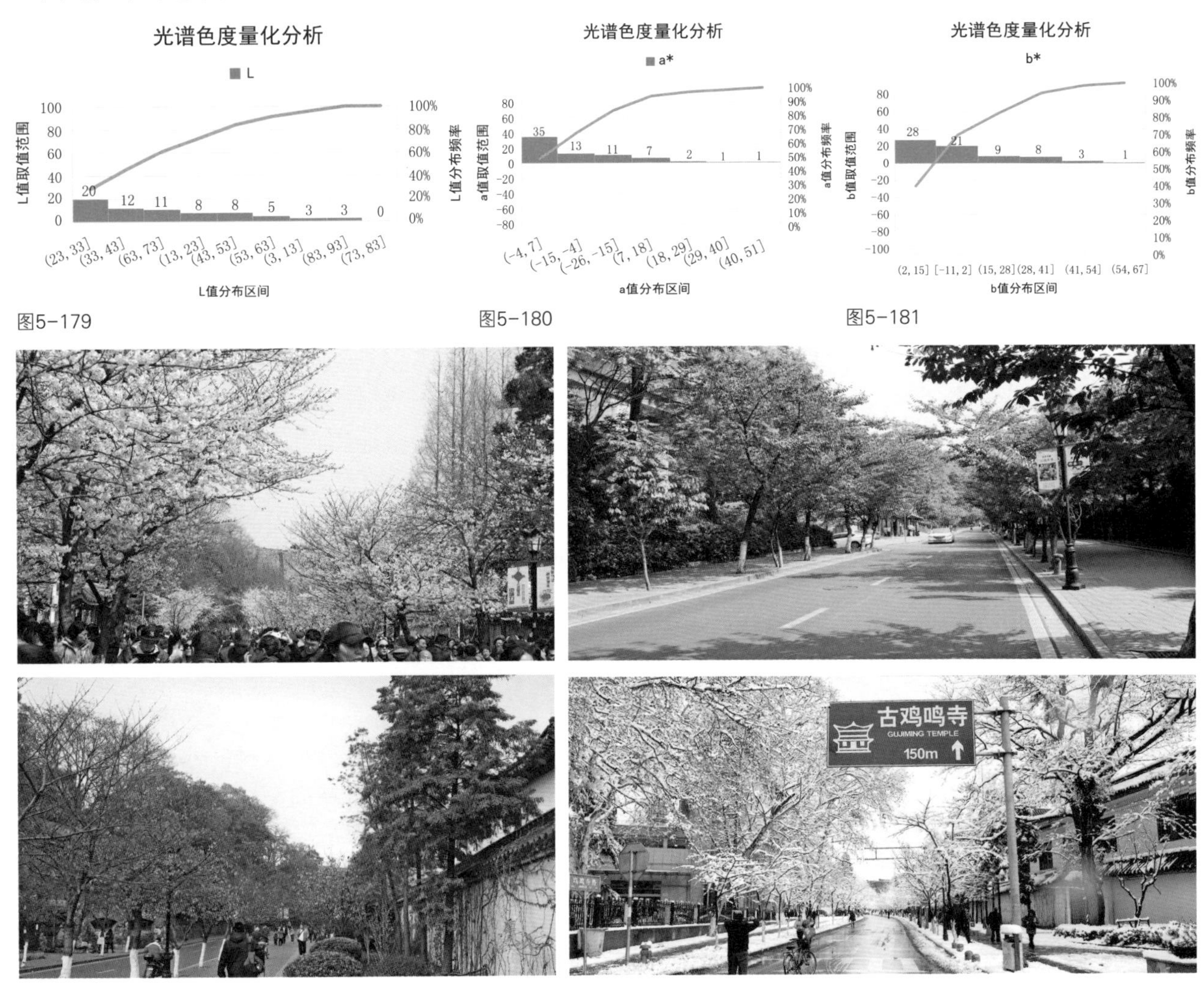

图5-179

图5-180

图5-181

图5-182

为了验证该结论，通过5D Mark Ⅱ相机与色卡护照的DNG参数调校，拍摄鸡鸣寺路段一年四季的色彩数字图像，使用ColorImpact计算机色彩分析软件从数字化图像提取色彩数据，量化分析四季色彩的HSB数据，分析表明，鸡鸣寺路段春季樱花盛放时，其樱花主体色相值H区间为300°～324°，S区间为0%～5%，B区间为77%～92%。而春夏之交，绿叶生长，叶色H区间为70°～85°，盛夏时H最高值升到96°，S区间为33%～48%，而B值始终维持在27%～45%。秋冬季节，色叶变黄，H值区间为33°～45°，S区间为35%～41%，B区间值维持在51%～63%。参照风光带色彩构成特征量表中建筑、道路、天空等色彩的HSB取值进行四季比较分析，可以证明，主要是因为鸡鸣寺一解放门路段的道路两侧大量种植樱花树种，充分发挥了以樱花为主体的四季色彩观赏效力（图5-183）。相较于其他路段则无此景观色彩变化。

首先，从设计角度而言，色彩空间规划是一项“立意”的专题工作，色彩空间的主题表达带有特定的审美标准和目标需求。鉴于此，在全路段大量增补樱花，以樱花春秋两季色彩打造标识性景观带，同时对城墙灰色系与植物绿色系进行提升补充，显得至关重要。通过数码图像获取的HSB数据分析，樱花色彩与明城墙、植物的色彩搭配，使主题更加明快，色彩层次清晰，大面积种植更有利于加强空间环境的色彩图底关系，打破一绿到底的色彩现状。其优势如下：①樱花色相值较高，视觉反差强烈，色相具有季节性，独具特色；②春季万物还未复苏，不适合强烈色彩源的刺激，而樱花色彩饱和度低、亮度高的属性，既效果突出，又不过分张扬，大面积种植可产生景观艺术效果；③樱花盛放时，郁闭度高，色域面积比例大，此时绿叶还未长成，粉色、白色与城墙、建筑的灰色之间产生强烈对比效果，产生明快、活泼的色彩情感；

图5-183　鸡鸣寺樱花四季色彩视觉效果量化分析

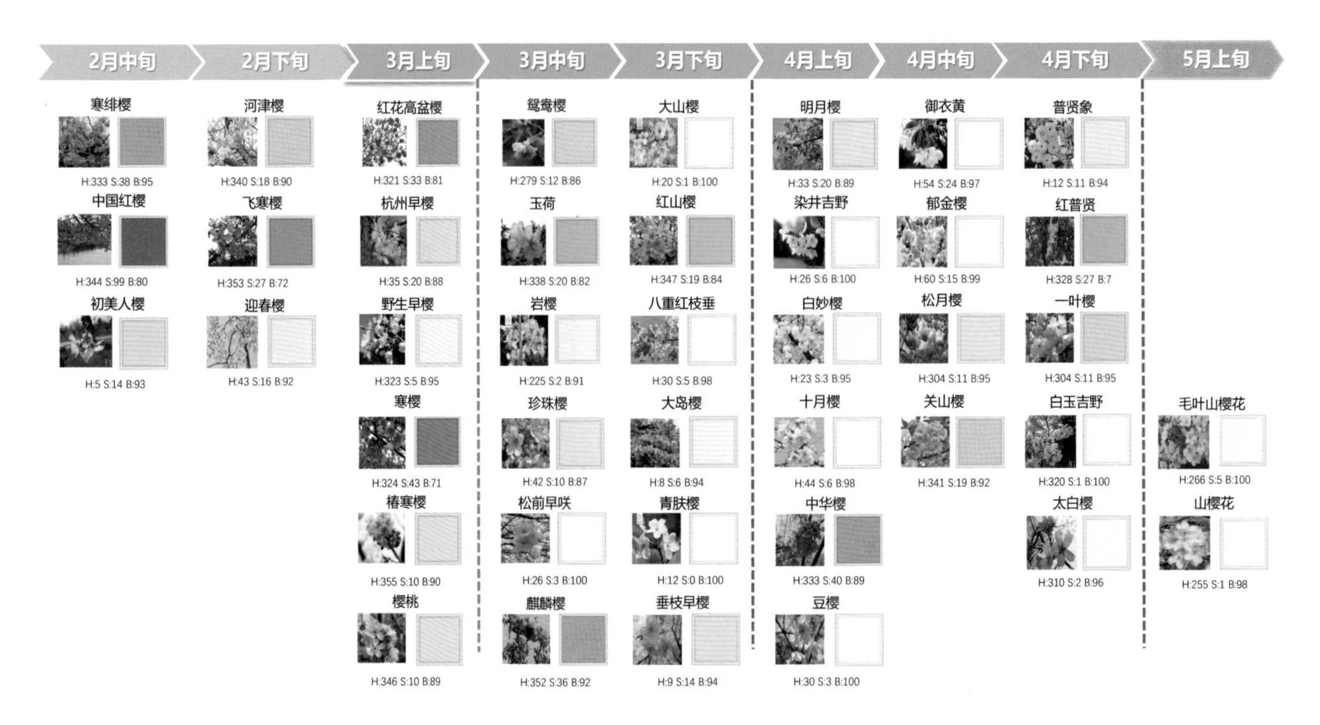

图5-184　樱花品种HSB数据提取

④叶色具有春秋两季变化，春季观花，秋季看叶，与常绿植物色彩具有明显的色相差别。

其次，在色彩序列层面，随着游憩路径展开，色彩节奏与韵律的变化带来不同的景观体验，使景观环境色彩效果更加丰富、生动、有趣。为了科学标定观赏樱花的色彩数据，通过植物数码图像的HSB数据提取进行分析（图5-184）。南京地区适宜种植的樱花品种多达60余种，樱花色相H值跨度大，呈现白、粉、粉红、粉紫的色相变化；白色、粉色饱和度低，粉红、粉紫饱和度高，S值具有层次变化；整体B值较高，色彩明快。与城墙和常绿植物具有强烈的色彩对比关系。同时，根据樱花冠幅大小和开枝品相，调控色彩序列中的樱花的色彩类型、色彩数量、色彩面积，形成一种律动的变化，主要种植方式包括孤植、列植、丛植、群植。

最后，从游客观赏的角度评判，色彩界面是景观环境构成的基础单元。基于定性、定量的景物色彩进行数据分析，进而对赏樱风光带的色彩界面进行设计，其核心点是在环境色彩本底上，通过定量研究对景物色彩逐级修正的过程。以色相、饱和度与亮度作为量化色彩的三种指标，在色彩的组织与搭配设计中，递进式地约定着色彩的生成，呈现出与环境相协调的色彩搭配，进而决定着樱花树种的选择。这其中色相明确了色彩界面的基本色调，决定了某一类型樱花色相的运用；饱和度配置是在色相的基础上，根据特定环境背景，细分樱花的色彩；明度则是对色彩的进一步修饰，并最终匹配出与环境适宜的樱花品种。

基于前期大量的色彩数据成果，对风光带界面组织需要的前景、中景、背景的景物色彩进行归类，生成南京赏樱风光带色彩规划设计数据用表（表 5-17）。

表5-17　南京赏樱风光带色彩规划设计数据用表

前景用色——樱花、道路色彩量化数据					
白玉吉野樱	毛叶山樱花	染井吉野樱	麒麟樱	垂枝早樱	关山樱
H:320 S:1 B:100	H:266 S:5 B:100	H:26 S:6 B:100	H:352 S:36 B:92	H:9 S:14 B:94	H:341 S:19 B:92
山樱花	野生早樱	樱桃	红山樱	中华樱	中国红樱
H:255 S:1 B:98	H:323 S:5 B:95	H:346 S:10 B:89	H:347 S:19 B:84	H:333 S:40 B:89	H:344 S:99 B:80
人行道铺装	人行道铺装	车行道			
H:280 S:2 B:53	H:39 S:15 B:69	H:72 S:8 B:24			
中景用色——植物色彩量化数据					
水杉	三角枫	侧柏	石楠	香樟	夹竹桃
H:79 S:45 B:47	H:72 S:89 B:65	H:82 S:90 B:46	H:68 S:61 B:36	H:74 S:49 B:47	H:115 S:34 B:30
迎春	桂花	枫杨	草坪	红花继木	雪松
H:109 S:48 B:36	H:124 S:32 B:17	H:94 S:63 B:24	H:86 S:54 B:42	H:16 S:28 B:38	H:145 S:31 B:28
鸡爪槭	紫叶李	红叶石楠	紫叶小檗		
H:18 S:54 B:43	H:358 S:46 B:22	H:17 S:66 B:43	H:9 S:31 B:35		
背景用色——城墙、建筑立面、天空色彩量化数据					
解放门段城墙	台城路段城墙	玄武门段城墙			
H:45 S:8 B:58	H:42 S:11 B:37	H:70 S:8 B:31			
建筑墙面	玻璃幕墙	建筑墙面	建筑墙面	景观墙	建筑墙面
H:218 S:5 B:60	H:206 S:16 B:76	H:240 S:3 B:30	H:0 S:0 B:87	H:60 S:11 B:34	H:212 S:18 B:23
无云天空	有云天空				
H:210 S:15 B:85	H:230 S:2 B:98				

（1）风光带色相构成

明城墙、现状植被与天空等自身色彩作为赏樱风光带不可改变的环境色彩，约定了色彩的组织，是不可忽视的先决条件，也是色彩研究中的不变量。明城墙、建筑与道路等背景要素整体颜色呈现灰色，是风光带的背景，其典型色相值为 45°、218°、240°；现状绿化作为风光带中景，以常绿树种为主，色相值在 74°～115°；樱花作为特色植物主题，色相以白色、粉色、粉红色为主，是风光带的前景。对设计使用的樱花树种色相数据分析可知，其色相阈值为 320°～346°，互为同类色相，与背景、中景的环境色相互为对比色相（表 5-18）。设计通过色相的组织，构成图底关系明确、色彩对比丰富的赏樱风光带色相关系（图 5-185）。

此外，由于樱花开花时间集中在 3～4 月，花期较短。为了延长风光带的赏花花期，设计根据樱花的色相特征，选取与樱花同类色相的植物物种以弥补花期的不足，例如海棠、桃花等。其中，海棠色相为 313°，桃花色相为 348°，均与樱花为同类色相。

（2）风光带色彩饱和度配置

色相决定了整体环境色彩构成关系，但由于不同地段植物配置、现状构成的差异，具体樱花树种的配置选择也应根据色彩饱和度特征进一步细分。以特定空间段落为研究对象，组织樱花饱和度的配置，并据此选用适宜的樱花树种。以下以廖家巷段、玄武门段为例，具体探讨基于色相、饱和度及亮度的景观色彩配置方法（表 5-19）。

表5-18　色相值设计分析表

色相类别	色相搭配	色相H阈值	色相构成关系	色相设计目的
前景：樱花	白色 ✚ 粉色	320°～346°	前景：同类色相	空间主题、序列变化、界面对比
中景：绿化	绿色 ✚ 常绿	74°～115°	中景/背景：对比色相	序列变化、界面对比
背景：城墙、建筑、天空	灰色 ✚ 蓝色	45°、218°、240°	背景/前景：对比色相	空间主题、界面对比

图5-185　樱花同类色相构成比选图

以廖家巷段为例，该段城墙界面完整，未被中景绿化遮挡，以城墙背景色饱和度值11%为基准值，按照色彩饱和度鲜强调10：8：1、鲜中调10：8：5的级配比例，选用樱花色彩饱和度值1%～5%的白色樱花效果最为突出（图5-186），因此，建议选用山樱花、白玉吉野樱、毛叶山樱花等。而在玄武门段，城墙两侧现种植有大量水杉遮挡了城墙界面，该段背景色彩由水杉林构成，饱和度值为45%，中景由石楠、海桐构成，饱和度值为61%。根据饱和度配置比例，取背景色均值计算，建议该段选用饱和度值介于5%～25%的樱花树种，即关山樱、樱桃、红山樱花、野生早樱等品种（图5-187）。

表5-19　饱和度色彩设计分析表

饱和度类别	级配比例（鲜强/中调）	饱和度S阈值	饱和度构成关系	饱和度设计目标
前景：樱花	1/5	1%～5%	1级彩度	饱和度低，凸显樱花
中景：绿化	8/10	45%～61%	4～6级彩度	背景层次，限定彩度
背景：城墙	8/10	11%	1级彩度	背景层次，限定彩度

（3）风光带色彩亮度匹配

在色相与饱和度确定的基础上，亮度作为衡量色彩深浅、明暗变化的指标，对色彩的呈现起着修饰性作用（表5-20）。樱花色彩的亮度影响着整体环境的亮度平衡，直接决定了色彩的呈现效果。在风光带廖家巷段中，天空亮度为85%，色彩明快；城墙亮度为31%，绿化的亮度阈值为27%～61%。以城墙色彩和绿化色彩为基准色，按照色彩亮度高长调的效果搭配比例，选用80%～100%亮度阈值的樱花品种为前景色彩，且亮度值控制在84%～95%。

图5-186　南京明城墙赏樱风光带设计——廖家巷段樱花饱和度比选图

图5-187　南京明城墙赏樱风光带设计——玄武门段樱花饱和度比选图

图5-186

图5-187

图5-188

图5-189

图5-188 南京明城墙赏樱风光带设计——廖家巷段樱花亮度匹配图

图5-189 南京明城墙赏樱风光带设计——玄武门段樱花亮度比选图

在饱和度配置建议树种类型中，优选出明度较高的野生早樱作为该段的主要樱花树种，并搭配有关山樱等品种作为该段的主干树种（图 5-188）。同理，在风光带玄武门段中，根据色彩明度搭配比例，建议该段樱花亮度为最高的 100%。山樱花、白玉吉野樱与毛叶山樱花均为适宜树种。研究通过色彩亮度的匹配，确定各段樱花植物品种，打造色彩、明暗、深浅变化协调有致的风光带景观（图 5-189）。

表5-20 亮度色彩设计分析表

亮度类别	级配比例（高/中长调）	亮度B阈值	亮度构成关系	亮度设计目标
前景：樱花	8/9/10	84%～95%	9～10级亮度	色彩明快，凸显樱花
中景：绿化	6	27%～61%	2～6级亮度	丰富层次，统一效果
背景：城墙	4	31%～37%	3～4级亮度	亮度基准，图底关系

综上所述，色彩空间规划是表达色彩的景观主题，色彩序列组织是把握色彩感受的体验节奏，而色彩界面搭配设计是实现色彩效果的关键。影响景观环境色彩构成的要素很多，基于数字技术的景观色彩构成方法，使景观色彩规划设计更加科学、客观、有效，避免了设计师主观感觉对环境色彩认知的不足，尤其是色彩描述的数据化，增强了色彩设计的可比选性与可操作性，实现了景观环境色彩的定性、定量研究。

5.4.2 南京秦淮区外秦淮河及河头地区环境整治工程

南京外秦淮河两岸是典型的线性景观环境，在环境整治提升的过程中景观色彩的规划设计是重要造景方法，色彩以线性空间为载体，按照观赏行为

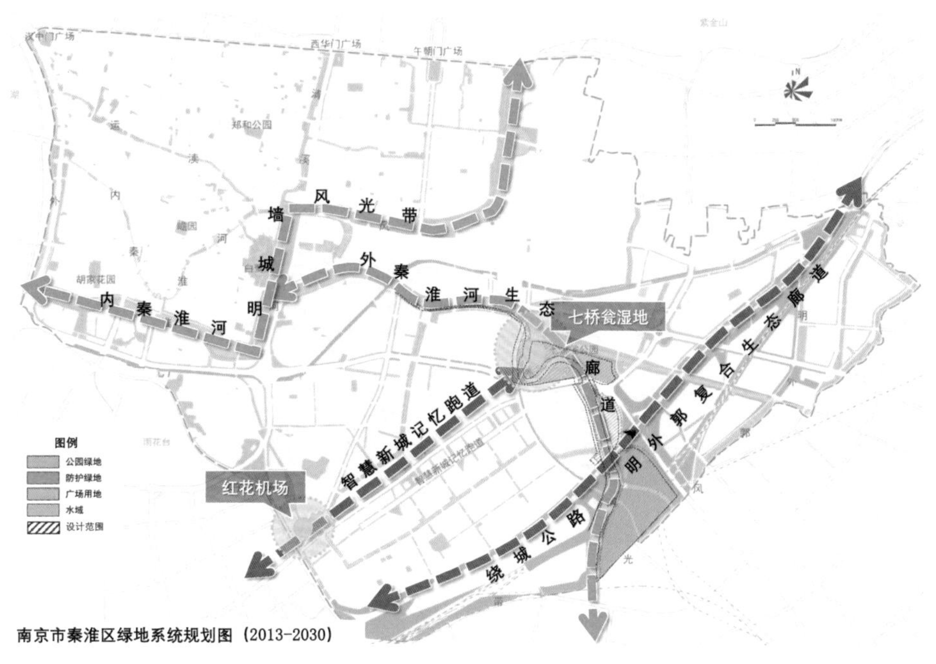

图5-190 规划设计用地范围

和游憩道路展开，使受众获得色彩动态的视觉感受和身心体验。从客观角度来看，线性景观色彩规划设计必然具有其依托空间和行为的特定组织规律，同时对景物色彩的搭配与组织也具有独特的构成方法。本节以南京秦淮区外秦淮河两岸色彩规划设计为例，进一步介绍了景观色彩定性、定量地在空间、序列、界面不同层面的研究方法。

5.4.2.1 景观调研与色彩评价

规划设计用地位于南京市秦淮区南部新城核心区，老机场的东侧，属于外秦淮河河段。用地范围规划面积约 144.35 ha。南京地区具有丰富的园林植物与花卉资源，为城市的一年四季带来了缤纷的色彩景观。通过对风光带河道两岸场地的深入调研，明确了该地块景观资源的开发优势（图 5-190）。

外秦淮河环境色彩规划设计的目标需求，是选取南京市民认可的（人群关切）、可以构成线性景观的（场地关切）、适宜大面积种植的（体验关切）彩色植物，打造一处独具特色、与众不同的色彩景观。基于色彩设计目标需求与服务人群审美标准的分析结果，外秦淮河风光带植物的选色和构成搭配应满足三个评价指标：①场效应：植物生长性状可以塑造色彩景观氛围，适宜大面积种植，构建空间环境；②匹配度：植物色彩种类丰富，色彩搭配具有季相特征，主次协调，统一中有变化；③识别性：植物色彩效果独特，植物具有人文和艺术联想，植物色彩和形态具有公众认可度。通过梳理南京著名景区植物色彩的构成特征，以凸显外秦淮河风光带线性景观色彩独特魅力为目标，筛选了玉兰花、木芙蓉、山麻杆三种植物色彩作为春、夏、秋三季的色彩景观主色调（图 5-191、5-192）。

春季3-5月

樱花色彩——玄武湖、鸡鸣寺、钟山风景区

梅花色彩——明孝陵梅花山、溧水

桃花色彩——牛首山世凹桃源、六合竹镇桃花岛

樱花标准色取值

梅花标准色取值

桃花标准色取值

邻近色、互补色色取值

夏季6-8月

荷花色彩——玄武湖景区

大花波斯菊（格桑花）—六合的生态谷

熏衣草——谷里薰衣草庄园

荷花标准色取值

格桑花标准色取值

薰衣草花标准色取值

邻近色、互补色色取值

秋季9-11月

桂花色彩——明孝陵、灵谷寺

枫叶色彩——栖霞山

银杏色彩——清凉山银杏谷、明孝陵

桂花标准色取值

枫叶标准色取值

银杏标准色取值

邻近色、互补色色取值

图5-191　南京景区观赏植物色彩效果分析

色彩特征

设计目标&审美偏好

植物筛选

春季色彩特征分析（3~5月）

植物品类：蔷薇科植物为主

观赏形态：花色为主，花小量多

景观效果："花海"效应，成片开放

主色调：白、粉、红，趋同缺少变化

色相：（330°，355°）

饱和度：（5%，36%）

亮度：（83%，95%）

邻近色：粉紫、紫红

对比色：天青、水蓝

色彩特征：色彩明快、色量丰富

场效应：花色集中，可大面积栽植

匹配度：凸显花色，强调色相主题

识别性：传承赏花习俗，凸显"花"文化

植物筛选：木兰科，玉兰，辛夷

夏季色彩特征分析（6~8月）

植物品类：落叶和常绿植物为主

观赏形态：叶色为主，花叶对比

景观效果：花散布于绿色中，点彩效果

主色调：白、红、紫

色相：（251°，330°）

饱和度：（73%，96%）

亮度：（88%，98%）

邻近色：紫红、靛蓝

对比色：嫩绿、中绿、鹅黄

色彩特征：色彩稳定、对比强烈

场效应：色彩鲜艳，红绿对比鲜明

匹配度：春季花色向秋季叶色的过渡

识别性："万绿丛中一点红"的对比效果

植物筛选：木兰科，含笑；锦葵科，木芙蓉

秋季色彩特征分析（9~11月）

植物品类：落叶类植物为主

观赏形态：叶色为主，全冠同色

景观效果：金黄火红，效果集中

主色调：红、黄

色相：（38°，46°）

饱和度：（42%，87%）

亮度：（75%，93%）

邻近色：黄绿、橙红

对比色：深绿、蓝紫

色彩特征：色彩集中、统一协调

场效应：主体树种的叶色，大面积栽植的灌木

匹配度：秋季色彩搭配协调，季相特征明显

识别性：红色喜悦，黄色富足，体现人文艺术

植物筛选：木兰科，鹅掌楸；大戟科，山麻杆

图5-192　色彩特征与植物选色

5.4.2.2 数字化景观色彩评价

（1）空间配色研究

在空间规划层面，外秦淮河风光带的空间形态与一般的公园、绿地不同，介乎地景与园林之间，尺度较大，纵深更长，景观效果的呈现限定在两岸的线形空间色彩界面中，形成两岸互视、对岸通视、水上观赏三种游憩观赏方式（图 5-193）。景观色彩构成效果受到人眼视域范围的制约，只能以 60° 的视锥范围构建视觉界面。当人的视点处于静止状态时，观赏到静态色彩界面是基础单元。随着人的视点移动，色彩界面使人产生连续的、动态的、变化的色彩感受，这就需要在空间色彩规划设计中强调景物色彩节奏和韵律的搭配组织。

空间配色的研究目的是为了科学地规划与设计色彩界面中的景物关系和空间关系。如前所述，在外秦淮河色彩景观规划设计中，以木兰科植物色彩为春季主体色调，木芙蓉为夏季主体色调，山麻杆为秋季主体色调，按春、夏、秋设计色彩景观。运用色彩数字技术，在晴空 D65 标准光照条件下，需要根据视点和视距量化色彩效果，对于植物色彩数据，需要通过归类和梳理的方法，来制定标准化的色彩构成模型。以木兰科植物为例，按照色彩视觉认知规律，以视距（1，5）、（5，10）、（10，∞）三个阈值，选取特定场景植物数字化图像，通过 Photoshop 软件色彩像素的栅格化处理，以客观试验方法提取色彩量化数据并构成模型（表 5-21）。

根据外秦淮河环境色彩规划设计的策略，结合数据和模型进行分析（表5-22），可得结论：

①春季，三四月间，植物品种多，色彩呈现丰富，诸如红玉兰、紫玉兰、白玉兰、黄玉兰，广玉兰、厚朴等都可以产生缤纷的色彩序列。玉兰属植物先花后叶的生长习性，避免了花叶同放时花瓣明快色彩无形中的减弱，在表现植物花瓣色彩上具有先天优势，可以集中体现花的色彩魅力和艺术审美，凸显玉兰花圣洁、高雅的人文意境，区别于其他景区的红绿参半的春季色彩景观，形成独特的景观色彩序列的构成效果。

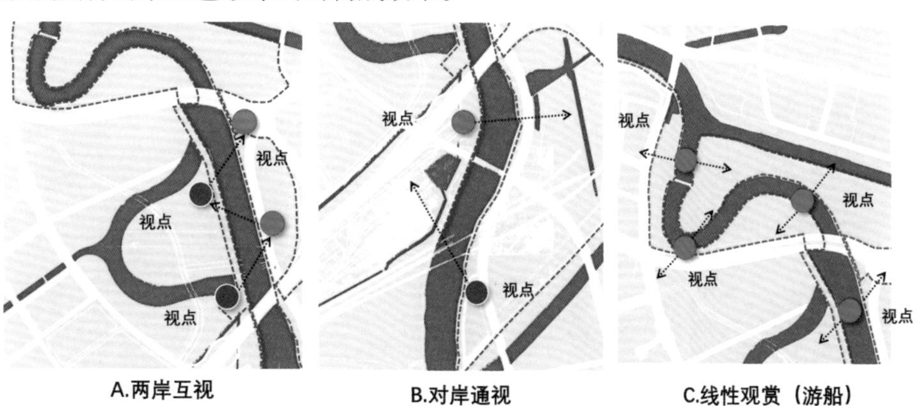

图5-193　南京外秦淮河风光带线性景观游憩观赏方式

表5-21　木兰科植物生长性状与色彩观赏效果取样调研表

（设备：佳能5d2相机、色卡；标准照度与时间：晴空D65，10：00-15：00；地点：南京地区）

1.木兰属 *Magnolia* L	花色	花形	花期	显色特征	1 m<视距*H*<5 m	5 m≤视距*H*≤10 m	视距*H*>10 m
a.广玉兰（荷花玉兰）[*M.grandiflora* L.]							
	HSB:63-8-98	花瓣长 20～30 cm，株高8～10 m	花期 5～6月	花叶同放，叶80%，花20%			
b.厚朴[*M.officinalis* Rehd.et Wils]							
	HSB:59-22-91	花瓣长 6～8 cm，株高 15～20 m	花期 5～6月	花叶同放，叶80%，花20%	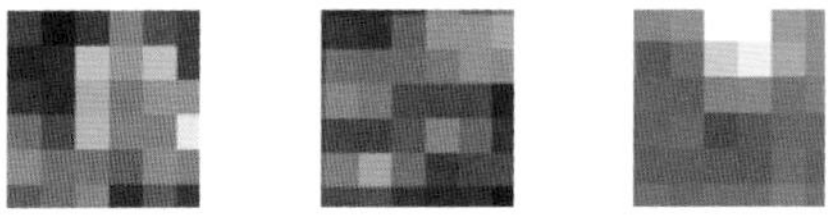		
c.玉兰（白玉兰、玉堂春）[*M.denudata* Desr.]							
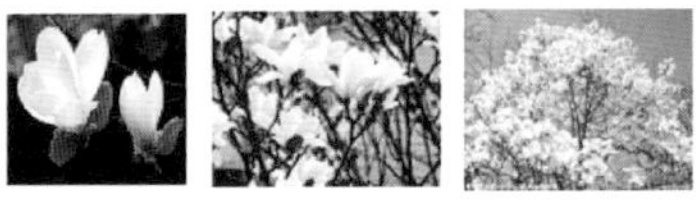	HSB:165-3-98	花瓣长 12～15 cm，株高5～10 m	花期 2～3月	先花后叶，叶0%，花100%			
d.辛夷（红玉兰、紫玉兰）[*M.liliflora* Desr.]							
	HSB:345-73-68	花瓣长 12～15 cm，株高5～8 m	花期 2～3月	先花后叶，叶0%，花100%			
e.二乔玉兰（白玉兰与紫玉兰杂交品种）[*M. soulangeana* Soul.-Bod.]							
	HSB:324-13-82	花瓣长 12～15 cm，株高5～10 m	花期 4～5月	先花后叶，叶0%，花100%			
2.含笑属 *Michelia* L.	**花色**	**花形**	**花期**	**显色特征**	**1 m<视距*H*<5 m**	**5 m≤视距*H*≤10 m**	**视距*H*>10 m**
a.乐昌含笑（香焦花、笑梅）[*M. chapensis*]							
	HSB:42-10-94	花瓣长 3～5 cm，株高3～5 m	花期 4～5月	花叶同放，叶70%，花30%			
b.深山含笑[*M. maudiae* Dunn]中国特有物种							
	HSB:65-5-93	花瓣长 5～7 cm，株高5～8 m	花期 4～5月	花叶同放，叶70%，花30%			
c.黄玉兰[*M. champaca* L.]							
	HSB:49-45-92	花瓣长 12～15 cm，株高5～10 m	花期 4～5月	先花后叶，叶0%，花100%			
3.鹅掌楸属 *Liriodendron* Linn.	**花色**	**花形**	**花期**	**显色特征**	**1 m<视距*H*<5 m**	**5 m≤视距*H*≤10 m**	**视距*H*>10 m**
鹅掌楸，拉丁学名：*L. chinense* (Hemsl.)Sarg.							
	HSB:50-88-81	花瓣长 3～5 cm，株高 15～20 m	花期 4～5月	花叶同放，叶80%，花20%			

注：色彩量化提取/软件：Photoshop & COLORIMPACT，样方单位：6×6，栅格化像素方形：10、15、30单位。

表5-22　木兰科植物色彩构成影响要素归类分析表

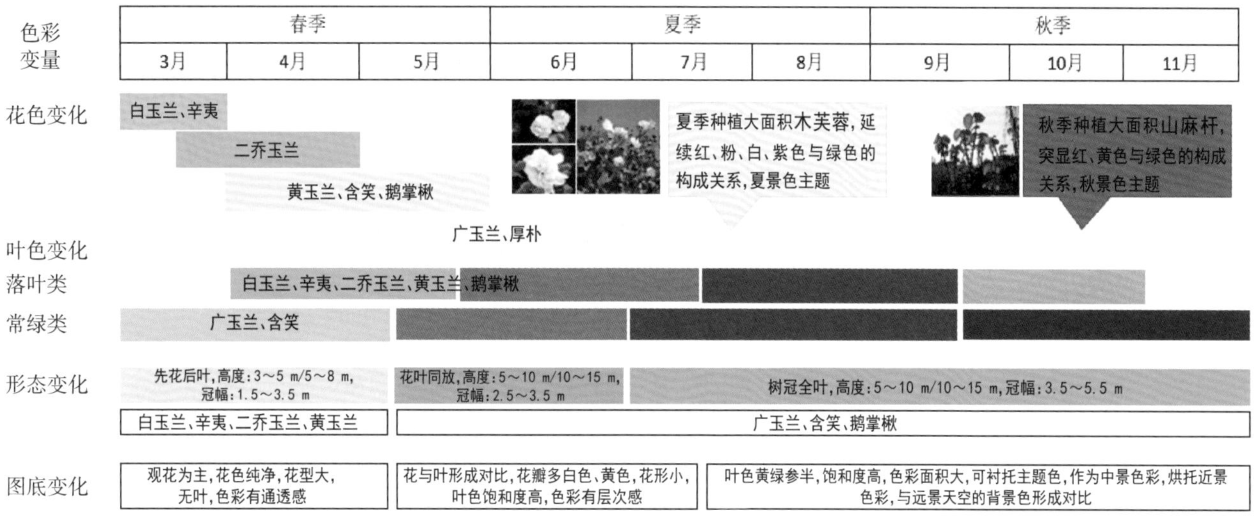

色彩变量	春季			夏季			秋季		
	3月	4月	5月	6月	7月	8月	9月	10月	11月
花色变化	白玉兰、辛夷	二乔玉兰	黄玉兰、含笑、鹅掌楸		夏季种植大面积木芙蓉，延续红、粉、白、紫色与绿色的构成关系，夏景色主题			秋季种植大面积山麻杆，突显红、黄色与绿色的构成关系，秋景色主题	
				广玉兰、厚朴					
叶色变化 落叶类		白玉兰、辛夷、二乔玉兰、黄玉兰、鹅掌楸							
常绿类	广玉兰、含笑								
形态变化	先花后叶，高度：3～5 m/5～8 m，冠幅：1.5～3.5 m		花叶同放，高度：5～10 m/10～15 m，冠幅：2.5～3.5 m		树冠全叶，高度：5～10 m/10～15 m，冠幅：3.5～5.5 m				
	白玉兰、辛夷、二乔玉兰、黄玉兰		广玉兰、含笑、鹅掌楸						
图底变化	观花为主，花色纯净，花型大，无叶，色彩有通透感		花与叶形成对比，花瓣多白色、黄色，花形小，叶色饱和度高，色彩有层次感		叶色黄绿参半，饱和度高，色彩面积大，可衬托主题色，作为中景色彩，烘托近景色彩，与远景天空的背景色形成对比				

②夏季七八月间，由于河道行洪的需求，水生植物无法生长，木芙蓉喜湿，适应岸边湿地的生长环境，选择锦葵科的木芙蓉，沿河道两岸大面积种植可形成“花海”的色彩视觉效果。而且木芙蓉花瓣色彩与叶茎色彩红绿对比，上下分明，不仅可以延续木兰科植物的色彩构成效果，也能丰富中下层景观色彩。

③秋季九十月间，红黄色系成为南京植物景观主要的色彩基调，以木兰科鹅掌楸属植物为主体，大量补种银杏、乌桕、红枫、鸡爪槭等秋色叶植物的同时，在河道两岸大量种植大戟科山麻杆，建构宁南独特的红叶景观色彩序列。

（2）序列构色研究

在序列组织层面，对外秦淮河景观环境色彩序列构成的量化研究，以色彩界面标准段为基础单位，通过河道宽度均值（观赏视距）来量化景观色彩界面标准段长度。外秦淮河主体河道形态优美，两岸之间宽度较为均衡，通过 CAD 测量河道全长约为 5 918 m，按照每间隔 1 000 m 的距离，在河道平面图选测 10 个河道宽度 L1～L10，进行数据均值计算，得到河道平均宽度（图 5-194）。

从色彩界面标准段长度计算模型来分析：①人的视锥只有 60° 的可视范围，可将其作为线性景观标准色彩界面尺度量化依据。从模型分析来看，可按照直角三角形正弦计算公式，以观赏视距求得标准界面长度（图 5-195）。②根据线型景观环境游憩观赏规律，观测点可分为河道游船观赏（视点 1）、堤岸路径观赏（视点 2）两类。视点 1：游人的移动速度 4～7 km/h，疾步可达 10～15 km/h；视点 2：普通游船移动速度 7～8 km/h。③标准视点 1：视距为 61.65 m，推算标准界面长度为 71.19 m；标准视点 2：视距为 123.3 m，推算标准界面长度 142.37 m。

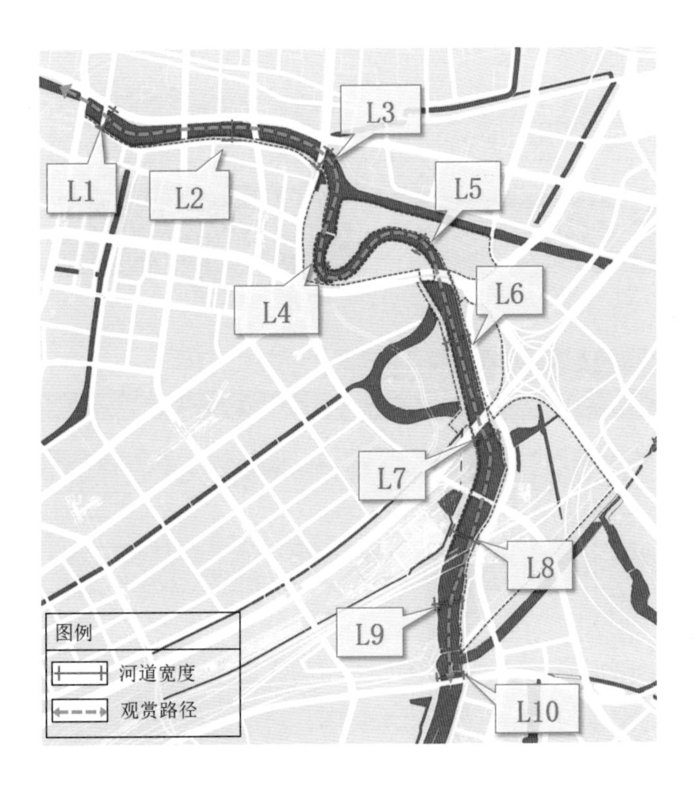

取样标段河道宽度/m	
L1	128.8
L2	154.5
L3	120.6
L4	78.8
L5	77.9
L6	119.6
L7	134.9
L8	153.6
L9	132.7
L10	131.9
宽度均值	123.33

图5-194 河道平均宽度分析

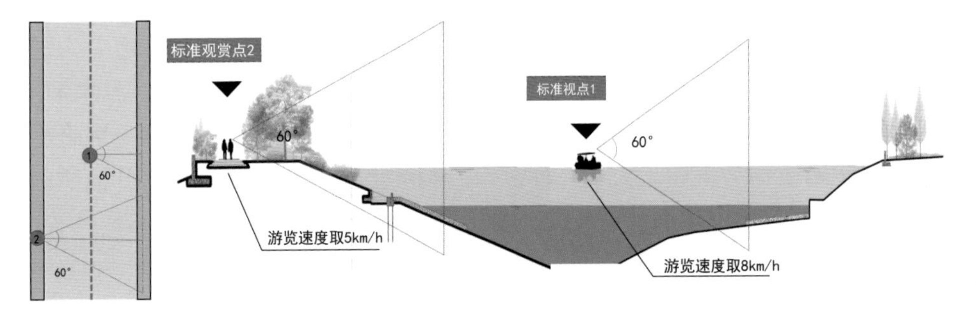

图5-195 色彩界面标准段长度计算模型

以游船观赏的视点 1 为例，取值 70 m（71.19 m），以 CAD 软件制作标准段色彩界面栅格，栅格尺寸为 1m × 1m（图 5-196）。中村吉朗在他所著的《造型》一书提到，“一般人们刚看到物体时，对色彩的注意力占 80%，而对形体的仅占 20%，这种状态持续 20 s，到 2 min 后，色彩占 60%，形体占 40%，5 min 后，形体和颜色才各占 50%”。以此为依据，可以推论人对单一色彩界面构成效果的最佳关注时间为 20 s，20 s 时间不仅是色彩效果最深刻的感受时间，也是色彩注意力转移时间，因此设计时需要构成变化，增强色彩效果关注度。游船游览速度：8 000 m/h，8 000/3 600=2.22 m/s，即视点每秒移动 2.22 m。2.22 × 20=44.4 m，71.19/44.4=1.6，表示标准段应设计 2 次色彩序列变化。进一步推导出线型景观序列构成表达公式（5-197）。遵循色彩序列按秩序变化的规律，基于色彩构成理论的设计构成法则，对不同观赏条件限定下的线性景观色彩界面标准段进行序列构色的量化实践。

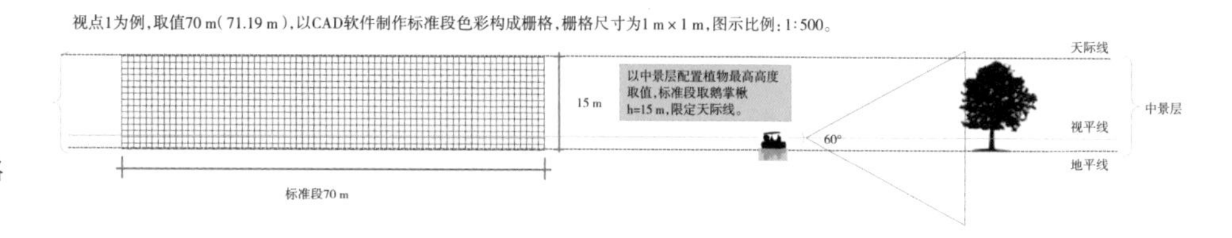

图5-196　标准段色彩界面栅格量化研究模型

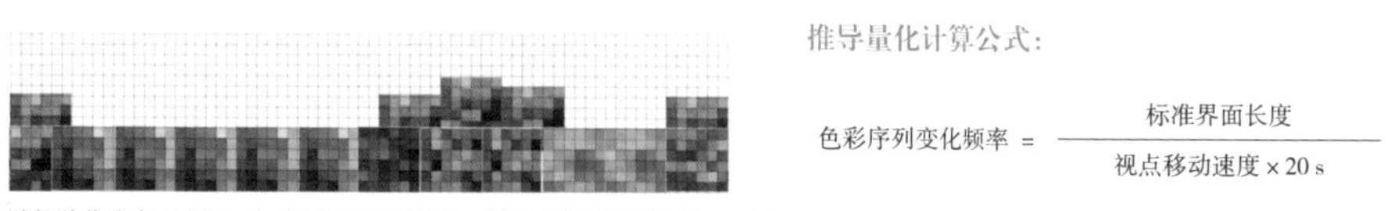

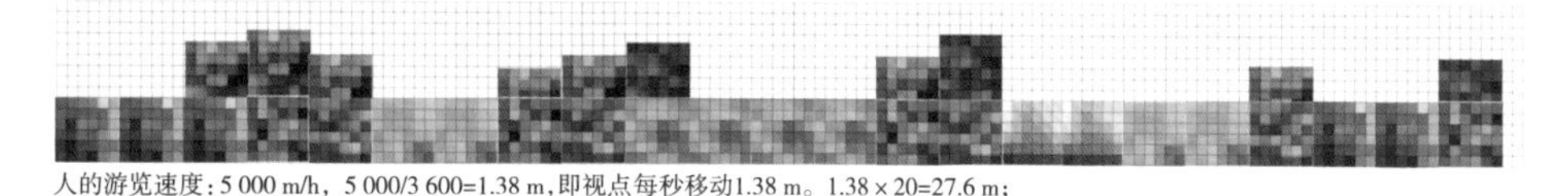

图5-197　不同标准段序列构成与计算公式

（3）界面设色研究

外秦淮河的色彩界面规划构思确定了整个景园的色彩基调，色彩基调是色彩序列设计取色的依据，是景物空间色彩构成的核心设计内容。线型空间的路径穿插和界面连续为色彩构成序列设计表达搭建了平台，色彩界面设计的本质是对色彩呈现效果、节奏和韵律的组织。色彩界面设计需要遵循的色彩构成法则包括色彩节奏与色彩韵律。色彩节奏是指色彩有规律的变化节拍，重复和渐变是两大设计规律，重复有连续重复和交替重复两种，而渐变有等差渐变和等级渐变。韵律是指变化形成的趋势和韵味的艺术表达，包括连续、交替、渐变、起伏、旋转、自由等构成趋势。从线型景观色彩界面设计的角度来看，标准段的色彩界面组织不是单纯的色彩加减增补的问题，而是通过色彩界面中色相、饱和度、彩度的序列变化效果，构成设计的艺术与情感表达。这也是色彩构成对环境建构具有实践指导意义的真正含义。针对外秦淮河风光带色彩界面设计，以游船航速 8 000 m/h 构建色彩界面标准段，从四大片区选择色彩构成标准段位置。基于色彩现状环境、量化分析数据、构成艺术法则，评价和设计每一片区标准段的色彩界面构成效果（图 5-198）。

通过外秦淮河的规划设计实例，以色彩量化的研究方法和计算机辅助手段，对线性景观色彩构成的客观影响要素进行了定量化研究。基于定性定量的评价设计，使色彩规划设计更加契合场地环境和审美需求。

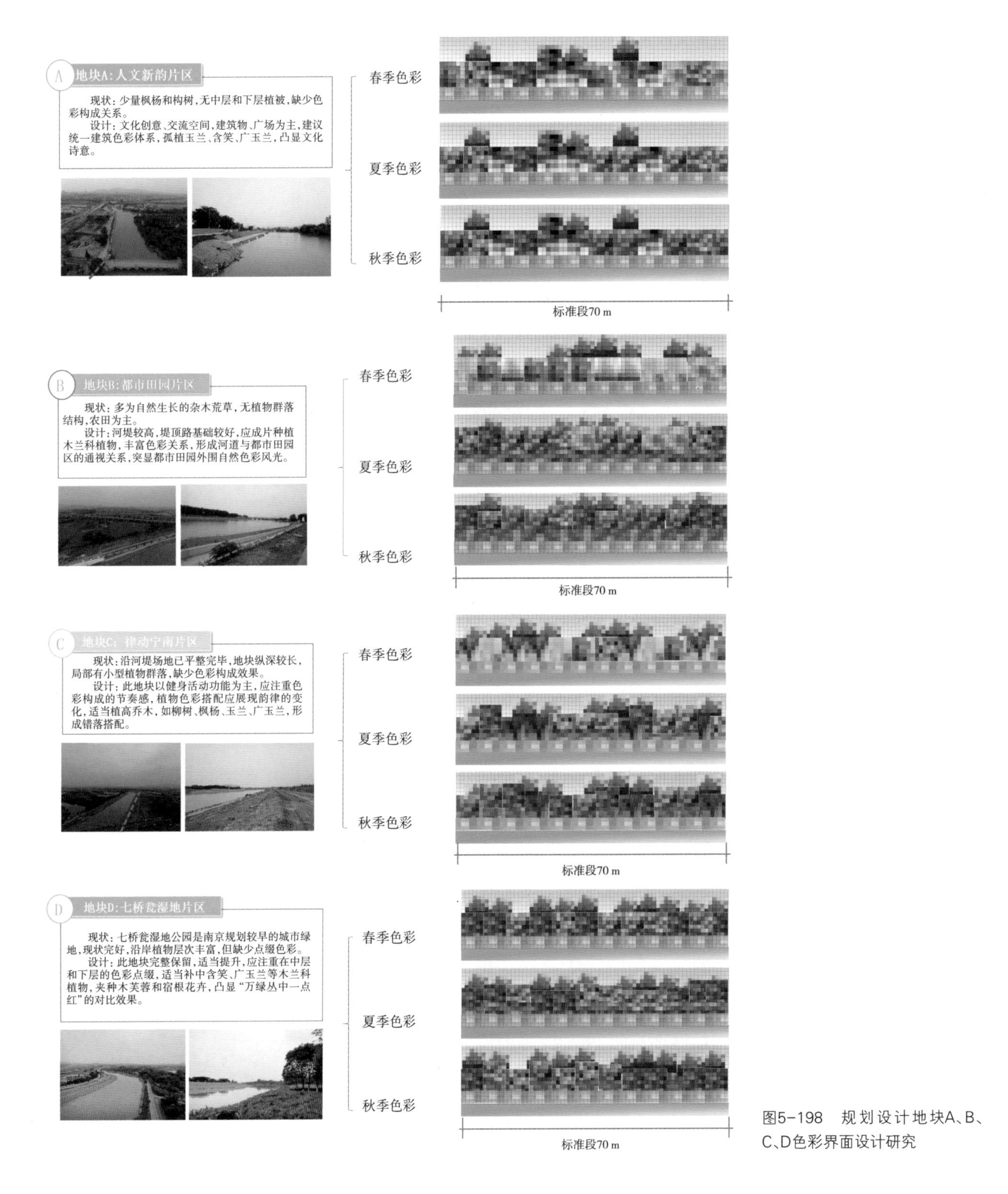

图5-198 规划设计地块A、B、C、D色彩界面设计研究

5.4.3 南京中山陵中轴线南段环境综合整治提升

中山陵作为纪念性景观具有独特的色彩特征。色彩对于纪念性景观而言是一种渲染环境的造景手法,一般起着强化、突出意境主题的作用。不仅如此,

色彩往往还具有特定的文化和情感意味，因此具有一定的表征意义。本节以南京中山陵园景观环境色彩规划设计为例，结合空间环境形态，从陵园中轴线南段、中段、北段对应的色彩环境入手，探讨了色彩检测仪器和色彩量化技术对景观环境进行优化、提升的方法。

5.4.3.1 中山陵纪念性景观色彩现状

中山陵园是南京市重要的自然与文化景观节点，也是革命先行者孙中山先生的陵寝所在地，它作为中国近代革命史的纪念性地标，具有特殊的历史意义。又由于中山陵园是钟山风景名胜区的核心，因此也具有极其重要的景观价值。作为中国近代重要的历史文化遗存，除了大家熟知的“自由钟”形态的格局，在原初的设计中大量地采用了色彩意向来表达设计意图，中轴线从南向北，依次可分为 3 个大的段落，分别对应了不同的色彩环境（图 5-199）。由于年久失修，中轴线 3 段组成部分也出现了不同的色彩问题。

通过实地调研中山陵园景观环境色彩数据，使用风光测色仪获取景物 L*a*b 数值，在实验室中通过爱色丽色卡护照（Color Checker Passport）和 Adobe Lightroom 工具对中山陵园中轴线所拍摄的色彩影像进行修正，获得色彩数码图像。通过 Photoshop 软件和 ColorSchemer Studio 软件的相互配合，以像素图栅格法提取色彩数据，包括 HSB/HSL、RGB 等格式，并形成色彩提取报告，如图 5-200 以及表 5-23 ~ 5-26。

图5-199 中山陵园中轴线分段示意

图5-200 中山陵园中轴线北段色彩提取方法

图5-199

图5-200

表5-23　中山陵园中轴线南段色彩量化数据
（时间：2016年3月11日10：00–15：00；地点：中轴线；照度：D65阴晴空）

中轴线南段						
色彩空间单元及空间序列形态	色彩关系	色彩载体	色样及标号	光谱色值（L*a*b*）	色彩属性（HSB）	备注
   	主体色	孝经鼎氧化色		L*:25 a*:-2 b*:0	H:165° S:6% B:24%	照度：D65，下同
	背景色	龙柏		L*:31 a*:-13 b*:11	H:117° S:29% B:31%	
		桂花		L*:30 a*:-12 b*:7	H:131° S:28% B:29%	
	辅助色	大叶黄杨		L*:46 a*:-13 b*:9	H:127° S:22% B:45%	
		汉白玉基座		L*:86 a*:-2 b*:10	H:57° S:10% B:55%	
		广场铺装		L*:65 a*:-4 b*:3	H:113° S:5% B:63%	

表5-24　中山陵园中轴线中段色彩量化数据
（时间：2016年3月11日10：00–15：00；地点：中轴线；照度：D65阴晴空）

中轴线中段						
色彩空间单元及空间序列形态	色彩关系	色彩载体	色样及标号	光谱色值（L*a*b*）	色彩属性（HSB）	备注
 	主体色	蓝色屋顶		L*:42 a*:1 b*:-5	H:223° S:28% B:49%	屋脊新瓦 L*:62　a:1　b:13
		建筑墙身		L*:84 a*:1 b*:5	H:32° S:7% B:84%	
		神道铺装		L*:73 a*:4 b*:6	H:25° S:12% B:47%	局部修补 L*:67　a:1　b:-1

（续表）

中轴线中段						
色彩空间单元及空间序列形态	色彩关系	色彩载体	色样及标号	光谱色值（L*a*b*）	色彩属性（HSB）	备注
	背景色	法桐（初春）		L*:35 a*:9 b*:11	H:20° S:35% B:40%	枝干 L*:62 a:1 b:13
		雪松		L*:18 a*:-8 b*:6	H:120° S:26% B:18%	枝干 L*:20 a:0 b:3
		千头赤松		L*:30 a*:-7 b*:23	H:68° S:55% B:29%	枝干 L*:39 a:7 b:15
		海桐		L*:27 a*:-18 b*:12	H:131° S:45% B:28%	

表5-25 中山陵园中轴线北段色彩量化数据

（时间：2016年3月11日10：00–15：00；地点：中轴线；照度：D65阴晴空）

中轴线北段						
色彩空间单元及空间序列形态	色彩关系	色彩载体	色样及标号	光谱色值（L*a*b*）	色彩属性（HSB）	备注
	主体色	神道铺装		L*:54 a*:3 b*:4	H:21° S:10% B:53%	
		宝蓝屋顶		L*:42 a*:1 b*:-5	H:223° S:28% B:49%	
	背景色	石楠		L*:36 a*:-9 b*:12	H:97° S:26% B:35%	红叶石楠 L*:38 a:26 b:21
		法国冬青		L*:25 a*:-4 b*:3	H:120° S:11% B:24%	
		红枫树（初春）		L*:45 a*:3 b*:0	H:340° S:5% B:43%	落叶效果

表5-26　中山陵园中轴线天空背景、景观设施量化数据
（时间：2016年3月11日10：00–15：00；地点：中轴线；照度：D65阴晴空）

色彩空间单元及空间序列形态	色彩关系	色彩载体	色样及标号	光谱色值（L*a*b*）	色彩属性（HSB）	备注
背景天空色彩						
	背景色	天空色		L*:99 a*:-1 b*:-2	H:203° S:3% B:100%	
旅游设施及景观小品						
	辅助色	售卖亭		L*:71 a*:-10 b*:-19	H:203° S:34% B:81%	
	辅助色	检票厅		L*:35 a*:7 b*:-28	H:227° S:44% B:52%	入口牌坊 L*:40　a*:14　b*:26
	辅助色	茶室		L*:39 a*:3 b*:-28	H:224° S:46% B:54%	建筑立面 L*:22　a*:9　b*:2
	辅助色	候车厅		L*:52 a*:-4 b*:-41	H:211° S:65% B:76%	立柱 L*:31　a*:0　b*:-3
	辅助色	售卖亭		L*:27 a*:5 b*:10	H:28° S:35% B:29%	
	辅助色	自助留影机		L*:74 a*:-41 b*:-6	H:175° S:70% B:79%	

（续表）

背景天空色彩						
色彩空间单元及空间序列形态	色彩关系	色彩载体	色样及标号	光谱色值（L*a*b*）	色彩属性（HSB）	备注
	辅助色	垃圾桶		L*:82 a*:1 b*:-2	H:255° S:2% B:82%	
	辅助色	垃圾桶		L*:25 a*:-1 b*:-4	H:213° S:17% B:26%	
	辅助色	休憩设施		L*:39 a*:3 b*:-28	H:23° S:20% B:72%	

景观色彩定量数据可以辅助设计师客观地认知景物色彩，并通过定性和定量研究进行色彩分析。引入定量技术，对中轴线的 3 段分别进行量化研究，依据量化数据的分析和比较，找出景观现状环境存在的问题以及对应的色彩规划设计思路。

5.4.3.2 数字化景观色彩提升

（1）南段孝经鼎景观节点

在对孝经鼎景观节点周边环境客观色彩调查分析的基础上，使用色彩分析软件 ColorSchemer Studio 抽取色彩量化数据，通过关键数值 HSB 分析可得到孝经鼎在色彩空间界面中无法凸显的原因。

①孝经鼎和绿色背景之间的色彩对比关系中，铜鼎氧化呈现的色相 H 值为 165°，背景植被桂花、赤松、龙柏色相 H 值为 90°～117°。根据孟 - 斯宾瑟色彩调和理论，色相差位于 0°～25° 区间属于同类色调和，归属第 1 色彩暧昧区间。孝经鼎同常绿植被色相差位于 43°～100°，属于类似色调和，归属第 2 色彩暧昧区间。主体色彩与背景色彩无互补色彩，同时饱和度相差不足 10%，亮度值相差不足 5%，导致孝经鼎与背景植被色彩无法区分。

②在春季阴晴空 D65 条件下，常绿植被、地面铺装、背景天空色彩饱和度均低于 30%，缺少活跃色彩源，因此较压抑，缺少层次感。

由于不可能把一个具有时间沧桑感的孝经鼎改成原初的黄铜色，因此只

孝经鼎景观色彩替换

尼康D90相机近景视觉色彩拍摄界面，照度接近D65，色彩还原率较好。图像能较好地反应孝经鼎景点春季色彩构成关系，可作为特定时段量化底图

ColorSchemer Color Chart

ColorSchemer Color Chart

广场铺装
HEX #9AA199
RGB 154,161,153
HSB: 113,5,63

大叶黄杨
HEX #59725C
RGB 89,114,92
HSB: 127,22,45

孝经鼎
HEX #475351
RGB 71,83,81
HSB: 165,6,24

龙柏
HEX #394F38
RGB 57,79,56
HSB: 117,29,31

基座
HEX #B2AF86
RGB 178,175,134
HSB: 57,10,85

file:///C|/Users/Administrator/Desktop/11.html[2016/3/24 星期四4:46:38]

常绿植被色彩替换

HSB: 117,29,31

HSB: 87,70,67

HSB: 93,71,56

色相提升至20°～30°，饱和度提升至50%以上，明度提升至20%～30%

替换理由：1.竹类植被本体光谱色高于常绿植被

2.竹类植被透过率高，提升背景色色相、明度

色彩栅格化处理

改造效果图/推荐植被：桂竹或淡竹

ColorStudio软件色彩谱提取

图5-201　孝经鼎景观节点色彩提升研究

有改变背景色彩，即更换树种，将背景树种更换为明度、饱和度较高的浅色系，与孝经鼎之间产生色彩反差和对比关系，再次呈现孝经鼎的图底关系，才能凸显氧化后的孝经鼎来延续这一主要景点。

制定色彩提升策略为：（a）色彩类似色调和，利用植被色彩变化与替换。推荐树种：红叶石楠球替换前景的大叶黄杨，桂竹或淡竹替换背景的赤松、龙柏，与桂花形成色彩搭配；色相 H 值从 117° 降到 87°～93°，饱和度提升至 40%，反衬出孝经鼎的色彩。（b）适度把握色彩面积，孝经鼎色彩在视域范围内占 1/3，竹类色彩大于 1/2，其余为辅助色。（c）利用竹类透光好的特点，弱化逆光效果。如此，不仅解决了色彩的问题，也提升了纪念性景观的氛围和品质（图 5-201）。

（2）中段色彩意向提升方法

中轴线中段由于基地的变化，大树的移植早已偏离了原初设计的意向。通过 ColorImpact 软件提取 D65 照度下色彩界面比例关系，数据聚类相加可知蓝、绿、灰三类大色的比例为 2.5%、53.5%、44%，树木的生长已经削弱了部分青天白日的色彩意向（图 5-202）。

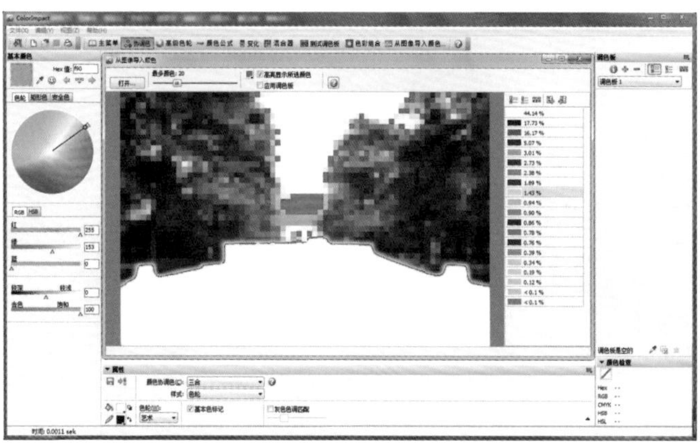

图5-202 中轴线中段景观节点色彩面积分析

在尊重环境条件、保留大树的前提下，进行适当的疏枝修剪，目的是通过提升林下照度，增加耐阴性草坪，因草坪的色相值远远高于海桐、桂花这些常绿树种的色相值。疏枝改变了林下花坛的照度，通过光线照射增加光强度，可以使中轴线色彩更加明快。另外，增加浅色地被物，以凸显色彩活跃源。疏枝以后，林下植物可以生长，透光率更好，通过环境色彩量化技术可以监测色相明度、彩度改造前后的数据变化，比较出中段环境色彩在效果上的改变，通过这样的改变使环境有所提升。

（3）北段改变设施小品色彩

中轴线北端的主体是高台和墓室建筑，色彩杂乱、跳跃的景观服务设施导致环境色彩的混乱，例如垃圾桶、售卖亭子和排队棚子的色彩与环境主体色彩反差极大，反转了“图底”，成为色彩活跃源，造成了色彩的混乱。

以粉绿色旅游自助留影机为例，其色相 H 值为 175°，与蓝色建筑屋顶相差 48°，与中轴线地面铺装色彩相差 150°。根据孟 - 斯宾瑟配色理论，其完全脱离了色彩暧昧区间，色相独立。同时其饱和度 S 值为 70%，远高于 28% 和 12%，因此，在整体色彩环境中显得十分跳跃。

景观设施小品配色应在色彩环境中起到衬托、辅助主体色彩的作用，宜选用主体色彩的同类色或互补色，其色相和彩度值不应超过 20%。通过 ColorImpact 软件进行色彩匹配，选取色相 H 值为 208°、饱和度 S 值为 7%、明度为 89% 的冷灰色彩对自助留影机的色彩进行替换。替换后的色彩，与主体色构成和谐的“图底”关系，凸显了中轴线原初的色彩设计意向。这种色彩提升策略，也适用于垃圾桶、售卖亭等具有相同色彩问题的景观设施小品（图 5-203）。

景观环境中的色彩变量很多，基于量化技术的研究，一方面可使得我们的工作提升效率和针对性，另一方面将设计控制在有效的范围之内，避免了过度的浪费和莫衷一是。沿用传统的问卷调查，也会因为受众的不同、调查对

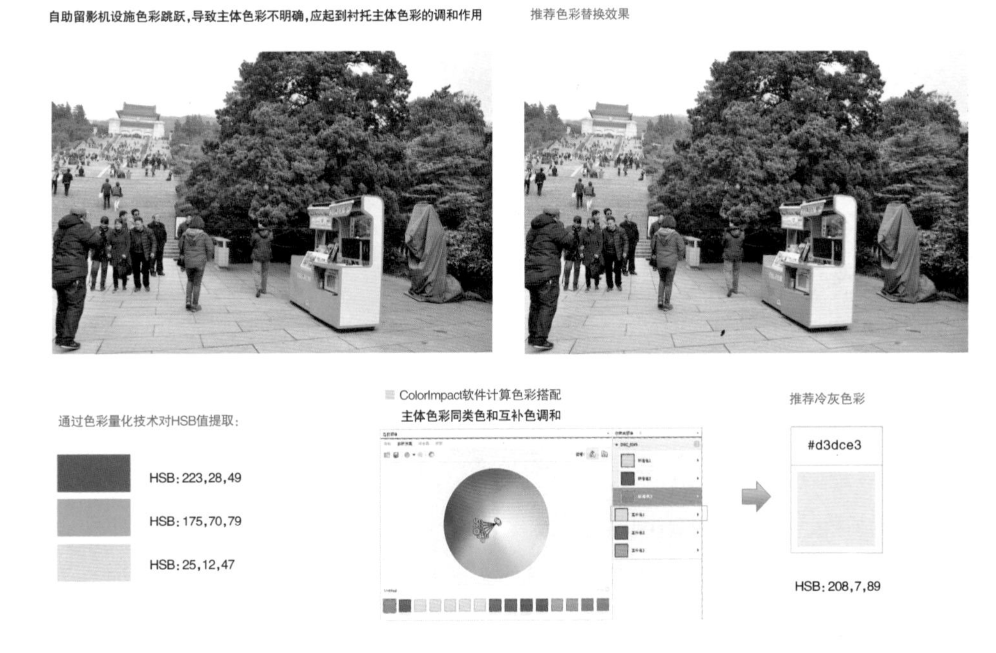

图5-203　中山陵园景观设施小品色彩提升方法

象色彩感知的差异，使得色彩调研工作缺乏实际意义。聚焦于客观景观要素的物理色彩可使我们的工作具备了抓手和可比较性，由于量化技术的采用也增强了可比选性与可行性，因此进一步提升了景观环境色彩研究、规划设计的科学性。

5.5　景园空间形态研究与设计

景观空间是人造的外部空间。空间问题是景园规划设计要解决的首要问题，空间是载体，不论是行为、生态抑或是文化，都是在特定的空间中展开的，因此对景园空间的研究，究其根本，还是为了让人能更好地创造环境。

从空间本身属性的角度上看，景园空间是介于建筑空间与自然空间之间的特殊空间。这种特殊性表现在景园空间没有像建筑空间那样固定的、完整的外表皮，空间界面也是变化的、非连续的，生成的景观空间则是“多孔的”、相互渗透的。除此以外，景园空间还有许多特殊之处，比如空间呈现出一种动态的状态，随着自然要素的变化空间本身也在变化等。

关于景观空间的相关研究也是从定性逐渐到定量的一个过程，在定性的研究中发展出各种风格主义的空间形态，而这些景园空间形态是较为主观的。国外关于空间量化的研究起源于建筑图解学说，随着西方建筑科学的发展，借助 GIS 等软件，景园空间也开始有了一些定量的研究，如空间的视知觉量化研究即是针对人对于空间的客观认知等。

无人机倾斜摄影技术是国际测绘领域开发的一项高新技术。该项技术是

图5-204

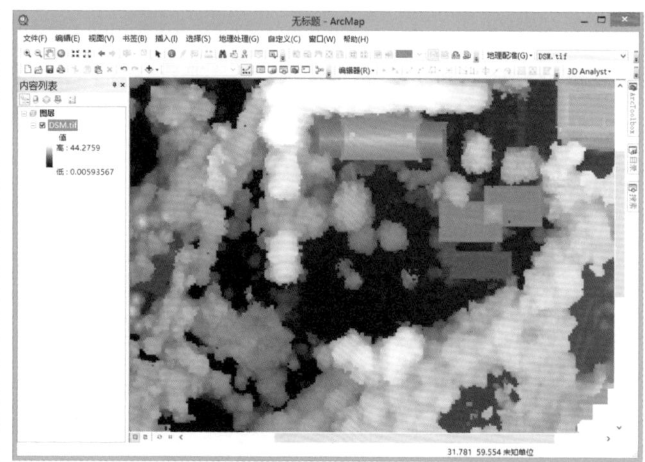

图5-205

图5-204 Smart3D建成的中山植物园实景模型

图5-205 用ArcGIS对中山植物园DSM模型进行分析

使用无人机进行航拍，采集一个垂直视角和四个倾斜视角的影像照片，通过设置一定的航向重叠率和旁向重叠率来获取场地较为全面的数字图像数据库。和正摄影像相比较，倾斜摄影能从各个角度观察地表物体，反映出更加真实的情况，使影像具有空间属性。

目前，通过倾斜摄影技术进行三维建模主要是采用Acute3D公司的Smart3D软件全自动化地构建三维模型，不同于传统仅仅依靠高程进行建模，而是可以根据无人机倾斜摄影采集的场地图像，通过空三运算真实影像的超高密度点云，全自动化贴纹理创建真实的三维实景模型（图5-204）。

由Smart3D自动创建三维实景模型之后，可以导出包含有空间信息的obj、dae、tif等格式的模型，其中包括DSM数字表面模型。在ArcGIS等软件中，可以导入DSM数字表面模型，使用栅格图像对场地进行空间分析并进行栅格运算等，以便对景观空间进行更科学、精确的量化分析研究（图5-205）。

5.5.1 南京清凉山公园南片区品质提升规划设计

南京清凉山公园南片区位于《南京历史文化名城保护规划（2012—2020）》中的鼓楼—清凉山历史城区，是石头城遗址公园的核心范围。清凉山公园南至广州路，东至虎踞关路，西至虎踞路，北至公园内部道路及山脊线，用地面积12.25 ha。设计借助倾斜摄影空间建模技术以及ArcGIS平台，对场地进行系统的分析评价与定量研究。以改善公园南片区域景观生态环境、提升景区的空间品质、衔接外部公共交通、完善旅游服务配套设施为目标，通过优化空间形态、修复生态系统、梳理内外交通、完善服务功能、整合文化资源来实现城市生态修复与城市修补。

本小节主要从空间形态专题中的空间形态评价与容量量化两方面对项目

进行了分析研究，设计在尊重现有空间形态的基础上，通过空间容积的量化来统筹空间，优化形态结构；通过控制总建筑体积、降低既有建筑覆盖率等措施，实现外部空间形态的优化。

5.5.1.1 空间分析与评价

（1）空间形态评价

清凉山山体北高南低，整体呈现出“一峰、三脊、两谷”的空间形态。“三脊”与“两谷”（银杏谷与幽兰谷）即位于此次规划研究的南部片区（图 5-206）。

经过分析，现状空间形态特征主要表现为以下几个方面：

①“一峰”：全域制高，山峰形态不凸显，天际线有待提升

从清凉山整体地形形态来看，中部山体北侧平地现状地势最高，高程约为 65.6 m，是全域的制高点。但现状山体天际线形态不佳，《南京石头城遗址公园概念性规划设计》方案规划在此增设清凉台作为地标性建筑，以改善天际线轮廓，凸显“一峰”的空间形态格局（图 5-207）。

图5-206 南京清凉山公园南片区三维模型

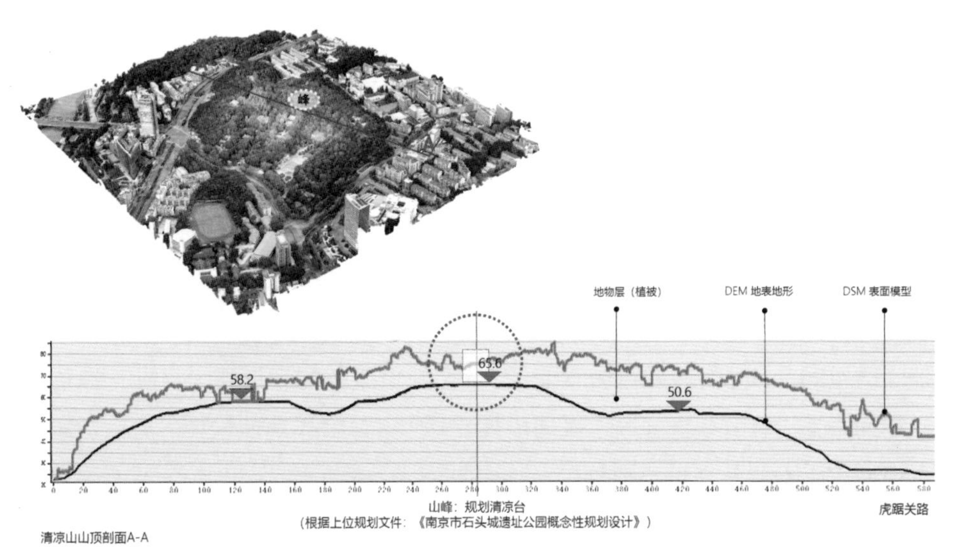

图5-207 南京清凉山公园南片区山顶切片

②“三脊”：植被覆盖率较高，空间形态已定型

三脊植被覆盖率较高，空间形态已定型。切片沿东西方向，经清凉山南面的三座山脊、两座山谷。三座山脊自西至东高程分别为 49.7 m、54.2 m与 46.8 m。中部山脊最高，崇正书院坐落于此，是清凉山南部片区的空间中心（图 5-208）。

③“两谷”：谷地空间形态复杂，外部空间形态有待提升

场地西侧的银杏谷地势北高南低，地形自南至北缓坡上升，高程分布在19.4～33.5 m。受现状植被以及建筑的影响，整体空间较为郁闭，且空间连续性弱（图 5-209）。

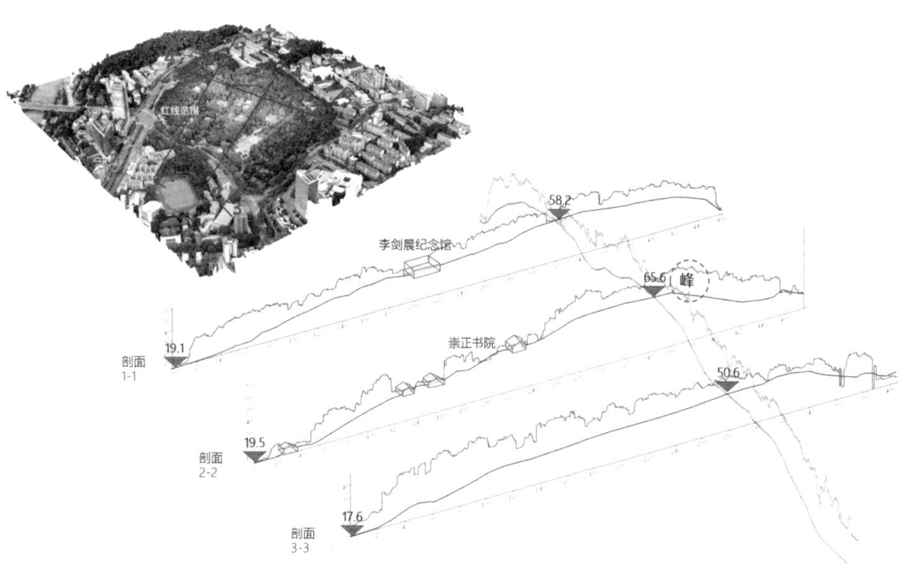

图5-208　南京清凉山公园南片区三脊切片

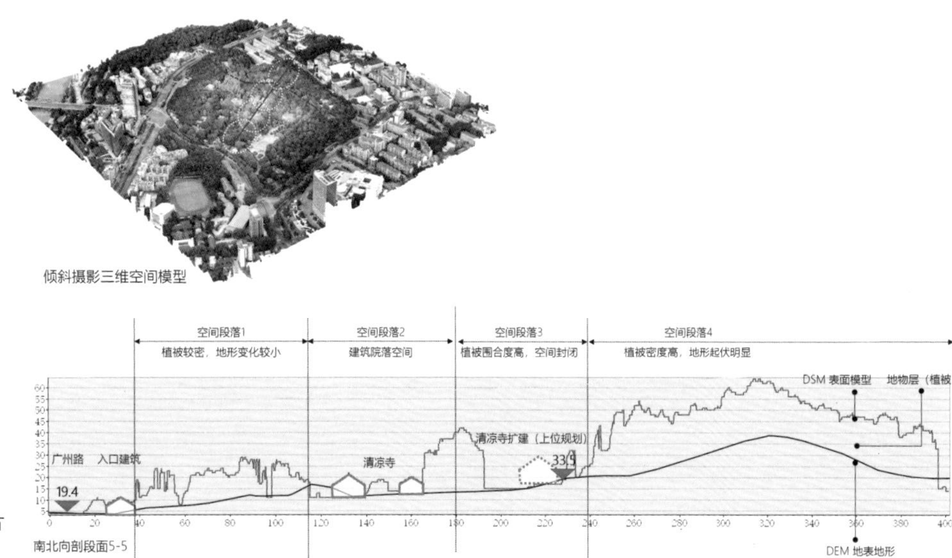

图5-209　南京清凉山公园南片区银杏谷场地切片

幽兰谷（东侧谷地）地势北高南低，自南至北高程分布为 18.4～35.2 m。谷地南侧原为清凉山收藏品市场，建筑体量较大。幽兰谷以北空间整体连续性强（图 5-210）。

（2）空间容量量化

①银杏谷——空间体积提取及容量量化

谷地的纵横向剖切图可清晰地反映出谷地外部空间形态，无数连续的剖面即可形成谷地外部空间界面。四周至边界与植被冠层围合出的外部空间构成了谷地的外部空间体积。空间底界面：谷地地表（包含现状地物）；空间竖向界面：植被、建筑限定的竖向边界；空间顶界面：植被冠层限定的顶部空间界面（图 5-211）。

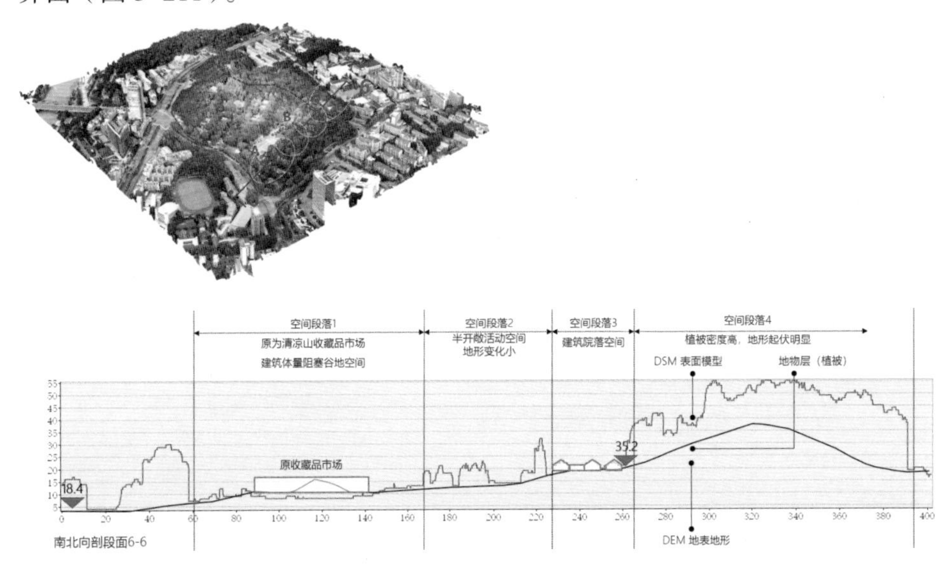

图5-210 南京清凉山公园南片区幽兰谷场地切片

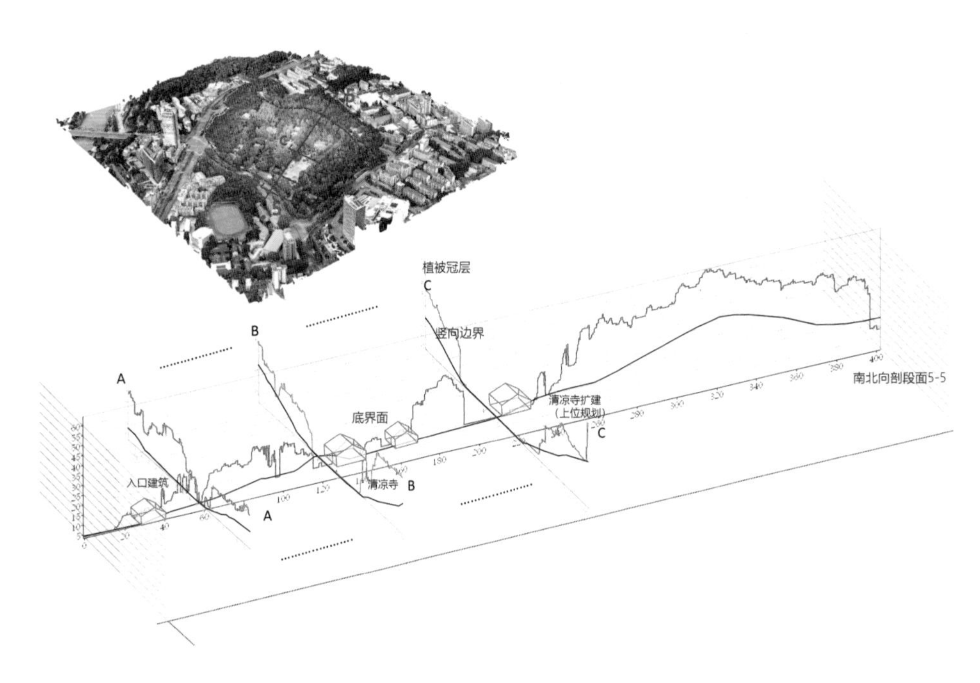

图5-211 南京清凉山公园南片区银杏谷空间体积提取

本研究在定量计算植被、建筑等地物影响下的景观外部空间体积的基础上，通过空间容积的量化对研究空间的可容纳量进行判断，提出空间形态优化建议（图 5-212）。运用 ArcGIS 的 Surface Volume 和 Cut-Fill 工具，对空间体积与空间容积进行计算。其中，空间体积反应的是谷地空间四周至边界与植被冠层围合出的外部空间体积，而空间容积则是除去内部植被、建筑等地物体积后剩余的外部空间体积。西侧银杏谷空间容积较少，设计时宜保留现有空间格局，允许小范围的改造提升。计算结果显示，现状银杏谷植被空间占比较高（表 5-27）。

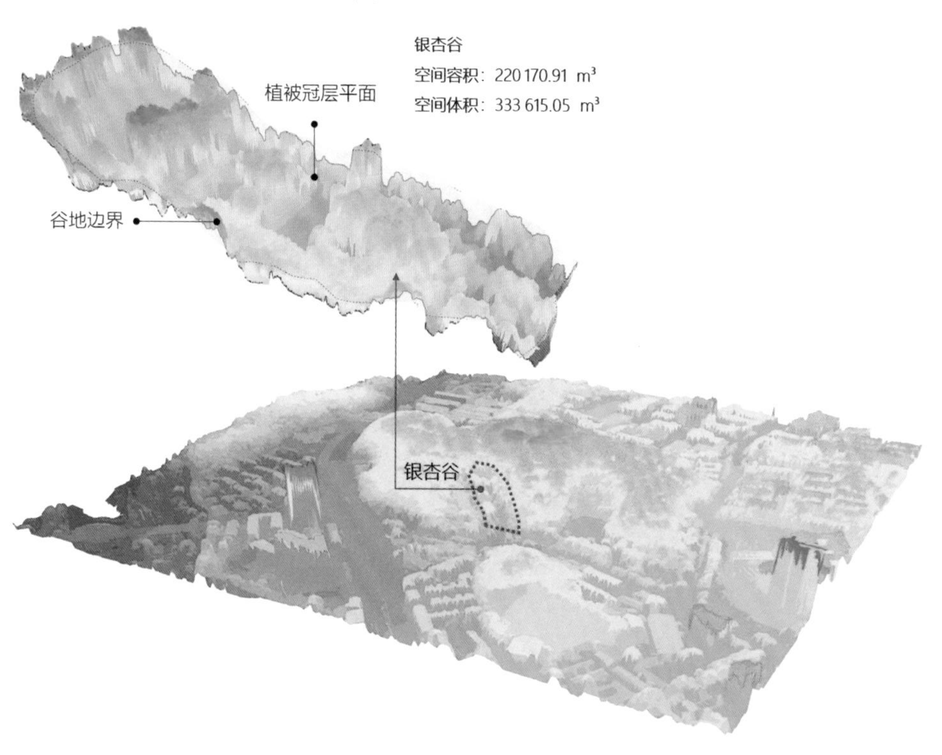

图5-212　南京清凉山公园南片区西侧银杏谷空间容量量化

表5-27　南京清凉山公园南片区西侧银杏谷空间形态评价

要素	建筑	植被	空间容积	地形空间体积
面积（m^2）	1 283.00	8 153.13	—	11 562.85
覆盖率（%）	11.10	70.51	—	—
高度（m）	3.4	—	—	—
体积（m^3）	5 052.00	108 392.14	220 170.91	333 615.05
空间占比（%）	1.51	32.49	66.00	100.00

②幽兰谷——空间体积提取及容量量化

同理，对幽兰谷进行空间体积提取及容量量化后，计算结果显示，东侧幽兰谷空间容积较多，空间体积占比为 73.6%（图 5-213、5-214，表 5-28）。

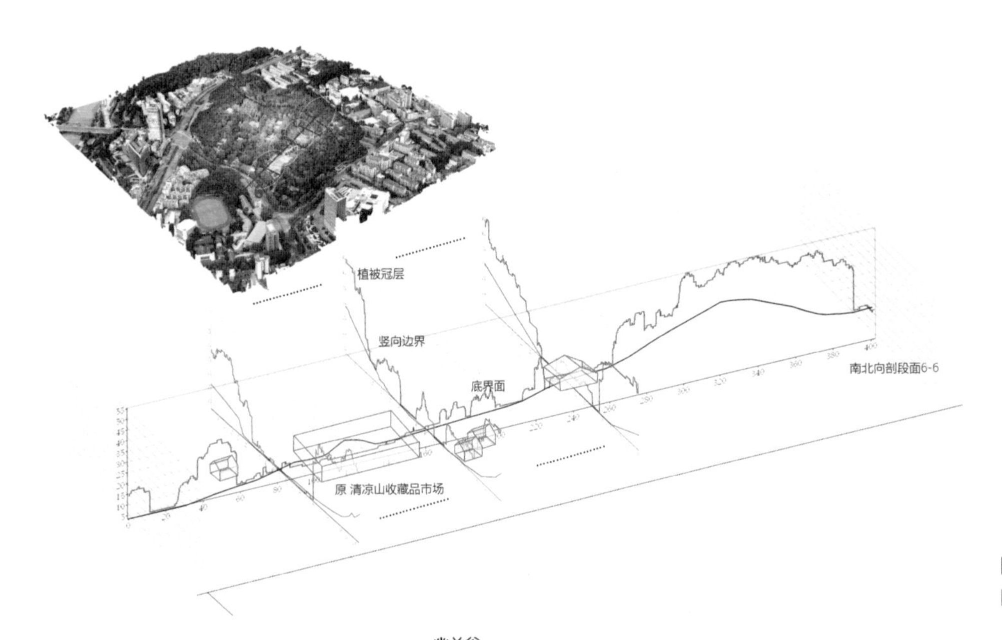

图5-213　南京清凉山公园南片区西侧幽兰谷空间体积提取

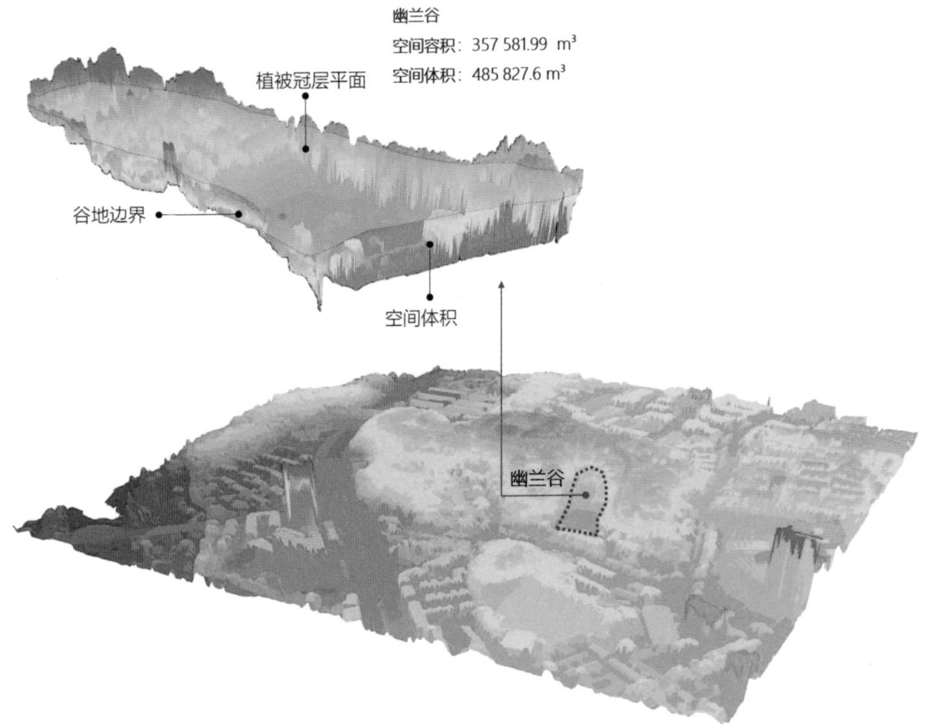

图5-214　南京清凉山公园南片区西侧幽兰谷空间容量量化

表5-28　南京清凉山公园南片区东侧幽兰谷空间形态评价表

要素	建筑	植被	空间容积	地形空间体积
面积（m^2）	4 346.00	6 333.77	14 891.58	14 891.58
覆盖率（%）	29.18	42.53	—	—
高度（m）	3,6,9	—	—	—
体积（m^3）	20 379.00	107 866.61	357 581.99	485 827.6
空间占比（%）	4.19	22.20	73.60	100.00

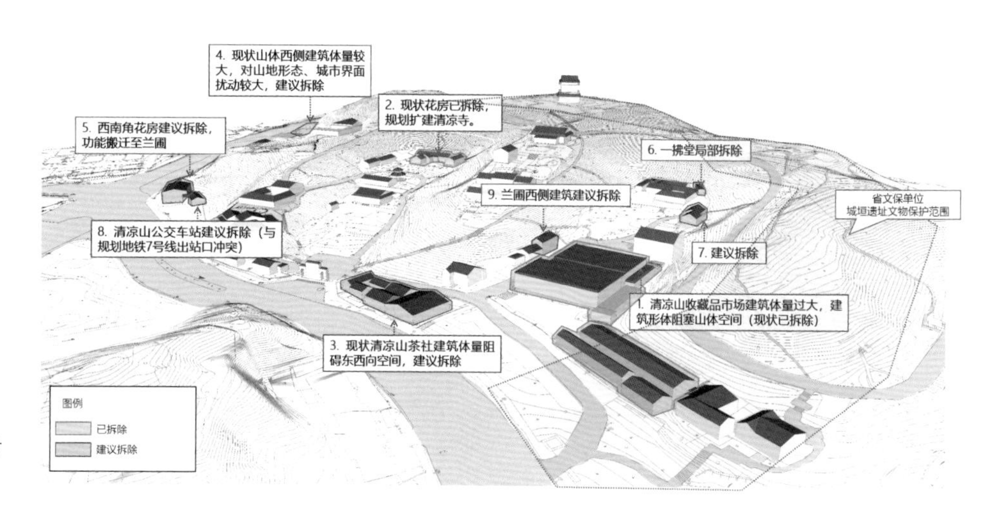

图5-215　南京清凉山公园南片区建筑体量规模控制规划图

③体量规模控制

场地内部现有建筑存在形态不佳、建筑体量过大等问题。规划设计建议改造或拆除建筑体量过大、形态不佳的建筑，保留建筑形态较好、体量大小适宜的功能性建筑，包括李剑晨纪念馆、武侯祠等。此外，文保类建筑应重点保留。场地包括省文保单位两处，分别是还阳泉和白崇禧故居；市文保单位三处，分别为清凉寺、扫叶楼以及崇正书院（图 5-215）。

5.5.1.2　数字技术与方法

南京清凉山公园南片区规划设计研究借助倾斜摄影三维建模技术与 ArcGIS 软件平台，探讨清凉山南部片区的空间容积。设计在尊重现有“一峰、三脊、两谷”空间形态的基础上，通过空间容积的量化，对研究空间的可容纳量进行判断，并针对性地提出片区建设规模控制建议，据此优化空间形态，强化空间格局。运用到的数字技术主要有两种：

一是基于无人机倾斜摄影与雷达扫描的三维空间建模技术。设计借助无人机倾斜摄影技术以及雷达扫描技术精确记录场地形态，并通过 Smart3DCapture 软件处理影像数据，生成基于真实影像纹理的高分辨率三维实景模型，获取常规摄影无法得到的地物纹理信息与空间几何信息，以实现场地形态的精确描述与定量分析（图 5-216）。二是 Arcgis 平台支持下的三维空间模型定量分析。三维实景空间模型剖切面可以直观地反映地表形态（DEM）与植被、建筑等地物影响下的表面形态（DSM）之间的关系，实现空间形态的科学描述与判断。设计运用 ArcGIS 的 Surface Volume 和 Cut-Fill 工具，定量计算清凉山山南空间容积，并对空间体积与空间占有率对研究空间容积的影响进行判断，提出空间形态优化建议（图 5-217）。

（1）空间形态优化策略

①“一峰”：在此增设清凉台作为地标性建筑，可改善天际线轮廓，凸显“一

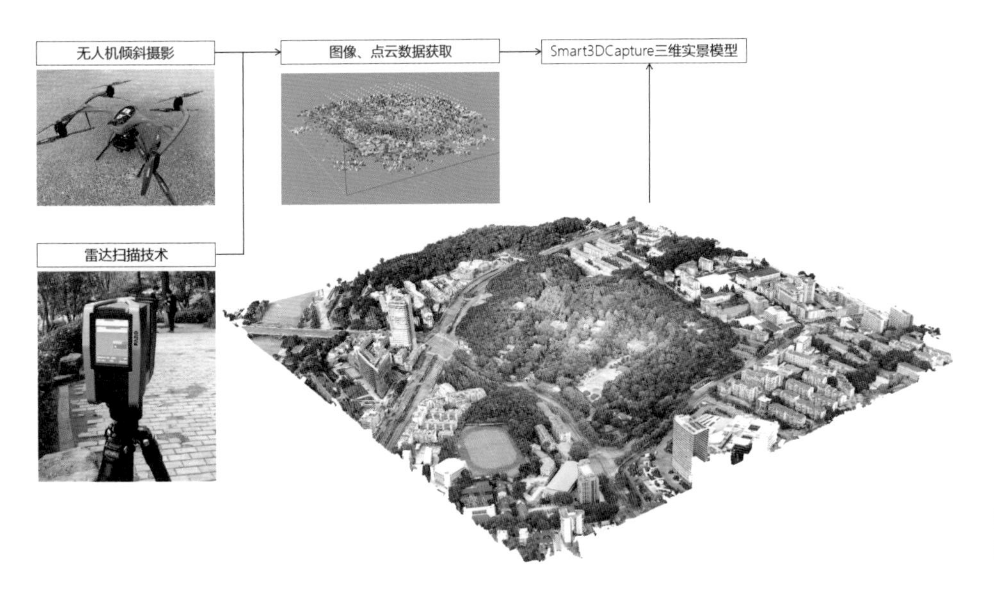

图5-216　南京清凉山公园南片区规划设计——倾斜摄影三维建模

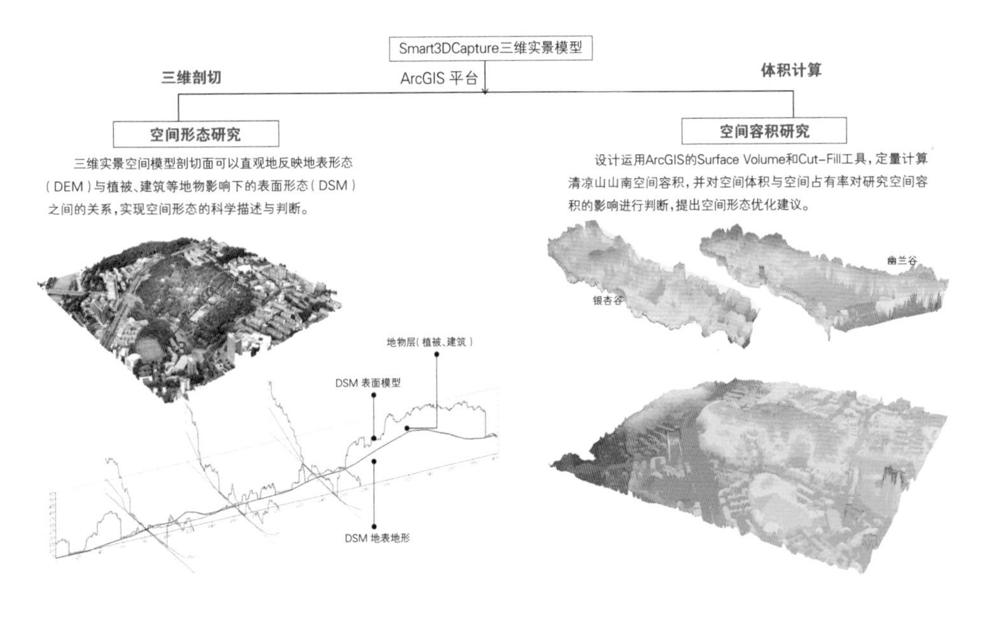

图5-217　南京清凉山公园南片区规划设计——空间形态与容积定量研究

峰”的空间形态格局。

②“三脊”：设计建议现状保护，维持现有形态。

③“两谷”：场地西侧银杏谷地势北高南低，地形自南至北缓坡上升，整体空间围合度较高，且空间连续性弱。东侧幽兰谷原为清凉山收藏品市场，建筑体量较大，空间形态复杂，外部空间形态宜提升优化。

本轮设计重点提升“两谷”的空间形态，通过空间容量的量化与评价，提出空间形态优化建议以及可实施策略。

（2）空间容量优化策略

银杏谷西侧的空间容积为220 170.91 m^3，现状建筑体积空间占比为1.51%，植被体积占比为32.49%，植被占比较高。根据《南京石头城遗址公园概念性规划设计》的设计要求，规划扩建清凉寺，建议在拆除现有花房的基础上进行扩建，控制建筑体量的空间占比。

幽兰谷（东侧）的空间容积为 357 581.99 m^3，现状建筑体积空间占比为 4.19%，植被体积占比为 22.2%。现状空间容积较多，但植被空间占比较小，建议补种植被。此外，原清凉山收藏品市场建筑空间体积占比较大，建议缩小建筑体量，以优化山谷外部空间形态。

（3）建筑规模控制策略

根据空间容量的量化分析，设计建议控制建筑体量的空间占比，还绿于山林，具体控制策略包括：

①改造或拆除建筑体量过大、形态不佳的建筑；

②近期改造兰圃（原为收藏品市场），降低建筑的空间体积占比；

③根据建筑权属与租借状况，制定中远期拆建改造计划；

④保留形态组合较好、体量适宜的建筑以及文保类建筑。

在综合各种分析结果后，形成最终规划设计方案如图 5-218 所示。

景区空间结构为“一峰，三脊，两谷”（图 5-219）：

“一峰”——场地制高点，规划增设清凉台，是清凉山的空间核心。

“三脊”——中部山脊依托崇正书院打造书院文化轴；两翼山脊打造生态修复轴，实现生态保育与林相改造提升。

“两谷”——西侧银杏谷打造佛教文化轴，突显银杏植物特色与佛教文化；东侧游览谷打造雅集文化轴，突显原有兰花植物特色与雅集文化。

开敞空间可划分为入口开敞空间、庭院开敞空间和硬质景观开敞空间。入口开敞空间位于景区南入口处，为整个景区提供集散、引导、问询空间。庭

图5-218　南京清凉山公园南片区规划设计总平面图

图5-219　景观空间结构分析图

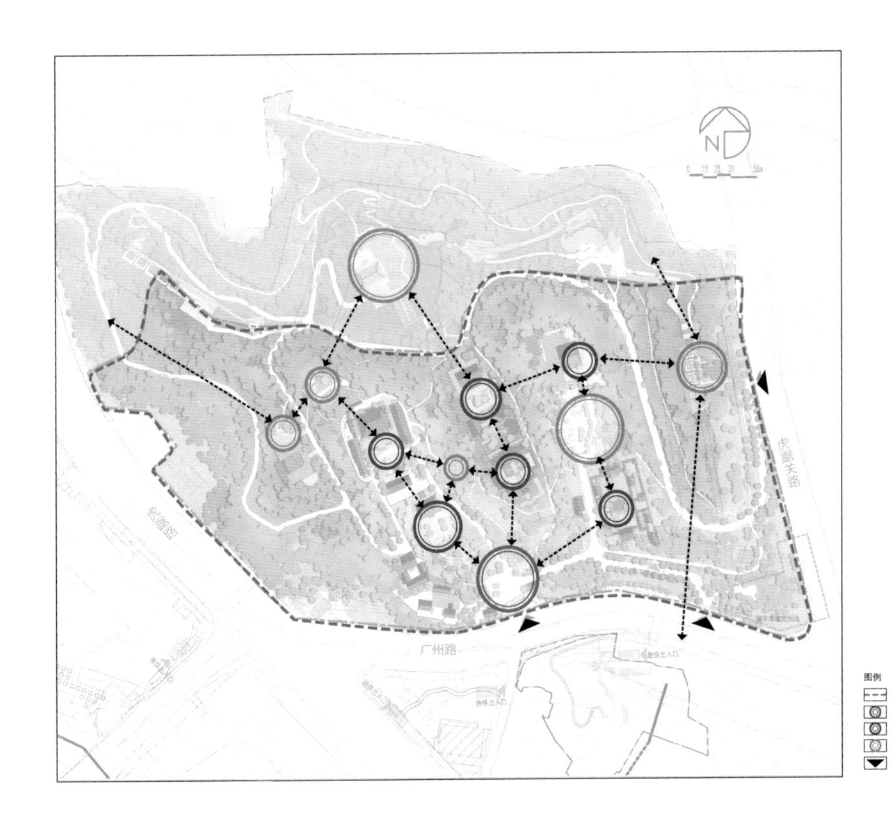

图5-220　开敞空间规划图

院开敞空间依托景区内建筑，为主要的文化游赏空间，该类空间主要位于兰圃、崇正书院以及清凉寺（图 5-220）。硬质景观空间依托于自然环境，是游客聚集活动的外部空间，分布于兰苑、银杏林等景观节点处。

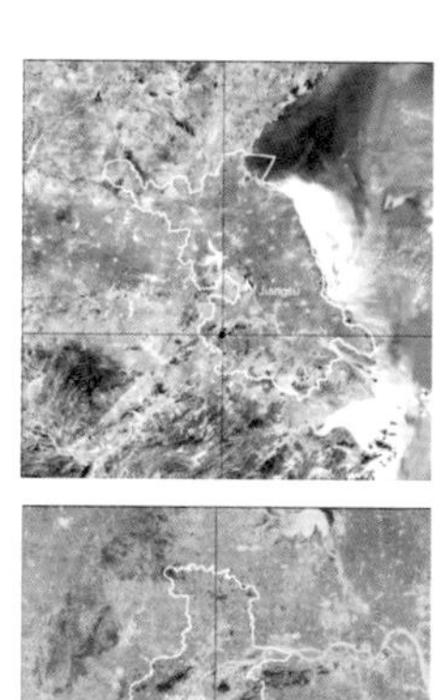

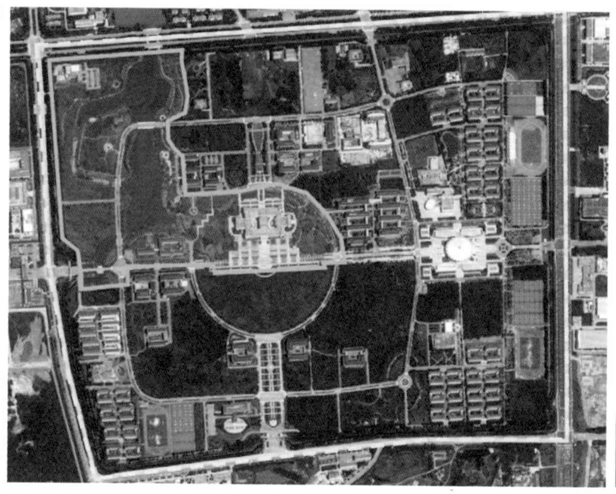

图5-221　东南大学九龙湖校区中心湖区项目区位图

5.5.2　东南大学九龙湖校区中心湖区景观提升改造

东南大学九龙湖校区坐落于南京江宁开发区九龙湖畔，校区面积约为246 ha，地处著名风景区牛首山与秦淮河环抱之中（图 5-221）。校园环境文化是校园文化的重要组成部分，而现状东南大学九龙湖校区的校园环境及景观存在着一些不足之处，不能满足校园文化彰显的特色以及广大师生的使用需求。基于对场地现状与背景的充分解读，仅以空间为例，针对现状空间大小单一均质、破碎度高等问题，采用五轴倾斜摄影技术进行场地空间建模，结合定量化的空间分析，优化竖向关系，重塑空间结构关系，美化校园环境。

5.5.2.1　空间分析与评价

根据场地分析发现，现状空间存在以下问题：①校园中心湖区的水面空间有一定的收放关系，但没有一个完整的、集聚的开放空间，场地空间较为凌乱，并且空间大小较为均质。②场地水体景观类型单一，仅由河道与狭长的湖面构成，水岸空间不够丰富和生动。图书馆东侧和北侧以线状的水面空间为主，至图书馆西侧空间舒朗一些，但九曲桥西侧水面空间过于闭塞，和大尺度的桥体无法协调。另外纪忠楼北侧的大水面显得较为单调，缺少空间层次，可适当增加岛、堤、汀、岸等水景元素，丰富空间形态（图 5-222、5-223）。③场地竖向关系突兀。④植物空间较为闭塞，设计取缔中层花灌木，大量使用地被物和草坪以及大乔木，从而在校园空间中建立起疏朗、通透的植物空间。

5.5.2.2　数字技术与方法

（1）空间建模：五轴倾斜摄影空间建模技术支持下的校园空间定量设计研究

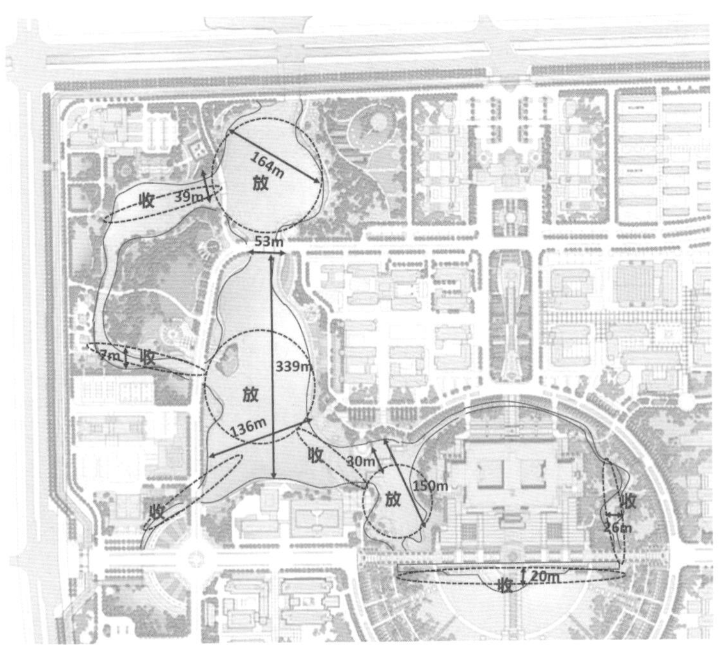

图5-222

图5-223

图5-222　东南大学九龙湖校区中心湖区水面空间分析图

图5-223　东南大学九龙湖校区中心湖区原状水面空间

设计采取空间定量化分析方法，采用五轴倾斜摄影技术对研究范围进行航拍，结合数字扫描仪成像技术、GPS定位系统生成设计场地三维模型，充分挖掘场地的条件和特征，从空间单元的视角进行场地分析，找到设计的重点所在，力求在设计中尽可能地利用现有资源，然后根据设计理念和目标，提出具有针对性的场地空间优化方案，对空间的总体格局和空间单元都进行合理的提升改造。

（2）空间优化策略：空间整合归并，优化竖向关系

基于校园上位规划，在深刻分析场地的空间特征后，根据空间优化目标，以九曲桥东、西两侧为重点进行多个方案的设计，比对不同方案对于空间单元的优化处理结果，选取最合适的方案设计思路，进行方案思路的优化。图5-224为最终生成的设计方案。

设计主要采用了以下几个方法来优化空间形态（图5-225）：

①挖堤堆岛，重塑水面空间，增加水面的层次感，并重塑曲折优美的岸线，丰富水岸形态。保留和改建湖区东岸的现有主要节点，通过挖方填方形成“湖”“溪”“堤”“岛”等多种水景观，湖面西侧与南侧增加岛屿、长堤等节点，形成环湖整体的景观结构，丰富并重塑水域空间，形成水面聚散开合变化，增加景观层次，同时形成湖两岸的空间对景关系，沿水岸营造多样化水生动植物生境，激活水岸生境，丰富生物多样性。

②空间归并整合，并以疏林草地空间单元和草坪空间单元为主，打开滨

图5-224 东南大学九龙湖校区中心湖区设计总平面图

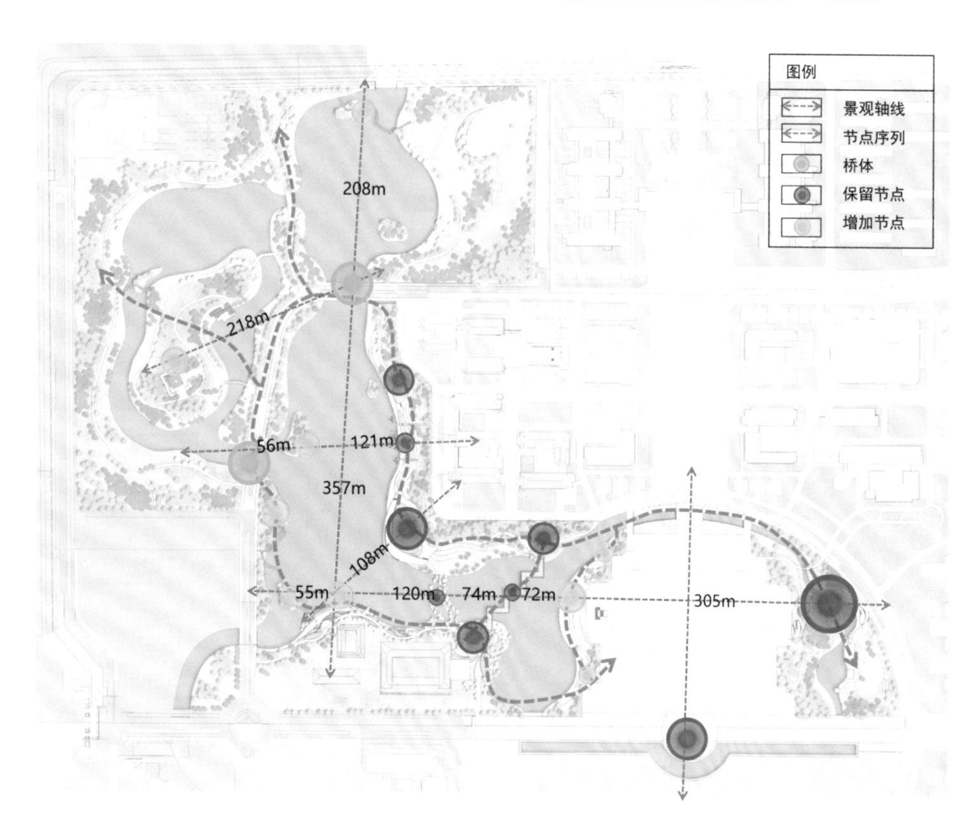

图5-225 东南大学九龙湖校区中心湖区空间结构优化图

水空间，增加空间的开敞度、通视度。基本上保留环湖的整体结构，对不适宜的地方进行空间单元的合并与划分，增强空间形态的大小尺度对比。由场地现状的空间单元分析可知，文科楼南侧和西南侧有三处广场空间单元，节点过于密集，尤其是在九曲桥上，更能感受到圆形广场空间单元使得空间比较拥堵。本次设计将这两处广场空间单元进行删减拆除，对文科楼西南侧的广

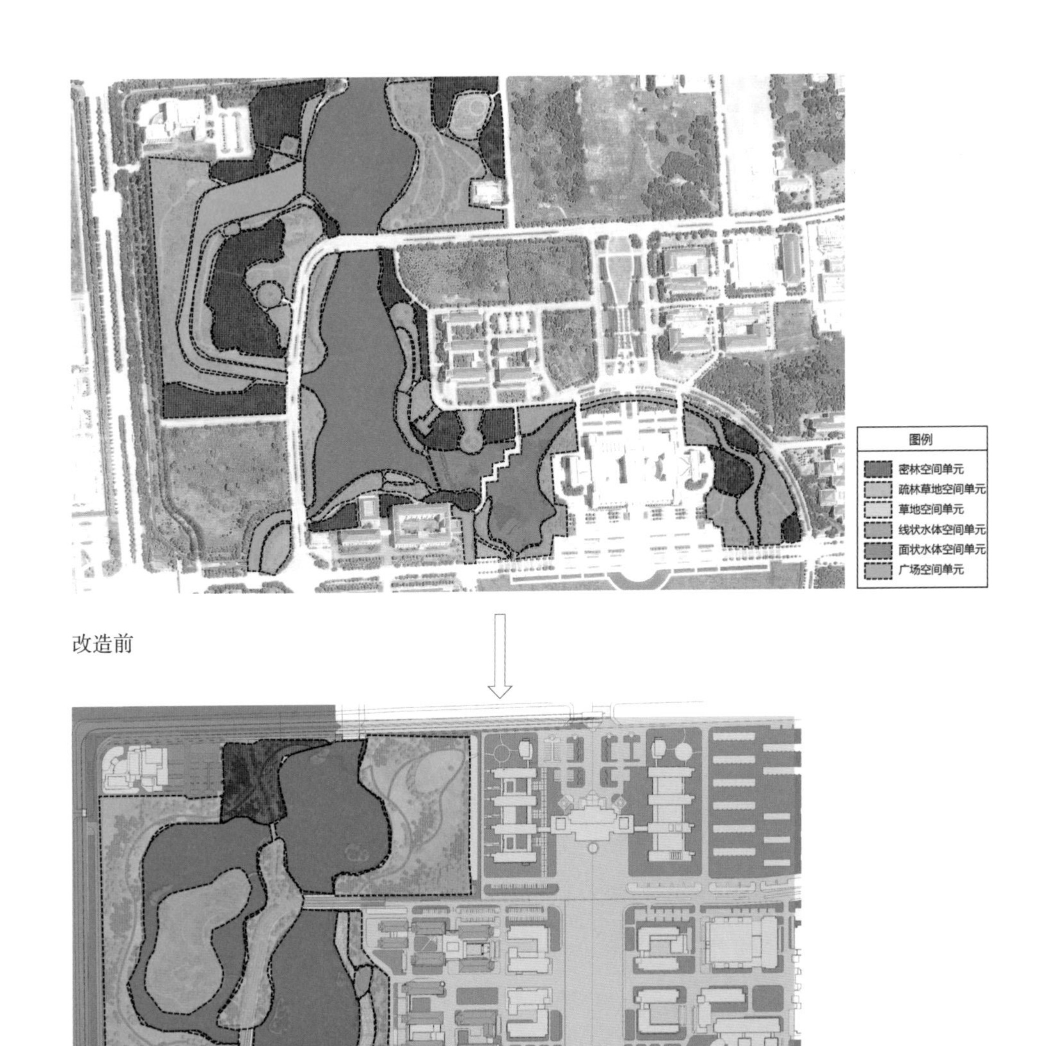

图5-226 东南大学九龙湖校区中心湖区改造前后空间单元分析比较图

场空间单元进行改造，使其空间形态更加紧凑。另外，沿水岸增加一些节点，如纪忠楼的北侧增加亲水平台，使得两岸有对景的关系，从而使景观层次更加丰富（图 5-226）。

③在基本尊重原场地地形的情况下，增加场地竖向变化，使空间形态更加丰富，充分利用九龙湖校园特色景观资源，从而进一步美化校园环境（图 5-227）。全园竖向设计在尊重原场地地形的情况下，对水岸进行轻微改造，使水岸空间亲水性更佳。分别对改造后的场地南北向和东西向进行剖切，结合植物配置营造了更加丰富优美的天际线。

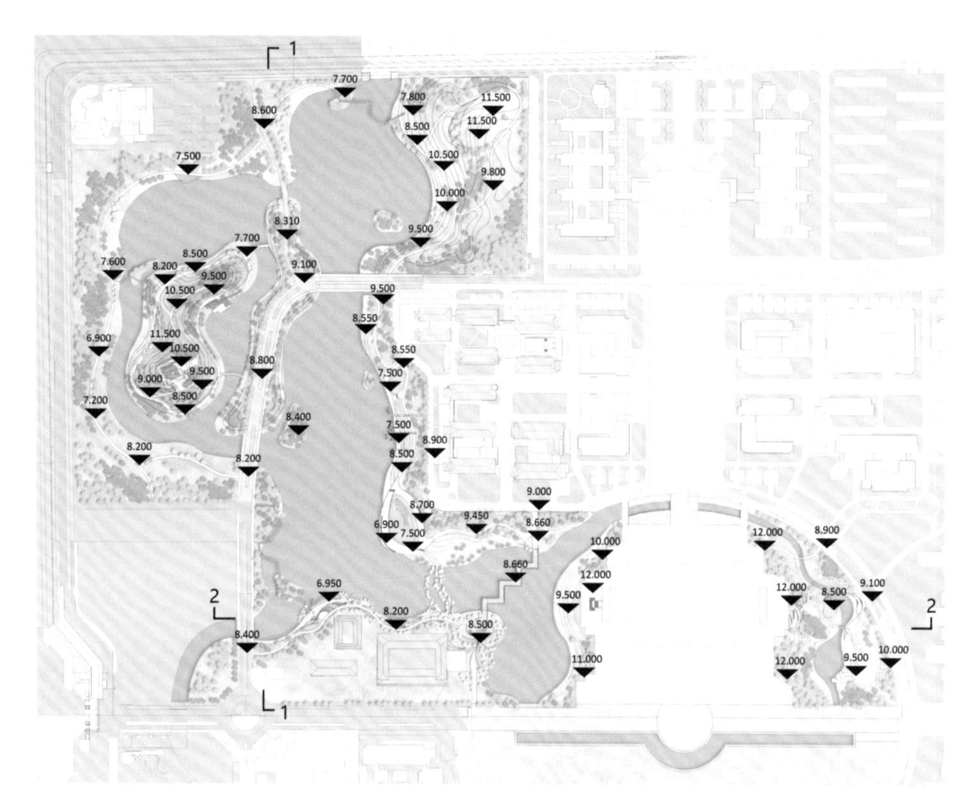

图5-227　东南大学九龙湖校区中心湖区竖向规划设计图

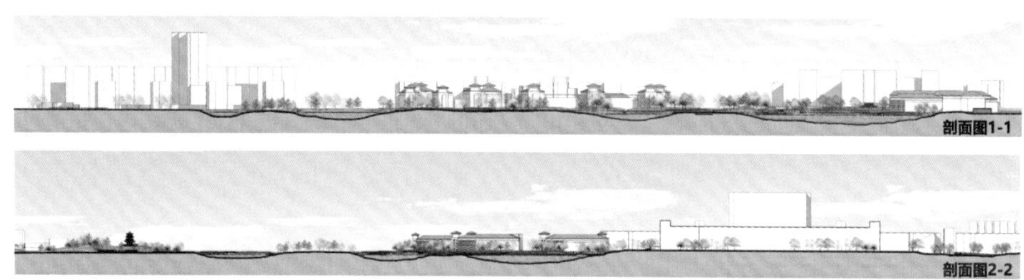

图5-228　东南大学九龙湖校区中心湖区场地剖面图

图5-229　东南大学九龙湖校区中心湖区景观提升改造一期工程三维实景模型

针对已建成的东南大学九龙湖校区中心湖区景观提升改造一期工程，使用无人机倾斜摄影等技术构建三维实景模型和数字表面模型（图 5-228、5-229），本小节选取重点优化的九曲桥北部水岸进行分析。

场地西侧伸出水面的圆形广场空间单元使得水面太过局促，尺度也不合适。本设计建议拆除西侧的圆形广场空间单元，在九曲桥的北侧新增秋实节点，使其成为一个小的广场空间单元。节点周围设置条石坐凳，可以提供一个休憩的空间，空间形态紧凑活泼，富有动感。该处空间单元位于九曲桥的北入口，连接南北的交通和东西的游步道，人们进入九曲桥时可增加仪式感和空间氛围。

原状场地竖向较为平坦，亲水性较差，中下层灌木较多，阻挡了视线，空间通透性不足，给人闭塞、拥堵之感。本设计重新梳理了九曲桥北侧的竖向地形，形成空间大小变化，同时结合绿化配置，加强空间大小尺度对比，以疏林草地景观为主，营造舒朗、明快的空间（图 5-230）。

改造后东南大学九龙湖校区中心湖区主要景观节点的空间效果也显著提升，图 5-231 为改造后实景效果图。

5.5.3 南京钟山风景名胜区樱花园设计

位于江苏省南京市钟山风景名胜区内的中日友好樱花园扩建工程，由原先的 20 亩扩大至 60 亩，基于对场地现状与背景的充分解读，仅以空间为例，针对现状空间问题，侧重对园区的空间形态、竖向关系进行梳理和优化，并统筹兼顾整体与细部空间的关系，明确园区空间序列与景观轴线，结合系列节点的布置与游线空间的组织，形成重点突出、特色彰显的景观环境。设计中使用参数化竖向调整以及精细建模技术，优化园区生境的同时，营造富有空间变化的山水环境。

5.5.3.1 空间分析与评价

场地现状空间存在以下问题：①整体空间布局均质且松散，景观重点不突出；全园景观节点布置松散，尺度均一，且无核心景观轴线。②场地空间竖向关系不佳，空间高差不合理，导致水源难以存蓄、场地易积涝，使得园内樱花长势也受到影响。③植物空间缺乏层次，植物配置杂乱，疏密处理不当，空间体验单调（图 5-232）。④入口空间缺乏围合感，现有节点布局分散，且尺度偏小，功能单一，暂无积聚人气的集中活动场所。

5.5.3.2 数字技术与方法

（1）工作重点

①梳理场地竖向，优化整体空间布局

本设计重点整理了场地竖向和园区水系，改善了既有空间高差关系，解决了水量存蓄问题，同时栽种水生植物，着力营造自然驳岸、跌水、漫滩的优美水景；对部分樱花栽植区域进行了竖向优化，从而满足樱花的生态习性。

②空间单元分置与重组，重塑文脉凸显的园区景观

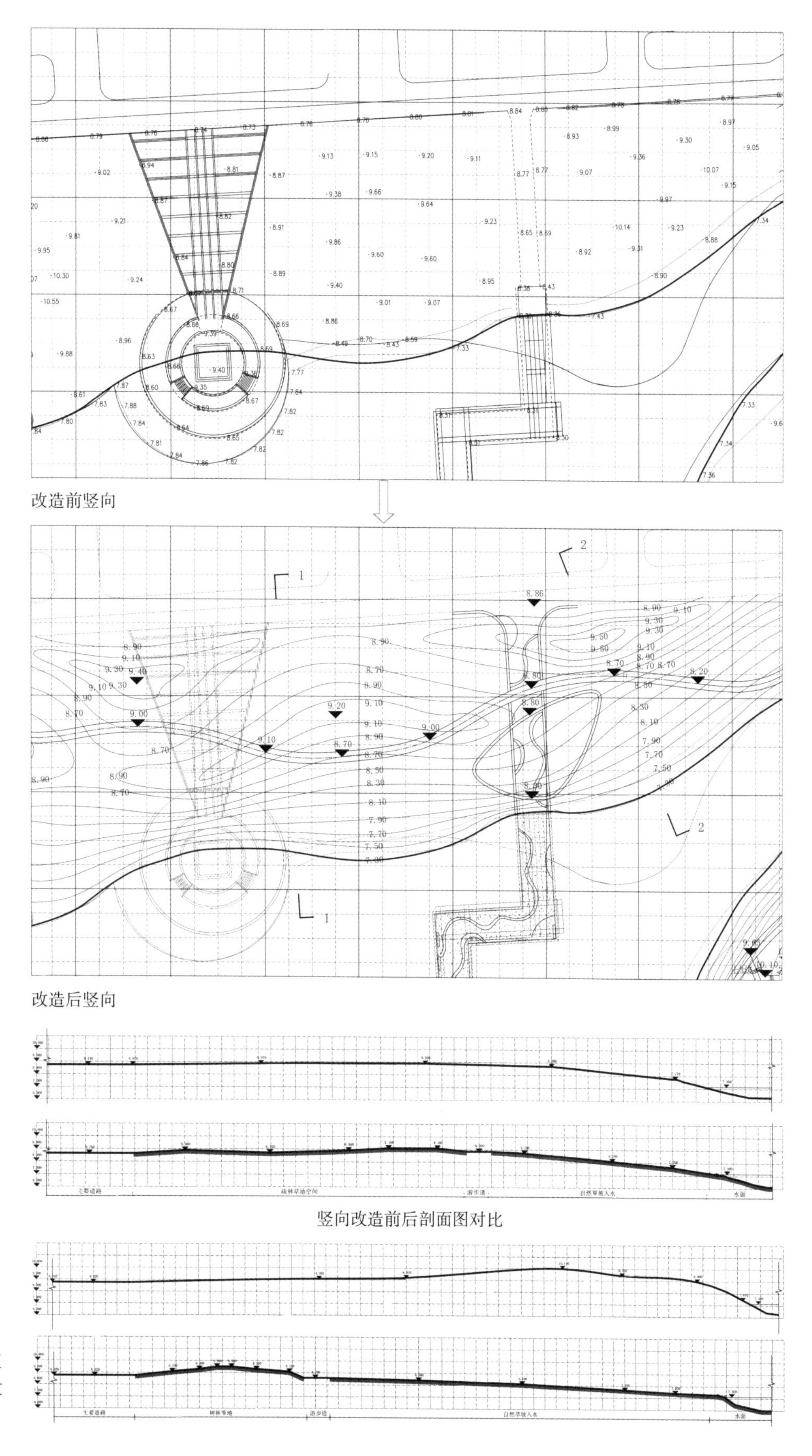

图5-230 东南大学九龙湖校区中心湖区九曲桥北部水岸竖向改造前后剖面对比图

图5-231

图5-232

图5-231 东南大学九龙湖校区中心湖区景观改造后实景图

图5-232 南京钟山风景名胜区樱花园原场地照片

设计围绕“中日友好”的文化主题展开，从空间结构入手，挖掘场所文脉，借助细节的表达和文化氛围的渲染，凸显场所的特色和文脉。采用空间单元分置法，将中、日不同风格的景观单元分别布置，通过组织游览线路、结合绿化的掩映与分隔，有意识地将景观单元相对片区化，又能适度透景。同时，采取交互展开的空间单元与序列，巧妙、形象地展现了中日两国文化的源流关系。

③ 细部空间处理彰显魅力，提升园区文化内涵

中国园一侧以六尊明式螭首为引导，老井券与日本园一侧的洗手钵隐喻了中日文化“源”与“流”的关系；而具有民国建筑风格的友谊廊与紫藤花架，则隐喻着故事发生的年代和中日友好的主题。此外，通过布置具有传统江南园林建筑风格的六角攒尖重檐亭、歇山亭、石拱桥等展现中国的文化，亦设有体现日本传统园林特征的鸟居、洗手钵、石灯笼、赏樱亭等；还根据人物故事情节需要设置了具有民国风格的廊与花架，局部营造枯山水庭院。

（2）数字技术方法与应用

采用空间精细化建模，建成实景仿真分析。基于无人机倾斜摄影技术及雷达扫描技术精确记录园区场地空间形态，并通过 Smart3DCapture 软件处理影像数据，生成基于真实影像纹理的高分辨率三维实景模型，获取樱花园环境地物纹理信息与空间几何信息，以获得对建成后场地的精确描述与设计效果的全真展示，实现了建造后实景的可视化与成果反馈（图 5-233）。

基于对现状问题的统筹思考，侧重于对场地空间竖向的梳理、空间格局的重组以及节点空间细部的优化，生成了本项目的总体方案（图 5-234）。

（3）改造成果

改造后樱花园整体空间格局与形态的优化主要体现在以下几点：

①融入时空线索，强化了“两轴”为主要逻辑的景观空间结构。

②通过空间分置、游线组织，结合绿化的掩映与分隔，形成了空间单元的相对片区化，并构成了交互展开的空间序列与清晰的园区空间构架，形象

图5-233　南京钟山风景名胜区樱花园三维实景模型

图5-234　南京钟山风景名胜区樱花园总平面图

地诠释了设计主题（图 5-235）。

③改造后樱花园的空间竖向关系得到明显改善，通过对山水空间关系的梳理与优化，疏浚、整理了园区水系，营造了变化丰富的陆地空间以及包含跌水、漫滩的水景空间，并调整樱花栽植区场地竖向，改善了场地排水情况以保证樱花的正常生长。

对改造前后场地竖向标高进行对比，并取横向、纵向剖切面进行对比分析，可见改造后场地竖向更加凸显山形水势，对场地水系疏浚、空间骨架塑造有显著作用（图 5-236～5-238）。

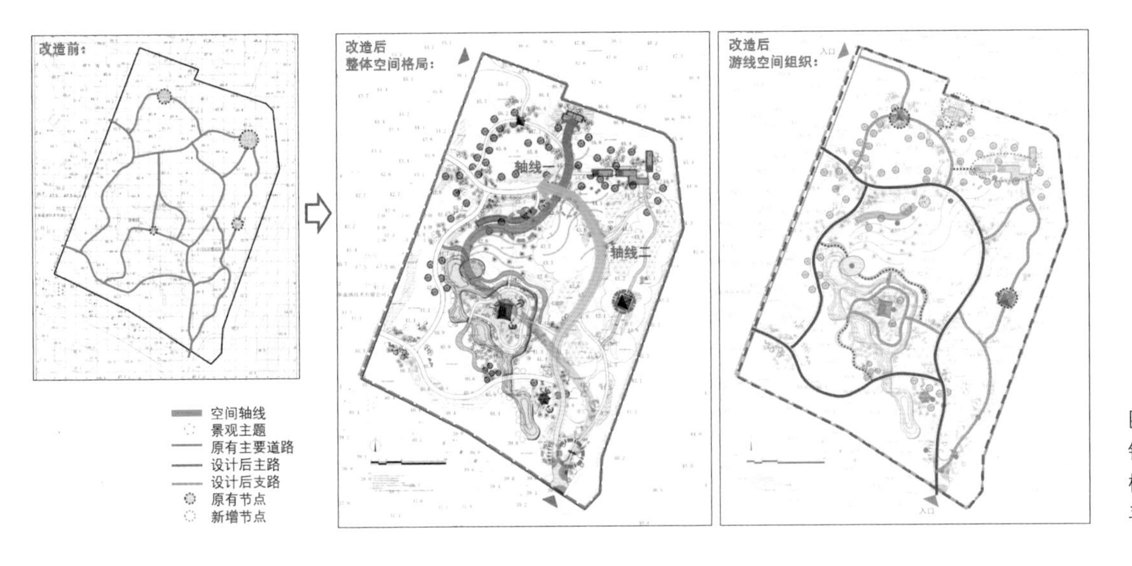

图5-235 南京钟山风景名胜区樱花园改造前后平面对比

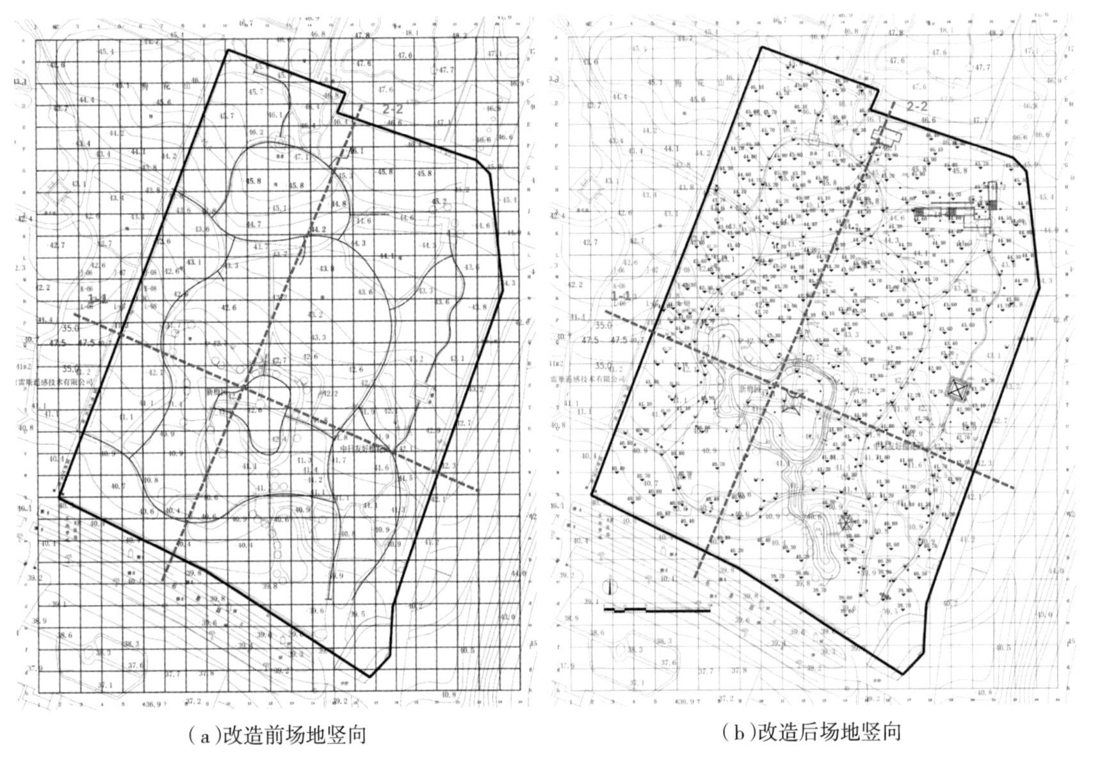

(a)改造前场地竖向

(b)改造后场地竖向

图5-236 南京钟山风景名胜区樱花园改造前后场地竖向图

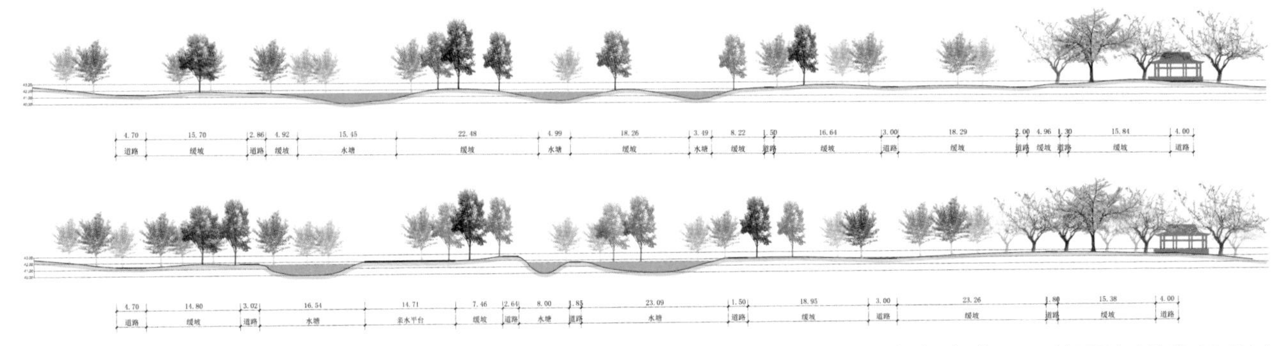

图5-237 南京钟山风景名胜区樱花园1-1剖面图(改造前、后对比)

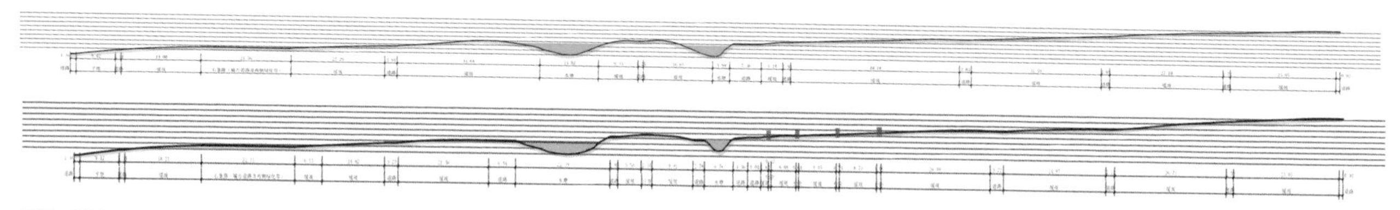

图5-238

图5-239

图5-238　南京钟山风景名胜区樱花园2-2剖面图（改造前、后对比）

图5-239　南京钟山风景名胜区樱花园改造后实景效果

改造后樱花园主要景观节点的空间效果也显著提升，图 5-239 为改造后实景图。

5.6　景观环境行为模拟与应用

数字景观技术的出现改变了设计师依赖经验积累，转而通过数字技术模拟、预测场地中即将发生的行为方式，变后知后觉、被动的应对为积极主动的引导与干预环境行为，数字景观技术为场地行为研究提供了新路径、新方法和更加便捷、高效的措施。今天，大尺度的城市人居环境建设完全靠经验的积累显然不符合规划设计的诉求，规划设计需要有预见性与前瞻性，需要通过数字技术，根据既有的规律来模拟、判断场地之间、景观节点之间的行为，并做出预测。

景观环境行为特征受外部条件影响，如地形、植被、气候、水体等；同时也直接影响场地如出入口、停车场、节点等布局。此外，行为特征亦受人的行为方式的影响，如晨练、通勤、停留等。不同行为方式在绿地环境中需要对应的环境特征和相适应的空间环境。借助数字技术，不仅可以对景园环境行为方式加以模拟，也可以预测景园环境潜在的行为方式。

5.6.1 南京秦淮区外秦淮河及河头地区环境整治工程

项目位于南京南部新城红花机场东侧，沿外秦淮河两岸总长约 6 km，用地总面积约 139 ha（图 5-240）。通过对人口密度分布、用地属性等与潜在人群进行关联分析后，得到主要客源市场和主要使用人群；同时根据 ArcGIS 缓冲区分析法以及 Depthmap 进行道路整合度分析后，得到基地四个地块的可达性，从而确定其功能分区。通过 ArcGIS 空间网络分析方法分析在不同时间与步行速度阻力赋值下，设计范围在城市道路系统中的可达性，以此来规划设计进入各个地块最适宜的交通方式和活动类型。

5.6.1.1 数字技术及方法

（1）人口密度与行为热力图分析

规划设计中运用 ArcGIS 及 Depthmap 软件，借助算法工具对项目周边人群至基地的出行距离与道路整合度进行分析，进而得出项目的服务范围。此外，采用空间网络分析法，以基地周边城市道路网络为基础，分析在不同时间与步行速度阻力赋值下城市道路系统中项目基地的可达性。

现状人口大部分集中分布在老城周边，并形成若干人口峰值中心；新区人口相对稀疏，基地周边人流稀少。预测未来人口空间分布：城中片区稳中有降，城南片区下降明显，新区增长迅速（图 5-241、5-242）。

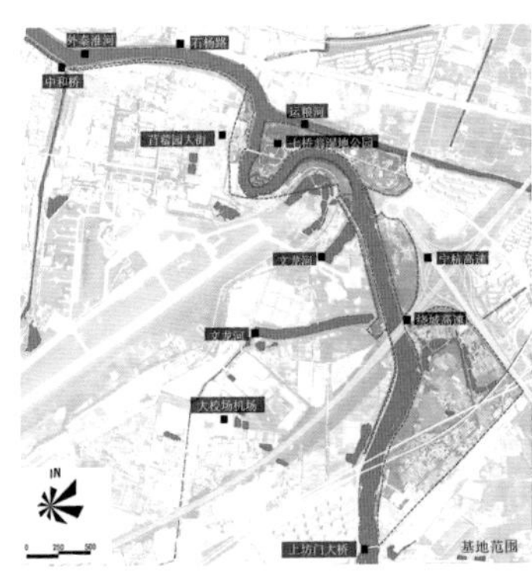

图5-240

图5-240　项目区位示意图

图5-241　秦淮区现状人口密度分布图（2010年）

图5-242　秦淮区预测人口密度分布图（2030年）

图5-243　热力地图（2017年8月）

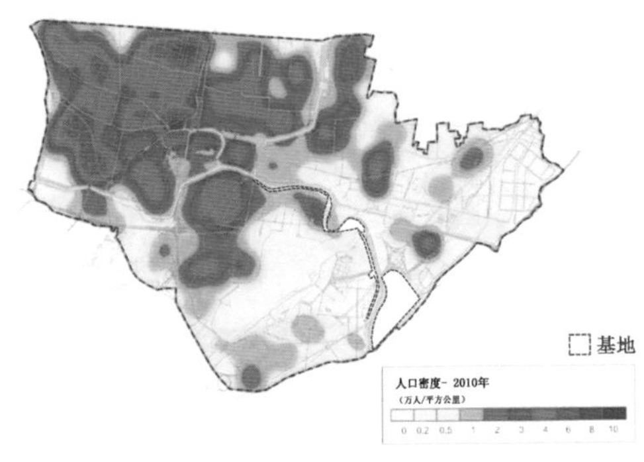

图5-241

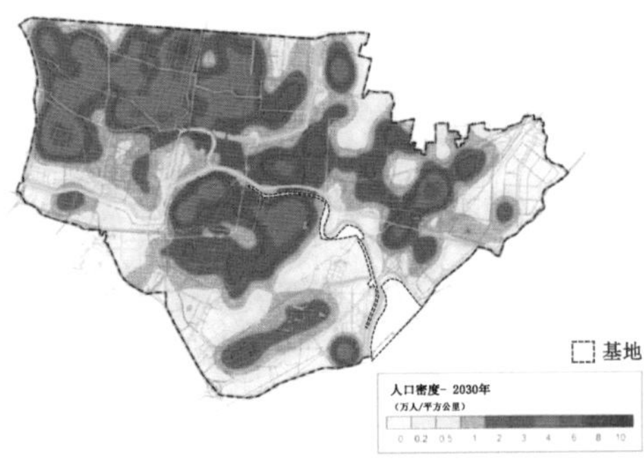

图5-242

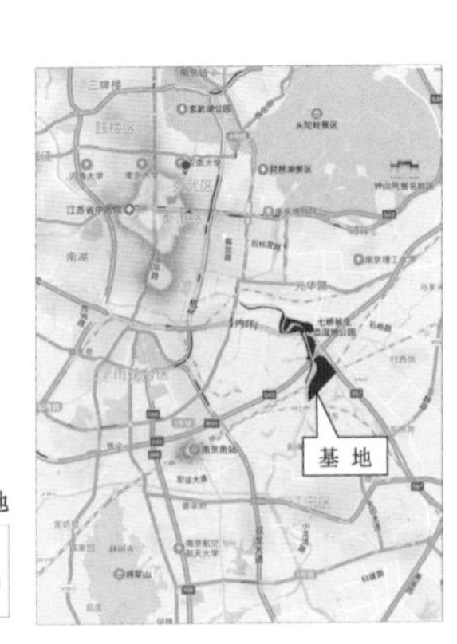

图5-243

根据 ArcGIS 对人口密度的分析与行为热力地图的分析，可以得出本项目中日常活动人群主要是以新区人口为主的市民和南京本地游客人群；节假日活动人群包括江苏省各城市及更远的城市客源（图 5-243）。

（2）用地属性与潜在人群分析

应用慢行交通出行阈值的数据，分析出基地周边居住、教育、商办用地在步行（500 m、800 m）和自行车出行（1500 m）的最优覆盖范围（图 5-244～5-246）；分析得出潜在人群主要包括周边居民、商务区白领、教育者与学生等。

（3）基地辐射范围与可达性分析

根据 ArcGIS 缓冲区分析法以及运用 Depthmap 软件进行道路整合度分析，可以得出基地四个地块可达性顺序分别为 A、D、B、C。其中地块 A、D 的可达性较强，适合为周边居民提供日常游憩休闲服务；地块 B、C 可达性相对较弱，适

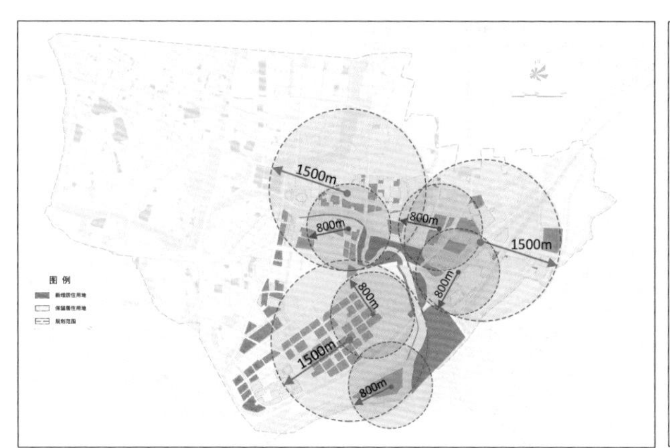

图5-244

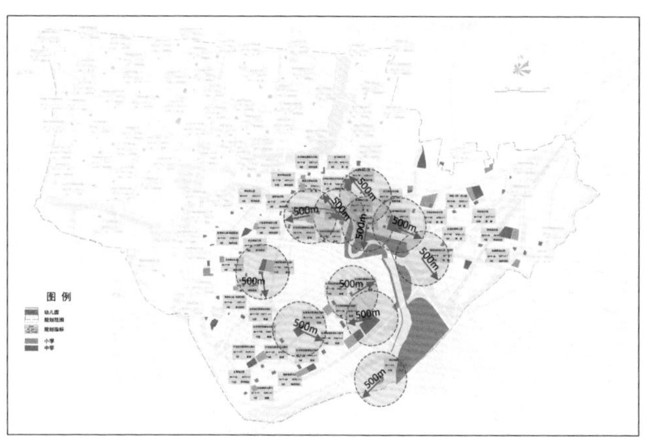

图5-245

图5-244　居住布局分析图

图5-245　教育布局分析图

图5-246　商业设施布局分析图

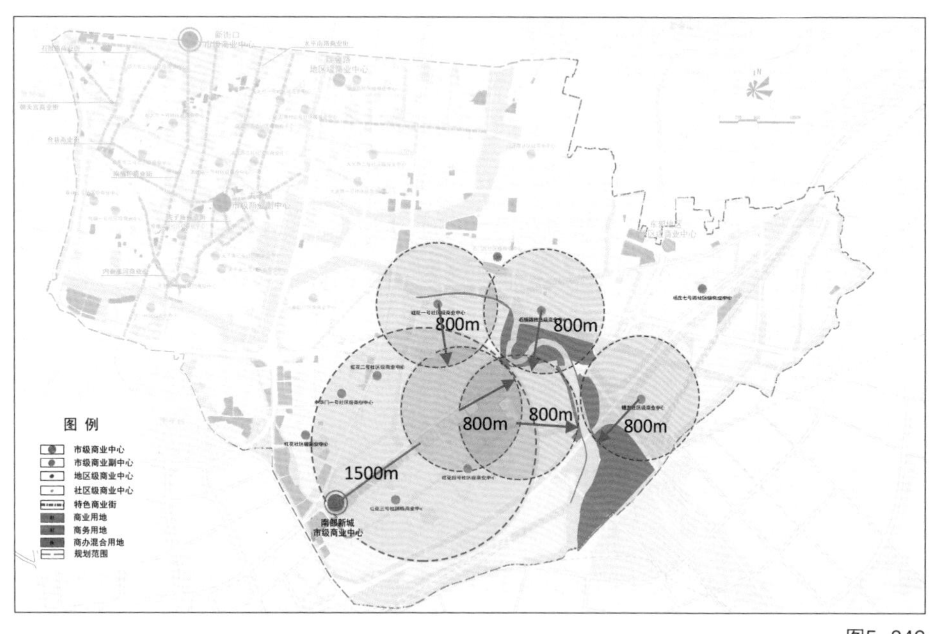

图5-246

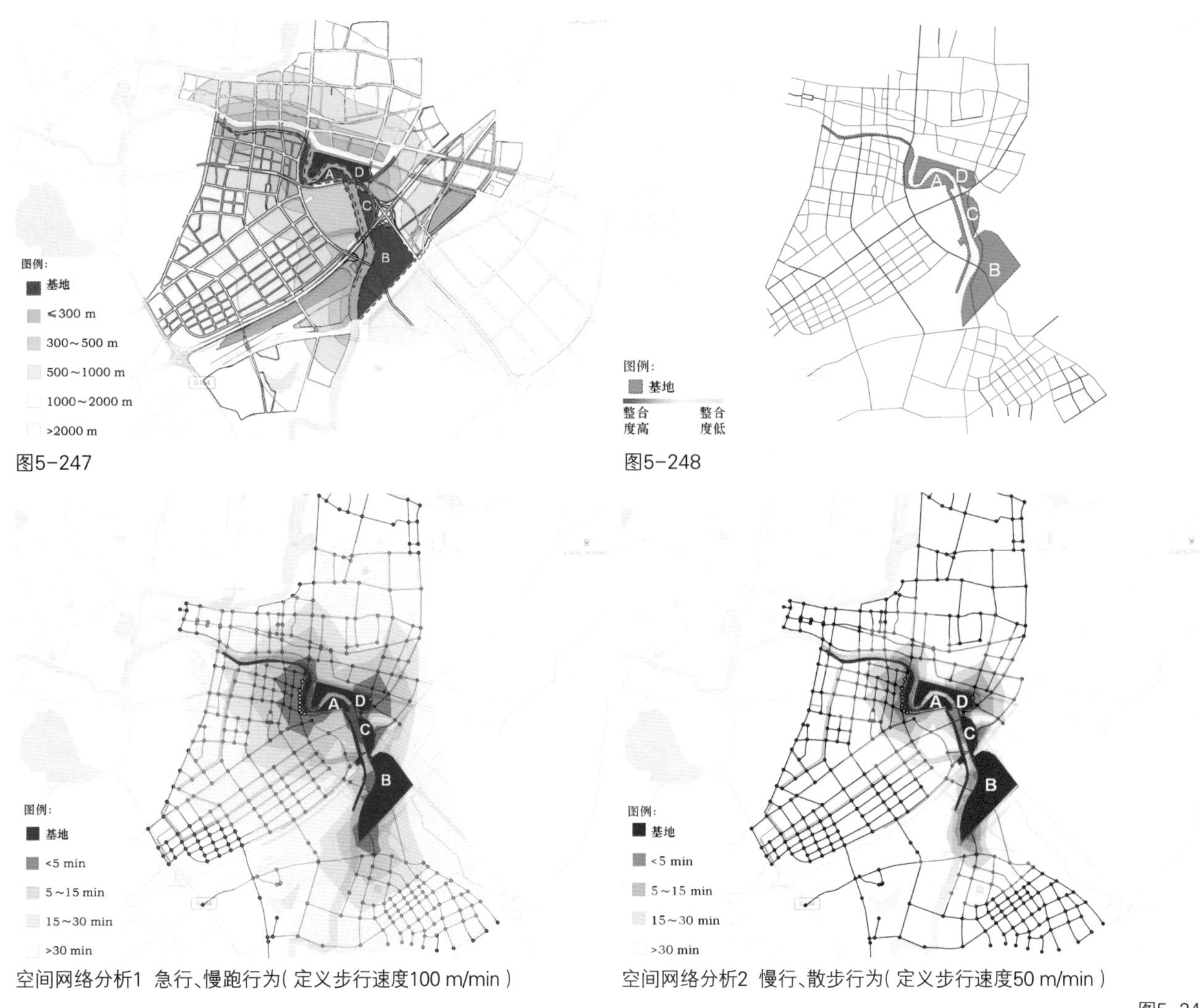

图5-247

图5-248

空间网络分析1 急行、慢跑行为(定义步行速度100 m/min)

空间网络分析2 慢行、散步行为(定义步行速度50 m/min)

图5-249

合为游客打造特色主题游憩区，给游客带来特定的精神体验（图 5-247、5-248）。

（4）周边交通网络与基地可达性分析

根据 ArcGIS 空间网络分析方法，以基地周边城市道路网络为基础，分析在不同时间与步行速度阻力赋值下，设计范围在城市道路系统中的可达性（图 5-249）。分析得出对南部新城大部分区域而言，30 min 内以散步方式进入基地的区域主要集中在 A、D 两个地块周边，因此地块 A、D 适合为周边居民打造日常休闲游憩活动，地块 B、C 更适合选择跑步、自行车以及机动交通进入。因此设计应以目标性活动人群为主，突出各区域的活动主题，激活周末和节假日期间的活力。

图5-247 周边人群进入基地的距离分析

图5-248 基地周边道路整合度分析

图5-249 南京市秦淮区外秦淮河及河头地区规划设计——项目可达性研究

5.6.1.2 环境行为模拟与应用

以外秦淮河水轴为主要线索串联整个场地，场地分布于外秦淮河水系两侧，东西两岸共生。设计规划中布置了人文新韵、七桥瓮湿地、律动新城、都市田园 4 大游览片区和宜居活力片区（图 5-250、5-251）。

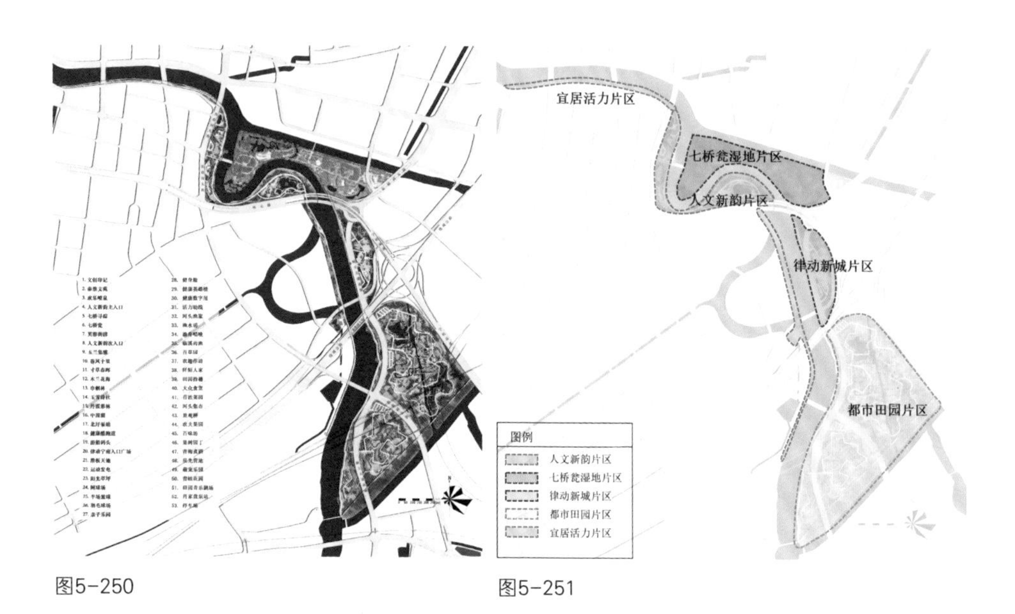

图5-250　　　　　图5-251

图5-250　总平面图

图5-251　功能分区图

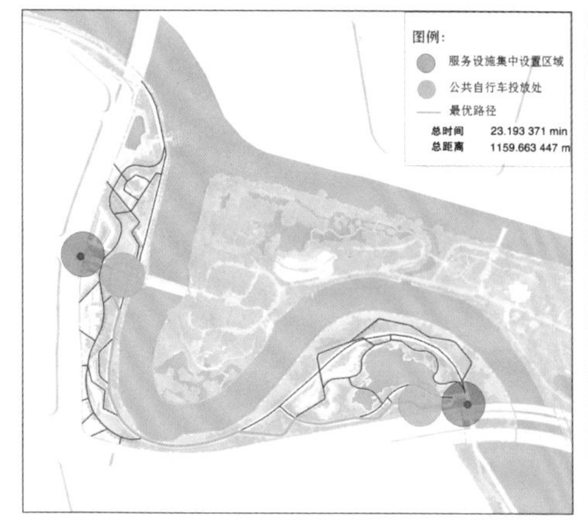

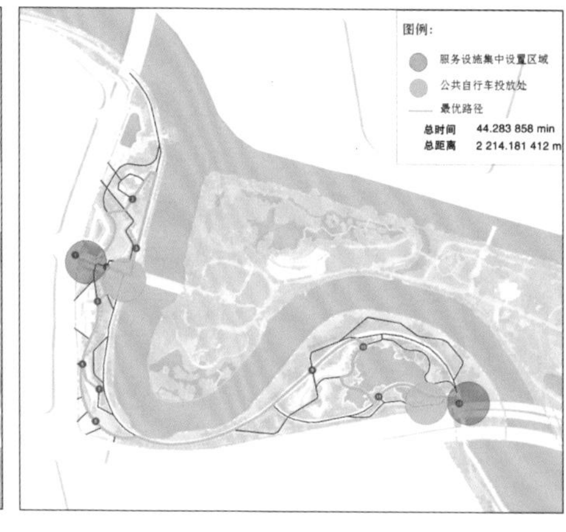

图5-252　A地块活动时间、最优路径分析

对设计后的场地进行游人行为专项分析，通过热点活动区域与热点路径进行预判，并据此引导人性化服务设施的布置。本小节选择A地块为例进行详细分析。

（1）活动时间、最优路径分析

活动时间：A地块核心区域正常步行游览所有节点大致需要25～45 min，慢跑疾行需要15～20 min。尺度适宜，在正常步行舒适范围内，适合周边居民日常休闲散步活动。

最优路径：连接主入口的最短路径约为1 160 m，穿越所有节点的游览路径约为2 200 m（图5-252）。

热量消耗：散步消耗热量约70~125 kcal，慢跑疾行消耗热量约92~130 kcal。

为增加A地块的服务半径，可在主要入口位置增加集中服务设施和公共自行车投放点。

（2）热点活动区域与热点路径预判分析

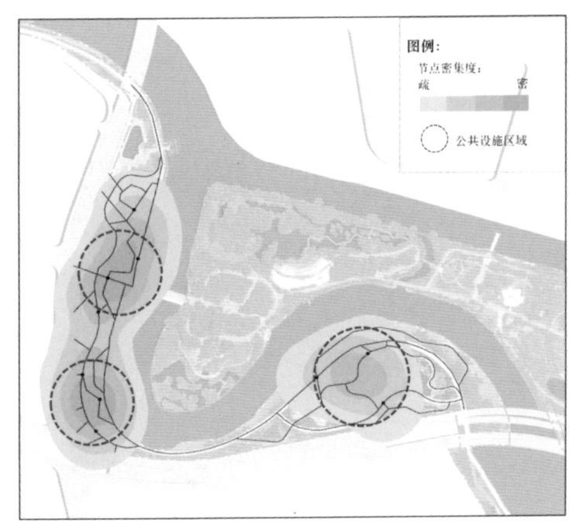

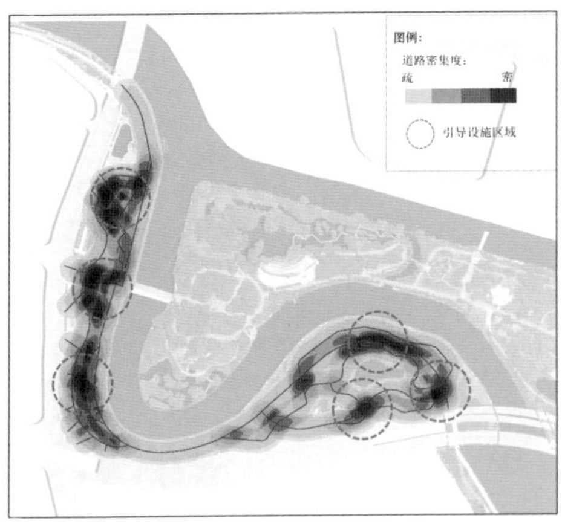

图5-253　A地块热点活动区域与热点路径预判分析

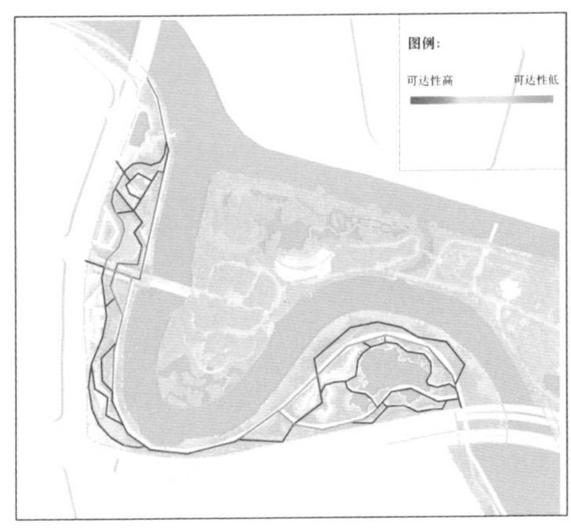

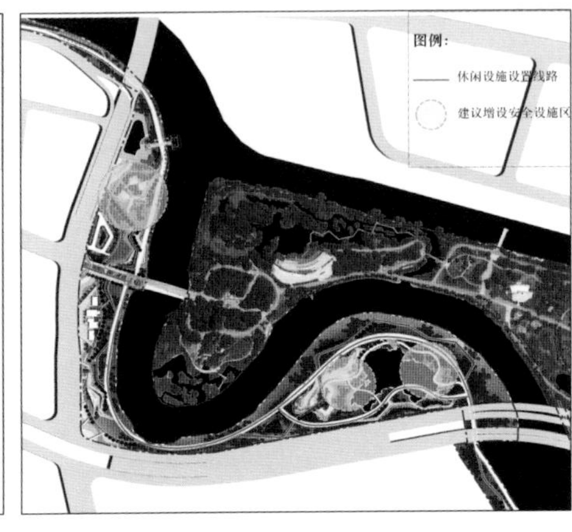

图5-254　A地块路径整合度与设施布置分析

热点活动区域：基于 ArcGIS 的 A 地块节点密度分析可得出该区域主要可形成三个节点片区，从空间活动角度看，这三个区域也将集中数量更多的驻足人流，因此三个热点活动区应适当增设公共服务设施，以满足使用需求，为周边居民提供社交、休憩等活动场所。

热点路径：基于 ArcGIS 的 A 地块道路密度分析可以看出，设计后有六处道路密集区域，道路选择性较多，增加了 A 区的空间丰富度和游憩趣味性。另外，为方便居民活动，应在密集区域增设更多的导引设施（图 5-253）。

（3）路径整合度与设施布置分析

根据对道路结构的量化分析得到 A 区域可达性较好的路线，即预判人流较多的路线，可增设座椅等人性化设施；在可达性较低的区域需适当增加亮化、监控等安保设施（图 5-254）。

同理分别对 B、C 地块进行活动时间、最优路径、热点活动区域与热点路径预判分析以及路径整合度与设施布置分析（图 5-255～5-257）。

B 地块适合基地周边及远程游客以家庭为单位到此处进行主题性、目的性活动；在不同游览路线交叉的位置增设集游览车服务站、公共自行车停放处以

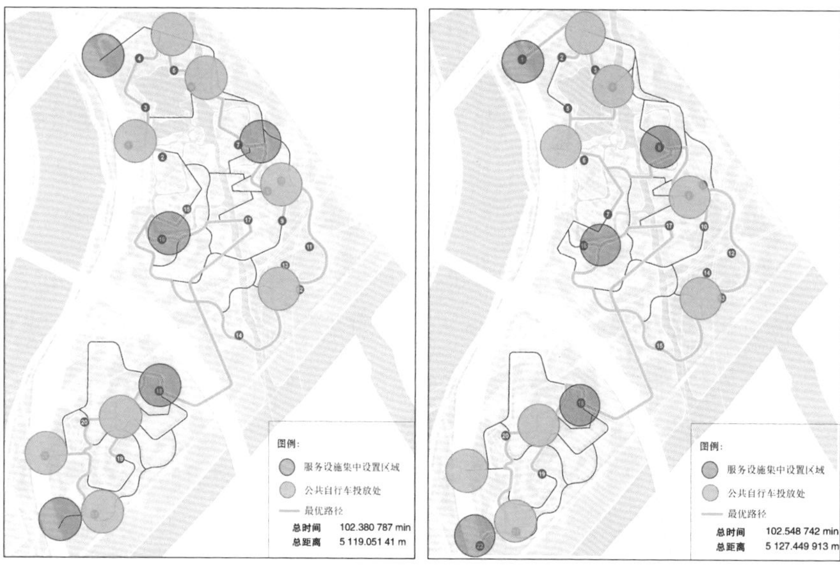

图5-255 B地块活动时间、最优路径分析图

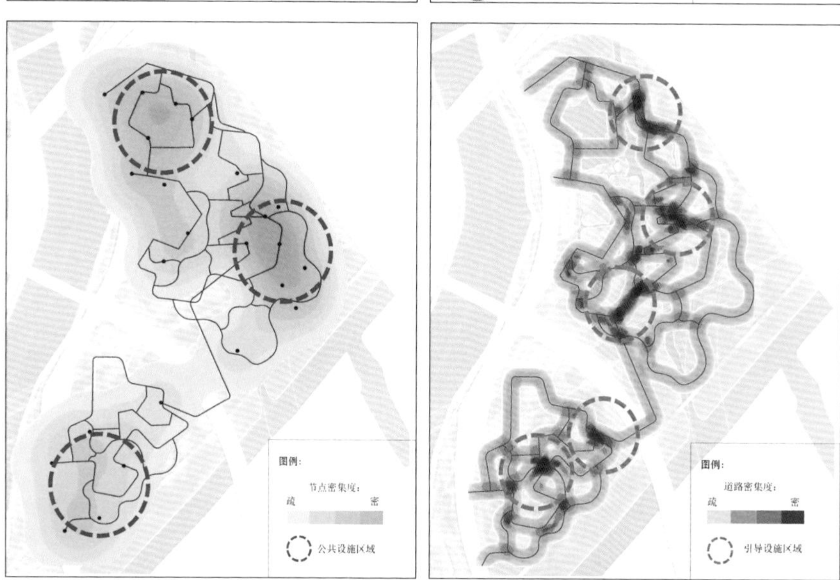

图5-256 B地块热点活动区域与热点路径预判分析图

图5-257 B地块路径整合度与设施布置分析图

及游客服务中心的集中游客中心点及自行车投放点，减少游客的游览疲劳度，增加游览舒适度。由基于 ArcGIS 的 B 地块节点密度分析得出三个热点活动区域适当增设公共服务设施，以满足使用需求。基于 ArcGIS 的 B 地块道路密度分析得出有 5 处道路密集区域，道路选择性较多，应在道路密集区域增设更多的导引设施，以方便游人活动。

C 地块路径设计流畅，可以快速、便捷地到达各个节点，有利于进行不同项目的体育锻炼，可吸引周边区域人群（图 5-258）；由基于 ArcGIS 的 C 地块节点密度分析得出该区域主要以运动健身为主题，不同活动节点分布较为均质、开敞，较好地覆盖了整个区域，可激发游人积极的心理体验（图 5-259）。由基于 ArcGIS 的 C 地块道路密度分析可以看出，该区域道路设计较均匀，道路连接度高，适宜布置动态活动，方便人们进行锻炼运动（图 5-260）。

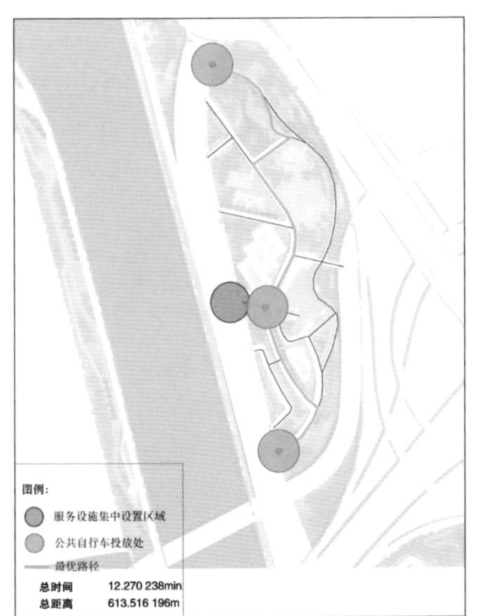

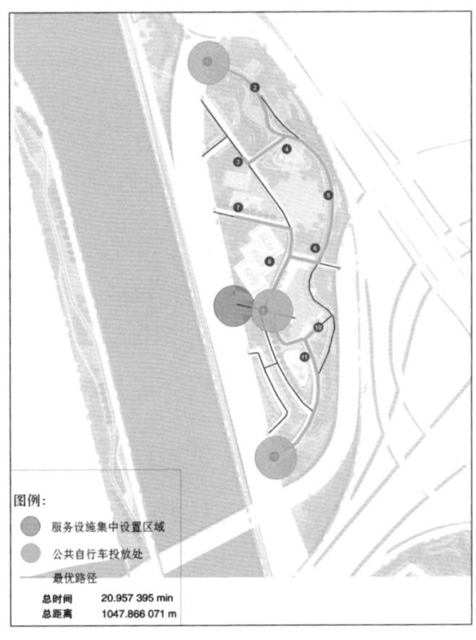

图5-258 C地块活动时间、最优路径分析图

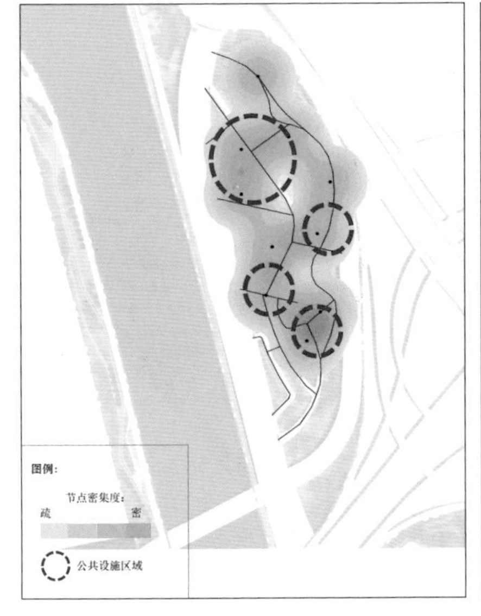

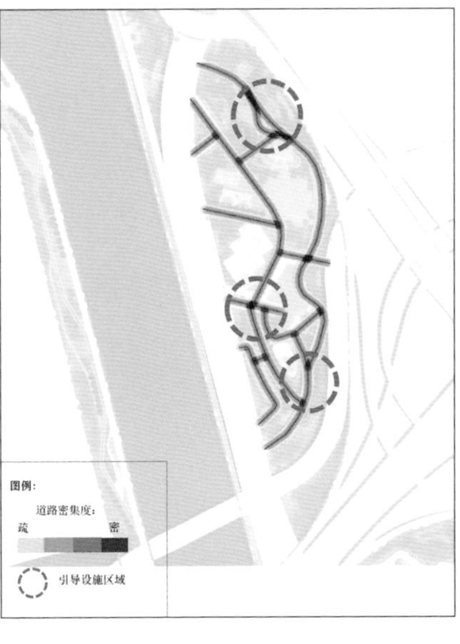

图5-259 C地块热点活动区域与热点路径预判分析图

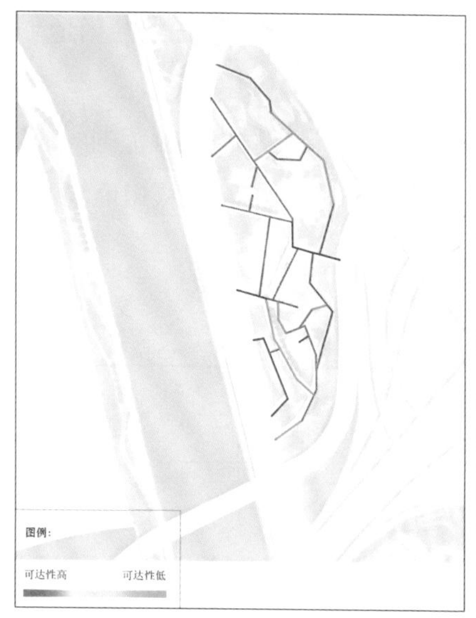

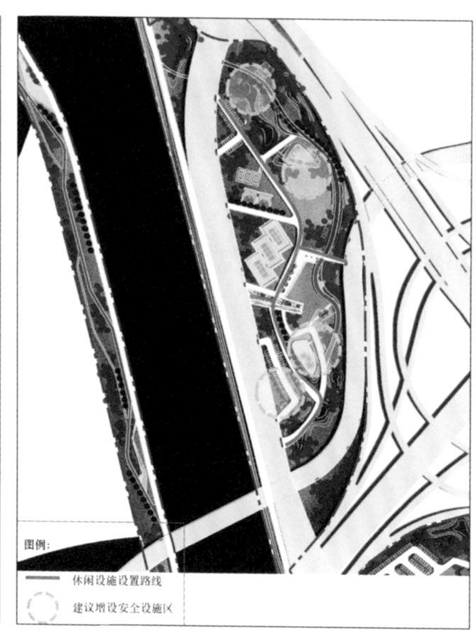

图5-260　C地块路径整合度与设施布置分析图

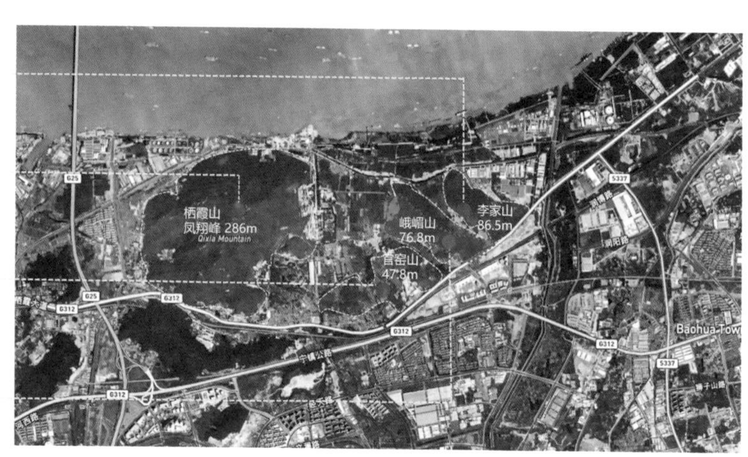

图5-261　项目区位图

5.6.2　南京官窑山遗址公园规划设计

官窑山遗址公园位于江苏省南京市主城区东部的栖霞区，总面积 59.8 ha，是目前为止江苏发现的唯一一座明城墙城砖窑址，历史底蕴深厚。基地西临栖霞山（286 m），南北两侧分别紧邻官窑山（47.8 m）、李家山（86.5 m）、峨眉山（76.8 m），呈东西向横跨场地。遗址区域位于峨眉山山麓地带，由于长期人工挖掘烧砖原料形成坑洼地（图 5-261）。遗址公园作为历史的见证以及文化的载体，其永久性和特殊性决定了其承担着历史艺术、科学、人文等方面的传播价值。因此，对其环境行为的分析无论是对遗址的展示保护，或是其承担休闲、文化功能都显得尤为重要。

5.6.2.1　数字技术与方法

（1）用地属性与潜在人群分析

在《南京市紫金（新港）科技创业特别社区（北片）控制性详细规划修编》

中，基地周边规划用地性质为居住用地（二类居住用地、商住混合用地）、教育用地（中小学、幼儿园）、市政用地等。

应用慢行交通出行阈值的数据，分析基地周边步行最优覆盖范围（500 m、800 m）内分别有居住、教育、社区中心等用地（图 5-262）。从用地属性分析得出潜在人群主要包括周边居民、教育者与学生等（表 5-29）。

表5-29　基地人群类型以及活动偏好分析

编号	人群类型	活动偏好
1	周边居民	日常休憩、慢走、邻里互动、康体运动等
2	城市家庭	遗址观赏、模拟烧砖与工艺品制作体验、亲子类项目
3	学生	爱砖教育、砖文化、城墙文化科普体验、窑址历史文化学习等
4	商务白领	遗址游览、文创DIY体验、“窑歌”剧场观演
5	老年人	登山摄影、怀旧、养生康体等

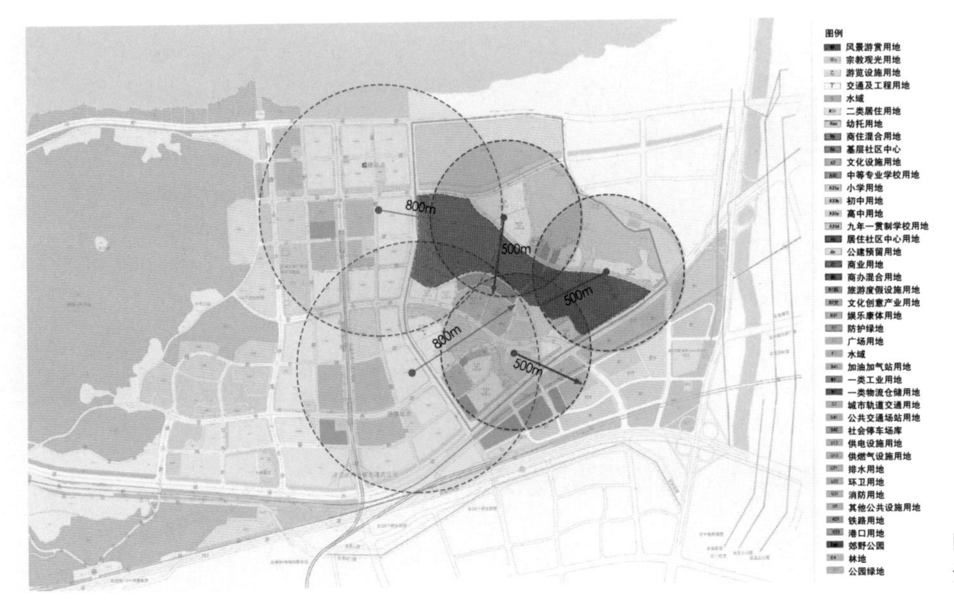

图5-262　基地周边用地属性与步行最优覆盖范围图

（2）周边交通网络与基地可达性分析

根据 DEPTHMAP 和 ArcGIS 空间网络分析方法，以基地周边城市道路网络为基础，分析在不同时间与步行速度阻力赋值下设计范围在城市道路系统中的可达性（图 5-263）。分析得出对紫金（新港）科技创业特别社区大部分区域而言，5 min 内以散步方式可进入基地的西侧区域可达性较好，步行便利，适宜设计遗址游览步道与休闲步道来串联多点空间，以满足周边居民的日常游憩活动需求，提升周边地块和基地之间的渗透性和联系性；地块东侧可达性相对较弱，更适合选择跑步、自行车以及机动交通进入，因此设计应以目标性活动人群为主，突出活动主题，激活周末和节假日期间的活力。根据基地

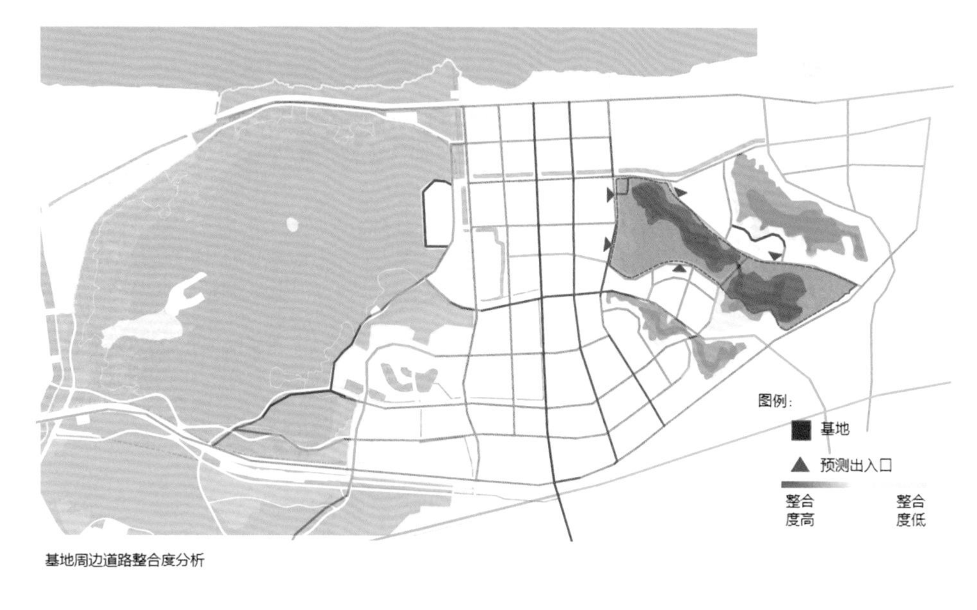

基地周边道路整合度分析

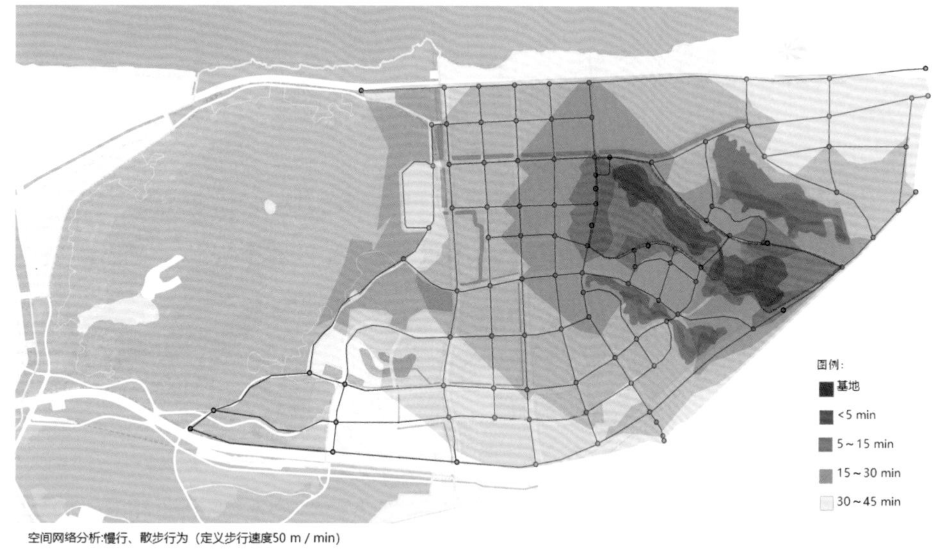

空间网络分析:慢行、散步行为（定义步行速度50 m / min）

图5-263　基地周边道路整合度、空间网络分析

周边道路整合度以及空间网络分析得出，场地西北两侧道路可达性较好，均适宜设置车行出入口，南侧适宜设置步行入口衔接，东边为城市快速路，不宜设置出入口。

5.6.2.2　环境行为模拟与应用

场地西部遗址位置看似杂乱无章，通过核密度计算，对遗址点聚集度进行分析，发现遗址位置在空间分布上有明显的趋势和分布规律，呈现带状和局部聚集的状态（图 5-264）。因此在规划中，可结合遗址分布规律进行入口位置设定、道路规划和节点布置，体现空间形态与游客行为的耦合关系。（注：核密度计算基本思想在于地理事件在空间点密度高的区域发生的概率大，在空间点密度低的区域发生的概率小。）

图5-264 场地西部遗址点位置核密度分析图

图5-265 场地西部遗址点位置聚类分析图

结合核密度分析，采用 Grasshopper 软件进一步对遗址点聚集形态做计算分析：首先以 50 m 为搜索半径，划分出如图 5-265 的 5 个区域；进一步缩小分析距离，从 50 m 降为 30 m 可以发现 8 个次级组团。

在聚类分组后，根据组团划分，在各个组团区域的中心位置共可以形成 5 个主要遗址点区域和 8 个次级遗址点位置（图 5-266）。

由于遗址保护需要，设置 6 m 的缓冲区作为保护范围，主要路径要避免穿过保护区对文物造成毁坏，进而进一步优化路径线型；在主要路径确定的基础上，进一步增加遗址点之间的联系，丰富路径组成。遗址节点位置确定后，与入口串联，形成游览行为主要路径，主路径长度约 1 200 m，步行游览时间约 30 min（图 5-267）。

同理对东侧遗址点的遗址分布与游线进行分析。场地东部遗址点经过核密度分析，发现遗址位置在空间上呈现两条带状分布和局部聚集的状态（图 5-268）。

运用 Grasshopper 软件进一步对聚类形态做计算分析，划分出 2 个主要遗址点和 2 个次要点（图 5-269、5-270），在此基础上设计游览路径并优化路径如图 5-271 所示。

最终，根据各专项分析结合设计目标和策略，生成最终规划设计方案如图 5-272 所示。

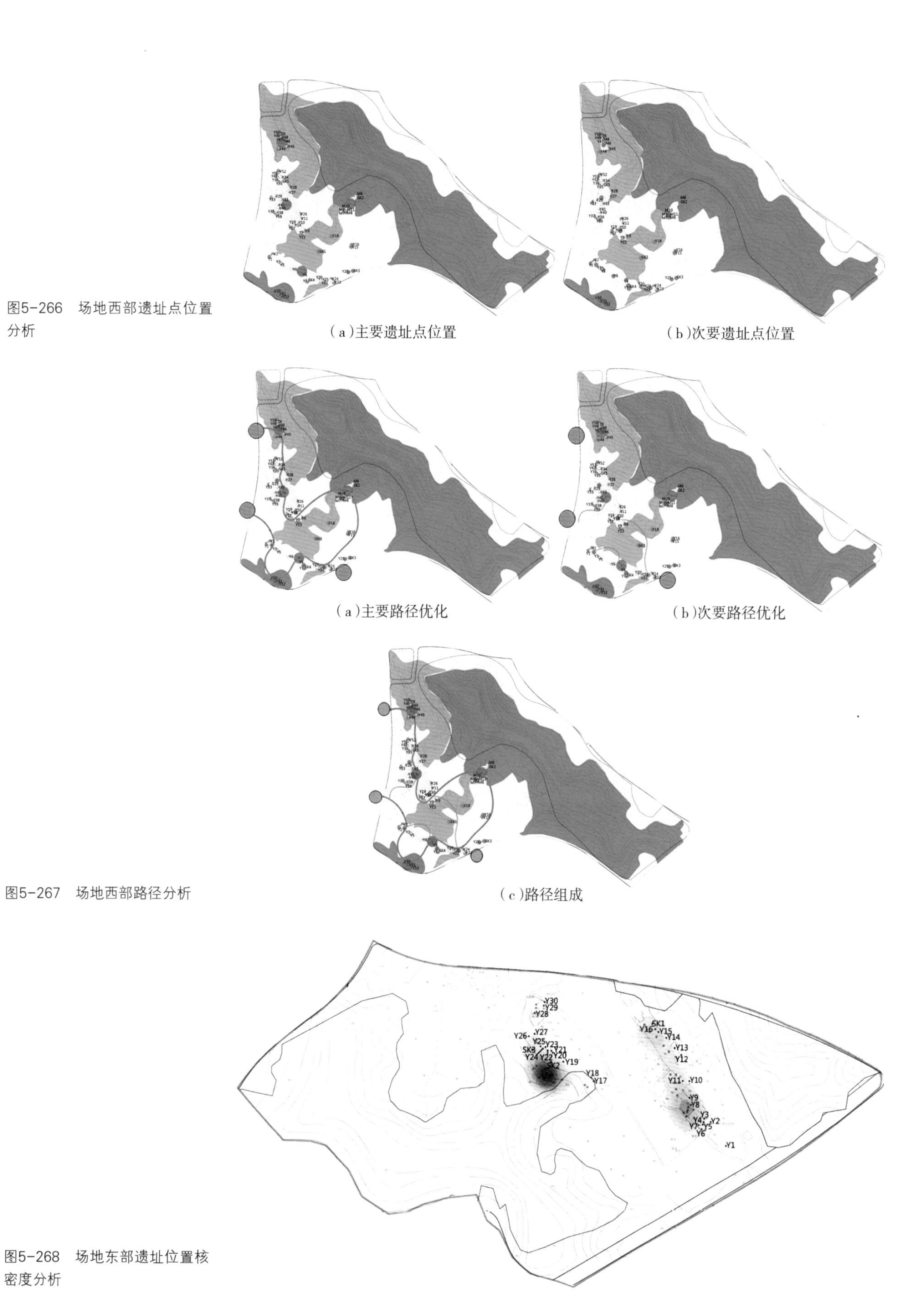

(a)主要遗址点位置　(b)次要遗址点位置

图5-266　场地西部遗址点位置分析

(a)主要路径优化　(b)次要路径优化　(c)路径组成

图5-267　场地西部路径分析

图5-268　场地东部遗址位置核密度分析

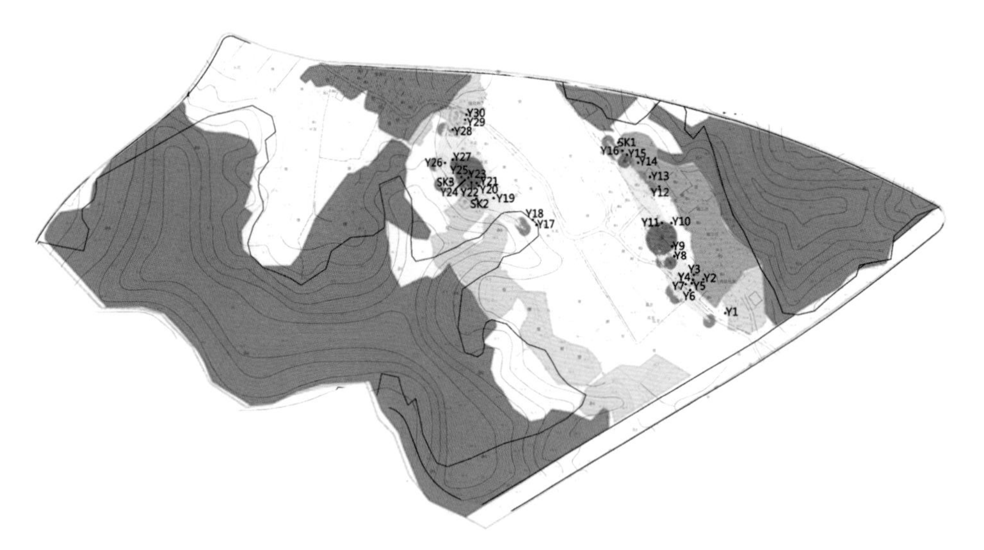

图5-269 场地东部主要遗址点位置

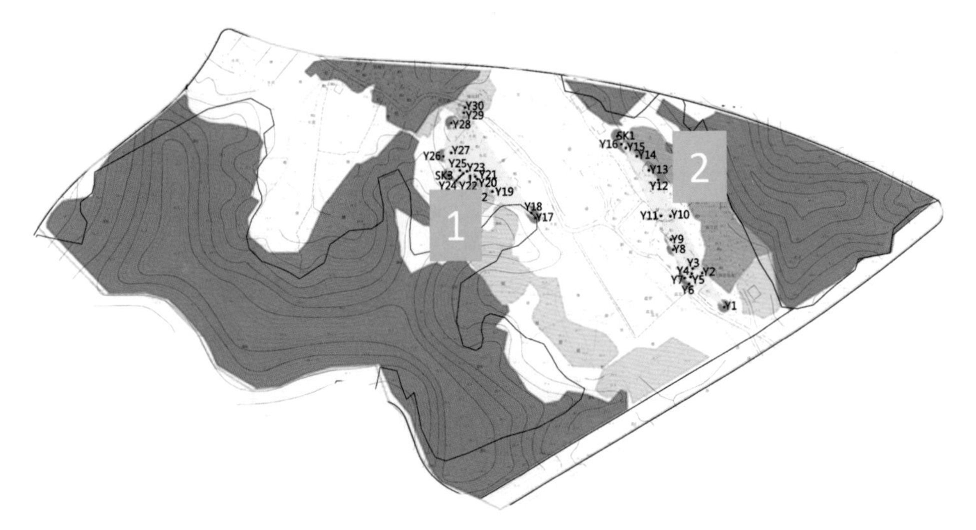

图5-270 场地东部遗址点位置聚类分析

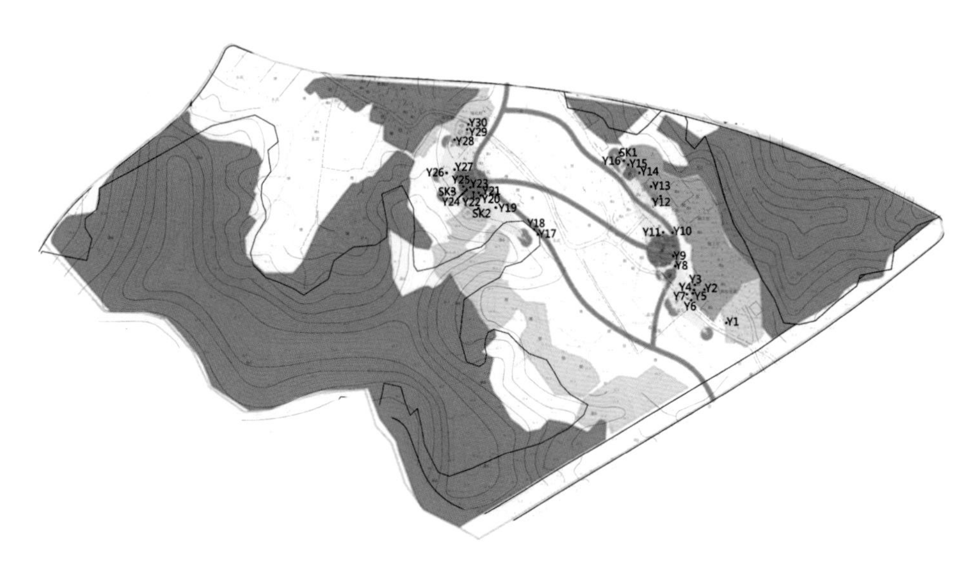

图5-271 场地东部路径优化

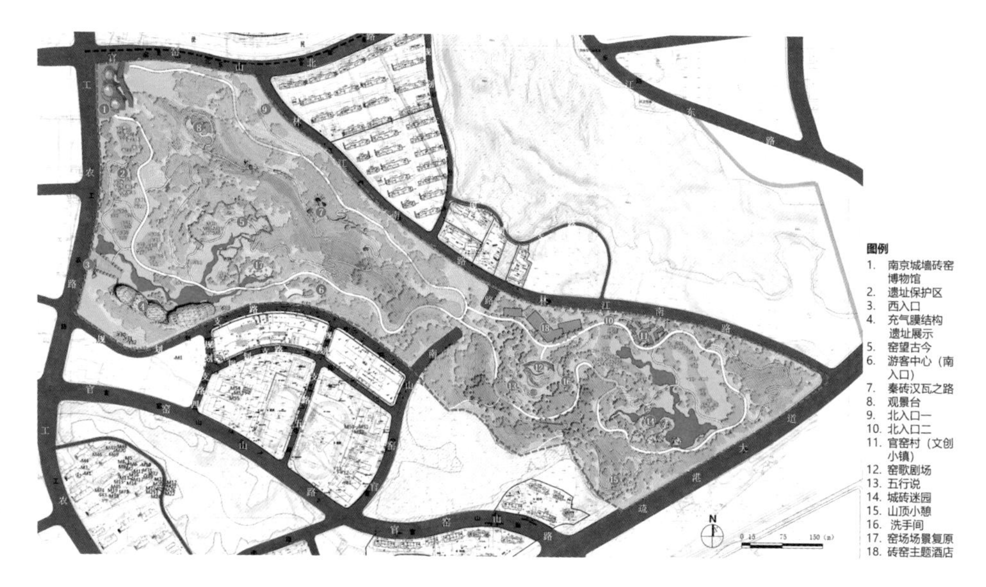

图5-272　南京市官窑山遗址公园规划设计总平面图

结 语

当下全球已进入数字时代，我国把推进经济数字化作为实现创新发展的重要动能，在前沿技术研发、数据开放共享、隐私安全保护、人才培养等方面做了前瞻性布局。“数字”在城乡建设各个领域有着广泛的应用前景，也必将引领风景园林行业的革新与进步。本书紧扣“数字技术”这一前沿研究领域，从理论与实践两个层面，重塑风景园林规划设计过程，展现了当代风景园林学科研究的最新成果，引领着风景园林学科走向“知觉与定量”发展，具有较高的学术前瞻性和学科创新性。

风景园林 4.0 时代是数字时代，风景园林学科面临着一次智慧的、生态的蜕变。与各色炫目的“主义”不同，数字景观不是概念，更不限于技术本身。数字景观以定量辅助定性来解决复杂系统问题为出发点，以统筹实现人居环境多目标优化为目标，致力于定量揭示、描述作为复杂系统的风景园林环境评价、设计、营造及持续发展规律。时至今日，数字景观方法与技术已经可以助力风景园林研究、设计、营建与管控的全过程：从数据采集分析、数字模拟与建模、虚拟现实与表达、参数化设计与建造到物联传感与数字测控，数字景观无处不在。风景园林在数字化的助力下，必将有质的飞跃，不断创造更加人性化的、符合可持续理念的、满足科学发展诉求的人居环境。数字景观的普及不仅可以推动风景园林规划设计的科学化、学科教育的规律化，而且其定量化也是风景园林学科走向成熟的标志。

参考文献

[1] 彼得·派切克,郭湧.智慧造景[J].风景园林,2013(1):33-37.

[2] 蔡凌豪.风景园林数字化规划设计概念谱系与流程图解[J].风景园林,2013(1):48-57.

[3] 曾旭东,谭洁.基于参数化智能技术的建筑信息模型[J].重庆大学学报(自然科学版),2006(6):107-110.

[4] 陈思.线性景观空间的解读与建构[D].南京:东南大学,2013.

[5] 陈伟.传统商业街区的景观特征分析与量化方法研究[D].杭州:浙江大学,2006.

[6] 陈宇.城市景观的视觉评价[M].南京:东南大学出版社,2006.

[7] 陈筝.应用情景分析方法的景观规划定量研究[D].上海:同济大学,2008.

[8] 成玉宁,袁旸洋,成实.基于耦合法的风景园林减量设计策略[J].中国园林,2013(8):9-12.

[9] 成玉宁,袁旸洋.当代科学技术背景下的风景园林学[J].风景园林,2015(7):15-19.

[10] 成玉宁,袁旸洋.基于场所认知的风景园林设计教学[C]//2012年风景园林教育大会论文集.南京:东南大学出版社,2012:163-166.

[11] 成玉宁,袁旸洋.山地环境中拟自然水景参数化设计研究[J].中国园林,2015,31(7):10-14.

[12] 成玉宁.现代景观设计理论与方法[M].南京:东南大学出版社,2010.

[13] 成玉宁,谭明.基于量化技术的景观色彩环境优化研究——以南京中山陵园中轴线为例[J].西部人居学刊,2016,31(4):18-25.

[14] 程胜高,张聪辰.环境影响评价与环境规划[M].北京:中国环境科学出版社,1999.

[15] 崔保山,杨志峰.湿地生态系统健康评价指标体系[J].生态学报,2002(7):1005-1011.

[16] 董杨.川中丘陵区小流域雨水资源化潜力分析与计算[J].人民长江,2013(9):9.

[17] 窦鸿身,姜加虎.中国五大淡水湖[M].合肥:中国科学技术大学出版

社 ,2003.

[18] 国务院 . 国务院关于积极推进“互联网 +”行动的指导意见 [J]. 实验室科学 , 2015(4):20–22.

[19] 国家质量技术监督局 , 中华人民共和国建设部 . 风景名胜区规划规范 :GB 50298—1999[S]. 北京 : 中国建筑工业出版社 ,1999.

[20] 何关培.BIM 在建筑业的位置、评价体系及可能应用 [J]. 土木建筑工程信息技术 ,2010,2(1):109–116.

[21] 黄昆 , 著 . 韩汝琦 , 编 . 固体物理学 [M]. 北京 : 高等教育出版社 ,1998.

[22] 黄雄 . 基于 GIS 空间分析的道路选线技术研究 [D]. 长沙 : 长沙理工大学 ,2006.

[23] 金鼎 . 中国古典园林空间构形及可理解度之量化分析 [D]. 天津 : 天津大学 ,2009.

[24] 克雷格・S. 坎贝尔 , 迈克尔・H. 奥格登 . 湿地与景观 [M]. 吴晓芙 , 译 . 北京 : 中国林业出版社 ,2005.

[25] 克里斯托弗・基洛特 . 桑塔基洛试验 [J]. 傅凡 , 译 . 中国园林 2009(5):61–65.

[26] 克里斯托弗・亚历山大 . 形式综合论 [M]. 王蔚 , 曾引 , 译 . 武汉 : 华中科技大学出版社 ,2010.

[27] 李雱 . 基于地理信息系统的三维景观可视化技术的发展和前景 [J]. 建筑与文化 ,2010(9):32–35.

[28] 刘爱华 . 参数化思维及其本土策略 : 建筑师王振飞访谈 [J]. 建筑学报 ,2012(9):44–45.

[29] 刘红玉 , 吕宪国 , 张世奎 , 等 . 三江平原流域湿地景观破碎化过程研究 [J]. 应用生态学报 , 2005(2): 289–295.

[30] 刘健勤 . 人工生命理论及其应用 [M]. 北京 : 冶金工业出版社 ,1997.

[31] 刘延川 . 参数化设计 : 方法、思维和工作组织模式 [J]. 建筑技艺 ,2011(Z1):32–35.

[32] 骆林川 , 杨德礼 , 马军 . 城市湿地公园评价体系研究 [J]. 当代经济管理 ,2008(9): 49–54.

[33] 吕锐 , 伊娃・卡斯特罗 . 流动的景观都市 : 对话伦敦建筑联盟学院伊娃教授 [J]. 时代建筑 ,2011(4):92–99.

[34] 马克・A. 贝内迪克特 , 爱德华・T. 麦克马洪 . 绿色基础设施 : 链接景观与社区 [M]. 黄丽珍 , 等译 . 北京 : 中国建筑工业出版社 ,2009.

[35] 麦克尔・弗莱克斯曼 . 地理设计基础 [J]. 迟晓毅 , 译 . 中国园林 ,2010(4): 29–34.

[36] 麦少芝，徐颂军，潘颖君．PSR 模型在湿地生态系统健康评价中的应用 [J]. 热带地理，2005(12): 317–321.

[37] 那维．景观与恢复生态学——跨学科的挑战 [M]. 李秀珍，等译．北京：高等教育出版社，2005.

[38] 潘谷西．江南理景艺术 [M]. 南京：东南大学出版社 ,2001.

[39] 石轲．城市湿地公园可持续性景观评价研究 [D]. 南京：南京师范大学 ,2008.

[40] 孙建国，程耀东，闫浩文．基于 GIS 的道路选线方法与趋势 [J]. 测绘与空间地理信息 ,2004(12):6.

[41] 汤国安，杨昕 .ArcGIS 地理信息系统空间分析实验教程 [M].2 版．北京：科学出版社 ,2012.

[42] 汤姆·特纳．景观规划与环境影响设计 [M]. 王钰，译．北京：中国建筑工业出版社 ,2006.

[43] 王紫雯，吴赛男，李琼．城市休闲场所的空间魅力与景观特征的量化研究 [J]. 建筑学报，2010(1): 22–27.

[44] 威廉·米勒．地理设计定义初探 [J]. 李乃聪，译．中国园林 ,2010(4): 27–28.

[45] 魏力恺，张欣，许蓁，等．走出狭隘建筑数字技术的误区 [J]. 建筑学报，2012(9):1–6.

[46] 徐卫国，徐丰，《城市建筑》编辑部．参数化设计在中国的建筑创作与思考——清华大学建筑学院徐卫国教授、徐丰先生访谈 [J]. 城市建筑 ,2010(6):108–113.

[47] 徐卫国．数字建构 [J]. 建筑学报 ,2009(1):61–68.

[48] 徐悦．基于量化技术的集约型景观设计评价体系建构 [D]. 南京：东南大学 ,2011.

[49] 许立南．景观平面与空间的生成与转化 [D]. 南京：东南大学 ,2011.

[50] 杨雯．城市湿地公园景观健康评价体系研究 [D]. 杭州：浙江大学 ,2007.

[51] 叶麟．住区景观环境量化研究——以南京市为例 [D]. 南京：东南大学 ,2008.

[52] 尹思谨．城市色彩景观规划设计 [M]. 南京：东南大学出版社，2004.

[53] 俞孔坚，李迪华，刘海龙．“反规划”途径 [M]. 北京：中国建筑工业出版社 ,2005.

[54] 袁烽．都市景观的评价方法研究 [J]. 城市规划汇刊 ,1999(6): 46–49,57.

[55] 袁烽．从数字化编程到数字化建造 [J]. 时代建筑 ,2012(5):10–21.

[56] 詹姆士·科纳．论当代景观建筑学的复兴 [M]. 吴琨，韩晓晔，译．北京：中国建筑工业出版社 ,2008.

[57] 张为平 . 参数化设计研究与实践 [J]. 城市建筑 ,2009(11):112–117.

[58] 张祎 . 基于集约化理念的湿地公园评价与设计策略 [D]. 南京 : 东南大学 ,2010.

[59] 张志锋 . 基于 3S 技术的湿地生态环境质量评价 : 以野鸭湖湿地为例 [D]. 北京 : 首都师范大学 ,2004.

[60] 中村吉朗 . 建筑造型基础 [M]. 雷宝乾 , 译. 北京 : 中国建筑工业出版社 ,1987.

[61] 周启鸣 , 刘学军 . 数字地形分析 [M]. 北京 : 科学出版社 ,2006.

[62] Allen Stan. Mat Urbanism: The Thick 2–D[M]. New York, NY: Prestel, 2001.

[63] Allen, David W. Getting to Know ArcGIS Modelbuilder[M]. RedLands, ESRI Press, 2010.

[64] Allen, Stan. Points + lines: diagrams and projects for the city[M]. New York: Princeton Architectural Press, 1999.

[65] Marc Angelil, Anna Klingmann. Hybrid Morphologies: Infrastructure, Architecture, Landscape [J].Diadalos, 1999(73):16–25.

[66] Appleton K, Lovett A. GIS–based visualisation of rural landscapes: Defining 'sufficient' realism for environmental decision–making[J]. Landscape and Urban Planning, 2003,65(3):117 – 131.

[67] Barnett R. Kerb. The landscape of Simulation: Whakarewarewa Thermal Reserve [J].Journal of Landscape Architecture, 1999.

[68] Barnett R. Artweb: A Nonlinear Model for Urban Development [J].Landscape Review, 2005, 9(2):26–44.

[69] Batty M, Longley P. Fractal Cities[M]. London: Academic Press, 1994.

[70] Bill Hiller, Ardian Leaman, How is design possible?[J].Journal of Architectural Research, 1974,3(1):4–11.

[71] Bishop I. & Lange E. Communication, Perception and Visualization, in Bishop, I. & Lange, E(eds). Visualization in Landscape and Environ–mental Planning: Technology and Applications, Taylor& Francis, New York, 2005a : 3–21.

[72] Bishop, I. & Lange, E. Presentation Style and Technology. – in Bishop, ID & Lange, E. (eds). Visualization in Landscape and Enviromental Planning: Technology and Applications. Taylor&Francis, New York, 2005b: 68–77.

[73] Broadbent G. Design in Architecture: Architecture and the Human Sclences[M]. London: David Fulton Publishers Ltd, 1988.

[74] Buhmann E, Pietsch M, Kretzler E. Peer Reviewed Proceedings of Digital

Landscape Architecture 2010 at Anhalt University of Applied Science[M]. Berlin: Wichmann, 2010:28–41.

[75] Christophe Girot, James Melsom and Alexandre Kapellos. The Design of Material, Organism, and Minds,in Iterative Landscapes[J].2010,18(3):109–115.

[76] Eastman C , Teicholz P , Sacks R , et al. BIM Handbook: A Guide to Building Information Modeling for Owners, Managers, Designers, Engineers and Contractors[M]. New York: Wiley Publishing, 2008.

[77] Corner James. Recovering landscape: Essays in Contemporary Landscape Architecture [M]. New York: Princeton Architectural Press, 1999.

[78] Cosgrove, Denis E. Social Formation and Symbolic Landscape[M]. London: Croom Helm, 1984.

[79] Cronon W. Uncommon Ground: Rethinking the Human Place in Nature[M]. New York: W. W. Norton & Company, 1996.

[80] David Leatherbarrow. Topographical Stories: Studies in Landscape and Architecture [M]. Philadelphia: University of Pennsylvania Press, 2004.

[81] Deleuze G, Guattari F. A Thousand Plateaus[M]. Minneapolis: University of Minnesota Press, 1984.

[82] Flaxman M. Fundamentals in GeoDesign[C] // Buhmann E, Pietsch M & EKretzler, eds. Peer Reviewed Proceedings Digital Landscape Architecture 2010, Anhalt University of Applied Sciences. Berlin: Wichmann, 2010, 28–41.

[83] Garcia Padilla, Marcela A. Integrating Landscape Planning: Zoning Map Proposal for — Las Baulas Marine National Park, Costa Rica[D]. Anhalt University of Applied Sciences, Bernburg, Germany, 2010.

[84] Doucet I , Janssens N . Transdisciplinary Knowledge Production in Architecture and Urbanism[M]. Dordrecht: Springer Netherlands, 2011.

[85] Jack Dangermond. GeoDesign and GIS–Designing Our Futures, Peer Reviewed Proceedings of Digital Landscape Architecture at Anhalt University of Applied Science[M]. Berlin: Wichmann Verlag, 2010:502–514.

[86] John O. Simonds, Barry W. Starke. Landscape Architecture: A Manual of Environmental Planning and Design [M]. New York: McGraw–Hill Education, 2006.

[87] Krauss R. Sculpture in the Expanded Field [J], October, 1979, 8:30.

[88] Kwinter, Sandford. Politics and Pastoralism[M].New York: The MIT Press, 1995.

[89] Kwinter, Sanford. “American Design?” [J].Praxis: Journal of Writing +

Building, 2002:7–9.

[90] Lange E, Hehl–Lange S. Combining a Participatory Planning Approach With a Virtual Landscape Model for the Siting of Wind Turbines[J].Journal of Environmental Planning and Management, 2005, 48(6):833–852.

[91] Lange E. Integration of Computerized Visual Simulation and Visual Assessment in Environmental Planning[J]. Landscape and Urban Planning.1994,30(1/2): 99–112.

[92] Lange E. The Limits of Realism: Perceptions of Virtual Landscapes[J]. Landscape and Urban Planning.2001,54 (1/2/3/4):163 - 182.

[93] Lange E. Visualisation in Landscape Architecture and Planning: Where We Have Been, Where We Are Now and Where We Might Go From Here. Trends in GIS and Virtualization in Environmental Planning and Design[J]. Herbert Wichmann Verlag, 2002:8–18.

[94] Lange E. Visualization in Landscape and Environmental Planning: Technology and Applications[J]. Horticultural Science, 2006:3–21.

[95] Lawrence Halprin, The RSVP Cycles: Creative Processes in the Human Environment[M]. New York: George Braziller, 1970.

[96] Margetts J, Barnett R, Popov N. Landscape System Modelling: A Disturbance Ecology Approach [C]. In J. Shepherd & K. Fielder (eds). Proceedings of the 13th Annual Australia and New Zealand Systems Conference 2007, Systematic Development: Local Solutions in a Global Environment.

[97] Miller P A, Bakar S A, Liu S.An Exploratory Study of the Use Google Earth to Communicate Geospatial Information for Scenic Assessment and Management —— Examples from a Study of Claytor Lake in Southwest Virginia, Peer Reviewed Proceedings of Digital Landscape Architecture [M]. Berlin: Wichmann, 2010.

[98] Mostafavi Mohsen, Najle Ciro. Landscape Urbanism: a Manual for the Machinic Landscape [M]. London: Architecture Association, 2003.

[99] Nikolay Nikolov Popov.LAS [Landscape Architectural Simulations] How Can Netlogo Be Used In The Landscape Architectural Design Process?[D]. New Zealand: Unitec Institute of Technology, 2007.

[100] Odum E P. Fundamentals of Ecology[M]. Philadelphia: Saunders Company, 1971.

[101] Peter Petschek. Grading for Landscape Architects and Architects [M]. Berlin, Boston: De GRUYTER, 2008.

[102] Pietsch M, Heins M, Buhmann E, Schultze C. Object-based, Process-oriented, Conceptual Landscape Models: A Chance for Standardizing Landscape Planning Procedures in the Context of Road Planning Projects, Peer Reviewed Proceedings of Digital Landscape Architecture[M]. Berlin: Wichmann, 2010.

[103] R Barnett. Exploration and Discovery: a Nonlinear Approach to Research by Design [J]. Landscape Review: An Asia-Pacific Journal of Landscape Architecture, 2000:6(2).

[104] Kaplan R, Kaplan S, Ryan R . With People in Mind: Design and Management Of Everyday Nature[J]. Journal of Environmental Psychology, 1998, 21(4):325-327.

[105] Peckham R J, Jordan G. Digital Terrain Modelling [M]. Berlin, Heidelberg: Springer Berlin Heidelberg, 2007.

[106] Itami R M . Simulating Spatial Dynamics: Cellular Automata Theory[J]. Landscape and Urban Planning, 1994, 30(1/2): 27-47.

[107] Schaller J, Mattos C. ArcGIS ModelBuilder Applications for Landscape Development Planning in the Region of Munich, Bavaria, Peer Reviewed Proceedings of Digital Landscape Architecture[M]. Berlin: Wichmann, 2010.

[108] Ronald L. Shreve. Statistical Law of Stream Numbers[J]. The Journal of Geology, 1996, 74(1):17-37.

[109] Silke Konsorski-Lang, Michael Hampe.The Design of Material, Organism, and Minds[M]. Berlin, Heidelberg: Springer Berlin Heidelberg, 2010.

[110] Simon R. Swaffield. Theory in Landscape Architecture: A reader [M]. Philadelphia: University of Pennsylvania Press, 2002.

[111] Stan Allen. Diagram Matter [J].ANY: Architecture New York, 1998:16-19.

[112] Stilgos, John R. Common Landscape of America, 1580 to 1845 [M].New Haven, Conn, Yale University Press, 1982.

[113] RüdigerMach, PeterPetschek. Visualization of Digital Terrain and Landscape Data[M]. Berlin Heidelberg : Springer Berlin Heidelberg, 2007.

[114] Wall A. Programming the Urban Surface in Corner J (ed), Recovering Landscape [M]. New York, Princeton Architectural Press, 1999.

后记

科学的意义在于描述客观规律，艺术的价值在于表现人类情感。风景园林学作为科学的艺术，具有科学与艺术双重属性，需要人文艺术作为滋养，更离不开科学技术的支撑。现代风景园林学在感性与理性的交织中发展，定性与定量相生，从或然走向必然。风景园林的双重属性及其发展决定了现代的风景园林学不仅需要定性的描述，更离不开定量研究。“科学与艺术的统一”成为当代风景园林的基本特征。

系统地审视当代人居环境的最新研究与实践，可以明显地发现以下特征：注重科学引导景观规划设计，低影响开发、海绵城市、生态修复、形态修补、绿色基础设施、公园城市等不一而足。与历史上注重形态与文化理念有所不同，当代景观规划设计更多地关注生态系统问题的解决。风景园林从微观到宏观，始终围绕着生态与形态这样一对范畴展开，妥善处理生态与形态也是风景园林规划设计要解决的基本命题，定量辅助定性决策以实现生态与形态的耦合是现代风景园林的发展趋势，尽可能地少改变合乎自然规律的环境要素与系统，满足人类的开发建设需求，运用数字技术可以方便、准确地获得环境系统信息，定量评价环境，制定低影响开发的规划设计方案及技术，动态模拟环境变迁。其中环境数据的采集、分析、评价、方案模拟、比较、绩效研究等均离不开数字技术的支撑。倡导通过数字景观技术测算低影响开发的投入与产出比，不仅有利于将问题引向深入，对低影响开发认知的精准化与科学化，更有利于提升人居环境建设与管理的绩效。

20 世纪 80 年代，笔者接触到“千层饼”分析法，随后 CAD 的图层管理功能极大地方便了分析与建模，旋即发现简单地叠图具有等量的特征，忽略了环境的系统属性与不同因子的作用强度，因此从 90 年代开始笔者尝试采用带权重叠图法用以分析环境的生态敏感性与土地利用适宜性，较之于传统叠图法更加接近于自然系统属性。十年前笔者主持成立了东南大学数字景观实验室，六年前获批江苏省数字景观教学示范中心，四年前获批江苏省城乡与景观数字技术工程中心，为系统地开展数字景观研究与实践提供了良好的平台。经教育部批准自2013年发起“中国数字景观国际研讨会”已连续举办四届，推动了我国数字景观的研究与实践。本书汇集了笔者十余年在数字景观领域的主要研究与实践，成书过程中得到王建国院士的支持并惠为作序，袁旸洋、谭明、谢明坤、侯庆贺、赵天逸、范向楠、樊益扬等弟子给予协助，更承蒙东南大学出版社戴丽副社长的全力支持，在此一并致谢。

成玉宁

2019.10 于逸夫建筑馆

成玉宁简介

成玉宁，东南大学教授、博士生导师，江苏省设计大师，享受国务院政府特殊津贴专家。现任东南大学建筑学院景观学系主任、江苏省城乡与景观数字工程技术中心主任、东南大学景观规划设计研究所所长、东南大学风景园林学科带头人、东南大学建筑学院学术委员会副主任，兼任国务院学位委员会第七、第八届学科评议组成员、国务院学位委员会教育部人保部风景园林专业学位研究生教育指导委员会委员、全国高等学校土建学科风景园林专业指导委员会委员、住房和城乡建设部科学技术委员会园林绿化专业委员会委员、中国风景园林学会理事、中国风景园林学会理论与历史专业委员会副主任委员、中国风景园林学会教育工作委员会副主任、中国建筑学会园林景观分会副主任、江苏省土木建筑学会风景园林专业委员会主任，《中国园林》《风景园林》等杂志编委。

成玉宁从事风景园林规划设计、景观建筑设计、景园历史及理论、数字景观及技术等领域的研究 36 年，主持多项国家及省部级科研项目；著有《现代景观设计理论与方法》《湿地公园设计》《场所景观——成玉宁景园作品选》《中国园林史》《造园堆山》等；出版教育部精品视频公开课——《风景园林学前沿》；主编《园林建筑设计》《现代风景园林理论与实践丛书》(已出版专著 5 部)、《数字景观》系列论文集 3 部、《江苏风景园林艺术》(江苏省住建厅)，发表学术论文 70 余篇。主持完成国家自然科学基金面上项目 2 项、主持在研国家自然科学基金重点项目 1 项，主持完成课题“城市道路海绵系统建构及关键技术”并荣获 2018 年华夏科技进步一等奖，主持完成风景园林及景观建筑设计百余项，规划设计作品先后获国家及部省级优秀设计奖 30 余次。